Déontologie
des Fonctions Publiques

[法]克里斯蒂安·维谷鲁（Christian Vigouroux）著

张欣玮 张亦珂 周佩琼 朱志平 译

法国行政伦理理论与实践

上海译文出版社

目录

第 1 编

起源

▼

第 2 编

三大基本原则：
廉洁、公正及效率

▼

—————— 第3编 ——————

公共服务的原则或价值观

▼

—————— 第4编 ——————

公职人员的行为与使命

▼

————— 第5编 —————

合宜的行为

▼

————— 第6编 —————

责任：承担、保护、监控、处罚

▼

───── 第7编 ─────

总结
行政伦理：为了建设受尊敬的高效率公共行政体系

▼

第 1 编

起　源

小引

第 1 节　不同制度下的职业伦理观

00.11　从路易九世到戴高乐。腓力四世洞悉行政制度。他于 1303 年 3 月 18 日，也就是四旬斋的第 3 个星期的星期四之后的那个礼拜一①，颁布了"王国改革敕令"。尽管敕令是在国王与教会激烈斗争的背景下推出的，但是敕令中有关公职人员的道义观至今可供人借鉴。其中，敕令包括廉洁奉公的内容，例如第 40 条规定：公职人员"禁止收受除饮食之外的金钱或其他形式的礼物"。敕令包括公平正义的内容，例如第 38 条规定：公职人员"必须发誓会公正对待强者、弱者以及所有人，不论他们处于何种条件"。敕令还包括效率评估的内容，例如第 13 条规定：法院执行调查必须在两年内

---

① 参见《旧法国法律总汇编》，第 2 卷，伊桑贝尔出版社，第 759 页。有关该敕令的政治与宗教背景，见 E. A. R. 布朗，《圣油与法律执行：腓力四世，博尼法斯八世与 1303 年 3 月 18 日王国改革的大敕令》，克林克西克出版社， 2012 年。又参见 J. 法维耶，《腓力四世》，法雅出版社， 1998 年，第 98 页。又参见 G. 波洛诺夫，《腓力四世》，皮格马利翁出版社， 1997 年，第 188 页。

结束并完成审判。

腓力四世洞若观火，然而他敕令的内容并非原创，其中不少观点和看法来自腓力四世的祖父路易九世[①]。路易九世在 1254 年颁布了"王国行政与警察制度改革敕令"。茹安维尔的回忆录里详细记录了此事。这份敕令已经有关于公务员廉洁的内容："公务员必须发誓不主动索取也不通过他人收受金钱或其他好处，这些好处不包括水果、面包、酒及其他不超过 10 苏（昔日法国的一种铜币）价值的礼品。"[②] 关于公平，敕令是这样规定的："公务员必须公正对待每一个人，不论对方是穷还是富，不论对方是非亲非故还是沾亲带故。"关于效率，敕令规定："公务员不能允许公民的权利被缩减"。

戴高乐将军于 1945 年 10 月 9 日颁布的法令规定，应该培养公务员完成公职任务必需的高度的责任感以及工作方法。因此本书也可以被命名为"高度责任感以及完成责任的系列方法"。

伟大的政治改革家通常愿意在公务员道德修养与责任感的议题上留下浓彩重墨。因为他们意识到，假如所有为国家服务、代表国家的公务员道德败坏，那么国家终将不存。

第 2 节 "公务员精神"的利弊

00.21 首先，是否存在所谓的"公务员精神"？如果存在，是不是应该鼓励甚至超越这种精神？很多人认为"公务员精神"的状态[③]

---

① 参见茹安维尔，《圣路易的一生》，卡尼耶出版社，"经典丛书"，1998 年，第 347 页。由蒙弗兰介绍和注释内容。又参见伊莱尔，《圣路易》，收录于卡迪耶编撰的《司法词典》，法国大学出版社，2004 年。

② 又参见卡洛鲁斯-巴尔，《有关政府改革与王国警察的 1254 年大敕令》，收录于《圣路易逝世 700 周年，1970 年 5 月罗越蒙和巴黎两地研讨会论文》，巴黎，1976年，第 85 页。

③ 凯瑟琳，《法国公务员》，阿尔班·米歇尔出版社，1961 年。这本著作的副标题耐人寻味："法律、义务、态度，对公共职能部门行政伦理的介绍"。

是存在的，还存在某种"公务员之魂"①、"政府精神"②、"行政长官之态度"③、"低调无名的官僚作风"；甚至有人说存在特定的"行政系统面貌"，这还不算是最恭维的说法④。五花八门的回答实际上反映了这么一种共同的看法："公务员精神"不仅存在，而且存在诸多的贬义形容词去描绘它。这些词通常如下述：

- 保守。公务员不喜欢创新，因循守旧。
- 虚情假意、巧言令色、"打官腔"⑤、谨小慎微。总是一副担心如何"明哲保身"的样子。对于这一点，欧内斯特·勒南⑥早就讽刺道："国家总是用温和的谨慎态度和一套预防体系阻挡任何创新。然而据我所知，古往今来的圣贤伟人，总是那些独出心裁的人。我们的法律禁止非法行医，非法集会，非法宗教仪式，禁止这个那个总会禁止到两三项能够促进世界新生与进步的大事件。"勒南显然暗指基督教的诞生与传播。
- 疑虑重重。公务员依赖调查和"情报"，习惯填报文件，追查

---

① 托斯卡，《公务员》，阿尔班·米歇尔出版社，1954 年。书中对卫生部公务员的素描不仅是划时代的，而且是永恒的："尼那医生，公务员之魂啊，只想要权力和荣誉，那可是靠着忠心耿耿换来的。"

② 普鲁斯特，《在少女花影下》，伽里玛出版社，"七星诗社"，第 80 页："长期的外交官生涯造就了他身上那种消极、保守、因循守旧的所谓政府精神，这种精神体现为所有政府所共有，尤其是政府下属使馆所共有的办事作风。他积多年职业生涯之经验，对反对派那些多少带有某种革命性、再怎么说也是不适当的手段，充满厌恶、恐惧和鄙视。"

③ "我在他那儿感觉到了秘书的脸色，公文程式的捍卫情绪和省政府的气氛，只有长期浸淫在法兰西政府体制的人才会具有这种调调。这种官僚能力令我胆战心惊。"夏多布里昂在《墓中回忆录》（第 3 卷，"口袋丛书"，巴黎，1973 年，第 627 页）中，如此回想起帕度一名给他发放签证的公务员。

④ 凯尔泰斯，他在柏林墙倒塌后两年描述了曾经专断的海关检查，《诉讼笔录》，收录于《英国旗帜》，南方档案出版社，2005 年，第 215 页。

⑤ 卡约斯，《行政法之下，怎样的政府？》，收录于《古斯塔夫·培瑟文集》，格勒诺布大学出版社，1995 年，第 71 页。又参见勒让德尔，《享受权力：爱国者官僚作风的条约》，子夜出版社，1978 年。

⑥ 欧内斯特·勒南，《当代社会的宗教未来》，1860 年，由热塔在《何南词典：基督教起源历史》中提及，罗伯特·拉丰出版社，1995 年，第 CCXXXI 页。

徇私舞弊；他们惯于在为人民服务之前吹毛求疵。罗伯特·凯瑟琳1961年撰写的《法国公务员》这样描述：官员久坐不动，把自己关在省部机关的办公室里，办事拖拉。他对于公平、客观与常规的感知在丝毫不接地气的环境中轻易地消失了。官员对拖拉扯皮心安理得，简单地说就是不近人情，而备受指责的却是机构①。汉斯·法拉达以不朽的文笔描绘了人们在办理社会保险时柜台内外的景象：用户和柜员，一个在柜台里，一个在柜台外，怒目相视，仿佛敌人；一个觉得提出要求理所应当，一个认为对方简直无理取闹②。

● 集体本位主义者。仿佛是以集体的名义思考，为集体的利益着想。

仿佛以集体的名义思考：《大百科全书》中"国王的人"一文指出，国王的人往往团结一致，也就是说这些人一言一行均冠以集体的名义；他们在决策之前已经达成一致。这种集体行动高于个人行为的工作模式自旧制度以来从未改变。

欧洲理事会制定其行动准则时，在第27条中规定："公职人员不得给予卸任公职人员特别优待，不得为他们提供各种行政上的便利。"同事之间相互帮忙的倾向是行政部门的一大特色。

仿佛为集体的利益着想：公务员优先考虑公务员集体的利益，漠视公众利益。

● 依"己法"行事。行政部门拥有权力③，行政部门经常制定一系列的规定条例并付诸实施。与议会制定的法律相比，行政部门往往更看重自己制定的"规定"。例如税法，行政部门推出有利于纳税人的"指导条例"简直就是"改写"税法。

---

① 凯瑟琳，《法国公务员》，阿尔班·米歇尔出版社，1961年，第31页。
② 法拉达，《有什么新的，小人物？》，伽里玛出版社，收录于《佛里奥系列》，2009年，第329页。
③ 格罗斯，《法定合法性》，收录于布吕克与迪克莱尔《国家的仆人》，发现出版社，巴黎，2000年，第19页。

● 耍计谋。因为公务员能设想到下一步的职业生涯，如委任、调动、晋升、临时调动、领导、参选、任期等，因此公务员可能会调整自己的工作行为，以顺应自己的职业期望。对公务员而言，充满干劲未必是职场义务，更可以看成一种殷勤。比如，维克多·雨果在他的《一桩罪行》中，对政权交替时期的公务员态度进行了如下描述：

"政变成功了，到处热情洋溢。所谓'基本的活儿'不存在，据说人人都干得开心。充满干劲是人们最心甘情愿被使唤的一种表现。将军变成小兵，警察局长变成了分局长官，分局长官变成了告密者……

公务员求之不得地要在大人物面前，察言观色地表现出奴颜婢膝或倨傲鲜腆，通过谄媚来'出类拔萃'。而这个大人物，可能不久被流放、无人问津，可能本质就是个坏蛋，也有可能：他对着被赶下台的'流寇'出言不逊，但没准儿半年后对方又以胜利者的姿态回来了，占据了权力。这种情况对本来受人尊敬的公务员来说，真是悲哀。那怎么办？另外大家还被监视了。公务员之间互相窥探告密。一个人的只言片语会被添油加醋地评论，一举一动会被绘声绘色地传播。今天的草明天就成了羊，让人还说什么呢？"

● 传染性。"公务员精神"是一种糟糕的传染病，能够通过同僚、"职场老人"、职系、级别、工会，培训学校等途径传播。

00.22　公共服务精神。关于"公务员精神"的负面评价，毋庸再赘言；这里应该说说法兰西共和国所期待的"公务员精神"是怎样的。

如下品质缺一不可：

● 服务政治领袖的国家情怀。一名公务员能够而且应该着眼未来，以战略家的态度反对一切井蛙之见和安于现状的行为。

● 为公民服务的情怀。一名公务员应永远保持顾全大局、深明大义的操守，因为他的职业就是为大众服务。

● 高尚的道德情操。从褒义方面说，"公务员精神"就是要求公务员时刻注意自己的道德行为，遵守法律法规，怀敬重之心为公服务。

- 创新精神。公务员应认识到公共服务不是博物馆的古董，公务员实践公共服务的权利和方式并非一成不变。

- 谦逊公正的态度。公务员应当虚心接受批评，知错能改。

- 身份认同感。公务员身份是一种义务，而非一种庇护。报效国家的公务员总是注重自身学识和道德的改造。

第3节　对读者的七条提醒

00.31　提示。关于本书使用方法的七条提示。

00.32　本书不是"秘诀"而是"素材"。议员、公务员抑或是司法官员，他们首先依赖的是法律。除了法律之外，本书不是要启发公务员们搞一些放之四海而皆准的模式和做法。本书的主题是去揭示那些能够形成公务员道德操守的种种要素，内容包括了在承担或行使公共职能过程中发生的案例、讨论和实践方法。

本书提供的素材适用于所有公共职能机构的干部。不论他是通过选举还是任命取得了目前的职务，不论他的行政职位层级，干部们都能够从书中获得启发。

00.33　本书不是"经验汇编"[①]**而是"要求汇编"。**萨特对"经验"有深入的看法，他说："他们快到40岁时，却把本人可怜的固执习性和几句格言称为经验，于是他们就成了自动售货机：你往左边那个缝里扔2枚苏[②]，出来的就是银纸包装的小故事；你往右边那个缝里扔2枚苏，出来的就是像融化的焦糖一样粘牙的宝贵忠告[③]。"司

[①] 参见另一些回忆录书籍的记录，如贝兹，《表达经验或如何激励退休教师撰写经验》，收录于《行政期刊》，2005年9月，第347期，第505页。

[②] 法国辅币名，相当于1/20法郎，即5生丁。——译者

[③] 萨特，《恶心》，"口袋丛书"，1971年，第100页。

空见惯的教导、一切诸如法律案件和道德行为的决疑论，都有萨特所说的风险。

因此，需要每个人去亲身体验、去适时提出每个好问题、去分析自己的失败。然而，不论每个人的经验如何，正是对公务员的道德操守所提出的极高要求定义了民主国家公共职能的原则与价值。每个人在所属的领域获取的经验或许各有不同，但是，如果有服务大众、报效国家的愿望，就要求必须践行公共行动的固有准则，这些准则下文将做论述。

00.34　阅读本书无需"生搬硬套"，而是要"灵活掌握"。解决问题应根据具体情况，而非生搬硬套本书列出的事实或法规。公务员职业伦理的实践应考虑彼时此地的实际情况以及职级和职务内容。保持警惕、灵活掌握职业伦理原则，因地制宜践行原则，既反对"一刀切"的教条，也反以不同原则、不同方式区别对待议员与部长、学者与养路工人、警察与会计、法官与社会事务督察员、市镇秘书长与省议会主席，这些都是负责公共服务的干部们的义务，无论公务员或民选官员。

这种因地制宜的方法应当在地方以及服务部门广泛实行，各种编制人员也应熟悉这样的方法。

00.35　本书不是谈感受而是谈警示。在这样或那样的情况下，某某公务员或民选官员会发表个人看法，然而更重要的是针对情况及时提出问题的艺术。人们经常带有讥讽意味地把公务员等同于因循守旧者、尾巴主义者、胆小怕事鬼和囿于条条框框的糊涂虫。

然而，公务员应当保持警醒。自问过往的做法如今是否依然合适，哪怕冒着受到公众批评甚至是受到惩处的风险。

"有思想就是会说不。您应该注意到，一个人说'是'意味着他麻木不仁；相反，清醒的人才会摇头说'不'。对什么说'不'？对世界，对暴君，还是对布道者？这仅仅是表象。在所有说'不'的情况下，是思想在说'不'。是思想打断了幸福的服从。是思想离开了它自己"①。

哨兵式的公职干部应当有能力注意到未来的困难并发出警告，提出对策或减少威胁。

公务员不应阿谀顺旨，作为哨兵应时刻保持警惕。

00.36 本书不是用作行为准则而是坚定信念。 我们无需"做得和其他人一样"，而是让自己的行为符合既定的原则。公共服务不一定意味着重复劳动和平淡无奇，它需要承诺、睿智和愚公移山的精神。

00.37 本书无关判例，而是关于权力与谨慎。 判例只回答人们提出的问题。它反映了人们追求的实用性，却不能反映事实真相。因而，有必要改变政府因判例而产生的某种形象，并引入其他的参照源。

1）一方面，判例会给政府带来不忠诚的形象。因为后文提到的大部分参考案例是严格诉讼程序的结果。读者可能会感到双重的不适，一是公职人员越来越失控，二是判例只处罚轻微的罪过，而充斥着舞弊或非法行为的体制问题几乎从未提及。

对于这个问题，不妨这样理解：

第一，当判例存在的时候（通常在廉洁奉公方面案例丰富，关于领导艺术或效率绩效方面相对较少），判例不会被用来奖励，更多的案例是被用于限制和惩罚。判例像一个哈哈镜，然而正是通过判例，职业伦理的原则才能够被清晰展现。

第二，判例中不乏民选官员、高级司法官员、事务官和高级公务员，他们受罚常常和犯事的最低层级的员工受罚没什么差别（例如停职、撤职、勒令退休）。应该说，公务员法律法规的某些基本原则就是来源于最高行政法院关于对某些高级干部处理的决议。因此同样，

① 阿兰，《有关权力的对话》，伽里玛出版社，收录于《佛里奥系列》（1921 年 1 月 19 日版），1985 年，第 351 页。

关于惩戒的判例也使用于处理高级干部，例如大使馆秘书、司法官员、省长和军官。

2）另一方面，判例不是下文职业伦理原则的唯一来源。公职部门的行政伦理观需要借鉴法律法规和典籍，参考外国经验以及对公共行政的研究。许多判例的参考资料体现了特定时期内社会对行政伦理观的认知，成为判例必不可少的部分。根据巴尔塔萨·格拉西安[①]的观点，关于谨慎原则的重要文件和法规必须引起公职人员的高度关注。公职人员应该懂得提防自己的主动行为及个人习惯。因此，一位司法官员应当把无罪推定置于自己的臆断之前；一位工程师应当实践采取预防措施的原则而不是忽略自己一旦调任后就无需再承担的风险；一位民选官员不应该强调公共服务的不稳定和时效性，从而推迟项目的稳定拨款。

00.38 **本书不是用来学习的，而是用来领会取舍。**良好的道德操守不是目的。它的存在是为了让公共服务这个行业名副其实。试想一下，有那么一批公共职能部门的干部，表面上仿佛完美遵守行政伦理，然而实质上工作毫无效率；这些人"众所周知的廉洁恰恰强调了他们内心的伪善"[②]。而更糟糕的情况是，这些人看起来办事有能力，又装成一副严格执行当下法律法规的样子。就是这些人，会纵容不人道的行为，对隐匿的压迫视而不见。

有些情况下，最好是用不确定的方法获得必需的结果。先不谈悲剧事例，来听听苏格兰场的警察向他那迷茫的法国同僚解释如何在大不列颠成功追捕珠宝大盗[③]：

"难就难在要抓现行。 4 年来，我密切关注跟您提到的那个小偷

---

① 格拉西安，《神谕，手册与谨慎的艺术》， 1647 年，瑟伊出版社，巴黎， 2005 年。

② 迈松福尔侯爵，《一名皇家公务员的回忆录》，法兰西水星出版社，巴黎， 2004 年，第 432 页，描述了弗朗索瓦-扎伟耶·德·孟德斯鸠修道院院长，他是路易十八的首席大臣。

③ 乔治·西姆农，《我的朋友梅格雷》，西岱岛新闻出版社，巴黎， 1963 年，第 46 页。

小引 | **11**

的行动。他是知道的。我们甚至经常在一间酒吧一块儿喝酒。"

"那您抓到他了？"

"没有。"

"我跟他最后达成了一个君子协定。您懂君子协定的意思么？我一直在碍他的事儿，以至于他都没办法去干一票，处境非常悲惨。我呢，我也因为他浪费了不少时间。我就跟他建议去别的地方一展拳脚吧。"

"您真这么跟他说的？他去了纽约偷珠宝？"

"我认为他在巴黎。"英国警察改口道。

在小说的这一幕中，欧洲刑警组织框架下欧洲警察间合作项目似乎存在某种紧迫感。通过这种紧迫感的荒谬性，小说向我们展示了一个凡是参与过公共服务工作的人都了解的事实：行政伦理与工作能力很难一致。

当公共服务部门的利益一致时，调解、妥协、和解有时是必要的。除了人的生命、尊严以及对腐败的抵制，公共职能部门的干部应该"调整"其道德操守、支配自己的行为，以便明晰工作目标①。当然，干部也应该了解工作的后果。例如降低本地犯罪率，可能是因为把罪犯赶到其他地方作恶；某校高中毕业会考通过率极高，可能是因为该校招生时特别筛选出好学生。一件事情的结果很少是确凿的或是绝对的，仁者见仁，智者见智。

在所有情况下，最起码的行政伦理指的是：能够思考目的与方法；能与对话者沟通，例如上文提到了英国警察与法国同僚的例子；能够接受这样的事实——至少暂时追求部分和不完美的最初结果是管用的。人们也总是会说，对一个人而言的"成果"，对另一个人来说可能是威胁或损失。而所谓公共利益就在国家、地区、社会或者岗位的多重利益纠纷中瓦解了。

---

① 马克·布洛克在《奇怪的失败》一书中曾这样描述 1940 年军政府内部为达到某政策目标而走捷径的情况："为了越过层级，我们有时候不得不抓紧时间。"伽里玛出版社，"四开丛书"，2006 年，第 571 页。

第 4 节 公共职能机构行政伦理相关主题

00.41 伦理道德准则的适用范围。 1983 年 7 月 13 日出台的《公务员身份地位法》规定了三大公共职能，在此范围内形成的共同原则是本书"公共职能机构行政伦理道德"探讨的主题。

不仅国家公务员、地方公务员、公共医疗机构供职的公务员，行政伦理准则能够且应当启发所有公职人员，不论他们在公共服务部门承担何种工作和身份。这些公职人员包括民选官员与军官、合同制人员、行政部门临时工、合同制的私立学校教员、刑事法庭陪审员以及全国各体育联合会负责人等。

除了有关服从、审慎以及特定人士应秉持的克制保留义务[1]，大部分的德行原则[2]对那些同时承担了公共事务职务的地方或国家议员同样适用。我们认为，后文论述的原则基本上是所有公共职能部门干部应当具备的，无论这些干部是民选的还是被任命的。而且，这些原则适用于更广的范围，包括"掌握公共权力的人员"或"承担公共服务任务的人员或公民"[3]。当然，后文将会提及的《刑法》条例也有较大的适用范围。根据《刑法》，适用人士包括所有公务员、所有公职人员、所有公共行政部门或政府的工作人员或代理人。

本书中，"公务员"一词指在国家机关、地方政府及医疗机构这三大公共职能部门供职的公务员。"公职人员"一词指公务员、合同制人员、司法官员与军官。"公务承担人"同时包括民选官员和公职人员。

---

[1] 公务员可以参与政治，但是必须严格要求自己在公开表达中有所"保留"，即不得损害他职能所要求的权威与信任。——译者

[2] 三个基本原则是廉洁奉公、公正不倚、效率至上或尽职尽责。

[3] 这些概念的具体含义，见戴尔马·圣伊莱尔，《针对国家的违法，政府与公共和平》，RSC 2004，第 91 编。

第 1 章
定义

区分

假如只能够从马克斯·韦伯那里选择一段对公务员有用的名言，恐怕不会是关于责任伦理和信念伦理传统对立的言论，而应该是这个短句："政治的决定性手段是暴力。①"而公务员是辅助政治的人……

第 1 节　历史

01.11　长期以来公职人员的品行是通过法理或法规来定义和表达的。这又涉及行政法院和行政部门的功能。对于行政法院，路易·拿破仑曾在 1852 年评论他的《宪法》，他提到最高行政法院时这样说：行政长官需要"睿智、有良知的建议。因此成立了最高行政法院，把实践者集中起来讨论法律事宜，禁止旁听，禁止夸夸其谈。如是，权力可以自由流动，在运行中生辉"。对于行政部门，同一时期省长们中间流转的一份公文这样写道："以后你们具有自由的人事变更权，独立的决策

---

① 马克斯·韦伯，《学术与政治》，1919。

权，强力的个人行动权。你们身处高位，这些权力能够提升你们的威信。然而，权力越大责任越大。因此坚定而迅速的决策思维必须统领你们的行政行动。"[1]

法国历史上每一阶段都有行政伦理道德论的理论家（有时候是实践家）。

在法兰西旧制度下，上文提及的路易九世与腓力四世的敕令显示了国王对公职人员的种种明确要求。

1789 年法国大革命奠定了公职机构运行的三项基本要素，这在 1789 年 8 月 26 日《人权宣言》中有所体现。第一是任人唯贤，《人权宣言》第 6 条写道："[……] 在法律面前，所有的公民都是平等的，故他们都能平等地按其能力担任一切官职，公共职位和职务，除德行或才能上的差别外，不得有其他差别。"第二是公共性，《人权宣言》第 12 条写道："人权和公民权的保障需要公共的武装力量。这一力量因此是为了全体人的利益而不是为了此种力量的受任人的个人利益而设立的。"第三是报告的义务。《人权宣言》第 15 条写道："社会有权要求一切公职人员报告其行政工作。"规定报告的义务就是规定公务员的责任和效率。

19 世纪是现代公务员体系承前启后的时代。 1882 年，保罗·费朗描绘了公务员应具备的六项素质[2]：

- "他们应当勤勉、守约、正派。"
- "他们必须廉正无私地完成工作。"
- "他们必须服从上级指示。"
- "他们应该对所有工作对象保持最大的谨慎态度。"
- "对待公众应当彬彬有礼。"
- "在私生活方面，国家有权力要求公务员保持得体的衣着和得

---

[1] 引自玛丽哈斯，《法国行政》，第 2 卷， 1861 年，第 724 页。
[2] 费朗，《罗马法下的军人特权：政府的平民雇员及公务员的义务和利益》， 1882 年，第 298—299 页。

体的举止。"

除了工作效率未提及之外，我们几乎可以找到当今法国乃至欧洲公务员职业道德伦理的所有基本要素。

第2节　语义考证

01.21　行政伦理既不等同于一般伦理亦不等同于道德[①]。我们这里尝试区分希腊语和拉丁语词源的两个同义词：伦理和道德。通常我们认为伦理更涉及私人生活准则，而道德能够被教授和被传递。社会正常秩序有时候会受到伦理的挑战。例如，为了应对新兴技术，1994年及2004年出台了生物伦理法。这是因为社会需要在科学的飞速发展中保护人类的尊严，所以需要针对生与死规定民事与刑事的界限。自从我们的社会世俗化以来，社会对公仆不断进行道德教育，对他们进行道德方面的要求，并希望他们承担道德方面的责任。 1795年法国《宪法》第296条："共和国的小学校中，小学生应学习阅读、写作、算术以及道德品行。"这一条款对近期有关教育的法律条款有参考价值。伦理是一个人之所以为人的基础，深植于他的自由与良知；而道德是私人的、行为上的，与社会直接产生联系。

假如必须区分一般伦理、道德与行政伦理[②]，不妨这样理解：一般伦理是拷问，道德是给出定义[③]，行政伦理是实践与必然后果。

不论怎样，重要的是把一般伦理、道德的概念归为一类，把行政伦理的概念归为另一类。

01.22　行政伦理不是一般伦理。最初的概念源于一般伦理。一

---

① 这些词语区别可以参见：邦茹和科尔瓦齐耶，《社会行为体的行政伦理依据》，艾莱丝出版社， 2003年，第36页。该页上韦迪耶的文章《法律，不仅仅是法律》。另参考有关几个词的定义，可见防腐败中心（SCPC） 2003年报告的介绍部分。

② 伊丽莎白·维兰-库里耶，《伦理，道德与法律》，收录于《英法法律比较视角下的公共服务伦理研究》，达洛出版社，巴黎， 2004年，第155页。

③ 利科，《道德、伦理和政治》，收录于《权力》， 1993年第65期，第5页。

般伦理或者说道德科学的目的是寻求存在的方式与行事的智慧。一般伦理是私人议题，具有随意性，涉及意志的自主性，它表达了一种持续的追求，而行政伦理是固定的、强制性的。当我们选择从事公职工作时，我们必须保证自己的行政伦理。

2010 年 6 月，企业学院建议"重新考虑经理人的培训"，特别是在培训中奠定管理伦理学的基础，这就是要提高培训的门槛。经理人培训中已经要求"尊重依据法律或行政伦理要求制定的规章制度"，这是非常好的开端。个人伦理的培训巩固了法律与行政伦理的基础，而法律与行政伦理基础非常关键。

生活中，一个人或一个集体与他人产生种种联系。一般伦理这一议题为一个人或一个集体自身以及种种联系带来了身份的拷问。而行政伦理是社会的、实践的，行政伦理依赖一个机构的等级制与纪律严格的程序。

从斯多葛学派到斯宾诺莎和康德，一般伦理指的是一种个人思考——思考与他人共存的最好方式。一般伦理区分善与恶。

一般伦理是评估思之善、行之端的原则。[①]

最高行政法院在 1988 年出台了报告《从伦理到法律》，描述了在国际影响下，法国在社会生活领域如何从一般伦理主导的社会逐步演进到依法治理的社会。公职部门的进步也是如此。公共职能部门的法律规章比一般伦理要更加严格，而一般伦理强调的自由平等原则源于我们立法的基本原则。

01. 23　行政伦理不等同于道德[②]。

道德是指社会或文化对于自身及其成员提出的一些主要规则，这些规则被大众接受并作为参照。道德表现了个体对社会价值的依附。

---

① 见芬兰财政部，《日常工作中的价值观——公务员的伦理》，2002 年。
② 卡尔博尼耶，《道德与法律》，1991 年 3 月 21 日奥尔良法学院会议发言，收录于《中西部司法评论》，第 11 期。

道德既是社会的也是个人的，涉及方方面面①，而行政伦理与专行专业相关。不应把道德与行政伦理混为一谈，主要出于 3 个理由：

首先，有关善与恶的社会行为具有道德典范意义。这些道德典范不是公共机构或是公职人员制定的。公职人员遵循的是《宪法》与法律。

"一句话，道德就是为了指引生活在这个世界的人们的行为。道德为神学留下空间，引导人们寄望来世。"霍尔巴赫在他的《普世道德》中如是说②。他还指出，一些政府要求人民依从道德要求。"不公正的政府畏惧真正的道德。不负责任的政府认为提倡道德是纯投机行为。它们认识不到道德本身能够成为公众至福的基础。若道德不存，最强大的政府也只是表面强大，实则走向灭亡。"道德引导人民的行为处事，而非人民的行为处事引导道德。

其次，道德在公民与国家之间创造了一种不对称关系。公民必须保有道德，但是国家未必。司汤达为此劝诫道："特别是受到一些幼稚想法的影响，君王会假装拥有道德高尚的大臣。"③

如果说国家是所有公共机构的集合，那么国家本身不提供道德范式。国家期望公民道德无懈可击，这样一来，公民道德对国家不可或缺。国家对公民进行道德教育④，号召提高道德水准。国家鼓吹并捍卫道德。《刑法》之外国家不会强制人们践行道德准则，但是国家会把道德作为公民言行的目标。

---

① 泰弗诺，《所谓道德并非一日形成；它需要三个维度的长期结合：普遍、个体、独特》，收录于《基本道德的课堂笔记》，唐博斯科出版社，2007 年。

② 霍尔巴赫，《普世道德》，1792 年，第 18 页前言。

③ 司汤达，《帕尔马修道院——小说与新闻》，第 2 卷，伽里玛出版社，1982 年，第 417 页。

④ 根据 2011 年 8 月 25 日公文，国家教育部部长宣布开展"道德进课堂"活动，特别是通过公民教育提高学生道德水准。在 M. 帕里斯·德梅菲尔先生编撰的百科全书中有《军校》一文。这篇文章建议军队学校进行道德教育："道德仍然是一种科学，道德典范比训诫更容易被接受。但不幸的是，制造道德典范比让人们追随道德典范容易多了。"

特别是当公民以及国家公务员能够从践行道德中获得巨大利益的时候，国家不需要强制社会遵从道德，只需要通过法律来规范社会。国家要求部长、议员、司法官员以及公务员依法行事，甚至具备优良工作作风，已经是比较高的治理目标。再希望他们具备良好的道德，那是更高的要求。

第三，道德是各种规则的集合，道德不会推动人们去适应、去创造，而适应性和创造性恰恰是一名公务员本应该具备的。罗伯特·穆齐尔在《没有个性的人》一书中已有所述：

道德其实用逻辑取代了心灵：如果心灵有了道德，那么心灵不再有道德问题，只有逻辑问题。这时候，心灵只会自问：命令到来的时候我应该做什么，我的意志应该以什么方式表达等。通常，人们认为道德是指那些用来保障生活秩序的治安条例。人们的生活有时候会失控，所以人们觉得在生活中严格遵守这些条例比较难，因此人们把能够严于律己当成道德理想。可是人们不应该把道德的定义缩小到这样的范围。道德是一种理想，但理想不是武断，而理想武断化的过程令人难以察觉。

穆齐尔敢于设想一种有创造力的道德，这不是想入非非。这样的道德才能支持行政伦理。

道德、法律、行政伦理具有本质区别，但三者又互相渗透。卡尔博尼耶院长在《道德与法律》[1]一文中说，里佩尔[2]在司法中重新引入道德。道德既存在于良好风尚中，也隐匿在"错误"里，而且启发"道德条款"[3]的制定。"道德条款"用以规避"道德困境"，例如医生面对孕妇自愿终止妊娠的情况，也用作判例的依据，例如当事人

---

[1] 卡尔博尼耶，《道德与法律》，1991年3月21日奥尔良法学院会议发言，收录于《中西部司法评论》，第11期。引自普费尔斯曼，《道德与法》，摘自阿朗与里亚尔斯主编《司法文化词典》，法国大学出版社，2003年，第1040页。

[2] 法国政治家、律师。——译者

[3] 法律术语。——译者

做出"有违正派廉洁"的举动。

然而，无论行政官员还是司法官员，都没有资格在老百姓面前充当道德卫士①。传统学说坚持区分道德与法律，是为了反对把个人看法强加于他人的企图。

鲁瓦耶在他的《司法社会》② 一书中引用了圣代田法院在 1959 年 12 月 3 日的一个决议。决议是这样的："法官不是道德家。当道德家心目中理想社会的规则被破坏，道德家会马上予以谴责 [……] 而法官要尽一切可能避开个人看法，避免陷入武断。法官既不应猜想道德的发展趋势，也不应该因循守旧反对这种趋势。"公职人员具备道德修养很重要，更重要的是公职人员不应该狭隘地用自己的道德观看世界、做工作。承担公职的人必须在工作与个人道德观之间保持距离。

对于承担公职的人来说，私生活中遵循自己的道德观，是保持自我尊严的方式。在工作中，如果公职人员能够把个人道德保留在内心，同时积极参与纯粹的行政伦理讨论，那么他会更好服务于本职工作。

公职人员有自己的良知，但是从事公职工作只需职业良知。

01.24　行政伦理是职务和职业问题。

行政伦理是具体工作中职业责任的体现与实践，是为了更好地完成工作。"行政伦理"一词源于边沁的《义务学》③，他提出了基于行为功利性的道德实践观，是当代信条之一。"道德"责任包含了职业与行为的功利性。巴尔扎克在《一桩神秘案件》④（1841 年）写道："在所有工作中，包括官员，都存在一种叫做职业良知的东西。"莱昂·布卢瓦在《穷人的血》⑤ 中说："一个坏的富人 [……] 和一个坏

---

① 勒雷顿，《当行政法官面对道德问题》，收录于《古斯塔夫·培瑟文集》，格勒诺布尔大学出版社， 1995 年，第 363 页。
② 鲁瓦耶，《司法社会》，法国大学出版社， 1979 年。
③ 边沁，《义务学》， 1834 年。
④ 巴尔扎克，《一桩神秘案件》，收录于《人间喜剧》第 8 卷，伽里玛出版社，"七星诗社"，巴黎， 1977 年，第 630 页。
⑤ 莱昂·布卢瓦，《穷人的血》，斯托克出版社，巴黎， 1909 年，第 68 页。

的公务员、坏的工人一样，就是说，一个人不懂得自己的职业或者说不尊重他的本职工作。"只有了解功利主义和职业良知，我们才会更了解行政伦理。

通过公职人员的行政伦理，政府能够确定什么是恰当的举止，并且要求自己的雇员效仿，以树立政府诚信。政府认为，诚信是施政的基础。

行政伦理的原则在所有公职机构是通用的，但在具体职业、具体任务中，职业关注点是不同的。例如当司法官员谈论工作中的行政伦理准则时，主要关注集体的合力决策与审议的保密性；教师则不同，他们关注授课对象的个性与共性；而医务工作者，关注病人的苦痛与依赖，税务官员、海关官员重视寻求解决问题的方案①。大家习惯于看到——警察与违规违法现象做斗争，竞争保护委员支持保护商业机密、防止内幕交易，装备部致力于合规的公共采购，教育部重视保护学生的尊严。行政法官还非常注意邮政部门的职能特点，对于盗窃或损害邮递物品的邮政职员采取撤职的严厉处罚，因为信件和其他邮递物品具有不可侵犯性，邮政职员必须对邮递物品负重要责任。

行政伦理是一门树立公民信心的艺术，是一种期望，既具备社会性又具备制度性。行政伦理是国家的基石。

行政伦理也是一门防患于未然的艺术。例如一名警员不去主动询问他从同事那里获得的影像证据的来源，这就是犯了纪律错误。行政伦理也是一种参照，避免重蹈覆辙，避免随波逐流，避免尸位素餐，更重要的是让我们在行政工作中信心满满、效率高高。

对行政伦理的深刻理解，源于对哲学和职业性的综合了解。承担公共职能的人员不会也不可能是机器人，他懂得自省，见贤思齐，探讨、比较、分析、研究和思考。

"科学的"怀疑是深思熟虑的结果。每一个行政机构都应该进行

---

① J. 理查德，《公职机构的伦理》，PCM 出版集团，2005 年 10 月，第 10 期，第 34 页。

风险分析，绘制风险地图，用于减少那些可能引发员工偏离职业操守的因素。这些风险因素各种各样，例如某地区某行政人员拥有极大的行政权力，长期担任某职位等。

"行政伦理"一词在公职部门公文中不太常见，在最高行政法院的决定中，主要出现在违规违纪事件的相关文件里，例如针对税务官、警察或者艺术教授的文件。

警察局局长如果缺乏忠诚、庄重的行政伦理，那么也有相关的惩罚规定。

这些文件表明，行政法官认为行政伦理是公共职能的固有本质。

01.25　行政伦理在行使公职中的表现。我们还认为争论应该是"公职人员的行政伦理"还是"行政部门的行政伦理"[①] 并不重要。我们认为行政伦理既不是专门针对公务员，也不是仅仅针对政府机构。行政伦理首先针对的是公共职能的实践。

行政伦理是一种高于公务员、司法人员或者民选官员的存在，它需要公法人的良知、服务意识和集体归属感，它和自由职业者们的职业伦理是不一样的。因为行政伦理不仅是从事一种职业，它促使并要求公职人员参与一项集体的事业，这个事业就是建设国家或者地方。通过践行行政伦理，公务员、司法人员以及民选官员能够超越自我、为公奉献、为民服务。

同时，行政伦理不应该消解在行政部门的行政伦理中，也不应与行政部门的合法性或者公共利益混为一谈。当然，行政部门是行政伦理的载体，从这种意义上说，行政机构也需探讨行政伦理。

行政伦理的最终目的是为了让行政人员与民选官员能够有效施行公共职能。公共职能的有效施行又离不开公民的信任。

民选官员和公务员是主体，行政部门是客体，保证公共职能的存

---

① 参见蒙彼利埃第一大学莫罗非常有意思的博士论文《法国公法中治安部门的行政伦理》（2004 年），第 281 页《行政伦理的新功能》一章中提及"从公职人员行政伦理到行政部门行政伦理"，这两个概念不是说一个要超越另一个，而是互为补充的。

在和质量是宗旨。

第 3 节　法律

01.31　行政伦理依赖法律，受法律支持。体现在行政伦理的法律法规效力标准、上级导向、职业准则或共识三个维度。行政伦理不能够简化为纪律。而且，行政伦理需要对"恰当的态度"做出定义。

公职机构的行政伦理也借用了不同领域的许多规范。

一、法律法规的等级

01.41　来源多样。理解行政伦理，必须首先理解各种法律法规的体系：从《宪法》到法律，然后是从政令到规定、通告，行政伦理借鉴了法律法规的效力等级制。正如马克-奥利维耶·巴鲁克在谈到建设"共和国政府的中立性"时提到："即便有法可依、有规可循，有通告做解释，有公务员来落实，行政行为依然可以有很大的剩余空间[①]……"政府特派员奥尔森曾描述不同效力等级的各种规定形成了一个庞大的行政伦理司法文件系列，这一系列正是参照了法律法规的效力等级制。他这样写道："所有国家公务员和官员，从最广义的意义上，既包括文职也包括军职，都必须遵守这些规定。具体到某个公职人员而言，这些规定包括：

适用于同一级别所有干部有效的法律规定；

适用于其个人身份地位的法规；

适用于其所在机构的《组织法》；

最后，某些原则，特别行政伦理原则，没有文件规定也可适用该人员。

[①] 巴鲁克在《国家的服务者》（2000 年，巴黎，发现出版社）第 13 页就"行政部门的政治历史"主题谈及中立性。

就这样，公职部门的行政伦理原则形成了一整套的规定规范。

01.42　a) **《宪法》及其宣言与序言**。　1789 年 8 月 26 日的人权和公民权宣言规定了法兰西共和国公职机构行政伦理的原则，参照第 5 条：凡未经法律禁止的行为即不得受到妨碍；或参照第 15 条：社会有权要求公职人员报告其工作。

01.43　b) **法律规定了符合社会选择的公职部门行政伦理理念**。根据《宪法》第 34 条，只有通过法律才能规定"给予国家文职人员和军职人员的基本保障"。1983 年 7 月 13 日《公务员身份地位法》以及 2005 年 3 月 24 日《军人身份地位法》，均与 1958 年的《关于司法人员的组织法》一致，体现了该层级的法律的基本作用。

给予公职人员保障的法律还包括：《刑法》、《公共采购法》、《养老法》、《选举法》及其他专门法律（例如 1994 年 6 月 28 日法关于公职机构任命的限制性规定；2002 年 1 月 17 日社会现代化法令修改了部分公务员或前公务员进入私营机构的限制性规定；1995 年两条分别关于政治生活筹资以及市场化委托公共服务的法律规定）。行政伦理首先要求守法。对于一名法官来说，开庭和审议工作中的行政伦理首先体现在程序规范。

为了进一步明确公职部门行政伦理，从《宪法》和法律开始推演思考是一种方法论上的必要谨慎。法治是民主政体的基石。

《劳动法》有与绝对法一样的义务，绝对法包括《刑法》和《工会法》，都是强行的。而且《劳动法》具备"社会公共秩序"的属性，它允许合同自由的存在，尽管减损法律强制性，但改善了雇员的境遇。对《劳动法》和《公职法》进行比较，它们对工作人员的权利和义务的规定存在相关性与共通性。欧盟法律也有类似问题，欧盟公职法庭的前任法官曾论述过《欧盟劳动法》司法权限的情况[①]。

----

① 杰尔瓦索尼，《欧盟公职机构法庭：5 年判例》，收录于《欧洲法律通讯》，2011 年，第 733 页。

2005 年，当英国下议院曾就高级公务员的行政伦理错误问题质询一位部长时，这位英国部长认为有必要设立比简单的行为准则更有效的法律。

01.44 甚至专制制度也不拒绝法治。正如 19 世纪德国理论家们不懈探索而制定的法律，规定公务员对帝国的职责义务有："政治忠诚；等级服从；保守职业秘密；除非授权，不得越权行使职务……而从另一方面，国家有义务保护公务员行使职能，有时是提供住宅和制服着装等。"

01.45 c）普遍法律原则诸如自由或平等。 也是"行政伦理基本原则"，还包括廉洁、公正等。

在"法律未明示的准则"当中，雷蒙·奥当[①]多次提到行政伦理，例如：公职人员提供公共服务，公职人员禁止因此收受公共服务使用人提供的报酬；公务员有自由意志。[②] 奥当在著作中，专门花了两页篇幅，谈论判例在公务员行政伦理中的重要角色。他的评议具有相当的现实意义。[③] 他说："判例是将某些公共职能特有的原则从法律中分拣出来，这些特殊原则精妙地结合了对公职人员的保障和对他们的约束。"

01.46 d）关于公务员身份定位的政令以及其他关于"行政伦理典范"政令于 1986 年起在法国警察总署开始实施，法国市镇警察局和监狱系统是 2010 年开始实行的。

01.47 e）通告、内部说明以及指南， 充分体现了等级导向，如果文件不是来自上级或者内容不够确切，那么公职人员就无法善加利用。

---

① 法国法学家。——译者
② 奥当，《行政争议课》，收录于《法律教程》，1976—1981，fasc，第 1703 页。
③ 奥当，《行政争议课》，收录于《法律教程》，1976—1981，fasc，第 1714—1715 页。主题包括公务员的庇护、保持谨慎的义务，服从上级（除非命令明显违法或严重影响公共利益）。

01.48 f) 行政法官的判例， 以及刑法法官的判例也表达、说明甚至有时创造了规章。

判例不仅精彩地创造出一些通用法律原则，判例对行政部门有强制效力[1]。判例是在提醒行政干部"高尚和模范的行政伦理义务"。正如拉费里埃[2]所说："共和国授权并认可"。因为经过审判的案件具有权威的参照性，判决的结论就是准则。

依上述逻辑，例如法国最高视听委员会和竞争委员会这些权威机构，都是通过深思熟虑，推出了行业的职业伦理准则。这些准则具有相似、相同的作用，例如"职员具有保持谨慎的义务，这一要求源自司法判例，职员不能损害他所属机构的名誉。"这些机构在制定自己的行政伦理准则时，会从强制判例中寻求准则的强制性依据。这恰恰就是法律。

行政文件，内部的"行政伦理准则"和判例互相支撑。从这个意义上说，巴雷尔法令是当今法国公职人员的行政伦理指导原则之一。法令规定：禁止以政治理由拒绝实施竞争法。

行政伦理要求人们了解法规以及法官与官员之间的交流。

二、等级导向

01.51 部长们的角色，哪怕他们没有制定或执行规章的权力。 所有由公共部门颁布的各种准则与行政伦理的文件，都将获得法律效力并造成对上级权力的抗辩。法官承认"行政伦理参照"的必要性，没有行政伦理参照，行政部门甚至司法机构都无法履行职责。 2011年夏天，法国国民议会收到一份法律草案[3]，内容是关于行政伦理以

---

① 沙皮，《通用行政法》，第1卷，第15版，巴黎，基督山出版社， 2001年，第116页："判例准则的必要与补充范围"。

② 拉费里埃，《行政司法条令》，第1卷，第2版，巴黎，贝尔热-勒夫罗出版社，1896年，第345页。

③ 法律草案第3704项， 2011年7月27日，公职部索瓦代先生提交。

及防范公职部门之间的利益冲突，鼓励出版各部门的行政伦理规章制度。 2012 年 7 月若斯潘委员会提出提升公职部门行政伦理水平，也与该法律草案方向一致。

等级导向以"机构利益"的最高原则为中心，而"机构利益"则与公务员的合法利益相互平衡。因此，在没有文件参照的情况下，法官确认医院总务主任有"良好管理的义务和寻求最佳性价比的义务"。职位的"职责"具有强制性。

强制性意味着两者必居其一：行政领导采取行政伦理措施时，要么是有明文委托，要么并没有受到明确的委托。

01.52 **a）有委托**。 首先，必须有明确的委托，例如 2004 年 9 月 9 日颁布的法令的第四条，厅局级公务员需要为属下准备行政伦理基本规章[1]；同样《金融法机关的规定》中第 112 - 8 条源自 2011 年 12 月 3 日法，规定审计法院的成员们"在工作中坚持达到第一任主席规定的职业准则"。

在比利时， 1937 年 10 月 2 日修正的皇家政令明确规定："国家公职人员必须严格遵守法律法规，包括所属上级提出的行政伦理方面的详细行动准则。"

该文件直接构成了应用法的一部分。

01.53 **b) 无委托**。 在非明文规定委托情况下，领导层可以发挥主动。

首先，在雅马尔判例框架下，领导层应采取必要措施保证行政部门在上级的领导下良好运行；当上级就下属的任务颁布指示时，应当在指示中指明任务包含的权利与义务。部长原则上不具备制定法律规章的权力。但是当《公务员身份地位法》或其他法律法规没有赋予其他权威部门管辖职能，那么，部长可以在其职责范围内对其下属公职

---

[1] 例如测绘行业， 1946 年 3 月 7 日法在第 6 条规定，测绘员"必须遵守职业义务规定的内容"。

人员和临时雇用人员的工作做出规定。

其次，上级能够评论并解释针对其下属的法律法规。政府通告解释法律法规的时候，"等级导向"使用的其实就是杜维涅判例的标准，亦即："在行政伦理或其他领域，只有通告或指示中的一般性强制措施才是可以被质疑的。"如果这些强制措施是由非职能部门制定的或者与更高效力的规定相悖，那么这些强制措施就是非法的。每名部长、部门领导、市长或负责人都要注意，在"行政伦理等级导向"的过程中，只有在遵守杜维涅判例的前提下才可以下达强制命令。

法国最高行政法院从国家狩猎局局长的通告中发现有针对属下公职人员的"越权性决定"，该通告涉及各大区狩猎协会主席会议记录的交接。法国最高行政法院还在全国卫生认证及评估局的《公共卫生法典》第1111-9条中"推广良好医疗做法"一项中，看出了判例意义上的"越权性指示"，"推广良好医疗做法"的表达已具有"强制性"。这些通告、"指示"、"章程"、"参考"、"法规"以及其他文件，伴随着上级职能的行使，具备了相当的法律效力，其执行的结果关系到公务员的升迁、委任和纪律。

一个机构如果没有制定规章的权力，那么也不能采用具有强制性的行政伦理规定，否则它制定的各种指示只能为判例法提供素材。

因此，也不是说我们只能简单陈述"政府颁布的意见和指示如何遭遇了司法强大的约束力"。雅克·舍瓦利耶早就以撰文和演讲来展示"行为正常化"的作用①。

上级颁布行政伦理文件可以事无巨细地规定属下的行为，但前提是，这些文件必须遵守现行的公务员法律法规，且不能够有违最高行政法院的命令。

《刑法》法官可以依据《刑法》条文界定违法行为与良好行为，

---

① 雅克·舍瓦利耶，《坦西的荣耀研究》，布吕朗出版社，布鲁塞尔，2014年，第279页。

同样，负责公务员任命和纪律的部门可以依据行政伦理法律法规，要求公务员必须执行行政伦理的规定。如果一名公职人员不可原谅地息于满足职业要求与行政伦理规定，那就构成了职务外个人过错。

这种等级导向类型的方案，在盎格鲁-撒克逊行为准则中比较常见。伊丽莎白·维兰-库里耶指出[①]，部委指导意见源于一部法律，这部法律的前身是 1994 年诺兰报告中的原则。该法律在英国公共生活标准委员会的监管下实施，该委员会于 2002 年 6 月发布一份令人瞩目的新报告。"这些报告记录的原则具有积极法律的意义，比如把潜在的意义发掘出来，正规化，再把它们运用到公共服务中去，最终根据已经获得的进步进行总结。这样就把抽象意义逐步转变成为文件规定，而不需要通过议会程序，也不需要特权干预。"

在法国，这样的"法规"主要靠上级机构和判例来制定并实施，程序上与英国的方法相似。

三、协会或行业职业伦理规范

01.61 某行业通过协会、工会、团体讨论并制定职业伦理规范。这些职业伦理通鉴没有法律价值，但是只要每一名从业人员愿意承认里面的内容，那么行业内职业伦理规范的价值就体现出来了。例如在心理医师的职业伦理规范中，医师自律与行业自治是一致的。如果行业不能自治，所谓的医师自律就会成为一纸空文。2008 年，钢铁行业被竞争委员会处罚，竞争委员会发现钢铁行业形成了企业联合，有自己的"职业伦理规范"，允许大型冶炼企业，诸如阿塞洛米塔尔钢铁集团，瓜分市场并提高价格。这种规定与"行政伦理"相悖，"伦理"一词被不合法的文件颠覆。因此，"职业伦理规范"，无论是协会的还是行业的，只有在严格尊重法律的前提下，才能存在，才是名副

[①] 伊丽莎白·维兰-库里耶，《英法法律比较视角下的公共服务伦理研究》，达洛出版社，巴黎，2004 年，第 409 页。

其实的。

我们主张"积极的行政伦理"而不是教条的行政伦理[1]。同时，公职部门负责任命和管理的权威机构甚至法官也需要参考这些行业职业伦理规范。从这个意义上说，职业伦理间接源自法律。

尽管职业伦理规范没有特殊的法律效力，但是其内容不会受到级别关系的影响，因此职业伦理规范很重要。

"司法官员伦理"以及2005年6月28日召开的有关职业伦理的"会诊"，都是职业伦理规范制定和发布的标杆。"会诊"借用的是医疗词汇，代表了司法界的心愿。各行各业，隔行如隔山，但是职业道德伦理的许多内容是共通的。

对于社会工作者来说，职业伦理与行业规范息息相关。

大部分的公职机构——通过民选官员协会——制定自己的行业道德守则。公职机构谨慎专注地完成了业内行政伦理的标准和指导，具有直接法律效力。

四、行政伦理与纪律的不同之处

01.71　**行政伦理不是纪律**。我们看到，纪律与纪律处罚判例极大展示了行政伦理。本书中的大部分判例参考都属于纪律的范围。

然而，将行政伦理看成进行惩罚的权力绝对是误解，只会阻碍法国实现行政伦理思辨的飞跃式进步。罗森茨威格法官曾在2003年对社会工作者说：拒绝把"行政伦理法规"与"职业伦理规范"混为一谈，这次争论具有象征意义。我们就是担心有些雇主在这些职业伦理中找到一些论据，据此惩罚雇员[2]。教育部持有同样的担忧，因此在2000年5月颁布的职业手册中，特意把行政伦理义务与纪律分成了两个部分。也正是这样的担忧，使得监狱工作人员行政伦理法规的出版

---

[1] 蒙彼利埃第一大学莫罗的博士论文《法国公法中治安部门的行政伦理》，2004年，第283页。

[2] 罗森茨威格，法官，《社会角色的行政伦理标准》后记，艾莱丝出版社，2003年。

耗费 11 年，1999 年以后这本书的编撰工作才得到较好地推进。同样，法国职业民主工会在 2002 年 5 月的时候，强烈反对公共金融总局发布的新行政伦理指南，就是担心其内容混淆纪律与伦理。还有一个例子，欧洲法官一致认为"行政伦理的标准与纪律规定之间确实不容置疑也不可避免地存在部分交叉和相互作用，但是即便如此，二者是有区别的。欧洲法官咨询委员会认为，前者表达了从业者思考自身职能的能力；这些自我约束的标准反映了法官对自身和对公民的责任关系。"① 法国最高司法委员会编辑了一本合集，包含了自 1958 年以来该委员会发出的 201 项纪律决议，2006 年 5 月新闻界进行了广泛宣传。法国最高司法委员会还在 2010 年出版了一本《行政伦理义务合集》，正面宣传司法的伦理价值。就前文讨论的角度来看，这两本合集是不能互相取代的。但是，法国最高司法委员会本身既是纪律监察机构，也是行政伦理指导机构（依据 2007 年法令）。一个机构混合两种功能，其实并不理想。所有的行业发展都不是靠惩罚的威胁来恫吓从业人员，而是强调职业教育和宣扬行政伦理。即使一本纪律合集里面有不少有效的工作办法，它也不能取代行政伦理指南。

在英国，行为准则之所以在政客和公务员中间如此成功，就是因为它清晰区别了行政伦理与职业纪律。

在比利时，2007 年出台的联邦"行政伦理框架"指出"我们的目的不在于惩罚，而在于促使联邦公职机构能够在日常工作中拥有良好的价值观"。

实际上，行政伦理与职业纪律绝非同义词。行政伦理代表了良政的目标，纪律惩罚公务员的错误。这些公务员不能或者不愿意把握并实践必要的职业行为训诫。接受度良好的行政伦理会让纪律程序变得没有意义。为了大家能够重视行政伦理，职业纪律的存在其实是

---

① 2005 年 11 月 1 日，V. BICC，第 628 期，欧洲理事会下属欧洲法官顾问会议的报告综述。

下策。

01.72　惩罚是一种失败，行政伦理是一种雄心。通过培训与模范的作用，而不是通过惩罚，行政伦理才更容易被接受。行政伦理是晋升和行使职能不可或缺的条件。奖励比惩罚更利于行政伦理的培养。不过，不是所有公职机构都能做到重奖励轻惩罚，例如军队，曾经在一天之中颁布 3 条法令，分别关于惩罚、纪律与奖励。

维因曾这样解释："（公务员的）工作上那些强制要求，在道德范畴被视为责任感，在纪律范畴被视为行政刑罚。爱岗敬业是公职人员的首要美德。美德如同肥沃的土壤，使死气沉沉的规章制度重新焕发生命力。如果美德不复存在，最高权力的行使将会萎靡不振，规章成为一纸空文，公职人员将不过是一名无足轻重的小吏，奴颜婢膝地执行指示，他只服从利益或权威，并不受任何惩罚地玩弄自己的职权。[①]"

总的说来，行政伦理是职业纪律的基础和前提。在理想情况下，行政伦理超越职业纪律。相反，没有行政伦理的存在，职业纪律将毫无深度和广度。

五、合宜行为的定义

01.81　行政伦理参照各层级的法律法规制定出可操作的规章。但是行政伦理通过宣传榜样、宣讲解释，比照实际情况和以往情况，以及通过教育和传授超越了严格的法律范畴。

01.82　a）灵活执行的合法行为。　这里举一个例子，关于某个集体顾问机构的双重议事机制：与司法机构不同，双重议事机制对于一个行政机构是合法的，但每个人都认为，某承担领导责任的公务员被过分频繁地要求他主管的机构进行二度议事会降低他工作的可信性也缺乏工作效率。面对以"更详尽"或"作补充"为名、实则不喜欢第 1 次结论而坚持要求举行第 2 次评议的人，这位领导可以发表如下

---

① 维因，《行政研究》，第 3 版，1859 年，第 157 页。

原则性声明:"纪律会议已经发出了常规意见,在完全不存在特殊情况的条件下,没有必要进行第 2 次议事。"

同样,每个公职人员都知道,为了疏离某一干部,部长们通常不会与他发生正面矛盾,而是通过重新排列办公室来疏离这名干部,这个做法比惩罚更体面些。如果办公室的重新排列有充分预热的话,那么法官对这种办法也颇为认同。

行政部门对某公务员许诺就业或晋升,但是没有兑现,那么行政部门就有过错,该公务员将获得赔偿。

更广泛来说,对于伦理、道德或是严守法规的某种热情,最终会困扰部门:随时报告、给周围的人就行政伦理加分减分、过于坦率、只有依次集齐所有奖项才能晋级,这些终将导致行政部门的无能。因为无论法律还是行政伦理,都无需炫耀。

我们知道行政伦理与伦理之间具有不同。善意的情感未必符合法理。如果一名公职人员的私人伦理出现偏差,那么他在行政工作中很快也会头脑混乱。因为"极端的感情很不得体,不节制的情感时常会引起丑闻。自修、快乐、朴实都是实践中节制稳重的必要条件①"。

01.83　b)　**法律尚未预见但应该保持的行为**。　包括呈交上级完整报告,离职前的准备并组织好工作交接,以及与新闻界保持平衡的关系,这都是所谓的非法律范畴行为。刚毕业的公务员或法官在分配工作岗位时的"友好谦让",虽然没有相关法律规定,但代表了同届同窗的品行成熟。

同理,应拒绝接受工作联系人的礼物。

医务公职人员在工作中"实施无法预见的、不恰当的职业行为"或是乡村警卫"工作有待改进"都是让当事人失去信誉的评价。

追求合宜的行为既是行政伦理的目的也是行政伦理的工具。

目的:公务承担人的性格、行为及人格,他(她)在日常工作中联

---

① 谢弗里耶,《识人方法的历史笔记》,阿姆斯特丹, 1763 年,第 76 页。

系同僚的态度和保持良好关系的能力，都会受到上级的观察和评判。这是因为"工作关系中的日常行为是评估其工作水平的指标之一"。

工具：被选取并作为模范的有经验的公务员是定义行政伦理的最后手段。

第四节　公职体系的特殊性

01.91　没有人质疑经选举产生的公职人员有特殊性。民选官员大可自命不凡。但公职人员不可以。

01.92　相反，职业公职人员的特殊性受到热议。长期以来，判例肯定了公职体系的特殊性。公职体系的特殊性很明显：如果公务员与国家签订协议，即便是书面协议，"恐怕也没有任何法律效力"。只有法律以及行政部门的规定才能支配公职人员。

这些疑虑甚至扩散到了公共舆论的各个角落。最高行政法院有关公职体系的报告，例如让-卢多维克·西里加尼在 2008 年 4 月《公职体系未来白皮书》所提到的，引起了更广泛议论。

2006 年初议会专门委员会调查乌特罗案①的审理，这并非强化法官特殊性。

公职体系特殊性在以下第一部分有讨论，第二部分有解释，第三部分说明必要性。

---

① 2000 年 12 月 5 日，乌特罗镇一对夫妇被指控性虐待自己的儿子，警方根据该夫妇供述怀疑一些邻居及朋友也涉嫌性侵儿童。这起刑事案件由刚刚从国家法官学院毕业的预审法官法布里斯·比尔戈负责。案件的预审竟持续三年半时间，共传讯几十名犯罪嫌疑人或证人。在整个预审过程中，比尔戈法官始终坚信犯罪嫌疑人犯有性侵罪行。随后，18 名犯罪嫌疑人分别被以聚奸、狎亵和毒害儿童等罪名提起公诉。2004 年 7 月 2 日，圣奥梅尔重罪法庭作出一审判决，除 1 名犯罪嫌疑人在审前先行羁押中死亡外，有 7 名被告人被无罪释放，10 名被告人被判有罪，其中 6 人上诉。2005 年 12 月 1 日，巴黎重罪法庭做出二审判决，撤销了一审判决中对 6 名被告人的有罪判决。至此，除 4 名被告人被最终判定有罪之外，其余 13 名被告人均被无罪释放。"乌特罗案件"被法国媒体称为二战后法国最大的冤案。——译者

一、特殊性如今备受争议

01. 101 支持维持现状的人常用借口就是"私营机构的管理模式不适合公职体系"。但是国家不会把这些特殊性背后的各种情况作为借口。

公职人员特殊性在如下方面存在传统争议：

- 人们提出的问题可能夸张（例如：国家，是否可被看成一种企业？）、可能平实（例如：没有公务员的公职体系会如何？），"公职部门现代化与平庸化之间，就是机动灵活与按部就班的联系"[①]。

- 一些充满疑问的文章：《公务员身份已成众矢之的》《公务员身份有未来吗？》《公务员与雇员：异同点》《公共服务部门的公私结合有必要吗？》《是否应该取消区分公务员身份与企业身份？》。

- 有导向的比较：在国外，越来越多的情况是仅皇家机构职位有特殊地位。

- 意识形态化的建议：公共政策及行政研究基金会认为，私营部门才能拯救公职机构；当下保持公务员身份是不可能的。

- 主张国防部或教育部的业务外包。"公职体系的特殊性有历史原因"的说法现在很难服众。针对"公职体系改革不如企业改革"、"西里加尼报告是对公职机构的否定[②]"等说法，反驳者越来越少。2009年5月法国国家行政学院校友协会的杂志出了一期题为"公职体系改革"的专刊，在这些年的辩论中颇具影响。

从争议的角度考虑，我们可以听听2011年1月10日总理的心声："我们的公职体系实行职业生涯制，人员招录来自考试竞争，它支撑起了一个公平的国家。我们的公职体系具有公共服务的文化，其

---

① 巴齐勒，"公职机构现代化与平庸化之间，就是机动灵活与按部就班的联系"，AJFP，2010，第116页。

② 乐坡斯，《西里加尼报告，公职机构的否定》，收录于《公职机构通讯》，2008年5月，第16页。

能力之高也得到了外国政府的羡慕。"以客观态度尊重公职机构的传统，是开展经济和效率改革的基础。

公职体系的特殊性经常在一些法律文件中被刻意地扭曲或另行措辞。例如： 2005 年 7 月 26 日的第 2005－843 号《欧盟法律移植法》扩大了无限期合同的使用范围； 2009 年 8 月 3 日第 2009－972 号法是关于公职人员职业发展及流动的；第 2010－1401 号法是关于公职人员转岗的； 2009 年 11 月 19 日和 2010 年 8 月 3 日发布了关于填补临时岗位空缺实施通告； 2010 年 7 月 5 日第 2010－751 号法关于社会对话创新，也就是企业界与公职部门之间的交流； 2009 年 12 月 18 日第 2009－1594 号法规定，地方公职人员自愿离职可获得补偿金。

另外，我们也要观察那些未投票的文件，例如 2009 年 1 月议会多数派的 87 名议员提出法律议案，目的是用合同制替代公务员终身制。

每位公务员都希望《劳动法》保障自己的职业生涯，例如："终身培训；确定的工作时间；使用临时合同工；提升级别；与私营部门合作，在公务员招聘时候的企业工作经验占更大优势；在某些情况下积累公共部门和私营部门或兼职工作的多重经验；公私部门的人事融合，特别是在经济部门。"

然而，尽管存在诸多建议，公职机构的特殊性是与地方集体机构的平庸化和精简化相悖的，也与公共政策与公共事业中行政权力的种种企图相悖。

如今，有些论调一味赞成用私法管理公职人员[1]。或者至少是要压缩公务员身份地位的空间。也就是说，在德国和欧盟法律影响下，出台了不少政策建议，要求对实权公务员与日常管理公务员进行区分。这与上个世纪初，亨利·贝泰勒米的说法[2]以及 1807 年 7 月 2 日

---

[1] 其中，参见迪皮，社会学家，《必须逐步取消公职人员的身份》，收录于《回声报》， 2006 年 2 月 7 日。

[2] 亨利·贝泰勒米，在实权部门与日常管理部门做出必要区分，节选《行政法律基本条款》，阿蒂尔·鲁索出版社，巴黎， 1900 年，第 56 页。

最高行政法院的意见不谋而合。当时有这样的原则：除非法律赋予，否则任何人不具备公共服务属性。据此，最高行政法院对承担市政府秘书职位的雇员颁发户籍登记证明给出意见。如果权限裁定法庭的判例没有支持公共服务的推断，那么公职人员的资格，更不要说公务员的资格了，都是不能被自然推定的。

普遍意见认为，公职机构的欧洲大陆模式，意味着公职机构与私营部门在法律上的调和，典型的例子是瑞士与意大利。但是一方面，意大利的布鲁内塔改革，在2009年10月27日颁布了一项法令，推广公职机构工作合同，但是军队、警察和司法人员除外。这项法令其实是通过行政伦理法典保留了公职工作的特殊性，通过集体合同确认公职机构的各项原则。另一方面，必须关注荷兰的争论——荷兰公共服务工会反对取消公务员身份；东欧在推广新公共管理运动，但是改革非常不容易；而且法国和德国的法律也在悄然变化。 2011年，德国公务员工会主席解释道，公务员是终身职业，而合同制员工可以依法被解雇。随着有关公务员身份的合法性、特别是教师的公务员身份的合法性在德国引发热烈讨论，《宪法》赋予公职体系的权力得到了加强。

公共行动的特殊性将始终存在，因为我们需要行政部门，不论是在法国范围内还是在欧洲范围内。

因此，区分争论的主题很重要，一是有关公务员身份的讨论，二是有关特殊性的思考。有些人企图取消公务员身份，目的是为了取消公职体系的特殊性。而思考公职体系的特殊性基本上是在思考公务员身份地位的稳定适应力。

某些自由主义的想法倾向于打破公务员身份"一般"性的特点。因为"一般"代表了一些权利和义务的结合。这种打破会破坏一个标签——公共利益的标签。根据职能的不同，分散公共职能是有价值的。公共职能的分散有助于各行业水平的提升，但同时这种分散间接否定了公共职能的特殊性。

一些提倡精简的观念，要求削减公务员队伍。这些观念没有充分考虑到不同政府部门之间必要的差异，特别是中央机关的某些部门；也没有考虑到一些亟待发展的部门，例如卫生警察。

还存在一些攻击法国国家行政学院的看法。部分持有这种看法的人，不过是希望重拾公务员招聘时的特权而已。

有些人攻击公务员考试。其实公务员统一考试达到了客观招聘、简历"匿名"的效果。但是这些人认为现在要探索新经验，不赞成"客观"，要通过猎头而不是评审委员会去招聘公务员。

还有些人认为，一些公务员的身份是在向企业工作合同方向转移，但这种转移没有得到上级足够的掌控。同样的看法，也存在于不少欧盟机构。

有些公务员对公务员行政伦理没有了解，他们的职业特殊，背靠自己的部委，非常依赖上级和同僚，而不是去仔细学习自己的权利、义务乃至工作任务。

因此，非常有必要牢记：应当让公务员在事务管理中牢固保持自己是"社会变革的推动者"这一职业精神。

二、存在特殊性的原因

01.111　国家运行的正确机制。正如弗朗索瓦丝·德雷富斯所言：只有当国家行为——无论通过什么实施方式——的终极意义在于顽强地抗衡任何其他社会各方追求的目的时，国家的合法性才能得到维持①。这种"高卢村庄式②"的顽强抗衡，正是立国之本。国家之所以存在，就是要回答除市场以外的其他问题。

需要深入理解特殊性、独特性、专业性、顽强性这些定义，才能挑选出最准确的词用来定义国家。国家不必整日说明自己的属性，好

---

① 德雷富斯（F. Dreyfus），《服务国家：尚属现代的精神理想》，收录于《权力杂志》，2006年4月，第117期，第10页。
② 罗马时期，声势浩大的帝国势力已横扫大西洋沿岸，只剩一个高卢小村庄（现法国领土一带）还在顽强抵抗。

像总是遭受身份盘查。相反，国家时刻受到的盘查是关于"导向"和"效率"。国家的作用在于它以普通法律的名义带来的保障。国家雇员的特殊性并非天生，它不是国家特性的佐证，而是一种与国家雇员的崇高使命相匹配的结果：保障公共安全、护卫国家在（地方的、国家的、欧洲的乃至欧陆的）各个层级上所肩负的人民的命运。

在 2001 年一本有关欧盟 15 国公职机构的著作中，作者们根据所有研究国家的情况，对公职机构的特殊性做了 3 点归纳：

● 平等对待：公职人员作为（广义上）政府职能的委托人，具有其特殊性，即公职人员要投身到为公共利益服务中去。因此，他们的行为被这一因素决定：必须平等对待所有公民。这与私营部门不同，例如银行的工作人员会根据客户的具体情况释放或拒绝贷款给客户。

● 禁止收受与工作职能相关的私人报酬。私营部门也有同样内生性规定。随着公共部门的改革深入以及简政放权，公职部门逐渐向私营部门的运行模式看齐。通过削减某些政府职能，改进部分公职人员的工作作风。

● 行使公共职能的权威：在公共职能垄断性的框架下，政府规定了某些单方限制。例如，即使一位公民对自己的税收部门不满意，他（她）也不能前往其他同行业机构。宪法委员会曾就委托私营部门管理监狱做出回复："羁押机构的管理部门、诉讼档案保管室、警戒部门的职能，是政府宣告并行使主权的地方，具有政府管理的内生性，明确地不属于市场的范围。[①]"

公职机构的特殊性，在欧盟范围内得到承认，既不是圈套也不是借口。有些人满心企图以所谓的欧盟原则改革公职机构，这与欧盟法院的悄然裁决南辕北辙。这些人声称，欧盟理事会于 1999 年 6 月 28 日颁布的关于定期工作合同的指令，必须适用于法国公职机构，而法国公职机构执行的是终身工作合同，连欧盟立法者也在 2005 年 7 月

[①] 宪法委员会， 2012 年 3 月 22 日，第 201 - 651 号政令，有关执行刑罚的程序法。

26 日推出相关法令。事实上，欧盟法院已经坚决表示不承认定期工作合同适用法国公职机构。

同样，意大利的最高行政法院也宣告：公职机构的特殊性表现在其公正性和透明性。公共职能所具备的两个绝对必要性说明公职机构是属于社会所有人的。

这里还必须增加一些有关公职机构特殊性的要素，例如公共职能的责任机制，这涉及行政单位或是公务员的"责任"。不能完全把责任机制看作普通法律，因为责任机制是明确的义务，1789 年 8 月 26 日《人权宣言》的第 15 条称："社会有权要求一切公职人员报告其行政工作。"公职机构要考虑社会整体，而不是去考虑公共服务的"客户"或日常同僚。

公职人员有特殊性，因为他们执行主权决定的政策措施。公职人员的工作不是去承担吸收合并、回收的偶然风险。他们的职能是执行特别的决定。因为他们是西塞罗口中那些"会说话的法律"[①]。法兰西经过了整整 1 个世纪的争论，去辨明是否应该赋予公务员"身份"，也就是"公务员特殊身份"。1844 年，奥松维尔、萨亨、圣马可、吉拉尔丹、加斯帕兰、里韦等政治家集体提出议案，要求公务员身份特殊化。议案在 156 票赞成、157 票反对的微弱劣势下未被议院通过。在第二共和国时期，德龙格莱关于公务员身份的提案再次失败："提案于 1948 年 12 月 19 日进入讨论程序。维因先生之前的身份是教师、作家，他表示了热烈支持；但是当他成为部长，立刻表示反对提案，把提案打回办公室重审。"我们也发现了这种自相矛盾，甚至是在同一个人身上，当他是公务员和当他是部长的时候态度完全不同。

公务承担人有特殊性，因为他们在最简陋的办公室里担负使命，而不仅仅是马尔罗所说的从事某项职业："所有的使命会挑起憎恨、

---

① 西塞罗，《论法律》，第 1 章。

反军国主义、反教权主义；而职业不会挑动这些情感。如果一名官员懒惰、一名神父买卖圣物或者一名法官受贿，他们的罪恶感和骗子不同，因为这些人穿制服，不忠于使命的时候，就成了篡权者。"[1] 即便公务承担人可能自己意识不到，但是他就是在行使职能，担负使命。

这项使命，就是保障"共同的生活"，就是保障公共安全，而公共安全从来不会自动生成。警察、司法人员和军队、地方议员、社会行政人员，他们的职能象征着国家和权力，他们都促进了公共安全。我们不能忘记，在1789年《人权宣言》中，人权需要"公共武装力量"（第12条），而为了公共武装力量的维持和行政的开支，公共赋税是不可或缺的（第13条），因此所有公民都有权亲身或由其代表决定公共赋税的必要性（第14条）。行政部门的终极目标是通过"公共武装力量""保障人权"进而"保卫所有人的利益"。公共安全天生是脆弱的。公共安全在如下情况下都会受到威胁：恶性竞争、物质精神匮乏、人人为己、缺乏社会动员、宣传效应与经济实际不相符、粗暴的歧视、感觉被抛弃、蛮横无理、不平等等等。公共职能的负责人，无论民选官员或公务员，是对抗现实的排头兵，努力确保人民团结、机会均等。特别是，人人都能获得公共服务的观念越来越重要，因为这样的价值观现如今显得并不那么理所当然。

公务承担人作为公共服务的前哨冒着风险，因此受到保护。公务承担人的职业机制是特殊的。当公务员在企业担任政府委托的代表时，既要受到私营企业法也要受到公务员法律法规的约束。他不能摆脱工作检查，因为他的委托任期由行政法官保证。

公共职能也是特殊的，因为它不能买卖，需要承担人自觉接受。公职机构可以改革、创新自己的工作方式，但是改革的同时不能忘记，公共职能是由男人和女人承担的，他们都是"公共安全官员"。

---

[1] 安德烈·马尔罗，《反回忆录》，伽里玛出版社，"七星诗社"，第117页。

当法国犹豫甚至决定放弃公共职能特殊性的时候，1996 年联合国出台了《世界公职人员行为法》。文中说："公共职位，正如国家法律定义的那样，是一个被给予信任的岗位，涉及保证公共利益的义务。"欧洲议会有一份《公职人员行为法》，里面说："公职人员不仅在狭义上对政府事务负责，而且应该履行社会公众利益要求他们完成的任务。因此，在某种程度上，公职人员的工作义务和私营部门的白领是不同的。"欧盟委员会也没有权力具体化某些主要公共职能，例如已签订条约的原子能项目。

公共职能的特殊性只有在这种情况下才会得到肯定，即特殊性不是一种保守主义的特殊性，不是为了保全现状，而是一种向改革、向行动模式的转变敞开胸怀的特殊性[1]。在改革、动员和资格鉴定里，放弃特殊性至少会削弱海外省的公职机构机制。法国本土的公职机构媒体这样提醒："向私营企业学习改革，而不忽视公共服务。"

法国人、英国人抑或德国人，都承认公共职能的特殊性。法国人在最高行政法院 2003 年的报告中[2]、在议会面前（公职部部长表示他会"把欧盟法作为公职机构现代化的载体，以便更好保存公共职能的精髓：能力、中立、忠诚及为公共利益奉献"；公共职能的精髓到行政伦理的层面是不中立的）做出认可。英国人是在 1853 年[3]，德国人是在行政学文章中（例如一篇题为《为什么要有公务员？》）以及行政法庭的判决中，对公共职能特殊性做出认可的。最后，奥地利人通过 1999 年《公共服务法令》总结出了他们概念中的公共职能特殊性。

---

① 乐坡斯，《法国公共职能理念发展良好，但愿人们捍卫该理念》，收录于《行政杂志》，1995 年 3 月，第 159 页。

② 最高行政法院，《关于公共职能的前景》，收录于《2003 年公开报告》，EDCE，第 54 号，第 323 页。

③ 根据瓦德和福赛思，《行政法》，第 9 版，牛津大学出版社，2004 年，第 53 页；"现代公共服务的理想早在 1853 年诺思科特-特力韦林（Northcote-Trevelyn）报告中被提出。"

三、特殊性存在的必要

01.121 公职人员的特殊性包括其行政伦理和行使职能的必要条件。 行政伦理是公职机构具有特殊性的主要原因之一。因为公共服务的使用者与公共服务产生的关系，和他们与商业主体产生的关系不一样。即便是通过社会补助提供的服务（教育或者医疗），这些公共服务也必须具备高端实力，而且对所有人敞开大门。公共服务不是"发邀请函"，它不能挑选服务对象。

公共服务的使用者也具备了特殊性，当然这种特殊性是伴随着使用者们之间的探讨才会发生。马德莱娜·热贝利伍谈到公共服务使用者的传统，他们"依赖共和国的服务，但是又对公共权威表示不服，他们以强大的公民身份概念为依据，质询政府"。公共职能的特殊性对推动"公民身份"十分必要[①]。

第五节　对公共职能而言其他职业伦理的意义

01.131 两种不同的行政伦理。 在研究公职机构的行政伦理时，我们不能过高估计，也不能忽略其他行业的职业伦理，特别是自由职业的职业伦理。

"自由"职业需要职业伦理来说服客户。自由职业建立在自主化和独立性之上。而公共服务的使用者需要公务员的行政伦理去信服政府。公职机构的行政伦理建立在团结及政治优先的理念上。自由职业的职业伦理实用化，公职机构的行政伦理宪法化。政府特派员奥尔森在2006年指出两种不同伦理的区别——行政法官的控制程度不同。他说："政府监管的行业，必须尊重工商业自由。我们可以清楚地看到，当政府针对私营活动的某些方面颁布措施时，法官对政策实行具

[①] 马德莱娜·热贝利伍，《共和国传统与行政伦理》，参见 C. 菇安-朗贝尔主持编撰的《现代政府与行政》，LGDJ 出版社，巴黎，1994年，第70页。

有完全的控制。　[……]公务员的身份和被管理的地位是另一回事，公务员首先要尊重服从上级的原则，不论上级是否觉察他的权利。"

为了了解公职机构的行政伦理在公法中的地位，我们必须指出我们所了解的一些自由职业的伦理法典内容，从而指出不同。所有比较两种观念的企图只会带来更多的模糊，而不是清晰①。因为自由职业的伦理文件来自通用的职业伦理内容，得到法令的批准，受行业协会的监督。公职机构的行政伦理基础更加微妙，它由政府建立、为政府服务。自由职业建立在合法出售商品或服务的基础上。政府则建立在委托其行使主权的诸位公民的信任之上。没有行政伦理，就没有信任，也就没有委托。

不清楚两种伦理的区别，会让人们一直询问不同文件背后的标准。最高行政法院颁布了新的律师伦理法，对于自由职业来说，这一伦理法不同寻常。大量的公共行政伦理文件一般是通过行政通告或者部委决定，无非是表示政府拥有或者说被赋予这样一种双重责任：保证公共权力的良好运转，监督敏感行业的良好运转。

大部分的自由职业有自己的职业伦理框架，颁布运行的有《公共卫生伦理法典》，有司法与审计行业特别法规。有些职业是有行会组织的，行会必须遵守法律，不能以行业行规、行业团结的名义，曲解言论自由、创新自由，批评自由的权利的涵义。著名的"会计专家保卫职业自由委员会的行业规范"，表明了行会不能超出相关法律法规的范畴。

然而，每次行政法官裁定大赦的法律，认为某些事件"违背荣誉与廉洁"，公职机构就应该从中获取教训。例如，一名审计特派员不服从他公务员身份的禁忌事项，这种"独立"事件被视为有违廉政原则，对公务承担人而言，就必须尊重裁决。

---

① B. 托马斯-蒂阿尔，《警察的行政伦理法典：未曾注意到的文件》，RDP 出版社，1991 年，第 1385 页。

01.132　两种伦理的联系。有组织的行业指出了某些公职机构行政伦理的特点，共有 5 项。

01.133　公共利益优先。　首先，公职机构应该注意避免某些行会的行业保护机制，不利于更广泛的公共利益。例如组织自由执业医师夜间巡诊，经常失败，这是多年以来的一个明显例证。"自由"职业的伦理应当在公众利益的强制要求下让步。例如某药剂师在职业伦理的要求下，不能反对执行法国紧急救援组织的救援方案，方案要求因浸水损坏的药物必须销毁。 2001 年至 2005 年反对洗黑钱的欧盟法律转换为 2004 年 2 月 11 日法国法律，一名律师认为这一法律影响了他的职业保密。

01.134　规章分裂的可能。　其次，行业的职业伦理规定的内容有分裂的可能，特别是医疗行业，这说明很难把普遍原则（人类尊严、保密、批准）与特别情况下的规定结合起来，个案有其特殊性。在公职机构，普遍原则的确更重要，但是也需要承认，行政伦理存在特殊性。

01.135　欧盟命令的强势。　第三，先于公职机构，自由职业面临欧盟新的要求。 2006 年 2 月欧洲议会通过有关在内部市场进行服务的政令，其中第 39 条涉及欧盟行为准则。欧盟各成员国"与欧盟委员会合作共同采取措施，在欧盟法律许可的范围内鼓励起草职业伦理法典，特别是在以下领域：根据每个行业的特殊性，规范行业，制定伦理条例，保证行业的独立公正以及行业秘密"。同时，法国政府支持欧盟法律修正案，即：不能强制实施欧盟的职业伦理条例，但是法国允许这些条例在某种程度上适用于从业者。

可以预计，公职机构在行政伦理方面的和谐前景会逐渐实现。那时候，人们的主要议题将会对和谐环境提出更高的要求。

01.136　个人自由的重要性。　第四，尊重公民的自由权利是公职机构行政伦理的一部分，其中就需要活跃的自由职业。在自由的环境下，公职人员必须与自由职业者密切合作，同时不能越线做出损害公共利益的事情。

01. 137 适度的意义。 第五，在受管理的行业，有些要求与公职机构的要求非常相似。不仅有廉洁或者保密（特别是医师保密，律师保密或者商业秘密）的要求，而且有针对利益冲突的条例。

2005 年一项法令通过了《审计特派员伦理法》。 2006 年最高行政法院对此做出裁定，认为第 27 至 29 条有关"审计特派员执行任务时，人事、财务及行业关系的安排"条例，只有在合理表达下才有效。即审计特派员执行任务时，特别当"不论何种形式的存款，存入了被批准的账户"，那么就认定发生了不恰当的财务关系。最高行政法院认为这种对不恰当财务关系的定义是过分的，因为这一认定只涉及那些直接、明显地与司法控制的账户有牵连的个人。

因此，通过这起有关审计特派员的诉讼，最高行政法院发送了两条完整信息给自由职业者以及公务承担人，事关利益冲突的情况：

- 一方面，应当通过预防、预见的规定，做出反应。
- 另一方面，应该知道适度使用这些规定，以便这些规定不会制造出过分的麻烦，因为规定可能会阻止行为，但是不会保证安全。

换言之，对真正的利益冲突风险要睁大双眼，坚持根本原则却不可陷入伦理"激进主义"，成为极端彻底的道德卫士，否则就是违背了 1789 年的《人权宣言》，而成了没有明确允许的，就都得是禁止了的。

第 2 章
公民的信任：必要性与脆弱性

02.09 有信任，行政部门才有生命力。 公民同时也是公共服务使用者，他们必须信任行政部门，这很重要。行政部门通过社会动员、委托服务、正确理解自身的使命向公民传递信任。

没有被管理者的信任，行政部门无法生存。在共和八年霜月 22 日（1799 年 12 月 13 日）《宪法》中，第 7 条规定每个市镇的公民制定一份"信任名单"，包括 1/10 的参选公民。人们在这份名单里面选出"公务员"。

请不要忘记，无论是候选人名单、复试名单、录取名单、能力清单，他们首先是信任名单。

2006 年 4 月 4 日，加拿大总理在就职讲话中谈到："责任政府在所有方面，就是要争取公民的信任，没有什么比这个更重要。否则，为政府机构工作的加拿大人也会信誉扫地。"加拿大总理还宣布了新法令，旨在加强公职机构的行政伦理，防止腐败，以便重建公民信心。

2010 年，法国内政部部长在国民议会的讲话中说："在民众与国家安全力量的关系中，公职机构的行政伦理、掌控能力和判断力扮演主要角色。"

寻求这种信任，在任何时代都不为过。

例如，为了解释国家曾对制图行业的垄断，1773 年 10 月 5 日，国王会议颁布终审令："禁止没有相关经验的人制作和出版航海地图"。这间接表明，行政部门通过严肃性和透明性建立公众信任。终审令还表述道："以后，驾驶航海工具（无论商业还是军事目的）需要的所有航海地图、罗盘地图和航海须知，必须附有印刷说明和政府许可。这不仅是为了航海者放心，向航海者提供真正确切的地理信息；而且是为了防止大量没有政府许可的地图出现在市场上。这些地图的制作缺乏足够的材料和信息，为了销售采用夸张、引人注目的标题，质量令人十分担忧。"

贝尔纳·斯蒂恩认为对法官应该有这样的要求："质疑司法的背后藏着信任问题。首先，法官的自我信任要经得起其他机构审视，无论是当他面对媒体还是面对公众舆论时，大众需要的是能够做出有效裁决的法官。司法与政治之间也要有必要的信任。"[①]

公职人员像普通公民一样，知道国家有脆弱之处。无论是专制政府还是民主政府，其权威都建立在共识的基础上。权威只有被认可，才有价值。而认可建立在信誉之上。

行政部门的信誉与人们期待的公职人员的行为之间有差异，因为这种差异，行政伦理时常处于压力下。

第 1 节　行政部门的信誉：通过"风俗"和行政行为创造信任

02. 11　行政部门需要公共服务使用者的重视。 在 1999 年政府秘书长让-马克·索韦一次关于"法治国家与效率"的讲话中，他说："在我们这个轻微浮夸的世界中，公职人员的模范性更切实、更明

---

① 贝尔纳·斯蒂恩，《权威的边界》，引自《我们的政府》，福鲁和施皮茨编，罗伯特·拉丰出版社，2000 年，第 181 页。

显。这倒是避免了一些公众失望。"

行政部门关心自己的信誉，行政法官也为行政部门信誉操心。2000年欧盟理事会部长级会议发布了一份公告，公告强调"对公职机构而言，信任的氛围对实施善治具有重要作用"。此后，行政部门重视公众信任这一点得到了社会更广泛的重视和描述。

最常用的描述词汇是"行政部门的信誉"。考虑到教育部门需要保持其公共服务的信誉，如果一名学校教师的家中有未成年人演出的色情录像带，那么他会受到纪律处分。因为这种行为损害了行政部门信誉，可能文件上面没有相关规定，因此要结合实际情况，做出惩罚，规范行业，加强公务员的纪律[1]。行政部门信誉的背后，其实是对公共服务的重视，例如：

- "严重损害服务信誉的行为"，瑞士破产办公室的贪腐就是例证。
- 法官行使职能时，如果与利益相关方存在关系"缺陷"，也会影响信誉[2]。
- 大学教师的尊严和权威牵涉大学的信誉。
- 警察要在公众中保持信誉。
- 邮政系统要在公众中保持信誉。
- 警察与妓女共同生活或者醉驾，都会损害警察信誉；严重的失职也会影响司法机构信誉。
- 对于劳资调解委员会来说，该机构的顾问无论在行使管辖职能还是行政职能的时候、无论他是在工作中还是工作之外，如果其行为与调解仲裁机构工作人员必须的品德不相称，那么就可能被认定是损害了劳资调解委员会的信誉。

---

[1] 再例如，在德国，一名德国联邦国防军（Bundeswehr）士兵因为侵吞地方报纸送来的现金，而受到了德国联邦行政法庭的惩罚，他的行为损害了军方的信誉。 2002年2月27日。

[2] 2001年3月判例指出，一家企业为一名法官进行家庭装修，但后来法官与企业之间发生诉讼关系。这种情况，不被视为"缺陷"。

- 宪兵不能损害宪兵队在公众中的声誉。如果宪兵行窃，哪怕当事的店主没有申诉并倾向于做有利于当事人的和解，同样也会损害宪兵队名誉。

- 根据 1997 年地方行政区领导行政伦理宪章，"公职人员注重形象，有助于公众对公共服务的信心"。

- 意大利行政伦理法第 9 条：注重政府形象。

- 有必要"重塑宪兵队形象"。

- 一名欧盟委员会委员因强奸被媒体广为报道，严重损害了欧盟委员会的形象；行政部门的标志性形象也受到损害。（塑造行政部门的形象包括如何让市场经济的词汇深入内政部的文件精神传达中。）

- 损害部门的声望或警察的名声。

- 腐败会严重影响服务政府的形象、威信、信誉和可靠度。

- 国库公职人员的行政伦理和职业保护指南中，认为"一些私生活的行为是不可接受的。如果这些私生活的行为是丑闻，或者影响了行政部门的名誉，那么会让公众对行政部门产生偏见，公共服务使用者们会对行政部门失去信心"。同样，公共财政管理局的行政伦理法要求"公务员不能损害行政部门的信誉。为了不让公共服务'失信'，公务员即便在工作之外，都要注重自己的行为尊严"。

2005 年 10 月，法国两名退休大使接受联合国调查，因为他们允许伊拉克政府出售部分石油。在沃尔克先生领导的联合国独立调查委员会的报告中，两位大使的姓名也赫然在列。正因为这两名公务员遭调查，法国的信誉受到损害[①]。该事件令法国外交部启动了行政伦理培训的相关工作，直到 2011 年才完成。同样，2011 年多次爆出司法警察腐败的案件，直接引起业内改革：据媒体称[②]，内政部在国家警察总署督察总局成立行政伦理培训的支持小组，提升司法警察的行政

① 2005 年 11 月，法国外交部外交官协会要求外交部部长做出惩罚。
② 《解放报》，2011 年 11 月 29 日。

伦理水平。

行政部门希望保持名誉、敬意、信誉、尊重、形象、声誉，从而得到承认。因此，行政部门不能忽视行政伦理的要求。行政部门和司法机构对行政伦理的要求一样。例如，司法机构一般都要求，律师的私人生活如果损害了律师行业应有的信誉，那么这种生活态度会受到纪律的惩罚。当然，法官也曾对一名在大街上演奏手风琴赚钱的女律师免除纪律诉讼，因为法官认为没有任何明确的证据说明该女律师的品德损害了律师行业的尊严。

行政部门对名誉方面非常敏感，因此行政部门建议乃至要求公务员接受集体规章，甚至集体行动，因为公共行动建立在集体使用服务的抽象化之上。公共行动只有在公民的信任之下才有效。

02.12　全欧洲都认可这种信任的原则。

● 在英国，公共服务必须时刻考虑公众的期待。公共服务应该把公民信任与政治权威结合起来：提供公共服务在某种意义上，其实就是始终满足广大民众越来越高的要求。某名高级公务员作为前皇家服务者，破坏了人们给予他的信任。该公务员所属部的部长在英国下议院表示这是丑闻。公职人员不能泄露机密。

● 在德国，有关公务员的法律要求他们的行为能让人产生尊重和信任。

● 在奥地利，《公务员服务权利法》的第43条或者《公务员身份法》，要求公共行动要保证公民信任。

● 在比利时，公务员在服务中要避免所有可能动摇人民信心的行为。

● 在意大利，2001年《公务员行政伦理法》第2.5条要求，公职人员应该在公民与行政部门之间建立起信任与合作的相互关系。2012年蒙蒂政府的一项政策就是禁止公务员收受礼物。

● 在芬兰，公职机构最基本的价值，就是获得公民信任。

● 在加拿大，《公职机构道德与价值法》于2003年出版，建议公职人员"坚持以保证公民信任的方式做工作"。

- 在斯洛伐克，2002 年出版了新的《公务员行政伦理法典》，认为公职人员应不偏不倚，禁止有损害公众信任的行为。
- 在俄罗斯，2004 年《公务员行为法》草案第 6 条规定："公务员应长期坚持良好的工作态度，保证和加强公民信任，公共机构应该具备诚实性、公正性和有效性。" 2002 年 8 月 12 日发布有关《职业行为通则》的总统法令，其中要求公务员"避免冲突的情况，保证不会给公职机构及公务员的声誉带来偏见"。

我们看到，无论是民主国家还是那些希望成为民主国家的国家，都认识到国家的抽象性带来的脆弱，公职机构来自人民，但是有被否定和被疏远的风险。因此，捍卫国家、行政部门的信誉是绝对必要的。

02.13 我们能不能、应不应该在公职机构教授行政伦理？

- 在法国，幸运的是大量公务员培训学校，从法国国家行政学院到圣西尔军校，从法国国立法官学校到国际公共卫生高级研究学校，从国立国库学校到国际监狱系统学校，都会教授行政伦理原则。在学生们担任比较敏感的职务之前，让他们必须了解行政伦理。案例式、实践式的针对性教学比较多。在 2012 年公共服务学校网络的会议记录中，这样写道："教授干部行政伦理是防范风险的一种管理办法"。

"我知道有些年轻人，是杰出人物的子孙，他们的家教从他们中学时代起便教导他们要精神崇高、道德高尚。可能他们自己的生活中没有任何要遮掩的地方，凡是他们说过的话，都可以发表，签上自己的名字。但是，这是一些精神贫瘠的人，是理论说教者软弱无力的后代，他们的心智是消极的，是不能开花结果的。心智不靠接受而来，是必须自己去走一段路，亲自去发现，任何人不能代替我们去走，不能免了我们这趟差，因为心智是对事物的一种观点。"[1] 普鲁斯特既对又不对。说他对，是因为公务员的行政伦理预先设定，公职人员总

---

① 普鲁斯特，《在少女花影下》，伽里玛出版社，"七星诗社"，第 457 页。

是会在工作中遇到矛盾，不停遇到新问题，公职人员会有某种孤独，对于自己的成功和失败有个人的感悟。说普鲁斯特不对，是因为每个人都应该自己去走一段路，亲自"去发现明智"，然而行政培训学校和培训体系就是要让一名公职人员了解行政伦理的概念，帮助他少走弯路。

针对所有的怀疑论者，我们必须确信行政伦理能够成为教学主题。布鲁塞尔自由大学开设有关"公务员与公共责任的行政伦理"课程，就是例证。西班牙作家在1996年出版过《公共政府的职业道德》一书，书中写道，全世界的行政培训中心都有教授职业道德伦理[1]。

行政伦理应该被教授，要让"（公职人员）在行使职能的时候深入了解必要的行政伦理和道德"[2]。假如不教授行政伦理，那么有些公职人员在违反纪律的时候，会这样为自己辩护："我从来没在培训课程上听到过禁止收受公共服务获利方的酬金或礼物啊"。最关键的是，学习行政伦理又不会让公职人员有什么损失。所以讨论是否应该教授行政伦理的问题，如今已经过时了。2012年法国外交部设计了一份多问题的"情景"问答。例如：如果您与外国外交官共进晚餐，酒过三巡，您在大使馆的同事开始激烈抨击政府政策，那么：

1) 您置之一笑，并不觉得有什么不妥。

2) 您帮他向其他宾客道歉，然后赶紧带他离开宴席。

3) 您公开批评他的行为，然后向大使报告此事。

4) 您改变话题，第二天再教育您的同事。

这份问答里面，还有问题，例如：

有一家法国纺织企业，当地传闻说该企业雇用童工。该企业对您表示要给国庆日活动捐款，那么：

1) 您根据原则，拒绝企业捐款，认为政府组织国庆日活动不能

---

① 佩雷，《公共政府的职业道德》，1996年。

② 这段话是国立国库学校校长维亚莱发表在2005年的《国库年鉴》上，第365页。

接受私人资金。

2) 您愉快地接受了企业捐款，觉得能给政府省钱是好事。

3) 您礼貌地拒绝了企业捐款，并报告上级您做出该决定的原因。

4) 您很愤怒，通知当地法国商会，您拒绝了该企业的捐款。

翻阅这些问题的答案——有时候是很困难的，因为我们犹豫不决——这其实是给每一名公职人员单独或者分组思考行政伦理原则的机会，同时，从试题中，我们可以看出答题者属于行政伦理四个层级中的哪一级：1) 反行政伦理的态度；2) 对行政伦理问题表现冷漠/被动；3) 伸张正义的态度；4) 商量者的态度。这种问卷式的工具不成熟，正在完善中，不过已经给出了一些有趣的结论。

教育部也从 2011 年开始，在招聘考试中加入有关行政伦理的问题，例如面对这些情况，采取何种反应："刑事犯罪的儿童受害者"；"与学生对话时候态度比较激烈"；"在没有摄像头的走道里发现学生斗殴"；"两名学生代表发现一名同学经常吸毒，来寻求建议和帮助"等。教师行政伦理的教学可以根据案例，比较大家不同的第一反应，从而建构最佳职业行为。

欧洲人权法院认为行政伦理教育是必须的，行政伦理教育不应添加宗教或者意识形态的内容；没有人有权力免除伦理教育。法院批评了把行政伦理教育等同于"启蒙式"洗脑、等同于无神论的论调。相反，行政伦理教育"与民主社会的价值观完美匹配"。

20 世纪 80 年代末，布雷邦担任法国国家行政学院院长的时候，学院就开始了行政伦理教育，我们有关行政伦理的第一本书出版于1995 年。2006 年，贝尔纳·佩舍尔①的心愿就是"在服务部门大力提倡行政伦理，这样的行政伦理适合不同行业的特色，改善警察部门的形象。本来在行政学院或是继续培训中心，人们可能不愿意编撰行

---

① 贝尔纳·佩舍尔，公职部前局长，《在大爆炸与维持现状之间的公职机构》，收录于《权力杂志》，2006 年 4 月，第 117 期，第 93 页。

政伦理指南和法典，但是提倡行政伦理加速了编撰工作"。很明显，行政伦理教育是必要而且可能的。

第 2 节　公职人员的信誉与行为

02.21　公职人员的"行为"形成了他的信誉。信誉应当被保护。一名公职人员不合法的洗白也会损害信誉。政府的信誉更是敏感问题。

"行为"一词经常用来协助定义"公共职能行使中的不当行为"，例如 1990 年 9 月 25 日政令，因为"公职人员在工作关系中的通常行为应该被纳入其工作方式的评估"。

公职人员的总体行为定期首先由行政部门然后由司法机构评估。

公职人员不得"持与职务不相符的态度"，不得"对属下持阻碍服务工作的态度"，且军人不得"持与职业性、尊严相悖的工作态度"。如果一名公职人员因为处理不好上下级关系，发生了大量严重工作问题，那么他会影响所有与其职务相关的部门同事；这些同事会发现，他在行为上的困难逐渐演变成工作上的无能。

公职人员的"行为"是由他的"个性"决定，个性不能太刁钻。

行为应当与职务相称，由公民评判是否与职务相称。就像一名奥地利联邦行政法庭法官的情况，如果客观上他有明显支持某一方的行为，那么这种行为会被禁止，因为发生错误的实际情况怎么样不重要，最重要的是群众的看法。公务员的态度不应该挑起公共服务使用者的疑虑。

但是"行为"这个词很含糊：考虑到公职人员行为的真实情况，公职人员的名声也可以是不合理的臭名。

试图在公共服务中植入秩序，可能会引起反对情绪。上级未必会支持努力的公职人员，特别是这名公职人员不擅于人际交往，不太受欢迎的时候。上级情愿睁一只眼闭一只眼，那就只有公共服务使用者（群众）的利益受到损害，因为群众往往投诉无门。公共服务因此很没效率，不过，看起来倒是相安无事。

教育部门发生过这么件事。一名教育局局长发现他的年度打分直线下降，因为一名大学校长批评他的行为专制、与公共服务的良好运行相悖。政府特派员进行调查并得出结论，但是与结论相反，最高行政法院判定"这种行为不能被视为职务义务的过失"。这项决定很重要，这表明了法官对努力工作官员的认可。

第 3 节　行政部门/公职人员义务的相互性

02.31　**这种相互性在法兰西公法中是有传统的。**1848 年 11 月 4 日《宪法》的序言第 6 条说："公民对共和国、共和国对公民有互相负责的义务。"因此，共和国与其仆役即公职人员之间也有义务。

公职人员的权利与义务与行政部门的权利与义务紧密结合，才能互相理解，惯常进行。行政部门既拥有权利（行政部门有权不去理会未转正的实习职员保护权利的要求），也拥有义务。

行政部门对其雇员也有义务，正如行政部门雇员面向所有公民一样，希望在职业生涯中获得尊重。

在这些义务中，为公务员找到合适的位置并非为了照顾他们。例如里昂一名济贫院的前院长，整整四年没有实质性的工作做，同样还有大使或者大学老师；不能因为公职人员已经被雇用就不给他行使职能的机会。

政治与行政部门之间也有这样的相互性。公职人员应该忠于政治家，但是政治家应该"尊重行政部门"，正如 1988 年 5 月新任总理米歇尔·罗卡尔写给他的部长们所描述的那样。

第 4 节　行政伦理的期待与需求

02.41　**行政伦理与国家同时被建立。**历史上一些建国的基本文件确立了行政伦理的三项基本规范：廉洁、公正、效率。

- 1905 年：有关"档案"与文件查阅的法律标志着国家的"世俗化"，围绕公正国家建立了公务员言论自由权。
- 1919 年：规定了公务承担人、民选官员及公务员非法获取利益罪，成为廉洁的决定性原则。
- 1936 年：颁布有关地方政府服务的专有权利合并的政令。
- 1986 年：警察部门首次颁布真正的行政伦理法。

1945、1958、1983 年的公职机构《公务员身份地位法》均肯定了公务员特殊的权利和义务的原则。

如今，关于行政伦理思考的四种常见的改革意见分别如下：

1) 廉洁及反腐败的要求。
2) 促进国家公正的要求。
3) 公共职能改革的压力。
4) 国际争论。

02.42 首先，廉洁及反腐败的要求。这恰恰是"行政伦理的需求"。滥用权力、侵吞公款和腐败行为清楚表明这是行政伦理的反面。一名公务承担人反行政伦理的行为，要比私营企业职员的简单错误严重得多。首先，违背所承担的义务就如同篡权，其结果就是破坏信任、改变工作方向、瓦解社会团结。

宣传行政伦理的努力，比公职机构行政伦理这个让公众感兴趣的话题更能起到正面作用。公共服务的使用者和纳税人组成协会，通过上诉各种公共决策，试图对行政伦理施加有利的影响。

同样，财政系统食堂管理协会出台规定，反对不同岗位公务员的不同津贴，特别是最高行政法院成员的津贴。弱势群体协会还反对过公共机构对公共交通的统一定价。

20 世纪 90 年代颁发了一系列有关公共职能廉洁性的文件，皮埃尔·贝雷戈瓦于 1992 年 4 月在国民议会上专门宣读了这些文件。

1992 年布舍里先生领导防腐败委员会；继而在 1993 年 1 月 29 日

颁布了第 93 - 122 号法, 针对预防腐败与经济活动透明化; 1994 年 6 月 28 日颁布了第 94 - 530 号法, 专门管理公职人员离职前往私营企业工作; 1994 年 12 月 2 日罗泽斯女士领导的腐败调查委员会发布报告, 然后在 1995 年 1 月 19 日两项法律推出, 旨在管理政治生活中的财务问题、议会议员的财产申报、政府采购以及公共服务委托授权行为。 2011 年 1 月, "索韦、米戈、马让迪" 委员会提交了一份报告, 有关预防利益冲突, 体现了反腐败传统。 2012 年 7 月, 若斯潘委员会负责 "政治生活中的伦理与革新"。

02.43　第二, 从 1981 年开始一系列权力的交替与共存使得人们**更加关注公平政府**。近些年, 官员任命都是进行外部管理, 要么是通过法官管理, 要么是通过 1986 年到 1995 年间确立的透明机制, 应该说公共职务更加依赖考试竞争而不是举荐。

02.44　第三, **公职部门改革派面临压力**。长久以来, "改革派" 由衷呼吁在公职机构和私营部门推广职业伦理。

1967 年 11 月 20 日, 皮埃尔·孟戴斯-弗朗斯致信法国国家行政学院校友会说: "行使职能的社会条件发生了巨变, 因此给行政伦理提出了不少问题", 他认为要坚持 "公共服务的独立性、信息收集与公众辩论以及分权"。

1994 年 5 月, 根据 "国家责任与组织的研究任务", 皮克报告指出: "加强行政伦理要在全体公务员中进行。与员工代表协商之后起草行政伦理宪章。宪章要指出传统及新式的行政伦理原则, 以便指导国家公务员的工作。"

2005 年初, 参议院财务委员会主席表示, 公职机构的情况要进行批评, 而且他说[1]: "有些高级公务员'不问世事', 尸位素餐, 没有负起真正责任。还有些高级公务员, 被指派前往企业工作后, 又'抄近路'回自己原来单位, 同时拿了企业的大笔补偿。这些行为可耻。为了

---

[1]　《费加罗》杂志, 2005 年 1 月 29 日。

结束这些乱象，我们应该推广透明化管理，倡导严格的行政伦理。"

2005 年 10 月，外交部表彰了部里一批公职人员的品质，承认说："毫无疑问，我们的外交在未来需要遵守行政伦理，那些决定以后前往私营部门工作的外交人员更加需要明确遵守。"

2012 年 5 月 15 日，奥朗德总统在就职演说中也提到行政伦理。

行政伦理一直是政府改革的核心议题①。

● 病人一直等待卫生系统伦理改革： 2002 年 3 月 4 日库什内法令规定了"病人的权利"，极大发展了自 1995 年颁布新医疗伦理法以来的行业伦理。

● 新闻、企业终于也推广颁布了职业伦理宪章。除自由职业，金融分析师也在 2002 年采纳了伦理法典，审计员行业也推出伦理守则。

每一个人都认为伦理人尽皆知，颁布并在可能的时候实践职业伦理能够加强职业权威性。这也是 1986 年警察部门的先驱们率先制定伦理法典的初衷。

02.45　第四，国际争论。总的来说，人们一直在追寻欧盟的公职机构政策。围绕行政伦理， 10 多年来，普遍认为"治理与管理的概念在世界范围内遇到信任危机"。联合国与经合组织以自由竞争、国际贸易的效率为名，不断促进建设融合、高效的政府。

现在一些国际协会接手了这些国际组织的努力，例如"国际透明"组织。例如 2005 年 11 月召开的欧盟国防部部长会议，主题就是制定政府采购武器的行为规则，制定规则不仅仅是为了加强竞争②。

大部分欧盟国家面临职业道德日益下降的问题，因此不断重视加强职业伦理。廉洁已然成为国家在国际竞争中身份地位的关键因素。

---

① 参见公共服务协会， 《公共服务：法国面临前所未有的机遇》， 2012 年 2 月，www. assoservices-publics. org.

② 欧盟委员会长期试图整合武器政府采购的市场，把该市场拉回正常市场竞争的领域，但是根据欧盟条约第 296 条，由于"国家安全"大部分的采购市场可以违反竞争市场惯例。欧盟议员维尔梅林报告也指出了这个问题。因此，这次会议对武器的政府采购应该起了一些反腐败的作用。

第3章
规章制度

第1节　国际文件

03.11　联合国。2005年7月4日，法国批准了《联合国反腐败公约》，该公约于2003年10月31日被联合国大会通过，并在墨西哥梅里达被公布[①]。

在公约第2章有关"防范措施"中，第8-2条专门对公职人员的行为准则进行规定："各缔约国均尤其应当努力在本国的体制和法律制度范围内适用正确、诚实和妥善履行公务的行为准则或者标准。"这一章的内容比较新，因为在经合组织1997年公约和欧盟同年公约中，都没有与公职人员有关的条例。第8条在我们的行政伦理制度体系中带来3个创新，这些创新应当引入我们的司法框架。

首先，行为准则成为一个参考。《梅里达公约》反映了1996年12月12日联大第51019号决议附件中的公职部门《公职人员行为国际准则》。

---

① 该公约由科洛女议员在其2005年6月29日第2417号报告中提交给国民议会，该公约在报告中被视为"世界首个反腐败条约文本"。

其次，当公职人员行使职能的时候，有违法行为应被上报，这就是说认可揭发。

最后，公职人员有义务向职能部门汇报所有外部行动，这些行动指所有可能与自己公务职能产生利益冲突的职位、投资、财产、赠予或实质好处等。

03.12　经济合作与发展组织。经合组织在 1997 年 12 月 17 日通过了《在国际交易中反对外国公职人员腐败公约》。法国在 2000 年 7 月 31 日提交并批准了本国的公约文本，该公约于 2000 年 9 月 29 日在法国生效。该公约仅针对外国公职人员的腐败活动。

经合组织多年来进行各种项目，旨在提高公职部门的职业道德。

第 2 节　欧洲和欧盟文件

03.21　欧洲委员会。1999 年 1 月 27 日两个刑事公约以及 1999 年 11 月 4 日民事公约被讨论。法国在 2005 年 2 月 11 日的法令中批准了这几个公约。这些公约包含的条文能够评估反腐败国家集团工作。

尤其是 2000 年 5 月 11 日成员国部长级委员会推荐《公职人员行为准则》。准则共 28 条，针对主要的行政伦理问题，例如遵守层级、忠诚、非法命令（第 12 条）、利益冲突（第 13—16 条）、保护私生活（第 17 条）、收受礼品（第 18 和 19 条）、严谨（第 22 条）或者职能中止后的态度（第 26 条）。

2004 年 4 月 1 日荷兰地方及大区民主指导委员会会议通过了《地方层级公共职业道德良好实践手册》，该手册完善了上述条文；随后，2005 年 11 月又通过了《简明手册》。这两个手册把原则与案例相结合，对地方议员与公务员的身份地位、政治活动的资金、行政透明化以及地方政府与私营企业关系进行了规定。

03.22　欧盟。2004 年 3 月 22 日新条例取代了 1968 年 2 月 29 日

颁布的旧的《欧共体公务员身份地位法》①。由于欧盟统计办公室的某些管理存在问题并遭到指控，前欧盟委员会成员集体辞职，因此新的《公务员身份地位法》加强了公务员忠诚、公平以及廉正的义务。②

对欧盟公职机构进行改革需要配合那些能够加强行政伦理的措施③。20世纪90年代中期，欧盟委员会经过若干危机后决定起草并通过了3个行为准则，依次为：

● 1999年3月9日针对欧盟委员。巴罗佐委员会通过2011年2月10日出台的新欧盟委员守则。守则针对存在的问题规定：内外活动时保持独立与庄重，在与公共服务部门交往时保持忠诚、自信与透明，主动申报经济利益，不准接受"超过外交和社交报销标准"的邀请，不准接受价值超过150欧元的礼品等。

● 1999年3月9日针对欧盟委员的关系。

● 2000年10月17日针对欧盟委员，出台《欧盟委员会人员在联系公众时的行政行为准则》。

在所谓公共职能外，委员会推荐了其他准则，例如2005年3月11日在欧盟委员会建议下制定的《研究员聘用的行为准则》，当然，该《准则》只是一个指导文件，但是它对欧洲及其他地区流动性较大的岗位提供了一些共同规定，具有一定实用性。

另外，欧盟委员会在1997年5月26日通过了《欧盟成员国公务员或欧共体公务员（积极与消极）反腐败相关公约》。法国在2000年批准该公约。

---

① 2004年3月22日欧盟第723/2004号规定。参见杰尔瓦索尼，《欧盟公务员的新身份：改革的主要条例》，收录于《公职部门手册》，2005年2月，第8页。
② 杰尔瓦索尼，《欧盟公务员的新身份：改革的主要条例》，收录于《公职部门手册》，2005年2月，第8页。
③ 费拉尔，《欧盟公共职能》，收录于《公职部门手册》，2001年5月，第10页。

第 3 节　每个国家的国家文件

03.31　许多国家选择编写行政伦理准则。如果说在欧洲国家公务员的权利和义务是争论与建议的主题①，那么在俄国、日本或者美国也是类似情况，这是不是一种巧合？法国的公务承担人应该有能力比较各国的行政伦理规定（通过互联网，天涯若比邻），并能观察到在民主国家的公共职能部门存在共同的行政伦理基础。

● 德国分别在 1953 年 7 月 4 日与 1957 年 7 月 1 日（有关公务员义务的《公共职能联邦法》）修订的公共职能法律②中规定了行政伦理原则。1997 年 8 月 19 日《反腐败法》加强了公职人员的义务，特别是在公共市场交易与收受礼品方面。

● 比利时实施了 1937 年 10 月 2 日皇家命令，内容关于政府公务员的身份地位。其中第 7 条等对公务员的职责和义务做出规定，还可见于 1993 年 7 月 22 日法。

弗拉芒地区政府在 1993 年 11 月 24 日针对公务员的义务发布规章；1998 年 9 月 1 日的通告涉及弗拉芒政府公务员的行政伦理准则，通告还就上述准则进行注释。

特别是 2007 年 8 月 27 日决定围绕尊重、公平、职业良知与忠诚这几个概念建立行政伦理框架，指导比利时联邦的公共职能。

● 丹麦在 2005 年起草了《公务员行为准则》。其中针对不少问题进行规定，例如"言论自由、公务员的权利和义务，对违法指令进行上报的义务，附加的活动以及收受礼物"。

● 西班牙出台《行为准则》，列举了公职人员的关键义务与不兼容性。这一准则在第 6 章规定了公职人员的身份地位，其依据是 2007

---

① 《有关公共决策的道德：欧洲视角》，收录于《公职部门手册》，2001 年 1 月，第 9 页。

② 参见 http://bundesrecht.juris.de。

年 4 月 13 日法，这条法律替代了 1964 年的《公务员身份地位法》。颁布 2007 年法律的动机如是重点表述："这是我们立法界首次对公职人员的基本义务建立通行条例，条例基于道德原则与行为规则，这些构成了真实的行为准则。"

2005 年 3 月 3 日，西班牙通过政令，出台《政府成员与公共行政高级岗位善治准则》，包含了不少参考原则，特别是对政治行为、公众信息、收受礼品与头衔使用进行规定。 2006 年 4 月 10 日法对政府成员及"高级公务员"的利益冲突问题做出专门规定。

● 希腊实行 1999 年 2 月 9 日有关公务员权利与义务法，批准了本国的公务员行为准则。该法律的第 36 条专门针对利益冲突防范。

● 意大利[①]颁布 1993 年法规对公职人员的勤奋、忠诚与公平义务做出规定。 1997 年 3 月 15 日法规定了针对所有公职人员的共同道德守则。在这一精神的指导下，意大利在 2000 年 11 月 28 日通过了公务员义务细则。里面的 14 条规定再次被公职部部长弗拉蒂尼的 2001 年 7 月 12 日第 2198 号通告所强调。这条通告号召所有公共部门注意严格遵守公平与防范利益冲突的规定。

意大利式的行为准则规定了行使公共职能时的三大必备素养：

● 忠诚与忠实：为政府利益而工作，不准利用职权、不准有偏向或歧视，不准服务于个人利益。

● 服从与勤奋：有实效地完成本职工作，遵守工作时间，准时到岗。

● 专一：不准同时承担多项任务或职务。

至于更加特殊一些的岗位，它们具有自己的职业准则。例如对于法官， 2006 年 2 月 23 日法令规定了不同的过失行为；对于最高行政法院成员，在其职务之内或职务之外规定了必须遵从的行政伦理行为。

● 卢森堡在《公务员身份地位法》的第 5 章明确了"公务员的职

---

① 最高行政法院，《公共报告》， 2003 年，以及卡朗达，《对意大利公共职能部门近期改革的看法》。

责"，其中不少条例针对公务员的廉洁性，例如第 10.2 条针对收受物质好处，第 14 至 17 条针对利益冲突。

特别是，一些政府部门配备了行政伦理工具。土地登记部门负责增值税与非直接税，在 2004 年 11 月 16 日采纳了部门行为准则，其中尤其针对贩卖影响力、非法牟利、正直的义务以及保守职业秘密，进行规定。杜谢警察局自 2006 年 1 月实行《价值基本准则》，要求公务员"不腐败、保持客观与公正"。统计部门也会出台类似规定。

● 葡萄牙对公务员实行了 1984 年 1 月 16 日第 24 - 84 法令规定的《中央、大区及地方政府公务员与公职人员纪律法》。 1997 年，行政现代化秘书处向所有公职人员发放了《政府道德基本准则》，围绕"公共服务、合法性、中立性、责任心、能力与廉正"这些概念，例举了"10 条公共行政的道德原则"。

此外，一些公共服务部门有自己的行为准则。例如警察部门有《警察服务行政伦理守则》，其中第 6 条规定了公职人员的廉洁与庄重原则。海关也有类似的准则。

● 在荷兰，针对公共服务部门与警察的政治廉洁文件于 2003 年被议会批准通过。该文件强调了在行使职能时保持廉正的一些必要做法，例如申报利益或反腐败。

● 英国实施 3 个系列规定[①]，从普遍到特殊。

——《公共服务管理准则》包含了公共职能的所有原则，从晋升、委任、工作时间和节奏。

——1996 年的《公共服务准则》先后于 2006 年与 2010 年 11 月被重审，成为新的《公共服务准则》，包含 19 条，规定了公共服务应具备的行政伦理价值与原则。这里面含有廉正、诚实、客观与公正的概念。该文件还有不少便携版本，大家携带和阅读非常方便。

——《公共服务指导》用来支持《公共服务准则》，通过两卷文

———————————
① 参见 www. civilservice. gov. uk。

字、按字母顺序详细规定了英国公务员在职业伦理方面应该注意的原则性问题，例如审慎、严谨的义务，与游说者、新闻媒体、部长的关系。这是一份有关行政伦理的资料"宝库"，法国公务员可以很实用地拿来借鉴。

这3份文件形成了行政伦理的学说，同时形成了用于实践的规范。当希思议员质询内阁办公室部长有关某公务员泄密的纪律问题时，部长这样回答：此类问题已经由《公共服务准则》和《公共服务管理准则》规定好了。古斯·奥唐奈爵士是公职部门主任，他把公共服务精神概括为四个P：荣耀（Pride），激情（Passion），高效（Pace）和敬业（Professionalism）①。

——此外，还有《部长行为准则》，对部长们行为进行了实际的规定，特别是里面有"部长与公务员"这一章。

2005年，工党政府重审了有关公共职能的法律②。在下议院，某工党议员质询政府为何拖延此项法律的推出，并讥讽道"问题是这项法律草案是在151年前撰写的"。对他的第2次质询，时任国务次秘的保守党人回答道：保守党政府已经度过18年，期间没有通过任何一项《公共服务法案》。

● 瑞典在2004年2月修订了其针对公务员的"行政伦理指导路线"，内容主要针对兼职及收受礼品。

● 瑞士用2000年3月24日的联邦雇员新法律及2001年7月3日法令代替了《公职人员身份地位法》。新文件规定了公共部门联邦雇员的重要义务。

● 加拿大在2003年及2012年4月2日颁布了《公务员道德价值

---

① 荣耀指公务员应对他们的价值观和为公众提供服务感到骄傲。激情指公务员应当关心本职工作和他们所服务的人群；重视激情的行政文化会吸引最有才能的人加入到行政单位中。高效指公共服务需要保证工作成功完成，合乎经济原则。敬业指持续地提高工作水平，并提倡终身学习提高的价值观。

② 关于《公务员身份地位法》，见刘易斯，《英国公务员法》，收录于《公共法》，1998年秋，第463页。

守则》，这部《守则》把盎格鲁-撒克逊的方法与欧洲人的重要方案结合起来，非常实用。

● 在美国，1883 年颁布公共服务条例（《彭德尔顿法》），反对公职人员腐败。1 个世纪后，美国联邦政府道德办公室发行了《联邦道德法汇编》，描述了联邦雇员应该遵守的行为准则，被大部分州采用。1989 年 4 月，总统颁布了 12674 法令《行政部门雇员道德行为准则》，规定了行政伦理的重要原则。

美国法官必须遵守《美国法官行为准则》，检察官必须遵守《美国检察官手册》。

● 在南非，《公务员行为准则》于 1997 年 6 月 10 日被通过，准则规定了公务员与政府和议会、与公众、与同僚之间的关系、公职部门的义务（公正、回避、效率与正直）。

● 在刚果，2002 年 10 月 3 日法令涉及公职人员行为准则，展现"准时、严格、责任、诚实、廉洁、平等、庄重、公正、忠诚、爱国、礼貌、审慎"。

● 在秘鲁，《公共职能道德守则》通过 2002 年 8 月法令公布，该法令随后在 2005 年被修订。这一守则分为 3 章：1）公共职能的原则，首先是遵守《宪法》和法律，而且要保持廉洁、高效和忠诚；2）公共职能的义务，包括中立、透明、恰当行使职能、谨慎、责任；3）行政伦理禁止公职人员存在利益冲突、政治上结党营私、违规利用内幕消息。

● 在墨西哥，2001 年 10 月的《职业道德守则》规定了 7 条原则，目的是建立联邦税务总督察的道德权威。这 7 条是：1）能力与敬业；2）独立（设立监督团体）；3）客观；4）公正；5）保密；6）建设性态度；7）廉洁。

● 在澳大利亚[①]，1999 年的《公共服务条例》在第 1 条宣布了澳

[①] 关于澳大利亚体系详细描述，参见克纳汉，《鼓励正直，惩罚恶劣：有关公共职能的基本守则与有关泄密的法律》，2006 年。

大利亚公共职能的 15 个价值观，例如公正与政治中立，向公众提供
"公平、高效、礼貌"的服务，注意服务对象的差异性，以结果为导
向，管理工作效率。这些价值观的落实是通过《公共职能行为准
则》，后来的法令规定了行为准则。通过这条法令颁布了 1995 年详细
与篇幅庞大的《澳洲联邦公务员官方行为指导方针》。 2003 年，公
共服务专员大量修订了指导方针，发表了《道德与实践行为准则：澳
大利亚公共服务机构雇员与主管官方行为指南》新版本。

  ● 在新西兰，公共职能的行政伦理原则由 2007 年 11 月 30 日《公
共服务行为准则》固定下来①。

  ● 在日本，道德准则源自 1999 年第 129 号法令，详细规定公务员
不能置身利益冲突的情况。

  ● 中国于 2005 年 4 月 27 日颁布了《中华人民共和国公务员
法》，其中第 2 章规定了公务员应具备的条件、权利和义务。

第 4 节 法国文件

03.41 书面文件的用途。在法国，尽管每人都知道"道德只可
意会，不可言传"，但是否应该把伦理条例写下来？问题是这里不涉
及道德，而仅仅涉及伦理。

一、有关企业的法国文件

03.51 企业也存在问题。从《道德基本原则》到《职业伦理守
则》，从《管理原则》到《商业准则》②，大量概念都配有书面
文本。

  这些文本由企业撰写或替企业撰写，商业道德在企业的圈子和俱

---

① 新西兰国家服务委员会： www. ssc. govt. nz。
② 《企业：行为准则有什么用？》，收录于《回声报》， 2005 年 3 月 24 日。

乐部中被探讨。这些文本与涉及提高外部身价（道德管理是销售的前提）的文本不谋而合，和指导人力资源管理的方法论文本也比较吻合。因此把两个方面结合是比较常见的[①]。

资方组织法国资方全国理事会在 20 世纪 90 年代遭遇反腐败调查，为了捍卫形象，于 1994 年 9 月 12 日成立了"伦理委员会"，也就是说，实际上，成立了一个针对企业主的《刑法》责任的委员会。同年，水务总公司成立了"伦理委员会"[②]，里昂水务制定了《职业道德基本原则》。在大企业，蔚然成风的是聘用法官或法学家建立伦理部门，警惕所有可疑行为或刑事犯罪风险。

2005 年，法国企业运动联合会按照经合组织的推荐，针对腐败问题投入使用"道德警报系统"，不少法国大型企业与反腐败中央服务处签署合作协议，交换信息和活动。 2008 年 10 月 6 日，法国企业运动展示了自己的《企业治理行为准则》。

甚至最高视听委员会主席在 2006 年 4 月 6 日向所有记者推荐制定一份共同的职业伦理守则。他表示假如有人违反伦理守则，就会被记者们选举出的机构惩罚。然而，该建议太雄心勃勃，以至于这份守则至今没有问世。

互联网接入及服务运营商协会在 2006 年表示，有必要在协会网站上对所有成员公布《共同原则》。在《共同原则》第 1 章，原则或者说价值观包含了职业伦理的概念，例如保密性，特别是对接入互联网认证的各种要素保密，有责任保护未成年人；在第 3 章规定了"与使用者的关系：信任的框架"。

2006 年 4 月，足球职业联盟发布《球员经纪人职业道德》白皮书。

---

① 卡多特，《企业道德》，法国大学出版社，"我知道什么丛书"，巴黎， 2006 年。
② 2006 年，威立雅水务解释了"伦理委员会"的作用："在我们集团生活的所有方面，无论是技术、财务、环境还是社会，行使监督良好行为的任务。委员会保证对所有人尽到他们期望的保密的责任。"

2006 年 6 月，广告客户世界联合会的新任主席（德国人）为了重视"负责任的广告"，计划颁布相关国际守则。

2010 年 11 月，中小企业总联合会公开了一份《企业主道德守则》，提到了：严格执行经济与社会法律，向员工告知企业的运行活动，在客户关系管理中应保持透明与忠诚。

2011 年 9 月，不动产行业协会，例如全国房地产联合会①与不动产工会联盟，拒绝某种形式的行业规则，而是希望有一份能够适用于行业所有人的伦理守则。

企业特别是管理层理解职业伦理的必须性，这不仅是为了防范失控行为，或是保护员工，而且主要是为了在追求企业目标的时候能够集中、高效、有竞争力。

企业同时明白，职业伦理条例就算有用，也无法约束遵循商业习惯的团队的行为。因此，如果职业伦理已然成为管理的显性因素②，那么企业领导者的意愿要比纸面条例更有效③。

二、与行政部门有关的法国文件

03.61 就政府而言，是否编写《行政伦理守则》没太大差别。2011 年夏季有关行政伦理与利益冲突的法律草案，还有 2012 年 7 月若斯潘委员会的工作报告，都可以改变很多事情。因为各级负责人知道，自从书写被发明出来以后，把问题阐述清楚、最简单的沟通方法就是写下文稿，这样每个人可以读、集体或独自思考、讨论，而且在可能的情况下，在文稿上圈圈画画，以便记录自己的想法。

在 1996 年参议院的一个回复中，公职部记录道："每个部都有责

---

① 不动产行业受 1970 年奥盖法的约束。

② 梅迪纳，商业道德社团主席。《在企业与组织管理中的道德》，收录于《四壁之外》，2011 年 10 月，第 22 页，该文描述了企业"伦理运行的职业化"。

③ 某法国大型汽车装备商在 2006 年夏季被德国司法部门控告，与产品购买者发生腐败联系。该企业在 2004 年底实行了职业伦理守则，旨在防范商业交易中的非法行为与腐败行为。

任草拟和实施适应政府工作发展的技术及行政伦理规定。"

同一时期，马赛尔·伯查德时任公职部门总局长，他提了一个问题："公共职能部门是否需要一份《行政伦理守则》？"[①] 10 年之后，这篇文章还是热门文章，作者表达他的倾向："对公共服务的更新，依赖总理的简单通告以及其他继任的总理通告即可"。

然而，有关此类问题的论述尽管大胆细致，长期以来得到的回应却令人丧气。2003 年，内政部部长指出他不想起草"一份针对有违反《刑法》嫌疑的人员进行盘问的行为准则"，因为"考虑到《国家警察行政伦理守则》已经包含了现实措施，这种行为准则的附加意义也会很中性"。

欧洲法官咨询委员会会对《行政伦理守则》的编写如此答复："关于编撰行政伦理规定的问题，欧洲法官咨询委员会承认，这样一份行政伦理规定的编撰能够清晰告知法官和第三方存在行政伦理的规定以及它们的涉及面，这是有好处的。然而，如果推出《行政伦理守则》，那么守则会被视为一份有纪律意味的文件，容易逐步固化，让人产生一种错觉——没有被禁止的行为就是被允许的，这就产生了风险。因此欧洲法官咨询委员会倾向公布一份含有法官普遍行为指导原则的职业行为公告。"

法令不是没有用处，因为不少公共部门领导至今还认为行政伦理首先来自于他们主导事务的能力："作为组织的领导，是我们定基调；是我们把握所有传递信息的机会。行政计划、有质量的步骤乃至祝愿讲话都在提醒人们，公职人员审慎的义务、工作任务以及私人电话沟通方面对规则的运用。"全方位的战略确实被打下基础，但是还远远不够。

应该在这里增加一份系统性论述，能够提示所有应当采取的原则

---

① 马赛尔·伯查德，《在公共职能部门是否需要一份行政伦理守则？》，收录于《道德事务》，1996 年 12 月，第 7/8 期，第 5 页。

性态度。法国的公职部门自 2006 年起编写了不少行政伦理文件，公众可能知之甚少，但是在专业部门运用非常多。

法国批准了 2003 年联合国《梅里达公约》，特别是公约第 8 条，法国决心"根据本国法律制度的基本原则，在本国公职人员中特别提倡廉正、诚实和尽责"。

这几年中，法国一直在配备相应的文件，尽管没有协同或周知的运动，也没有去大肆宣传。

民选官员率先践行伦理道德基本原则。

政府方面，政府总秘书处在 2012 年 6 月发表了"适用于政府成员职能的规定"。这一规定针对部长以及部长内阁，总共 40 页，提出了行政伦理原则。

自 2011 年 4 月起，国民议会的议员拥有了一名"行政伦理师"，他是一名大学教授；国民议会议员在任期一开始有申报利益的义务，而且还有了一份《行政伦理守则》，总共 6 条，包含 6 个基本价值观：公共利益、独立、客观、负责、廉洁、模范。行政伦理师咨询了 12 名议员，出具了首份报告。在这份报告的基础上，国民议会办公室在 2012 年 2 月决定更好地管理议会内部研讨会，这些研讨会经常由某企业或利益团体发起或支持，为此办公室还在 2012 年 5 月"劝告"了 12 名议员。参议院这边在 2011 年 5 月 25 日采纳了利益申报系统，但是选择成立仅限参议院内部的"行政伦理机构"（基于耶斯特报告的建议）。

至于欧洲议员，他们的新《行政伦理守则》于 2011 年 7 月 7 日被采纳。该守则规定他们要进行财经利益的申报，对收受礼品、离开议会进入游说团体工作、防范利益冲突也做出了规定。

2006 年《领土》杂志在令人刺激的主编致辞中提出问题："我们的地区议员，是道德的颂扬者吗？我确信的是，您从来没读过地方议员的道德基本守则。您不是唯一一个不知道这份文件的人。然而，这份守则是新鲜出炉的，它于 2005 年 12 月 23 日被通过。好了，它大概是为了提升文化与民主，被提济拉齐德集会的议员们通过的吧，这地方在地中海的另一侧，接近提济乌祖，在卡比利亚（阿尔及利亚）。同意。好主意可真是没有国界啊！"

的确，这份守则可能只在法国地方议员中间散发，守则提醒议员们注意公共利益，选举活动中要忠诚，有利益冲突风险的时候不要召开审议会，注意倾听和商议。

此后各项防范淡化，而撰写各种守则的行动加速。把"行政伦理参照"提供给公职人员是必须的，否则将受到严惩。

公职部门终于撰写并出版了相关的文件与指导，主要涉及国家机关、金融机构、技术部门、社会部门。

A. 国家机关

03.71　**比其他行业更受关注的职业。**　国家机关工作代表国家，他们的行为更具价值参考意义。

03.72　**军人**[①]。　2005年3月24日新法律规定了军队人员《行政伦理守则》。每一名军人都应携带一枚有塑料封套的"军人守则"卡片，守则包含11条内容，提醒军人："奉献、服从、荣誉、真诚、忠诚、道德、创新与慎重"。每一个部队分队都要建设自己的《行政伦理守则》，保证"每一个特殊军事服务部门都有自己的行政伦理规定"[②]，与政府疏于解释行政服务的好处相比，在职军官使用《行政伦理守则》更加积极广泛。

03.73　**司法法官。**　近年来，考虑到国际发展潮流[③]，司法法官

[①] 萨隆，《军队人员行政伦理》，收录于《公职部门手册》，2011年10月，第9页，主要谈论了中立、克制、庄重、服从、保守秘密与审慎。

[②] 参见《军队人员行政伦理》，收录于《公职部门手册》，2005年9月，第24页。又参见拉科斯特海军司令，《任务与特殊部门的行政伦理》，收录于《政治与道德科学》杂志，1996年，第59页；以及富歇，《情报总是引发道德问题》，收录于《十字架报》，2006年5月15日。

[③] 参见罗贝尔，《公共部（国际观点）》例举了《刑法》方面，联合国与欧洲理事会对公职部身份地位的建议。收录于卡迪耶主编的《司法词典》，法国大学出版社，2004年，第899页。

对法官行业的行政伦理道德做出了大量工作。在司法法官队伍中，最高法院首席法官卡维内特与若利-于拉尔女士共同撰写了有关法官行政伦理著作，还有最高司法委员会的著作，司法高等研究院（IHEJ）的成果，2003 年 5 月 30 日向司法部部长提交的卡巴纳报告，以及 2005 年 6 月上诉法院首席法官公式研讨会汇编等，这些著作合起来全面描述了行业行政伦理。

乌特罗案件的失败以及其后的议会委员会都加快了司法界行政伦理著作的诞生。在 2006 年 12 月 14 日国民议会讨论司法文件的时候，左派右派一致达成起草司法法官《行政伦理守则》的意见，他们之间唯一的不同看法是对文件的形式：左派认为要以最高行政法院的法令颁布，而右派认为应以法律形式颁布。不妨参考欧洲其他国家的方法。2007 年 4 月 5 日第 2007-287 号有关司法的法律第 18 条规定，最高司法委员会起草并公布法官行政伦理义务的汇编。这份文件于 2008 年被公布。其中重点关注了独立、公平、忠诚的价值原则。

对行政伦理的追求也是许多地方法院的目标。例如 2012 年 1 月 6 日的一次庄重会面中，上塞纳河省商业法庭的首席法官专门谈了"道德与行政伦理"。他推出了法庭的行政伦理基本原则，规定"我们应该持有的态度，不仅是同事之间，而且是面对司法助手、被司法裁决者们时应有的态度。"这位法官还宣布要成立一个由五名法官组成、一名副首席法官主持的"行政伦理委员会"，目的是回应法官与被司法裁决者们的质询。

03.74　**行政法官**。　行政法官方面，2005 年 11 月在最高行政法院组织了一次工作会议，讨论对行政伦理这一必要主题展开培训与研究。针对所有法庭的行政法官包括最高行政法院成员，2011 年出台了一部共同的《行政伦理基本守则》。守则是关于"良好行为的原则"，主要针对法官提出五个要点：独立，公平，防范利益冲突，专一，不从事业余工作的义务。经过多年的工作与咨询，伴随这项守则的出台，行政伦理学院也成立了，学院负责让法官们体会基本守则。

03.75 **财政法官**。 2008 年财政法官有了《审计法院与大区审计所的共同行政伦理基本守则》。基本守则在第 L. 112‑8 与 L. 212‑16 条加强了财政司法《行政伦理守则》的力度。该基本守则确认了独立、公平、中立、廉洁、审慎，并引导防范利益冲突，规定了业余工作。

03.76 **监狱系统**。 20 世纪 90 年代末，有关行政伦理法案的初步著作发表后， 2009 年 11 月 24 日第 2009‑1436 号监狱系统法律规定了一份该系统的《行政伦理守则》，以 2010 年 12 月 30 日最高行政法院政令的形式公布，守则主要借鉴了国家警察的相关政令。

03.77 **羁押机构总检查局**。 总检查局制定了《行政伦理原则》。在该局 2010 年的第 3 次报告中，附件 6 和 7 有对行政伦理的条例。《行政伦理原则》做出规定：保持独立，对影响公正的可能情况进行"回避"，在检查期间对第三方保持中立，保持"职务不可分割的庄重"。这份文件很有意思，可以被监察或审计机构等其他部门借鉴。

03.78 **省长们**。 自 2004 年 11 月起，省级政府推出了"省长与专区区长的职业行为建议"汇编，规定了"任用要求"、"对政府忠诚"，谨慎、公正的义务，还有"相关行为的义务"，例如"模范"作用，对共同利害关系人的言论自由与责任心。

不少省长在他们的《2011—2013 政府战略行动方案》中加入了行政伦理内容。留尼汪省长在他的第 5 项重点活动"在留尼汪省加强政府的表率作用"单子中，在第 5.2 项活动中指出，要在全省机关"鼓励对行政伦理问题的集体思考"。其中特别注重防范利益冲突。

03.79 **国家警察**。 1986 年 3 月 18 日最高行政法院政令创风气之先，国家警察就此有了《行政伦理守则》[1]。 1996 年 7 月 22 日颁布的国家警察工作的总规章，在其中的第 123‑15 条专门提到了行政伦理。

---

[1] 参见埃贝尔，《行政伦理守则》，收录于奥布安（M. Auboin），泰西耶（A. Teyssier），图拉尔（J. Tulard），《警察词典与历史》，罗伯特·拉丰出版社，巴黎， 2005 年，第 641 页。

还有，2000年6月6日法生效，在这几年中，安全部门行政伦理全国委员会确保了行政伦理各项规定的实行，得到《鸭鸣报》的肯定[1]。2011年3月29日《组织法》让该委员会并入公民权利捍卫人机构，后者的职能行使范围更大。

03.80 **犯罪防范部际委员会**。 在该委员会2011年11月向议会提交的第4次报告中，犯罪防范部际委员会的秘书长表示已经公布了一份《行政伦理基本守则》。为了促进不同部门，特别是社会与安全部门之间的关系，该守则鼓励在保守职业秘密的前提下部门间交换实名资料。

03.81 **市镇警察**。 通过2003年8月1日最高法院政令，市镇警察也有了自己的《行政伦理守则》。

03.82 **地方行政区局长**。 1997年起，他们有了局级干部《行政伦理基本守则》。

这是一份由地方行政区局长与秘书长全国工会拟定的非正式文件。基于民主合法性原则（地方议员有政治责任），以及司法原则（遵守法律和法律精神），局长应遵守以下6点：

- 忠诚，但不墨守成规，保持思想自由。
- 廉洁，系统地反对施加压力和影响力。
- 审慎，保持谨慎庄重的公开态度。
- 明晰，给予地方机构对决策有用的要素。
- 领导力，进行仲裁，落实地方行政政府的决定。
- 公共服务，尽最大的努力接近目标和方法。

市长和局长应为自己的行政区制定《行政伦理基本守则》，例如尼斯-蓝色海岸市区的做法。

03.83 **地方政府**。 越来越多的地方行政区政府分别为公职人员（例如里昂市区在2006年的做法）、地方议员（例如2011年7月11

---

[1] 《看守所警察的行政伦理》，收录于《鸭鸣报》，2005年2月9日。

日巴黎市镇议会通过决定，规定所有巴黎地方议员走利益冲突申报程序），或为二者共同（2011 年的里尔大都市圈的"行政伦理参照"）制定行政伦理指南。

2011 年 11 月"巴黎地区政府公职人员应对经济机构关系的行政伦理指南"规定"廉洁、忠诚、公正、审慎与克制的义务"。

越来越多的地方行政区政府，以巴黎和里昂为榜样，在"信息数据、系统与网络的保护"方面支持自己政府的员工。

03.84 外交使团。 2011 年 6 月外交官有了《行政伦理指南》。某些行政伦理问题，例如在职配偶的角色；实行《刑法》程序法典（2005 年）第 40 条的条件——对于这些问题，人事领导部门的通告都做出了规定，而这份指南复述并发展了通告里面的主要内容。2006 年，两名法国大使被拘留之后，在外交部部长的支持下，外交部成立了"道德委员会"，并取得了初步效应。对行政伦理道德的具体担忧成为了人事管理的中心。外交部道德委员会网站于 2009 年 4 月正式上线，面向所有外交部公职人员，网页浏览次数立即超过 2 万次。需要指出的是，点击率最高的网页是"收受礼品"和"尊重私生活"这两个主题。

03.85 最高视听委员会。 最高视听委员会在 2003 年 2 月 4 日审议会上，为委员会的成员和职工制定了内部《行政伦理守则》。这次审议会对"谨慎保守职业秘密"、克制的义务、行使职能时收取第三方礼品、会议以及个人责任等方面进行规定。对于委员会成员，防范利益冲突的要求非常具体实际。

03.86 网络著作传播与权利保护高级公署。 该公署在其首份行动报告中指出："为了保证公署公职人员的独立性，2011 年 2 月 17 日审议会决定通过行政伦理基本守则，适用于所有成员、公职人员以及参加相关岗位公务员考试的人员。"该守则在成员的独立性方面，加入了《知识产权法》第 L. 331 - 18 条的条文内容。

根据《知识产权法》第 L. 331 - 18 条第一项，守则严格禁止相关人员在第一项论述的公司或企业中，自己或通过他人获取影响自己独立性的利益。

B. 财经行业

03.91 **财政部**。 大量受财政部直接或间接管辖的机构、领导部门和处室都制定了《行政伦理基本守则》。

03.92 **信托投资局**。 信托投资局对养老金管理处（1996）制定了名为《我们的行为准则》的职业与行政伦理文件，详细规定了个人行政伦理方面的个体态度。

03.93 **金融市场管理局**。 金融市场管理局批准了一项针对所有人员的总规定，对利益申报义务、某些审议会的撤销、个人财物行为和保守秘密的义务做出了规定。

03.94 **竞争管理局**。 针对该局成员与职员的《行政伦理基本守则》于 2009 年 3 月 30 日被推出，继而在 2012 年 3 月 14 日被修订。守则里的原则与最高视听委员会的守则内容一致，但是详细规定了对竞争领域出版物的限制，还规定高层处理事务时有义务向局长申报牵涉的所有利益。另外，还规定不准泄漏内部消息。

03.95 **国家统计局**。 国家统计局自 1986 年 2 月起就建议制定一份统计领域的《行政伦理守则》，面向主管人协会、统计局与国立统计与经济管理学校的统计员们。公共统计管理处在这些行政伦理问题中将扮演越来越主要的角色。

03.96 **公共财税总局**。 旧税务总局在 1996 年 6 月出台了税务总局《公务员行政伦理守则》。这份文件非常全面、非常实用，是一项实用的工具，让处长们和所有基层公务员能够思考服务的价值。

旧公共会计总局制定了《公共财务部门职员行政伦理与保护指南》。指南以全面清晰的方式介绍了财政部公职人员应当遵循的主要规则和应当采取的态度。指南分为四部分： 1) 行政伦理与任务的实施； 2) 行政伦理与非工作时间公务员的态度； 3) 行政伦理与公务员的保护； 4) 纪律与给予公职人员的保障。

2008 年这两个旧部门合并成为现在的公共财税总局。公共财税总局重拾遗产，为职工制定了《行政伦理指南》。

03.97　**经济政策与财政总局**。　财政总局自 2006 年 5 月起制定了全面易读的《行政伦理基本守则》，守则围绕总规定（审慎、克制、庄重）、内幕消息（职能原因与金融市场管理非常接近）、公职人员个人资产管理（某些公职人员通过第三方提供的财务工具管理个人资产）、他人恳求（礼品、邀请）以及外部联系（与媒体关系）等主题，非常适合解决该局的各种特殊问题。另外，每一个处室都有一份《行政伦理通讯》。

03.98　**国库司——"法国国库局"**。　该局自 2001 年 9 月 18 日财政部长规章下达以来，制定了自己的《行政伦理基本守则》，特别对"内幕消息传递"做出规定，还禁止直接或间接要求或接受第三方的赠送、承诺、礼品或其他形式的好处。

03.99　**国库司——"法国国家参股局"**。　2004 年 9 月 9 日政令第四条涉及创建该局，规定："当法国国有资产监管局的人员在行使职能时，该局必须保证职能行使的条件，对这些条件的要求构成了其内部规定与《行政伦理基本守则》，这两份文件都应由财政总局局长签发。"这一所有新任公职人员必须签名的文件于 2007 年生效。该文件对保密性、防止内部犯罪做出规定，还禁止利用金融工具管理个人资产、禁止利益冲突、禁止离开公务岗位前往企业工作，禁止收受礼品。

03.100　**邮局**。　邮局有监督人员态度的政策工具，也有与全体员工解释与讨论之后制定的纪律政策，还有培训政策。邮局在 1996 年 7 月 19 日公布了一份"指导"，目的是防范和劝诫不廉洁的内生行为。邮局在 2012 年制定了一份有趣的行政伦理参考集。

C. **技术部门**

03.111　**环保**。　环保部 10 多年来努力发展行政伦理培训工作，硕果累累。　1998 年 1 月《处长及其他干部参考手册》出版，以非常全面的方式列举了"风险情况"：从"职位的稳定性和习惯的重要性"到"员工上班期间醉酒"或超额负债的情况，再到职能准入方式。

2005 年路桥工程师杂志专门发表了一期有关"道德"的专号，表现出了国家工程师的担忧和立场。

03.112　农业。　农业部监察总局制定了一份适合工作特点的《行政伦理基本守则》。该守则 2002 年被通过，它把行政伦理定义为"个人在行使工作职能的时候对照价值观体系必须遵守的义务的总和。这个总和应当与受认可的权利、职能行使必要的保障结合起来"。守则体现了监察与评估岗位的价值观，要求职员：独立、忠诚，有自由评判的权利，公正，体察公共利益，尊重他人，懂得分享与责任。2009 年通过的《新行政伦理守则》对"工作的独立性、工作审慎与克制、监察工作使用对立的调查方法"再次做出规定。

D.　社会行业，向尊重使用者和保守职业秘密的方向迈进

03.121　教师。　他们的工作由教育部文件详细规定的《能力参考集》来定义。　1997 年 5 月 23 日第 97－123 号通告关于"从事初高中普通与技术教育的教师以及高职学校教师"，文件规定：教师"参与教育的公共服务，致力于传输共和国的价值观"。文件强调：教师应当"认识到他的态度、行为举止，对学生构成了模范和参考，教师应当认真对待自己在课堂上的方式方法"。　2000 年 5 月教育部推出随身携带手册，主题是关于"中等教育的教学人员，以及纪律指导、教导人员的义务"。手册内容是适用于教育界甚至教育界以外的实用行政伦理指南，非常有意思。

另外，近年来有人倡议尝试定义专门的职业道德伦理基本守则①。

---

① 参见派叻，《关于教师行政伦理》，法国大学出版社，2005 年，第 102 页。（作者列举了 1923 年出版的一本《阳光守则》，又名《小学教师之书》，这本书规定了教师职业道德的原则。）又见龙集，《为了教学的行政伦理》，ESF 出版社，巴黎，1998 年。

2010 年 6 月规定，如果在 2011 年大学与中学教师资格考试中参加"以道德感与责任感担任国家公务员"测试，那么可以得到更高的津贴。测试的形式是 20 分钟的谈话，围绕 2010 年 5 月 12 日有关"教师职业能力参考集"的规定的内容。而教育部门总督察长对考生表示，希望他们了解《教师行政伦理守则》[①]。这次争论表明：在教师中着手必要的行政伦理的教导，所用方法比较敏感。

03.122　**高等教育与研究评估局。**　2006 年 11 月 3 日颁布了有关高等教育与研究评估局的公务员及部门的第 2006 - 1334 号政令，落实了有关研究的 2006 年 4 月 18 日法，规定了该局的组织架构，规定了适用于全局所有成员与员工的《行政伦理条例》。

03.123　**教育督察。**　有两个教育督察局都在 2005 年的双方共同报告中提出："我们的行政伦理原则包括独立性、保持距离、客观、保守隐私、尊重被评估者的对立意见"。 2012 年 7 月，政府的督察总局通过了行政伦理基本守则草案，设立了咨询性行政伦理学院。

03.124　**社会事务督察总局。**　社会事务督察总局拥有两份内部有意思的文件。

一方面， 1997 年 2 月的"社会事务督察总局行政伦理参照"规定，"行使职能应符合行政伦理规定，规定应当被谨慎遵守"。规定包括："负责任、保持判断的独立性，公正无私，尊重他人及他人权利。"

另一方面， 2004 年 12 月的《监督实践指南》详细规定了社会事务督察总局的义务，特别是其中独立性、对立的原则以及尊重职业秘密。

另外，社会事务督察总局在 2012 年春季通过了《关于监督良好实践、健康监控网与社会团结的指南》，具体规定了"义务"与"须遵守的原则"，其中包括审慎、保守秘密、中立谨慎的义务、独立性

---

① 西蒙，《共和国学校中教师的地位》，收录于《公职部门手册》， 2010 年 10 月，第 35 页。

与公正性。

03.125　从事公共服务的医生。　公共服务机构的医生仍然是具有执业资格的医生，具有职业独立性。为了能够在公共医疗服务之外的时间从事医疗行为，有些军医在医生同业公会进行登记。国防部部长不能禁止这种行为，否则违法。各相关部委只能注意对公共医疗服务与工作之外行医这二者进行协调。

03.126　地区及大学医疗中心。　2007 年 10 月，大学医疗中心的院长们通过了有关地区及大学医疗中心医师与企业之间关系的《道德基本守则》。这份有关良好实践的守则建议了谨慎、透明原则，比较有意思的是，守则还建议同僚之间交流，鼓励参加大会、研讨会、企业赞助的短期学习等集体活动，了解前沿信息，禁止家庭成员从中获得"额外好处"，守则要求在每一次活动后撰写公共报告。

03.127　社会工作者。　他们的集体反思引导这一群体出版了《行政伦理立场意见汇编》，汇编以问答形式表现了社会工作者们面对棘手的工作情况应采取的态度。

03.128　社保机构中心署。　社保机构中心署在 2009 年 6 月发表了一份《价值观与行政伦理》指南。指南适用于收缴工作的过程，具体规定了人员的行政伦理原则，例如中立、团结、保守秘密、廉洁、汇报等。这份指南在社保机构网络被传播、解释及评论。

03.129　卫生署。　自 21 世纪 00 年代中期以来，每一个署都制定了自己的行政伦理基本守则，卫生署《公共卫生专门行政伦理基本守则》草案是各个公共卫生机构共同的行政伦理指南，于 2010 年 5 月制定完成。　2011 年 12 月 29 日第 2011 - 2012 号法加速了这份针对不同公共医疗机构的共同《行政伦理守则》的正式推出。这份指南对利益冲突做出规定，而且具体规定了"专家的义务"：例如"面对外部影响"保持独立性，"不应依赖任何思想团体、宗教或学术派别"保持公正性。指南还规定了能力、保守秘密、稳重、以个人名义告知观点，以及口头与书面沟通方式。

指南制定工作将服务于有关公共医疗法案的起草，特别是"美蒂拓"减肥药丑闻事件之后更有必要。

不少医疗机构规定了与利益冲突做斗争的方法论，例如利益冲突申报系统，有关利益冲突的内部外部信息系统。特别是，法国国家卫生管理局在通过了行政伦理与利益冲突处理守则之后，于2007年开始，在防范医疗卫生专家们对设备及学术依赖性方面倡导行政伦理。

03.130 **工业环境及风险国立研究院。** 该研究院理事会在2000年9月28日通过了《行政伦理基本守则》，通过官方网站可以访问其内容①。这是公共研究机构《行政伦理守则》的典范，它强调了"独立判断"的价值取向："工业环境及风险国立研究院只能接受那种不存在不可逾越的利益冲突的研究任务"；它还强调了能力、透明的价值观。每年，该院会向理事会提交一份有关《行政伦理基本守则》实践的报告，报告由该院委托的3名外部人士负责撰写。

03.131 **劳动监察。** 《劳动监察行政伦理守则》于2010年2月出版，由劳动总局负责撰写，劳动部部长作序。这份文件是多年工作积累的成果，这些工作包括：2004年到2006年，该局成立了《行政伦理守则》专门工作组；依据2007年3月2日政令，该局成立新理事会，出台了行政伦理的通告；该局组织多次咨询意见会。该文件既依赖于该局公职人员的工作经验，也依赖于劳动监察组织的各项规定。守则共6章，规定了：保持公正、独立、决策自由、有告知的义务、克制以及向公众公开，对上诉保守秘密，保守职业秘密，工作审慎，勤奋与廉洁。每一章都有定义的组成部分，还有专业评论、插图与实用案例。

劳动监察局出台的这份文件令人很感兴趣，可以作为借鉴，甚至包括长期的起草过程（花了6年），这样公职人员可以适应，然后再实践。

---

① 参见 www. ineris. fr。

第4章
辅导机构

第1节 向公职人员提供引导者

04.11 **建议与指导。**建议、解释、参照或者思考的辅导机构不应该也不可能是上级机构，这样的辅导机构应该能够帮助公职人员面临困难，引导本人参考行政伦理规则，找到恰当的解决方案。

在 2000 年 9 月有关公共服务伦理道德的总结中，经合组织指出："为了能够实施行政伦理价值观，应该首先沟通：公务员在工作中遇到行政伦理的问题，应该请示上级的意见。为了保证意见的中立，有些国家提供了第三方外部专门辅导机构提供帮助"。

2003 年 7 月，经合组织就"管理公共服务利益冲突的解决主线"主题提供解决建议，认为根据美国模型"需要一个专职辅导机构，能够鉴别核心职能，它不一定是行政单位或者办公室，但是这个辅导机构要能够起草利益冲突时的相关政策，实际解决相关利益冲突"。

在法国，这就更成问题了，因为找到合适的顾问不太容易。人们经常认为，"当一名公务员接到命令的时候，假如对命令的合法性心存疑虑，而这名公务员的职权不允许他不受理该命令，他也没有资格更改命令，并且命令出自公务员的上级，那么这名公务员的行为自然是选择同意"。因此，在缺乏特别措施的情况下，公职人员在接到可疑的甚至潜在地不合法的命令时，很有可能违背谨慎的义务。这样最好有一个辅导机构，能够在法律框架下把保密性与独立评估结合起来。

吉凯尔教授是国民议会的伦理专家，他把自己的角色定义为"听取告解的世俗神父"，他认为"伦理专家有些像公路边的宪兵，还有教育的功能"。新的伦理专家上任的时候，曾写信给所有议员："那些想见我的人，来见我，而且全程保密。"

2011 年夏天国民议会受理一份法律草案，建议创建行政伦理权威机关，作为全公职辅导机构的参照。2012 年 11 月若斯潘委员会审核了这些议题。

第 2 节 法国的创议有三个不同层面

04.21 **首先，多方整合自我管理。**社会工作者都经历过这类创议，例如他们有"全国行政伦理劝告委员会"、社会工作最高顾问会议下属道德与行政伦理委员会；法国统计局统计员有职业"伦理委员会"，该委员会是提供思考与建议的场所，在可能的情况下对职工遇到的行政伦理问题与困境给予有力的支持[①]。

同样，由马尔维先生领导的法国小城市协会，曾在 2005 年 11 月 22 日建议"为了加强防范获取不正当利益，应当由地方议员组成行政伦理委员会，负责对议员提供司法建议，同时严格保证材料保密"。

---

① 该委员会创建于 1983 年至 1986 年间，有实权，员工可以直接联系委员会。在法国国家统计局的方法论或者调查受到争议的时候，在"信息泄露"的时候，在"政治权力对统计局某些研究和判断有反应"的时候，在负责编审敏感账目的统计员受到"压力"的时候，该委员会都会给予员工支持。

04.22　第二，创建了一些公共辅导机构。

这些公共辅导机构包括三种模式：

1）完全独立于领导机关的外部辅导机构。在警察系统，2000年6月6日法创立了"行政伦理与安全委员会"。该委员会曾多次被其他部门兼并，其意见的权威性被承认。直到2011年3月29日第2011–333号法出台，公民权利捍卫人机构接替该委员会。该辅导机构也具备独立性。

在监狱系统与其他羁押机构，"羁押辅导机构总管会"是根据2007年10月30日第2007–1545号法成立的，旨在帮助员工遵守行政伦理。该会在2010年的行动报告中也体现了其宗旨。

对统计员而言，2008年8月4日根据第2008–776号法设立的公共统计局，旨在保证"对公共统计数字搜集、整理和发布秉持独立、公正、客观的原则"。

这些辅导机构也多少对"外界"开放。

2）向外界名人求助的内部辅导机构。例如外交部"道德委员会"，成员囊括了最高行政法院、审计法院、最高普通法院、国家财政监察总局的名人以及一名法新社的前社长。委员会成员向外交官提供建议和提醒，指导他们的行为，使得他们的工作更符合行政伦理的要求。该委员会编写《行政伦理指南》并制作公开的网站进行宣传。

农业委员会的职业道德委员成立于2008年，由国务委员担任。"委员会通过其建议或推荐遵守行政伦理规章的条例"，规章则是由委员会自行制定。

3）相关地方行政单位的纯内部辅导机构。例如2008年一名年轻大学教员自杀，原因是学校拒绝正式任用该教员，因此高等教育部在2011年3月成立"科技与高教伦理道德委员会"，其作用是"在大学教师与科研人员的职业录用与提拔过程中保证道德规范与透明性"。在2011年《行政法院的员工行政伦理宪章》中，第7章写道：应成立一个行政伦理社团，"专门负责向成员解释本文件条例的应用以及文件中强调的良好行为。" 2012 年 2 月，这一社团成立了，由仲裁庭的一名前庭长、一名行政法庭的庭长以及一名高级司法法官主持。

不论这些辅导机构的组成如何或目标如何，它们都将和上级领导一起致力于落实真正的"行政伦理政策"，为此，随着碰到的问题不断增加，有必要设立相关解决意见的"图书室"。农业监察总局的行政伦理宪章提到，关于有偿额外活动的决定都应当被"保存下来，以便保证决定的一致性"。把决定记录并保密地保存，其实是落实行政政策的开始。

04.23 第三，在另外一些行政部门，现有辅助机构担负起行政伦理角色，有些甚至还未被正式赋予这项职能。特殊培训学院、监察总局、有称号及有经验的前司法代理人，还有职工协会，都积极回应职业方面的问题。

一般来说，传统的监察任务涉及委任与处罚，行政伦理的监察涉及咨询与建议，良好地区分二者才能恰当地工作。因此，最高司法委员会认为，鉴于该委员会被赋予了司法纪律与司法职业管理的强大权力，当司法人员遇到行政伦理问题的时候，该委员会不适合做出解释。同样，金融市场事务局的"行政伦理官"由金融市场事务局的局长任命，其职责是确保雇员良好遵守行为约束或行为禁止的规定，例如严禁雇员利用金融工具持有和管理财产。这一职能需要监察，但问题是，行政伦理官不能把监察与陪同、思考、建议的工作任务混淆。

第 3 节　全世界情况

04.31 许多国家设立行政伦理机构。世界银行于 2005 年成立了"认定委员会"，由世行外部国际专家组成。

在美国，有伦理道德政府办公室。

在日本，有国家公共服务职业道德委员会，负责提供建议，组织调查，跟踪公务员实施行政伦理规范的情况。

在荷兰，有"高级秘密代理人"，他们是些能够提供建议的独立机构。

在罗马尼亚， 2010 年 8 月 31 日法令在该国加入欧盟的司法框架下，成立了"国家廉政公署"。

在英国，"公共服务委员"独立于政府部门，能够发现行政伦理问题并有针对性地提供建议。

第 **2** 编

三大基本原则：廉洁、公正及效率

小引

10.09 三大基本价值。公共职能体系的定义围绕着三大基本价值观——廉洁、公正及效率。

联合国通过《公职人员行为国际准则》。守则中，"通行原则"的第 2 点与第 3 点都指明了这 3 个要求。

同样，欧洲议会《公职人员行为准则》认为公务员需要具备 3 个基本素质："公职人员有责任保持谨慎、提升公众对公共权力廉洁、公正及效率的信心。"

经合组织在 2000 年 9 月的概要录中把公共服务依赖的"基本价值"总结为四大"最常被 29 个成员国引用的价值观"：公正（24 国），法制（22 国），廉洁（22 国）以及效率（14 国）。

同样，西班牙在 2005 年 3 月的 APU/516/2005 的政令中包含了针对公务员的政府善治规章。其中公职基本原则的第 1 条就是廉洁、公正、效率。

还有英国的《公共服务法》，其中第 5 条和第 6 条，要求公务员具备"廉洁、公正、效率"以及使用公共资金应有的"效应"。

2001 年 4 月 15 日意大利《行为准则》在第 2 条原则中指出政府治理的良好效率与公正。

秘鲁《公共职能伦理法》列出了"廉洁、效率与公正"。

在法国，卡巴纳先生主持的委员会在 2003 年发布报告，报告建议在司法人员必须宣誓的七条"承诺"中[①]，必须加入廉洁、公正以及工作勤奋。

这三条要求，同时也是三大价值观，成为所有公职工作的基础。廉洁与效率，是公共机构与私营部门的共同价值观，当然，这两个词对公务员而言更含深意，而公正这个词在公共职能中是内生且不可或缺的。

这三大基本价值观之外，还需加入"责任"这一条。

---

① 司法部，司法人员行政伦理反思报告， 2003 年 11 月。报告中有关宣誓的建议没有在 2005 年被司法部部长采纳。这项建议认为宣誓词应改为："我宣誓，为法服务，忠诚、廉洁、庄严地履行我的职责，公正勤勉，保守职业秘密，履行谨慎的义务。"

第 1 章
廉洁

所有公共职能的必备条件是廉洁。廉洁通过两方面被加强：1）一方面，通过《刑法》适用条例，有时候是针对所有人，有时仅针对公务承担人；2）另一方面通过一系列适用于公共事务的行为条例。

1）《刑法》既惩罚普通违法行为，也惩罚特殊违法行为。这里举一个很好的例证：在廉洁方面，公职人员与所有人一样，必须服从普通《刑法》；他们还要服从为公职人员量身而订的《刑法》，这种《刑法》包含了公务承担人适用的违法条例。在这两种情况下，《刑法》的普遍条例均适用。

对于所有人来说，因为健康问题，行为能力被削弱，从而其责任也可以被减轻。在如下的事例中，使用暂时开除代替撤职，是合法的：一名医疗机构的公职人员盗窃，损害了机构的声誉；经过精神鉴定，当事人不是为了经济利益盗窃，而是患有心理冲动的疾病，疾病会削弱判断力并阻碍行为控制，同时，当事人没有获得恰当的治疗。

2）除了《刑法》，许多条例法令鼓励廉洁行为。尽管这些条例法令有时受到公务员的批评与忍受，但是廉洁是公职机构的信誉与效率的必备。例如限制高薪的法令，限制收受礼物的法令，即便 2007 年 2 月 2 日第 2007－148 号法令减轻了这些法令的一些限制要求，但是这些法令仍然防止公职人员积累资源并进入企业工作。

这些公职机构的人员是通过遴选任用的，例如行业的、公共的或是军队的机构，还有司法与行政部门。但是面对廉洁条例的时候，这些机构也不能严格保证他们的雇员能完全遵守。

第 1 节　廉洁：避免利益纠缠与利益冲突

11. 11　廉洁，首要品质。"廉洁排除了所有的不公正，腐败和恶行，甚至所有妨碍行善的坏方式。"

但是公务承担人会遇到不腐败的孤独感。与所处环境格格不入的清廉其实不太舒服。约瑟夫·罗特的一部作品[①]描述了一名度量衡检查员："他的同事们渐渐偏离了合规合法。他们肆意腐败并把其他人也拉下水。他们欺骗上帝、欺骗全世界、欺骗他们的上司。但是后者，这些人也收买了自己的头儿，这些当权的居住在更大、更遥远的城市里。最让他的朋友们恼火的，不是他自己从来不作弊，而是即便他是骗局的受害人，他也能漠然接受。这种态度更加深了他的孤独。"

2010 年，罗马尼亚计划成立"国家廉政公署"，中间曲折主要是存在对"廉政疗法"的异议：2010 年 4 月 14 日宪法法院裁定 2007 年法律违宪无效；2010 年 7 月 19 日再次裁定第 2 部法律无效，同年 8 月 31 日，第 3 部法律出台，罗马尼亚终于可以建起廉政公署，并让布鲁塞尔的欧盟表示满意。而廉洁政策的执行办法从没获得过一致同意。

---

① 约瑟夫·罗特，《错量》，航迹出版社，2009 年，第 33 页。

政府应当"超越一切怀疑"。廉洁是第一品质，能消除怀疑。无论何时何地，无论对议员还是公职人员而言，都要求廉洁①，因为廉洁立国。"这是前几天我才突然发现的。那天，我在边界听到一个旅客沾沾自喜地说他如何骗过了海关。'抢劫国家等于是没有抢劫任何人，'他说。我的反感立刻让我明了国家是什么。我开始对它产生情感，只因为它被伤害了。以前我从没有想到过。"②

"公务员有履行廉洁的义务，这个义务的原则是绝对的。"行政法官如是提醒。③

古时候，渎职的公务员会戴着铁颈圈，在第戎公共市场门口示众。群众批斗会开3次，每次3个小时，被批斗对象的头顶上还要戴一个写着"贪污执达官"的牌子④。

根据2003年反腐败《梅里达公约》第8-1条，"每个缔约国，应鼓励公职人员廉洁、诚实与责任，遵守所在国司法系统的根本原则。"

1996年联合国《公职人员行为国际准则》在第1-2条中规定："公职人员应注意正确有效地履行他们的义务与职能，保证符合法律或行政规章，这就是廉正。"

德国公务员行使职责时必须态度公正，保有良知。联邦公务员须在工作时履行独立、廉洁的义务，这是联邦公职部门行政伦理的基石之一⑤。

法国法官指出社保官员必须执行管理的廉洁公正。

---

① 议员塞萨尔·沙布兰在1927年7月13日的议院中说："无疑，最高行政法院院长今天早上对我们说，必须合理支付高级公务员工资。对此我们不反对，因为我们要防止他们大量离开岗位。这是实话。公务员大量离岗，对国家来说非常危险。但是我们也要避免基层公务员的离开。这种离岗的表现方式不一样。我们可不想要求一名基层公务员成为大银行的行长（很好！很好！极左派），或者大企业的经理。"

② 安德烈·纪德，《伪币制造者》，袖珍书，第250页。

③ 1999年6月28日，内政部。

④ 《渎职的公务员》，收录于《普通警察条例词典》，巴黎，1758年，第440页。

⑤ 德意志联邦《公务员身份法》的第11和14条有关公务员义务，客观明确禁止公务员为牟取私益而损害联邦公共利益。

在公私合作而且有企业赞助的情况下，建议将公私资金混合。国家非物质遗产总局鼓励对公共资源进行价值开发（例如地方档案馆等）。增值的效率以及开发措施是能够被预计的。同时，基于公共利益考虑，不能混淆合作与合并。法国外交部在 2011 年的行政伦理指南中，用了整整一章来规定"与私营部门的关系"，事关"外交驻地的商业赞助和支持以及安排"。

公务员应当避免其职业与行为的矛盾。海关的主要检查员在没有离职的时候，不能与"走私者串谋"。

《地方行政机构普法》在第 2131‑11 条，明令禁止批准市镇保险合同的市议员参加合同评议会，因为这名议员实际上已经"以个人名义牵涉到商业行为中"。还例如，某协会要转让某资产，如果市议员是转让代理人，那么他也不能参加资产转让评议会。有必要仔细区分两个规则：一个是为了分权而取消评议会的规则，另一个是非法牟利的《刑法》规则。评议会的取消，大部分情况是因为涉事的市议员参会，而不是因为市议员违法牟取私利。

同样，《城市规划法》规定，如果建筑许可证将颁发给市长本人或者市长是作为委托人受证，那么市长禁止行使颁发建筑许可证的职权，而应由市议院指定一名市议员去颁发建筑许可证①。举例，某市长犯了滥用职权罪，因为他把自己所有的一块土地评级为可规划开发土地，在土地规划开发新计划出台后的一个星期，该地块的售价远高于评级之前的土地类型，这时市长出售土地能够获利丰厚。

这里绝对原则就是，公务承担人必须避免利益冲突的情况。也就是说，当事人要避免必须或可能在个人直接、间接利益与所服务的公共利益之间做出选择。 1983 年 7 月 13 日《公务员身份地位法》第 25 条规定："公务员不能亲自或通过他人从政府控制的企业中攫取有违

---

① 该规定旨在预防利益冲突，如果建筑许可证是在违反规定的情况下取得的，那么应依法取消。见 1996 年 7 月 31 日欧盟法。如果市长是土地所有人、建筑项目的公证人、负责建筑项目的建筑公司所有人，那么为了避免利益混淆，应遵守该规定。

自身独立性的利益。"

面对这样的命令，我们必须明白风险，了解防范并且，如有触犯，如何合适对待。

一、风险："我和我的"——利益冲突

11.21 多少能够感知的风险。 这些风险主要是那些以自身利益或亲友利益为名出现在公共职能范围的风险。

"个人"利益的定义很宽泛，还包括了家庭圈和亲友圈，这是为了避免混淆不同类型。所谓"家庭"利益冲突的定义比较古老，圣西门在1713年曾描述[1]，国王不会让官员在官员自己家乡任职。他说："国王在混乱中成长，并了解政府治理的准则，因此很难抛弃这种看法。"国王曾撤销某省长在朗格多克地区的职务，因为他听说这名高级公务员的老家就是朗格多克，随后他把"省政府交给一名与该地区毫无关系的官员管理"。

1个世纪后，果月五号[2]共和三年《宪法》的第176条规定，禁止"直系尊亲属与直系卑亲属，兄弟叔侄或同等亲属关系"同期在同一政府部门任职。《巴哈的财富》一文表明，历史上，公职部门究竟在何种程度上敛财并破坏地方公共资源。因此，告知、培训、警告是必须的，因为与其惩罚腐败，不如教育廉洁。

税务部门曾坚持要求某女税务监察员调职；原因在于，她负责检查、核对滨海阿尔卑斯省省立宪兵队的税务，而她的丈夫是税法律师。同样，某检察官不能履行职务，就是因为他把调查工作交给一名女司法警察专员，而后者恰恰是前者的伴侣。

还有，某年轻妇女因为违反条例而被依法解除警察职务。她曾担任航空及边防警察安全助理，被解职是因为她"帮助一名熟悉的亲戚

---

① 圣西门，《回忆录》，伽里玛出版社，"七星诗社"，第4卷，第698页。
② 法兰西共和历的第十二月，即1795年8月22日。——译者

逃避乘客和行李检查"，她还"把自己机场管制区通行证给同居男友，而同居男友几乎不了解警察工作"。

以及，法国最高视听委员会的成员不能在委员会管辖的业务领域持有股份，例如电影及视听金融公司。

能源管理委员会的成员不能在职务涉及范围内经营业务或受人委托，不能兼职或持有相关股份，如情况发生，将依据2000年2月10日法第20条依法辞退该成员。

某大学校长利用职权雇用亲姐姐而违反纪律规定（且在《刑法》上属于非法获利罪）。

1932年5月10日法国驻摩洛哥常驻代表曾要求，所有公务员与公职人员如果要购买摩洛哥不动产，必须预先申请并获得许可才可以购买。违反这项规定就要受到纪律惩罚。

某市长的妻子在某城市规划方案推出的前几个月在规划地块购买了一片禁止建造房屋的地。然后，市长修改了规划方案，给这片地颁发了建筑许可证。事情被曝光后，规划方案被取消。

这件事提醒我们两个预防是必备的：一是当涉及工作的时候，要注意保持距离；二是权威部门的信息涉及亲属的时候（不论信息是确切可靠的还是可能的），要注意职权行使[1]。

欧盟委员会曾经约谈过一间有合作的企业，因为这家企业招聘了欧盟委员会安保办公室主任的妻子。欧盟初级诉讼法庭[2]最后取消了惩罚，因为没有发现企业招聘与丈夫的工作职能有任何交集。特别是，欧盟法庭在2006年[3]认定一名欧盟委员违反了欧盟条约第213条规定的义务[4]。这项规定要求欧盟委员们履行廉洁义务，不得利用职

---

① 这与欧盟《欧盟公务员身份地位法》的第13条规定不谋而合。第13条规定："当公务员的配偶从事营利性业务的时候，公务员本人须对主管上级部门做出详细说明。"

② 欧盟初级诉讼法庭，2002年9月。

③ 这场风波是桑特领导的委员会辞职的直接原因之一。

④ 欧盟条约第213条："欧盟委员在任职期间及任职结束后，应庄严履行承诺，尊重工作义务，特别是在任期结束后，接受某些职位或好处的时候，仍然保持正直和高尚。"

权招聘亲属，哪怕是去不相关的部门工作。

政府与法官[1]都不希望担任领导职务的人照顾亲属。

当然，这些谨慎的要求也应尊重政策出发点。劳动部曾撤销一家销售企业的内部规章，其中是这样规定的："收银员和售货员不应在顾客结账处接待购物的亲属结账（亲属包括伴侣、直系尊亲属和直系卑亲属，兄弟姐妹等）。违反条例即被认为是严重过错。"行政法官对此做出解释，认为"这样的规定限制了人权以及个人和团体自由，收银员与售货员的工作性质无法证明该限制合理；为了检查的目的，这样的限制也不恰当"。[2]

二、防止利益冲突：避免犯罪

11.31 国际与欧洲的文件。防范公务承担人发生利益冲突，在世界范围内、在欧洲乃至法国，都是规章制度界的古老忧虑。

应该用议员来举例。塞巴斯蒂安·科埃曾描绘两兄弟，一个是议员，另一个是银行家："瞧，亨利是托马斯的弟弟，他已经被视为工党内同龄人中最野心勃勃的议员了。兄弟俩的关系远远超越了简单的血缘联系，扩展到大量共同的事务和利益中，因为亨利在许多公司董事会担任席位，这些公司是托马斯的银行慷慨支持的。在这些生意与亨利起劲鼓噪的社会主义理想之间，要是谁敢暗示这种结合的冲突，亨利肯定会用一大堆回答完美地针锋相对。"衡量一个社会面对利益冲突时候采取的态度，首先要看这个社会的行政、立法精英们的态度。弗拉迪米尔·沃尔科夫在他的小说中揭示出，在没有上级政府保

---

[1] 2005 年 7 月，海外部记录：一名市长在招聘时存在不合规现象。他分别招聘了自己两名助手的儿子，但是招聘职位事先没有打出任何招聘广告，应聘人的资格审查步骤被略去。而录用令发出的同一天，这两名助手中的一名又招聘了市长的儿子。同样，还有一例违法乱纪事件，发生在埃索纳省的省议会，为招聘亲属而虚拟职位，见《国库杂志》， 2002 年 7 月，第 453 页。另， 2007 年，欧盟法庭判决一名欧盟委员违反职务规定，非法招聘亲属进入自己的办公室。

[2] 1994 年 12 月 9 日，劳动部。

证的情况下治安行动是如何调整的。小说中，"炼油厂发生冲突 8 天来，省长都不在岗。他去了现场，受理员工的请求，评估无情的国际石油家的态度。省长也确想这么做下去。然而，内政部部长尼古拉·格罗索禁止他继续做。他从他的异母兄弟贝尔特朗那里得知，格罗索是石油公司的股东。"这仅仅是小说。

1996 年联合国《世界公职人员行为法》在第 2 章专门对"利益冲突与失职"做出规定，第 4 条这样写道："公职人员不应利用职权牟取私利，无论个人的还是家庭的。任何妨碍职位、职务特点和任务内容的交易、职权或工作，他们都不应该承担或者接受。"

在欧洲，可以参考《经合组织委员会有关领导层在公共服务领域管理利益冲突的建议》。这一系列建议颁布于 2003 年 6 月，针对行政部门利益冲突的防范。建议特别要求"鉴别引起利益冲突的情况"。这些建议被分为若干具体问题，本书也按照这些问题，把主题划分为：兼职、泄露机密、市场、礼物、亲属及社团主义，外部任命或离开政府前往企业工作。本书的章节目录是根据建议来写作的。

同样， 2000 年 5 月 11 日欧洲委员会《公职人员行为准则》在第 13 条"利益冲突"和第 14 条"利益申报"以及第 15 条"外部不兼容利益"中，都对利益冲突的防范和利益冲突的申明做出详细规定。

欧洲委员会与相关国家组成的反腐集团在各成员国中共同组织日常监察工作，力推反贪项目和公务员的行政伦理道德。欧洲委员会有关反腐的网站定期发布各成员国的报告。欧洲委员会的举措给各成员国施加了真正的压力，要求它们的公务员身份地位体系符合国际标准。各成员国因为欧洲委员会的监察力度，推行了一系列廉政改革。

对于欧盟来说， 2004 年 9 月新任竞争专员应该不仅放弃她在多家企业的任职，还应该申报财产，因为财产中可能含有任职企业的股份、股票；她还需要承诺，当未来出现涉及她任职企业的问题时，她不会单独做出决定。只有当她做出这些保证的时候，欧洲议会才会通过委任命令。

建议阅读 2009 年 7 月 22 日《比利时联邦公职机构利益冲突的相关管理手册》，非常有趣。

11.32 **在法国。** 2010 年 6 月一本有深度的杂志写道"利益冲突这种说法在法国法律中不存在"。这种说法似乎令人困惑，其实表明了作者并非不懂利益冲突的概念，而是想说明要避免利益冲突非常困难。最高行政法院提示说，预防利益冲突的条例不应该放宽，并因此部分取消了 2010 年 1 月 13 日有关医用生物学的政令。

利益冲突的概念，最新可以参见 2011 年 1 月索韦委员会的报告，以及同年夏天提交的一份有关"公共生活中利益冲突防范和行政伦理道德"的法律草案。这份草案特别指出要避免这些冲突，负责公共职务的大领导们必须进行利益申报。 2011 年秋天，就该草案举行了重要辩论，绿党在国民议会提出有关利益冲突的议案被否决。当年冬天，也就是 2011 年 12 月 29 日议会就第 2011‒2012 法案进行投票，该法案提出加强药品及保健品的卫生安全，其中大量内容涉及医药行业的利益冲突防范。

2012 年底，若斯潘委员会提交主题为"公共生活的行政伦理道德"的结论报告。

公务承担人面对的利益冲突主要受到两方面的驱使，一方面是公共利益，另一方面是他的个人利益。特别是，当公务承担人利用自己的职权，让公共利益服务于私利的时候，他往往会否认这种职权利用。因此，关键是让公务承担人不要去处理可能天然带来其私利（私利包括财务的、家庭的或者名誉的好处）的事务。北欧的情况是，部长在可能发生利益冲突的情况下应拒绝发表意见[①]。为了避免利益冲突，工作职能和职权的组织、分配措施非常有必要。

当然，大型国际组织对利益冲突概念的推广，已经深入人心。以至于法国人也把这个外来概念有意识地融入自己的文化中，当然，现

————————————

① 《十字架报》， 2010 年 6 月 23 日。

实也未必如此。

11.33 利益冲突的长远历史。避免或者说，防范利益冲突是法国公职部门历来的核心任务。

● 腓力四世颁布敕令，不准许任命王国的官员到其家乡工作，就是为了避免他们利用公共利益牟取亲属的利益。

● 法国社会对这些恶行展开了长达若干世纪的斗争，不放过可疑情况。这些事例可以在 1739 年伦敦出版的《论君主制或论君王的品格、美德及义务》中找到。书中说："我们了解这种对正义的唯一爱，是通过对公共财产的唯一爱实现的。这是身为行政官的重要品质，是建立在大公无私基础上的……因为当行政官心存私欲，他们不可能坚持必须坚持的公共利益。他们会衡量自己一切所言所行，反正是为了想自己的利益更多一些，想公家的利益少一些。这样的人，是不可能具备伟大而慷慨的品质的。这样的人总是有一些阴暗的想法，他不是身处利益当中就是已经获取了利益。对他们来说，国家只是借口，人民只是遮羞布。一旦他们得到他们想得到的东西，他们会放弃一切善行。"

在 18 世纪已经出现了诸如"利益冲突""公共财产""公共利益及个人利益"、大公无私、阴暗的想法等与当代一致的词汇，去表述和今天同样的概念。

● 法兰西第三共和国葡月 24 日法令认为："任何公民，不得竞聘或担任具有直接或间接监督职能机构的职位，如果他在被监督的领域有任何任职。"

● 上个世纪的《刑法》规定，干涉司法会受到惩罚。

1844 年马萨比奥在《国王的代理人手册》[①] 中定义了"干涉"，即累积达到如下 3 项情况，便成为违法干涉：

第一，有公务员参与。

———————————

① 马萨比奥，《国王的代理人手册》，1844 年，第 3 卷，第 52 页。

第二，"他通过某些商业活动或事业，直接或间接地获取了某种形式的利益，其牟利的方式与其本职不相容。"

第三，"他做出干涉行为的时候，这些商业活动或事业归属于其职能监管范围。"

由此可见，干涉行为就是利益冲突的结果，对这种行为进行认定，依赖于对以下四个问题的答复（19 世纪就已经提出了）：谁？（公务员），什么？（利益），怎样？（与本职不相容的手段），何时？（做出干涉行为的时候）。

维因解释道[①]："公务员的廉洁不仅仅是对社会百姓的公共责任，更为严肃的是，廉洁意味着不在职权中寻求任何私利，从不利用职权牟利，坚决反对不良影响下的所谓变通，不会特别关照某个人，对所有人一视同仁，无论他们孱弱还是强大，无论他们是友人还是陌生人。" 1783 年，约瑟夫二世写信给政府雇员总管，谈到总管应该规定反对一切形式的"利益冲突"，正如我们如今所谈的那样。

在第三共和国时期，从大量丑闻中，我们有时候会发现一些部长的声明，他们很关心如何避免利益纠缠。 1908 年 12 月 19 日参议国务院内，身为战争部部长的皮卡尔解释道："战争部次长坚决不同意负责补充军马的任务，因为接受了这个任务，意味着他会代表军马饲养地选区的利益。亨利·谢龙先生是战争部次长，他答道：我到战争部，可不是为了保护我这个选区的利益。（很好！向左转！）夏尔·里乌先生说：这可真是不偏袒。（微笑）"想必谢龙读过 1899 年贝凯的军人手册，其中有"不能兼任"一节，写道："如果公务员被要求完成多项任务，那么他的工作能力也会随之减弱。我们姑且认为，如果同一个人做两种工作，那么他还要投入精力去自我检点。" 1901 年菲齐耶·赫尔曼在著作中谈到"公务员"的时候，引用 1851 年 12 月 24 日政令第 26 条。这条的内容是禁止煤矿工程师"在开采共和国土

[①] 维因，《行政研究》， 1852 年，第 244 页。

地上的煤矿时牟取任何利益，违者以辞退论处"。这本著作还写道："如果公务员的家属进行商业活动，可能影响他的独立性或影响他本应有的审慎，那么政府有责任做出决定，将其调离岗位。"

1927年，安德烈·纪德向我们毫不留情地描绘了刚果殖民政府与"大公司"之间的苟合，这些公司控制了非洲的粮食种植土地[①]："这些大公司的代理人太会讨人喜欢了！对他们过分的热情没有防范的行政长官，之后如何能站在与他们对立的立场？之后如何能在他们的小错误面前不施以援手，或者起码睁一只眼闭一只眼？接着在那些重大的滥用职权行为面前又如何呢？"利益冲突的深渊永远以同样的形式出现在公务承担人的脚下：对一项建议微笑，然后被拳头制服。如果独立的行政长官试图追究大公司违规，大公司"会恶人先告状，与巴黎的总部电报联系，决定诬蔑行政长官。方法很简单：高声强烈控诉行政长官与自由贸易商人勾结，任由他们腐化"。利益冲突总是产生在公共利益的弱势与私人利益的强攻之间。

1936年10月29日政令专门规定，政府与律师代理的客户之间产生利益冲突时，禁止同时身为公务员的律师与政府打官司。 1992年， P.马丁政府的特派员也如是陈述。

1954年2月17日，最高行政法院针对社会上担任行政长官的公务员，就"利益冲突"的详细定义做出指导意见："普遍原则"在于，公务员不应当让自己置身于个人利益与他理应捍卫的国家利益或者集体利益之间发生的矛盾冲突中。

11.34 防范利益冲突的文本。我们的司法安排长久以来，都准备好保护议员与公务员，反对利益冲突[②]。

- 《针对国会议员的组织法》赋予宪法法院管辖的议会办公室权力，让办公室去管理议员的"不相容"行为。例如，某议员负责一家

---

① 安德烈·纪德，《刚果之行》，伽里玛出版社， 1927年， 1941年第53版，第84页。
② V. J.卡约斯，"关于政府内部冲突的非司法条例模式"， AJDA， 2003年，第880页。

企业，该企业主要业务依赖政府市场的资源。那么，这名议员不能对议会施加有利于该企业的影响。

- 《选举法》禁止专营市政服务的企业主参加选举，目的是避免他们在任期内向市镇集体提供服务时产生利益冲突[①]。

- 依据1983年7月13日出台的《公务员身份地位法》第25条开展反对利益冲突的斗争。这条法律设计公务员的责任与义务："公务员不能亲自或通过他人，从相关企业获取损害公务员独立性的利益。相关企业是指那些置于该公务员所属或所关联的政府机构的监管之下的企业。"

- 2006年6月8日第2006－672号法第13条，是关于具有决策咨询特色的行政委员会的创设、组织与运行。这条规定取自1983年11月28日法第13条的内容，即明确禁止这些委员会的成员"参与审议牵涉他们个人利益的议题"。

- 根据《刑法》第432－12条，某省议会主席被判有罪。他具有省预算拨款审核人的权力，签发了拨款命令，把省行政区的通讯款项拨给一家公司。这家公司曾对另外两家公司给予大量资金支持，受益的这两家公司股东恰恰就是省议会主席。省政府与这家公司之间最终存在利益冲突，二者间千丝万缕的联系被非常小心地过滤，但是没有逃过审判法官的法眼。另外，某医院院长也被判刑，因为他在医院进行某项建筑工程的同时修缮了自己的房屋，具备牟取个人好处的事实。

此法律条文在旧《刑法》中是第175条，经常被刑法法官与行政法官援引使用。但是它过于严格，有些麻烦。因此近年来，这条法律遭到多次抨击，抨击的目的是减少其限制的范围。过去，某公务承担人在离职后5年内，无权效力于其曾经管辖或存在工作关系的企业。2007年2月2日第2007－148号法将5年改为3年。"现代化"恐怕会

---

① J-D. 德雷富斯，"公共法的利益冲突"，LPA，2002年6月17日，第5页。

带来司法退化。

- 《城市规划法》也禁止利益冲突，因此根据该法第 L. 422 - 7 条，某涉案市长，同时也是铅制品公司的股东，向一家建筑企业颁发了盖楼许可证。然而，铅制品公司 17% 的年营业额是由这家建筑企业贡献的。作为市镇议会的议员，这名市长本应该指定一名议会其他成员来处理许可证一事，但是他没有这么做。

- 长期以来，地方行政机构法律条款禁止在地区决议中出现利益冲突的情况：

《地方行政机构普法》第 L. 2122 - 26 条（即《旧市镇法》第 L. 122 - 12 条，来自 1884 年 4 月 5 日第 83 条法律）规定，如果市长的利益与市镇利益相悖，在这种情况下，市镇议会需指定其他议会成员代表市镇，或以司法诉讼名义，或代签合约。如果没有采取该措施，那么审议会必须取消。

《地方行政机构普法》第 L. 2131 - 11 条规定，如果一名或多名市镇议会成员亲自或者通过代理人牵涉某事务利益，且他们参加了针对该事务的审议会，那么审议会被认定为非法。例如某市长同时担任一家协会的主席，根据这条法律，他不能直接以个人名字与该协会签订市镇项目的合同。法官指出，这家协会是以盈利为目的，其追求的目标不应与市镇居民的普遍利益混杂。

同样，某法属波利尼西亚的议会议员在当地拥有大量珍珠养殖场。作为"利益相关方"，他参加了一个针对出口珍珠设定特别法案的审议会。由于存在利益纠缠的情况，该审议会被取消。还有一例，某市长是葡萄种植者，他设法减少规划为城市化的土地的面积，以利于葡萄种植项目。他参与的相关审议会被取消。

最后一例，根据《地方行政机构普法》第 R. 1431 - 14 条，某公共文化机构的负责人不能与任何该机构的合作企业发生利益关系。

- 《建筑与住房法》第 L. 111 - 25 条注意到，公共机构以公共安全利益为目的批准的技术监管，与建筑作品的构思、执行、技术等一切活动不相容。监管的有效性与真实性意味着无论被监管方是以何种方式呈现，监管方都应做出监管。

• 大量专门法律文件预见到为了反对利益冲突实施各项措施的迫切性，特别是对独立行政机构而言，相对于传统行政机构而言，这些机构更懂得自己的独立性和公正性是机构信誉的必要条件：

——全国信息与自由委员会在 1978 年 1 月 6 日法第 14 条中做出规定："如委员会成员在某机构内直接或间接持有利益份额、行使职能或接受委托，那么该成员不得参加与此机构有关的审议会或推动相关听证。所有委员会成员必须向委员会主席报告其以法人身份持有的所有直接或间接利益。"

——卫生部门：2010 年 1 月 7 日第 2010 - 18 法令被录入《公共卫生法典》第 L. 1313 - 9 条中。这条法律规定负责食品卫生安全、环境及劳动卫生安全的新全国卫生总局的合作伙伴都必须执行行政伦理条例，特别是公布和申报利益："行政伦理与利益冲突防范委员会应当对适用于总局、总局人员及合作伙伴的行政伦理原则表个态。"生物医学卫生总局（《公共卫生法典》第 L. 1418 - 6 条）也适用该规定，于 2006 年创设了反利益冲突行政伦理道德委员会。

公共卫生方面，2004 年 9 月 7 日审计法院的"透明委员会"在一份报告中指出：利益冲突可谓一剂毒药，已经破坏了所有的卫生系统部门。专家们应该保持理智的独立，不应依赖制药企业或其他卫生产品企业。世界卫生组织与其下属甲型流感病毒小组，还有欧洲食品安全总局（EFSA）要求自己的专家进行利益申报[1]。这就是 2011 年 12 月 29 日第 2011 - 2012 法令的规定。

——网络著作传播与权利保护高级公署受 2009 年 6 月 12 日第 2009 - 669 号法的约束，该法律第 5 条引入了《知识产权法》第 L. 331 - 18 条新内容，即要求所有成员进行利益申报。

---

① "欧洲总局鼓吹其严肃性与透明性"，《巴黎人报》，2010 年 3 月 5 日。

——网络游戏总署[①]对运营商（2010 年 5 月 12 日第 L. 2010 - 476 号法第 32 条）与监管部门所有成员（2010 年 5 月 12 日第 L. 2010 - 476 号法第 36 条）提出禁止发生利益冲突的要求。随后需要落实法律条文，如同菲莉佩蒂女士与拉穆尔先生的议会报告[②]建议的那样，网络游戏总署需保证"在体育赌博运营商与体育竞赛组织者（或体育管理机构）之间达成的合作协议中，不得产生任何利益冲突的情况"。

——核安全局： 2016 年 12 月 15 日的部际规章认可了该局的内部规章制度第 19 条，即"利益冲突：核安全局的每一名特派员与雇员应采取一切必要措施，以避免在其监管活动中获取利益，特别是这些利益可能损害其判断的公正性。核安全局的雇员应通知他们的上级所有可能产生利益冲突的情况，并提出终结利益冲突的方案。在某些特别情况下，上级领导可以剥夺利益相关雇员的权力"。

——最后， ISO/CEI 17020 号标准旨在约束受公共机构认可的私营技术监督机构（例如高层建筑的运行监督），强制他们防范利益冲突："监督机构以及负责监督的公务员不得担任所监督楼宇的设计师、建筑商、供应商、安装人、采购商、业主、使用者或修缮者，也不得担任这些相关机构的授权代表。监督机构及其公务员不得从事可能破坏其判断独立性与监督完整性的任何活动。"

11.35 终极概念。在禁止利益冲突的努力当中，行政法官一直关心的是，在考虑公职任务的最终目的的情况下，如何调节行政伦理与机构的良好运行。最高行政法院院长 P. 马丁对于最高行政法院一个名为"乌兰镇"的终审判决做出如下评论，精彩总结了这一确定的判例："关于商业利益的定义，你们的判例试图做出这样的平衡——

---

① 根据参议院文化商业委员会的修正案，"网络游戏总署成员在停职后 3 年内，不得从事或接受网络游戏公司提供的工作、咨询或资本项目。"该规定与开放在线赌博与博彩游戏行业的竞争并加强行业监管亦有关。——2010 年 5 月 12 日第 2010 - 476 号法。

② 2011 年 5 月 25 日国民议会报告第 3463 号，有关开放赌博游戏竞争的 2010 年 5 月 12 日第 2010 - 476 号法的实施。

一方面考虑第 121－35 条关于行政伦理的法律，另一方面需要阻止牵涉当地利益的议员参加相关审议会，但同时又不能让市镇议会瘫痪。你们没有因为第 121－35 条法律规定的可能范围而扩大牵涉面，这在于你们考虑到牵涉利益的市镇议员不止存在个人动机去支持市镇议会的提案。当你们把市镇议员当作个人去评估其利益的时候，你们寻找的是这名议员是否具有与市镇居民普遍利益不相容的个人利益。"

因此，议员的利益必须产生足够的不相容性，才能够认定其利益会损害审议会。例如，某市镇议员获得了一块本地的土地，那么他的个人利益会涉及讨论地块出让的审议会。

"利益冲突"其实不是一个好的概念，因为不明确。

这个概念涉及怀疑，而非违法。因为每一个人，不论是否担任公共职务，都天然拥有多种利益，那么这些利益的潜在冲突领域是没有边界的。

在利益冲突没有被辨认、处理之前，它是一种威胁、一种错误甚至一种行政机能障碍，直到它导致系统性风险。

宽恕的或者容忍的怀疑有利于牵涉利益的人，而这会损害他们承担的公共职能。

利益冲突是这么一种怀疑的结果——公务承担人认为个人利益高于公共利益。 2010 年，国防部部长明确表达了这一看法[1]。个人利益影响公共利益，人们不可能同时服务两个主宰：公共利益与个人利益[2]。

服务于公共集体还是自己的职业和财富？这是个永恒的问题。国民议会议员们曾在 1919 年 8 月 27 日议会上批评公共财政总局局长，

---

[1] 《巴黎人报》， 2010 年 10 月 3 日："我想一个人不可能既是律师又是议员。我可以进一步说，我自己就在一个大型律所担任过 9 个月的律师，那时候我自问过自己以后的政治生涯怎么走。即使我对这个问题谨慎小心，但是迟早会产生怀疑和疑惑。而正是这种怀疑暗中破坏了民主。"

[2] B. 弗勒里，"没有人能同时服务两个主宰——重新定义利益的非法获取：真问题还是假办法？"，《行政司法周刊》， 2010 年。

他因健康问题被财政部长批准退休，然而他很快成为一家大银行的总经理，他身体状况不错，还可以承担大型企业的领导事务。看来与对国家事务的奉献比，他更关心银行的工作。

11.36　六个并行的因素的定义。 关于利益冲突的划定，在国际定义与 2011 年 1 月索韦委员会报告的建议定义[①]中，我们认为应同时存在 6 个因素，即可定义存在利益冲突。

1) 某公职人员（上至部长，下到普通公务员，中间还有民选官员、法官、军人、合同制公职人员）承担公职工作。因此，公务承担人要具备法律与实践的能力，才能做出一个又一个行政决定。而且，他们担负的责任越重大，利益冲突越有可能存在，防范也越加重要。这些人包括部长及其直接助手，或中央机构负责人及局长和处长。

2) 他（或其亲属）在例如企业、俱乐部、协会、遗产等，拥有或持有直接或间接利益，以及与其工作任务性质不同的利益。

第一，他的亲属包括生活伴侣、子女、直系尊亲属。在尊重保护隐私的情况下，需考虑亲属的情况。

第二，直接或间接利益

应以实事求是的态度评估利益关系，就算是利益牵涉人配合法律和技术手段，企图通过层层转手或中间人遮掩利益关系。

在这个意义上，各个卫生局制定共同的行政伦理规章，需定义"间接利益"。他们为此做出的努力值得关注。

"间接利益指非个人利益，特别是：

● 某企业或某机构向某单位（服务部门、制药实验室、协会等）的预算进行注资。而且这家单位里，专家负责：科研项目、协助合同、博士后奖学金、间接津贴。

● 其他非直接报酬的联系：与主管有亲戚关系、参加决策机构

[①] 索韦报告建议定义如下："利益冲突是一种在公共服务工作与担任该工作的个人的利益之间产生的相互干涉，前提是个人私利在性质与强度方面可以被理性地视为势必影响或似乎影响工作职能独立性、公正性与客观性。"

（董事会、科技理事会或同级委员会）、知识产权利益、与其他团队的合作或竞争。"

第三，不同性质的利益

利益首先是金融方面的：债券、企业股票、不动产产权。但是也存在其他形式利益：

● 社会的：主持一家协会，协会可营造社交的氛围、提供社交场所，或多或少地组织起联谊或联络活动。

● 知识的：在科研、医药行业，派别敌对和争吵可能形成利益。每一个"学派"一心捍卫自己的"知识"立场。这实际上是一种经济利益（2009 年卫生总局年会专门讨论利益冲突，特别是知识利益的冲突，并把法国情况与美国和英国相比较）。最高行政法院有关这方面的第一个决议反映了法官的某种审慎。根据独任推事 E. 热弗雷的精彩结论，不应当将排除利益冲突作为信念的动力。例如，转基因作物的支持者不会因为他支持转基因而不能担任生物科技最高会议的成员，也不会影响他对农作物的基因工程发表意见。具备信念乃至"激进看法"，与利益冲突并不是一回事。然而，接受企业或团体的正式、非正式委托，在咨询机构代表他们，这就构成了利益冲突。

第四，个人利益与集体利益

利益可以是个人的，也可以是职业的、集体的。这样有利于职业之间的竞争。在这个意义上，医疗系统微妙分配了不同工作给眼科医师、配镜师和视力矫正师。

3）这些利益来自于公共工作领域的交叉：冲突产生自这些交叉。所谓"交叉"意味着影响和干涉。

三个因素至关重要：

第一，公职人员工作与个人利益之间的范围认定

在大城市中，某市长办公室主任在一家和市政府有商业来往的公共活动公司拥有大量股份。他不得不在 2010 年 9 月辞职。

第二，交叉的清晰性

在涉及资金的行政措施与可能从中牟得的私利，这两者间必须存在实际联系。有这样的事例。例如，地方行政区域的工程师，其配偶是建筑与公共工程行业的企业主；还有，某城市规划部门的副职领导，其配偶是开发商及建筑商联合会的公关主任，且长期负责这家联合会与城市规划部门之间的业务谈判。

2010年法官行政伦理义务汇编第23点很好地指出了困境："法官须保证他的密切私人关系不会与其既定审判权的职能范围交叉。否则，他应保持回避。"

第三，交叉的时间

交叉的认定应与公共职务的任职时间上同期。

4）交叉的强度应足以影响公务员独立性的理性思维以及他实施工作的客观性。

三个因素极重要：

第一，接近、资历与坚定的程度

雇用配偶或者子女表示关联非常紧密。预算部部长是一个大家庭的父亲，他参加有利于大家庭免税政策的投票，就不能算是紧密关联。

从某些方面说，公职人员管理自己周围长期的密切关系，这种行为会显得咄咄逼人，这就使得公职人员会早点进行管理且坚持不懈。例如一家游说事务所每年都用制药企业的资金组织医疗卫生行业相关的工商、金融、行政名流聚会，有时候还邀请部级领导参加。

第二，系统或个人的交叉

在"利益冲突"类别中，不应混淆公共法人自身形成的双重角色。例如，有私营企业家参加工商局或者港务局的董事会。工商、港务局这类公共机构是希望发展公私混合型经济的，因此行业主体私营从业者占较大比例。这些人的引入受法律的许可，因此我们不能批评他们的存在。但是，当董事会明确做出有关他们自己企业的市场或者补贴的决定的时候，他们理应主动回避。

还有，在卫生或电子行业，科研公共机构中一般会有一些与商界存在千丝万缕联系的人员。他们从企业中过来，以后还会再回到企业。

另外例子，高校中，博士奖学金及科研资助越来越多。由安盛保险公司资助的博士生研究企业风险，由布依格集团资助的博士生分析建筑工程行业的法务问题。然而，科研利益本应该超越资助企业的兴趣方向。

再来看看怀疑的有限性，我们一般认为公共市场的自由高于对利益冲突或然性的怀疑。

在某些情况下，如果实在没有其他解决办法，那么公共利益可以越过利益冲突，从权能中受益；换言之，在权能与利益冲突的禁止之间，情愿保留政府服务的权能①。在这种情况下，特例应当被公开而且被鼓励，也需要解释公司为何求助于这位牵涉利益的研究员。

第三，这种强度的等级效力

衡量利益轻重，才能辨别"主要利益"和"次要利益"，像法国卫生安全和健康产品委员会有区分"重要利益"和"次要利益"。理想的情况是完全不存在利益冲突，但是也有情况是：利益冲突已经为人知、被衡量并被告知公众，而这时候，牵涉利益的某人只涉及"次要利益"，且是最具有权能的；那么，公共利益可以同意将涉及公共利益的工作交于此人。如果利益关联很强而且足够密切，以至于会影响公共系统的公正性，那么这时的利益冲突不仅存在，而且会损害行政程序。

---

① 关于宽容，可举例法国卫生安全和健康产品委员会。尽管该局投放市场许可委员会的成员们要检查制药企业的上市产品，但是他们也与这些企业就其他产品进行合作。 2009 年行政伦理委员会的报告指出："投放市场许可委员会清楚证明，在过去的这些年中，由于人员招聘的模式，独立行政机构产生了严重问题。这些机构为了行使法律赋予它们的权能，不得不招聘私营竞争行业的专家，然而这些专家不适合在公职机构承担相应职责。"

5) 对委托人和决策对象进行隐藏或者至少保密

潜在利益冲突的预先决策是有必要的（这与公布是两码事），因为利益冲突申报在原则上是无害的，更何况如果申报被公布，而且公众可以得知，那么更没什么。例如，最高视听委员会的某成员进行财产申报，如果财产中有大量法国电视一台的股票，那么在给他分配工作任务的时候就会考虑这一点，当然，如果电视一台的事务出现在委员会的审议会上，那么这名成员理应回避。相反，如果利益冲突被隐瞒，没有被申报，那么不仅这名成员而且他的所属机构都存在危险。这个危险就是指被怀疑的危险、机构受损失的危险。

6) 有可能（现在我们从客观性转到主观性），一名公职人员或沉默（其实他应该挺身而出）或活跃的态度（其实他应该克制回避）是因为，他在有意或无意之中，想要保持甚至推动某事件朝向有助于牟取私利的方向。

公务承担人期待的真正利益，无论其性质如何，应是通过可能的行政决策来换取。

11.37 被禁止的利益冲突。 当利益冲突会真正导致各种类型混乱的时候，利益冲突是被禁止的：

● 工程部门某公职人员利用职务便利获取了一些信息，而后他对工程部一个不动产项目施加障碍，因为"这个项目可能损害他的个人利益"。解雇这名人员是合法合规的。

● 国防部评估与展望中心负责人"在未告知所在部门的情况下，保持与拉蒂尔公司的利益联系"。该公司的唯一客户就是展望中心。解雇该负责人是合法合规的。

● 海洋军备总局负责人与一家企业签订了不少订单合同。这家企业70％的股权属于负责人的妻女。这名负责人被合法勒令退休，即便他在"合同签订前提醒所在单位防范利益冲突情况，建议设计特殊程序避免产生冲突。他的明确责任在于避免个人直接处理与该企业有关的事务"。

● 园艺工作协助中心的主任在没有告知上级的情况下，兼任一家花店的经理。他被合法解雇，因为"考虑到该主任的级别以及存在发生利益冲突的风险，可能损害该中心的运行"。

● 综合工科学校的科研负责人利用职权让一家公司为学校服务。他在这公司持有近半股份，而他的妻子是主要股东，且为实际控制人。学校通过信函向他询问他是否仍为该公司的股东，如果他还持有股份，股份的份额是多少。但是他拒绝回答，始终未予回复。学校"依法认为该负责人处于利益冲突的情况下，属于1983年7月13日法禁止的情况"。学校将其解雇。

近期，行政法官明确、坚决禁止公共事务合作者产生利益纠缠：

● 法国健康产品卫生安全局不可以合法地向卫生部提交一项有关水处理方法的建议，该局要求获得此方法投放市场的许可。这是因为，这一水处理方法是由该局专家委员会提出的，然而委员会内有两名专家与一家相关行业企业联系密切。

● 法国国家卫生管理局不可以合法地把"某病理学良好治疗实用指南"的编写交给专家委员会。这是因为，委员会不少专家与一些制药企业保持密切的财务联系。他们可能推荐这些企业生产的针对该病理的产品。

● 在公共事务其他方面，行政法官由于利益冲突防范不足，取消了有关医学生物的2010年1月13日第2010‑49号法令。这是因为，立法机构授予政府权力，准许政府采取"一切能够避免利益冲突的措施"，而这项法令没有加强利益冲突的防范，反而弱化了。

西班牙也有类似情况。法官批准针对某大学教师的纪律惩罚生效，因为这名大学教师与其妻子持有一家商业公司25％的股份。这家公司与教师所属部门签订了不少合同。大学因此一步步排查每一份合同的每一个共同签约人。

11.38 防范。 即便没有错误或违法行为，也应强制实行一些预防利益冲突的措施。在卫生领域，最高行政法院既通过行政信息，也通过诉讼程序关注医疗机构行政领导的职能和私营护理企业之间的利益不相容性。

政府合法合理地将某市镇某宪兵队长调离，因为他与该市市长结婚。政府认为："地方宪兵队的行动可以被认为受到了队长与市长婚姻关系的影响。在某些特殊情况下，宪兵队长的婚姻状况可能损害其职能的行使，也会影响其独立性。"

这种预防原则揭示了选举法典第 L. 231 与第 L. 236 条判例的严肃性，这两条法律有关市镇议员的利益不相容性。例如，某市镇议员被省长合法解除职务，因为这名议员被省议会聘用，担任省就业所处级干部。省就业所是从属于省社会团结局的机构。他担任省机关的处级干部，所从事的工作与他担任市镇议员的工作不相容。

当身处利益冲突情况时，公务承担人应当主动识别、申报利益冲突，从而自我保护不受利益冲突的侵害。梅斯特与法日教授讨论了个人作为签约人在利益冲突情况下如何应对，他们这样写道："公务承担人应当落实的是，不能待在原地，要以柔软的态度避免，必要的话，要以中庸的方式，试图协调不可协调之处。"

采取主动回避、将资料交予同事、切割相关个人利益的办法去防止利益冲突，是所有公务承担人员要尽的义务。

11.39 **对防范的思考。** 利益冲突的防范经常通过预防不相容性、申报风险情况或暂时委托信任人管理公共财物等来进行。因此，金融市场管理局的通则规定："成员通过公开招股或储蓄而持有金融财产之后，应把财务管理权委托给投资服务业人员。"委托管理权给一名独立人士的方法在法国的实践还不太多。

防范应设计更精细的工作安排，这可以求助于"双核心系统"，设计利益纠缠的终止，为此审计法院经常提出：某些大区环境、科研及工业局的工作人员引发了"行政伦理问题"。例如，某工作人员承担一家与法国电力公司有关系的企业的工作，而他同时在大区环境、科研及工业局的能源处任职；还有某工作人员是原子能委员会出来的，他又被工业局的核能监管处任用。另有例子，一家国企请一家金融集团为其设计一份私有化方案，但审计法院发现，这家金融集团的一名合伙人同时是这家国企由政府任命的总经理。由于缺乏相关可行的司法或行政伦理条例，因此，由任命总经理的政府去建议这名利益牵涉人作出二选一的选择：要么在他担任合伙人的银行保持咨询类职务，要么继续担任该国企总经理的职务。

法国应在所有公共服务机构更深入推进反对利益冲突的反思。这一行动的目标，不是虔诚的誓言，亦非美德公约的老套条款。这既是一场战斗，又是一次教育。因为这些规定没有在所有情况下，被所有人接受。 J. R. 阿尔万托萨[①]曾干劲十足地说道："禁止兼职，禁止违法收受报酬（在复杂规章的框架下，较难以阐明和实施），对离开机关单位前往企业工作进行限制，对大公无私义务的严格执行——这些都受到高层领导的重视。"确实，"高层领导"应率先垂范，然而，他们当中倒是率先出现了各种监管人与被监管人利益纠缠的例子，特别是在银行、军事、交通运输行业中。高层领导非法牟取利益，应承担严重的刑事责任。在利益冲突问题上，高层领导没有培训好全体公务员。

11.40　外国文本。

● 西班牙， 2006 年 4 月 10 日法与 2007 年 4 月 12 日法，均来自 2005 年 3 月 3 日 APU/516/2005 政令，涉及政府善治。该法律规定公务员拒绝利益冲突的情况。

● 意大利，利益冲突的概念在贝卢斯科尼政府时期被热烈讨论，催生了 2004 年 7 月 20 日法。 2001 年 4 月 15 日《公务员行政伦理道德法典》的第 2.2 条禁止利益冲突。 2006 年 5 月 18 日议会上，普罗迪作为政府首脑，宣布就利益冲突立法。 2012 年这一想法被蒙蒂总

[①] 阿尔万托萨，《国家的服务者：方法和限制》，收录于《权力杂志》， 2006 年 4 月，第 7 页。

理再次提出。

● 日本， 2001 年 4 月 1 日公务员道德法完全是围绕利益冲突的防范展开的。该法规定了利益相关方之间的关系，也就是说，公务员在与利益相关方合作的时候，应采取预防措施，使得自己在做出重要决策（批准、补贴、监察、控制、市场与合约、惩罚等）时，保持思考行为的独立性。

● 美国，利益冲突的概念贯穿公职部门的道德法规。

● 俄罗斯， 2002 年 8 月 12 日第 885 号总统令旨在"批准公职人员行为原则条例"，其内容在于实行"利益冲突"的防范。

三、犯错误或犯罪

11.41 政府的回应是必要的。公职人员犯罪将涉及惩罚或至少给予恰当回应。例如，一是地方行政机构取消审议会，二是政府与公务员在信任破裂后切割关系。

棘手的问题是，公共机构在面对行政伦理错误的时候，并没有一贯表现出高要求。在上述两个公共服务中断的情况下，弃权或保持沉默就是共谋或者说懒政。

如果一家国有企业总经理偷偷购买了自己企业的股票，然后获得了超过十倍的回报，可以说损害了国家财产，那么在审计法院的敦促下，监管机构能够做的，至少是要求他把这批股票以当初购买的价格售出。

当医药企业的影响力前所未有地加强，医药专家的独立性是否还能一直保持？ 2011 年 12 月 29 日法就是要尝试克服"中间人"的冲击。

如果一名前任或者未来的部长把他政治活动期间积累的通讯录出售，我们是否能够经常性看到这种利益纠缠受到惩处？我们应该做什么才能减少这种长期以来揭发出来的"受薪议员的身份模糊性"呢？[①]

然而，我们是不是也看不到这样的现象：在招标委员会，一些专家是直接来自参加投标的企业？

同时，当出现公务员犯错或犯罪的情况，相对于他的职务、工作性质，更应该考虑到形势、事件的严重性，违法的性质，而不应考虑事件效应和个人履历。有时，行政法官对政府特派员更容易网开一面。

如果我们不时时提防，如果行政伦理没有落实到位，那么总会有廉洁与《刑法》相遇的那一天。

第 2 节　普通《刑法》

一、盗窃

11.51　工作中盗窃。一般来说，盗窃引起严重纪律惩罚。某女省长带走了省政府的家具，她因此被依法撤职并被判刑。[②]

盗窃经常发生在工作中。某邮局公务员在 3 个月中"诈取、破坏、侵占邮递包裹"，他因此被撤职。德国也是一样的管理办法。同样有一例，"某邮递员在他妻子工作的邮局办公室，窃取了两个邮政储蓄账户本"。这名邮局公务员受到停职两年的处罚。

某邮局检查员有利用支票模板非法挪用资金累计超过 30 万法郎的嫌疑。他被依法停职。

在邮政行业，考虑到"邮政公务员承担的义务以及通信的不可侵犯性"，盗窃更加不能被宽容。

---

① J.-J. 迪佩鲁，《千万种方法玷污双手！真雇用或假雇用，咨询的谎言，近乎合法或不那么合法的聘用，议员身为律师、为自己律师事务所带来生意，董事会任职……！》，收录于《世界报》，1995 年 2 月 9 日。

② 参见媒体文章：《省政府里的"德纳第太太"》，收录于《星期天日志》，2010 年 4 月 11 日；《前女省长的尴尬购物》，收录于《费加罗报》，2011 年 10 月 13 日；《盗窃癖女省长爱好装修她的家》，收录于《世界报》，2011 年 10 月 15 日。

还有案例如下：

• 某图书馆古籍收藏员在公立图书馆盗窃并出售古籍，遭停职处分。

• 某法官不定期从诉讼档案保管室取走封存的证物。他还参加主题为法官道德的国际研讨会，偷取女同事的信用卡，用来支付情色酒吧的账单。

• 某医务工作者让住院病人或过世病人的值钱财物遗失或消失[①]。更糟糕的是，对老年住院病人，医务工作者理应履行尊重的义务，但是某医疗人员在两年中频繁"偷窃住院病人的现金，损害了病人的利益"。

• 某监狱管理人员在工作地偷窃食品。

• 某国立教育院校的厨师长非法窃取食品，还有某主厨在食品储存管理方面失职。

• 某海关公务员把罚款与税收转入自己的股票账户。

• 具有公务员身份的警察，例如一名警察，盗窃汽油，损害了车辆驾驶者的利益。一名警察副班长从营队的车库油泵中窃取汽油私用，他还在偷盗中有意掩盖盗窃行为，伪造了汽油发票，而且"每次使用的圆珠笔的颜色故意与负责划账的同事使用的圆珠笔颜色一致"。在比利时，某师级干部挪用武器和汽油，伪造凭据，受到《刑法》审判，并被依法撤职。

• 某警察专员提取了他办公室保险柜内司法封存的 3 000 欧元，用作满足自己需求。他因此被判缓刑 8 个月。尽管他工作表现优秀，且案发时确实有暂时的个人困难，但他还是被依法撤职。

• 某警察中尉为了工作需要登门造访一名当事人，诈骗了 43 800 法郎。当事人后来离世。他为掩盖自己的行径，伪造了会谈记录。曝

---

① D. 佩尔贾克，《金钱还是死亡的脾气》，收录于《医疗手册》， 2006 年 5 月，第 25 页。

光后，他遭到警队除名。

- 一些警员在军队商店遭抢劫时没有进行阻止，反而参与其中，均遭到解职。一名被除名的副警长是某警局的领导，他"收受了同事们赠送的商品，却没有询问商品的来源。实际上这批商品是他的同事们在执行任务时偷来的，其中包括几百瓶威士忌酒"。

- 某医疗人员从工作场所拿走了"食品、衣物以及维修用品"，还有某中学维修人员从学校储藏室盗窃了食品。

- 某医疗服务专业技工盗窃了医院的食品，被判 1 年有期徒刑，其中缓刑 6 个月。

- 还有更严重的情况，某医院厨房的主厨在医院的厨房连续数月悄悄为院外的人员准备食物。

- 某医院放射科仪器协助操作员偷窃了一名住院病人的财物，他被撤职。

- 2002 年期间，某技工在他工作的劳动援助中心偷窃了"设备、办公家具等物品；他在工作场所以外的地方，从一架自动售货机上偷走了硬币和饮料，还偷过一架手提摄像机"。

- 某市镇技术员成为盗墓者，他和同样身为技术员的哥哥一同在墓地盗窃并非法出售墓碑石料牟利，其后被抓获。

- 法国塞塔公司（国营烟草公司）职员藏匿库存，没有恪守廉洁。

原则上，盗窃者被判刑之后都需要赔偿国家损失。

这些工作中发生的盗窃行为说明我们必须坚持不懈地与牟取私利的观念作斗争：公共财产不是想拿就拿的财产。

同样恶劣的是，在接待公众的机构中进行盗窃，会损害公共服务使用者和公共机构其他工作人员的利益。例如，在老年病专科医院的员工偷窃住院老人的行为是一定要受到撤职处分的。

11.52　工作外盗窃。工作之外的盗窃也会引起惩罚，因为这种行为破坏了人们对公务员的信任。

某市镇警察局的警察因抢劫被判刑 5 年，也被公务员队伍撤职。

某副警长在鱼塘偷窃了鳟鱼，尽管受害者没有提起诉讼，但是警队还是把他撤职了。还有，某警察在超市偷取了一件价值 353 法郎的衣服，尽管他的日常工作没有任何问题，但是警队还是做出了撤销其职务的处分。另外一名警察有在商店货架偷窃的嫌疑，尽管他因证据不足被法庭释放，但是警队也对其做出了撤职的处分。

某宪兵小分队队长从一名警察那里购买了一批低价录像机，但是没有询问这批录像机的来源，他把这批录像机再次销售获利。这名小队长遭到停职处分。

某宪兵在大超市偷窃了一双鞋，后遭到除名。

一家农场的守卫工作之余在一个工地撬锁偷窃建材。还有一名劳动援助中心的女教导员工作之外在一家商店盗窃。他们均被依法撤职。

还有更严格要求的案例。一名巴黎市警戒局的公务员曾在参加公务员考试的 3 年前，偷取过货架上的商品。因为这一事实，巴黎警察局决定不予录用，尽管偷窃一事没有被列入这个人的犯罪记录，且为孤立事件。

当然，行政部门也会显示出宽厚的一面。

● 盗窃情节较轻微的情况。某副警长在未获许可的情况下，侵占了一个工地 20 多块水泥砖。本来应对他进行撤职处罚，但是考虑到涉案金额太低，如果撤职处分，那就过度了。另外，某副警长偷取了大超市内价值 64.72 法郎的商品，处罚是应该的，但是撤职显得过重了。

● 没有被控告的情况。某宪兵在超市偷窃了价值 143 法郎的几件物品，但是超市没有起诉他，因此，宪兵队只对他进行了处分，没有将他撤职。

● 对国家形象没有损害的情况。例如，某宪兵队士兵在商店偷了一盒子弹。这一行为没有损害公众对宪兵队公众的尊重，因此宪兵队对他进行了处分，没有撤职。

科尔贝医疗中心发生过员工财物多次失窃的情况。于是，警方把放在员工更衣室的钱包都涂了一层彩色染料。后来警方在某女公务员的指甲和衣服上发现了染料。法官判定"对女当事人的嫌疑成立"，尽管检察官已经将案卷归档，不再深究，仅凭嫌疑也不能将其解雇，但她受到了纪律处罚。盗窃癖总会留下蛛丝马迹。

二、挪用

11.61　违反《刑法》。根据《刑法》第 432 - 15 条，挪用公款及公物判 10 年有期徒刑。挪用比职务侵占情节更加严重，它不仅非法占有财物，而且意味着对承担义务的背叛。公职人员没有服务于自己的工作，而是牟取私利。公众因信任将财物交于公职人员，但是他（们）窃取了这些财物。

从这个意义上说，职务侵占（盗窃）不论级别都可能存在，但是挪用公款公物是需要一定的专业技能或级别的犯罪，是公务承担人、议员或公务员的专属犯罪。

挪用公款罪是受托人违背既定用途，将职务上委托给他（她）的公、私资金挪为他用。《刑法》第 432 - 15 条认为，被告人是有意侵占挪用资金或从中获利。例如，商业法庭的书记员们利用商户缴纳的资金出版发布商业公告的官方简报，除了这一合规用途外，他们还用这些资金给其中一名书记员的妻子发放工资，尽管这名妇女没有从事任何相关工作。还有一名市长挪用公款被判罪，因为他下令向一家协会支付补助。其实他知道这家协会是用来向市镇一些干部支付秘密、非法报酬的。

某宪兵队的副队长在韦松拉罗迈讷 1992 年遭受洪水之际，参与救援行动。他当时盗用了给灾民的救援物资（瓶装水），因此被宪兵队除名。同样，某法国邮政员工挪用了邮政储蓄、支票账户的资金，还有邮政员工挪用电话亭的现金。在奥地利，有邮政公务员把委托给他的资金全部兑现，牟取私利。税务部门有监察员挪用税金。国家海军荣军院的公务员曾在"职务中挪用公款，损害了单位利益"。还有某市政府秘书私留了一批债券，这些债券本应及时还给市镇会计处或收款员的。

11.62 牟取私利的诱惑。 国有银行的经理们特别容易受到挪用资金的诱惑。德意志联邦银行的一个高级秘书动摇了，她在手头管理的一捆捆现金中抽取一些，还细心地用等额纸币的碎片塞入这一捆现金中，代替侵占的钞票。某负责监管银行外汇兑换的公务员，他没有把第三方的一笔现钞存入银行，而是谎称这笔钱被保管起来。还有一名海外省的本地公共银行的官员挪用了发行货币。

职务中挪用公物也是有罪的。例如，某医院护士在工作中挪用了麻醉类药剂，供自己使用。还有某值班护士多次在工作中挪用药品，供自己使用。

11.63 公职人员也是技术员，可以精心策划挪用公款。 这就需要区分并处分。

- 某公务员在一家养老院工作，他挪用养老金并伪造预支税款达5.7万法郎。
- 某海关税收小队长担任赛特附近萨林德维勒瓦的烟草税收小队长。这名小队长伙同他人窃取自己负责看守的盐。
- 2005年2月，某海关官员在楠泰尔市轻罪法庭受审。他的罪名是在1989年至1999年之间挪用超过80万欧元的资金。他也将接受纪律处分。
- 某会计没有制止其同僚挪用公款，因此被判赔偿一半的损失金。
- 某骑兵队长明知他人挪用公款，也知道自己会被判连带赔偿，但是他还是拖延了1个星期才告知负责账户审计的军需官。
- 某税收审查官以自己的名义伪造申报表，去代替一名本地居民已经获批同意的烟草种植申报表。

- 某常备军军官冒充预备役军官，为了获得预备役军官才能享受的折扣。
- 某炮兵团的骑兵队长在培训士兵时，订购了培训教材、预定了尼姆市的殖民时期大楼，他通过这些不合规行为获利。在德国也有类似事件，通过活动在一年内挪用 20 000 德国马克，损害了军团的经济利益。
- 某负责军邮的中士挪用了军队钱柜的资金，军队少校因此承担部分财务损失的后果。
- 某商会秘书长在 3 年中通过银行从两个附属于商会的住宅行业委员会获取金钱，并完全绕过审计花掉了这些钱。
- 总理府航空业办公室的某处长因挪用公款特别是购买机票被查处。
- 某大区自然公园的工会主席虚构职位，向一名从未在该单位上班和工作的公务员发放薪水。
- 某医疗中心科员挪用单位出纳处税款而被撤职，她不仅挪用公款而且伪造签名。
- 某市镇财务官负责托收幼儿园奖金和校园食堂餐饮经费，但是她没有把这些钱入账，而是声称这笔钱被盗，以掩盖自己挪用款项的事实。
- 某市镇公务员负责收取市镇博物馆的门票，但是对账金额少了 3 万法郎，他被判 4 个月监禁。
- 某印度支那森林守卫因挪用公款被判刑。

与盗窃一样，必须证据确凿，且不存在减免公务员责任的情况，才能对挪用进行惩处。法官拒绝处罚法兰西银行某公务员，他被控挪用银行纸币。法官的理由是银行既没有与司法警察组织清点纸币，也没有进行搜查。勒令退休的处罚有时是不恰当的。例如，某邮局公务员怀有个人目的拿了邮局办公室钱柜里的 400 欧元，还提取了邮局专用账户的 1 050 欧元。这些事实的发生没有损害公众对邮局系统的尊重，而且经医学鉴定，该公务员处于沉溺赌博的精神状态。赌博竟成为宽容的理由。司法判例有时依据是相互矛盾的。例如，一家大型超市的职员们挪用企业的会员卡牟取私利。

11.64　更常见的是严格要求。按级别规定，某大楼女门房不能收取现金房租。但是她不仅收取了，而且没有使用票据存根。因此，即使她没有构成挪用公款罪，但是她仍要为自己的行为不谨慎受到处分。

尽管一名利益牵涉人身体状况不佳，挪用公款数额较少，而且受部长赏识，但是这些不能把他的犯罪替换成犯错。这名利益牵涉人担任财政部监察员，他通过做假账掩盖自己挪用公款的事实。

某部长身体状况很差，也没有逃过惩处。他谋划、决定并实施欺诈，并成为获利人之一。他担任政府工作，参与挪用公款。他滥用部长职权，对抗监察部门的打击，挪用几百万欧元的公共补贴，转入虚构的协会账户中。他被共和国司法法庭判处 3 年有期徒刑，缓刑 3 年执行，剥夺 5 年被选举资格。其欺诈行径损害了国家利益。

三、假造或伪造公文

11.71　公职人员犯罪，通常伴有呈网络化的经济违法行为。欧盟委员会曾调查并纪律处分过委员会中误入歧途的公职人员。委员会内有公职人员虚构任务内容，骗取报销经费。

预算部法庭曾审讯一起被破获的假发票案。总理府航空行业处曾存在有组织的伪造发票情况。

更常见一些的案例，例如某大学教师负责批改试卷，他让自己的一个学生在考试的时候于试卷空白处做标记，然后阅卷时把这名学生的考卷替换成一份优秀答卷。这名教师的行为严重违背了职业的廉洁性。同样，2006 年 2 月，3 名巴黎警察局的公务员被起诉，罪名是在组织警察考试期间伪造公共证明文件。更传统的案例有，某负责结算本单位人员薪酬的公务员，私自给自己发放补助和津贴，他被勒令退还非法领取的报酬。

某地方公务员即将离婚，他模仿市政府的文书和签名，伪造证明文件，证明自己放弃一处房屋所有权，给了自己妻子。他被依法撤职。

某市政规划总工程师伪造上级签名报销出差经费，被依法撤职。

某廉租房管理部门公职人员伪造两份医学证明，以给自己或给小孩看病为由，多次请带薪病假。

还有，某省级中心的实习教导员在报税的时候，为了说明出差费用的真实性，提供了两份假的官方证明。他遭到了纪律处分。

但是改正报告不算是伪造。例如，市镇警察局遗失了一份新闻收集册，里面记录与议员发生争吵的内容。在确认遗失后，一名警察撰写了一份新的收集册，但是新版本的内容与事实不相符。对这名警察的处分后被取消。

● 在德国，德国联邦国防军发生过一系列伪造文件的情况。一名士兵模仿同事签名给自己支付费用。他遭到撤职处分。

● 在比利时，一名处级特派员是某警局局长。他多次伪造文件，例如伪造佩带警棍的证明，伪造员工出勤时间表，伪造各类相关用品的证明。

某雇员为了获得银行贷款，用其伴侣的名义伪造企业工资单，而其伴侣事实上并未从事工作。他被依法解雇。

四、违法工作

11.81　**辞职或调解。**在法国，我们没有像瑞典或者美国那样公职人员被迫辞职的案例，因为在那些国家一些公职岗位是私营的（比如"奶妈"，女佣，老年人看护）。当这些员工没有合法身份或者从事隐瞒报税的工作，被发现后必须辞职。在法国，"打黑工"并不总是被认为违法，在某种程度上有处理的灵活性。然而，当公务承担人雇用非法工人的时候，他对法律的忠诚度确实存疑。

第 3 节　特殊《刑法》

11.91　"承担公共职务的人损害了廉洁性"。在《刑法》第 4 卷第 3 编第 2 章的第 3 节中，专门阐述了这种违法行为，即"反政府、反国家、危害公共安全的犯罪"行为。腐败，是牟取不正当利益、徇私情、在公共市场获利、知情投机，还有近年来的破坏竞争法。这些犯罪主谋会累积犯案，例如一名省政府的处长因"牟取不正当利益、挪用公款、伪造文件或使用伪造文件"，被起诉。同时，我们还需要提醒读者，被起诉尚不代表"有罪"。

一、腐败存在

11.101　腐败长期并到处存在。腐败存在于大型项目、国际市场交易，也存在于政府、城市的临近交易中。只要公共机构要作出决定——做这个或不做那个事情，那么腐败就马上可能出现，而且腐败存在于任何公共服务角落，任何人都可能牟取任何一种利益。一些大型保险公司，甚至向跨国企业推荐能够报销反腐调查费用的保险产品。

腐败也存在于政府的办公柜台里。一名卡宴①的市镇警察队长向海地侨民贩卖法国签证或居留许可。一旦一名公务员掌握了权力的部分，或能够赋予他人权力，腐败就会试图处处渗透。某宪兵队员为了一箱香槟酒，同意伪造审讯笔录，用以掩盖雇用黑工的情况。警察部门曾有多名干部被除名的案例，那是在 2010 至 2011 年，马赛、里尔和里昂的数名司法警察被解职。当时经过内部调查发现，他们利用职权交换利益，例如租借小汽车、前往摩洛哥度假、大吃大喝等。司法正义结束了这一腐败案件。

---

① 法属圭亚那首府。——译者

腐败在不同利益人之间构成关系，编织共谋的网络，并交换利益。左拉在《贪欲》中描述了征地委员会内部腐败得逞的教训，总结道："阿里斯蒂德·萨卡尔赢得了他的第一次胜利。他收回了4倍的投资款，还有了两名同谋。"腐败是危险的，它有传染性，靠互相勾结而扩大范围。这是一种包围式的腐败，是公务承担人被拉下水的第一步。

"根除腐败为什么这么难？"部分原因是腐败源自一种选择，即选择优先服务某团体、家庭或帮派，而不是服务国家。除了对公职人员发放足够薪酬外，消除腐败须多管齐下，这样才能与腐败进行斗争。"腐败同盟"举证很难。某前部长因腐败被拘，后被释放，就证明了这一点。最高法院认为："部长有意优待其老友。然而，就是因为这个理由部长才给其发放老虎机经营许可证，这一事实无法确立。"

税法认为存在腐败花销即可认定腐败。例如，某公司为了拓展市场，贿赂客户公司的采购员。

选举法也与腐败作斗争。例如，某市长对某些选民表示，如果他当选，他们的劳动合同会被续签或新签。该市长的选举被取消，因为选民不应被"收买"。全国政治献金与选举活动账目委员会成立于1990年1月15日，依据第90-55号法令，委员会监督政界，保证他们不会被慷慨的捐献人与选举活动金主收买。

11.102　国际组织打击腐败。为什么94个国家（包括法国、美国和中国）于2003年12月在墨西哥梅里达签订了《联合国反腐败公约》？为什么德国、叙利亚和沙特直到2012年8月还没有批准该公约？这一文件的基本原则是"把资金退回利益受损国"。然而，文本中既没有撤销银行保密服务，也没有取消在职政治领导人的豁免权。《梅里达公约》是继1996年9月27日和1997年5月26日欧盟相关公约以及1997年12月17日经合组织"反对外国公职人员在国际交易中腐败"的公约之后推出的。法国2000年6月30日法借鉴了后面两个公约，引入了针对欧盟与外国公务员腐败犯罪的特别《刑法》。基于这一逻辑，世界银行对腐败的国家和组织进行处罚。2006年4月，超过330家公司和个体因腐败被剥夺投标资格，不少国家因腐败而被世行拒绝贷款。

2004年9月，经合组织举行了座谈会，主题为《如何评估旨在公共服务领域促进廉政、防范腐败的措施?》会议记录建议了对所有国家有用的一些评估方法。同期，2004年9月第17届国家《刑法》学大会在中国北京召开，通过了多项反腐败决议，其中特别提到了公职人员腐败问题。

欧盟委员会在2006年2月肯定了新成员国的进步。这些新成员国实施了2001年6月26日欧洲会议关于"反洗钱、鉴别、追查、冻结或扣押以及没收犯罪产品和工具"的决定。2011年6月27日，欧委会颁布了反腐败通告，提醒欧盟各成员加入联合国反腐败公约。以后每隔两年，联合国都会公布《欧盟反腐败报告》。反腐败已经成为欧盟的首要工作。

11.103 法国打击腐败。在法国，腐败问题由来已久。无论是主动腐败还是被动腐败，抑或国际腐败，法国《刑法》都坚决惩处。贩卖影响力是一种主动腐败。它不是一种简单地提供战略建议的行为。这种个人的犯罪由如下事实构成——例如通过关系网控制企业，通过关系干涉不同的民间或军事机构，获得军火市场份额。

圣代田建设服务处的主监察官尽管被刑法法官宣告无罪，但是依然因"腐败的事实"被撤职。

在防范腐败和识别风险行为方面，应该指明两个政府机构的工作：

● 一方面，反腐中心尽管没有实权，但是每年发布报告（特别是1996年有关卫生系统、2010年有关利益冲突的报告），揭示和劝诫应受谴责的越轨行为。

● 另一方面，竞争总局曾指出，仅母婴机构就存在新生儿拍照业务的垄断、送礼及相关服务的网络。至于司法部主要通过《刑法》政策通告和 2006 年通告动员检察官。 2006 年通告源自 2005 年 7 月 4 日法，内容是介绍私营部门主动与被动腐败的违法新形式。 90 年代以来，公共部门也颁布了类似通告，坚持反腐力度。

另外，欧洲会议的反腐国家集团不断推进各国反腐措施的评估工作。 2011 年法国被批评，因为没有遵守有关抑制外国公务员贩卖影响力的建议，没有延长违法违纪腐败与贩卖影响力的规定时效，也没有实施对政治资金的有效管理措施。工作尚需继续。

警察部门也有反腐斗争的传统。他们的反腐基于集体工作与必要的巡视。

因为，腐败不符合所有公职部门的基本原则。因为，任何一名公务承担人不能直接收取公共服务使用者支付的直接酬劳。

11.104　面对意料之外的案例，我们应扪心自问。公务员是如何陷入贪污违法的？

留尼汪某海关官员在办理货物报关手续的时候，没有要求某公司提供单据或证明货物价值的文件，也没有例行检查货物内容，直接接受了报关文件，而且持续低估货物价值，少收税款，以牟取私利。这位海关官员与该公司高官们保持着私人关系。他是如何做出这些事情的？

某高级法官与当地流氓保持了怎样一种交往关系导致其最后犯罪并被撤职？

为什么某廉租房公职处长在一家承接该部门业务的企业占股份以牟取利益？

某建筑道路总工程师怎么能够撰写出这样一张字条，内容是他和委员会的另一人如何分配某承接市政工程的私企给予的款项？

某省税务副处长撮合所结识的某企业高管与担任审查职务的税务检察官，让前者贿赂后者 20.9 万法郎，这位副处长怎么会做出这样的事情？

某医院主任为何能在任职期间主动向一家企业索贿 40 万法郎现金？

为什么"某人在违反了汇兑规定后，向一名税务部门总税务官送去一定数额的金钱，希望他利用影响力阻止后续调查"？他被判贩卖影响力罪。

为什么某市长助理借口市镇需要工程建设向他人索贿？他被依法撤职。

为什么某大城市市长收受贿赂准许一栋旅舍改建为民宅？他被判 4 年有期徒刑。

为什么两名狱警给监狱大麻生意提供便利并向关押人员提供禁品？他们在 2005 年 6 月被判处 2 年有期徒刑并终身禁止从事公职。

为什么一名宪兵队副队长在被盗车辆归还车主的时候向车主索要佣金？ 2006 年 3 月他被轻罪法庭判处 7 000 欧元罚款、缓期执行。

负责赌博业的警察比其他警察更容易暴露在被金钱腐蚀的情况下，怎么办？ 2003 年 5 月他们中曾有一些因违法违纪被撤职。

为什么内政部数名公务员和驾校联手在驾照考试中弄虚作假？ 2006 年 8 月他们被指控腐败并被短暂羁押。

2006 年 4 月警察总署外国人事务处负责发放居留证的数名公务员被指控"被动腐败"，有违规发放居留证换取金钱或非金钱的好处的嫌疑。那么如何避免这种案例的重演呢？

6 名佩勒格兰医院太平间的医务人员，收受波尔多某丧葬公司贿赂，引导死者家属前往公司殡仪馆。他们因这种不良行径遭到处分。马赛市政府负责接待死者家属的工作人员引导家属们前往某花店消费，而花店向工作人员赠送礼物作为回报。

11.105 **检举腐败关系到所有国家，是公共舆论的关注点。** 德国开展了"无证据、无原告、无检查"的反腐运动，美国开展了"打击腐败"的活动，而巴西于 2012 年 8 月在最高法院举行了针对政治腐败的大规模诉讼，就是所谓的"大型月补贴"诉讼。西班牙也举行了反腐处罚。英国 2010 年 4 月 8 日的《贿赂法》是该国一部真正的反腐宪章，在《贿赂法》颁布 1 年后的 2011 年 3 月 30 日，英国又出台了反腐指导纲要，或者说反腐行动主导路线。在意大利，一名宪兵队军官因持续腐败被《刑法》审判后遭依法撤职，这名军官在任期间勒索餐馆老板为其提供免费午餐；还有一名国库公务员为了得到税务保护，试图强制属下向其交钱，在属下拒绝后，他还威胁属下要进行打击报复。

在主要的民主国家，例如德国、意大利、法国或者美国，争论从未停止。这些争论有关打击腐败与打击经济犯罪之间关系、公职部门行政伦理与行政透明化之间的关系。2012 年德国总统牵涉腐败案，他们的合作人设立协会，与企业有往来。总统最后辞职。

反腐斗争应是一场持续的公众行动，但是要通过法律的手段。任何一项有法律性质的规定都不会允许地方公职机构要求公务员收受礼品或捐助，特别是为了获得或试图获得公共权力机构的有利的决议。地方公职机构与腐败作斗争，但是不能在斗争中反而因利益牵涉进去。

二、非法牟利

11. 111　利益纠缠的违法。这种违法标志了纠缠、串谋，隐藏的商业联系和公务承担人的自愿利益纠缠。为了防范利益纠缠，周知各方利益是第一要素。

11. 112　a）历史沿革。今天重新发现的是，在稍许的遗忘之后，长久以来，我们的司法行政文化已有的部分。

1791 年 9 月 25 日和 10 月 6 日法有关"公务员犯罪"，规定"每一名公务员，一旦被证实用手头的公共权力换取金钱、礼物或承诺，那么他必须接受公民降格处分，并处以收受物品、现金同等金额的罚款"。

更普遍地，1901 年《富兹耶判例集》针对防范非法牟利写道："如果某公务员的家庭成员从事商业活动，可能影响他职务的独立性或思考，那么政府明显有权将其调离岗位。"

1894 年《贝盖词典》认为，利益不相容性应被严格规定：在每一个权力分支，不应当允许兼任职务；首先是因为公务员的能力被分在不同项目中，自然会被削弱，其次，因为我们不认为同一个人承担不同级别的两个不同职务，他就能做到自我监督。

旧《刑法》中著名的第 175 条和 175－1 条规定，如果公务员担任全面或部分的政府或监管职务，他在从事招标、经营或财务管理等事务的时候，公开或通过他人收受或牟取利益，那么他是有罪的；特别是犯罪人明知故犯的情况下，他"永远不能从事任何公共职务"。

1924 年，某公务员被剥夺养老金，因为他从自己监管的一家企业中牟取利益。他的非法牟利被法官认定为"贪污"。

1927 年，某市镇议会的系列审议会被取消，因为这些审议会的唯一内容就是将一家温泉机构过户到某公民组织。但是这家公民组织的主席和大部分管理层成员就是市议员，故他们不能参加这些审议会。

1930 年，某审议会被取消，该审议会有关特许某公司经营电气化照明。因为至少 7 名市议员与这家公司有关，他们担任公司常务董事、财务官、董事会成员或股东。

这些议员与公务员职业道德直接和唐突的表现，比当代某些乏味的文件规定更强烈，它提醒我们：即便在公职部门践行最小程度的行政伦理道德，仍是一场漫长的斗争。今天的公务员要对非法牟利进行风险管理，在这一过程中会产生各种问题。为了解决这些问题，他们不妨参考历史上的情况。

11. 113　b）**现状**。　"任何利益"的战斗。如今，有关非法牟取利益的《刑法》第 432－12 和 432－13 条已经加入某些灵活方面，重新定义地方行政区的违法行为。例如，一名公务承担人，他在"企业或由他负责监督、管理、清算或支付的项目中，牟取、收受或持有任何利益"，应受到惩罚。《刑法》第 432－17 条仅仅把"禁止从事公职"作为"附加刑"，既无自主性也无决定性。古罗马道德的要求中，适度高于一切。

法国最高法院在 2008 年曾做出一个引人注目的判决：四名巴涅市镇议员给他们主持工作的市镇协会发放补贴，因此被判牟取利益罪。反对利益混淆的实际解决方法遭到法国市镇大议会的拒绝。对"任何利益"的斗争已然开始。

2010 年 7 月 9 日出台有关"模范政府"的总理通告、同期出台有关"得体的共和国"的议会报告，以及 2012 年秋季若斯潘委员会发布有关"公共生活的行政伦理"报告。值这些报告发布之际，笔者有必要逆势指出 2010 年 6 月 24 日参议院就索杰法案进行了一场投票，该法案的内容是"对地方议员牟取利益的追究进行改革"[①]。法案仅仅是要求把"任何利益"替换为"不同于公共利益的个人利益"，然而，这种替换会导致对牟取利益的追究更加无力，因为这样一来，责任追究更多侧重于利益牟取人的主观意向，而不是不由自主的行动；这与最高法院合理要求的、已有的判例背道而驰。假如说这个"小小的"改动被投票通过，那么在"澄清"和"司法安全"的标签下，徇私枉法会局限在个人谋利，然而对非法牟利判罪的真正意义在于义不容辞地与角色、利益的混淆进行斗争。

2011 年夏季，这项司法提议被有关利益冲突的法律提案而掀起的浪潮冲走，但是可以打赌，这项司法提议会卷土重来。

非法牟利的形式多种多样。所有职能部门和所有级别的议员（A）公职人员（B）以及所有承担公共服务任务的人员，都可能涉及这一违法行为，而且考虑到非法牟利的隐蔽性和冒名顶替情况，这种违法行为时常不引人注目，难以被证实。

A. 民选官员

11. 121 "高危"行业。 有关土地、城市规划、公共市场等的决策属于风险性较高的情况。在这些领域，民选官员应当牢记他们不仅受《刑法》约束，而且首先受到《地方行政区域普通法》第 L. 2131 −

[①] 《解放报》在 2010 年 7 月 2 日的文章中总结道："议员互相精心炮制了安静的规定。"

11 条的约束。这条法规写道："如果一名或多名市镇议会成员涉及某事务，无论以其个人名义，还是作为此事务的受托人，他们都不得参加与此事务相关的审议会，否则违法。"

11.122　a) 有关土地。某市镇想把市镇土地租给市长，那么意味着该市镇让市长蒙受《刑法》惩罚。

· 某市镇从负责城市规划的市长助理那里购买了一块土地，最终买入价是"土地部门鼓吹"价格的 7 倍多，这里面存在非法牟利。

· 某市长主持会议讨论市镇地块转让，开始决定免费转让，随后经省长提醒，又决定有偿转让，目的是扩大市长自己的土地所有权。这里面存在非法牟利。

1992 年 7 月 22 日法设立特例，禁止市镇议员购买市镇财产。

行政法官始终提醒："如果市镇审议会的议题是通过某项行动，例如把市镇财产出售给某市镇议员，市镇议员因此会遭到《刑法》第 432–12 条规定措施的惩罚，除非实际撤销该行动；那么在这种情况下，市镇议会召开审议会属非法。"

11.123　b) 有关城市规划。某市长第一助理是土地所有人，他参与的"协同整治区域"能让他的土地变更为可建设用地，他能够从中获得好处。这里存在非法牟利，还例如：

· 某市长"亲自签署或让第一助理签署承接建筑项目的文件，涉及市镇建筑的工程建设"。

· 某市长助理促成某村庄中心位置"协同整治区域"的项目。该土地整治项目将有利于某高尔夫球场周边不动产的交易，这些不动产项目是其本人和亲属共同设计开发的。

· 某负责城市规划的市长助理企图让自己名下土地变更为可建设用地，还企图由市镇负责将这些土地平整为预备施工的地块。当地一名纳税人以市镇名义告发此事，这是正当的。

11.124　c) 有关公共市场的非法牟利事例屡见不鲜。

· 某市长以市镇名义向担任建筑师的妹夫支付酬劳，因为他承接政府分派的市场项目，设计扩建市镇建筑。

- 某市长介入公共市场，把公共项目分派到若干自己为实际控制人的公司；他还要求某承担公共项目的企业实施不包含在最初项目文件中的工程，目的是讨好市镇议会的一名成员。

- 某市长签署了某港口疏浚的公共工程的附加条款，目的是让一名市参议员弟弟的一艘吃水较深的新船只可以入港，这些额外的工程连夜赶工，根本没有必备的许可程序。

- 某市镇议会主席把公共市场的省级项目分包给其名下由子女管理的公司。他因非法牟利被判刑。

- 某商会卸任主席管理一家公司，该公司在其任期结束后差不多1年后，与他方共同承接了机场扩建研究的全部相关项目。

- 某社会保险金管理机构的负责人为了社保机构的利益，不顾社保法的第 231 - 6 - 1 条第 5 点的禁令，违规发放津贴。

11. 125　d) 其他领域。某市长资助某协会，该协会又将资助金转入市长名下的公司。依据《刑法》第 432 - 12 条，这名市长被判刑。类似的案例是，某市参议员是一家剧院经理，该剧院运营形式是工人合作公司。他让市镇议会投票补助剧院，因此触犯法律。某大学校长通过一份篡改日期的文件，使得大学雇用了其亲属。他因此于 2006年 4 月因伪造及非法牟利罪被判刑。最后，某地方政府领导聘用办公室人员，让其承担政治事务，完全与公共服务无关。这位领导犯了非法牟利罪。

B. 公职人员

11. 131　**服务于自己的利益。**　公职人员应当只追求公共利益，然而当他把公共服务变成为个人私利服务，那么违法风险就出现了。

- 梅茨市的某地产土木工程职员是市郊 13 个停车库的业主，他看到某自己部里下属的混合经济公司要在同区域建设 58 个停车库，可能与自己的停车库产生竞争，心急火燎。他利用一切行政权力的资源阻止、妨碍这一建设项目，实际上，他的本职工作是应该支持的。法官没有采纳政府特派员宽大处理的建议，他认为该职员"借行使职权之机获知有用信息，试图妨碍项目的执行，因为他认为项目会损害自己的利益"。将其解雇是合法的。

- 某负责城市建设的建筑师在准备公共市场的工程时，偏向有利于他弟弟管理的公司的业务方向。他在这家公司也持有1/3的股份。其中非法牟利显而易见。

- 某医院院长让董事会通过了工程拨款原则，不仅对其职务住所拨款，而且还对其建造私人居住用房屋进行拨款。

- 某省火灾救助公共部门的负责人签署委托协议，向某不动产社会组织支付专业租金。该负责人的配偶和亲属持有这家组织的份额。他因此被判刑。

- 某消防队军官利用职权向一家私企提供便利，其妻子在这家企业销售灭火器。当他行使预防火灾职能的时候，向接受检查的单位或人员推荐购买其妻子公司的设备，并帮助妻子完成了多项买卖交易。这名军官对消防工作做出贡献，但是犯下了"情节特别严重"的错误。

- 某在海洋军备总局负责采购的军官多次向一家公司下订单，这家公司由他的妻子和女儿持股70%，他的弟媳持股30%。他完全置身利益冲突，因而被单位除名。

- 国防部展望中心某合同制员工与拉蒂尔公司签署多项合同。国防部是该公司的唯一客户。这名员工与拉蒂尔公司"保持利益联系"。他被合法解雇。 2005年新的《军人身份地位法》第9条规定，明确禁止军队人员"亲自或通过他人在受其监管，或受其控制，或有各种形式的合同往来的企业中存在可能牵涉其独立性的利益"。

- 某陆军参谋部的上校批准向其主持的协会拨款，尽管他没有获取个人好处，但是也违反法律。

- 某警察分局局长瞒着警察局长贸然强制驱逐某房屋房客，因为分局局长是该房屋的房东。

- 国家科研价值开发总局的某工程师向一家企业提供帮助，他是该企业的股东。

- 某反诈骗分局的检查员"撰写并出售著作，著作内容含企业推广的广告，这些企业正是其负责检查的对象。他把行使职能时必须保持独立性的义务置之脑后"。竞争、消费与反诈骗总局合法"命令他不得撰写广告性质的著作，并立刻停止相关类似著作的编撰活动"。总局的做法是最起码的解决方案。

- 某商会主席将他管理或者说监督的一个公共地块分租给一家公司，这家公司是通过其女婿与该商会主席产生利益关系的。商会主席因此被判刑。

- 某自治港董事会成员获得了某企业应付港口租金的佣金，他在该企业持有 1/4 的股份。

- 某行政官员被调离岗位，根据调离令，她曾私自介入那些间接或直接涉及其兄弟利益的事务，要么无理地拖延要么反常地加速处理。检察官曾在 2005 年开展司法调查。

这些非法牟利被证实是用来私人致富，无论是为了个人还是家庭，无论谋取的利益是实实在在的或仅仅是潜在的。除了这些非法牟利，有一个事实必然是非法的——那就是公务员在应当行使直接或间接管理任务的企业担任工作或接受委托。行政法官在精彩的判决中直接运用《刑法》的第 432 - 13 条，特别是惩罚了权威部门的过失，专门针对高级公务员，因为从利益冲突显现的角度看，高级公务员承担的职位在司法上不能与他此前的职业生涯有任何不兼容性，高级公务员的廉洁不得有任何值得怀疑的地方。

三、袒护及侵犯公共市场的自由准入

11. 141　**最高法院确认明知故犯构成蓄意违法。** 袒护是一种能够吸引所有人的"活跃"犯罪，让管理者担忧，然而袒护完全能假装遵

守规则。《刑法》第432－14条预见到这种违法形式，但是祖护的定义遭到企业界或政界人士不遗余力的削弱：例如2007年12月6日有关中小企业的斯托乐鲁报告；要求加入"有意为之"标准的瓦斯曼修正案在2009年1月被加入重振经济法案，从而被国民议会通过，随后又被人数对等的混合委员会废除。然而，修正案的提议出现在索杰参议员的法案中，参议院在2011年6月30日通过了相同的修正案，尚无后续。还有其他对裙带风的攻击，总之是围绕一个想法：让"无意为之"的祖护逃脱刑法法官的审判。

某公务员给予某软件供应商好处，对该供应商的可靠性反复提供担保，损害了雇用他的农业商会的利益。他被解职。

还有，某市镇的市长也是企业家，因祖护入罪。原因是，在某港口整治的初始工程方案中，需补充建设一条临海公路，市长通过了有关这条公路的附加条款，竟规定该公路建设工程不需要经过任何竞争性的市场招投标。这样的犯罪情况屡见不鲜：

- 不遵守程序，事先设定竞争条件。
- 某市镇总秘书也因此判刑。
- 某企业由于优先获得了公共市场的信息，夺标某公共工程。
- 某企业是政府的协作单位，帮助拟定招标细则，后来也成功投标了某些项目。
- 某些欧盟公务员在回应招标事宜时候，竭力避免偏祖这方或那方。

四、内幕交易

11.151　柯尔培尔主义的代价。在法国，经济部想要在金融和工业政策方面施加影响，"内部交易"主角经常是政府官员，因为他们通过职权掌握"优先信息"。

防范内幕交易是金融部门的一大忧虑，例如监管部门在行使职能的时候能够获取企业的机密。

一名公务员掌握大量信息，就比较容易犯内幕交易，他可以筛选出一些信息，要么出售，要么自己直接获利。

某武器装备总工程师因通过信息牟利被起诉。他就职于国防部国际司，职务原因掌握了有关信息，可以帮助某在巴黎股市上市的大公司进行金融交易。根据共和国总统政令，他被停职。但是，与其他违法一样，没有证据不能随意起诉公职人员。总统政令因未遵守法定程序而被撤销。然后，轻罪法庭与上诉法庭对这名总工程师作出免诉判决，理由是对他从内幕信息中获利的情况"未建立确凿证据"，特别是政府无法给出令人信服的证据，因此政府还被判赔偿这名工程师，罪名是妨碍他人职业生涯。

五、损害竞争权利

11. 161 《公法》涵盖了《竞争法》。"竞争法是否存在通用原则？"《行政法司法通讯》2005年如是问。确实，一名公职人员应在做出行政决定的时候始终遵守竞争法。

在个人与其此前服务的行政部门之间需尊重竞争，是一个较新的议题。不少公务员、司法人员或是军队人员离开原来单位，以"咨询"或"专业"的形式继续从事之前在行政圈内的相关工作。法学专家、税法专家、工程师、城市规划师都如此。无论哪一个情况，他们都是在向来自私人或者公共部门的客户提供服务，这与他们的原单位产生了竞争。

在2002年国家公职部门行政伦理委员会的第8次报告中，委员会总结了这样的现象："这些请求一般会被原单位视为不利因素。"然而，委员会也提出，无论《公务员身份地位法》的文本还是行政伦理的相关措施都没有让公职人员承担"非竞争"的义务。委员会认为，除非特殊情况，否则不必过多考虑公职人员是不是会提供与原单位进行竞争的服务。

委员会这样的定位是否能够长久，现在还无法确定。以后如果行政部门对这种"竞争"收紧控制，如果行政部门要区分哪些离职后的工作是通过咨询和拓展客户与行政部门的良好关系来强化竞争，哪些离职后的工作是纯粹为了商业目的而弱化竞争，那么也不是不正常的现象。已有这样的案例，某装备司的公务员想离职去自己的选区担任土地测量员，结果遇到了不忠诚竞争的禁止令，禁止令有两个依据：一是土地测量员职业义务法典，二是离开公职去承担私营企业工作必须有 5 年的解密期。

第 4 节　超高薪酬与待遇

11. 171　多了还更多。过高的酬劳和待遇是财务检查的优先领域，也是公职人员为完成、改善日常工作而一直想象的话题，而且总是雾里看花。

2011 年 1 月索韦委员会关于防止公共生活中利益冲突的报告提出了第 20 号提案，"保障公共职能部门获取的资金不被个人目的拨款或使用，修改财政司法法典中关于给予不正当利益的规定"。目前，2011 年夏提交的法律草案并未采用这一提案。总理毫不拖延，已在 2010 年 7 月 2 日"关于行政部门成员开支"的通报中重申，采用公法规定的转账方式，"限制典礼、招待会或大型活动的数量"，而且"在任何场合都不得铺张炫耀"。

第一条决定规定是，除非有特殊的法律条文，民选官员、公务员、法官都不得从公共服务用户处直接获取酬劳。法国和其他国家都用了几个世纪才推行这一原则：只须重温 1708 年 12 月 19 日巴黎议会法庭由蒂耶签署的判决，它"替昂热警察总长和其他警官在警察事务中收取礼品而辩护"[①]。近期一些公共医生滥用职权，利用重症患者

[①] E. 德拉普瓦·德弗莱敏维，《普通警察辞典或论普通警察》，吉赛出版社，巴黎，1758 年，第 245 页。

的弱点，从他们那里获得款项，也提出了同样的问题。 1968 年 1 月 24 日法令禁止警察专业组织针对个人、商人、工业企业和社团采取以获取捐赠、吸纳、定约、签署广告合同为目的的行为，"希望以此维护公共服务机构的独立性，并非否认工会的自由"。

对于地方民选官员，法官强调，鉴于《地方行政机构普法》第 L. 2123 - 17 条说明的职能（市长、助理、市议员）无报酬的原则，只有在基于明确法律条文的情况下，才能根据一名市民选官员的职务向其拨付款项。

必须区分过高的酬劳、待遇和小金库。

一、过高的酬劳

11. 181 过高的酬劳和补充酬劳性质多样。 过高酬劳的形式像"圣诞礼物"一样多种多样：亚眠行政法院认可了瓦西尼跨市镇工会的一项开支，该工会向 4 名公职人员每人发放了一个总价 207 欧元的礼包。此外也可能是在法律文本范围以外自己发放的津贴，尤其是市民选官员或公职人员。

长期以来，总理交给部长的直接拨款会以现金形式付款给部委办公厅。 2002 年，若斯潘先生结束了此类"隐形的"过高酬劳。但这一论题依然敏感，在地方尤其如此。

"金色降落伞"也经出现了一段时间，即法令任命的公共机构高层负责人在离开岗位后获得特许的资金。

在就业部部长和财政部部长的书面特别许可下，一名来自私营行业的高级公务员只在国家保证向他提供定义如下的"资金"的条件下接受提名的公共职位："当职能结束时，当事人将收到等同于 3 年净收入的补贴"。当这名高级公务员受到排挤时，国家仍会为行政部门总长的职位支付报酬。

相反，在同样的情况下，这位高级公务员指出，"如果任期中断"，应在他退休时支付应得的薪金。但是法定退休年龄不应被看作行政部门的单方面"中断"，因此国家不支付这名国企总裁的酬劳。

只有在保障获得相当于数年待遇的离职奖金的条件下才愿意为国家服务，这让人思考公共服务机构是否应该考虑毫不犹豫地在公共领域"借鉴"竞争行业中一些有争议的习惯做法。

发放这些在模糊条件下取得、在财政方面按照不确定模式交付的过高酬劳一直都可能成为削弱伦理道德的因素。

尤其是如果不正当的报酬已经在无法律监督也没有他人反对的情况下兑现，公职人员会拒绝返还不正当获取的津贴。而当酬劳是由审核拨款的公职人员发放给自己时就更加如此了，他在规定范围外给予自己最大限度的薪酬新优惠指数和法律文本没有规定的各种奖金。

二、待遇

11.191 单位资产。

● 西班牙 2005 年 3 月 2 日 APU/516/2005 号法令、即《公务员善政法》禁止为个人目的花费单位资产。

● 意大利 2000 年 11 月 28 日的《公务员伦理道德法》第 10.3 条禁止为私人目的使用单位资产。

公务承担人接收的不合法的便利待遇种类众多。最常见的是非正常条件下取得或使用的职务住房和用车、机构人员、电信设施、餐饮、旅行，因私人目的"借用"公共服务资产。甚至可能涉及一些行政文件，因其职能使然，这些文件不应落入能为其个人目的使用它们的公务员手中。

这些坏习惯也存在于私营行业：在工作时间使用单位的信息资料进行各种工作，使第三方从中受益。

11.192　a）私自使用单位人员。　公共部门干部或民选官员因下属的竞争而受益，可能企图为个人目的差遣他们。从特殊教育班老师

让学生无偿替他熨烫私人衣物，到市立警察下士长"让一名手下人员在值勤时间在他的别墅做工"，还有监狱长为私人目的使用犯人的劳动力。一名警察局长"利用警察公务员（工作时间）在他的别墅为个人工程施工，并要求下属去他计划在离职后开设的执达员事务所工作"，被撤职。监狱长差遣犯人并利用监狱物资砍伐遮挡他家视野的邻居的树是有意的犯罪行为。

这些挪用职权的行为不符合公共职能的伦理道德。

这和私营行业完全一致，例如一个协会的会长派遣协会的工作人员在工作时间为其个人目的工作，等同于挪用协会用于给付的薪金，而这些给付只是为了其个人利益。此外，如果雇主许可或并不要求雇员停止因为自己的个人目的而使用公司资产，属于违法行为，《劳动法》将会追究雇主的民事责任。这种法律解释将来也可能涉及公共领域。

11. 193　b）**车辆**。 总理希望由 2010 年 7 月 2 日的一份通报"使国家行政部门车辆总量和使用人员的管理合理化"。总量将得到限制，"行政车辆只能因单位的需要而使用"，除非有明文许可，并且在这种情况下"承保因私人使用而面临的所有风险"。

这一澄清很有用，因为滥用情况并不罕见。市镇公职人员在工作时间使用单位车辆牵引私人车辆。南锡的紧急医疗服务直升机组织一些现金收费的乘机体验活动……调查将告诉我们真相。

国家狩猎办公室的一名公职人员"在其行为已不被容忍之后继续为个人目的使用单位车辆"。

国家警察副队长"几次为个人使用目的在大队汽修厂油泵抽取 80 升汽油，并且每次伪造收据"。

同样，内政部公职人员有一种不良传统，"允许"在该机构的修理厂修理或请人修理私人车辆。审计法院揭示，这种做法"既不合规，也很危险。因为它带来滥用职权的风险，尤其是秘密支付酬劳和滥用零配件"。

更奇特的是，在意大利安科纳，市立警察指挥官为了个人目的布置私人房产而使用市立警局的起重机，受到依法惩处。

11. 194　c）旅行。　省议会议长由该机构支付旅行费用，其中部分是游玩费用，还包括省议员配偶的费用，以及一些"权能与旅行目的毫无关系的"公务员的费用，犯了滥用信任的过错。按照这种意见，罗马法国学校校长有理由拒绝学校会计在没有正当理由的情况下要求前往那不勒斯在现场迎接学校中心管理机构的检查。

11. 195　d）住宿。　尤其需要警惕法国直接或间接的"职务住房"疯狂政策，无论是行政职务还是政治职务都是如此。给予公务住房是为了机构的利益，而不是公务员、司法官员或民选官员的利益。在任何时代、任何机构、部委、城市或医院都曾周期性地出现住房丑闻。无论是不在该职务或已经结束职务从而不再享有权利但继续占用职务住房（2005 年，26％的巴黎医院社会住宅），或者有些人不再缴纳使用费，或"要求"与他们的实际需求不相称的住宅条件。

1713 年 8 月 6 日，国王就"王国医院管理者"发布的声明警告说："我们接到关于（医院）损失的报告，因为医院管理者以付房租为理由占据属于医院的房屋，一方面他们给自己制定价格很低的租约，又常常不按合同缴纳租金；另一方面，他们有权规定和使用住房维修基金，所以他们常常在这一名目下囊括为了舒适起居和特殊要求的项目，结果就是租约总金额常常被消耗在不必要的花费上"。到了今天，不止是医院，哪家机构读到这一段落会不觉得有启发呢？

1901 年的立法采用了一些有用的规定，明确指出"每年向国民议会和参议院财政委员会提交免费占用的住宅的详细清单。这份清单不记名，但需说明被给予该住房的职务或头衔"①。

重要的是确定规则，并且除非特殊情况，绝不违反：例如，针对

---

① 1901 年 2 月 25 日法，规定 1901 年财政年度开支和收入总预算，第 56 条。

警察局的资产（人员，住宿，车辆）， 1998 年 12 月内政部的通报是"关于使用与代表职能相关的经费和资产的规定的指示"。在地方行政区域，对于职务住房和与住房相关的"附带利益"，需要进行评议。根据《地方行政机构普法》第 L. 4135 - 19 - 2 条"规定可以向议长发放职务住房的条件"， 2002 年 2 月 27 日关于"近邻民主"的法律条文制定了实施细则。 2005 年最高行政法院诉讼部重申：地方职务无报酬的原则对给予大区议会议长职务住房的做法造成了障碍。这项严格的决议表明，在没有特定法律文本的情况下，提供职务住房并非义务。 2002 年 2 月 27 日法第 58 条也允许给予主要地方行政区域议长办公厅成员"工作绝对必需的职务住房和职务用车"。财政部部长或外交部部长办公室主任并不享有同样的法律规定……根据分权法令，国家公务员被派遣到地方工作。他们有人在中学承担工作，并有权在学校获得职务住房。那么，到了地方以后，地方行政部门有权安排他们新的工作，并决定他们是否还可以享受职务住房。行政法官负责监督地方行政部门的决定。

2005 年 2 月，在国家行政部门为财政部部长支付的租金标准引发民心骚动以后，总理不得不紧急制定关于部长职务住宅价格和面积的明确规定。但几乎没有评论指出，有些此前在巴黎地区居住的前部长们仍然住在他们担任部长时期的公寓里。

11. 196　职务住房。在一些情况下（住房），公务员应该为这些待遇支付使用费，而且总是应该向税务机关申报。只有因"工作绝对需要"而授予市镇公职人员、并且完全不收取使用费的职务住房能免于征税。

法律区分应该提供的住房和缴纳使用费的住房。

根据《公法人财产法》第 R. 2124 - 64 条，可以在公共领域授予职务住房，根据《国有财产法》（第 R. 92 条）和《公法人财产法》（第 R. 2222 - 11 条和第 R. 2222 - 18 条），可以在私营领域授予职务住房。 2012 年 5 月 9 日第 2012 - 752 号法令取消了机构用途的授予权。

在以下情况可以授予住房:

- 工作的绝对必要性,例如对于医院院长或法国国家科学研究中心实验室的守门人,可以免费提供水、煤气、电、暖气,但不是必需。

需要指出,法官常常遇到的一种情况是,没有理由能够说明该公职人员"如果不在现场居住就无法正常完成工作":例如,一所初中的仓库保管主任,一名市镇秘书长,一名市镇技术员;

- 暂时占用合约。

公职人员不得兼具这两种形式,即一处绝对必需的住房和一处签署暂时占用合约的住房。如果调动意味着必须离开一处职务住房,必须听从调解委员会的意见。这是为了强调这项"利益"的重要性。

最后,无论这些优待的范围有多么宽泛,法律不允许行政部门对公职人员执行不符合《宪法》原则的限制条件:教育部部长无权发布通报,在原则上普遍禁止(除非授权)除了居住的公务员的直系卑亲属、直系尊亲属和仆人以外的其他人入住学校的职务住房。

三、"小金库"

11. 201　涉及不正常利益的集体管理。 所有职业机构都有自己的习惯和安排,私营部门和公共部门都一样。

11. 202　a)私营部门。 某工地负责人在未经许可的情况下,把已经完工的工地上尚存留的两吨废铁卖给一名工地员工,现金交易总计1100法郎。这笔钱被用来支付企业官方批准的完工庆功宴。行政法官讨论针对该负责人的解雇令是否具有合法性后,承认这种情况可以被赦免,因为并不违背廉洁和荣誉。这类做法依循企业里的社会传统,在这种情况下,行政法官展现了宽容一面。

11. 203　b)公共部门。 然而,当此类做法涉及公共财物的时候,这种宽容是不存在的。某些电影公司为了在司法或监狱场所拍摄向行政部门周边的一家协会捐赠款项,审计法院的总检察官对此表示反对。法国驻乍得大使馆通过假账单营造"神秘小金库"，预算及金融部门法院对此进行判罚。

第 5 节　业余活动（第二职业）和兼职

11.211　专职活动。公职人员一般应将其所有的工作时间用于履行自己的公职。然而，并不是所有人对这一基本原则都非常清楚。因为自 2005 年以来，国民议会议员勒里丹就向公职部部长提出"对公职身份灵活处理……赋予公职人员……在其自由时间从事私营领域工作的可能性……"。公职部部长拒绝了此项提议。法国和其他国家一样，也饱受"第二职业"的困扰。

即使在德国，公务员的第二职业也引起争议。 2011 年 5 月，德国"绿党"议员在国会上非常郑重地针对财政部不同级别公职人员从事"第二职业"活动的数量及性质提出了 25 个详细问题。根据联邦公务员的法律规定，如果第二职业与公职义务、公务员的政治中立或公正无私原则相抵触，那么公务员禁止从事这些职业。不管出于何种原因，在从事第二职业过程中，公职人员应保证不泄露任何保密信息、法律建议或财会建议。

在 2011 年 10 月 25 日，我们可以从财政部部长对国会质询的回答中了解到，仅在联邦财政部， 2010 年有将近 3 000 名公职人员从事法律（《公务员法》）事先允许的第二职业。这一数字（仅在海关部门就有 2488 人）每年都在上升。尽管大部分的第二职业活动是授课和写作，但看起来更成问题的是，联邦财政部的公职人员提供帮助的对象是安永、毕马威、年利达、普华永道以及其他的法律和财会事务所。当然，他们从事的还包括更让人意想不到的职业，例如翻译、导游、饭店老板、网页编辑、特百惠公司顾问、保安、广告单分发员、服务区雇员，甚至还有……剧场小丑。

部长认为，如同法国私营业主的经营活动，只要这些活动不影响主要工作，这些都是可行的。而且对于出版和授课，这些第二职业还能够增加行政部门的影响。德国和法国不一样，两者的利益冲突仿佛没有成为行政部门担忧的重点。

在法国，那些既从事公职又从事其他领取报酬活动的公职人员往往会受到惩罚：而事实上，第二职业往往并不总是无关紧要的，它有可能降低公职人员对从事公职的关注度，增加他们的杂念和混淆他们的职责。因此，公务员被禁止使用他们的公职身份，以文字和图片的形式参加商业广告（例如，2005 年医药实验室的案例）。

在这一方面，众所周知的 1936 年 10 月 29 日政令对兼职做了规定。该政令来自于人民阵线于 1936 年 6 月 20 日推动的立法，最高行政法院于 1938 年 5 月 13 日做出的著名的《紧急救助和保障基金》裁决，针对社会保障基金实施了该政令。

但从 2006 年起，关于兼职的法律经历了很大的变化。

2007 年 2 月 2 日《公职现代化法》废除了 1936 年法，确立了公务员专属活动服从其所在部门的原则以及出于效率和工作需要进行适当变通的原则，从而开辟了新的前景。

由此彰显的雄心在于对公务员兼职体制进行改革，"维持原则上禁止兼职的制度，对例外的情况灵活处理，从而使得这一制度完全符合行政体制和社会制度的发展。从这个角度来说，公务员仍然受到先前原则的约束，按照这样的原则，他们必须将自己所有的职业活动用来从事被委派的各项任务，法律法规指明的某些情况例外。此外，除了特殊情况，这一总体要求禁止公务员参与公司的各类领导机构。它也禁止公务员在诉讼过程中，提供咨询和专业知识，或是针对行政部门进行诉讼。它同样还禁止公务员从可能与他们职务相关的公司中获取利益，从而损害公务员的独立性。然而，与这些禁止条文并行的是，该法令允许公务员进行知识作品的创作或是持有股份[1]"。然

---

[1] 节选自 2006 年公职现代化法案动议报告。

而，尤其值得注意的是，为了鼓励创业，该法允许有计划地兼任职务3年。这就达到了想要追求的结果： 2012年初，"公务员越来越多地兼任私营部门的职务"，尤其是在商业、餐饮和个人护理行业。

无论是先前1936年10月29日法还是2007年起颁布的新的公共职务法律，其调整的都是兼任公职，兼任私营部门和公共职务，以及确定所有兼职活动的公共原则。

一、兼任公职

11.221　无法兼任两个全职

1936年10月29日法的第7条规定："任何人都不得同时兼任本法第一条所列地方政府财政开支涉及的几个职务"。自2007年《公职现代化法》废除了1936年法以来，禁止原则不再成为担任一个全职以及同时还有几个兼职的障碍，例如非全职的大学副教授或是市政府秘书，因而不再具有任何价值。

后来，报酬合并账户因计算过于复杂，且实施起来千差万别，最后被取消了。只要获得部门负责人的允许即可兼职。

1955年7月11日的政令修改了1936年的政令，将原来法律文本中兼任职务及领取报酬的条件进行了合并。行政法官曾提出了针对这一规定的"职位"标准，这使得对兼职比对领取报酬的规定更严格。这些解释如今毫无根据了。

二、兼任私营部门职务和公共职务

11.231　经常在思辨，却越辨越模糊。维因[1]注意到："自1830年以来，尤其是自1848年以来，我们几乎可以看到，精确和勤勉义务不可调和的坏处彻底消失了……我们所说的是兼职，也就是多个职位集于一身。同一个人往往被授予了2个或3个职位，有的时候更

---

[1] 维因，《行政研究》， 1852年，第241页。

多，大多数的时候这些职位任务过重，不能要求每个职位都授予一个头衔……这是让公共部门服务于个人利益……"因此，长期以来，原则就是责令一名公职人员在其公共职位及私营部门职位之间进行选择的合法可能性，然而最近的法律已经模糊了这一界线。原则可以为人所遗忘，如同 2010 年议会质问中表现出来的那样，这一问题问的是，一名请长期病假的公务人员是否可以通过个体户机制来创办企业：幸运的是，公职部部长的回答是否定的……然而，司法部部长在 2011 年 1 月针对最近的法律文本，毫不犹豫地承认了某行政法院的审查官的兼职行为，他可以为一家投资公司与体育赌博或是网络赌博参与者开展收取酬劳的法律建议工作。这种政策变化造成了认识上的困惑，以及迫切需要再次予以确认职业道德详细标准，这些标准应比现行法律文本更严格。此外，政策浮动往往带有鼓动性的评论："越来越多的公职人员愿意在本职之外兼任私营领域的活动。"有些职业道德章程比法律更严格，例如行政法院的职业道德（在上述议会的质询的问答中并没有提及）或是国家参股局的职业准则，该准则第 7 条就规定："国家参股局的工作人员不得以职业的名义从事咨询、经营、领导或管理活动"，这非常明确，也非常审慎。

近年来，兼职可能性灵活操作的动向在不断加剧，并相应出台了一系列法律，例如 2007 年 2 月 2 日第 2007－148 号法，2007 年 5 月 2 日第 2007－648 号政令，2008 年 3 月 11 日第 2157 号通报以及 2009 年 8 月 3 日法。

1983 年 1 月 13 日章程法第 25 条的最新版本允许"公职人员或私营部门人员"进行营利活动（这是真的，以附属身份），或是在征求职业道德委员会意见后进行创业。此外，2007 年 5 月 2 日政令，经过 2011 年 1 月 20 日第 2011－82 号政令的修改，故意模糊了某种行为的实质，这种行为可能游走在游说、受贿和"咨询"的边缘。

设立公职人员创立微型企业的制度，带来了众多创新。职业道德委员会试图引导这一新的潮流，以确保公共职务的权威性，禁止消防员创办带有色情交流性质的互联网微型企业，但允许消防员在符合一定条件的情况下，成立一家水下工程微型企业，尽管该消防员所工作的火灾和救援部门从事的是海上作业。

对混淆情况的调整仍然有待创新，以明确区分附属活动（例如家庭旅馆）和真正的微型企业，这样的企业以追求市场为目标，且冒着与正在从事的公共活动互有默契的风险。

不管怎么说，除了法律第 25 条列举的例外情况，只要公职人员的上级从部门利益的角度出发表示同意，公职人员就有可能兼职。

总之，针对原来法律的判例应该还是能够启发行政部门的。

上诉法院第一任院长的秘书长，因为没有放弃他的律师执业，按照法律规定被免除了这一与律师公会注册不相吻合的职务。同样，一位公务员提出的商业租约续约的要求被拒绝了，因为其身份与商人身份不符。我们还要注意的是，私营部门的员工同样需要受到第二职业的某些制约：一名大楼保安在"保管其雇主物业的时间，且在其领取工资的工作场所，继续从事不符合法律规定的房地产代理的职业"，那他就违规了。

公职人员要想能够合乎法律规定去从事第二职业，这就需要得到法律及其上司的允许，这意味着必须事先告知其上司。不过，法律对允许从事第二职业有所保留。允许国防部门或警察局为私人执行任务而获取报酬的政令非常少。但在这种情况下，这里指的是一个部门的"集体"任务，而非个人任务。

违反第二职业规章的情况并不少见。不正是因为兼职往往是利益冲突的前奏吗？

● 市政的财务主管不能管理一家经营信息、文具和财物产品的管理和投资公司。

● 地方政府公职管理中心的副主任不能担任与该中心有关联的私人培训公司的讲师。即便是最高行政法院，也不接受因为缺乏兼职不合法性证据而撤销惩罚措施的行政上诉法院的申诉。

- 按照法律规定，商会公职人员、游船停泊港的处长，如在其实际管理的公司中占有公司财产一半以上且该公司经营活动涉及的是游船的租赁和买卖，那他会被撤职。在同一个领域内，公职活动成为了商业经营的附属。

- 法国国家健康和医学研究院的公职人员不能在一家抗癌协会中担任领取报酬的会计秘书职务。

- 在夜间公共部门上班的全职助理护士不能在一家私营的居家住院机构从事第二职业（而且每个月工作长达 169 个小时！）。同样，在公立机构获得执业证书的精神病科护士，不能在一家私营的康复机构作为正式员工，兼任非全职的护士工作。

- 一个市镇的屠宰场场长不得以私人身份为两家商业企业对来自于屠宰牲畜的动物油脂进行分拣和称重，并进行相关的财会操作，以领取报酬，他应交出非法所得。

- 地方政府的体育事务主管不得为各地的足球俱乐部进行安全性研究。

而且即使没有直接的利益冲突，这样的兼职也会危害公共部门的良好运行：

- 邮政人员在其工作期间，不得向顾客兜售其在西西里经营的油橄榄园出产的橄榄油。

- 警察不得开设酒吧，"他可能会经常出入这家酒吧，并且实际上负责这家商业机构的运作"，他也不得以挣钱为目的担任滑雪教练，或是在戴高乐机场担任机场警察和边防警察时为旅行社工作，担任日语翻译。

- 警察也不得为不具备某些法律能力的人担任代理人，成立私营保管公司，也不得从事第二职业去农业企业当季节工人或是担任长途货车司机。

- 医院的专业工人不得兼职担任治安员，从事领取工资的私营活动。

- 在警察队伍中,排在首位的风险是"捞外快",或者是利用警察经历从事本职工作之外的活动或是准备在私人保安领域转业的窍门。例如,通过查阅警察局档案中的保密信息牟利:
- 共和国安全部队的公职人员,在病假期间,不得参与由其配偶经营的盈利性商业活动。
- 军人不得担任柔道教员。
- 监狱的正式看守人员不得参与管理由其配偶开设的理发店:否则他将被停职 6 个月。
- 摩洛哥副总管不得从事家畜的销售和饲养。
- 担任公职的书记官不得未经允许从事与其公职没有关系的第二职业。
- 医疗中心的程序分析员不得经营以数据库和安的列斯群岛旅游行业计算机通信为商业内容的管理和投资公司。
- 法国国家统计及经济研究所的主管官员不得同时担任"国际经济和金融战略"有限公司的董事和总裁,该公司的经营内容为各类投资咨询和实务。尽管该公司入不敷出,但这并不能改变违反公务员身份规章的事实。
- 医疗中心全职雇佣运动疗法医生不能以个人名义从事其职业;
- 中学教导主任不得担任酒店经营有限公司的任何管理职务,尽管其拥有该公司 25% 的股份,即便不收取任何报酬也不可担任任何职务。
- 波尔多歌剧院第一独奏小提琴手不能同时在蒙彼利埃歌剧院担任同样的职务。
- 欧盟委员会第 13 局旅游部门的负责人,不得在未经所有上司同意的情况下,成为房地产公司的董事,在希腊经营一家公司,并承担欧盟委员会旅游培训领域的项目。在这种情况下,撤职是合乎法律规定的。

最高行政法院 1949 年 2 月 9 日的意见强调，一般来说，公职人员不得担任盈利性有限公司的管理人。

至于法官、公务员或是军人以第二职业直接威胁到其职业的独立性时，这种障碍就更大了：

● 负责税收的公职人员不得持有其辖区内纳税人的账簿，尤其是国家税务学院的教授，不得提供非职务行为的咨询。私人进行的收取报酬的"咨询"这一问题，几乎会遭到当场拒绝，除非有上级的要求，而且这样的咨询是出于公众利益的行为。

● 国家宪兵搜救大队的指挥官由于其"经常出入一家名为'法兰西咖啡'的咖啡餐馆，将被调离岗位……他参与制作披萨，以帮助这家餐馆的女老板，也就是他的女朋友"。这些事在当地村庄传得沸沸扬扬，"损害了公职的独立性"。

● 参与签署合同的市政财务主管，不能担当一家私营公司管理人，从事盈利性个人活动。这家公司的经营内容为各类办公和信息用品的销售、软件培训、金融产品销售以及管理审计咨询。按照法律规定，他会被辞退，至于这样的行为是否带来报酬或是物质上的好处，并不重要。

与其他不了解法规的情况相反，没有人会仅仅因为其配偶的职业而受到惩罚。不能因为警察队长的妻子开了个算命和驱邪"工作室"，行政部门就处罚这名警察。对于配偶的职业而言，他是他，她是她。但如果证实公务员为其配偶工作，那就是另外一回事。然而，1941 年 7 月 7 日法规定禁止配偶从事这样或那样的职业，该法比较特别，一直维持至法国光复。此外，1968 年 1 月 24 日法第 14 条规定，从事警察职业的公务员，"如果其配偶从事的职业活动会导致公职丧失威信或是会带来有损公职的混淆"（经营商铺、带家具的旅馆或是酒吧），那他将被责令要求其配偶停止这样的职业活动。现在，1995 年 5 月 9 日第 95-654 号政令第 30 条规定了适用于国民警察队伍在职公务员的通用条款，该条款规定："如果其配偶从事的职业活动会导致公职丧失威信或是会带来有损公职的混淆，相关机构采取适当措施，以捍卫部门的利益。"

三、公共原则

11.241　**限制性条件。** 个人的活动总是需要同时满足 2007 年以来出台的各项新法律中保留的以下两个条件：上级领导的同意和能够保证正确履行主要工作任务。

11.242　**a）上级领导的同意。** 如果公共利益确实需要公务人员从事私营活动，特别是在紧急时期，公务人员可以奉命行事。例如 1937 年 5 月至 1938 年 8 月期间（马达加斯加）塔马塔夫在急缺自由职业医生的情况下，担任公职的医生被允许为私人客户进行治疗，这不仅是上级领导的同意，还必须是其给出的命令。但这样的许可不能带来某种既得权力，而且是可撤销的；在任何时候都可以出台"规定市政雇员公职以及第三方支付酬劳的各种职位或额外工作之间根本不兼容的"总体要求。

"根据其对部门的组织能力"，部长可以决定所有的兼职活动都得到其批准（例如司法部部长以 1947 年 12 月 13 日通告所做的那样）。

上级领导的这种允许，只涉及公共部门及公职人员。公职人员的私营雇主不能对这种许可提出异议。

西班牙也同样要求上级事先同意，否则最高法院将对不合法的兼职活动进行处罚。

德国也以联邦法律的形式要求上级的事先允许，尤其是 2006 年对各州法律进行改革以来，这种事先的允许明确以预防腐败为目的。

对于欧盟的公职，欧盟章程第 12 条第 3 款规定，公务员提议从事公职以外的职业，必须得到任命机构的允许，无论是否有报酬，还是在欧盟之外担任职务：这种规定是普遍适用的规定，并没有对相关职业或职务的性质、重要性进行区分。按照欧盟章程第 12 条第 3 款第 2

句话的规定，在审查申请时，对职业或职务的特征进行评估的这一权力专属于任命机构。

11.243　b）当事人有保证正确履行主要工作任务的可能性。 首先需要满足这些条件：税务学院的教授，如果没有行政部门的要求并得到上级的允许，则不能从事咨询活动。

但如果满足了这些条件及履行了回避义务，民事法官和行政法官可以进行调解或调停。

其次，法律规定的特别条件严格限定了兼职的可行性，但也指明了几种可以的兼职情况。在德国，各州同样可以指定调节和限制法官在外活动（调解、仲裁）的法律，但必须基于两个基础，独立性和将大部分时间用于自己工作的义务。立法保证了从事文学、科研和艺术工作的自由。

11.244　1）原则上允许艺术和文学职业。但在创立艺术批评的法官看来，并不是所有的都能装进这个理想化的筐：图卢兹市的公职人员从事摄影兼职活动仍被禁止，因为"由此可以得出这样的结论，先生们承认从事的工作之外的兼职摄影活动，将会具有艺术色彩"。创作活动必须以独立的方式进行。

其次，法律还允许科研活动，但必须以"独立创作"的方式进行，而不是在科研机构搞副业；大学院系的助理不能与生活条件研究与观测中心（Credoc）签订工程师合同，兼任全职。

11.245　2）1936年法第3条规定了教师可以从事的自由职业。根据该规定，"教学机构和工艺美术行政机构中的教师、技术和科研人员，可以从事与其职务相关的自由职业"，并创作艺术作品。2007年2月2日法保留了这一规定。

允许从事的兼职活动必须与"职务属性相关"。夏季游泳课程的热闹景象与体育教师职务相关，而不是经营沙滩游乐项目，因为这与体育和体育教学毫无关系。

因此，大学教授一方面有权同时成为律师，只要他们作为国家的雇员，不针对国家进行诉讼，另一方面，他们可以从事具有专门知识的活动，提供咨询或教学课程。

但对于中学里获得教师文凭的社会科学教员来说，没有这种可能性。

法律并没有绝对禁止中学的心理专家同时在其诊所内为私人客户提供服务：部长过分绝对的禁止令是不合法的。如果临床心理学教员的任务与心理分析学家工作之间的联系很密切，那后者则有可能在私人诊所工作。相反，如果这种联系与教学内容关系过于密切，那这种自由职业则是禁止的：在地区教师培训中心教授心理学的教员，不能以个人名义同时从事心理分析诊疗活动。

建筑工业制图理论教学教授不能经营研究所，从事供建筑师和企业家所使用混凝土的研究。

上述法律允许法国建筑业设计师协会或是历史古迹建筑师能够在建筑领域从事一定的自由职业，让教授们能够讲授专业课程。

为此，行政部门不能在法律规章中，统一禁止建筑院校的教师从事个人职业。

也正是这样的规定，允许音乐学院的音乐教师同时在市级歌剧院或是地方爱乐乐团的管弦乐队中从事音乐家的职业。

11.246　3）任职期间的智力创作。

在这一方面，法律在 2006 年 8 月发生了巨大变革。

1985 年 7 月 3 日法曾规定，行政部门可以与自己的公务人员签订合同，对他们参与发明的软件支付报酬。因此，法国国家医疗保险局有权与自己的行政人员签订合同。

对于研究人员、工程师和技术人员，正如 1999 年 7 月 12 日第 99 - 587 号法规定的那样，向上级申报的发明可以获取"将发明转换为产品的分红"作为奖励。

这些专门的法律文件，为至今为止被认为只能以其所在行政机构名义进行创新的公务人员开启了双重例外：一方面，承认了公务人员的本职活动；另一方面对于履行公务过程中的知识创造给予报酬，而原则上说来，这样的知识产权应归于所在的行政机构。因为从总体上来说，公务员应属于《知识产权法》第 L. 611 - 7 条和第 R. 611 - 11 条及后续条文的管辖，根据这些规定，"如果发明者为雇员，则知识产权的权益"，根据这些条文规定的条件，应归属于雇主。

鼓励并从金钱方面激励公务人员进行创造发明，申请专利，这一想法重新回到了布鲁塞尔委员会制定的 2004 年欧盟公务员新的法规（第 3 段第 18 条）中，当公务员在履行职务的过程中做出的创造发明获得专利时，他们有可能获得奖励，这和德国法律规定相同。

这些创新性的条文规定，与欧盟的某种精神不谋而合，预示了 2006 年 8 月 1 日关于信息社会中著作权及邻接权法的颁布必将迅速引发一场改革。2006 年 8 月 1 日法想要承认在职公务员本人的著作权，当然，前提是这些作品是真正的"原创"。如公务员"将科研成果注入将其创作成果商业化的公司"，那他们收入的征税情况由 2010 年 2 月 16 日第 5G - 2 - 10 号指令进行了规定。

这一新的法律事实上将其第二编命名为"国家、地方政府和行政性公共机构公务人员著作权"，对这类机构，议会修正案又增加了独立的行政机构。而且宪法委员会于 2006 年 7 月 27 日做出的第 2006 - 540DC 号裁决并没有涉及该法的第二编。法理辩论以及法国知识产权高级委员会 2001 年 12 月 20 日通告为该法带来的观念改变做出了铺垫。从此，正如国民议会报告人瓦内斯特先生所说："最高行政法院做出的 1972 年法国现代教育技术署通告的逻辑被推翻了，该通告大体上否认了公务人员享有各种著作权，（新法的）这些条款确立了这样的原则，公务人员享有与其他所有创作者相似的著作权，但主要的区别在于不能妨碍行政部门的正常运行。因此，人格权并不允许公务人员反对国家机关出于部门利益对既定作品做出的修改，除非这种修改会损害个人的名誉或荣誉。"

从此，源自新法第 31 条的新《知识产权法》第 L. 111 - 1 条规定，当"智力创作作品的作者为国家、地方政府或公共机构的公职人员时"，这并不与著作权相抵触。然而，立法者有效地指出，在新的第 L. 121-7-1 条，"履行其职务或是根据收到的指令创作智力作品的（公职）人员，其被认定享有的发表权应遵循其作为公职人员及受雇用公共机构的组织、运行和活动所应遵守的规定"。

不管怎么说，对公职人员创作作品一定程度上的私有化，这是个新观念，他们对自己的作品从此可以使用和利用。法国国家科学研究中心甚至被裁定，没有权力决定不领取报酬的大学生创造出来的专利归本单位所有。一方面，改革能够鼓励公务人员进行创造发明，并且说服他们不要通过笔名、假名或是以其他类似的隐瞒自己所在行政部门的做法，将自己的思想商业化。另一方面，由此带来的利益又让我们偏离了非营利的原则。而且我们还需要再过几年，才能评估编辑小册子、设计一个口号或标志、编撰法律教材、设计制服等活动能够个人化，并由公务员及其所在行政部门共同拥有。然而，行政部门雇用的不是分包商或产权人，而是公职人员。2006 年 8 月 1 日法去除了限制，对从事公职的人员弱化了职业的特殊性要求。

在这些接受新观念的人们的创造发明激情下，形势有了更大的发展，根据《知识产权法》第 L. 611-7 条，私法将以劳动合同的形式明确规定研发或科研任务的情形下，雇员创造发明的知识产权归于雇主。只有工作任务之外的创造发明成果才归雇员所有。

11.247   4）半日制公务人员兼职的特别可能性。需要指出的是，2003 年 1 月 6 日政令，规定了半日制和非全日制公职人员的兼职活动和报酬事项。这些人员可以在担任公职的同时，在与部门义务相吻合的情况下，兼任私营部门领取报酬的活动。这种可能性在 2007 年 2 月 2 日《公职现代化法》中得到了强化，该法修改了关于国家公职身份的 1984 年 1 月 11 日法第 37 条甲的规定。

11.248   报酬上缴。最后，如果兼职领取的报酬不合规定，根据 2007 年 2 月 2 日法对 1983 年 7 月 13 日法第 25 条做出新规定，行政部门将要求公务人员将兼职报酬上缴。上缴兼职报酬不能认为是职业处罚。

民选官员，尤其是国会议员的兼职活动报酬，无论是在法国还是欧洲，都是个问题。在德国，2005年1月，联邦议会议长蒂尔泽想要强化兼职活动报酬的规定。之前曾发生过多起丑闻，大企业将报酬支付给议员，但议员却没有从事该企业的兼职工作。在英国，首相约翰·梅杰曾被议会下院弹劾，下议院于1995年11月6日通过了诺兰委员会的结论，迫使议员公开自己在议会之外的收入情况。在希腊，2005年1月法律禁止媒体行业股东竞标公共工程。这需要欧洲对这一问题进行反思，包括欧洲议会议员，而且这样的反思应该对不可兼职的情况提出更高的要求。

而在这些重大改革尚未实施之前，应该更加严格地执行《选举法》第146和147条的规定。

宪法委员会是否对此表现得越来越严格呢？根据《2000公共服务协议》，公务人员不得同时兼任议员职务和为地方政府提供决策咨询的协会领导职务。尽管这一协会完全是由法国市长协会和法国国家特许和托管政府联合会成立的，它以"提供智力服务的方式进入竞争市场，并以其服务收取费用……它应被看成一家企业，主营业务是为地方政府提供服务"。

第6节　礼品

11. 251　法兰西共和国和礼品

1254年路易九世的敕令要求官员郑重宣誓，"他们以后不能从隶属于自己管辖的个人、与之有往来或是来找他们裁决纠纷的个人那里收受各种礼物，无论为何种礼物"。

孟德斯鸠在《论法的精神》中专门用了一章来论述"送礼"："在专制国家，人们在与阶国王之外的比自己地位高的人交谈之前先送礼，这是种惯例。印度莫卧儿帝国的皇帝如果没有收到礼物，那他就不会受理自己臣民的请求……在共和国制度下，送礼是令人讨厌的事，因为美德并不需要送礼。"

无论是在法国还是在欧洲，仍然有些政府官员自以为还处在莫卧儿帝国时代，这并不是没有可能。

11.252 所有国家都担心这些礼品。 2012 年 2 月 10 日，德国商业报纸《法兰克福汇报》用整整一个版面报道了"公共服务"。但这篇报道没有讲管理或是现代化。它介绍了五类公务人员的例子，以解释公务人员面对礼品所应采取态度的具体规则：士兵、教师、护士、行政部门干部和道路清洁工。礼品对于所有国家来说是种实际存在的行为，也是种风险。

在公职中和商业中一样，法国是几个少有的不在总的法律框架上提及这一问题的国家之一。 2011 年，《关于公共生活中职业道德和预防利益冲突》法案并没有填补这个空白。

1996 年联合国的《公职人员行为国际准则》在其第 5 章对第 9 条做了这样的规定："公职人员原则上不得以直接或间接方式，接受或要求可能会影响其职责之履行、任务之完成或是判断之做出的任何礼物或好处。"

欧洲理事会《公职人员行为准则》，在其第 18 条的规定中，并没有满足于禁止接受"礼品、恩惠、邀请或是其他各类馈赠……它并没有包括传统的好客，也不包括小礼品"。这条规定还给出了面对馈赠建议的正确态度[①]。这是法国公务员必须了解的建议。 2004 年《地方政府公共职业道德良好行为指南》针对的是议员和公务员，他们

[①] 欧洲理事会部长委员会建议，编号 R (2000) 10，《公职人员行为准则》， 2000 年 5 月 11 日："拒绝不合法的馈赠。不必接受这些馈赠，并依此为证据。尽力确认提供馈赠者的身份……在无法拒绝或是无法将这些馈赠返还赠与者的情况下，应该保存这些馈赠，并尽量少去利用这些馈赠。努力留有证人，例如一起工作的同事。尽快起草一份针对这一未遂行为的报告，最好交至官方登记部门。尽快向其上司或是有权执法的部门汇报这一行为。"

"应在尽可能的限度内，拒绝可能从市政府决定中受益的第三方提供的各种礼品。所有超过一定金额的礼品都应交至市政府"。

欧盟委员会的行为准则禁止接受价值高于 150 欧元的礼品。对于价值 150 欧元以上的礼品，欧盟委员会礼宾部将进行公开登记。

在德国，"公务员不得接受与其公职相关的任何报酬或是礼品，即使在公职终止之后也是如此。允许接受礼品的例外情况必须得到现任或前任上司的同意"。2004 年 11 月 8 日，联邦政府新出台的一条禁止接受额外报酬和礼品的新的行政法规，取代了 1962 年、 1977 年及 1981 年的法规。

在奥地利， 1979 年公职法禁止公职人员索取、接受或是让他人允诺各种礼品，价值较低的物品除外。

在英国，禁止出现公务员因接受礼品而遭受公正性质疑：公务员不得从第三方处接受任何可能会被合理地认为将损害他们个人判断或公正性的好处。

在比利时，"国家公职人员不能以直接的方式或通过中间人，即使在职权范围之外，但以自身职权的原因，请求、要求或接受各类赠与、额外酬金或馈赠。"

在加拿大，公务员道德规范准则详细规定了拒绝礼品的情况。在"公职人员价值和道德规范办公室"的网站上，公务员可以练习做这个测试："当另外一个国家将礼品赠与公务员时，应当考虑哪些因素才能决定接受或拒绝？ 1）基于您对所赠物品的兴趣， 2）拒绝礼品可能引发的外交风波， 3）不要表现出失礼或傲慢。答案是哪一个呢？"

在西班牙，《刑法》第 426 条规定，禁止任何机构或任何公务员接受与其所任职位相关的礼品或赠与。

在美国，公职人员道德规范法律《道德规范法案》针对礼品和差旅做了详细的规定，这些规定禁止接受礼品。 1994 年 10 月，农业部长因为其与美国最大的家禽产品生产商——泰森食品公司关系过于密切而辞职，该公司向其赠送各类馈赠，形式包括住宅、机票、体育决赛门票，甚至为其女友提供奖学金。

在南非，"公共服务委员会"于 2008 年 3 月发布了《公共服务中的礼品管理报告》。有趣的是，该报告考虑到了成为非洲文化或者更确切地说是非洲多元文化的内容，每种文化都以惯例但又难以准确阐述的文化原因，导致人们接受或拒绝礼品。报告建议强化礼品登记制度（只有不到 20% 的受访公务员了解这一制度），以限制礼品的价值。

在意大利， 2000 年 11 月 28 日的《公务员职业道德法》禁止接受礼品，价值较小和礼节性礼品除外。

在葡萄牙，公职人员纪律法规规定，任何接受礼品的公职人员都可能会被撤职，但 2006 年 5 月欧盟理事会评估报告指出了该规定实施过程中的模棱两可之处："（发放给所有公职人员的）司法警察建议指南允许接受小礼品和出于礼节习惯赠送的礼品，但当他们接受礼品或是在具体场合中可能存在冲突的情形下，该指南并没有明确指出公职人员应有的行为。"报告在注释中指出了应该引起欧洲所有国家注意的现象：在医药行业，人们经常以提供样品的名义向公职人员赠送礼品。

在日本，《公务员职业道德法》第 3 条的"禁止行为"，禁止公务员从与其有职业联系的个人处接受礼品或现金。该法规定非常详细，甚至禁止在公务员葬礼时接受一束鲜花……

在瑞士，公务员"在从事工作合同规定的活动时，不得接受、请求或是让他人允诺为自己或是其他人提供礼物或其他馈赠"。

在法国， 2011 年 1 月索韦委员会关于法国公共生活利益冲突预防的报告提出了编号 14 的建议："禁止礼品、捐赠和邀请，价值较小的除外。" 1992 年，预防腐败的布舍里报告已经列出了有风险的事项：与承包合作方的合同，金融市场上以个人名义进行的操作，资金出借、预付款项、担保或保证金，无偿提供的服务或工程，商业宴请，游学或"公费旅游"。当然，还需要加上体育赛事门票、打折券、交通卡、提供给子女的奖学金或零花钱，提供给公务员使用的交通工具和其他设备、人员，为公职人员亲朋好友定制的岗位招聘。2011 年，外交部的职业道德指南再次正式采用了这一清单。内容众多，想象不断。

11.253　确定规则。 从礼品赠与者的角度来说，规则是从财税方面考虑，无论是增值税还是利润税，申报礼品、礼品受益人及礼品价值，也可能会是他们的义务。

从礼品接受者尤其是从行政部门的角度来说，在所有情况下，尤其是在此类赠与礼品所针对的各类服务中，最好是围绕四条原则确立简单易行的规则。

11.254　a) 根据路易九世的规定，除"吃喝"的物品之外，拒绝任何礼品的原则。 1702 年，圣西门作为一起案件的当事方，在审判前送了一份礼品给法官："按照惯例，我早上把一套银制餐具送给法官、首席院长以及总检察官。首席院长拉玛侬自始至终坚决拒绝，最后也没有接受。如今要遵循的原则非常简单：遵循拉玛侬确立的原则。"

拒绝礼品这一原则还包括每次尽可能归还礼品，而不冒犯送礼者，尤其是在国外，更要考虑到每个国家的礼仪习惯。拒绝礼品，并不总是那么容易。拒绝就意味着有可能侮辱送礼者，或是在所有同事都接受礼品的情况下自己被边缘化。俄罗斯作家鲍里斯·杰特科夫描述了一名警察的焦躁，这名警察想要为送上门来的一份上好的三文鱼自掏腰包，但最后无法办到。"所有人都在受贿，他头脑中默念着。为什么？因为有人行贿！——答案明摆着！我这是在教他们怎么行贿！我，我在纵容他们行贿！这些混蛋！"

拒绝礼品这一原则是可以理解的。礼品让行政机构堕落，也会让选举变质，让判决失效。

至于编写一套法规，最好是列出"如禁止收受礼品，除去……"，例如社会事务督察总局的《职业道德标准》《2010 年行政司法机关职业道德宪章》《2011 年巴黎市公职人员良好行为规范》《社会保险金及家庭补助金征收联合机构指南》或是《国库司指南》所列的那样，或者是列出"允许接受礼品，除去……"，如同法国最高视听委员会职业道德法规所规定的那样："如礼品和宴请的价值合理，那么公务员可以接受这些礼品和宴请。"但接受礼品的原则并不恰当，而且和拒绝接受礼品原则的欧洲各国法律相比，这将成为特例。

1254 年，路易九世的敕令规定了实际操作中的例外情形，其官员和宫廷大法官"宣誓，不通过自己或他人，收取或接受黄金、白金、好处或其他东西，除非是水果、面包或金额不超过 10 个苏的其他礼品……且不得超过上述金额"。

2000 年日本的《职业道德法》明智地采纳了路易九世规定的例外情形，该法禁止从利益相关方处接受礼品，除非提供的是价值较低的食物和饮料，而且与法国众多行政部门的做法类似，例如法国国家储蓄银行（1996 年退休人员部分）。

行政部门可以从以前的案例中得到有益的启发，以终止它们自己的规则，既具有实实在在的操作性，又非常可行。不仅是将土地换成欧元，而且将这一规则做如下解释：只能接受价值较低的吃喝礼品：一瓶红酒或是在一家并非豪华的餐馆中单独的一顿午餐。最好是像法国外交部做的那样，确立严格的原则，而不是像美国人那样，采用允许接受礼品的直接标出价格的价目表。或是像里尔社区联合体在 2011 年做的那样，在其《职业道德标准》中指出："里尔市采用的政策是零礼品。"它还在该文件的附件中列出了重大礼品归还模板。该标准还提到："里尔市认可对象征价值意义的物品和服务具有一定的宽容度：例如一盒巧克力、一支钢笔、一个记事本、一个小盒子。"而且即使在这样的情况下，也需要告知其上级，而且"在交际场合下，有可能需要在部门内部分享这些礼品"。社会保险金及家庭补助金征收联合机构在其 2010 年的文件中确认，"我拒绝接受任何礼品或好处，它们可能会实际影响或是连累我的客观性和公正性，或是让我处于对赠与者感恩戴德的境地"。仅有的例外针对的是"价值较小"的礼品，而且还需得到上级同意。法国国家参股局的章程，要求其所有公职人员对所有价值高于150欧元（按照每个赠送单位每年统计）的实物性质的礼品或好处（尤其是各类邀请），都必须告知其上级。

根据例外情况接受礼品所要遵循的两条规则就是： 1）告知其上级或是第三方，不要和礼品赠与者单独接触； 2）每次尽可能地公之于众。

11.255　b) 分辨礼节和礼品的敏锐洞察力。 邀请共进一次午餐是种礼节。每个月的第一个周四邀请在一个豪华的地方午餐，这就既是礼品的一种形式，又是种潜移默化的依附关系的开端。

这就是瑞士针对联邦职员在其"礼品的接受"条款中实际规定的内容："符合社会习俗的无关紧要的礼品，不构成人事法第21条规定意义上的馈赠或其他礼品。各部门可以做出详细规定，或是禁止接受这些礼品。如有任何疑虑，职员可以和其上司一起研究决定能否接受这一礼品。"

同样，日本2000年的法律对所在部门在正式会议或是集体联络过程中交换礼节性礼品和纪念品，做了例外规定。

11.256　任何礼品都必须向上司汇报。如果公职人员接受了礼品，无论礼品价值较小还是无法拒绝，都必须立即对该礼品进行登记。

为此，需要建立集体登记制度，或是由一名指定的工作人员登记接受的礼品，并且允许共享不能视为作品或是不用归还给赠与者的礼品。 2010年3月31日政令颁布的《公共卫生法典》第 R. 5124 - 66 条，规定医药实验室可以"向法人机构赠送用来鼓励研究或是卫生人员培训的礼品"，前提是需要事先向地方卫生署申报。这是从美国得到的启发，赠与者公开申报赠与的礼品。

行政机构（基金会、协会、互助会、孤儿院）内部和之外的很多慈善机构准备在其慈善范围内，接受有价值的物品。

11.257　危险场合的实例有很多。 各类馈赠（演出、旅行、服务或人事安排）、借款、亲朋好友招聘、礼物，数不胜数，而且往往容易掩盖。

阿拉贡在其作品《巴尔的钟声》中描述了经营出租车的企业家为了生意，需要"以各种方式和巴黎警察局攀上关系"，包括如何巧妙地送礼。他的公司"不仅向巴黎警察局的处长们提供他们工作中所需要使用的车辆，还有周日用车队把督察们和他们的夫人们送到默东。还有专为高级官员服务的豪华车队，完全不收取任何租赁费用"。这是在 1934 年，发生在很久之前的事了……

1994 年，妇产医院购买奶粉的案例，成了媒体的封面新闻。在 20 世纪 90 年代医疗机构整顿之前，配方奶粉生产商时常为医院里面开处方的医生购买礼品和服务设备，包括电脑和冰箱。

审计法院揭露了一所大学里面的公职人员接受的可疑礼品："在最新的保洁合同续约 6 个月之前，招标委员会的两名成员，即大学的秘书长和保洁部门负责人，认为自己可以接受之前曾两次签约的公司的邀请，参加了一个名为'安的列斯群岛品质'会议，主要为旅游性质。旅费和日常费用由该公司承担。这些人从该公司处获得了个人好处，而该公司的合同取决于交易一方的愿望，这样一来他们就严重违反了公职人员所应遵循的大公无私和独立自主的规定。"

在法国，明确此类风险的通用规则非常少，因为这牵涉法律、上级领导以及法官三方面的认定。

在极少数情况下，法律会明确规定，例如意在限制医药实验室赠送给医生的礼品的《公共卫生法典》第 L. 4113 - 6 和 L. 4163 - 2 条，以及 2011 年 12 月 29 日第 2011 - 2012 号法。

有时上级会针对礼品确定原则：在每次组阁的时候，政府秘书长就会为总理准备一份发给内阁各位部长的保密记录，内容针对赠送给"内阁成员或其配偶的礼品管理"（并附上礼品登记记录以及最迟离职前转为国家财产的记录）。同样内政部部长通告会发给内阁成员，以限制他们用大区议员提供的经费出国旅行。

同样，在法国卫生安全和健康产品委员会管辖范围内，医药实验室对差旅和参加会议的资金来源做了规定。

还有，巴黎市政府要求公职人员拒绝接受礼品，个人收取的不超过30欧元的促销品除外，而且需要将所有礼品或宴请告知上级，在部门内部分享这些礼品，且在接受礼品时有人见证，对"不合适"的礼品或是有关"合同签约或是执行"的礼品则要坚决拒绝。

11. 258　法官有时会告诉哪些是不可行的。根据法国最高司法委员会的提议，2004年1月14日，法国代理检察长被司法部部长撤职，因为他曾从"牵涉一项轻罪的人员"处接受了"一块百年灵手表、几支名牌圆珠笔以及在度假期间借用了一辆奔驰汽车，以及女儿们去希腊度假的费用"。这位法官忽略了达格梭对"法官公正廉洁"发表的名言：遵守自己立下的"防止接受各种礼品和贪腐许诺"的义务。

劳动部有权解聘犯有过错的公务人员，"他曾向空中运输公司索取两张个人使用的去科摩罗的打折来回机票，而标注日期为1993年1月5日的部门通知刚刚规定，如没有部门的事先和明确的同意，禁止索取或接受供应商的任何礼品"。

在公共卫生机构中，《社会行动与家庭事务法典》第L. 331－4条和《民法》第909条和第1125－1条规定了，骗取继承或是赠与会导致"无质疑资格"。这些条款规定，在入住养老院的老人身体虚弱的情况下，养老机构成员无权接受他们的遗产继承或是捐赠。曾有公职人员接受他们护理对象的"礼品"，但遭到了惩处。

● 一位家庭护工同意老年人为他支付电费账单或是从一位接受其照料的寡妇处接受索要的礼物（二手汽车、电视机、请求和报销的预付款），而雇用该护工的当地的市政社会行动中心在其内部规章条款B中这样规定："家庭护工不应从其所照顾的护理对象处获得任何酬金或报酬"。

- 护理人员从老年人那里接受借款。
- 老年人家庭内部服务工作人员接受一辆汽车作为礼物。
- 在奥地利，两名警察多次拜访一位年迈的女士，并从该女士那里收到了数额不菲的款项。最高行政法院由于缺少礼物及其拜访之间的关联证据而最后宣告这两名警察无罪。

这里说的就是公职人员通常所犯的对老弱病残的权力滥用：有个案例就是一名医生在对其中一名病人持续多年的治疗过程中，以欺骗的方式不断向病人借款。

从事有可能接受礼品的职业和岗位的公职人员，应该接受礼品和捐赠这类问题的告知和培训。

然而，经常的情况就是，他们没有被告知任何事项，而每个人都满足于心照不宣。这样一来危险就增加了。

第7节 下海

11. 261 技能和人脉。一直以来，私营部门的雇主想要以他们自己确定的价格，雇用他们早就留意到个人能力或协调能力出众的公职人员，但这样做并不是没有矛盾。约瑟夫·卡约在他的回忆录中记下了通过选举产生的议员与公务员之间的紧张关系："人们承认穿着长袍的议员有权利捍卫随便哪个事业，随便哪个公司，有权利收取随便哪种酬金。相反，却禁止以前的税务稽查员和以前的省长在承担金钱和道德责任的同时，管理最让人认可的企业"。一个世纪过去了，这个问题仍然存在……

"在法国国家行政学院的毕业生中，前任经济部部长办公室副主任 X 的变化注定使其成为万众瞩目的明星。在他 41 岁的时候，这位财政督察辞去了公职，担任了 Y 银行董事会的执行董事"。行政人员"走向市场"，同样人数众多，但较为隐秘。在警察队伍中，"高级警察"可以去银行和大企业的安全部门任职。在法官队伍中，法官，尤其是刑事法官，往往受到银行和金融集团的欢迎，他们可以提供咨询，有时甚至担任"职业道德部门"的领导职务……在军队中，军工企业可以提供令人羡慕的"转业"岗位。在所有这些情况中，公务员或法官以其个人能力或宝贵的人脉关系变得炙手可热。这是"公共部门和私营部门吸引人才的激烈竞争"。

受"请托"最厉害的部委是财政部、装备部、司法和安全服务部、通讯部。

11.262 这些本不是法国特有的习惯由来已久。因此，1919 年 9 月 27 日，财政部部长在参议院发出了警示："毋庸置疑，相当一部分的年轻人在私营部门接受了数额巨大的债权，因此诱惑非常大！当然，无论是在金融界还是工程师界，都发生了放弃原有职业的情况。"

同样，禁止下海经商的修正案也于 1946 年 3 月 28 日提交给了国民制宪会议（但没有通过），该修正案试图为国家关键岗位工程师流向法国电力集团和法国燃气集团这些国有企业设置障碍；报告人写道："我非常赞同，希望公职人员不会侵入其他新领域。否则这将是个非常严重非常愚蠢的错误。"在电力部门国有化法律中，我们保持了这点。

欧盟委员会不再对欧盟官员直接进入游说公司任职的现象进行监管，例如，前任的东欧国家合作负责人，2012 年被名为 G + Europe 的游说公司聘任，他解释说，他既不为俄罗斯天然气工业股份公司也不为俄罗斯联邦政府工作：2012 年 1 月，和每年一样，改变欧盟协会发布了 2011 年工作报告和财务情况，25 名高级官员中有 3 位法国籍官员下海经商。这些统计数据不是来自于欧盟，而是来自于一个独立的协会。对于 2008 年 1 月 1 日至 2010 年 8 月 4 日收到的 201 份申请，1 份申请被拒绝，34 份申请有条件同意，欧盟委员会可以毫不留情地收紧下海经商的审查标准。

而且，人们对下海经商的概念有些模糊不清，"另立门户"，或是从更符合法律的表述来说"辞去公职去私营部门工作"。最高行政法院的判定清楚地向某税务稽查员表明，他停薪留职脱离原来部门而立即去加入的法国信托局中央地产公司，不再是"服务国家"。

然而，对于这一主题，和许多其他主题一样，长期以来实施的职业道德认为，这一主题和困难确确实实足以使其得到更好地处理。需要具体情况具体分析，区分根据市场价格"离弃公职"的下海，当与公共部门竞争的行业将之开除或雪藏时，又回到公职部门；由行政部门组织且符合行政部门需要的下海，为的是锻炼干部。

对于下海经商，后来各界政府采取的态度针对三个目标，这三个目标尽管由规章作出了规定，这个规章对下海表现出了不快和担忧，但不是非常严格：a) 最小的透明度，b) 对最尖锐的矛盾做了限制，c) 保证公共部门和私营部门的人员交流。

11.263　a) **最小的透明度**。《公务员身份法》对履行公职期间和履职结束后做出了限制。

1984 年 1 月 11 日的《公务员身份法》（《国家公职》）第 51 条规定了公务员可以停薪留职，去私营部门积累经验，并且，仍然有可能回到公职部门。1985 年 9 月 16 日的政令对停薪留职做了具体规定。这种停薪留职的累计期限，通过对法律文本长期以来的随意解释，以前规定为 12 年，2002 年 4 月 30 日的政令将这一期限缩短至"整个职业生涯共计 10 年"。

随后，2007 年 2 月 2 日的第 2007－148 号法在 2007 年 4 月 26 日第 2007－611 号政令从工作性质的角度对公职人员永久辞职或是停薪留职期间不能从事的私营部门做了定义。2007 年该法第 18 条规定，不遵守职业道德委员会规定的退休公务员"可能会被扣除养老金，甚至在其所属单位的纪律委员会做出处理意见后，可能丧失领取养老金的权利"。因此，公职结束后的职业活动受到了控制。

对于那些彻底终止公职的人员，规定了对于其在任期间控制或资助的企业有 3 年的"冷静期"。这一期限符合《刑法》第 432－13 条的规定，而《刑法》则是对（已退职公务人员）下海经商限制的基础。

最后，2007 年的法律规定"公职人员所在的行政部门……受欧盟委员会不得兼任意见的约束"。这一有用的明确规定，使得基于以前法律文本的那些自相矛盾的判例都丧失了法律效力。

1993 年 1 月 29 日法和 1994 年 6 月 28 日第 94‐530 号"关于某些公务员或前任公务员向私营部门职务转任方式"法，对所说的"职业道德委员会"做出了规定，该规定可以讨论彻底转向私营部门。因此，这些公务员都必须遵循委员会相同的"透明"审查程序，无论是开花店的省装备局的秘书还是直接从财政部部长办公室分管企业私有化和公共采购的财政督察，他去了一家为客户提供相同财务业务的商业银行任职。

透明原则也会产生相对公开的警惕性，工会可以保持关注，以便对下海经商提出异议：他们对此进行法律层面的考量。行政部门和公司也很重视：对下海经商合规性的事先审查必须是公开的，符合公共部门和私营部门之间人员交流的规定。根据 2009 年年度报告，管理三类公务员的职业道德委员会每年都会收到大约 1 000 个申请。2009 年，职业道德委员会对大约 3/4 的申请做出了核准意见，但同样需要指出的是，"持保留意见"核准意见的上升，以及没有通过核准的情况低于 5%。

透明原则同样适用于行政部门。如果行政部门把申请下海经商公务员的情况提交给所说的"职业道德委员会"，那这些行政部门一方面必须把所有必需的信息提交给该委员会，征求按照合议制由人数对等的人员组成的行政委员会的意见，严格遵循程序，另一方面，必须把审议结果告知该公务员，以使得他能对这种否定性意见做出回应。

11.264　五个辩论。这一看似缜密但实际上没有多大约束力的安排，产生了五个辩论。

11.265　第一，对重要公职人员的下海经商加强监管。透明原则并不是对最难处理的情况进行筛选，而是规范流程，防止出大事。正如职业道德委员会在其 2009 年报告中指出的那样，政策正在进行调整："对于担任公职过程中负责对私营企业进行管理或监管、负责与私营企业签署各类合同或是对这些合同发表意见、负责与私营企业实施业务相关的决策做出建议或是对这些决策发表意见的公务员，当他们加入私营部门时，必须提请委员会的同意。"

因此，现在希望的是，事先审查针对的是离开部长办公室、重要的国家或大区的委办局及监管机构的公职人员，也就是说，针对的只是那些不仅可以"购买"其能力，而且可以"购买"其威望和影响的情况。这就是如今政策变化的意义。

为严格执行起见，最高法院在 2012 年对共和国总统府一位副秘书长被任命为法国一家主要银行负责人，启动了司法调查。

11.266 **第二，将监管对象扩大至公职的所有从业人员。**

无论是在法国还是在德国或英国，部长们选择企业都会引起讨论。 2005 年 3 月 22 日最高行政法院的意见指出，《刑法》第 432‐13 条仅适用于一般普通身份的"公务员"和不具有公务员身份的公共部门雇员，而不适用于管理他们的官员。 1919 年 10 月 6 日法为《刑法》原 175 条做出了补充，从此，许多司法建议草案或司法研究著作试图从法律文本的角度，把"公务员"从"官员"的文本概念中区分开，这种区分的确很难。避免公共决策取决于获得未来雇主恩泽的愿望，这样的担忧要求官员比一般公务员更为节制。因此，法律应该进行修改，如同 2011 年 1 月索韦‐米戈‐马让迪委员会的预防利益冲突报告所建议的那样。否则，"对溜须拍马的怀疑"将继续传播，从而损害公民对公共行为的信任，而这样的公共行为，毫无疑问，将公务员和官员归为一丘之貉。

11.267 **第三，更好把握严格要求的度。** 甚至对于那些透明原则所适用的人来说，一旦获得国家公职人员职业道德委员会的核准，便不再受到约束。例如以下情况：

- 国防部部长办公室负责法国和外国军火类商业关系拓展的一位顾问辞职进入军工企业任职。

- 共和国总统府"外交部门"技术顾问进入国际战略企业的咨询委员会。

- 法国武器装备总署幻影 2 000 名专家到一家航空公司的"出口业务客户联络"部门任职。

- 领土监视局前局长到一家为其他企业提供经济监视的公司任职。

- 财政立法处处长到一家会计师事务所担任负责国际业务拓展的合伙副所长。

- 法国驻伦敦的前任大使，并且曾在法国外交和欧洲事务部任职局长，到一家根据外国法律成立的投资基金公司担任欧洲特别顾问。

- 共和国总统府负责处理宏观经济问题的前顾问，主管财税和公共财政，后来主管经济形势，他辞去公职到一家在竞争领域有部分业务的公共机构担任代理总经理和财务总监，前提条件是他放弃了与自己任公职时共和国总统府秘书处各位在任成员的所有职业关系。

- 共和国总统府秘书处的副秘书长到一家核能循环利用专业公司担任监事会主席，"前提条件是该高管主动提出，放弃与共和国总统府秘书处的所有职业关系"。

- 职业道德委员会 2009 年的报告指出对部长办公室成员以及共和国总统府高官下海经商进行有效监控存在实际困难。

这对于那些高级公务员同样如此。为此，看到有些部委的要求比公职人员职业道德委员会的要求更严，这就更有效也更鼓舞人心了：外交部 2011 年职业道德指南写道："根据上述的条件，不仅职业道德委员会认可外交官去之前 3 年内担任公职的国家所在企业从事职业活动的可能性，而且它也不再对该公务员为企业处理与相关国家政府事务做禁止性要求。然而，外交部仍然认为，这种新达成的关系不应影响法国外交的正常运行。"

而且，公职人员职业道德委员会能够更好地考虑此类下海经商的整体效用问题：由没有相关经验的高级公务员来管理一家银行，是否对国家有益呢？这样的国际咨询公司是否应该吸纳国家的法律顾问呢？可以提高允许公务员下海经商的门槛，从而有利于国家和公职的发展，有时也有利于接收企业的发展……

一位最高行政法院的法官或审计法院的法官，不得进入停薪留职前5年内因履行公职而接触过的竞争部门经商，这就更不用说了。而共和国总统府的秘书长可以成为律师，"只要在他所加入的律师事务所中，他主管的是与国际组织及外国政府关系"。同样不用说的是，进入私营部门的一位高级公务员，不能为自己的客户而去"影响"停薪留职前3年内其所服务的相关组织、司法机关及政府机关。国会议员关注部长阁僚的"下海经商"，而部长只是要求这一权力，但却不做特别严格的要求。

对公务员下海经商进行控制的讨论，明确地记载于2009年3月12日国民议会法律委员会第31号报告（对职业道德委员会主席的听证）以及2009年3月25日国民议会财经委员会第74号报告（对法国松鼠储蓄银行行长的听证）中。

11.268　**第四，对处分进行复核。**　刑事惩处主要为监禁和罚款，非常严厉，因而也就较少使用，正如《刑法》原175条规定，公务员"被宣布为永远无法从事其他公职"，从理论上来说，对于彻底辞去公职的公务员来说，这样的处罚并不严厉。或者是从原单位自动辞职。然而，关于2006年6月公职现代化的2007年2月2日第2007-148号法，并没有延续这一方向。

11.269　**第五，不要彻底废除这一规定。**　最近的法律做了两个改进之处：自2007年2月2日法颁布实施以来，所有行政部门都收到了职业道德委员会不得兼任的清单。此外，2009年8月3日第2009-372号法规定了职业道德委员会可以自我追究。同样是这部2007年2月2日法，两次修改了《刑法》第432-13条。

一方面，它将"冷静期"或是有些人认为的"受难期"从 5 年降为 3 年（在最初的政府提案中仅为两年），在此期间主管官员不得被其所管辖的企业或是由其代表公共行政部门与之签订合同的企业聘用。这一改革如今已生效。

另一方面，该法案以司法安全的名义在职业道德委员会可能给出"可以兼任意见"时，将行政权置于司法权之上，从而避免实施《刑法》第 432-13 条的规定。这种特例相当危险。幸好，参议院否决了这一法案，因为参议院从这个法案中明明白白地看到了"对三权分立原则的损害"。于是这一条款被废止。

将这一期限从 5 年减少为 3 年，这样的改革是对非法获取利益长达 1 个世纪的斗争的结果，重新回到了大部分经济合作与发展组织国家采用的期限。但它忽略了，这些国家拥有的利益冲突文化比我们的冲突文化更加深厚。因此， 2006 年 2 月，德国人针对政治家下海经商起草《荣誉法》的时候，他们采用的期限统一是 5 年，而没有其他的期限。《欧洲理事会公职人员行为准则》只是强烈建议在公职停止之日起的"一个合适的期限内"预防利益冲突。它把确定这一谨慎期期限的权力留给了每个国家。

这一期限向 3 年过渡，让某些公务员协会感到心满意足。尽管经济和社会委员会在 2005 年做出的对将军军衔军官转业复员的一个意见倾向于两年，而且 2006 年 4 月公职高级委员会并没有反对这一变化，但这并不意味着，抛弃原来 5 年的《刑法》和行政规则，对于行政部门来说是种进步，更不是对用户和纳税人的一个保证。 2006 年 6 月 20 日在公职部部长接受听证时，议员让-克里斯多夫·拉加德质询道："公务员下海经商前置期限的缩短，并不是没有逻辑，而且一般干部朝着私营部门的流动甚至是有益和充满活力的。但这种期限的缩短并不应该针对某些公职中级别很高的职位，对于这些职位期限仍然应该维持在 5 年。尤其是在军工领域，国家是主要的客户，而公职人员对这些企业拥有控制权。因此，这就是个共和国伦理道德问题。"

这就是问题所在。不加区别地将期限统一从 5 年缩短至两年或 3 年的做法，对于开一家花店还是进入一家与国家财政有着直接关系的商业银行的领导层工作，所产生的公私利益交错影响截然不同。

在国民议会中，只有女议员纽盖特·雅盖和拉加德议员一起对这一期限缩减感到不满，该期限可以回溯到 1919 年法案的规定，"这一规定为危险的行为正名，而且不利于职业道德规则的实施"。但她的意见没有得到响应，改革于是得到了通过。

11.270　b）对最惹争议的矛盾进行限制。 从这一角度来看，"莱姆达公司"判决起到了警示作用。经济部一名高级公务员转任某金融机构负责人的委任令被撤销，原因是他在入职经济部之前的公职正是监管该金融机构。行政法院法官对此案获取不合法利益的判决采用了《刑法》的有关规定，在下海经商的实践者中引起了强烈的震撼。

国库司公务人员职业道德和保护指南列举了职业道德委员会认可的职业活动（"秘书、会计、商业代表"）以及不予同意的职业活动（担任混合所有制公司总经理，与国库司公务人员之前从事的公职不相兼容，曾对该公司进行过监管），这是非常需要注意的。

事实上，任命权首先需要回到相关行使职权的行政部门手中，这样就同时保护了行政机构和公务员。

1998 年，司法部部长拒绝了一位法官停薪留职去公司工作，因为他以前在金融检察院的职务与这些公司有工作上的联系。这位法官最后选择了辞职。

装备部部长可以合法地拒绝工业信贷金融公司继续借调一位公务人员，理由是"该公务人员在其借调岗位上获得的报酬和原行政部门岗位获得的报酬之间的巨大差异，而且如此巨大的报酬差异将不利于借调公务员回到其原来所属单位工作"。部长对下海经商有决定权。而且还必须让部长愿意行使这一权力。

国防部部长可以合法地拒绝一位舰长"下海经商"到森马电信集团任职，因为这位舰长在国防部近期担任公职期间与该公司签署了公共采购合同。

2006 年 3 月 2 日，巴黎大学区区长责成国民教育序列的一位公务员放弃离职后在法国电视集团的工作，因为多年以来这位公务员一直都在担任监管法国电视集团的法国最高视听委员会办公室主任的职务，出于这个原因，职业道德委员会也同样做出了反对意见。

11.271 c）并不彻底禁止公职部门和私营部门之间的人才交流。 2003 年 10 月，公职部部长宣布赞同"打通公私部门之间的流动渠道"，因此弱化了对下海经商的管理规定。而 2007 年 2 月 2 日法实现了这个目的。

在这一方面，公私部门之间的人才交流非常有用，但两者之间并不平衡，尤其对于高级公职人员来说更是如此。

而且有时会发生私营部门抵制公务员进入的情况。新喀里多尼亚地方政府可以合法地禁止公务员在"彻底辞去公职后 5 年内"以私人名义从事测量员的职业。正如让-皮埃尔·科斯塔对这一决定给出意见时所写的那样："以前的公务员有着更好地了解行政部门的优势，并在争取客户时，能从中直接或间接地获取利益。"

为了真正建立公私部门之间的人才流转渠道，合适的做法是以经历作为选拔标准，以半日制或确定期限的方式增加私营部门员工进入行政部门工作的可能性，例如副教授或特别部门的行政法官。什么样的企业家或商人可以利用其部分工作实践，成为行政部门的顾问，什么样的企业年轻高管可以被行政部门"借用"两三年。这样的人才交流不仅取决于薪酬的差异，而且已经融入公私部门共通的职业规划，构建的是种双向交流而非单向流动的方式。

第 8 节　真实、申报、对立和透明

11.281 预防。 在廉洁方面，公务员的问心无愧以及其所在行政部门的坦然首先在于消除隐秘。倒不是去追求可能会引起其他混乱的

绝对透明，但是和自己的上司或是相关机构先分享一些信息，是非常有用的，可以考虑 4 种方法：

一、面对其所在的行政部门不说谎，是行政廉洁的一个基础。

11.291　**不掩饰。**如果一位公务员申请放射科操作员的职务，"声称获得了护士专业国家文凭但实际上却没有获取该文凭"，怎么能信任这样的人呢?

公务员及行政部门报告中的所有虚假的陈述、欺骗的故意，都违反了公务员职业道德，也影响了他的出路。

二、利益申报

11.301　**事前报告原则。**由第三方提供的涉及廉洁问题的信息应被正式记录下来。这些信息经公证被独立保管，如非必须，不会供人查阅。在需要的情况下，可以用作对涉事人员调查的参考或凭证。如行政部门或司法机关以后做出决定，它们还可以用于监管。

11.302　**世界其他国家的申报利益。**在 2003 年 7 月"公共领域利益冲突管理指导路线"的建议中，经济合作与发展组织详细列出了利益冲突事前申报的方式：申报信息应该全面、及时、留有记录，延期申报或申报不准确则将受到处罚。

欧盟委员会要求根据旧版的《公务员身份法》第 14 条的规定进行利益申报："所有公务员在履行公职处理公务时，如遇到事关个人利益因而难以确保客观公正时，应向上级主管部门报告。"

除了公务员以外，欧盟专员行为准则详细描述了利益申报要求：申报针对的是财务利益（以某种形式对企业的参股，包括可转换债券或是出资证明书），所有除了主要住所之外的不动产，过去 10 年从事的职业活动，包括配偶的职业。有一份表格列出了需要申报的信息。申报必须在公职入职时进行，在任内进行复审，并由欧盟委员会主席进行审查。

至于欧洲议会议员，他们需要将财务利益申报上传至欧洲议会网站上，所有人都可以直接查询。但法国议员还没有这样做。如同在其他领域一样，我们可以认为，欧盟的影响将改变法国对利益冲突心照不宣、三缄其口的传统。

英国同样实行利益申报，诚实是诺兰委员会确定的公共生活七大原则之一，它这样规定："公共职业从业人员有义务申报与其公共职责相关的所有个人利益，并采取措施解决所有利益冲突，从而保护公共利益。"

11.303 法国的利益申报。自 1988 年 3 月 11 日第 88－227 号法、 1995 年 2 月 8 日第 95－126 号法及 2011 年 4 月 11 日法以来，法国对于部级领导人和政治领导人物实施财产申报，但需要等到 2011 年菲永政府和 2012 年艾罗政府，才对政府成员以及内阁成员实施利益申报。 2011 年夏天的利益冲突预防法案增加了担任重要职务的公务员以及司法机关的部分成员，例如最高行政法院、审计法院以及最高法院的法官。不仅部长们要申报，这一做法值得推荐，还在于有利于确保行政机构和公务员的安全。

法国有些行政机构，在还没有立法的时候，已经开始了利益申报，例如，自 1994 年 12 月起，对于法国健康产品委员会、法国卫生安全和健康产品委员会的专家，行政部门就开始逐渐监管有可能获得特别信息的公务员持有有价证券的动向；需要列出的是"高风险"职业名单，并成立一个申报机制，能够确保这些已经完成的有价证券操作无可指责。

近几年来，多个法律对利益申报做了规定。《公共卫生法典》第L. 4113－13 条规定，"与健康产品生产或经营性企业和机构以及此类产品的咨询机构有关联的医疗人员（包括公职人员），在公开集会上，或是此类产品的文字或视频发布会上，他们在表达意见的同时，必须让公众了解这些联系。" 2011 年 12 月 29 日关于加强药品和健康产品卫生安全的第 2011－2012 号法，强化了这一做法。

2009 年 12 月 3 日第 2009－1484 号关于部际省级管理局的政令，在其第 12 条中规定，局长身边的人也必须进行利益申报。

法国竞争管理局职业道德宪章规定，参照《商业法》第 461－2 条，"考虑到他们的职责和职务，总报告人和副总报告人，以及报告人，必须要让法国竞争管理局主席了解到他们所拥有的或是刚刚获得的利益。"

法国国家信息和自由委员会的内部规章在第 13 条中规定，"在其入职接下来的那个月当中，委员会的每个成员向主席告知持有的直接和间接利益，从事的岗位以及在法人机构中担任的各种职务。"

法国金融管理局总章程规定，新成员必须向主席报告前两年在经济或金融活动中从事的职业（法国金融管理局总章程第 111－1 条）。

这一做法要求很高，但无论是对于相关的公职人员还是法国竞争管理局以及法国国家信息和自由委员会来说，都非常有用。

11.304　事前申报应符合两个条件。

● 首先，只是对预防利益冲突必不可少的唯一要素提出申报要求，而不是涉及相关人的所有财务内容。行政法官被提请对金融机构中应该申报的内容以及与机构"无关"的内容进行甄别。

● 其次，已经完成的申报会产生敏感的个人信息。各个部委和司局负责将信息化的文档申报至法国国家信息和自由委员会。

对利益冲突风险的事先申报能够同时保护行政部门和公务员。

法国于 2005 年批准通过的《联合国反腐败公约》，在其 8.5 条中规定"如有可能，每个国家都应根据其国内法的基本原则，努力形成措施和机制，让公职人员有义务向相关机构申报有可能导致与公职人员的职务产生利益冲突的所有外部活动、所有职位、所有投资，所有主要馈赠或好处"。

欧盟委员会《公职人员行为准则》在第 14 条同样建议公职人员进行申报。

在希腊，1999 年 2 月 9 日第 2683 号法在其第 28 款规定，每两年，公务员都必须对自己的财产变化做出郑重申报。 2003 年 12 月 31 日关于"议员、公职人员及公共雇员财务状况监管的"第 3213 号法加强了这种预防性监管。

在意大利， 2000 年 11 月 28 日《公务员职业道德准则》规定公务员有义务申报有可能让自己陷入利益冲突的动产。

在荷兰，议会在 2003 年通过了一份公共行政部门及警察局廉洁政策的文件，并做了立法修改，规定所有的财政利益必须进行申报。现在有一个网站用来专门处理公共部门的廉洁问题。

三、遵循对立原则

11. 311　讨论。具有咨询功能但又独立的专门机构内部的讨论，对于确立已申报利益冲突的真实性非常有用。

四、透明

11. 321　能够获取信息。例如，将负责人的主要利益信息放到网上供所有人查阅，正如欧洲议会所做的那样。

透明，也就是把自己的动产性质的财产进行全权信托，这是种独立的机制，管理公共部门负责人的财产，避免该公共部门负责人被怀疑利用特权带来的信息发家致富。

这些方法不仅对于公务员本人，对其家庭也很有意义。在法国，和在其他国家一样，所有关于廉洁的法律同样考虑到了亲朋好友以及冒名顶替者，他们有可能会被怀疑为公务员效劳，并从公务员做出的不廉洁行为中获取利益：因其妻子非法持有黄金并进行黄金走私出口而被追究刑事责任的公务员，应该证明"他并不了解妻子进行的违法活动"。

因此，一位便衣警察因为向当淫媒的情妇提供便利，并纵容情妇插手自己的公务而被撤职。

第 2 章
公正

12. 09 控制自己的冲动。"奥地利女皇玛丽娅·特莱西娅咨询她的国务大臣考尼茨可以把作战部交给谁领导。他向女皇指定了一名他并不喜欢的将军。将军得到了召见：他知道他的这一任命得益于国务大臣的推荐；于是他就想努力接近国务大臣。考尼茨说，不，我只是对他的功绩做一个公正的评判；我只是遵循了我良知的声音；但我在自己的好恶选择上非常自由，我如今仍不愿和他相处，就像在他升职前一样。"

公正作为公职权利的主要原则，贯穿所有公共行动，不仅仅是法官以及所有公职人员的行动，还包括那些选民赋予其公共使命的议员的行动。

在法国，公正是权利的主要原则，也是适用于所有公职所有场合的公共职业的基本准则。

第 1 节 原则

12. 11 公正是种原则。公正是权利的主要原则，适用于所有的行政部门和司法机关。正如政府特派员克莱尔·勒格拉所说的那样，"自 1927 年 6 月 17 日沃洛决议以来，对所有行政部门和司法机关一视同仁。而自 1949 年 4 月 29 日波尔多分院关于整肃委员会构成的裁决以来，你们把这一要求和法律的一般原则联系在了一起。你们经常提及，行政机构的公正是权利的主要原则，适用于行政部门的所有机构。"

2011 年 7 月"关于公共生活中职业道德和预防利益冲突"法案第 1 条再次要求"廉洁、公正、中立"。

行政上的公正是在各种合法但又不同的利益之间取得成功的平衡，如同一场没有私利的鸡尾酒会，不带偏见，保持距离。公正、中立、公平和客观互相补充，互相支撑。

1939 年，省长让·莫兰很好地表述了公务员的公正："议长先生，非常感谢您强调了我对公正的强烈关心；我从不隐藏我的政治情感。而且我想要不折不扣地为了一个我认为异常珍贵的理想去努力，我向你们保证，不管怎么样，我负责的行政部门会努力确保公正，远离各种部门主义。假如我的行政机构有一天要对严格的规章让步，那么我希望只有那些不坚定和厌烦严格制度的人才会让步。"

一个人如果在司法部工作多年，历经多任上级领导，而得到的评价是"没有从事司法职业所必需的能力和综合判断，以及公正客观性"，那他就可能被拒绝加入法官的行列。

重罪法庭的法官由于缺少公正，以藐视法庭罪从重判处一位律师 5 天的监禁，立即执行。欧洲人权法院裁定，这位法官"表现出了个人的偏好，尤其是并没有以必要的不偏不倚立场来审理当时的状况"。

能力、综合判断、客观性、掌握分寸、敏锐、尺度感，这些列入了所有公职人员，尤其是法官必备品质清单。

公正成为欧洲和民主国家公职人员的特征。

德国公务员被要求以"不带偏见、客观公正的方式"履行自己的职责。行政部门必须要求做到客观公正。德语中"gerecht"的说法，意味着同时要做到公平、客观和公正。

在美国，《行政领域职员行为道德标准》在其第二节中规定：职员必须公正行事……

在英国，公职部门的政治公正，要求公务员对特定时期内其所服务的部委以及今后极有可能被要求服务的其他部门采用同样的信任度。这种对今后公正性的审查是种很好的标准。

在西班牙，《宪法》第 103.3 条规定："法律规定了公务员的身份……以及他们在履行职务过程中保证做到公正。"

意大利也同样如此，在《宪法》第 97 条规定了行政部门公正的原则， 2000 年 11 月 28 日《公务员职业道德法》第 8 条，对"公正性"做了定义。

履行公职中确实涉及的公正认为，一方面不要将自己处理的文件"当成自己个人的事情"，另一方面不要让人认为怀有成见或做出带有偏见的行为。

12.12 不要把公务当成自己私人的事情。 公职人员不能违背法律而利"己"，也不能用个人的感情代表所有其他人。

公职人员服务的是法律，而非自己的信念或偏好。没有人要求公职人员放弃自己的信仰、感想、利益或是习惯，但每个人对公职人员期待的是，他的这种信仰、感想、利益或是习惯，没有在公职履行的过程中对他做出引导。在乐观主义者看来，履行公职过程中表现出来的信仰，往往会引起辩论和冲突，展现的是一个开放性行政部门的形象，然而在悲观主义者看来，它们往往会引起用户的不理解，甚至在约瑟夫·康拉德这样的犬儒主义者看来，"信念是什么？信念是我们对个人优势的特殊观点，基于实用和情感的考虑"。最后，在法学家们看来，为了遵从其原状，个人信念并不是决策的法律动因，而且可能直接导致权力的偏差：例如，一旦符合企业成立的经济标准，那就应该给予创业的失业者鼓励性资助，就业服务处的公职人员就应该对开设性用品商店给予资助，而不能因为自己对这类职业持有的保留意见产生某种影响，从而影响公款的发放。否则与之相反的解决办法会让公职人员毫不夸张地自己去"制定法律"，把他们的信念变成了他人不得不遵循的命令。

同样，为了解释拒绝使用公权力去执行勒令迁出的判决，行政部门"不能进行人道主义考虑，因为人道主义的考虑仅属于司法机关权限考虑范畴"。尽管这一裁决具有明显的粗暴性，但它却是非常有效也是非常重要的：好的情感并不能成就好的行政部门。公职人员不能将自己的感情和自己的道德用来对抗司法裁决。

出于同样的法律原因，1947年，原属于维希政府部长办公室的行政部门主管官员被拒绝加入同年成立的行政官员团体，这样的决定被取消。最高行政法院遵循的法律，没有考虑到德国占领时期的立场标准，而是仅仅考虑到了其"专业价值"。不管人们作何感想，法官首先考虑的是法律以及传统行政意义上的法律概念，而不是在当时法国光复的背景下，试图给"专业价值"确定一个更宽范的、超越严格意义上的专业考量范围的定义。

同样，一位公务员在1951年辞去了在西贡①的教师职务，加入越南独立同盟会参与保卫法国战俘营，当他要求以其在越南独立同盟会的服役而享受退休待遇时，法国政府一开始同意了，后来又改变了主意。该公务员提出了申诉，不管法官自己怎么想，还是执行了"消除印度支那战争后续影响的"1982年12月3日第82－1021号法。重要的不是法官或公务员的个人分析，而是立法者的选择。公正来自于法治。

法官或行政官员不得不自我克制，避免让自己的信念占据主导。但除了法律成为恶法的情况，法治仍然是对权利的最好保护，也是对公共生活的最好保障。

12.13　不要预判形势。 公正原则无论是对人还是对事，无论是对于法官还是民选官员，都有价值。这就是说，在决策过程中，不要

① 西贡，现胡志明市。——译者

强加入习惯性思维以及固化的想法，无论这些想法是否契合时宜。

司法大臣达格梭用至今对于所有公务人员仍然很有意义的话来提醒法官："对我们来说，有些非常厉害的敌人，那就是所有高尚的心灵对于支持穷人和弱者、对抗富人和强者的自然向往……一种隐秘的自豪感和同样更加危险、更加敏锐和更加微妙的骄傲，从我们心底油然而生，促使我们去和威信及权威作斗争；鼓舞我们的不是对司法的崇敬，而是对利益的仇恨……"并且最好是，"懂得如何不去招惹大人物的怨恨和报复，而是去面对正直善良的人们的批评和愤怒，尽管他们有时被大众观点的洪流夹带着随大流；追求真正的高尚而不是看起来高尚。不要太在意超越最强大力量的虚假荣耀，也不要太在意屈从于这种力量的威信而带来的虚假耻辱……"

这种方法构建了遵循法律基础上的公正，同时又保护了在司法和公众面前寻求许可的方式和决定。因此，我们必须提防事先做出的评价。

当一位新员工加入的时候，必须给他机会，而不是在其入职前就指责他。

当一个人已经在土地归并诉讼中公开成为原告诉讼请求中的"被告"时，他从法律角度来说不能作为报告人向全国土地整治委员会报告该案件。

当一个机构成为行政诉讼的"被告"，该机构的成员就不能出席审理与该诉讼争议相关的案件。见审计法院以及预算和财务纪律法院公开报告。

当国家派出的省政府官员在监管地方政府行为的合法性时，他不能立即去他所监管的一个地方政府挂职。

但如果一位市长自认为遭到其手下地方政府公职人员的诽谤，他就有权利作为受害者去提起纪律起诉："公正的原则……并不阻止一位受到下属不当行为干扰的上级领导针对该下属提起纪律诉讼，并使之受到处罚。"同样，"法官对于提交给他审理的法律问题所采取的立场可预见，并不会导致其公正性受到质疑"。在统计数据让人不堪其扰的时代，这是个在可预见性及偏见之间做出明确区分的重要决策。

第 2 节　服从

12.21　公正首先适用于法官。 在所有的民主国家，当法官不能以公正的方式进行审判时，他会自愿选择回避。

在法国，《刑事诉讼法》第 341 条"回避"，列出了可能的利益冲突情况，法官，所有的法官，都必须了解这条以避嫌。一位法官，如果其私人离婚律师同时是其审理案件一方的律师，那他应该回避；一位担任公共报告起草人的行政法官，在他宣判的争议事实期间，曾作为诉讼争议一方的法国国家图书馆的雇员，那他也应该回避。同样还有，在最高行政法院要求撤销之后，要求对一个案件进行重新审理的裁决，不能再有之前参与此案件第一审的任何法官，除非从机构设置上不能将此案件发还给另一个审理机构审理。公正原则在不断向前发展。

最高行政法院和最高司法法院确保法官的公正，这是绝对必须遵循的原则，当然，"源自公正原则的要求，阻止做出案件裁决的法官参与此案件上诉诉讼的审理"。

行政法官有时也被要求，证明自己的公正无私。

法官不应被崇高的感情所主导：行政法官必须在法律的限度之内受理快速简易程序，而且如果他拒绝了不能受理的快速简易程序申请，那他就不能在修改原有基础的情况下，向原告就重新采取快速简易程序的最佳方式提供"咨询"：法官并不是原告的顾问。否则，被告对其"对手"的这种新联盟作何感想呢？

在意大利，如果法官或其配偶与诉讼方有亲戚关系，或是法官与诉讼一方同居或存在劳动关系，那他必须回避。

在德国，当法官关系较近的一个亲朋好友成为诉讼的一方，不公正的概念会让他们回避。但联邦宪法法院院长建议根据具体情况，以合理的方式评估不公正的危险性：和诉讼一方的配偶都加入了同一个扶轮社，这样的事实并不会让法官回避。

如果对公正性有怀疑，或是仅仅表面上的公正，法官将会回避。当然，整个司法机构都可能成为单独回避或是合法正当怀疑的对象。

有待以现实主义来实施公正原则：集体审议的司法机关由同样性别的法官组成，仅仅这样的事实本身并不会给法官带来法律上某种合法的不公正怀疑。

12.22 公正表现为所有公务人员的特征，因为这是所有承担公共部门任务的基本行动原则。这对以下人员尤其具有特别意义：

• 大学教师：公正作为"承担教学任务过程中完全独立和充分表达自由"的对等物，表现为"大学的传统"，并根据《教育法》第L. 952－2条的规定，要求做到"宽容和客观"。

• 评审委员会成员：因为"参与竞赛的所有候选人有权期待评审委员会向其保证评审的公正性"；违反这一原则将受到处罚，尤其是违反公正原则的高等师范学院的主考官，或是不当地加入全国执业医生考试本专业口试评审委员会的一位部门负责人，而其本人曾与一位考生"发生激烈冲突"，或是加入法国最佳工人竞选评委会的一位部门负责人；同时对于招聘遴选评审委员会，还不存在回避程序，缺少特别的法律文本规定。但仅仅"认识"候选人这一情况，还不足以让主考官进行回避。

• 晋升委员会：对于待议的晋升，法律规定只有一位牵涉的官员能出席讨论。

• 对于战后肃清委员会："法律的总体原则阻止某先生对他本人揭发的事实做出判决"，揭发者不能加入针对被揭发人采取惩治措施提出意见的委员会。

• 纪律委员会：纪律委员会正在审查某公职人员"没有如实申报费用清单"，一名之前核准过这些单据并与当事人分享了相关报销金额的公务员现在要加入纪律委员会，那就破坏了追究程序。又如之前曾作为经办人对遭疑问的事实做出解释的一位军官不得加入纪律委员会。在先前的文件审议过程中，一位成员持对立态度，并非就事论事，那这样的审议就不合法。同样，如果纪律委员会正在调查的公务员曾经被肃清委员会授予调查任务去调查现任的某一位纪律委员会成员，那么该纪律委员会意见不合规。或是有纪律委员会成员随后被追究责任，那么该纪律委员会的意见也不合规。相反，纪律委员会对某国家建设工程师的惩罚决定是合规的，因为此人任职的调查委员会已经对他提起诉讼，双方决定一致，且纪律委员会的决定不影响调查委员构成的合法性。

- 调查专员和调度人员，例如电力调度委员会主席：在西班牙，地方赔偿委员会的成员必须要求做到公正，但仅凭他的公务员身份不能预判其不公正，从而阻止其参加该项工作。

- 为公共机构做咨询的专家：在一起医疗责任诉讼中，被指定的医疗专家从法律上来说，不能太接近引起医疗纠纷的医生。如果他们曾一起进行科学研究，或曾在同一地区的协会共事，那这位专家就缺少公正性，因而这样的鉴定是无效的。

公共部门的中立性和公职人员的平等，是非常关键的，但这并没有假定存在不公正。这不能因为一位法院院长是工会会员（加入工会是《宪法》赋予的权利），在这个工会中，他通过工会领导人的投票，担任了与原告所代表的政党对立的职位，而原告则将之称为具有敌对态度，该院长的独立性和公正性受到了损害或是遭到质疑，然而这并不能据此得出或确认，这位院长在私人关系上持有立场，支持或表达了不利于诉讼一方的观点。

当然，与公正直接相关的是谨慎义务和用户机会平等。

第 3 节 状况：客观公正和主观公正

12.31 公正既是客观的，又是主观的。 自从欧洲人权法院在乳制品商业促销农业协会案和皮尔萨科判决中明确区分了这两个概念，主观公正指向法官在案件审理中的个人利益，而客观公正或结构公正指向不完善的组织安排，使得原告"从法律上担忧法官不能自由地做出判决"，从而将这两个概念形成了理论，使其为世人所了解。

12.32 **"主观公正"的原则。**这一原则在于避免出现所有明白事理的人都会怀疑公务员或法官的各种情形。这就是欧洲人权法院对洛林炼钢和轧钢公司案判决的影响。最高行政法院通过品脱案判决，恢复了一条古老的原则，"根据一条不成文的操作性程序总则，行政司法机关成员不能参与针对由其本人做出或由其本人参与的司法机关或集体组织作出行政决议或是司法判决提起上诉的裁决"。戴尔·阿尔布塞要案判决，重复了居伊·布莱邦庭长的意见。

同样，行政法院的政府专员，在争议事实存续期间，作为诉讼争议一方——法国国家图书馆的雇员，按规定不能对上述案件进行裁决。

12.33 **"客观公正的"原则。**但不要忽略公务人员人类情绪中的"主观"公正，无论是友好还是憎恶。因此，税务稽查员不能因为私人房产纠纷而拒绝接受财税审查报告。对上述被追究责任的公务员公开表现出敌意的人员，则不能加入纪律委员会。一位与突尼斯侨民的前妻保持关系的警官，不应接受这位外国人提出的入籍申请调查，并做出不符合入籍条件的结论：行政上诉法院指出了"不公正和违反行政伦理"。

憎恶、敌意及与之相反的个人利益，是公正的反义词。同样，某初审法庭的法官对出租了状况不佳的度假住宅而遭到起诉的被告进行定性，认为该案件"堪比史上最恶劣的诈骗"，这种针对涉案一方的措辞表现出了报复和嘲讽，无视客观公正的基本原则。代理检察长终审总结陈词："很明显，法官在认定 T 夫妇的事实事由时，背离了公正义务，并说了特别冒犯 M 女士的话，而这位夫人有权被客观公正对待。"

2005 年 1 月，埃克斯检察长降低尼斯检察官奖章奖金的决定，被最高行政法院撤销，因为这一决定基于的不是公众利益，而是源于两位高级法官之间长期以来的纠纷。从另外一方面来看，行政法官秉承了同样的精神，他注意到"原告认为，税务机构表现出了令人遗憾的不适当的行政热情"。

最后，主观公正还要进行自我监管。重罪法庭的陪审员应该严格控制其情绪以及个人观点，从而防止表现出偏见。《刑事诉讼法》第 311 条对陪审员做了如下规定："他们有义务不能表现出个人观点"。如陪审员大声发表意见，可能会被逐出陪审团。

更通常来说，一位拥有一定行政职权的公务人员不能利用其职权，为某个被管理对象提供帮助或设置障碍：督促商人将仪器委托给原告竞争对手进行维修的度量衡校验员，将受到惩处。

第 4 节　注意事项：延期、"回避"、"正当怀疑"、不得兼任

12.41　对此需要具体情况具体分析。如果先入为主的观念、正面或负面的预判有可能出现影响被管理者所期待的平等或是公务员认为他受到了个人关系或是情感的压力，这就需要公务员弃权。因此，在尼古拉·利邦斯基的电影《人口交易》中，克洛德·布拉瑟尔饰演的警察被要求进行一项调查，这项调查导致其怀疑由让-路易·特兰迪兰饰演的关系较好的一个朋友。他不想看到他的判断受到友情的干扰。

限制人身自由场所总督察"职业道德原则"第 1.5 节规定："如果……现有或之前的联系会干扰总督察在其既定巡视任务内的判断，尤其是在其会见与其有较近关系（友情、亲戚关系、主顾关系）的人员时，在总督察可预料的情形下，应放弃这些会见（回避）。"

2004 年 6 月 4 日，在一起刑事诉讼中，图卢兹上诉法院的 6 位法

官进行了回避，因为考虑到被告对他们的同事提出了质疑，这些法官认为"不具备审判此案的必需的公正条件"。

如果在牵涉市长主管的当地医院的一起案件中，行政法院法官在行政法庭上做出裁决，而其本人为该市的兼职法律顾问，那这样的程序将因客观不公正而失效：必须要进行回避。

如果一位法官已经对提交给其的案件做出了"同样的评判"（但公务员应从这些实践中受到启发），那他就应该回避。

招聘大学教授时，女候选人的前夫不得加入专家委员会。

面对这些问题（"我是否应该主动回避？"或"我是否应该被动回避？"），有以下几个原则：

12.42 a）将所有令人疑虑的因素都考虑在内。 因此，某纪律委员会成员成为原告，并不阻碍其本人主持该纪律委员会的工作，尤其是当她没有对被告方公务员表现出任何个人敌意时，而且，这位负责人同样还能继续主持纪律委员会的工作，并在撤销书上签字。因此，预审法官因为在同一法庭履职的公共部委法官丈夫的单一事实，并不足以对其公正性产生客观合理的怀疑，只要没有认定其丈夫直接或间接地介入预审过程。原告和法官为同一个学校学生的事实，并不会从表面上产生对公正性的合理怀疑。在 2010 年 2 月 4 日内部章程的"合宪性优先问题"中，宪法委员会决定，在第 4 款确认"委员会成员……参与法律条文起草的单一事实成为合宪性质疑的对象，这本身并不是回避的理由"。当参与过于直接或过于介入时，要将这个屏障理解为不排除回避，诚实地继续从事该任务仍是容许的；第 4 款同样规定："宪法委员会的任何成员，如认为必须对裁决进行回避，则需要告知主席。"

相反，如果职工代表被起诉至纪律委员会，那自起诉日起他们就不应加入这个纪律委员会：由于他们可能被惩罚，因此他们不能在即将对他们做出决定的行政部门代表面前为自己同事自由辩护。法官注意到，现行的针对两位职员代表的程序，"将导致其丧失加入纪律委员会所必需的独立性"。同样，如果公务员是行政代表委员会成员，申请该委员会对其评定进行复查，该委员会在审核其申请时，该公务员应该回避。

12.43　b）**为了规定优先考虑弃权和回避的情况，借鉴新《司法组织法》第 111 - 6 条，《民事诉讼法》第 341 条和《刑事诉讼法》第 668 条相近但又不相同的表格列出的内容。**

在这三种情况中，如与一方涉及友情或仇恨，或是更广意义上来说，法官（或公务员）与当事一方表现出足以损害公正性的情形，则法律要求法官进行回避。

法官要对回避申请做出评判。回避申请不能只是提出来了才同意：当在回避申请中，如没有证据证明指定办案的法官对于女原告表现出明显的敌意，申请则被拒绝。

如果法官认为回避申请有法律依据，则该法官不能首先排除这一申请。为了实现公正，在没有回避申请或是正当怀疑和《欧洲保障人权和基本自由公约》第 6 条规定的直接放弃的情况下，法官向双方当事人"沟通"辩护日期。在德国，没有标明宗教信仰的事实，并不是宪法法院法官进行回避的合法理由，而与尚未宣判的案件内容无关。同样，2011 年 10 月，德国联邦宪法法院通过一项重要裁决，在希腊救助案中排除了针对其中一名法官的回避申请。2010 年 4 月至 2011 年 5 月，该法官参加了十几次法律政治会议，并针对欧元和遭受金融危机的国家"金融救助"撰写了几篇文章，这样的事实并不足以质疑法官的公正性。他本人还是公法教授，而《宪法》承认宪法法院法官具有一定的科研和政治信仰的自由。因此，这一回避申请未被采纳。

12.44　c）**如存在疑问，可事先将这一问题提交给其同时和/或其上司。**讨论这一问题造成的状况和带来的风险，这样简单的事实可以保护公职人员不受任何怀疑。

12.45　d）**如有疑问，则回避。**2011 年 8 月与职业道德和预防利益冲突相关的法案第 2 条规定了"公共机构受托人以及公共职务从业人员"在其认为"自身处于其公正性或中立性将会受到质疑的情形时",应该回避或弃权。这一观点在今后将会大行其道。

法国高等试听委员会的职业道德规章（第 15 条回避）规定："当委员会的一位成员诚实地认为，其过去的职业活动或现在的关系将会使其公正性受到质疑，那么他既不参加辩论，也不参加投票"。由此表现的原则对所有公共活动都有意义。而且甚至不需要法律文本：对于一位旅游局主席来说，根据自愿服务的原则，财务审查机关注意到："主席参加了赋予其财务好处（出差费用和职务津贴）的决策。当然，在这一方面不存在法律法规。然而，一定的行政伦理期望一个人不能既作为机构领导成员参与财务决策，同时自己又是这一决策的受益人，这样的原则要求这位主席不能参与该决策，也不能签署与之相关的决议。"

12.46 e) 然而，进行回避的官员或法官绝不能自己选定替补者。这要由其上级或司法机关来决定。

12.47 f) 不得兼任。 不得兼任原则是另一种形式的预防措施。我们的司法史充分体现了这一原则，在应该强化这一原则的当今时代，试图去限制这一原则，并不能使其做到公正。

不得兼任原则分为两个层面：财务层面和政治层面。对于前者，法律试图对此进行限定。对于后者，参见 31.101。

腓力四世于 1303 年颁布的敕令第 18 条规定"任何宫廷总管大臣，任何执法的大法官，不得任命任何亲戚或是与之有姻亲关系或其他联系的人为司法代理人或是法官，以防止在此类人员提出的号召下，其无法保证判决公正"。公正性职位的不得兼任原则得到了很好的阐释。

1907 年 2 月 4 日关于间接税税务部门省级机关组织的政令第 25 条规定："任何公职人员都不能被要求在其原来所在区域，或在他们的亲属或姻亲所在区域行使职权"。《刑事诉讼法》第 711 条禁止法庭成员在不动产扣押中竞拍，《民事诉讼法》第 1597 条直到今天仍然禁止法官成为诉讼对象的权利和股份的受让人，而这些属于其管辖下的法庭的职权，大学教授不能为其所在学院的学生补课。

每一种情况涉及的是"防止权力滥用，将会造成公务员在其义务和利益之间痛苦煎熬的情形"。

从这个意义上来说，不得兼任原则的目的既是为了与利益冲突（参见上文）做斗争，也是为了保证公职的公正性。

除了一般的规章，由于利益冲突，不得兼任原则禁止或限制从事众多职业活动：外交官必须遵循 1984 年 12 月 7 日政令；卫生专家必须遵循 1996 年 4 月 12 日法令和 2011 年 12 月 29 日法；国家商业设施委员会成员必须遵循 1993 年 1 月 29 日法第 33 条，该条款规定"如案件涉及个人或直接利益，或是其代表或曾代表诉讼中的任何一方，委员会任何成员均不得审议该案件"；对于法国最高视听委员会的成员来说，他们必须遵循 1986 年 9 月 30 日法的第 5 条，该条款禁止从事与委员会职责相关的职业活动或是在与之相关的某些经济领域拥有利益。

同样， 2009 年 7 月 21 日关于医疗机构改革的第 2009－879 号法第 9 条再次确认了"针对公共医疗机构董事会成员的不得兼任原则"。最好的情况是，法律法规能够规定不得兼任的情形，并以此来指导公职人员。两位法官结为夫妻，原则上不得在同一司法机关任职，除非属于《司法组织法》第 R. 721－1 条规定的例外情况。

而且即使没有法律法规做出规定，各级行政部门仍应谨慎地遵循不得兼任的原则：当一位工程督导员对其实际控制的企业所在区域履行省级工会义务时，就存在公私不分的风险。同样，所在省份商人联合会主席的配偶，不能担任舞弊案件的调查员。而且之前的"省长法令"在其第 23 条不无睿智地指出，"省级政府的成员不能委派至其配偶从事公共或私人盈利性活动所在的省份或担任职务"。当然，这并不阻止其配偶在邻近的省份从事经营活动。

第 5 节　干预和特权

12.51　这一问题仍然存在。为了证明这一问题的确存在，需要估计将自己的时间花在此类行为上的公务员的人数，而且需要留意那些负责本科或硕士一年级注册的大学校长办公室或是省政府办公室。尽管这些地方在进行改革，但是到头来可能重新又搞专权，所以要对改革项目进行评估：2011 年 4 月当参议员苏埃宣布"取消法国国家行政学院的成绩排名制度有助于提升同学关系"，他要做出选择：要么是选择受到控制的累加成绩分数的简单数学运算过程，要么是面对越来越多的登门拜访、套近乎、拉推荐、搞声援、攀关系，冒着让年轻的公务员一开始就走上歪路的风险。2012 年 1 月，取消成绩排名方案被舍弃。

一、受到干预

12.61　在社会和财政事务具有重大影响的众多领域，这些干预是以现金的形式：学校、医疗。申请的公共财政拨款必须接受监督。公共财政拨款需要能够符合规定和优先使用的要求，并且在使用人的利益范围内得以实现。但当它表现出"更加乐于助人"，且符合规定的时候，危险就开始了。

12.62　太过"乐于助人"会导致灾难。调查人员在财税稽查员的住处发现了 17 份纳税者的资料，而该稽查员的解释则是通过为朋友或以前由其监管的对象提供建议，为他们"提供服务"。而他后来在 1999 年 9 月被追究了责任。

警长发现了多份为实际上没有得到许可的外国人伪造的合法居留证明，但却没有将不合法居留的某些案卷移交给司法机关，政令将对其做退职处理。尽管没有任何证据证明他从自己的行为中取得了钱财，但他仍然失职了。

精神病院的护士没有权利复印病人医疗档案中的文件，并将文件交给他人，这"违反了《公共卫生法典》的规定"。

在德国，警官如想要对个人提供服务，取消其违法纪律。那他可能会按照法律规定被褫夺公职，尽管其没有从"提供的服务"中获取个人利益。

过于热心同样会导致权力的滥用。

通常，公务员会应他人的请求，修改法律法规适应一种特别的情形：随后行政法官会进行审查，以确定具有普遍性的措施，其仅有的目的是不是为了满足与公共服务质量毫无关系的个人利益。

12.63　任何事情都比不上任命官员能带来这么多的干预。任命权可以自由裁量，对于公务员驻外任职更是如此。但行政法官懂得如何确认 1789 年《人权宣言》[①] 的重要性，该宣言规定："所有的公民……都是平等的，故他们都能平等地按其能力担任一切官职，担任公共职位和职务，除德行和才能上的差别外不得有其他差别。"

行政法官同样还可以取消任命，因为除对相关人员的素质进行全面评估之外，仅仅因为与以往工作经历相关联，就被委任图书馆督察员这样的专业岗位，这个理由并不充分。或是因为外交部驻外的政令将外交人员身份改为外交部秘书，而外交部秘书从法律上来说不能直接被任命为大使或是外交使团负责人。

12.64　对于越权的做法，则非常微妙。对于内政部行政部门总监察署法规进行的改革，法官坚定地回应存在着越权，因为法规修改仅仅是为了能够获得个人的任命。但对于奥赛博物馆馆长职位通过增加与特殊职务任命直接相关的准入标准的法规改革，法官则回应不存在越权，因为法规的修改比修改后更加方便的职务任命具有更深远的影响。

---

① 《人权宣言》即《人权和公民权宣言》， 1789 年 8 月 26 日颁布，法国大革命时期颁布的纲领性文件。——译者

二、进行干预

12.71 超出职务权限

"作为多年的朝臣，您通过耍手段僭越了职务权限。"

"我的丰功伟绩带来的荣耀是我唯一的信徒。"

在任何情况下，公务员不应试图用自己的职权为本人或他人进行干预。

12.72 利己。

如果说1935年1月10日政令禁止法官"出于无论何种理由，为自己进行各种其他的干预，作为其上司的司法部部长进行的所有干预除外……"，由此可以得出，这一情况确实存在，而且寻求干预和保护是各个机构由来已久的倾向：如果一位法官要求为其同为政府成员的小舅子向司法部部长寻求干预，以求升职，那他就会受到惩处。

同样，一位公务员不能为自己要求调职，"否则将会受到国会的质询。"

如果一位预审法官给本市市长兼参议员写公开信，而信头采用的是法院的抬头，"以表明其作为预审法官的职权"，目的是请求市长禁止其住宅附近的喧闹的卡车通道，这就会"混淆性质和犯下错误"。

同样，代理检察官如在个人的房地产纠纷中使用其公务身份，将会受到纪律调职，因为他"为实现自己的个人利益而行使了自己的职权"。

12.73 针对第三方的情况。

如果警察局的一位公文拟稿员"不合规定地介入一起法律诉讼"，那他将"犯下大错"，做出与"其神圣职责不相符的"行为。

如果一位治安警察盗用了同事的身份，为犯下公路交通轻罪的第三方获得免除处罚的结果，那按照法律规定他会被撤职。

如果工程督察员使用"其职权给予他的影响力，为一位长辈获得她本身没有权利享受的解雇补贴"，那他就违反了公职人员的原则。

如果工程督察员"在一起纯粹私人的案件中表明了自己的职权，

而该案件的原告是他所帮助的一位家庭成员"，那他将受到处罚。

如果装备局的一位公职人员干扰检查官，利用自己的职权为牵涉进一起汽车事故的同事进行辩护，并希望"自己的辩护词能够成为受关注的指令"，那么他的做法应受到指责，并应受到司法局的追究。

如果法国电信地方管理局的一位公务员同时也是其所在居住乡镇的首席助理，根据市长的要求，对该乡镇一位小学教师的电话通讯进行调查，并将此呈报给市镇全体委员会，那他非常危险地混淆了其职业工作和在市政府的任职。对于要求他进行干预的市长来说，这位公务员底线过低。

不能凭借国家或地方政府所拥有的资源和信息，来为他人献殷勤或是提供各类服务，这是从事公务活动的一大基本原则。无视这一禁止性原则，将让公众对于整个公共服务部门的信任置于危险的境地。

行政职务并不是人们可以用来要挟影响他人的贵族头衔。弗朗索瓦·马思佩罗曾写道，他的父亲，著名的东方学者"投票反对北非史学专家 X 先生进入法兰西学院的候选资格，理由就是他用了自己作为成员的莱昂·布吕姆政府内阁部委的抬头信笺写信给他"。

第 3 章
效率、权限、评估、结果、变化、试验、现代化

第 1 节　主动义务，与消极懈怠的斗争以及适应变化发展的能力

13.11　2005 年，参议院对《财政法组织法》实施工作报告，指出了通常采用的用来衡量行政部门效率的三个概念：

社会经济效率：它对应的是公民的期待，"这些目标是想要改变经济、社会、生态、卫生和文化环境"。这些结果并没有指明行政部门的作为（其产品），而是行政部门作为带来的影响（社会经济结果）。公共政策试图改变实际做法和行为方式。这同样需要确认其真正的效果。

管理效益：这符合纳税人的期待，因为这衡量的是行政部门提高生产效率的能力：要么是通过以公平的方式增加公共活动产品，要么是以更少的资源维持原来的公共活动水平。在资源和人员减少的大环境下，效益比以往任何时候都显得更为必要。

服务的质量：这对应的是用户的期待，这涉及的是面向公民的外部质量，或是通过对其他行政部门的支持项目体现出来的内部质量。

13.12　改革的必要性。我们选择了"公共服务的重生"，2001年8月1日《财政法组织法》及由项目负责人推出的一系列"绩效战略"项目，附有明确目标和详细指标、公共政策整体改革概念及其他、公共管理的创造性和适应性要求，这些都是最好的证明。

至于人力资源管理，近年来各类改革以不确定的方式进行了各种尝试，如对职位的常年管理，聘用方式符合岗位性质，了解公职人员的履职情况以及制定实实在在的指标，并经常以结果为导向。行政部门因此获得了自我发展的机会。

效率不仅仅是目标，也是公共机构赖以生存的迫切需要。这同样也是公共服务机关为使用者提供服务的基础。如果公共机构效率不高，那它将不复存在，将会以另外一种方式来提供这样的公共服务，即使是在君主统治时期（私人安全、仲裁机构、私人许可）。

在为纪念1978年7月17日关于获取行政文件的法律颁布25周年而举办的题为"透明和秘密"的研讨会上，让我们记住最高行政法院副院长德诺瓦·德·圣马克先生在总结时所说的话："如果需要在透明但效率不高的行政部门和高效但不透明的行政部门中进行选择，就我个人来说，很容易做出选择。"

这就是危险所在。公务员有强制性义务去改变、创新并发明一套新的工作组织方法，并根据接收到的新任务和公众的期待对此做出调整。

罗杰·法鲁在《我们国家的危机》一书中明确写道："我们的官僚机器……变得泰勒化了，在外人看来毫不透明、等级森严，对外界无知。它像100年前的福特汽车厂一样有着生产规章，且带有同样的自我满足和同样的顽固……最佳的机构正是那种运行足够顺畅的机构，可以忽略主角，而且某些高级官员可以无所忌惮地每天少工作2小时，还可以让他们的每一个下属心甘情愿地加班10分钟……"

美国的"标杆管理法"和日本的"持续改进"，英国在行政机构和高级干部之间进行的职业精神和"签订绩效协议"，无论是在法国国内还是国外，这样的方法都很多。

欧洲理事会在其《公职人员行为准则》中，建议每位公职人员确保人员以及交给其管理的资产、设备、服务和金融资源得以有益、有效和经济地使用。

欧盟委员会将修改其公职人员法规：2011 年 6 月 29 日的公报，宣布要"更加有效，更加经济"。

根据 2004 年 4 月 29 日政令进行的试验以及成立的地区中心，2010 年重新启动的现代化审计、公共政策综合改革计划以及各部委的改革项目，法国为实现并改进公共服务成本/效率比做了很多努力。这需要体现"公共服务部门悄无声息的现代化"的要求。

不仅了解到公共服务的成本，而且不断去努力降低这些成本，同样成为所有公职改革的首要目标。

13. 13　绩效。司法部门、行政部门以及军队需要由其公仆做出承诺，没有"职业意识"，没有"勤勉义务和严格要求"，那这些部门都将无法存在。

巴尔扎克对法国邮政局的溢美之词，可以作为"福利国家"的一个有力证据，表明了人们对所有公职人员的期待："如果人世间的某些东西能够取代福利国家，那不就是寄信的邮局吗？邮局的才智……在创造力方面，超过了最优秀小说家们的才能。当邮局拿到一封信，价值本身在 3—10 苏，如果没能立即找到信件应该交付的人，那邮局就会展现出财政部门般的认真负责，相似的情况只会发生在最执着的债主身上。邮局工作人员四处穿梭，在 86 个省份中到处打听。困难激发了工作人员的才能，他们虽然只是送信员，但他们从这一刻起，却以地球经线研究室数学家们的那般热忱，在寻找着这个陌生人：他们在仔细搜寻整个王国。"

此刻，福利与绩效相得益彰。

在喜剧编剧丹尼·伯恩 2006 年上演的关于法国邮局的短小喜剧中，表现的不是邮政业务办理系统的快速便捷，而是表现出它的缓慢低效，从而导致在顾客等待 1 个小时后，一个窗口关闭或是一个窗口停滞不前。但 2008 年推进的关于缩短法国邮局等待队伍的特别努力，表明创新是有可能的。

具有评分权限的机构对一位在职公务员的评分为零分。这件事被判定为"不尊重事实"的评价错误。因此，我们可以肯定公职部门并非彻底缺乏效率，也不存在零分公务员。

从更深层面来说，追求公共行为中的绩效和结果，是种经常性的要求。它表现为质量和效益，因而应该经常进行评估。

13.14 技能。以绩效为目标的公共服务效率需要相应的技能。

公职从业人员应该"掌握技能"，由法律法规规定需要行使相应技能的专业公职人员更应如此。民选代表，其本人可以也应该掌握相应技能，但首先他需要懂得如何指挥和监管相应的公职人员。

那么，什么才叫胜任呢？

从严格意义上来说，胜任意味着，在一个或多个专业领域，掌握技术、逻辑方法和能力，从而能够保证公职得以正确和有效地履行。知识和技能是密不可分的。这就是试图定义每个"职业"所必需的主要技能的能力参考指标的意义所在。

路桥工程师的技能首先是测算符合用途的路桥，法官的技能在于熟悉法律条款以及了解法律的影响和适用范围，教授的技能在于知道面对不同的受众，如何传播知识以及发现人才，外交官的技能在于掌握外语，并懂得如何与最不可能协商成功的对话者进行谈判。

但能力并不能等同为技能。

职业技能还需要在职业知识的基础上加上其他素质，其中三种素质是必不可少的：

首先，沉着和镇定能够让人看得远，揣摩出虚假紧急情况的陷阱和互相矛盾的压力。它们还能让公职行为与其必要性相称，让语言符合需要传递信息的真实内容。中央和地方政治当局可以对提出解决方案之前很努力倾听他人意见并进行反思的公职人员进行评估。无论是在法国还是在其他国家，对于像司法合议这样的公职岗位，像监管和稽查这样的财政管理岗位，沉着和镇定能够成就危机中的坚强管理者，使得他们能在各种情况下维持社会安宁。

其次是判断力。把握形势的能力，提出首创建议的能力，想象出各类解决方案的能力，并不是行政科学的应有之义。公务员可以非常博学，并做到严格意义上的"专业能力很强"且学术造诣很深。但如果缺乏审时度势的能力，那么他从总体上来说是能力不足的。如果没有判断力，那公职人员从来都不会"合格"，路易十四的外交官弗朗索瓦·德卡耶尔对判断力做了这样的描述："这些品质就是一种专心和用心的精神……一种直觉，能够清楚地以最直接和最自然的方式想象事情的原貌和未来，没有因为过分考究和空洞的精巧而迷失方向……深入内部，发现人物内心的变化，并懂得如何利用他们脸部最细微动作以及激情表现出来的其他效果，能够逃过城府很深的眼睛，这样的一种精神蕴含着各种应急办法，能够排除遇到的影响其所负责利益的各种困难……"

第三，结果导向引导能力朝着政治机关设定的目标发展。结果导向从来都不应该让位于"架桥兵综合征"（参见后文第 470 页），这样的毛病会用公家的钱，使自己成为自我"能力"的唯美主义者或自恋狂，仅仅关心自己的作品，并对所有影响自己作品的东西，即使（和尤其是）这涉及新的政治路线或历史路线，也都怀有敌意，并且故意拖延，更有甚者，往往与之背道而驰。服务的含义以及对上述服务的合法和公正结果的明确认识，将会对能力产生影响。

第 2 节　质量

13.21　行政部门不应仅仅以公共服务的标准质量为目标。它的使命在于保证公共服务一贯追求的更好质量。这就是英国在行政机构中开展的"更高服务质量"项目。

如果行政机构不能保证公共服务质量，那与之进行竞争的私营部门的替代方案就会产生，这对于学校和医疗机构来说已经是非常明确的情况了，对于大学更是如此，甚至涉及了国家并没有授权的敏感部门，诸如警察、司法和国防部门，但是只要与服务对象的关系呈现紧张的趋势，暴力就会出现。

13.22 a) 对质量的要求。 质量应表现在各个层面。

每一位公职人员应对其所撰写的内容负责，在上面签上自己的名字或是做出说明，而不是交给上级处理。因为所有采取的立场都会产生作用。

而且在任何时候，无论是作为集体的行政部门，还是作为个人的公务员，都应该扪心自问，如何更好地为用户服务。无论是在法国还是德国，对就业机构的改革成为了全国热议的话题，因为这直接涉及成千上万的公民，这样的情况并非出于偶然。至于彻底调整工作实践来更好地满足用户的需求，所取得的进展并非如人们期望的那样大。

13.23 b) 对质量进行评估。 自1990年1月22日政令以来，各级行政机构对如何评估结果，以及在有可能的情况下评估质量做了很多工作。这里涉及的是如何更好地明确目标并改进措施：

司法部尤其关心高质量审判的真正含义，而不是简单的审判期限这样的指标。

在医疗领域，《公共卫生法典》的"机构活动评估、委派和分析"（《公共卫生法典》第L.6113-1s.条）这一章很好地反映了这样的担忧；

范围更加扩大的是， 2001年《财政法组织法》的生效意味着实施了1347项"绩效指标"、 882个工作目标以及132个部委项目。

参议院财政委员会批评这些指标并不精确，有时与公共开支绩效测评没有什么关系。

和以前相比，行政机构和其他组织机构一样，确定了工作目标，例如法国标准协会的质量标准（ISO 9001 2000 版）。

　　用来共同评价公共部门的指标和评价工具因此得以设立。这种质量的挑战，肯定对公职人员的评估会产生影响。

　　无论是对于公共部门还是对于每一位公务员，都可以进行质量评估。

　　对于公共部门来说，这首先关系到的是聚焦真正的指标："质量措施"确定工作目标，因此，对于克勒兹省的基本医疗保险局来说，"将接诊时间调整至 5 天，将每个窗口等待的时间限制在 20 分钟，或是保证在某个既定的日期前，60％的医生配有远程传输设备"。2004 年 7 月 21 日政令在国民警察队伍中设立了特别绩效奖，并规定将该奖项以集体的名义颁发给某些警察部门的相关公务人员，以表彰其对具有全国性影响事件的成功处置。

　　对于每个公职人员来说，对个人进行评价也就意味着公职人员需要进行解释和讨论。素质评价应该给予公职人员一定的时间进行证明。不能以"年纪太轻以及没有专业工作经验从而会给部门带来不利后果"为由，就拒绝将通过招考而产生的候选人任命为医院的技术副主管，而我们目前还在鼓励招录年轻公务员。素质并不意味着经验，尽管经验是素质的重要因素。我们需要发现并鼓励青年才俊，并从服务质量及创新的角度对其进行晋升。

　　13.24　c) 公布结果。 假如这样的素质可以进行衡量，那么行政部门公布这一评估结果也必须采用合适的方式。

　　如果这不可行，媒体或是其他协会及商业性质的机构懂得如何开展它们的工作，并实行它们自己的标准。

第 3 节　效益

　　13.31　行动而不是阻止。 我们需要再次阅读第二帝国建立之时莫尔尼伯爵发给各省的通报："人们并没有认为官僚主义生来就是阻碍、桎梏和迟钝，而是认为其生来就是可以迅速完成且合乎规定的。"

13.32　a）**最低限度**。　没有达到最低效益的公务员是否可以被撤职？这一在很多人看来和公职界毫无关联的惯常伎俩，使用的对象往往是那些合同工。

那为什么这一办法没有应用于公务员呢？当然这需要在做出停职和其他尝试以确保公务员重新回到工作状态之后才能实施。这一问题提得越来越多，尤其是人们正好感觉到不仅需要惩处对于岗位或公职懒散的人，而且还需要惩处那些对工作懒散的人……

其实早在1936年，"对服务超过15年且不能充分履行其职务的公务员，实行退职处理"，这一做法已经被承认，而且符合法律规定。

同样，具有以下行为的公务员同样会受到惩处：被认为"工作业绩不足"，或是在应该履职期间缺勤但没有找人代行职务，或是职业活动表现为"经常旷工且在其负责的工作上完全没有产生任何结果"。同样，行政部门的毛病，比如做事拖拉，也能成为退职的理由。

13.33　b) **参考的平均水平**。　当然需要对业绩进行查验、计算和比较。

最近几年，众多行政部门对如何衡量个人绩效和单位绩效这一问题进行了研究，这在后来巩固并强化了工作效率。

13.34　c) **面临的困难**。　然而，并不是所有这一切都能以"效率"来衡量。

首先，发放绩效奖"涉及对公务员履职方式的评估"，而且如果其上级在深入比较之后改变主意，那这一奖金也无法被收回。如果这一奖金"绝大部分就已经事先约定"且"很大程度上与公务员真正的工作脱钩"，那它就没有了任何意义，这正如审计法院对警察发放辛苦补助津贴所指出的那样。

其次，不能让公务员中推崇"踏踏实实干活"的人感到心寒，但所有与公务员行为的收益关联过于密切的评估方式或报酬方式都是不合法的，因为这是不公正的。对公务员本身的贡献进行评价并不那么容易。因此，根据所征收的税额来调整税务稽查员的评价，属于旁门左道的错误，因为这样的程序可能会将此带入税务稽查这一概念本身。

第三，对工作业绩真正进行奖励的制度，还需要公开透明，而公职并没有对这一要求做好（充分的）准备。

十几年来，如果说最高行政法院法官相当一部分的收入会根据其所办理的案卷数量和质量而每个季度有所不同，这是因为他们的"业绩"由主席团通过相对透明的方式进行评估。回想一下，在 19 世纪初，司法法院法官和审计法院法官一半的待遇是根据其有效参与的庭审量来调整和发放的。但"1854 年 5 月 23 日法令终结了这一薪酬体系，而将所有法官的津补贴改为固定不变的待遇"。公务员和法官反对"业绩奖金"的斗争并不肇始于今天……这解释了司法法官的新的"业绩奖金"成为了"绩效奖金"，而简单来说则是"可调节的奖金"，但在其设立后不久，该奖金可调节的幅度越来越小， 80％的法官享受的是平均水平。

幸好，行政部门在法官的监管下，有时可以对奖金做出调整：卫生部部长在与其履行公职方式相关的不同因素的基础上拒绝了责任奖金。

13.35 d) 值得关注的经验：考虑绩效。 再次重视绩效，从而提升服务的质量和数量，这是必须的。这就是 2003 年 6 月 25 日总理通报并随后在多个部委实施政策的目标。

重视绩效有两种途径：集体业绩和个人业绩

• 对集体业绩来说，就是要激励一个部门或是一个机构，以及所有的合作方。这就是迪方巴赫议员在 2009 年 5 月提交给政府的报告内容，随后由 2011 年 8 月 29 日政令实施。从 1999 年起，司法部本着

"合理返还"的精神，对很好地使用司法预算的司法部门拨付了额外的运行经费。这正是学习 2004 年 7 月 24 日政令关于在国民警察部队中设立额外绩效奖金的做法，该政令规定对于在具有全国性影响的事件处置中具有突出贡献的部分警察机构中的相关的公务员，以集体的名义发放奖金。 同样，外交部也发放了集体奖金： 2004 年东南亚海啸危机处理（该奖金发放给了 200 位公务员）， 2005 年从科特迪瓦撤侨（发放给 68 位公务员）以及 2006 年从黎巴嫩撤侨（发放给 120 位公务员），但由于评估难度太大，而没有考虑到在集体内部进行分配。

- 对于个人业绩来说，相关做法就很多：省长、大学学区长、最高行政法院法官、中央行政部门的主任，其部分薪酬是根据业绩及所取得的成就确定的。外交部成为了"实施个人绩效薪酬体系的先行者。这一制度经常被行政部门及公职局引为成功的做法"。 2011 年，经济部国库司对其主要的 30 名干部通过其合作方 N－1 和 N－2 进行考核，从而提高管理层的管理水平。

医院系统的公职岗位也在不断改进，正如源自 2005 年 5 月 2 日法令的管理人员新法规所指出的那样。

2008 年 12 月 22 日第 2008－1553 号"关于公职和绩效奖金"总法令，"它包括两个部分"，在其第 2 条做出了规定：

- 一方面考虑到职责、专业水平以及与履行公职相关的特别限制；

- 另一方面考虑到现行规章所规定的与履行该公职相关的个人业绩评估程序所产生的结果。行政部门拥有调整薪酬的实际手段。

这也是 1997 年以来西班牙对警察队伍实施的政策，也是意大利（2009 年贝卢斯科尼政府公职部实施的）布鲁内塔改革。

这同样也是德国政府根据联邦政府、地方政府及工会三方于 2005 年 2 月达成的波茨坦协议而实施的政策，从而使得公职人员根据绩效实施的薪酬调整幅度可达到 8%。

在私营部门，员工分级管理在于将雇员根据其专业能力分成各个类别，并且根据这一分类，确定涨薪幅度，只要制度公开透明，且所采用的标准客观，这就被认为是合法的。

13.36　对高级公务员实施聘用制评估。法国从以目标为导向的聘用制、对绩效进行评估以及对任职期限进行限定这几个方面，对此类人员实施专业化管理。因为法国对新西兰自 1988 年、荷兰自 1995 年、英国自 1996 年、比利时自 2000 年以及瑞士自 2002 年起成立联邦政府评估、咨询和专业发展机构以来的经验非常有兴趣。

让高级管理人员看到自身的工作业绩及发展的中期愿景，是法国公职改革的当务之急，也是成功的关键。

2005 年对中央行政部门负责人实施的根据完成的工作目标发放薪酬的做法，如能最大限度地保证公正性和透明度，必将会取得成功。

第 4 节　公职人员的职业承诺

13.41　感觉到自己是所在部门利益的主人翁。所有公共部门要想能够正常运行，都应该发挥成员的积极性，防止了无生气以及部门积极因素的流失。

公职人员的职业承诺在于，让公职人员感觉到自己是所在机构命运的主人翁，而且无时无刻不在思考着改进的办法。

我们现在越来越不需要劳伦斯·约翰斯通·皮特所说的"惟命是从的专业人士"，总是在担忧"政治正确"，这不正是因为已经存在着这样的机构，能够履行这样的机械角色了吗？而与之相反，我们需要创新和适应，需要外语技能和沟通技巧。

一、创新

13.51　关于想象力。对职业道德的狭隘观点，由于受到等级制度的影响，从中看到的是消极的因素。总之，目的一旦明确，而且又没有上级的命令阻止其采取行动，公职人员就不能坐着干等指令才行事。了解是否可以通过创新开始一项行动或是否事先需要得到负责人的同意，这属于基本的忠诚问题。

进行首创，也就是在任何时候都追求如何改进公共服务，进行创新和促使他人进行创新。职业的发展和晋升通常会带来"一种更大的首创精神以及更大的个人责任"。在这些创新中，必须避免不知不觉地沦为别人眼中的工具——公职人员并不是盲目的分包商，我们还应为创新这门艺术设定一些原则：

- 不要满足于传统意义上的"我们总是这样做的"。
- 不要把等级制度当作对立面，而没有事先告知上级或是面对合作伙伴时，没有区分内部首创和外部首创，因为外部首创会更大程度地约束自身所在的行政部门。
- 不要为了创新而大量地去"创新"，从而招来批评，这些批评认为法国的公职人员头脑中满是想法，但必须要由不在场的用户进行监督和实施。

同样，"与公共医疗机构职责并不相符的无法预料的职业行为"，如同无法预料而又令人张皇失措的副作用一般，同样会带来处罚。

- 留出培养改革人才的时间。改革的战略和改革的基础同样重要。因此，避免自己只率领那些"毫无创新精神的人和对事业漠不关心的人"，而所依赖的一切都依次反对改革的建议，这样做合适吗？这意味着公务员参与社会辩论，而毫无隐瞒或背叛，不带任何极端主义或是操纵，但却充满了他们对职业信心的力量和责任感。

在阿尔贝·加缪的《鼠疫》一书中，里厄医生打电话给省长，谈论最初的死亡人数：

"采取的措施还不够。"

"我看到了数据，"省长说，"这些数据让人不安。"

"这远不止不安的问题，这些数据很清楚。"

"我去向中央政府请示。"

里厄医生挂断了电话。

"请示！这需要想象力。"

公务员应该表现出首创精神，以及想象力，对形势的判断力，并且在创新观念和表现行动连贯性的命令之间进行协调。

他应该懂得如何抓住机会，充分利用有利时机、可用的经费、合作伙伴认真提出的建议以及富有成果的国际合作。这些机会稍纵即逝。

省长勒布利讲述了当他担任塞纳圣德尼省省长时，他曾提出让其下属的公共服务部门周六也对公众开放："这确实没有请示国家机关，对照法律法规，这是游走于边缘的做法，而且还实施了与这种额外的义务相配套的对相关人员非常有利的补偿机制！"但尽管有众多的反对意见，公共服务还是取得了进步。这是有利于所在部门的创新，而且这是因为出于紧急情况，因为市政府的秘书长既没有收到市长的命令，也没有接到居民的请求，"在二月份的一个星期天……用属于市政府的工具，疏浚一条市镇道路上的雨水排放栅栏，从而防止发生城市内涝"。这一行为恰恰构成了该公务员提供服务的延伸，遭遇的突发事件为其赋予了附属于突发事件服务的权力。

首创精神是公职部于 2005 年推进的"改革试验"的体现。它也包含了必要的风险。

二、谨慎和谨慎主义

13.61 谨慎。如考虑到必要的风险，那公务员就很谨慎，但应该拒绝舒适的"谨慎主义"。

每个人都需要谨慎。尤其是在医疗卫生领域，当然在学校（肮脏的校舍）、工厂等地方也是如此，更广意义上来说是预防各种风险（流行病、职业卫生、危险物品运输和储藏、消防、洪水），《宪法》第5条"环境宪章"采纳了谨慎的原则。更为平常的是，市属救援部门在将一名心脏病发作的轿车司机送到医院后，消防队中卫是否可以在这辆轿车上其他乘客的请求下，去驾驶这辆轿车呢？如果这名中卫体内的酒精含量超过了法律规定的限度，那么出于谨慎，他应该拒绝这种要求。再者，如果考虑到当时的情况且又没有其他的解决办法，那他驾驶这辆汽车的时候就应该异常小心，以免在之前的轿车司机心脏病突发后又再增添车祸。

需要去做的就是这种谨慎的考虑：研究、分析、延期支付、移送、钻研、确认、书面申请、延迟，行政部门有着众多的手段去表现谨慎，避免"一时冲动"或草率。

13.62　谨慎主义。这就是"谨慎主义"的目标。在节制盛行且仅有的目标即是公文通报以及后续评估者颁发优秀证书的时候，这就不应害怕出错。负责裁定国籍申请文件的公务员，如果只是满足于表达其"怀疑"而不是做出决定，那他就没有履行好自己的公职。

尤其是因为刑事处罚助长了官僚主义和小心谨慎。

避免刑事处罚的努力（公职人员的认知中，与他们所面临的职业风险相比，这具有的重要性不成比例），将会坚持公职部门的法律规章，大量增加需要注意的公文，有可能系统地将可能的轻罪犯人留在监狱，将病人留在封闭的精神病院，阻碍经济活动，让其合作方不敢去尝试创新，最后因为各种现成的答案而变得不再可靠。

13.63　承担风险。其实所有的决策都有一定风险。 1995 年，苏格兰的一名警长不顾其下属的建议，对一名男子敞开了武器库的大门，该男子最后在 1996 年 3 月 1 日杀害了 16 名儿童，在悲剧发生 6 个月后，该警长辞职。因此，如果上级领导没有自动"听从"向他提出的最严肃最谨慎的建议，那么他就要承担责任。当立法机关不再绝对禁止武器，首先会对负责实施法律的机关带来一案一议的风险和压力。这就更不用说法官宣布的附条件假释了。

三、惰性

13.71　各种形式的惰性。与首创精神相反，消极被动、克制、分心、玩忽职守（参见 33.52）和迟缓、逃避责任、懒散、缺席、沉默、慵懒、做事杂乱无章、产生冲突的行为，这些仍然是对行政部门造成威胁的敌人，会很快地腐蚀这种首创精神。惰性可以是种总体上的消极懈怠或是有意为之的克制。它约束着行政部门的责任。尤其是应该纠正司法机关公共服务运行过程中的失范。

它首先要求的是纪律回应，例如因为"面对一位受审人员时经常迟到和没有保持距离"而犯错的法官，这没有表现出足够的专业性。

13.72 一般的惰性可以表现为某些行为。对于没有提出换岗要求的公职人员，可以考虑他们的惰性，因为"考虑到在行政等级中的级别以及没有从事任何公职但却享受待遇的时间期间"，公务员有责任在其所在的行政部门内采取措施。

同样，对于市长雇用的一位公务员，如她接到通知，市长将终止该公务员在市政府的临时任职：她将被邀请去申请她所属的医院管理机构人事的空缺岗位，但"她本人却没有去申请这些空缺岗位"：该市政府不能向其支付因其自身原因而没有就业这一期间的待遇。

如果公务员或法官只是把压缩工作实践、减少自己的责任和承诺当作目的，那他就有可能受到处罚，例如学校的女校长，她犯了错误，在其班级的电话记录中遗漏了内容，从而耽误了登记学生的入学年龄，从而使得自己的学生年龄小于省政府下属的各个学校确定的平均年龄。

一位省长，如果既没有更换巴约讷市属信贷银行的领导层，也没有对该银行做必要的监管，那他就是"长期玩忽职守"：这是斯塔维斯基案件引出的结论，该案件最后由最高行政法院做出裁决。

行政法院的法官如果犯了大量的专业错误，而且没有得到允许就经常不出席或遗忘庭讯，那他就会被要求离开法官这一群体，例如有位法官将其负责起草的判决书拖延了好几个月，也没有去参加庭讯，而在自己的意见中却质疑作出判决的几位法官的意见。

在履行职务的过程中，司法法官"如果经常无法胜任，表现为毫无理由地缺席众多的庭讯，或者是庭长对由其所负责的案卷做出彻底的修改，或是没有进行文书编撰工作"，那他就表现出毫无效率，根据法律规定，可以对其做出退职的纪律处罚。

同样还有信息服务部门的主任，如果他没有确保软件的许可符合规章，也会受处罚。

以及在当班快结束的时候，拒绝别人控诉而没有去质询的警官，也将受到法律的处罚。

法国国家统计与经济研究所的一名主管，他的工作不仅表现为经常缺勤，还表现为"所负责的工作完全没有成绩，同样根据法律规定，也会受到纪律处分"。

养老院的厨师，如果"在监督用于单位供养老人的饮食产品有效期上表现为经常性的严重玩忽职守"，那他就存在过错。

在监管学生方面的完全缺位，是单位的安排错误，可表现为在行政责任方面进行纪律追究。

不适合所在部门将成为开除公职的理由。

同样，"在省政府领导层公用事业组织中严重失职或是对其负责的大区输血中心不作为"，导致了埃罗省社会事务局局长的退职。

同样，选择在自己家里值班的盖普医院值班外科医生，尽管接到了好几个电话，仍然拒绝赶到一位腹部中枪的女患者的病床边，由于这一拖延导致该患者死亡，那他也应作退职处理。或是一家中学的负责人，没有采取任何措施去尽快照顾一位抱怨自己遭受剧痛的学生。

同样，某市政府秘书长在行使职能过程中，没有采取任何措施制止尼斯交流协会在其管理中的明显不合法行为，他没有承担这个级别公务员应该承担的义务。

13.73 有意的不作为。从简单的消极以及缺少首创精神，公职人员可以转而表现为不作为，部分或彻底地不履行公职。在这一方面，法律上在彻底或部分不履行公职之间没有区分：如果负责批改学生作业的大学教授批改了学生的作业，但却没有打分，那就没有"完成任务"。

公职人员，尤其是表现出惰性而不做决策的管理人员，应该知道法官可以把他的不作为当作是负面的决策，从而有可能对其进行监管和撤销职务：如果几年当中行政部门都没有恢复被停职公务员的职务，那它就可以被认为对该公务员进行了撤职，只是没有履行手续而已。

那么，不作为又如何成为了人们的一种选择呢？

土耳其一位入伍青年，饱受精神紊乱之苦，军方了解其情况，但该青年在执勤期间开枪自杀，欧洲人权法院因此对土耳其进行了处罚："军方了解当事人的情况，知道面临着确定的紧迫风险，但却没有采取人们所能合理期待的措施来"保护当事人。

因为即使没有恶意，不作为也有可能有嫌疑或有罪。

● 有嫌疑。上级要求对位于港口的船只登船检查，而港务监督长办公室的公务员迟迟没有采取任何行动，那他就违反了勤勉义务和良好行为义务，他可以被怀疑想要包庇某个监管对象。

医院的管理人员拖延很长时间才去管理监护对象，"而且没有透露监护鉴定者、接收者以及其他行政部门提交给其的重要邮件"，根据法律规定会被撤职。

一名法官不仅经常迟到以及在其办公室进行的诉讼程序存在不正常之处，而且还对所负责案件设立了一整套跟踪信息文书隐瞒和造假机制，也会被纪律手段进行退职处罚。

● 有罪甚至是犯罪。如果公务人员拒绝或不愿意对处于危险中的被管理对象，甚至是受到威胁的行政部门提供各种帮助，就是这种情况。

如果警官在退役的时候，故意让一名与其合作的嫌疑犯离开警察局而不提供任何保护，任其被群殴，那他就犯了个人错误。

特殊儿童疗养院的专业教育者，做出了与其职务性质不相符的行为，"在疗养院其中一名年轻女孩试图逃跑时表现出了消极行为，更是加重了这一情节"。

看守如果"存在严重的玩忽职守，导致一位在押囚犯逃脱"，那他将会被撤职。

一名会计，如果保险箱被盗，那他就找不到理由为自己负责保管保险箱不合规定的状况进行辩解，相反，他应该"以更高的警惕来纠正这一不合规的状况"。

负责油料服务的员工，如果搞错了飞机燃料，而且"没有根据安全指令的规定进行质量检查"，那他将被开除。

市镇水务处理的高级主管技术人员，如果"先前就了解到市镇主要泵站的两台水泵出了故障，但没有采取任何措施，而是根据平常的作息时间离开了自己的单位"，那他就失职了。因为这一事件将对市镇供水造成非常严重的后果。

医院技术副主管，如果没有得到允许就去度假，而此时他担任接待公众的一栋高层建筑的安全主管职务。这一行为将导致处分。

在射击场发出指令的军人，没有通知在壕沟中统计弹孔的"计分"士兵，就发出了射击的命令：对安全措施的漫不经心曾造成一个人的死亡。

无论这样的玩忽职守出于什么原因，无论是因为能力不足、松懈、懒惰，尽管往往是这样，还是出于"可以一个人应对"的过度自信，危险都是一样的：当医疗机构的主管接到投诉，"不是因为医疗行为错误，而是没有立即将此通知其在医疗中心的同事……通过恰当的外科手术，将为病人限制其带来的后果。"那这位主管就犯了错误。

对于医疗机构的"护士长"，在其值班期间突然发生了一起严重事故，但本人却不在岗，"而她本人并没有收到可以离开医院的许可，而且在其离开之前并没有采取各种有效措施来预防上述事故的发生"，这也是同样的情况。

四、部门物品遗失

13.81　各种遗失。 行政部门往往变成了物品丢三落四的场所。行政部门的处长们，并没有告诉一名公职人员去"整理自己的办公室"：如果你没有被很好地理解，那就有可能发生里尔行政法院为进行处分所指出的那样："如果（法国邮政领导层的助手）没有经过上级的允许和确认，将属于邮局的保密会计文件扔进了垃圾桶，将属于邮局的工作文件带到工作场所之外的未知地点，或是导致人事档案的遗失⋯⋯那这位 X 女士将会受到责难。"

在行政部门中，一切都会遗失：

- 文件：当法官遗失敏感案卷，猜测将会带来丑闻。国家将会因为司法系统的问题而受到谴责。同样还有遗失医疗证明，能够向大区养老机构证明申请人已接受的治疗连贯性，或是遗失向塔尔纳省改革委员会递交的残疾养老金申请文件，抑或是遗失在医院去世的死亡证明文件。遗失文件或文件部分内容往往显得可疑：因为"遗失"可以指"违法扣留"或是有意使之消失。英国监狱医疗信息文档"及时地"被疏忽大意地抹去了记录：这份记录中包含了描述监狱中试图自杀这一悲剧企图场景的内容。而且在法国，当行政部门从一个商人处获得的会计文件消失了，那行政部门则被要求补偿纳税人，因为这位纳税人如果缺少日常的完整账目，需要到相关事务所去评估其利润。

- 档案：这会让一位病人无法找到血液样本的来源，从而引起病毒感染。

- 数据：当公职人员的办公电脑、具有职业特征的数据被消除，只是存在了一个 U 盘上，而且以"原始保存"的形式带到自己的住处。

- 图纸：建筑师绘制的图纸，有一名市政官员丢失了图纸。

- 设备和工具，例如汽车保养学徒培训中心的教授，在停车场丢了自己使用的车载诊断修复设备。

- 武器：一名警察副队长曾因为严重的玩忽职守，造成其所用的执勤武器丢失而被撤职。尽管这位警官只是将自己的职位和武器丢失了"一段时间"，但因为遗失的武器被装上了弹药，且一个孩子后来因此而成为了牺牲品，情况就更为严重了。警察于1914年8月从武器制造商处获取的武器，自1919年5月起逐步交还给武器制造商。当然，这些制造商后来得到了补偿。

- 行李：科西嘉省的省长夫人将其13公斤重的行李箱交给法国布尔歇机场的军用行李空运处托运，但当她抵达阿雅克肖时就再也找不到她的行李了：服务出了差错。1918年，一位银行家把装有贵重物品的一个包裹交给丹麦驻彼得格勒的公使团，该包裹于1918年12月12日抵达了法国驻斯德哥尔摩的公使团，随后就"彻底消失了"，需要指出的是，在俄国十月革命的混乱时期，丹麦外交官比法国公使团效率更高，这位银行家后来得到了赔偿。

- 资金："管理资金的公务人员，即使本人没有过错，只要遗失所有或部分资金，那就应承担责任"，例如军事基地出纳处负责管理资金的军官造成的资金损失，或是1944年南特拘留所一名女犯人造成的资金遗失。

- 在轮船火灾中的邮递包裹。

- 复印文件，这导致一场比赛或考试被迫取消。

- 被法院查封的宝石。

- 炸药：2004年12月，宪兵故意在鲁瓦西机场一位旅客行李中放置了一块塑性炸药，以进行"安全演练"，但包裹丢了，后来没有找到。

- 公务用车：由于缺乏警惕，每年都会有公务用车被盗，有时车内还有公文。一辆小货车如果交给市政府修理厂修理但最后却找不到了，那么市政府应该承担责任。

- 尸体：一座坟墓中的尸体丢了，但并没有认定墓地管理员的严重失职。

- 几年前将医疗器械遗留在接受手术的患者体内。这是医院行政部门的严重过错。

- 动物：行政部门丢了"从维莱特屠宰场跑出来的"一头牛，而当时屠宰场的门都开着；四处游荡的动物将会导致意外事故。

公共部门负责人应该经常注意部门内物品丢失的风险，注意期限跟踪和登记流转系统、物品清单，并对业务和文件进行确认。

五、离职、调动和居住义务

13.91　公职人员应该在场。 所有公职人员，包括法官、公务员、军人，都应以合乎法律和规章规定的方式对待其工作时间。但其职位和身份，一方面要求其履行全部义务，另一方面在需要的时候，甚至在超越自己法定义务的情况下，能够回应所在机关提出的要求。

13.92　a）关于工作时间：勤勉。 要想有效率，首先必须要去上班。对公职人员提出的最低要求是让他们工作，而非有效地工作。1852 年，维因回忆说："勤勉的补充是精准和合规。我们无法定义精准而又合规的公务员的品质；禁止某些懒惰或不守纪律的习惯，这只是属于内部规章的管辖范畴。我们可以从古老的敕令中发现这一内容，这是些幼稚的规定，但并没有变得不合时宜。其中的一份敕令（1320 年），禁止议会议员讯问和讲述小道消息"，又补充说道，"如果有人确实想讯问和讲述小道消息，他可以在中午的钟声响起的时候这样做"。咖啡机已经在 14 世纪带来了麻烦。最关键的是不要把一整天都耗在咖啡上……

法国和意大利的最高行政法院的决议强调了"准时和合规"。义务有三个层面。

- 首先是规定公职人员，不管其级别有多高，都需要专心做好自己负责的工作。2005 年 8 月，在巴黎一家医院，有人发现胚胎保存在不合适的环境中，卫生部部长要求社会事务督察总局做报告，指出众多科室管理缺位，以及不少负责人忙于其他事务的问题。

- 其次是必须单纯地遵循工作时间，这一要求被反复提及：针对的是一名只完成其应该被要求工作时间 1/5 的公职人员，或是开学时不正常缺席的音乐学校校长，抑或是在大学监管部门任务中经常缺位的大学校长。

如果公务员经常毫无理由地迟到或是缺勤，那他将会受到处分。这在私营部门也同样如此。同样，对"在司法裁决以及宣判中过分拖拉"的法官进行处分，这也是正常的。当然，"经常无故缺勤的"医院系统公职人员也将会受到处分。糟糕的借口不具有说服力。公职人员需要在岗："语焉不详地"提到导致公共交通瘫痪的罢工，并不能成为没有到岗的理由。此外，如果公职人员因其他的无故缺勤而受到指责，并不能证实他被人阻挠回到自己的工作场所，那么指责有效。由于公职人员待遇的包干和每月支付的特征，行政部门有责任扣除缺勤的天数，包括相关人员并不工作的周六和周日的天数。

如果公职人员能够充分证明"必要的情况"，那他可以免除这种严格的到岗义务：西班牙法官取消了针对一位军人做出的离职处分，因为他以自己母亲去世这一虚假消息为由没经许可就休假，但他确实当时处境困难（父亲去世、母亲身患癌症且住进了精神病院、弟弟生病、女友怀孕）。在这样的情况下，而且是比较短的期限，帮助自己家庭的"道德义务和法律义务"可以超越工作单位的到岗义务。

• 第三个层面是考虑到相关部门的属性而在紧急情况下需要规定的工作时间。

——在德国，行政部门可以要求的超时工作就是这样的情况：加班。

——在西班牙，宪法法院在经过了国家听证后，驳回了一名邮电局职员的上诉，因为圣周节期间让他值班他没去而受到了处分。

公共服务的持续性以及对当时环境的适应性，涉及特定组织的方式，而公职人员不得逃避这些责任。公职人员献身于工作，而非工作为公职人员服务。因此，对于惩戒机关来说，"为了保证服务的持续性，尤其是监视居住"：即使没有额外的补贴，公职人员也不得逃避这一责任。例如，根据司法解释，对于省装备部以及国民警察中的技术类公职人员的加班时间来说，就是这样的情况。

这一义务可能导致公职人员就平常工作时间的法律标准向其上级进行争辩。

部门负责人将会求助于"自愿和协议"，例如对于医院医生工作时间之外的加班时间段，实施 1993 年 11 月 26 日欧洲共同体关于工作时间的指令。

对于省级警察队伍的加班时间：呼吁自愿加班。

拒绝参加非强制性的工作，并不是拒绝服从上级命令，但可以在年度考评中进行综合考虑：根据法律规定，如果大学教师拒绝大学学区长反复要求其担任一位请病假同事的临时代理工作，他有权以正常工作安排为由拒绝承担这个工作，但学区长可以考虑在教师的考评中加以备注。对于合法地拒绝参加考试评审委员会，也可以这样做。

从本质上来说，公职人员应接受单位的工作安排，因为单位的外部情况、任务、场所和职责可能会很快发生变化。当然这也需要规定足够明确。在私营部门，法国最高法院拒绝解雇一名救护车司机，这名司机曾在自己的休息时间没有对公司的要求做出回应，而当时在他的工作合同中并没有做出任何约定。这在公共部门也是同样如此。工作时间的限度应该得以指明，从而使得任务能够顺利完成。

13.93 **b）对保守主义的超越。** 公职人员不必屈从于为改变而改变的审美观，或者概念随便拿来就用的时代氛围，例如"现代化"，因为各种意识形态的学说掩盖在"简化"的外表下，继续朝前发展。这些就是"现成的思想"，用于对从"代表"、"活跃"和"激励"等动词出发的"现成食品"加以干预。

但不应忽视的是，无论是在法国还是在欧洲，公共服务正在重新塑造。

2005 年 1 月，德国针对《宪法》第 33.5 条关于公职人员权利进行了讨论，在上面增加了"继续发展"这一表述，以表明公职部门自我改进的活力与能力。媒体对此嗤之以鼻。但毫无疑问，公职人员的法律规章得到了修改。

由斯特劳斯-卡恩先生领衔的高级代表团于 2004 年 5 月递交给欧盟委员会的报告，列出了 50 条建议，其中包括"促进国家公职机关之间的人员自由流动"。这是必须的，也会促使我们"在未来的几年想到欧洲的公职机关，而不仅仅是法国的公职机关"。

在此期间，公职部门碰到了多种保守主义的做法。

13.94 言辞上的保守主义。 即使行政部门的用词都在抵制。

至于相关人员的学位，不得不承认公职机关呈现的女性化趋势，这是确定无疑的：即使对于军队稽查人员来说也是如此。"国库女主计官"和"代理女检察长"的时代已经来临了。

13.95 方法上的保守主义。 公共服务应孜孜不倦地努力将其程序符合法律以及社会憧憬的新要求。而各种文化的交融将有助于创新。

因此，行政学院对其学生实习的评分，应由一个集体的评委会而不再是单个的评分人来打分。所有重要的选拔程序，都应得到各种保证，而没有额外的成本。在经过听证和集体交流之后，在传统考试之外，采用人员招聘事务所或是选拔行政部门负责人的程序，这是有效的。

13.96 地理位置上的保守主义。 公共服务的当务之急就是居住义务。

长期以来，人们都认为这一义务人尽皆知。 1508 年 11 月 11 日关于朗格多克地区负责人头税和间接税的议员和官员法规的敕令，规定官员"将在自己的办公机关持续居住"。

如今，这一规定已不再普遍，但某些特殊的法规仍然规定了这一点。它的实施变得非常困难，因为这与"高铁"的精神相抵触。因此，可能必须将居住义务与最少工作场所在岗时间义务做细微的区分。

然而，一位代理法官如果多次被责令，仍拒绝将自己真正有效的住所安置到其被指派任职的帕尔特奈区，现在远非部长可以将其合法地认定为必须辞职的时代，也远非"尽管经过号召仍没有注意到居住义务"的预审法院院长受到处分的时代。

众多法律法规规定了作为公务员履职基础的居住义务，但尽管存在这一义务，实施起来仍存在众多例外、违背及容忍的情况，这都降低了这一规定的效力。

另一方面，根据职业特点和单位的需要，公务员和法官必须接受岗位的调动。这既是职业生涯体系中工作稳定的对立面，又是确认工作需要优先于夫妻之间距离较近考虑以及其他家庭生活需要。行政机关并不是自助服务机构。

法律要求享受级别晋升的公务员接受其新的级别赋予其的工作安排。而且众多法规对任职职位的时间作了限定，无论是高中校长，还是职位可调动的终身制法庭庭长，法官的终身制依据的是 2001 年 6 月 25 日第 2001‐539 号关于法官身份的《组织法》。

同样，我们也必须同意以下的判例：国家市政工程部门负责人选拔中已被录取的考生，不顾部长告知将会出现的不利后果，坚持拒绝接受拟分派给他们的职位，则放弃了选拔；"国家宪兵队军官正常任期结束时与调任相关的物质、职业以及家庭麻烦"，本身并不足以构成停止这一调任的特殊情形。

13.97　暂时离职的保守主义。事实并没有如此清晰，而且公务员知道如何利用权力来避免这种离职。我们必须为众多此类案件中的三个案例感到遗憾：

● 仅仅因为看到部长一个人在部门规章上无管辖权，有些教师就让人撤销通报，因为这一通报要求教师岗位调任对象必须接受临时调任，保证接受并不符合他们个人意愿的任命或委派职务，这一案件提交给终身制法官而非小学教师来裁决。这同样是因为有些教师向行政法院法官质疑大学区区长的指令，因为学区区长在这些教师被委任的学校以及邻近学校之间分配这些人的教学任务。法官向他们给出的理由是，任何法律法规都不允许这种双重的委任。同样，2005年开学时，针对短期代课教师条件的论战，毫无例外地在教育部和教师工会之间造成了对立，教育部认为短期代课为教师的义务，而工会拒绝校长提出的代课教师选派且只同意教师自愿接受代课任务。公共服务肯定需要超越这种对立。

● 看到一位军人援引《欧洲人权公约》[1] 第8条，以损害家庭生活为由对其在不同地方的调任进行质疑，这让我们对军人的正常调任产生了困惑。而且我们看到，行政法院法官毫无保留地承认在这种情形下，这位军人的理由合理充分，这更让我们惊讶不已。可以这样认为，对于某些职务和某些阶段，公职人员的离职待命和流动成为法规不可或缺的部分，优先于被认为是公法的国际公约的规定。当宪兵队的中尉质疑将其从德龙省调到伊泽尔省高速公路分队的调任，即使在伊泽尔省的职位只是他的第二志愿，那这样的质疑也会被驳回，例如省政府的一位公职人员的情况，他试图依据省政府人员内部流动规则来拒绝内部调动。

● 看到另外一位军官针对将其委派至伊斯特尔，而非之前认为的新喀里多尼亚任职而求助于最高行政法院，这同样让人不安：这次，行政法院法官提及，"1972年7月13日法第12条（规定），军人应在任何时间都能被征召至任何地点服役……此外，同样的规定也出现在2005年3月24日法的第7条"。

实际上，应该非常关注2005年对军人身份做出规定的第7条。根据该条款规定，"军人应在任何时间都能被征召至任何地点服役。军人住所的自由选择应受到军队利益的限制。如果情况所需，军人流动

---

[1] 《欧洲人权公约》，又称《保护人权和基本自由公约》，1950年11月4日在欧洲理事会主持下于罗马签署，截至1997年1月1日，缔约国为34个，它是第一个区域性国际人权条约，它规定集体保障和施行《世界人权宣言》中所规定的某些权利及基本自由。——译者

的自由可受到制约"。

第5节　行政人员的才干和缺点

13.101　概念模糊。 效率和行政人员之间的关系问题是当今最有争议的一个讨论。对于"你会为一个荒岛带来什么？"这样的问题，很多公务员、法官和军人都会回答："我所属单位的关系网络……"然而，拥有或缺少部委关系网络，并不能构成公务员的能力基础。

根据1984年1月11日法第8条和第29条，同一职业的全体人员组成了职场。职业团体囊括了同一身份且级别相同、使命相同的所有公务员。法国以其多样且专门化的职业团体著称。

最为自相矛盾的观点在行政职场互相流传，最通常的是对存在这些组织的批评。只要再去看看1950年政府特派员德尔沃韦的结论就行了："我们不认为……在一个民主政体中，还存在职业团体的特权，可以被认为是这一团体成员特有的东西。"

实际上，职业团体，例如社团、同业公会、特别组织、俱乐部、阶层、协会，既起到"固化作用"，又具有建设性。

13.102　a) "职业团体越来越固化"。 这些"职业团体"名声不佳：它们数量众多，阻碍自由流动，并导致产生等级集团意识和形成有复制行政部门嫌疑的利害关系。

2005年，政府受到最高行政法院2003年公开报告《公职的前景》的某些启发，开始正式尝试取消众多的职业团体，以便把公务员重新划分为根据职能划分的几个领域。它肯定看到了米歇尔·德布雷在1945年说到的内容："我曾希望设立三四个大的跨部委职业团体：一般事务、金融事务、经济事务和社会事务。但在把我自己放到与各个部委对立的第一线的同时，我有可能危及改革全局。因此，我满足于建立独立的受等级制度和共同规则制约的干部队伍。"政府也有可能看到了托克维尔的《旧制度与大革命》："行政部门公务员……已经形成了阶层，具有自己独特的精神、传统、道德、荣誉以及特有的自尊。这是新社会中的贵族阶级，业已形成，且非常活跃。它所期待的仅仅是大革命清空历史舞台。"

13. 103　职业团体总是有些像部落，确实如此。它与外界隔离，从而形成自己的团体。在让·克洛德·托尼格看来，职业团体产生"与社会的隔离，文化上的因循守旧以及团体间的隔阂"。米克洛斯·班菲这样描述 20 世纪头 10 年的维也纳外交部："（属于这个部委的）任何人都是共济会的成员，而之前的人从来都不会被开除出这个共济会，如同了解数字这一神圣秘密的事实在其成员之间建立起了一种永恒的同谋关系。"

法官坚称职业团体并没有出现在《人权宣言》中，而且并没有像道德和才能一样是选拔和晋升的普遍标准：基于"除业绩以及职业价值之外的标准"，例如"法国国家行政学院毕业生的身份"而建立起来的晋升途径是不符合法律规定的，（自然而然地）两者并不互为同义词。

考虑到职业团体中人员流动、价值内容融合的难度（从地方专员认可委员会到法官融合委员会），职业团体的短视非常明显，甚至自行遴选都不再发挥作用，这确实如此。职业团体往往倾向于较少的人员，而不是凭借扩大人员规模从而继续存在下去。

13. 104　b）"职业团体具有建设性"。 这只需要职业团体教导公务员，他所代表的不只是自己一个人。从这个意义上来说，职业团体是行政人员融入社会、树立参照榜样、传播（好的？）实践方式以及职业见习的宝贵工具。

英国招募的年轻高级公务员领取固定的薪酬并且"在同一个部委继续他们整个职业生涯"，也自认为成了法国意义上的职业团体。

不管怎么说，已经宣布的简化职业团体结构及减少其相应数量的改革成了里程碑。就如用来反对让·吕多维克·斯利卡尼所说的"既没有任何功能意义也毫不合理的行会主义式的碎片化治理结构"，这一改革是必须的。而且这一改革正在进行中。跨部委政府专员职业行会，旨在将分布在 13 个职业行会中的 25 000 名政府专员纳入一个职业行会。法官、公务员和军人应该记住，在他们所属的职业行会之外，自己单位还存在着与公职相对应的共同规则，还存在着国家、市民和公共服务对象。

第 6 节　个人评估的机构

13.111　评估的作用。人们已经在探索新的个人评估形式，用来"在信任和互相尊重的氛围中"培养交流、对话以及公开辩论的意识。评估的程序将会告知、弥补并且检测到危险情况。

一、检测"危险情况"

13.121　预防。处理各类疑虑以及事件是人事部门的常规任务。他们应该懂得如何识破能力不足与错误，预测萧条、收获、背叛与仅仅是还不足以成为灾难的单纯的失败。作为对此做出回应的公职人员，他应该努力去改善这种状况和/或分配新的任务。

因此，如果军队的心理医生认为宪兵队的副官"人格正在发生变化，不具备作为士官所必需的所有素质"，那么如果他拒绝履行士官的义务，这就没有明显的错误。招募时的风险评估总是存在一定的不确定性。

二、发现优点

13.131　寻找真正的长处。行政部门最大的不公正之一，来自于缺乏对他人的关注以及没有在其内部寻找人才。大多数情形下，晋升是根据上级、工会或是"行业大佬"的建议进行的，因为他们提供或认可了众多提议，并塑造了这个单位的声誉。

"人们太热衷于忙碌自己的事情，以至于没有时间去深入了解或是分辨他人：由此会造成人们可能长期以来都会忽略较大的优点和更为突出的谦虚。"

同样，没有什么能比一个默默无闻但在专业上却非常优秀的人得到晋升更让人狼狈和无法理解的了，因为这样的晋升没有得到上司的推荐，没有得到工会的支持，也没有得到任何"实力团体"的举荐。任命机关以这些创举为荣，因为这些做法让人想到，常规的程序是必须的，但又不足以对人才做出奖励。

三、个人评估

13.141　长期以来评分制是必不可少的。如今让位于评估。评分制的缺陷，来自于除相关人认为比较幼稚的认知之外，它只能让对公职人员进行的真正价值评估变得更为困难。单位没有时间对每个人进行评估，只是给公职人员一个平均分，这是不公正的，也是不合法的。准备进行改革的公共服务成本收益调查委员会于 2008 年 7 月提出的报告突出了这些缺陷。 2012 年，国民教育部提出的关于在私人事务所分析的基础上重新审视教师评分体系的建议，以便更好地了解"教师这一职业的各个方面"以及学生认为的成功，这引发了激烈的讨论。

评分制的个性化特征毋庸多言。因为公职人员总是依附于其被分配至部门的张力和绩效，其所在团队负责人的素质，其工作场所的战略重要性。评估打分人从来都不会忘记，一方面，他在给自己的同事评估的时候也在为自己打分；另一方面，评分者两个标准之间的矛盾并不仅仅总是可以解释为单位和谐的需要。

评分标准的确立只能是符合能力要求，且为接受评分的公职人员所了解。评分标准过少，则评分变得很随意，评分标准过多，则又是让人无法忍受的千篇一律。找到平衡点，这很难。这同样还因为作为雇主方的公共机构的权限受到了严格的限制。

因此，对于军人而言，《国防法》第 R. 4135 - 1 条将评分规定为

"在既定的期限内，由上级机关考核军人的道德、知识和职业技能、体能、服役态度，以及现在及今后在更高职位上可能表现出来的能力"。这样的风格，将"道德和知识素质"置于首位，超过了职业技能……

因此，基于规章原则基础上的在评估方法和标准上的任何创新，都应被纳入标准的恰当水平中，而这往往成为政令。

出于同样的原因，指责一位公职人员没有在部门调整中做出足够的贡献而拒绝让他得到晋升，这是不合法的，因为部门调整并非其职责所在，另一方面，追求筹备中的部门的未来利益，并不应纳入晋升愿景中加以考虑。

一般来说，"效率"是评分表格上事先列出的一个标准。在履行公职的过程中会追求责任感和效率意识。而评分会考虑到部门中人际关系方面的问题。

但考虑到较为独特的品质，这并不是不合法的：例如，对于几个月都必须秘密生活在水下的潜水艇海员，必须考虑其幽默感和集体生活的能力；任命一位学校校长，考虑到"工作之外的社交活动所表现出来的品质"，因为这表现出从事校长这一职务所必需的组织能力和主持才能。

从此以后，2010 年 7 月 28 日关于国家公务员职业价值评估基本条件的第 2010－888 号政令，取代了传统的评分制，职业谈话围绕着公务员根据既定目标取得的成果。该政令的第 5 条规定，规章"确定了标准，而从这些标准出发，公职人员的职业价值通过职业谈话的方式进行评估。这些标准与交办给公职人员的任务及其责任程度相关"。和私营部门一样，这些规章在征询过专业委员会的意见后得以确立，针对雇员的个人评估制度只有在通报并咨询过企业委员会之后才能设立。评估由被评估者集体参与制定规则，这通常来说彰显了职业道德和一般的人力资源管理。

职业谈话产生的谈话记录由当事人签署并被存入档案。

可以确定的是，这样的职业谈话一旦被双方接受，成为了公职人员与其上级进行直接沟通的良好机会，有利于公共服务的适应、改变、重组和改进；进行这样的职业谈话的权力属于直接上司（在2010年7月28日的政令之前和之后都是这样），而非公职人员所在的部门负责人，而评分的权力属于部门负责人而非直接上司。自2010年7月28日政令以来，谈话记录由直接上司撰写，但由部门负责人签署，而部门负责人可以在谈话记录上加上自己的意见（2010年7月28日政令第4条）。

个人评估的特色体现在其效用、形式和方法上。

13.142 a）效用。 进行顺利的评估，以其涉及的流程（谈话、总结、目标和共同评估），将会比原先的打分制更加有用。

至少从干部及其同事的角度出发，这能够让他们对公职履行的条件定期进行审视。同样，如果有忽略的情况，对评分者提出的谈话要求，也同样需要得到被评分人的同意。

评估及其结果成为个人档案，并成为针对该公务员的第一手材料，在职务任命和晋升时，它将发挥作用，并可以主要根据每个评分者承认或不承认的评判质量来决定人员的流动。

13.143 b) 形式。 在2002年4月29日政令设立的评分之后，评估将由2010年7月28日第2010－888号政令做出规定。从此，关键就在于与相关职业较好匹配的职业价值的选择和表达，而不是公职人员对此毫不知情。行政法院的法官宣布各部委的评估规定有效，这些规定针对的是行政法院和行政上诉法院职业团体成员、国民教育部中央机关公务员、农业部科研工程师和公务员。政令和部委规章规定了个人谈话并且设立了多样化的评分标准。上级机关的公务员和部门负责人通过与每一个同事定期进行面对面交流，做好评估工作，这是非常重要的。谈话可以是进行局部改进的机会，包括从职业道德层面来说。

13.144 传统的打分。 没有人否认评分制是无与伦比的。

评分制采用的是"数字和字母",但整个制度充斥着各种心照不宣和暗示。

至于数字,分数相加然后取平均数的过于数学化的评分,曾遭受过失败。

至于文字,"尽管部分上司对公务员做出了正面评价,但采用的措辞当中并不是说一点都没有该公务员确实能力不足这样的指责",对于这点,我们从未求证过。

评分一旦采用了数字和文字,那么行政机关可以整体调低所有或部分公职人员的评分,而对个人的评价可以一如既往。人们可以随心所欲。

评分制意味着,机关把对个人的评价调整至一个实用水平。而对评分做调整这类问题,则是非常敏感的,并且在方法上需要异常清晰。因此,对于法官来说,法院领导负责从事这一棘手的工作,而且对评分的调整不应过于突然。只要没有对评价调整做出规定,即便是部委制定的规章都是不合适的。

法官要务必保证,进行评分的人是上级且职务指令不得损害法律至高无上的地位;因此, B类的公务员(尽管从法律上来说是招录干部的负责人),不能向负责评估 A类公务员的评估人"提供笼统的评估意见"。而且现在还没有到通过同级别的同事进行评价的时候,更不用说由亲朋好友甚至是下级来评价公务员了。

同样,法官还必须保证,评分和评估的标准合法,且已公告和公开:如果没有合法的部门规章,司法部部长就不能在对监狱行政机关成员的评分标准中,把"拒绝自费在家安装一部电话,以备紧急联系之用"这个行为作为指标。但行政法院的院长可以在没有人反对的情况下,在职业谈话记录中,在"表现出了今后晋升为院长所必须的素质"这个评语之前,加上"这位法官表现让人非常满意"的评语。和评分制一样,很有可能当前的评估还比较宽松,但以后会更加严格。

13. 145 c) **方法。反映了各种紧张关系。** 公职人员往往不重视评分，但评分却经常成为与上司产生摩擦的冲突点。如果上司吹毛求疵，那么他有权增加评估的频率，从而让被评估的公职人员感受到压力。从这个意义上来说，评估反映了公共职场中的各种紧张关系。之所以说评估还能起到预警的作用，是因为它可以在形势变得无法挽救之前，处理这些不协调之处和隔阂。欧盟初审法院重申，公务员一次评分不佳，并不能就此认为受到了上级的骚扰。而在德国，如果根据的是客观标准，那么一位警官得到的评分下降，这也是合法的。

同样，德国联邦行政法院拒绝对一位上司，即联邦政府一个部委的副主任，进行处罚，多年以来，他曾把对部分同事的注有负面评语的评估草案放在办公室的秘密角落里。不知道是哪个人在放假期间成功地复印了这些评语，然后再把这些评语发送给相应的公职人员，并加上了一句话"副主任就是这样评价你的"。这样的做法，并不足以让这位只是行使评估人权利的上司受到指责。 2006 年 8 月 28 日对联邦制进行改革后，各州州政府负责非联邦公务员的职业晋升。它们可以运用这个新权力，来对公职人员职业生涯的效率和绩效进行更为深入的了解，比如巴伐利亚州在 2010 年 8 月相关法律条文实施以来所做的那样。

13. 146　档案文件的多样性。不管人们是否愿意，上级及其领导的委员会拥有多种资源，而且每个人能够了解这一点，这也是好事：这些背后的资源可以是官方的或半官方的。

至于官方资源，职业融入委员会"没有义务仅仅依据评分就去评估相关人员的绩效，或是对评分分数进行调整，并且在委员会对于所有信息进行处理的基础上，尤其是审核个人档案的基础上，没有做出任何不符合规定的行为"。

档案可以包括第三方写给行政机关的对公务员的抗议信。它也可以包括一份实习报告，尽管这份实习报告"没有表现出个人信仰，但仍然表明了实习生希望今后成为青年司法保护主任的想法"。它甚至可以包括警方针对学校突发事件出具的报告，只要能有这样的报告且这样的报告很完整。

至于半官方资源，各个行政机关倾向于对本单位的干部，以及更广意义上的公职人员的行为，保留相应记录。但谁又敢肯定这些记录就是正式的"档案"呢？因此，对于法官来说，司法部的正式档案有两份，一份在上诉法院，另一份在司法机关负责人那里，但这操作起来并非没有困难。仿佛其他的一切都不重要，重要的只是那些官方或半官方的档案。法官仍然需要保持警惕，但这样的警惕性是远远不够的。因此，从原则上来说，法律法规规定的评估表应该是独一无二的，而且应该囊括了所有的评估内容。那些没有纳入或附加在正式表格之后的"意见表"，就应该是不合法的。

13. 147　档案的完整性和准确性特性。公职人员收到的档案应该完整无缺。它必须包含涉及当事人的所有文件，当然也包括上级做出的"意见表"，且注明日期。

如果档案中缺少的"一份报告不仅仅局限于记录事实，同时还包括过去一年中对公职人员工作方式的变化而进行的评价"，那这就不符合法律规定。

由于找不到巡视员对受处罚税务稽查员犯错事实认定的三个报告，那么税务稽查员的档案中就缺少关键的文件，基于这些不完整档案做出评估或纪律措施可以被撤销。

但"如果在交给一位教师的档案材料中仅仅缺少之前雇用该教师的学校校长为他出具的信函，那这不足以剥夺该教师享有的各项权益，只要这封信并没有他无法通过其他档案材料了解的其他事实或元素"。提交的档案缺少编码或是"编码不连续"，本身并不构成足以取消后续采取措施的程序错误。而且在档案中缺少公务员本人撰写的一份文件，并不会让整个程序无效。

在调阅档案材料的过程中，行政机关或工会应该采取谨慎原则，确保每一份文件的来源和真实性，但也有可能会因为一些及时发现或重新撰写的文件，导致一份档案增加或减少。对于一份"不完整并且有严重缺陷以及涂改标记的造假档案文件来说"，就有可能出现这样的情况。因此，需要获取的是所有的档案文件。否则，身体上不适宜从事某项工作的评定就是不合规的，因为在做出这样的评定之前，必须查阅个人的所有档案资料，而不仅仅是医疗文件。

第 7 节 职业能力不足

13. 151 公告。 职业能力不足不符合公共服务的要求，它可能导致被开除公职，而且它也需要考虑到履行公职所需要的身体能力。

一、职业能力不足与公共服务的要求相抵触

13. 161 在公共服务中，这是最起码的能力。 如果没有达到所规定的能力和承诺标准，我们就陷入了职业能力不足的境地。这属于无能力完成交办工作任务的情况。这需要对照"须有某些职称的公职人员通常应该履行的"职责来进行评估。而身体的残疾并不能成为职业能力不足的理由。

13. 162 公职人员必须保证提供的服务达到让人满意的水平。 这样的水平标准会随着工作任务的不同而有所变化。一般行政部门或是技术部门的工作任务，即使水平不高，从短期来看，不会带来安全问题，但从长期来说会导致工作质量下降，从而需要通过后续工作来弥补。

而基于绩效考核的其他工作任务，需要符合一贯以来较高服务品质的绝对要求。当乐队的演奏家，第一独奏小提琴手，在专业表演水平上有所退步，在收到这一方面的两次警告之后，那他就会被降级。这里涉及的不是纪律处分，仅仅是高标准的专业要求。同样，当里昂歌剧院独舞演员 4 年以来都不再受到编舞导演的青睐，而且 3 年以来只是作为替补参加了唯一的一次巡演，而且在巡演过程中他也没有登

台表演，那他在这一团体中的合法地位就会成为问题。这里涉及的不是真正意义上的专业能力不足，而是资格不够的问题，这会导致无法续签合同。

二、职业能力不足会导致开除公职

13.171 职业能力不足的后果存在，但对此进行的处理受到法律法规的约束。社会保险事务法庭首席书记员如果组织能力欠缺，影响到了该司法机关的正常运作，并且损害了法庭书记处的工作氛围，那出于部门的公共利益，她将会被依法调离岗位，或者是职业评分被打低分，甚至在必须的时候，采取停止公职的权宜措施，以确保公共服务使用者的安全不会受到威胁，尤其是对于公立医院的外科医生来说更是如此。

国民教育部部长根据法律，可以剥夺预备班教师的部分教学时间，将这些教学时间并入高中阶段的教学中：这一变化"基于的只能是教员教学能力不足"。

但如果公职人员能力不足已确定无误，那结果将会是被解聘，前提条件是行政部门给予了该公职人员相应机会。 1984 年 1 月 11 日关于国家公职的法律在第 70 条规定了在经过纪律程序和诫勉后，可以"能力不足为由解除公职"。

13.172 即使没有法律规定，仍有可能被开除公职。因为工作没有绩效，缺乏创新，没有活力或者仅仅是专业能力不足，就可能导致从公职岗位上被辞退。幸好，职业能力不足的构成条件并不包括"没有履行法律法规规定的职务"，实际上，一位公职人员能够极好地遵守法律、指令和原则，但又有可能明显能力不足，从而变得一无是处。

在所有这些情况中，如需要回应关于辞退的所有质询或争执，只需要援引有理有据的裁决内容就可以了。因为不能混淆职业能力不足和其他因素，比如"过于活跃、直言不讳或是爱出风头，因为这些因素在女性从业人员凤毛麟角的领域中会导致被拒绝录用",一名女消防员就因为这些原因,突然发现实习被取消,她被解聘了。

职业能力不足的案例有很多,例如:

• 一名育儿助理被调到新岗位,而新的岗位要求"更大的创新以及更多的个人责任",那她在"面对自己负责的儿童时就很难适应了"。

• 一名警官毫不努力,缺乏"知识和能力",也就不能负责处理他的公务。

• 国家科学研究中心的一名研究负责人自1986年起就没有发表过任何作品,自1988年起就没有任何科研项目,到了1992年以职业能力不足为由被依法解聘。

• 学术和大学行政部门的一名专员"行动缓慢,做事笨拙,不经思考,对于自己的职业工作表现出了散漫的态度"。

• 一名舞蹈教师"采用了不符合公众期待的教学实践",尽管有时受到酗酒的影响,将会因为职业能力不足而不是通过纪律处分程序被依法解聘。

• 一名助理教师因职业能力不足而被依法解聘。

• 一名医院公职人员因职业能力不足而从管理干部中被除名。

• 国家森林局的林业技术公务员在实习结束时将会被解聘,尤其是因为培训取得的成绩不佳。

• 一名教育方面的专家型公务员在实习结束时,由于其行为"没有符合准时的要求,且与上司和同事之间相处不融洽",而被解聘。

• 一名图书馆管理员由于没有编撰文档和文献资料的详细目录,"因而很难了解这样的目录清单"。

• 空军的一名技术人员"不适应军营生活",因而工作合同被依法终止。

• 市级信贷银行的信息中心主任没有遵守"关于信息技术许可证、数据安全管理规章以及银行必要的信息程序连贯性安排"而被依法解聘。

13.173 ……**前提条件是这样的职业能力不足并不是行政部门本身的疏忽造成的后果。**要求一名公职人员超越其本身的能力，而"他并没能接受培训和得到晋升"，这样就禁止考虑职业能力不足……

2010 年，欧盟公职法院撤销了由于职业能力不足而引起的一个解聘决定，因为欧盟委员会无法在职业能力不足和该公务员正在遭受的健康问题之间做出区分。

13.174 **需要在行政法官的监管下进行。**"行政上诉法院并没有犯下任何法律资格的错误，它裁定，一名公务员没有在完成工作任务的过程中表现出勤勉和严谨，无法胜任职业任务，缺勤较多，且在其被委派工作的团队中人际关系很差，那这些事实就足以说明可以职业能力不足为由开除该公务员。"

确认职业能力不足，就不能再施加纪律处分。两者概念之间的混淆属于法律错误。医院的一名男护工"在照顾病人时填写的病历上经常出现错误，不经请假就缺勤或迟到，工作缺少动力"，在这样的玩忽职守案例中，纪律处分的范围非常小；或是在一名地方公职人员经常缺勤，与其他地方公职人员关系恶劣，拒绝完成指派的任务，面对被管理对象表现出挑衅的态度，在这种从干部身份中除名的案例中，纪律处分的范围也非常小。

纪律处分惩处的是违反职业义务的错误，而职业能力不足仅限于确认当事人不符合该公职。

第 8 节　病残人士也可加入公职

13.181 **每个人都能在公职领域找到自己的位置。**立法者对此进行了考虑，确立了设立与身体状况相适应岗位的原则。但如果公职部门的所有人员都没有准备好迎接身体具有缺陷的同事，那光有这些法律法规还是不够的。

首先要保证身体残疾的人员能够进入公职，获得公务员身份，但其身体状况会随着工作年限的增长而每况愈下，甚至在有可能的情况下，可以将该公务员重新划分等级。这些解决办法突出了对人的尊重以及互相矛盾的迫切需要之间相互调和的道德意义。

因此，如果有可能评估候选人的身体状况以及考虑对已发现疾病可预见变化带来的后果，行政部门同时应该考虑到是否存在相关福利，能够治愈疾病或是阻止疾病进一步恶化。

考虑到地方政府为公职和工作条件配置的资源，法院判例已经确立了可行的和不可行的原则。根据具体情况，公职人员将被公职部门拒绝或接纳、休病假或重新安排工作。

13. 182　a) **被公职部门拒绝**。　40％程度的耳聋就可以作为无法进入文印室雇员行列的理由。

失明可以成为司法部部长拒绝任命一名法官担任某些职务的理由。

80％程度的失明，会成为历史地理教师招聘的障碍，"理由是当事人视觉的缺陷使其在讲课过程中无法使用历史和地理教学过程中的特别文档（卡片、曲线、图表）"，而且根据1959年7月20日政令对眼盲候选人担任教师职务规定的情形，这些任务无法交给教学助理完成。

13. 183　b) **被公职部门接纳**。　失明并不构成担任肺结核病讲席教授职务的障碍。

它也并不妨碍行使参加物理学中学教师资格证书考试的权力。

它也不妨碍担任中学副校长职务。在国民教育体系中，1998年6月30日政令针对各类晋升考核做了规定，包括技术和管理方向的考核，以方便残疾人进入并履行公职。

而且身体上的残疾并不能解释淘汰分。没有人应该混淆评审委员会和能力评定委员会。

最后，根据法律规定，我们不能仅仅因为可能患有面部抽搐这样的情况，就将一个人从市政警察公职中排除。

从以上这些因素中，我们可以得出结论，公职人员应该再次改革了解身体残疾的方式，树立这样的原则，残疾人士应该在公职部门有一席之地，条件是做出特殊的安排，例如将一位残疾人士安排到照明条件较好的地方工作，而且这位公务员不需要看较小的字体。而且行政部门有双重义务，一方面，这些必不可少的安排需要与机构的良好运行相吻合，另一方面这些安排也需要得到妥善处置；如果在选拔当天，残疾人士需要第三人的协助，那也需要保证，该第三人拥有必要的能力，使得其提供的帮助确实有效。

13.184　c) **病假**。　病假是法律规定的权利。因为恢复了岗位所需的能力而终止病假的决定应该进行论证；考虑到保守病人秘密的需要，可以通过优先参照上级医疗委员会的意见做出取消病假的决定。

在休病假之前，如果公务员所患疾病有可能对用户安全产生不利影响，上司应该暂停该公务员的职务：丧失平衡感的外科医生不能继续其诊疗活动。

但只要规定的病假权利没有用尽，因为永久无能力从事该职务而将公务员除名，这样的决定则是不成熟的。

13.185　d) **重新安排工作**。　因为身体原因而受到影响的公务员，一般来说应该对其重新安排工作，除非其已被最终确认无法继续从事其公职。

第 3 编

公共服务的原则或价值观

第1章
与《宪法》的关系

第1节　宣誓在法国

21. 11　a) **法国不接受政治宣誓。**　在君主政体时代以及制宪会议期间，法国公务员需要进行宣誓："本人宣誓效忠于国家、法律和国王，以本人所有权力维护制宪会议制定的王国《宪法》"。在督政府时期，法兰西共和历七年热月 12 日法规定："本人宣誓效忠于共和国以及共和历三年《宪法》"；在执政府时期，共和历八年雪月 7 日法令将宣誓简化为"本人保证忠于《宪法》"，在第二帝国时期，1852 年 12 月 25 日的元老院法令第 16 条规定"本人宣誓遵守《宪法》，效忠皇帝"。但当国防政府在 1870 年 9 月 10 日宣布"巴黎的市民们，共和国宣告成立"时，它于当日通过了一项政令，规定一是免除公共、行政、军事和司法领域公务员的所有义务，二是取消政治宣誓。因此，至少从维希政府的黑暗时期以来，大部分的公职人员不再就忠诚、服从或效忠，服从《宪法》或效忠于某个当权者进行宣誓。

21. 12　b) 某些职业仍然存在"职业"宣誓，但情况非常少。

正如政府特派员吕克·特雷帕所说，"众多公职人员团体接受了宣誓这一规定，从法官到乡村守卫、市镇警察和工程督察，再到邮政人员"。

最近的事情是 2009 年《监狱法》第 11 条规定的监狱工作人员必须宣誓。根据国民议会法案报告人让-保罗·加洛的说法，誓言是必备的，因为："逻辑上的推论就是服从《伦理法》：这部法律中体现的规则重要性将通过遵从该法律的每个公务员公开宣读的庄严承诺的象征意义而得到强化。"在逻辑方面，由于丝毫未经论证，这尤其要回应工会组织的要求。但职业道德并不依赖于宣誓，而且宣誓也并非不可或缺。将职业道德规定为宣誓这样的行为，如果普及这样的想法，反而是危险的。公职人员的职业道德应该蕴含于其从事的专业中，而不应取决于人为的活动。

不管怎么说，在必须要进行宣誓的情况下，已经根据法律规定宣过誓的担任司法警察的公务员，不能拒绝"仅仅表达忠诚地行使职权和遵守义务"的誓言。法官或公务员的誓言仅仅是对职业义务的效忠，除此之外别无其他。但既然法律对此做了规定，那就由不得公职人员进行选择。

宣誓对公职具有重要意义，即使在地理位置上进行调动，例如公职人员行使同样的法官或警察职权，也不得再次进行宣誓。

即使争论仍在继续，例如哈内尔参议员的议案希望对民选官再次采用宣誓程序，且强化法官的宣誓，但在欧洲，另外还有一个民主国家没有要求公务员宣誓：这就是英国。

第 2 节　与美国的显著差异

21. 21　《宪法》、国家和政府。 美国公职人员职业道德研究专家将美国公务员的宣誓与法国公职领域仍然存在的少数情况，例如法国宪法委员会委员的宣誓进行了对比。

前者宣誓的是他们的效忠，宣誓的是弘扬并捍卫美国《宪法》抵御各种敌人的承诺： 我在此庄重宣誓（或确认），我会支持并捍卫美国《宪法》，抵抗国内外的各种敌人；以及我将一如既往地坚定真正的信仰和忠诚。

而在法国， 1958 年 11 月 7 日的法令对宪法委员会委员的宣誓做了规定，但也只是规定"遵守《宪法》"，而这只是对宪法法官的最低要求。对于法官以及隶属于财政部（国库和税务）的公职人员，这就更不用说了，他们如今都不必援引《宪法》或国家规章制度。如今法国仍然进行的宣誓是职业和职务宣誓，并非政治宣誓：

在美国，《宪法》奠定了国家和政府的基础，也是其象征。

在加拿大，公职人员价值和《伦理法》强调，"加拿大《宪法》以及负责任政府采用的原则，是公职人员承担角色、责任和价值观的基础"。

在法国，《宪法》规定了公职权力，确定了国歌和国徽，但对于国家的象征，更多的是应该研究历史和"记忆中的著名地点"，从国家象征玛丽安娜到纪念先人的名胜古迹。

对于法国公职人员来说，《宪法》或是捍卫《宪法》，并不像美国人或其他欧洲人认为的具有同样的处于中心地位的重要性。我们的反间谍部门负责保卫国土安全（国土监管处），而德国的同类机构负责的是捍卫《宪法》：保护《宪法》。而且"共和国的军队为国家服务。其使命是以军队的力量捍卫祖国以及国家的最高利益"。这里指的是国家，而非《宪法》。

对我们来说，《宪法》处于各个标准的等级制度的核心，且要求公职人员加以专业关注。对于美国的法官或公务员来说，《宪法》是国家团结一致的基础，远远超越了单纯的职业义务。

然而，除了这一明显的不同，有三个特征让我们更接近美国：

- 首先，需要注意的是，美国和法国一样，通过最高法院以相对的实用性方式，对公职人员的权利和概念做了规定。前者是联邦最高法院，后者是最高行政法院；

- 其次，也正是我们的《宪法》，对法国法官和公务员的概念做了规定，但在国会表决通过的法律中，以其第34条保留了《法官法》和《国家文职和军队公务员基本保障法》，后者涉及公务员的考试、参与人数均等的委员会、获取报酬和养老金的权利；

- 第三，尤其重要的是，法国法官和公务员了解并践行《宪法》的序言以及1789年和1946年的法律文本。他们遵从这些经典法律文本的《宪法》原则，并因此获得了共和国的价值意义。

在其他国家，对《宪法》的引用比在法国力度大得多，但在美国却没有这么清晰。

第3节　与欧盟部分国家的相似之处

21.31　在遵守、忠诚、效忠和忠心之间。在欧盟多个国家，对《宪法》的引用比不上美国，但多于法国。

在德国，公务员应该遵守《宪法》意义上的自由民主的基本秩序，并为其付诸行动而努力。根据《联邦公务员法》第58条，他应该宣誓保证"实施联邦共和国《宪法》"。

在西班牙，修改公务员纪律制度的1986年1月10日第33-1986号政令将不遵守《宪法》描述为"重大过错"。

在希腊，1999年2月9日第2683号法的公务员法规在其第24条规定，"公务员……应该效忠《宪法》"。

在意大利，公职人员应该忠于《宪法》和国家法律。

在英国，《宪法改革和政府法案》根据"正直、诚实、公正和客观"的基本概念，为公职部门制定了法规。

1994年，欧洲人权法院判决柏林州立幼儿园一位女教师的撤职命令生效，因为她对所属的行政机关撒了谎，隐瞒了20世纪70年代曾在东德警察局从事情报收集工作，该法院声称"对于西德来说，需要对东西德合并后进入公职队伍的相关人员之前的行为进行审核，这是合法的，因为公职人员是《宪法》和民主的捍卫者"。很显然，这种把公职人员视为《宪法》捍卫者的说法，表明了欧洲范围内公职与《宪法》之间的密切联系。

第2章
遵守法律

第1节 《刑法》的普遍适用性

22.11 《刑法》适用于包括公职人员在内的所有人员，很多评论员之所以会写到"《刑法》适用于企业的各个方面"，那是因为我们希望《刑法》在公共机构中有不一样的适用。《刑法》与公职部门法律有时候保持着复杂的关系，这种关系可以总结为以下四个准则：

- 刑事处罚不能免除纪律处分。
- 刑事处罚必须要有犯罪事实认定。
- 刑事处罚不足够，也非必然。
- 刑事处罚可能会导致离开公职部门。

一、刑事处罚不能免除纪律处分

22.21 刑事程序和纪律程序相对独立。"对公务员应负责任的行为或行动而采用的刑事程序和纪律程序，有着不同的目的，且相互独立"。因此，对于同样的犯罪行为，刑事处罚和纪律处分可以累加，但两者按照不同的节奏运行。对于军人来说，按照军人处罚法令，刑事处罚不仅和军事处罚相累加，还可以另外增加纪律处分（比如说禁闭）以及取消技术资格的"职业处罚"（比如说对于海员或飞行员）。

尽管很多行政部门对此会犹豫观望，但可以确定且反映出的是，行政部门不需要等到法院判决出来，才能启动纪律处分程序，并有可能暂停公务员的职务。

然而，如果行政部门决定将纪律处分推迟至刑事法官做出判决后才进行，那么，在选择做出处罚时，行政部门有责任考虑的不仅是应受指责行为的性质和严重程度，还有截至处罚宣布之日时该公务员的整体情况，如有需要，还要考虑收集到的情况、法定的鉴定情况以及刑事法官的具体认定。

如果行政部门没有推迟纪律处分，那么它就有完全的自主权，因为公职人员即使被免除了刑事处罚，但如果其应负责的行为如果有损公务员的荣誉，那么他仍然会受到纪律处分：比如，伪造市议会的会议记录。

同样，免于刑事处罚的判决并不禁止对公职人员进行其他惩罚：比如，朋迪谢里的那位便衣警察。因为违法行为没有被证实，刑事法官没有对犯罪行为进行宣判。但免于刑事处罚的判决不会溯及既往，让之前进行的行政停职变成违法行为，尽管这样的停职让进入司法侦讯阶段的一位学校校长因对未成年人进行性骚扰而辞去公职。

同样，预审法官的不予起诉决定并不能制约行政机构。

同样，刑事法庭宣告无罪的判决不能剥夺行政部门对相关公务员采取"必要纪律手段"的权力。

同样，取消刑事处罚的平反并不会对之前造成刑事处罚的事实产生影响，并不足以恢复相关人员的退休金，因为这些养老金是根据《退休居民和军人养老金法》第59条规定而被取消了。

同样，轻罪法庭做了判决，对一名警察的严重暴力行为的处罚并不列入个人犯罪记录，那么这样的判决并不会影响撤销其职务的合法性。

同样，如果一名便衣警察参与谋杀的供词在司法程序中被采信，而这一程序在撤销这位便衣警察职务的决定作出之日尚未结束，那么即使这些供词后来被推翻，部长还是可以基于众所周知但在司法程序中未被质疑的事实，而依法撤销这名公务员的职务。

同样，即使预审法庭撤销了禁止受到司法调查的省议会秘书长履行职能的调职法令，省议会议长还是可以依法维持这位高级公务员的撤职决定。

违反公职义务的行为足以导致公务员受到惩罚和/或被开除公职，无论这样的错误在刑事上来说是否应受指责；因此，一位探监的女性，由于在两个犯人之间做中间人，她的探监许可被撤销。

二、刑事处罚必须要有犯罪事实认定

22.31　刑事职权的准确范围。如果刑事审判法官认定的事实让人信服，那么负责审查纪律措施合法性的法官就不能再去质疑这些事实。"犯罪事实的具体性已被确立"。意大利也是同样如此。让人信服的是刑事法官对犯罪事实是否成立的确认（而非对此的质疑）。因此，轻罪法庭如果没有认定一名职员性骚扰行为的具体性及有罪性，那么劳资调解仲裁员也必须接受这一结论。

一个后来被法院宣判无罪的控告，如果不能确认由此造成的其他损害足以提出这一控告，那么不能被当作进行处罚的理由。对于免诉判决，也是如此。

但是"刑事审判案件的权威性，只依附于与对公共行为本质做出裁定的司法机关的裁定……而预审法官做出的免诉裁定并不是这样的情况，无论这些免诉裁定基于的是何种调查结果"。也就是说，不能带来任何益处……

在《劳动法》涉及的领域，社会工作法官应该要求刑事法官给他提供文件，以确定应受指责的犯罪事实。

三、刑事处罚不是终极手段，因为对于道德原则来说，刑事处罚既不充分，也非总是必要。

22.41 刑事处罚并不总是充分的。 在民主国家，《刑法》的基石即为无罪推定。一个控告不足以定罪，一个质疑、一个申诉或者一个指控也同样如此。更何况控告、质疑、申诉、指控针对的是幸运地受到公众关注的公共部门呢。在任何一个部门，怀疑、控告都是接连不断，不一定有确凿的证据，也不能一一进行调查和审查。 2005 年 2 月，工会揭发巴黎地区一个精神病医院虐待病人的行为，成了报纸的头条。半个月以后，卫生部部长敦促启动的行政调查结论是不存在虐待行为，但这样的结论却只是报纸上的一个小新闻。

同样，一名老师可能被误认为是恋童癖和进行了性侵犯；法官要求行政部门从公务员档案中去掉与这个"侮辱和诬蔑"罪名相关的材料。

仅仅基于警察的一次质询就对公务员停职，这是不合法的。此时，无罪推定会占主导，尤其是在预审法官进行的质询没有任何结果的情形下。

受到盗窃指控的这一行为，并不能成为处分的依据，因为"之后进行的调查得出的结论为缺乏证据证明被控告的犯罪行为，起诉就此终止"。

轻罪法庭指控一名警察分局局长贪污，但在上诉阶段出于疑罪从无的原则，被判免于处罚：那么对他的停职处理应该终止，该局长应该官复原职。

特别是，法官要判断当事人遭受的列入刑事犯罪记录的刑罚是否与其所承担的公务相冲突。在此情形下，三张金额较小且在进入行政部门之前签发的空头支票，并不足以妨碍一位实习生被招录为社会接待和安置中心的监管公职人员。

同样，护士从医院药房偷拿几瓶吗啡衍生物供自己使用，被判处6 个月监禁，缓期执行，但是法官裁定认可了公立医院最高委员会上诉委员会相对从宽的处理意见，仅用停职两年代替了原定的撤职处分。

更不必说，仅仅因为警局的一份报告中提到"可能与一位新入教的知名阿訇存在联系"，就对一位在机场工作的技术人员的"品行"提出质疑，这也是不合法的。

对公职人员"品行"的怀疑，不能源自道听途说，他人的含沙射影、模糊暗示。

22.42 刑事处罚并非总有必要。除遵守《刑法》规定之外，公职人员是不是应该"品行端正"？

当然，很难去界定行为标准。同时，如果定义不明确，那么每个人的认知都会有所不同。

这就要区分三个概念：a) 品行端正， b) 法律法规"规定"的品德， c) 法律法规没有规定的"品德"和恰当行为的一般要求。

22.43 a) 品行端正。 不管是以前的伤风败俗还是猥亵违法行为（《刑法》第330条），抑或是现在的性侵罪（《刑法》第222-22条），公职人员如果犯了这样的罪行，就不能继续执行公务，特别是与自己所负责照看的人员进行接触：学生、老人、病人……一位负责照看老人的护理人员被依法解雇，因为他"在履行职务的过程中对老人说下流话，品行不端"。

为此，还是需要考虑品行端正的概念和要求： 1923年，一位小学女老师因为"违反品行端正的不法行为"而受到内维尔轻罪法庭审判，被依法解聘，因为她"宣传避孕"……

直至今天，我们仍在使用大赦这一概念。在执行大赦规定时，品行不端仍会受到审查。

在家里私藏儿童色情碟片，对于一位中学老师来说就是品行不端。

同样， 1986年10月30日法第5条规定，"那些因违反廉洁和良好品行的犯罪或者违法行为而受到判决的人不能管理公立或者私立学校，或者在学校任职"：从这个方面来说，因威胁他人生命、预谋的故意暴力行为以及因心怀恶意而打电话骚扰他人的行为受到判刑，那么就被认为是"品行不端"。

相反，由于所在部门提交的文件描述含混不清，儿童社会援助部门的一位专业教师在醉酒状态下进行教学，最高行政法院在这种情况下，会判定他并没有品行不端。

2004 年，教育部部长在回应议员质询时说，教育人员的招聘考试中没有规定与酒精和药物滥用相关的"紊乱排除测试"。同时，履行职务强制规定了自尊这一义务。

22.44 b）法律法规"规定"的品德。 "良好道德"这一概念比"品行端正"要更宽泛。它涉及所有行为，意味着要遵守法律规定，此外还需要尊重他人、忠于集体。

2005 年 8 月 1 日发布的关于军人军衔评定的第 2005－884 号政令，使用了美德这一概念。根据第 1 条的规定，"军衔评定是由上级机关所做出的对于军人道德、智力、职业能力、身体状态、服役方式等素质进行的评估……"即使这里的"道德素质"更多指的是勇气而非品行端正，"道德"这个形容词还是指明了所要求的素质。

德国公务员要做到"不管是否在执行公务，行为都要体现公职所要求的尊严和信任"。

长期以来，法官根据旧版《军人伤残退休金法》第 400 条来核实"无懈可击的道德和良好行为的"标准，用以判断这些军人是否可以担任某些"特定职位"，或者根据 1958 年 12 月 22 日法令第 16 条规定的对于法官的"高标准道德"、"品行端正"要求，对法官招录进行筛选。或者根据 1946 年《公务员法》和 1959 年 2 月 4 日法令第 16 条来要求公务员。同样，按照这种方式来还有保安警察的"伤风败俗"行为。

2002 年 1 月 3 日关于机场使用的政令，同样依法规定在授权给工作人员可以进入机场敏感区域时，要审核他们的"道德品行"。

最后，根据 1903 年 5 月 20 日政令的规定，宪兵要有"良好的高尚行为"，这要求做出"道德保证"。

22.45　c）法律法规没有规定的"品德"和恰当行为的一般要求：刑事处罚会对公职人员录用造成阻碍。　按照 1983 年罗杰案判决所阐述的"法律价值的一般原则"，"如果没有享受完整的公民权，任何人不得在公共部门任职，也不能保留在公共部门的职位"。但是，就像于贝尔政府的一位专员在司法部部长 c/维其尔判决的总结部分所阐述的那样，至少从格雷戈判决开始，进入公职部门任职所要求的"端正品行"这一条已经被 1983 年 7 月 13 日法取消了。时任公职部部长安查特·勒堡认为应该用"客观的"评价来代替"与客观论据毫无关系，也并不对应任何法律定义的端正品行"的概念，犯罪记录尤其是其中的刑事记录确保了这种客观评价。

然而，实际上，法官敢于对重新回归品行端正评价的法律进行解读，正如上述司法部部长 c/维其尔决议和内务部部长 c/卡萨诺瓦决议所表现的那样：如果说 1983 年 7 月 13 日法的条款"隐含地废止了关于成为公务员的必备道德条件的 1959 年 2 月 4 日法第 16 条的规定，这些条款的目的却并不是禁止行政部门去评判参加公务员考试的考生是否具备履行拟报考职务所必需的素质。"那么法官是如何（有效地）重新恢复已被取消的这个条件的呢？在这点上，法官和行政部门一致，行政部门在"良好生活及品行"一栏中解释说"即使《公务员身份地位法》不再提出 1959 年 2 月 14 日法第 16 条中的"品行端正"义务，公务员作为国家的代言人，也不应该从事有损行政部门信誉的行为。这是根本原则"。

最常碰到的情况是法官对道德做出评判，但并不说明理由。2005 年，政府的一位特派员明确提出这个问题：这样的公务人员"是否应做到品行端正"？他的建议也有下文，但是最高行政法院更喜欢用更加技术性的概念，"作为国家公务人员履行职务所要求的素质"。

道德是一个神秘而又具体的概念，一直存在于公务员招录及其整个职业生涯中，道德或者是"严格的道德"或者是"要求的素质"，整体来说涉及公务人员的生活。法官以相对灵活的方式掌握了这一概念：对于特定职位的招录，无懈可击的道德要求并不会形成障碍，对于同一名考生按照岗位特性报考多个职位，法官们在进行预审时，能够区别对待并做出不同的决策。

公务员如果犯了严重错误，有损公务员未来的公信力，或者积累起来的一大堆不严重的小错误使自己应有的稳重、谨慎、风度甚至信任感受到质疑，那么这样的人就不具备公职人员所必需的素质。某人因袭击学生遭受纪律处罚，被开除后仍然进入大学校园，对他人进行种族主义式辱骂，扰乱公共秩序以及拒绝服从安保人员命令，那他在去大学应聘时会受影响，比如不能领取大学科研补助。

在大商场的展柜上进行盗窃，即使事后并没有被追究责任，也没有列入刑事犯罪记录档案，他依然会受到质疑；如果候选人"没有具备所要求的素质"，行政部门也会因为这个原因而拒绝招聘这个人：判例是很清楚的，这就是"拒绝把对候选人素质的评价仅仅局限为刑事犯罪记录"。

四、刑事处罚可能会导致暂时或永久离开公职

22.51　刑事处罚会导致开除公职。应受刑事处罚的行为即使发生在职务之外，依然会对所在职位造成影响：滥用大麻或者海洛因的警察，如果从他了解身份的人那里买这些，并且不去举报这些人，那么按照法律规定，他是要被撤职的。

刑事处罚可能会导致职务之外的行为影响到所从事的职务，欧盟公务员也是如此。

一位警察因为"严重的拉皮条行为"受到调查，并于2005年1月因为控制一个交际俱乐部，并且发展卖淫网络而被监禁，那么他就很明显不能再继续担任法律守护者的职责。治安警察如果因为使用毒品、挪用被查封物品、违反武器使用法规而被调查，那么他也不适合

继续履职。

直接财税部门的公职人员最终没有被聘用，就是因为几年前，当他还是小学教师实习生的时候，因为"冒认他人子女事件"的罪行而被起诉。

职业中学的教员因为对一位15岁的未成年男孩进行性骚扰而被判监禁，缓期执行，他还是会被依法解雇，部长的依据不是因为判刑，而是依法基于造成判刑的犯罪行为。

同样，对于退休金费用，"在当事人被判处丧失自由的刑罚时，公务员被临时监禁的时间应该从履职时间中扣除，且该事件应该记入刑期"。

1983年7月13日《公务员身份地位法》中有两条规定涉及这个问题。第5条："任何人是不具有公务员素质的……如果他不具有民事权利，还有如有必要，如果其刑事犯罪记录不符合履行职务的要求"。第24条规定，"民事权利的丧失或者通过司法裁决禁止履行一项公职"，会导致干部被除名。

行政部门可以从刑事方面的判决书中了解到现任公职人员的状况，对于这些结果的影响，一方面需要注意到《刑事诉讼法》第775-1条的存在，这一条款允许刑事法官决定不把判刑列入刑事犯罪记录；另一方面，为了执行这一规定，需要区别1994年3月1日新《刑法》实行之前和之后的情况。但无论是在新《刑法》实行之前还是之后，如果公职人员不能完全享有民事权利，那他就不能继续担任公职。更何况，刑事处罚在向最高法院上诉被驳回后，便成为了终审判决。

22.52 在现行《刑法》实行之前。 事情曾经很简单，非法收受利益可以导致"终生"不得担任公职。

长期以来，法律自动强制把被判刑的公务员从公职队伍中除名，因此，1925年1月8日法规定将因诈骗或背信罪而被判刑的公职人员从后备官员中除名。

与此类似，先前的《选举法》禁止所有被判处 3 个月以上监禁且不得缓期的人或者被判处 6 个月以上监禁缓期执行的人出现在选举名单上，《公务员身份地位法》和先前的《选举法》第 L.5 条的都规定：长久以来导致受到《刑法》处罚并因此丧失民事权利的干部被自动开除，包括税务机关的公务员、阿尔及利亚多种税务局的公职人员、技术院校的老师、教育公职人员、医疗服务部门的主治医师、国库的监察员、海关职员、市政公职人员、邮递员、专业工人、警察局警察。

唯一的例外来自法院有可能选择不把判刑情况列入刑事犯罪记录中。

根据《公共健康法》，医院的公职人员如果民事权利受到限制，将不能继续履行公职。只有在刑事审判造成民事权利丧失已成终局的情况下，公职人员才会被开除。

但是，公务员职务任命应有的法律安全会被考虑在内："尽管之前被判刑，对于这名军人任命或者军衔晋升的个人决定，并不会减损其应有的权利，除非这样的决定是在受到欺骗之后做出，且对于其违法性，只有在争议上诉期内才能被正当揭发。"对于有军衔的军人来说，在受到判刑的时候又是另外一种情形，由于被判刑，他们会发现自己的军衔被褫夺。

22.53　在现行《刑法》实行之后。当前，自为了实施 1994 年 3 月 1 日生效的新《刑法》而颁布的 1992 年 7 月 22 日第 92－683 号法令和 1992 年 12 月 16 日第 92－1336 号法令以来，受到刑事处罚之后不再自动禁止担任公共职位了，这种禁止必须要明确来自刑事判决。根据《刑法》第 132－21 条，"第 131－26 条中提到的禁止行使部分或者全部的民事权利，尽管存在截然相反的规定，不能完全来源于刑事处罚"。禁止享有民事权利的是《刑法》第 131－26 条规定的一项附加惩罚。禁止担任公共职能可以是终生的或者暂时的。

因此，这就需要根据刑事审判法官是否专门宣判了禁止从事公职，区分不同的情况：

1) 如果刑事法官没有特别提到禁止行使民事权利，那么刑事处罚不再自动导致干部被开除。1983年7月13日法第5条第3款对刑事犯罪记录做了规定，行政部门以及行政法官都给予了好评。这种变化源于两个裁决：

● 首先是2006年12月11日最高行政法院的重要裁决，行政法官结合了1992年《刑法》、1983年《公务员身份地位法》的第5和24条和《选举法》的第L.7条这三个法律，可以在两种法理中进行选择。

第一种，法官本来可以继续沿用，但他如今已经不再考虑森伯案和最近的海畔福特镇裁决体现的法律原则了，而是尽量去适用1995年1月19日法令，该法令在《选举法》中增加了第L.7条款，根据该条款，因各种直接涉及公共管理的违法行为而被处罚的人员，5年之内不得参加选举，例如挪用公款、受贿、非法获取利益、渎职、违反市场规则等。1992年《刑法》把取消自动惩罚作为一项重点。自此之后，1995年的实施法令可以毫不费力地被当成特殊规定，因为把对民选官员以及公职人员，即所有因存在与履行公务不相称的行为而受处罚的公职人员的自动处罚作为特殊情况来处理。最高行政法院排除了第一种法理，因为它利用的是公职人员必备的品德要求。

第二种，法官根据E. 格拉泽的结论做出自己的判决，最高行政法院重视1992年新《刑法》的精神，根据该《刑法》的规定，丧失职业资格应该由法官明确宣判，而不是从主要刑罚的执行上自动推断得出。对《选举法》第L.7条所提及违法行为的处罚，行政法官还是承认民事权利的剥夺以及无被选资格对于议员来说是自动关联的，但如果没有明确宣判，则并不影响其成为公务员。这种对议员和公务员的区别对待也并非具有绝对的说服力。特别是第L.7条提到的这些徇私枉法的行为，是最高法院考虑较多的情况，如果自然而然地将这些违法行为考虑在内，就会导致众多民事权利被剥夺的情况，这对议员和公务员来说都具有同样的意义。这两类人员也需要得到公民的信任。但是,对于退休金,最高行政法院在执行刑罚规定时,选择根据《刑法》的基本原则来执行,这个逻辑并非没有效力。

宪法委员会再次重申其对于被判刑军人的立场,被判刑军人从此以后只有在刑事法官做出裁决的情况下才会被开除军籍。以前的法律状态,"剥夺军衔的处罚如果是终局性的,会导致军人身份的终止,这与各类刑事判刑相关,而不需要对此进行审判的法官进行明确宣判",这是违反《宪法》的。此后,根据 2011 年 12 月 13 日第 2011 - 1862 号新法第 35 条规定,只有在刑事法官明确提出开除的情况下,才会被开除出军队。

● 其次,宪法委员会在 2010 年 6 月 11 日统一了判例,废除了第 L.7 条的规定。宪法委员会在被提请对优先考虑的合宪性问题进行裁决时,决定取消《选举法》第 L.7 条规定的"自动处罚"。宪法委员会认为,如果做出判罚的法官没有必要做出明确宣判,那么自动从选举名单中除名这样的惩罚,"完全依附于各类刑事判决,但法官可以对这一处罚的期限进行自由裁量"。第 L.7 条提出的"附加刑是自动执行的,而且一视同仁"这一规定,失去了自动效力,直到 2005 年,最高行政法院才承认了这一问题的合宪性,并由最高法院执行。《人权宣言》第 8 条确保的处罚各有不同的原则,再次得到庄重确认。因此,欧洲人权法院禁止因被判处刑罚而被自动剥夺选举权的行为,这样的最新裁决得到了法国宪法委员会的认可。在刑事法官没有宣布职业禁令并选择不将判决记入刑事犯罪记录的情况下,行政部门也有权判断犯罪行为的危险性,评估是否有必要将干部开除。

2) 如果刑事法官特意宣布剥夺民事权利,根据《刑法》和 1983 年 7 月 13 日《公务员身份地位法》第 5 和第 24 条的联合规定,那么在这一判决成为终局性判决之日,这名干部将会被依法开除,也就是将会永久性停止履行职务,这名干部与其职务的联系也将被中断。在总检察官能够进行上诉的期限到期但这名干部又未行使上诉这一权利之日起,相关机构才能出于这个原因而采取开除他的行动。《刑事诉讼法》第708条规定这个申诉期限并不会影响处罚的执行，剥夺民事权利的起点从性质上来说是没有要求任何执行行为的，所以有必要确定处罚成为终局性惩罚的时间。

在干部被除名的情况下，报酬应该停发。

教员如果被刑事法官判处在几年之内禁止所有对年轻人的教学或管理活动，也属于这种情况。

1958年12月22日法令的第16条和第73条对法官来说，也是同样如此。

对于军人来说也是如此。自2012年2月3日宪法委员会对第2011-218号合宪性问题做出裁决以来，《军事法院法》第L.311-7条和《国防法》第L.4139-14条共同指出，只有在刑事法官明确宣判的情况下才会导致丧失军衔和开除干部。

对于议员来说，也是如此。事实上，在2010年宪法委员会的裁决之前，《选举法》第L.7条有自动规定：对于因获得非法利益而被判刑的议员来说，将会5年内取消被选举资格。但是根据《刑法》第132-21条，刑事法官可以让被告摆脱完全与刑事处罚相关的无资格胜任状况。此后，在这种情况下，行政法官将要探究刑事法官是否判决了将其从选举名单中除名。如果没有这种裁决，行政法官只能够确认被判刑的民选官员议员不应辞职，更别说由省长宣布解除其职务了。

当公职部门成为违法的场所，无论时间早晚，有错误的公职人员最终会被开除出部门，这很正常，但是这必须要么源于刑事法官的明确判决，要么是纪律惩处部门的明确裁决。

在私法领域也是如此。通常，临时监禁（无罪推定）和被判入狱是不同的，被判入狱被认为是因为犯错误而强制缺勤。

五、在公职人员招录中慎用《刑法》

22.61 公职人员遵守《刑法》这个问题，在招录过程中尤其重要。随着犯罪记录档案（"已认定犯罪行为处理系统"，简称Stic）日臻完善，在确定考生招录资格或入职时进行的行政调查，能够让人发现"年少无知犯的错误"，理论上指的是不做追究的归档、免于起诉或单纯的警告。将在何种程度上考虑这些事实呢？

22.62 从以下三方面进行确认。 从原则上来说，了解先前的事实并不违法。

- 行政部门及后来法官做出的审查，能够了解到活动的性质，以便在招录时能够对要求做出调整：司法、警务以及公共财务领域的招录要求比起装备或农业领域来，这一审查更为严格。

- 应该特别关注已经提交的证据：已认定犯罪行为处理系统中的行政方面的内容，如果未经司法机关采信，也不构成绝对证据：拒绝允许当事人持有武器，并不能仅仅基于已认定犯罪行为处理系统上对当事人多年参与作案而留下的记录，而应基于其"盗窃汽车零部件及货车装载货物的行为"。当涉及使得当事人最终无法享有同等权利时，法官的这种谨慎尤为重要。

- 一切都只是个比例问题：因为事实与结果之间显然不成正比，法官撤销了拒绝一位考生直接加入法官队伍的指令，而行政部门针对该考生提出的异议仅仅是该考生因为拒绝服从命令而受到了以吊销驾驶执照为主的处罚；法官也撤销了国防部部长拒绝录用一位考生担任宪兵士官的命令，唯一的理由是该考生在 1995 年因为"协助制造颜料炸弹，在圣沙蒙的公共道路上留下了标记"而受到了警方质询，但这一行为并没有被定罪。

六、公职人员针对他人的违法行为

22.71 公职人员受《刑法》管辖。 和其他公民一样，《刑法》也将对法官、公务员及军人的重罪、轻罪及违法违章行为进行处罚。

所有的重罪：包括行政部门中比其他犯罪行为更为敏感的"办公室犯罪"。

轻罪：对于公职人员来说，既包括普通法又包括专门法涉及的违法行为。

和其他人一样，公职人员如果违反《刑法》，也必须承担刑事责任。刑事审判法官也将对违反普通法的行为进行处罚，无论当事人的身份是否为公职人员，无论其级别或职务，也无论是否在其履行公职过程之中。在履行职务过程中，"公务员发出指令，放火摧毁违章搭建在公共领地上的茅草屋，不能被认为是出于国家利益考虑而去履行与其职务相关的义务，因而需要承担刑事责任"。在这一案件中，法国最高法院对确凿的马基雅弗利主义做法进行了反驳，并对此进行惩处（"在确认责任人身份过程中通过造谣中伤误导调查人员"），表明触犯法律的误导甚至会牵连身居高位的公职人员。

在履行公职之外，省政府的一位专员于 2010 年 5 月被判处入狱服刑 18 个月，原因是其试图与其亲信达成一份协议，让该亲信去威胁正在与其闹离婚的配偶聘用的女律师的人身安全。公职人员因为拉皮条而受到刑事处罚，这与公共服务毫无关系，也与履行公职毫不相干。

公职人员最容易也最可能做出的违法行为（不包括上文研究过的贪污腐化）有 (A) 危害他人安全，(B) 暴力，(C) 性侵害，(D) 妨碍自由，(E) 歧视，(F) 种族主义、反犹太主义，以及 (G) 精神骚扰。

A. 危害他人安全

22.81 保护人身安全是绝对必要的。 无论出于何种原因，从事公职的人员从原则上来说禁止采取危害他人的姿态，相反，出于公众的信任，应该保护并捍卫他人的安全。因此：

- 负责缉毒的公职人员，如有嫌疑参与运输、交易、持有毒品，而这些毒品将危及年轻消费者，那将会让警察接受调查。
- 如果没有在夜间切断危害同事安全的发电机组，而使得同事遭受危险，这足以让一名军人受到处罚。
- 让危及病人安全的外科医生继续行医。

- 飞行员想要卖弄精湛技艺，从而"超越多个飞行参数极限值，并进行与执行飞行任务毫无关系的操作，从而冒无谓的风险"，这也将受到惩处。

- 驾驶市政公共交通车辆，但血液中酒精含量达到 2.6 克，则构成重大过错，并将以重大过错受到处罚。

醉酒这样的行为不仅会损害公职的尊严，也会让同事及公众置于危险之中：例如正在执勤中的消防员，在救火过程中，如果处于醉酒状态，那么他将受到纪律惩戒。

对医疗中心的技术工人也采用同样的处理方法。

一名酒后返回轮船工作的主舵手，如果他在深夜 12 点 45 分掌舵的时候表现出了醉酒的症状，并且拒绝接受酒精检测，那也是同样的处理办法。

省政府儿童社会援助局的特殊教育教师，如果在醉酒的状态下履行公务，那他也犯了错误。

酗酒状态下的行为会导致被拘留 15 天，并被吊销驾照 4 个月，"这是与国家宪兵队职业军官所要求的品质相抵触的行为"。

一名治安警察醉醺醺地来到警察局，控制了一部警用车辆，撞开警察局的大门或是用武器指着一名军官，那他将被处以撤职的处分。更不必说，警察局的一名中尉"浑身散发着酒气"去执行公务，这会危及他人的安全。

酗酒同样可以表现出职业能力不足的特征，而非纪律特征，例如艺术教育专业助理"被发现多次饮酒，而无法对其负责班级的孩子进行授课"。

与工作时间饮酒的斗争应该普遍存在于公共服务主要机构的社会政策中，毫无掩饰，也并非卖弄，而是实实在在地存在着。因为危及他人安全可能来源于失去镇定或自我意识。

B. 暴力

22.91 暴力。   除了正当防卫，禁止使用暴力无论对于公职人员还是其他公民来说，都是铁律。公共服务部门不应虐待他人。贝克泰/土耳其一案的裁决裁定，国家当局"不仅要让受其保护的人员避免遭受不公待遇，还要考虑到后者的弱势地位，保护他们的人身权，而且一旦发现其遭受伤害，对伤害的来源要提供合理解释"。公务员要意识到自己需要承担与特有的法律约束权力相对应的义务。

采取的立场并不只是理论上的，因为和其他国家一样，法国同样也因为审讯室里的暴力行为而受到谴责：有人在肚子上被踹了一脚而受伤。基于《人权公约》第3条，欧洲人权法院逐渐在欧洲，包括在法国，推行这一高标准的原则，根据该原则，"被剥夺自由的人员在可疑情况下死亡，仅仅这样的事实，就足以让国家对其承担的保护此人人身安全的义务受到质疑"。负责逮捕并在司法手段下看管嫌疑人的公职人员，应该准备好应对这种"行之有效的医疗方面的监管"，以便最大程度上减少此类死亡的风险。在此，公职人员的职业道德与法国的国家声誉息息相关。

这一问题在以下部门尤其敏感： a）警察局、国家宪兵队和监狱系统以及 b）卫生和社会机构。

22.92 a）在治安武装力量中。"履行警察职务所固有的使用武力"和防卫手段不得表现为暴行。武装力量隶属于法律，但法律不会对其特别眷顾。只有在整个安全机构，从最高负责人到基层公职人员，在面对暴力的时候，反思对待暴力的公正态度时，这一原则才具有价值："正当防卫"，使用必要武力的比例及控制，这是严格意义上的专业行为，而不是拿着武器到处炫耀。

一名警长因为"亲自或纵容下属对被拘留的人员进行严重虐待"而受到了处分；一名警察在大学生集会中采取了粗暴的行为，那么他就犯了"个人错误"。

在巴约纳公路巡逻时，有名警察对一个"冲其发火且造成各种损害"的市民打了一拳，造成对方受伤，该警察因此既犯下"个人过错"又犯下了"公权执行者使用暴力"的不法行为。而两名保安警察进入拘留室，殴打被拘押人，造成他面部损伤，这两名警察的行为构成了警察滥用暴力，是"违反警察职业规范和道德义务的不可饶恕的故意过错"。

2004年6月，巴黎地区同一个警察局的多位警官受到了审查，并因"滥用权力强奸外籍妓女"而被监禁。

2005年7月，第戎轻罪法庭对一名治安警察判处一年监禁，罪名是他在2003年对一名被羁押的妇女采用了严重暴力行为，导致该妇女肋骨骨折和身体瘀斑。

军人也同样如此，纪律不应变异为对新兵的捉弄、对下属的虐待：快速简易程序审判法官决定立即执行国防部部长解除海军陆战队伞兵团一名中士聘用合同的决定，理由是这位军官捉弄和虐待了其下属的新入伍士兵。一位军官因为"没有履行指挥小队的基本义务以及在指挥过程中严重玩忽职守，导致其所在连队的士官在操练过程中遭到了其他士兵的捉弄"，因而被关30天禁闭。同样，一名高级军官因为纵容"对这些新兵的捉弄行为"而构成了简单共犯，同样依法受到了纪律处分。

最后，司法羁押场所总警司的报告应该得到有效落实，以防止2009年新闻媒体的标题不再出现以下内容："穆兰监狱犯人中间抽烟现象十分普遍，所有人都拒绝作证"。

22.93 **自制**。尽管在岗位上需要忍受急躁、骚扰和挑衅，公务员应该懂得自制，而不应对服务对象使用暴力，除非是出于自卫或保护他人。对于警察队伍来说，司法法官对"蓄意的殴打和暴力"做出了判决（便衣警察在地铁上殴打他人头部或是市镇的"财产总管"用无线电收音机殴打他人脸部）。

武器的操作和使用则更为棘手，因为很难把握分寸和尺度。

与公职人员暴力行为做斗争的关键就是确保这些公职人员在不应携带武器的时候不得携带武器，在应该携带武器的时候则应以法律法规规定的方式携带，接受恰当的培训和限制，遵循明确的使用准则：

法国国家狩猎局的公职人员"未经法律许可携带私人武器",那他应该受到处罚,因为他所接受的专业训练和职业规定禁止他这样做,他不能"贸然使用手枪"。

武器装备的问题不仅对警察,对国家宪兵、海关或是国家狩猎局警卫也有重要的意义。这些部门通过对公职人员进行"沉着冷静"教育,防止他们"贸然使用武器"。

一名士官在弹药库附近用冲锋枪扫射杀死了一名被拘禁的犯人。尽管被军事法庭宣告无罪,但这位士官还是犯了个人过错。《刑法》同样可以和履职错误联系起来,比如贸然使用武器可能导致一位罢工示威者死亡,(也是触犯《刑法》的行为)。

同样,在1929年10月28日,在法国蓬斯举办的埃米尔·孔布半身雕像揭幕式上,一群示威者开始用铁锤"毁坏半身雕像",在场的一名国民别动队士兵开了枪,打死了一名袭击者。行政法官根据这位公职人员"仓促且缺少冷静"的事实,承认国家在此事件中应当承担责任。

欧洲人权法院要求"制定合适的规章,以确保对个人的人身安全提供恰当保护,尤其是通过警察队伍的负责人对使用武力和枪支划定行政和司法范围"。

22.94 **责任。** 如此过错将会引发刑事诉讼程序并涉及国家责任。司法法官会裁决是否属于司法警察执法中的暴力行为。法官会对警察及国家宪兵队使用武器开展审慎审查。尤其是,各部部长和各部门负责人避免(或应该避免)在媒体镜头前得意地挥动武器。武器是必备的,但同时需要对可能使用武器的人员进行培训,不应让武器出现在聚光灯下。

法国安全机构全国职业伦理委员会依据2000年6月6日法成立,它成功地树立了威信,在很多方面做出了改善。这个全国委员会通过与当局进行互动,可以起诉至检察院,确保排除各个安全机构中存在的暴力行为,以至于公共服务督查总署在督查报告中都没有提到任何异常之处，甚至在 2005 年 6 月一名女性公民在被关押的警察局外几米处被人发现失去知觉从而使人们对她的羁押记录提出质疑的情况下，公共服务督查总署都认为"发布信息的时机是非常合适的"。根据 2011 年 3 月 29 日第 2011-333 号《组织法》，权利捍卫人机构取代了该全国委员会，并获得了更大的权限。但权利捍卫人机构是否做到了同样的信息公开要求呢？

22.95　b）在卫生和社会工作机构中。如涉及抢劫或暴力行为，这需要避免《刑法》第 223-15-2 条所禁止的"过度利用弱势地位"。

对于抢劫、银行划账、"礼品"和继承承诺，刑事法官会保持足够的警惕。公职人员应该当心此类指控，并且与这些社会性职业至少保持必要的距离。

对于暴力行为，如果医疗机构中的公职人员"对长期住院机构中的病人施加语言和身体暴力"，犯了严重错误，将受到惩罚。一名男护工习惯了粗暴动作，且经常发表损害无独立自理能力老年病人尊严的过分言论，最后被撤了职。医疗教育救助中心的一位导师，让"智力有严重缺陷且行动困难的病人遭受了语言和身体暴力"，也同样被撤了职。尤其是，例如 2004 年 9 月，在加莱海峡省某家医院，被怀疑出现了针对行动不便病人的"性虐待行径"。有一名助理女护士打了年长女病人耳光，或者存在语言暴力，并对病人做出身体上的粗暴行为，对她也是同样的处理办法。法官恰当地认同了巴黎医疗公共援助机构主任的意见，驳回了医疗公职人员高级委员会上诉的请求，对一位助理女护士做出了必要的惩罚，因为她粗暴对待一位 94 岁的女士，这位年迈女士被检验出来"面部红肿且鼻梁骨折"。

公益和医疗机构中的暴力行为是从"无菌操作违规、护理不到位、对病人漠不关心以及工作玩忽职守"开始的。当这些轻视病人的先期征兆而非严格意义上的暴力行为出现的时候，上级就需要介入。

对于负责照料这些行动不便者的公职人员的暴力行为，当局应及时做出不同反应：

- 反应及时，以表明无法容忍的限度，在怀疑存在虐待的情形下，这可以通过立即停职或是开除公职以确保病人的健康。

- 反应有所不同，采用可供使用的各种法律手段。因此，当局可以采取以下部分或全部的措施：

——采取措施重组部门，调整人员构成，加强管理，更加直接地履行领导职责，同时强化监管程序。

——采取纪律措施：医疗教育救助中心的那位导师，让"智力有严重缺陷且行动困难的病人遭受了语言和身体暴力"，被依法撤职；一位教师对幼童采取了粗暴的做法，也被依法撤职；犯有恶劣对待病人错误的那名助理女护士也被降职。

——采取专业措施，例如禁止从事与未成年人相关的活动，禁止担任机构领导职务或是"禁止参与领导和管理教育部所属机构和组织"：对年龄小的穆斯林"表现出不宽容的实习主持人也被同样处罚，因为她做出了身体虐待（对儿童扇耳光）以及危及儿童心理健康的侮辱行为"。

——撤销履行公职所必需的许可：滨海夏朗德省议会可以依法收回对一个家庭从事老年人接待活动的许可，因为该家庭被证实曾多次对接待对象及其家庭做出了与其经营活动不符的挑衅行为。

——起诉至司法机构以便追责，2005年2月，一家负责长期住院病人的医疗机构的4位员工"因为对弱势群体一贯的暴力行为"以及"对有害物质的不当管理超过8天"而被隔离审查，该机构的主任进行了申诉。

——将涉事公职人员停职，因为情况紧急，不需要等到纪律或刑事程序结果出来。

22.96　要求较高的职业。当然，考虑到了要求过高的职业中的具体情况，在这些职业中，暴力行为会突如其来地出现，相关人员立即采取主动措施是必然的，但往往引发争议。即使是为了给两位正在打架的病人劝架，医院的公职人员也不应对其中的一位病人扇耳光。但考虑到"他为了平息暴力场面的必要性"，这位公职人员并没有被撤职。同样的原因，一名助理女护士扇了一位年老的养老院住院者耳光并辱骂了他，但撤职这一处罚过重，因为这一事件发生的时候，她是为了保护遭这位住院者打了一拳的助理实习护士；同样，精神病院的一名护工 B 先生打了看护病人一个耳光，并扯着这位病人的耳朵将他赶了出去，撤职这一处罚也过重，因为"这位病人……抢了不是给他准备的药片，而 B 先生坚称只是想要让他放下装错药品的杯子，这并没有多大争议"。这位公职人员在 32 年的公务服务期内，从没有犯过任何细小错误。同样，一位心理治疗女助理曾被认定对一位病人发表了刻薄的言论，对她的处罚也被撤销了，因为这些事实都是相对孤立的，而且她作为医师协调人，拥有众多住院实习医师及其家庭提供的有利证据。基于上述事实的诸多疑点，对医疗机构一位公职人员的撤职令还是被取消了，尽管他弄伤了一位在冲洗治疗中拒不配合的女病人。

其他部门与暴力行为的斗争仍在继续： 1934 年，多哥装备部的一位公职人员由于对"本地人做出了暴力行为"而被解除职务。 2005 年 2 月，一位小学教师由于对儿童的故意暴力行为而被判处入狱 18 个月，且终生禁止从事与儿童接触的职业，他的暴力行为包括用脚踢、扯头发、打屁股等。或是依法对高中的一位哲学教师停职，因为他对部分学生发表了粗俗且带有侮辱性的言论，并打了学生一个耳光。

一位社会教育干部同样因为"脱下一位被收容到康复中心的 11 岁儿童的裤子打屁股"，受到了法律处罚。这位公务员承认打了屁股，但否认脱了孩子的裤子。

教育优先发展地区的一位教师扯了几个在课堂上捣乱的 6 年级学生的耳朵，并打了他们，那他就犯了纪律错误。但是将这位教师调离岗位的处罚有些不合适。

基于职位申请人对"一位大学生进行挑衅"的事实，可以拒绝与其续签研究津贴合同。

邮局局长，因为"对一位没有服从指令的公职人员施加了身体暴力"而被依法降职。

C. 性侵害

1. 直接的性侵犯

22. 101 预防的必要性。这一类型的暴力行为，首先会在负责照顾他人的公职部门中出现，这很难理解，一方面，正是因为这些罪犯可以是任何人，从学校校长或高中校长到入职时间不长的公职人员；另一方面，提出这样的质疑会比较草率、不怀好意或是不谨慎。无论是在公共部门还是在私营部门，这些侵犯都会存在。因此，国民教育部对其下属的所有人员，包括教师，就面向学生的暧昧行为的各种风险，进行了专门培训和提醒。

2005 年，一家公寓主管因为对住进该中心的女性和职员进行强奸和性侵犯的事实而被逮捕，负责进行调查的检察官宣布这名公职人员"绝对不应该被聘用"，因为在其他省担任公职时，该嫌疑犯曾因其他类型的违法行为而被起诉。这一案件反映了针对涉及负责照料他人（未成年人、独身的女性、老年人）的岗位招募公职人员时进行事前调查有多重要。行政部门应该在查阅犯罪记录的事前调查和对当事人提供第二次就业机会的可能性之间进行协调。在出现虐待的征兆时，行政部门就应该有办法立即介入。

如果没有这样的预防措施，那么损失会越来越大。

这些预防措施对于派往国外任职的法国人同样有效，正如 2005 年，法国对一位在联合国工作的本国干部进行调查，这位干部在刚果民主共和国 ［联合国刚果（金）特派团］ 工作期间涉嫌对未成年人犯下了强奸及性侵犯的罪行。

22. 102 处罚的必要性。如果是性侵害，将在符合以下两种条件时采取最严厉的措施：

一方面，犯罪行为证据确凿。当局不能采信无根据的指责、暗示或是单纯的匿名证据。

另一方面，和其他领域相比，行政处分也可以考虑刑事追责。一名治安警察"因为严重的违纪"而被审查，随后于 2005 年 5 月被刑事拘留，因为他利用自己的警官证件在塞纳尔树林中对妓女进行敲诈勒索； 2006 年 4 月 10 日，博比尼轻罪法庭对两名已被开除的警官分别判处 4 年和 3 年的监禁，因为他们和 3 位同事一起，对外国的妓女进行了性骚扰，并对她们进行敲诈，以便将她们卖淫的收入占为己有。后面的这个案件，由警察局的同事提交给检察院审理。警察局的一名队长在 47 岁的时候被迫提前退休，这同样也是合法的，他又因为曾对被分配到同一辖区工作的两名治安女辅警进行性骚扰而在 2 年后被判处 5 年监禁， 3 年缓刑。

由市政府聘用的国土整治公职技术人员，"因性骚扰和惊吓 3 名 15 岁的少女被判处 18 个月的缓期监禁"，那么撤销其职务也是合法的。

一名小学教师由于对"自己班上的小女孩做出了不雅动作"而被开除公职。

大学教授因为对一位未成年女生进行性侵害，"做出与公职性质和教学人员所承担义务不符的行为"，而被依法撤职。

精神病医院的一名男护工，因为与由其照料的一位住院治疗的女病人发生性关系而被依法撤职，而他之前曾被指责与其他女病人存在暧昧关系。

一名公职人员因对供职的精神病医院入院治疗的女病人进行性骚扰而被临时停职两年。在这个案件中，这名公职人员先被判处了 1 年的缓期监禁，后来医疗公职机构高级委员会对他做出了从轻处罚，行政法官则以重大错误为由，撤销了委员会提出从轻处理的决定。

劳资调解委员会的一个顾问，由于与"一名非常年轻的小姑娘进行了具有性意味的游戏"，可能被开除公职，但由于行为并没有被证实，最后撤职令被取消了。

儿童法庭的一名法官，由于"引诱审理案件中未成年儿童嫌疑犯的两位母亲并对她们做出具有性暗示的动作"，而被调离职务。

一名预审法官，"因为在办公室与审判对象发生性关系"，因而被依法开除公职，而且"这两位审判对象之前都认为，接受他的挑逗将会对案件的结局产生影响"。滥用职权与性侵害结合到了一起，从而让司法审判机关威信扫地。

有些宪兵也被开除公职，一名是"在公路执勤时利用职权纠缠几位年轻姑娘，尤其是一直纠缠一位姑娘索要电话号码并且打电话到她家里，随后这位姑娘进行了投诉；有一名宪兵在聚会上抚摸一位下士长的敏感部位，还有一名宪兵对一名女性志愿宪兵助理做出了不得体且有侮辱性的动作"。

相对于以上这些案例，具有对多名儿童进行性抚摸重大嫌疑的教师仅仅是被调离到另一个行政部门，只能被认为是在缺乏证据以及保证梅斯失聪青少年学院所接收的儿童安全之间做出的妥协。

尽管性侵害是在公职服务之外、在私生活中做出的，那也会带来惩罚，这是由于其严重性，这可能让涉事的公职人员招来怀疑，信誉扫地。

● 在比利时，布鲁塞尔地方卫生机构的一名公职人员，因为对一位同事进行骚扰和性暴力而受到法律惩处。

● 在英国，一位女性警局公务员声称受到了多位上司的性骚扰但却没有被立案，这一情形引起了人们的广泛讨论。

基于对年轻人所承担责任这一性质的特殊性，尽管任何性侵行为都没有被证实，谨慎原则还是会带来某些严厉处罚。

即使缺乏确凿的性侵害证据，教育部门仍有权解除一名特殊教育教师的职务。负责对生活在接收家庭中青少年进行管理的这位教师，做出了在某些青少年看来暧昧的行为，尤其是将一名女孩抱到自己膝盖上进行行为训练。

同样，一名教师亲吻年仅 14 岁的女学生，这样的事实并不构成性骚扰。但法国最高法院指出，"需要由法官来研究以上事实是否符合成年人对 14 岁的未成年女孩做出性骚扰的要素"。

同样，体育教师"对其同事以及公众做出的行为构成损害良好风俗"，也照此处理。

2. 形象和代表

22. 111 了解公职人员从事的岗位性质。最高法院裁定，在工作时间花几个小时浏览成人网站，并试图通过清理软件清除浏览的文档，这将成为职员的重大过错。那就更不必说，自 1998 年 6 月 17 日第 98-468 号法实施以来，持有"具有色情特征的"未成年人照片将受到《刑法》处罚（《刑法》第 227-23 条）。公职部门的从业人员，尤其是那些因工作特点需要接触未成年人的公职人员，应该非常谨慎地使用他们的电脑。此类违法行为，将会使公众质疑他们的专业能力，也有可能导致他们被开除公职。因此，如果警察持有恋童癖图片，"而且这位警察是在线儿童色情论坛的用户，在该网站上他故意让人误认为自己是一位希望他人与自己未成年女儿发生施虐兼受虐性关系的母亲"，那必会导致他离开公职部门。

自 1998 年法律实施以来，对这些犯罪行为的追责更加高效，受到惩戒的案例数量也在不断增加。

因违反《刑法》第 227-23 条规定的"窝藏未成年人色情录像带"而被司法机关判刑，这一犯罪行为足以将中学普通教育教师撤职或是让法官辞职，以及让大学讲师停职两年。

2005 年 2 月，一名在职的副省长因为"获得并持有未成年人色情图片"而被审查，并被司法机关控制。他从恋童癖网站上下载了这些图片。在被释放后，他立即就被停职了。

2005 年 10 月，一名小学男教师因为在其 CM2① 教室里上网浏览

---

① 相当于国内小学五年级。——译者

色情网站而被判处 1 年监禁，缓期执行。轻罪法庭同时还宣判，禁止其在两年内从事接触儿童的教学活动。

2006 年 5 月，一名小学男教师因为下载恋童癖图片而被安纳西轻罪法庭判刑入狱 1 年，缓期执行。

2010 年 4 月，军队的一名将军因为持有儿童色情照片而被巴黎轻罪法庭判处入狱 10 个月，缓期执行。国防部部长还要求对其进行行政处罚。

一所大学的信息中心工程师，因为持有带有恋童癖特征的图片而被依法撤职，尽管其声称自己并不与学生接触。

最后，一名法官喜欢利用法院大厅霓虹灯光为穿着暴露的年轻实习生拍照， 2003 年他被法官高等委员会处分，调离岗位。

总之，公职人员持有或在电脑及私人终端上保存不良图片的行为将会受到处罚，即使这些行为发生在公职人员专业职位规定的各类活动场合之外。对公职人员来说，此类违法行为造成的后果非常严重，影响的不仅是其名誉，还有在工作地点调整后继续从事其职业活动的能力。这也正是为什么德国联邦行政法院确认对在公职时间之外被发现持有儿童色情照片的两位公务员的撤职决定。这也导致南锡行政上诉法院同样确认了对实习的地方台女主持的辞退令，仅仅因为其在办公室"观看了带有性倾向的视频"。当然，行政部门和司法机关都致力于对并不产生不利后果的错误和有预谋地收集此类图片的故意行为进行区分。和其他违法行为一样，必须严格遵循无罪推定。这就要求既要不惜代价地保护儿童，又要避免草率追责。

3. 性骚扰

22.121　宪法委员会取消轻罪行为规定后执行了 2012 年 8 月 6 日新法。2012 年 5 月 4 日，宪法委员会做出决定，裁定对性骚扰违法行为的定义过于模糊，《刑法》第 222－33 条的规定不符合《宪法》。

对这一条款，正在起草过程中的司法解释成果有助于指明这一新法的效果。此外，司法部通过 2012 年 8 月 7 日的一份通报，对这一法律规定进行了评论。

因此，公职人员对于之前能够构成性骚扰的行为，应该非常注意纪律风险和法律风险。

22.122　符合《劳动法》的规定。所有公共职务和《劳动法》规定的其他领域一样，他们的工作人员都不得有性骚扰的违法行为。1993年10月14日，公职部部长颁布了一份"有关利用在公职领域工作的关系，在性方面滥用职权的法律"的通报。"当嫌疑犯，一名戏剧艺术教师，通过威胁和严重的压力，尤其是滥用开除及其他职务赋予的权力，企图从学生处获得性方面的好处，上述提及的性骚扰就非常典型"。同样，一名医院的公职人员"因对其他公职人员多次进行性骚扰"而被刑事审判机关判刑，但他提出了上诉。行政法院法官指出，除了通常提到的"荤段子"，经常做出的"淫秽、侮辱和粗俗"的言语和行为，"含有性意味的不合时宜的动作以及不得体的举动"都有一个共同的名称：性骚扰。

施加压力并进行性骚扰的行为，不仅对他人的尊严，而且对公职部门的正常运行都会产生严重的影响。这些行为一旦被证实，它们带来的后果往往是承担相应责任的公务员必须离开公职部门，这正如一名联合国难民事务高级专员在2005年3月被迫辞职一样，他被前同事指控性骚扰。在瑞士，联邦法院判决监狱管理机关让一名监狱看守辞职的要求生效，因为该看守被明确指控对一名社会工作女助理进行了性骚扰。同样，在英国，受到性骚扰的女警察质疑对受其指控的警官进行调查的纪律部门组成人员均为男性。高等法院裁定这一质疑有效。

哪怕性骚扰施害者和受害者只是存在工作关系也不行，一名男雇员甚至在工作时间和场所之外，对女同事进行持续骚扰。

同时，对不当性行为还存在其他惩罚措施：一名教师亲吻自己的一个年仅14岁的女学生，这样的事实尽管构不成性骚扰，但法官可以追查成年人对未成年人进行性侵害这种违法行为的责任。

正如媒体在 2005 年 5 月曝光的"一名高中校长今年得不到学术荣誉"，因为他给自己中学里 16—18 岁的寄宿女生"写淫秽的信"，他由于"对未成年人的腐化堕落行为"而被审查，被司法机关控制，随后被停职。

拥有职权的公职人员接受性贿赂，这类似于性骚扰，尽管这两类行为不一定完全属性相同，这样的行为仍违反了规定，也将受到处罚。因为限制性规定会采用多种不同的形式。职业再教育中心的一名女导师，因为与一位"精神上比较脆弱且容易受人影响的"年轻实习生维持了恋爱关系而被依法停职两年。巴黎消防局的一名队长，因为与直接受其领导的一名新兵存在私人关系，"由于其他新兵认为他们之间存在明显的照顾嫌疑，为此，单位内部议论纷纷"。 2012 年 2 月，一名拘留所所长因为同样的徇私嫌疑被停职，他通过包裹、金钱或是电话卡与一名女犯人交换性关系，给她提供帮助。

D. 妨害自由

22.131 妨碍自由和滥用职权。 无须多言，任何有权采取限制性措施的部门在执法时，都应该非常谨慎，严格遵守法律规定，严格按照危险的程度采取措施。我们丰富的刑事司法和行政词汇，使得公务员能够合法地损害他人的自由权利，这就需要一方面上级机关对这些词汇做出解释，并经常对公务员进行监管；另一方面，这些部门在履行捍卫公务员自由的职责中，必须遵循司法机关的规定。

特别是有权力限制他人自由场所的公职人员，必须保证对时间期限进行严格管理，否则限制他人自由就变得不合法了。

但妨碍他人自由可以表现为其他形式，例如对下属监管过度，或是侵犯公民的通讯、媒体或私生活的权力，这些都是最高法院所禁止的。如果公职人员损害了这些公民自由，那他就不应期待得到刑事法官的宽容对待。

2010 年 1 月 4 日第 2010－1 号法令涉及对新闻记者的信息来源进行保护，相关机构尤其应该遵循这一规定，这也得到了刑事审判法官的严格监管。

那些必须要履行司法机关决议的人，如果对司法机关进行抗议、游行示威或是公开批评，而这些行为构成了对司法机关的压力，这就往往成为民主制度不健全的表现。

与此同时，法国最高法院刑事法庭保证，依法将某位公民置于司法机关控制之下的公职人员，不会根据第432 - 4条规定被追究责任。

E. 歧视

22.141　近年来一套已被付诸实践的强化机制…… 所有职业，无论是私人部门职业还是公共领域职业，都应遵循非歧视的原则，即使法国最高法院对《刑法》第432 - 7条做了严格的司法解释：如果美术学院的一名女院长以员工是非洲籍贯为由拒绝聘用他，那她将会被判刑。雇主方在与员工签订聘用合同时，要求员工将自己的姓氏从穆罕默德改为洛朗，这样的行为也构成了歧视。毫无疑问，在公共部门更是如此：如果一名市政警察在实习过程中遇到如下情况，"部门明显运行不畅，尤其表现为人员分裂成几个敌对的集团且对申诉人做出了含有种族主义意味的行为"，那么暂停其实习的决定将被撤销。

欧盟加入了反对歧视的斗争：2001年11月16日法令实施了2000年欧盟委员会的两个指令。欧洲理事会及欧洲议会2006年7月5日通过的关于在聘用及工作方面实行男女机会平等及同工同酬的指令，既适用于公职部门，也适用于私营部门，对直接和间接的性别歧视做了详细的规定，而且不同寻常的是，该指令还纳入了对性骚扰的规定。欧盟法院和欧盟公职法庭都确认，反对歧视是平等的应有之义。

有些欧盟成员国"没有履行义务"，指派一位法律代表，尽可能采取各种措施来追查国家武装力量的聘用过程中是否曾出现针对少数族裔的歧视性和种族主义行为"，此受到了欧盟人权法院的谴责。

2011年3月29日《组织机构法》设立了公民权利捍卫人机构，《组织机构法》第10条规定，在行政部门与其员工之间的关系中，凡是涉及歧视的，都适用于这一机构的管辖范围。2004年12月30日法设立了隶属于权利捍卫人机构的反歧视与促平等高级公署，该机构广阔的职权范围不仅没有将其限定为仅仅值值夜班，而是让其能够处理所有自然人或法人提出的申诉，涵盖所有公职领域。所有的公职人员都可以向该机构提出申诉，也会在自己被牵涉的申诉案件中受到该机构的质询。2011年5月18日，公民权利捍卫人机构声明，将季节性工作留给内部员工子女的做法，因为有关系的家庭可以获取这些短期工作，而没有关系的家庭则无法获得工作，因而构成对不同家庭状况的歧视。这一声明表现出来的原则同样适用于公职领域。

此类反对歧视的斗争主要涉及的是公职部门。这不仅包括欧盟"期望"计划（公职部门在就业方面实现公平的承诺）框架所涉及就业的公职部门，也包括所有公职部门。这些公职部门应该为此做好准备，并且应该高度关注反歧视与促平等高级公署的建议，例如2011年4月18日第2011－121号关于"地区歧视"的建议，言辞中提到某些地区名声不佳会使得有些人被排除在公职和公共服务之外，甚至无法接触到公民权利捍卫人机构。

最高行政法院针对法官群体中的职工歧视，通过两个重要的判决，对公务执行过程中的歧视做了规定。

通过2009年的佩罗案判决，最高行政法院确立了公共服务部门领域关于歧视的取证制度原则。

法官没有撤销判决，只是规定了针对同一岗位在不同候选人之间进行选择比较的必要性，比排斥特定人选的意愿更加重要。

第二个是通过2011年勒凡科判决，最高行政法院以员工歧视为由，在当事法官咨询了司法部部长及法国最高司法委员的意见后，撤销了拒绝任命当事人担任国立法官学院教师的命令，当然这并没有提出任何像样的理由来解释，为什么在没有其他候选人进行对比的情况下拒绝任命当事人，而且学院院长明确肯定了勒凡科的候选人资格。该判决书起草者的沉默也是对此做出的抗议，因为"这无法确定，排除勒凡科女士候选人资格而让国立法官学院相关岗位空缺好几个月的判决，基于的是与所有歧视毫不相干的客观因素"。和佩罗案相反，在此情形下，排除特定人选的意愿比在不同候选人之间进行比较选择更为重要。

从此以后，将会根据佩罗案的处理方法惩处对员工的歧视。

行政法院法官于是逐渐倾向于刑事法官的两大明确论述：一方面，法官将从总体上评判，雇主是否能够证明他是根据与所有歧视毫不相干的客观因素来做出决定的；另一方面，歧视是否存在并不一定意味着要与其他职员的情况进行对比才能确认。

行政法院的司法解释扩大至：

- 基于年龄做出的歧视。行政法院撤销了国家科学研究中心评审委员会的一份重要决议，该决议不合规定地执行了本单位的"决定"，不考虑招聘"58周岁以上的人员"，或是不再任命外国人担任德国外交部的合同工，唯一的理由仅仅是因为当事人已经超过了1969年法令规定的55周岁年龄限制。欧盟法院以及德国行政法官共同对年龄歧视进行监管。

- 基于健康状况做出的歧视。

- 基于残疾做出的歧视：如果一个国家不允许一位女律师或公共服务部门的女性员工在尊严得到保障的情况下进入其所供职的司法大楼，该国将因为间接歧视而被追究责任。

- 性别歧视：尽管行政法庭驳回了被歧视公职人员的主张，但做出了补充判决。在德国，针对从事教师这一职业做出年龄限制而没有考虑到为养育子女而暂停教学活动的时间，行政上诉法院并没有受理该歧视案件。

欧盟法院对因女性退休年龄造成的歧视进行处罚，法国行政法官同样判决对一位"长期做出一些在女性员工看来挑衅性的、下流的和不得体行为"的处方医生的开除决定生效。

- 基于性取向的歧视。《劳动法》对此类职业歧视做出了处罚，

《劳动法》确立的原则同样适用于《公务员身份地位法》。针对员工做出的"诙谐语调"的评论，构成骚扰和歧视。

- 基于国籍做出的歧视，行政部门应该考虑到行政法院和司法法院做出的法律解释。

- 基于所属工会不同的歧视。

- 基于宗教的歧视，一位市长仅仅以市镇议会一位女议员佩戴着"表明其信仰基督教的十字架"为由剥夺其发言权，这位市长自然受到了谴责。

司法解释针对种族歧视和宗教歧视做出了明确的规定。

F. 种族主义、反犹太主义

22. 151 针对种族主义和反犹太主义的斗争同样适用于公职领域。 一名高级法官在协会的杂志上发表了一篇内容为针对一名同事的蹩脚文字游戏的文章，其中有一句"列维走向了火炉，最后自焚了"，最高行政法院认为这只能"让人联想到第二次世界大战中犹太人民遭受的种族大屠杀"，这位法官在议会中挑起了一个令人愤慨的话题，最后他被依法开除公职。作为地方公务员的一名社区工作女负责人，提议在招募推荐给社会援助办公室的家政助理时，要避免招募有色人种，她犯了一个将会让她丧失公职且将依法受到惩处的错误。宪兵队中出现了穆斯林宪兵认为非常震惊的行为，司令部立即展开了调查。一名安全协管员身着警察制服的照片出现在博客里，并发表了宣扬暴力和种族仇恨的言辞，他立即被依法停职。在德国也同样如此：联邦行政法院判决针对一名公务员的惩罚生效，因为他公开地在单位食堂中发表种族主义和反犹太主义的言论。

在国民警察队伍中，国家治安职业伦理委员会以及现在的公民权利捍卫人机构通力协作，反对警察部队中的歧视行为。在 2011 年给国民议会的回复函中，内政部长提到，自 2006 年以来，23 位警察因为种族主义的行为而受到惩处，2006 年 12 月 21 日内政部与反歧视与促平等高级公署达成了一项协议，该协议被延长至 2008 年 12 月 5

日，合作仍在继续。本着同样的精神，内政部长与伊斯兰教法国委员会主席于 2010 年 6 月 17 日签署了一项框架协议，以便统计和监测针对法国穆斯林的敌对行为。

在 2005 年的回复中，内政部部长提到了以往很少在行政部门公开谈论的话题。在列举了 25 个社区的警务改革试验之后，他又说道："在维护日常秩序的警队中往往存在来自各种族裔的众多公职人员……"这一措辞将会引起众多议论。公职人员的培训包括职业伦理、民族知识以及敏锐甄别种族主义、反犹太主义或是排外行为方面的教育（10—31 课时）。内政部部长最后提到："自 2005 年 1 月起，就向警察队伍和宪兵队伍发放了反对种族主义和反犹太主义的操作手册……"

教育是一个非常敏感的领域。针对种族主义和/或否认犹太人遭受屠杀的历史修正主义言论，纪律处分程序将会启动。一位讲师因为发表强烈赞同种族主义和反犹太主义的文章而受到了处分。在这个案件中，一方面科研人员有独立开展科研的自由，"并没有知识中立的任何义务"，有时也可以"主动引发激烈的论战"；另一方面"这位讲师做出了犹太人遭受纳粹种族清洗的否定主义、种族主义以及反犹太主义的带有激情的表述，这些与宽容及客观性毫不相干，而是大学教师这类特别的公职人员不应拥有的言论自由"，政府特派员对两者进行了很好的区分。

由于在 2004 年 10 月发表的针对毒气室的言论"可能带有对犹太人遭受纳粹种族清洗的否定主义意味"，里昂三大的一位教授在纪律委员会做出决议之前，被禁止进入该大学的各类场所。这一决定被最高行政法院终止执行，但 2005 年 2 月 3 日，在该教授的反对者和拥护者经过几次斗殴之后，国民教育部部长"出于公共利益"，对当事人做出了新的停职决定。这一次，部长的决定被裁定有效。

在公职人员招聘时，不应针对"本人及配偶的出身、宗教信仰行为"提问，这些问题与评判国民警察职位候选人能力的标准无关。

市长及其领导的政府机构不能利用城市规划及市政建设的权力来阻止外国人或特定的其他人使用部分建筑：法国最高法院对刑事指控做了严格的解释，不能对这位市长提出指控，尽管他有嫌疑"利用优先购买权来拒绝某些姓名带有外国发音的人员行使已经获得的权利，比如这些建筑的租赁、居住等"。

在任何情形下，行政部门都应该对损害他人尊严及危害社会安宁的言辞和行为，承担其应尽的职责，这是必须的。

法官敦促行政部门履行职责，前提是尊重证据和无罪推定。

G. 精神骚扰

22. 161 精神骚扰由来已久。 马塞尔·埃梅的著名小说《穿墙记》的主人公迪特律是"登记注册部的一位三级公务员"，被新上任的"副处长"骚扰。他的位置被调到走道尽头，位于一个"光线昏暗的破旧小房间里"，他被当成了"墨守成规的小喽啰"，而且文学创作计划被束之高阁。但当他意识到了自己的能力，就开始骚扰这位副处长，他只是"像打猎归来的战利品装饰一般"将头伸过墙壁，开始辱骂这位副处长："先生，您真是个流氓、蠢蛋、小混混"。骚扰立竿见影："第二个星期刚开始的时候，一辆急救车来到了他（副处长）家，把他（副处长）送到了医院"。

即使没有《穿墙记》这本小说中提到的特别能力，有些公务员饱受骚扰之苦，或本身就是骚扰者。因为在这种情况下，骚扰者并不一定是雇主或上级。有可能是来自同事的"平级骚扰"，也有可能是来自下属的骚扰。还有可能如德国小说家汉斯·法拉达的长篇小说《小人物，怎么办？》中描述的那般，由企业外包服务供应商进行的雇员骚扰，以提高销售量，但只要这些方法危及职员的尊严或健康，最高法院将对此进行惩处。

反骚扰还需要进行恰当的管理和对公职人员进行培训。

在经过多次辩论之后，2002 年 1 月 17 日法设立了精神骚扰的轻罪罪名，同样适用于行政部门，因为该法第 178 条在 1983 年 7 月 13

日"权利与义务"法上增加了新的第 6 条。 2010 年 3 月 26 日雇主联合会签署的一项全国协议，由 2010 年 7 月 31 日部级法令拓展至所有的工商业，从而凸显了这一内容的重要性。

根据《刑法》第 222－33－2 条的规定，精神骚扰是通过各种形式（要求调离、放弃职位、要求退休、要求辞职或要求放弃公职），让当事公职人员遭受不正当行为的压力，这些压力会影响其对自身的考量，从而迫使其离开公职岗位。根据法律本身的表述，精神骚扰要求三要素同时存在： 1）公职人员工作条件恶化； 2）损害公职人员的尊严和/或健康； 3）存在"反复出现的"不正当行为。对此的取证比较简单，被骚扰者只需要确认存在能够让人推测定为骚扰行为的事实，那么雇主方必须对此做出解释。

自 2002 年以来， 1）刑事法院和行政法院法官都曾指明了骚扰的界定范围； 2）这些法官非常谨慎，他们排除了虚假的"精神骚扰"； 3）但对法律定义范围内的精神骚扰行为进行了处罚。《法国外交部职业伦理指南》（2011 年 9 月颁）专门对"精神骚扰"列出了一张表格。

22.162 1）法官已经指明了骚扰的界定范围。法国最高法院分别追究了肇事者精神骚扰故意的责任，规定雇主方承担结果义务，并裁决经行政部门同意的解聘许可，不能让受到保护的员工向劳资调解委员会法官以精神骚扰为由申请取消解聘，但也不能剥夺其就遭受的精神骚扰申请损害赔偿的权利。最高行政法院在 2011 年 7 月的裁决中，指出了在行政部门之后，最高行政法院就受害人揭露的精神骚扰不当行为及行政部门提出的与骚扰毫不相关的推论之间进行的对比权衡，尤其是受害人的行为：她的行为被认为构成了精神骚扰，一旦精神骚扰成立，"涉及的不当行为性质将拒绝考虑，但本来却可以考虑到受骚扰的公职人员的行为，从而减轻对其造成的损害结果。"这样一来，法官通过援引佩罗案的推论，指出了精神骚扰的取证方式。因此，法官完全承认了骚扰罪行的逻辑，独任推事让法官"充分参与了变革，通过同样一种行动，这些变革改变了我们的权利、劳动权利、刑事权利及行政权利。这里所说的不是推翻公共力量的契约条件，而是在已有的法律框架内，加入了一个类别，这个类别能够将其所有的效力授予给一个新的司法理念。精神骚扰对应的是一个滥用行为，需要由您来严格认定。认定构成骚扰是项复杂的工作，而其特征应该是非常明显的。但公职人员一旦被认为具有骚扰受害者的特征，那在他看来，自己所在的单位只能承担全部或部分的责任"，法官据此承认了骚扰罪行的整个逻辑。

司法法官还提到，雇主方有责任预防精神骚扰不当行为。它应当承担结果安全义务。甚至对于单位之外的第三人对其员工的精神骚扰，它也必须承担责任。

行政法院法官确认，精神骚扰属于卫生及安全委员会的管辖权限范围。

尤其是，根据保护被骚扰者法律的规定，在揭露骚扰行为时，行政法院法官承认放宽审慎义务的认定标准。 2011 年，马赛行政上诉法院做出了两个重要说明。一方面，被骚扰者不能被免除所有保留义务，"该公职人员必须保证不能不当地损害（其所在行政部门）的声誉，以其语调或内容，做骚扰行为产生范围之外的描述或批评"。另一方面，被骚扰者不应否认其审慎义务，在当地媒体上发表抗议"拒绝作证"或对进行骚扰的医院院长设立的"制度"进行抗议的文章。对骚扰进行处罚的逻辑，不得抵消过于沉重的审慎义务。对骚扰的公开揭发，是终止骚扰行为的首选武器。

同样道理，无论是私营部门还是公职部门的员工，在将骚扰行为告知劳工督察后，都不能因为指责雇主方进行了骚扰行为而被解雇。

至于被骚扰者为证明骚扰存在而搜集的证据，法官会接受以任何方式获得的有效证据，证词、医学证明、信件复印件或是电子邮件，甚至是骚扰行为施加者写的能够证明挑衅和下流行为的解聘信。

22. 163　2）法官非常谨慎，努力排除"虚假"骚扰。最初的几份判决表明，最高法院和行政法官一样，都不接受那些企图将行政部门行使正常（组织和纪律）权力等同于精神骚扰的申诉。于是，机构的重组、上级机关正常行使权力、公职人员与其上级之间矛盾关系或是"分歧"的处理、对无理由旷工要求做出书面解释的事实、对青少年司法保护、在地方政府或是尼斯歌剧院工作中因能力不足受到的处罚……这些都不是精神骚扰。同样，如果一位行为粗暴的公职人员经常辱骂同事，在其供职的监狱中心管理层会议上被赶出了会场，那他并不是精神骚扰的受害者。同样，如果一位大学教授被逐出了法德合作的高校合作项目，因为其与德方的关系给整个合作带来了负面压力，那他也不是精神骚扰的受害者。同样，抑郁的状态并非必然与工作相关，只要公职人员"没有证据证明其与单位的女副校长关系恶劣且这种恶劣的关系影响了他的健康"，或是单位证实其所采取的措施能够让该公职人员战胜自己面临的困难。

2004 年 11 月 5 日，图卢兹上诉法院撤销了上加隆省劳资调解法院的判决，并裁决"对从事工作方式的惩戒属于雇主的职权范围，雇主应该保障企业的正常运行，即使员工没有被证实犯有错误，这也可以得到合理解释"。也就是说，即使雇主是以非常不客气的或是批评的口吻做了命令，这些命令也不能被理解为骚扰。精神科医生工作职责和工作条件的变化，只要其理由是单位组织调整，这也不能被当成是精神骚扰。同样，行为表现不佳的方式，"不仅没有表现为个性，而是表现出让女性雇员工作环境变差的违法意图"，也不属于精神骚扰。

一方面，"作为受害者的"公职人员如果本身比较咄咄逼人，另一方面这种侵害事实没有经常重复，这样的精神骚扰行为也不大会得到承认，行政部门最后会采取反骚扰的处理方式，例如法国邮政就采取了反骚扰"议定书"。

最后，拒绝对精神骚扰展开调查，也并非不当行为。

国际法院采取了同样的谨慎态度。

通过 2011 年 3 月 11 日的弗朗特诉萨卡尔案裁决，联合国上诉法院驳回了因对联合国秘书处一位女职员进行精神骚扰而施加处罚的请求。

22.164　3）但国际法院会对做出司法界定的行政部门的行为进行处罚。

对精神骚扰的处罚既可以是主动做出的（对骚扰者或容忍骚扰的单位进行处罚，或调离骚扰者），也可以是防守性的（不去处罚受害者针对骚扰做出的反击行为，而是对骚扰产生的后果进行弥补）。

因此，以下行为构成精神骚扰：

● 要求对已经执行的工作每天做一个汇总表的事实，如果汇总表没有及时上交，就让秘书处打电话询问。

● 毫无理由地收回工作手机。

● 将合同工隔离到一个小房间，且条件与合同制公职人员职务待遇不符。

● 设立一项新的工作任务，并且毫无理由地每天都去上司办公室。

● 仅仅由被骚扰者管理的人员来传递指令的行为。

● 将工作任务交给其同事但不去通知其本人的行为。

● 没有得到上级的事先委派就什么都不做的义务。

● 对员工严格执行标准，而此类标准之前可以允许其不遵守约定或爽约。或是突然取消分期付款。

● 向公职人员指派与其职务无关的工作任务。

而且法国最高法院社会事务法庭通过 2006 年 6 月 21 日的重要判决，谴责的不仅有进行骚扰的管理人员，还有被认定在员工尊严方面负有结果义务的雇主。

22.165　**行政部门对精神骚扰进行惩处。**　因为行政部门有义务对骚扰的嫌疑进行细致周到的行政调查，包括对提出调查申请时仍处于长假中的公职人员进行调查，因为骚扰可能与其之前履行的公职相关。市长及其一位助理，"因缩短市政府一位女秘书的工作时间、单方面改变作息时间、拒绝让她进入工作场所、决定将她隔离在一个房间以便对她查阅文件进行监管、更改她的电脑的密码、迫使其向市长及其助理道歉"等行为，在对这位女秘书的精神骚扰案中被认定有罪。让一位公职人员继续担任与其级别和能力不相符的工作职务，将会造成错误，需要国家来承担相应责任。

精神骚扰的形式和方法各不相同，但法官懂得如何甄别这些骚扰，即使行政部门拒不承认：

- 对女下属做出侮辱性的言论和有失礼仪的动作。

- 狩猎局公职人员长期以来对一位资历及其诚信多次遭受质疑的公职人员的行为和职业能力进行诋毁，但从没有对这位同事启动职业能力不足的解聘程序或纪律处分程序。尽管如此，责任将根据该公职人员在其职务中的"持久恶意"事实进行划分。

- 削减特权，收回签字授权，侮辱自己的两个下属，而且其中一人为自己上司的妻子。损害退伍军人跨部门领导机构原副主任的荣誉和尊严。

- 剥夺其大部分职权的情形。

- "对证人进行毫无根据的指责、冒犯他人的批评、不合规定地取消他人工资"，市长对市政府一位女秘书自由进入市政府工作场所和自由使用电脑设置重重障碍。

- 高压的工作氛围，将公职人员置于猜忌、害怕和不安的环境中，充满阴险和让人曲解的言论，质疑市立音乐学校公职人员的职业能力和损害其尊严。

- 护理部门一位干部对受其领导的公职人员做出的不当行为，此种情况被判定为这位干部的个人过错，与单位无关。

- 财政部对一位行政专员"剥夺其大部分职权，并取消履行职权的经费"。

●"高压管理"：行政主管接受了一种足以改变其行为性质的"辅导训练"，为了保护由其领导的所有公职人员的身心健康，撤销其职务是符合法律规定的。

比起私营部门，行政部门的精神骚扰具有以下特征：

● 长期性：如果骚扰者和被骚扰者身份都非常稳定，且持续对抗而没有可预见的职务调动或可行的解聘可能。

● 隐蔽性：骚扰者有的是时间，可以逐渐施压，并且慢慢将相关公务员逼向放弃、孤立或干脆放弃公职。

● 死抠法律条文：这些公职中存在的矛盾会先后被人数均等的行政委员会的意见、饱受争议的概念、一无用处的谈话以及各种诉讼前救济手段变得更加复杂。

但所谓的杜撰的"骚扰"，其唯一的目的就是应对即将到来的纪律处分行为，对出于难以融入职位而不得不进行的职务调整提出异议，或是对认为不应有的处分进行报复。此外，以精神骚扰为由，并不足以证明撤销这些处分的合法性。

第 2 节　需要遵守的其他法律

22.171　一般法定义务。无论是否在执行公务，所有公职人员都应该遵守其他法律规定，诸如在安全、考试、税收、关税、名胜古迹、环境以及城市规划等领域。

公职人员必须遵循"私有财产神圣不可侵犯"的原则，而且不能直接去私人开办的企业任职：即使是 1870 年在巴黎被围困时期，经过作战部部长批准设立的被称为"共和国骑士"的独立部队，如不经过其他合法程序，都不得从私人处征用马匹。

在这些专门立法的框架内，公职人员应该提防违法行为，尤其是履行公务之外的违法行为，因为这些行为是与其职务性质背道而驰的。

公务员不应在考试中作弊。 2003 年，一位警官因为想要了解考试主题，在自己要参加的警官考试评审委员会的办公场所放置了一个窃听装置而被开除出国民警察队伍。

警察不应该不知道长病假期间允许外出的时间规定，否则根据国民警察队伍任职一般条例第 113－52 条的规定，他将面临处罚。

公职人员不应从其单位另一位被监视居住的同事住处窃取这位同事对在同一部门女性工作人员进行性侵害和强奸的证据。如果是上司授意让这位公职人员去盗窃这些证据，那么这位上司的意图会让"整个单位名誉扫地"。

海关官员参与走私商品卸货，尽管这一行为发生在其履行公务期间但没有受到刑事处罚，这位官员还是应该受到惩处。

参与毒品交易或无证驾驶的士兵也是同样的情况，因为这会让"军人团体"和军队声誉面临危险。

与此同时，公职人员也会受到这些专门法的保护。

公职人员在卫生权益方面享有与其他病人一样的保护：因此，行政部门一般来说不得以单纯的部委决定，强制公职人员接种某些疫苗，而这些疫苗接种对于一般人来说，需要由最高行政法院根据《公共卫生法典》第 L. 1311－1 条的规定做出。

2004 年吉勒·勒沙特利耶一案的结论，承认了仅仅对军队例外。这些要求，只能是出于公共利益的目的而被人理解。

第 3 章
宗旨和公共利益

第 1 节　原则的含义

23.11　探究意义。公职人员的宗旨以及民选官员、法官、公务员、军人的目标仍是维护公共利益。这个古老的概念[1]构建了公共行为的合法性与局限性。社会的公共利益表现在国防、社会公正、公共安全、教育培训、社会保障和出行自由等方面。

把公共利益作为前提，这意味着在民主社会中，人们达成一致，通过集体意志、集体设想论证公共生活中的行动或必要的禁戒。公共利益显然并非"法国的特例"，也不是我们对"法国式"公共服务的独特理解。欧洲人权法院在打击动物流行病时采取了大刀阔斧的措施，为此使用了"保护公共利益"这一概念。它已获得国际公认。大部分欧洲国家根据公共利益规定公职人员的伦理道德。

- 《德国联邦公务员法》第 35 条规定，公务员应

---

① 参见关于"公共利益"的精彩注解， B. 塞耶著《行政法》中《起源和法官》，弗拉马里翁出版社， 2001 年，第 292 页。

"为了公共利益行使职务"。

● 在英国，有人质询善政的权利[①]及管理中的公共利益[②]是否存在。

● 在德国，有人质疑是否存在"欧洲公共利益"。

● 西班牙 2005 年 3 月 3 日 APU/516/2005 号命令，即《公务员善政法》规定，公务员应致力于满足公民的共同利益，基于客观的、以共同利益为导向的考虑……

● 意大利， 2001 年《公务员道德伦理法》强调，公务员的追寻目标只有公共利益。

● 日本公务员应在履行职责时，以增进公共利益为目标[③]……

当然，行政部门绝非公共利益的垄断者，公共利益的首要捍卫者是公民及其创建的机构，如协会、互助组织。

当然，这个方便使用的概念也曾因语义模棱两可、灵活多变和意识形态性而遭到批评。

但公共利益这一概念仍是社会对成立国家这一选择的总结和标志。国家不仅提供服务，同时也是维护公共和平的工具。

国家和其他公共团体以公共利益的名义，避免或限制内战的发生，但这种威胁始终存在，被掩盖在"紧张局势""犯罪""恐怖主义""城市隔离区""暴力""种族主义"这些术语之下。

只需重读一遍西塞罗的话："一些人说，他们不会为了自己的利益剥夺父亲、兄弟的任何东西，但对待其他公民就并非如此了。这实在荒谬。这些人提出的原则是，对他们和其他同胞而言，不存在任何旨在维护公共利益的法律义务和社会联系；而这种观点撕裂公民间的一切社会关联"。

---

① 苗礼治勋爵，《欧洲法中善政的权利》，收录于《公法》， 2002 年夏，第 309 页。
② B. 芬塔克，《管理中的公共利益》，牛津大学出版社，牛津， 2004 年。
③ 参见《国家公务员道德法大纲》，第 1 条（4）。

或者重读饶勒斯对青年的讲话[①]："建立共和国等于宣布，数百万人自己就能描绘行为的公共准则 [……] 拥有足够的时间和精神自由关心公共事务"。

公共利益并非简单的参考指标，它是在政治、观点、行政部门本身和法官的影响下建立起来的，尽管这些影响有时相互抵触。

23.12　公共利益。

● 不能被公务员的个人职业利益"吞并"："只能是为了公共利益派遣公务员执行任务"。尤其要注意，如果其目标仅仅是为该公务员谋求"新职务"，就不是合法的"任务"。

● 当然不等同于个人利益的总和。正如 1592 年 10 月查理六世在关于巴黎地区水源分配的信件中所指出，禁止个人安装支管，因为这种做法"严重损害破坏公物"； 2000 年前后，法国出现了干旱问题，很难让人在枯水期遵守用水限额，也凸显了广泛的公共利益与狭隘的个人利益（从玉米地到游泳池）之间始终存在的冲突。

● 可能具有多重性，因为多种相互抵触的公共利益会展开竞争。例如，关于军营的国防和环境利益，抑或公共卫生的利益和旅游业的利益；

● 意味着公职人员具有以服务为宗旨的意识。当然，总会有工程师维护公路、数学家计算统计数据。这就是戴高乐将军 1944 年 8 月 9 日关于重建共和国法制的法令中提及的永恒的"使各项服务顺利运转的广泛利益"，他以此解释为什么不可能废除维希政府的全部法律。今天，经验丰富的公职人员始终自省服务的宗旨，并且知道在某些时刻，追求"各项服务顺利运转"这一目标并不足以让他为一些与伦理道德及共和国价值观相对立的"合法"行为背书。

23.13　"行政道德"。 和司法法官一样，行政法官关注"道德"，在特定情境下，他们关注的则是"行政道德"，即行政行为带

---

① J. 饶勒斯，《对青年发表的讲话》， 1903 年，阿尔比中学颁奖仪式。

来的最低限度的信任。正如布莱邦主席在1972年所表示，损害行政道德的行为同样打击公务员的士气。

早在1929年，奥里乌的弟子H. 维特尔就强调"行政道德"——可能比合法性要求更高——与"伦理"之间的关系："（法官）监督所谓的行政部门的道德行为，主要是因为这种行为应该与公共机构做出行政决策的目的一致。通过这种监督实施对行政伦理行为的判定"[1]。

行政道德既是准则，也是辅助技术。正如行政官员和法官的肺腑之言：行政道德调和了行政部门行动与宗旨之间的矛盾。行政道德更是一篇宣言，宣告着行政部门能更好地提供服务与规范自身：既享受福利又要遵守原则；既按部就班又要心怀大局；既立足当下又要放眼未来。

即使存在特例，也不允许损害行政道德。

第2节　准则的变通：特例情况

23. 21　特例。 托克维尔[2]认为："政府不断允许人们援引特例，而不按它自己的命令办事。它很少破坏法律，但它每天都根据特殊情况，为了办事方便起见，悄悄地将法律向任一方向扭曲 [……] 条规强硬严峻，实行起来软弱松怠"。

今天的行政部门是否成了"软弱松怠"的行家里手？它既为自家公职人员也为服务对象提供特例。但根据1995年孔特勒穆兰案的判例，行政法官要求在一视同仁的前提下实施特例。

23. 22　a）涉及公职人员。 在行政部门人员的内部管理方面，法律法规允许在就任某些岗位的规定上有"特例"。

---

[1] H. 维特尔，《行政道德的司法监督》，博士论文，南锡，斯雷出版社， 1929年。
[2] 托克维尔，《旧制度与大革命》，《旧制度下的行政风尚》章节， 1856年。

但这些特例情况不得"损害行政道德"，例如某部委法令规定，部长的直接助手的出差住宿补贴优于公务员；也不能忽视平等性：例如破例向一位监狱守卫发放津贴，却不向另一位守卫发放，而并没有任何理由解释这种差别待遇的合理性。

为获取职务而搞特殊化的倾向始终存在，并且越来越多，对此，法官严加监管：为了获得信息化项目主管的职务，为了获得部门主任和处长的职位。对竞争规则的特例情况都有严格的解释。

法官认可，在符合部门利益的情况下，有可能破例向某一级别的公职人员授予通常由较低或更高级别的人员担任的职务。

法官也承认，为保障竞争管理委员会主席工作的独立性，法规制定机构规定的年龄限制可以有特例情况。

还需要确定的是，"在特例条件下"，是指对同一行业公务员在一视同仁的前提下允许有特例。

最后，这些特例应该有程序作为保障，避免随意操作。共和国总统在对 1936 年 10 月 29 日关于养老金、工资和职务并合的命令[①]所做的报告中，明确地表达了这一点，具有普遍意义。

23.23　b）涉及服务对象。　行政部门规定在许多情况下，出于工作的必要性而非其服务对象义务的考虑，可以突破它自己制定的规定。民选官员或公务员应谨慎利用这些可能情况，积极论证，在特例情况的实施过程中遵守平等原则。

司法部部长可以以政府通报的形式规定，出于哪些涉及"监狱系统秩序安全"的理由，能够在参与和代表程序中出现特例情况，突破 2000 年 4 月 12 日《公民与行政部门关系法》的规定。

---

① "无论文本多么精心地阐述这些规则，为了某类人员的利益，或是在一些特殊情况下，仍有可能出于严肃且由事实证明的考虑，必须放松严格的规定。为了避免这些特例情况的随意性，在做出任何决策前，需征求并合工作高级常任委员会的意见。"见《1936 年 10 月 29 日关于养老金、工资和职务并合的命令》，收录于《10 月 31 日公报》，第 11360 页。

但并非所有特例情况都能获准。即使出于公共自由的理由，也不能存在针对某项公共服务职责的系统性特例情况。

只有法律能够授权采取针对法律的特例情况：行政法官废止了劳动部部长关于允许"'行业或企业孵化园'打破公法规定的（涉及劳动的）行为"的政府通报。

第 3 节　违反准则：滥用职权

23.31　不了解其宗旨。应确立普遍利益或"公共利益"的准则，但这不能成为万能钥匙，为了公共团体的利益而忘记公法法则。

23.32　概念。滥用职权指不把法律授予公共机构负责人、民选官员、法官、公务员或军人的特权用于服务公共利益，而是用于个人利益或爱好。滥用职权必须受到惩处，也确实有为数众多的决议惩处滥用职权现象。但与有时所宣称的相反，这种现象并非消失在即，在公共服务领域，这种现象尤其明显。滥用职权的目的可能是损害或优待某人：这两种情况都与良政截然相反。

一、损害

23.41　注意。滥用职权包括开除一切公共职务、开除现有职务，疏远、削弱或打击作为损害对象的公职人员。

23.42　开除一切公共职务。

● 因与公务无关的理由撤除一名医生的学监职务，事实上市长希望为自己留出该职务：这是滥用公共职权的典型案例。

● 因"与公务无关的理由"开除一名市政府职员、一名市政府秘书、一名市政府实习秘书。

● 解散一支抢险队，只为了排挤刚被任命为队长的公职人员。

● 一名铁路检查员被退职，而这一措施的"原因与机构利益无关。作为起诉方的这名铁路检查员与一名上司对一起事故的责任意见不一，此后他便不再被推荐晋级，并被分配一些辛苦程度超过其承受限度的职务，但其实还有一些与其健康状况相符的职务可以分配"。该案例属于工作骚扰。

- 撤除由一名被停职数次的公职人员所担任的乡村警察岗位，其实是变相的撤职。

23.43 开除现有职务。

- 解除法属波利尼西亚一名教育局长的职务，真正原因是他向高级专员了解如何采用法律程序使一名调令已被行政法院撤销的教师实现岗位调动。

- 解除一名监狱行政主管的职务，但这一措施的原因既不是由于此人的工作方式，也不是为了机构利益而必须采取的措施。

- 解除一名市镇副秘书长的职务，借口是此人无法胜任。实际上只是为了惩罚这名公务员的政治取向，他在选举过程中遭到了将当选的地方议员的非议。

- 解雇蒂勒军工厂的一名工长，原因与其工会活动和政治活动有关。

- 解除一名国家市政工程师（他也是卡斯泰尔诺达里市市长）在财政总监察署（查验铁路公司账务）的职务，唯一目的是在市镇议会选举前几个月就收回让他能方便来往卡斯泰尔诺达里的交通卡。这是内政部部长和公共工程部长对地方支持者所提要求的回应。

- 解除计划生育中心负责医生的职务，因为她开始批评雇用她的省政府。

23.44 疏远。

- 调离一名女公务员，因为单位负责人对她的丈夫不满。

- 为了调动一名公务员而新设一个税务员职务，唯一目的是调离一名拒绝退休、不"让出"让人觊觎的职位的公务员。

- 调离一名小学校长，原因是他与市长的关系不和，可能会损害学校正常运行，但"实际上是为了调走市长的一名反对者"，而该校长领导的一家批评派协会"与市长的论战处在正常范围内"。

- 调动一名法官，只是为了其替代者的利益。
- 将一名负责调查敏感案件的警察调至远离大众视野的警察培训机构，这也令人生疑。

23.45 削弱。

- 拒绝将一名工作人员转为正式工，唯一目的是惩罚他积极参与工会活动的行为。
- 降低市政府一名秘书的权限和待遇，但"这一措施并非为了机关的利益，而是为了满足一些出于个人考虑的需求"。
- 向下辖的一名检察官发放的奖金金额低，"唯一原因是发放人、总检察长和该检察官对如何发放这份不定额奖金的模式有分歧，与该检察官的工作量和工作质量无关"。这是违法行为。尽管决议中未出现滥用职权的字眼，但也不远了。

23.46 打击。

- 拒绝将一名教师调任为伊西莱穆利诺男校校长，表面上是为了机构利益考虑，实际是打击这名教师。
- 任命一名公务员，为的是阻碍另一名公务员在长期病假后重返岗位。
- 拒绝将一名公务员纳入高级公务员行列，"原因与其职业成就无关"。
- 降低一名公务员的绩效奖金，不是根据他的工作表现，而"只是为了促使他申请退休"。
- 调动一名军医，是为了"惩罚"他曾提出辞职。
- 恶意拒绝一名职业抢险队军官升职，"原因与其工作表现无关"。
- 使一些正式公职人员被一个由公法人监管的协会聘用，从而丧失原有身份。
- 在沃克吕兹省博莱讷，宣布该市镇不再征召一名医生"对非教会学校进行医疗监察"。

二、优待

23.51 优先。在损害第三方利益的情况下，违反平等原则，优待亲近者、亲属、助手属于滥用职权。这方面的例证并不罕见：

- 设立高层职位，"唯一目的是为（机构中的）一些干部获取职业优待"。

- 为了同职务的其他公务员的"个人利益"，开除非德占区的一名行政总稽查员。

- 修改总监察员职位的身份要求，使"一名确定人选可获得任命"。相反，在一些非典型案例中，尽管情况可疑，但不属于滥用职权。一名评论者谨慎地将这些情形归纳如下："可以修改某个职位的身份要求，使得不符合该身份要求的任命条件的人选可以获得任命"。

当然，在今天看来，这些"特定"任命是为了安置第三方而令人费解地调离某人，这样的行为是不可想象的。但是，如果此类行为再次发生，公职人员及其服务对象应当了解滥用职权的判例。这些判例都是智慧的结晶。

国家或地方行政部门习惯了争执不下，所以常常在官员晋升方面遮遮掩掩，为了避免滥用职权的风险，常常使用不透明的运作手段，引人遐想。他们倾向于用各种机构重组掩饰将官员调离领导职务的行为，这体现了具有传统特色的信念或方法上的说一不二：例如，撤销更换劳动部社会保险司司长的命令。

行政部门的权威和对公职人员的尊重更多体现在调动和更换负责人，而非针对个人的机构重组。

这是因为对于滥用职权的公务员来说，这种行为仍是一种抹不去的烙印。从狭义的成本-收益比角度看，滥用职权更是不值得。它给行政部门打上了烙印，尤其是给当事人公务员个人打上了烙印。

第4章
价值观：自由、平等、荣誉、不间断、谨慎、尊严、中立、非宗教化

第1节　价值观（与私营行业不同）

一、"价值观"的概念

24.11　概念特性。公职部门的"价值观"这一用语在法国法律和关于该主题的论文中并不常见，它的人工痕迹似乎过重，意识形态色彩太浓，并且可能侵害公共机构的中立原则。我们清楚地知道何为法律"原则"和"《宪法》目标"，相比较而言，价值观侧重于个人层面，因此更应该谨慎运用这一概念。还有一重更深层的原因，那就是"价值观"和"原则"的共同之处在于要求很高……难以遵守：伊莱娜·内米洛夫斯基在《误解》中提醒我们注意这一挑战："教育赋予了我们所有这些顾虑和敏感，和其他事物一样，这些都是奢侈品，但更加笨重。还有这些条条框框，在意识中形成了一种类似于哥特式座椅的东西，很硬，靠背很高，很漂亮却很

不舒适"。

一些案件涉及外国人所质疑的"奠定我们社会基础的公共生活原则",只有在审理这些案件时,行政法官才会明确使用"价值观"概念。拒绝让一个推崇"摈弃法国社会基本价值观的"激进主义运动的外国人获得法国国籍的案例正是如此。

除此以外,在公职领域,法官认可的"价值观"只有"服务的价值"或1983年7月13日《公务员身份地位法》第17条规定的公职人员的"职业价值"。法官并未明确地把公职体系的任何"价值观"立为打开道德规范大厦的钥匙。

不过,公职体系的特性仍在于它始终参照几条基本"价值观"。我们所指的"价值观"是激励公务承担人的价值准则,而非社会学家所描述的为接近"公务员社会政治领域"的"动机"。这些"动机"包括"一致性"(不违反社会标准)、"权力"(获得财富,发号施令)、"享乐主义"(消遣,取乐)。这些"动机"当然存在,但如果与价值观混淆①,则无助于建立改革所必需的基础。

在道德规范方面,价值观的概念表现为五种特征。

24.12 首先,价值观是包罗万象的。"价值观是为了尽力实现社会关联的和谐统一而力求达成的规划和准则,不是昙花一现的,是能够抵御破坏、混乱的"。加拿大人认为:"价值观是深层的信仰,影响我们的态度、行动和面临善恶所做的选择 [⋯⋯]"。《公职法》的作者们认为:"国家的运行不能忽略参考的价值规范"。让-皮埃尔教授在其《行政部门伦理学》一书关于"行政部门伦理的标准基础"的开篇段落中致力于对"价值观"进行描述。例如杰基·理查德有一篇关于"公职伦理"的文章。例如,保罗·贝尔纳省长对其职业生涯的反思最终归结为"价值"这个词:"关于省长的道德规范,有一些不成文的规矩,与某些职业公会可能出现的情况不同,其目的并非维护

---

① J. 瓦希和 B. 汉默,《价值观体系是否普遍适用?》,拉马丹出版社, 2003 年。

行业的廉洁，而是尊重一些更高的价值。作为国家的代表，其本质决定他更是这些价值的担保人：对人的尊重 [……]，对国家至上的尊重 [……]，对普选的绝对尊重"。

例如， M. 西里加尼向政府提交的 2008 年《公职部门前景展望白皮书》的三大部分中，一个部分专门讲述"公职体系的价值观"，并提议推出一部《公共服务价值观宪章》。例如，许多伦理学文献依托于对价值观的论述。 2010 年，法国社会保险金和家庭补助金征收联合会宣布了六条价值观："尊重个人和环境、严格保密、平等对待、团结精神、专业精神、正直廉洁。" 2012 年，法国财政总局《道德规范守则》第 5 章阐述了"财政总局的基本价值观"，以廉正为先。

24.13 第二，具有《宪法》基础。 在这一方面，它已融入原则方针，触及基本法和共和国的本源。例如工会组织应"尊重共和国的价值观"。

"法兰西共和国尊重忠忱、勇敢、老年、孝行和不幸。"[①] 此条目源自大革命后的 1793 年《宪法》，已经被人遗忘。抛开历史的悲剧，唯有公职人员对忠忱、勇敢的尊重延续至今。他们对老年、孝行和不幸的尊重则只是强烈表达了《宪法》针对作为公共行为基础的团结、博爱精神所规定的义务。

24.14 第三，符合伦理规范的特征。肯定性的陈述，而不是威胁或可能受到惩罚的行为。

这正是《国家财务局工作人员道德规范和保护手册》里采用的方法。这本值得关注的手册有效地结合了"公职人员的道德规范和保护措施"，突出了道德规范带来的贡献。其中有几页专门论述了对"国家财务局基本价值观"的尊重，包括尊重宣誓誓言，以及"本机构特有的"决心保障"公共资金不可侵犯、得当使用公共资金"。

---

① 《宪法》， 1793 年 6 月 24 日，第 123 条。

24. 15 第四，欧洲和全世界的公职领域都在运用。 2006 年 9 月，法国国家行政学院入学考试的论述题就是"论欧洲价值观"。

针对"旨在引导行政官员行为选择的重大价值观中存在的伦理规范模糊、不够清晰"的问题，许多专家学者努力进行纠正。目前，按照许多美国式研究成果习惯采用的概括法，将伦理学思考的四大要素形成了 ILIR 模型：

I——"可归罪性"（imputablité），对负第一责任的政治当局的忠忱和尊重；

L——合法性（légalité），由独立法庭监控。作者引用了让·里韦罗的《行政法》；

I——廉正（intégrité）和职业自主权，不偏袒徇私，不收买人心，而且积极打击腐败；

R——对公民社会的应激性（réactivité），了解、考虑社会需求；

——或 3E 原则（效力 efficience，经济 économie，效率 efficacité）。

● 德国的《宪法》理论将基本权利视为一个价值观体系，自从宪法法院 1958 年 1 月 15 日著名的吕特案判决以来，司法机关均表达了这一观点。

● 英国有一部关于公职体系的法律，部分原因是此前的报告均指出："如果公职体系的基本价值观的实施条例不经议会讨论、投票就能修改，则无法得到保障"。2010 年，《宪法改革及治理法》规定了公务员的四条价值观："诚信，正直，公正，客观"。自 1994 年诺兰委员会（公职人员行为准则委员会）成立以来，各种《行为准则》中均出现了这些价值观。

● 西班牙在 2005 年通过了一份围绕公职部门参考价值观订立的行为准则，2005 年 3 月 3 日的 APU/516/2005 号政令，即《公务员善政法》列举了：客观，廉正，中立，责任，公信力，公正，保密，献身于公共服务，透明度，楷模，朴实，亲民，高效，正直，促进文化氛围环境、男女平等。

- 芬兰的《公职人员日常道德规范价值观手册》提出了 2001 年关于国家人事政策原则的政府决定中筛选的价值观。

- 意大利在发布 2006 年 2 月 23 日政令以后，要求法官表现出"公正，公平，勤奋，高效，审慎，均衡，尊重人的尊严"。

- 斯洛伐克在 2002 年道德准则中要求公务员参照一些涉及与个人、法人、上级及其他公务员社会交往的伦理规范和价值观。

- 美国纽约警察局的警车后门上印着："礼貌，专业，尊重"，否则如何把价值观带给那些服务对象？美国参照了一些价值观以确立公职体系，更确切地说是要求公务员自我参照一些经最高法院阐述的价值观。但和其他地方一样，这些价值观也遭受了一些指责，其"普适性"受到质疑。

24.16 **加拿大经验。**加拿大在公职部门价值观方面取得了值得关注的工作成果：《坚实的基础》（公职部门价值观和伦理道德工作组的报告， 2000 年）。该报告基于公务员对价值观概念本身的疑虑展开："事实上，许多公务员不愿再听到谈论使命和价值观"。需要注意的是，这种怀疑主义的解释原因包括一些无法接受的矛盾（"价值观"与削减人员之类的预算控制之间的矛盾）、一些负责人言行不一、伦理道德准则规范过于抽象、对价值观冲突的分析不足。这些提醒对法国来说可能同样意义重大。

这份报告区分四类价值观，为我们的讨论带来启示：

民主价值观；专业价值观；与伦理相关的价值观；与个人相关的价值观。

通过将价值观分为四类，有效地阐明了行政部门道德规范施行的"基础"：

民主价值观：是第一类价值观。"在法律和《宪法》的框架下协助部长，为共同利益服务"。激励公职部门的应该是"法律至高无上的持久信念"和公共利益。

专业价值观："卓越、称职、改善、业绩、效率、经济、坦诚、客观，公正"。新的职业价值观可能是"追求质量，创新，进取心，创造力，机敏，服务客户或公民，水平性，合作，人际关系和团队合作"。

与伦理相关的价值观："廉正，正直，公正，负责任，问责制，廉洁，谨慎，公正，公平，客观，无私，献身，可靠，审慎，尊重法律和成文，妥善管理公共资源"。

与个人相关的价值观："人存在的价值，尤其是勇敢、节制、礼节、理智、分寸感、责任感和同情心。这一种类还包括在对待他人时所表现出来的价值观，主要指尊重、礼仪、敬意、容忍、耐心、宽容、互惠、礼貌、接受、开放、公正或关怀"。

24.17 第五，具有可塑性，可以演变并且适应各种情境。为了长久有效，公职人员和政治家需要同时创造、确定新的价值观。是否应像俄罗斯那样要求公务员"对俄罗斯各族人民的习俗和传统表现出宽容和尊重，考虑不同群体的文化和其他特性以及种族和社会信仰"？或是像加拿大一样，注重少数群体的权利？

在公职部部长的倡议下，2008 年 12 月 17 日第 2008-1344 号政令确立了"公职体系中的多样性特点"，说明这一议题已获得广泛认知。在这方面，法国邮政、佩皮尼昂职业介绍所和兰斯本地的项目都已经取得了初步成果，向一些遭受歧视的群体敞开大门，包括由于"肥胖、种族出身，或出狱人员等社会性不利条件"而遭受歧视的人群。2011 年法国标准协会向预算部提出了这一"多样性"特征。2007 年 7 月 5 日和 2009 年 4 月 15 日政令也确立了为发展多样性拨款，以扩大参加公务员考试的人选范围。

是否应该像新西兰那样在基本价值观中列入"提供公平公正、振奋人心、能持续发展的工作环境，培养、重视、激励每位公职人员，使其工作表现能最大限度地发挥其能力"这些标准？

是否应该像澳大利亚那样真正施行"基于绩效的人事管理"？

是否应该强调公共服务领域的开放性，征召志愿者、义工（助理法官、顾问、可工作的退休人士、助理检察官）？不过公职部门的工会组织从未看好这一做法。

是否应该更好地培训公职人员如何在面对新技术的情况下保护公民权利？此外，这也是国家安全、经济运行所必需的。

是否应该重新创立国家的意义，为权威正名？

公职体系在未来数年间的质量和权威都取决于对这些新问题的回答，取决于我们是否有能力做出法国和欧洲自己的回答。这些回答可以，也必须是独创、自主的，并保留以下这些"基本准则"：廉洁、公正、高效。

24.18 关于价值观的论述在某种程度上趋同。 在分析加拿大报告时，既要注意丰富的语汇体现了启迪公职体系工作的"价值观"的多样性，又要关注到大方向是围绕着尊重民主制度的规则，尊重廉正、公平和高效等职业价值观。

经研究、讨论后再确定的价值观对公民和行政部门都有益处。

我们并非以笨拙效仿私营行业价值观的方式来建立理想中的公职体系。法国从未停止探索，而盎格鲁-撒克逊派理论家们直到 15 年之后才创造了新公共管理理论。加拿大报告在结论中提醒，谨防"为寻回所失去的合法性而进行极端性尝试，为公职体系胡乱披上从市场和企业借用的外衣"。一些所谓公共管理大师希望对其进行的改头换面只是苍白的曲解而已，法国行政部门可以不予理会。 E. 苏雷曼所描述的正是这些情况。

经济合作与发展组织在研究成果中阐述了公职部门的价值观：如1996 年关于公共服务机构的道德规范文件已经阐明了"六国公职部门价值观的比较"，并强调了新西兰国家机构委员会的这段评论："公职部门的改革重点有三点：提高管理能力，重组部委、重新分配各部委的职能，为公职部门提供最佳条件、使其履行职能。这些聚焦工作带来的基本价值观可总结为三个词：效率、决心和责任。这一研究角度自然并不忽视与公职部门相关的其他价值观，如忠忱、廉正、公正、不带偏见等，但这意味着，公务员应当具备的价值观范围比过去更广。"

在 2000 年 9 月的总结性公文《加强公职部门的道德规范：经合组织成员国的措施》中，经合组织研究了"公职部门所依存的基本价值观"。成员国最常列举的八种价值观按降序排列分别是公正、合法、廉正、效率、透明度、平等、责任感和正义。

24.19　法国公职部门的价值观分为两类。

● 一方面是共和国的价值观，欧洲的各项条约中也可见到，如"自由、平等、博爱、团结"。一些实施性文件也提及这些价值观，如教师职业技能参考。个人尊严也属于这一范畴。这些都是普遍性价值观。霍尔巴赫在《普遍道德》中列举的与此相似：德行、正义、权威、人性、怜悯、慈悲、谦逊、力量、诚实、活力、宽容和忍耐。

● 另一方面，是公职部门或欧盟法提及的"公共利益服务部门"固有的特殊价值观。

如果需要命名这些"价值观"，将 1972 年和 2005 年的军人章程做个比较会十分有意义。1972 年，军人必须"忠诚，有牺牲精神"。2005 年，价值观的数量增加了一倍："牺牲精神，乃至最高程度的牺牲，纪律，随时待命，忠诚和中立"。2011 年，《外交部道德规范指南》在重申公职部门的主要价值观后，提出了一个颇有裨益的问题："是否存在外交领域特有的价值观？"例如行为举止起表率作用、对他人敞开胸怀等。事实上，每个公共行业都对公职部门的共同价值观有不同补充。

最后，要了解公职人员的工作动力，公职部门的价值观起关键作用。佩里和维斯的研究试图从公共机构值得注意的六个主要目标出发，阐明不同研究方法，以理解法国公职体系的内涵：关注政治和制定公共政策，捍卫公共利益，公民意识，社会正义意识，源于爱国团结精神的同情怜悯之心，以及牺牲精神（付出劳动而不求个人实际回报）。

如果没有价值观，则无法理解公共服务部门。

这些价值观既适用于公职人员如何对待其服务对象，也适用于公职人员之间。民选官员也可从中获得有益的参考。

二、普遍价值观

24.21 阐述。 要了解这些普遍价值观，必须很好地了解这些公务承担人所在的国家的历史。例如，法国公职人员会关注地阅读最高行政法院帕蓬案①和霍夫曼-格莱曼案②决议。他们也会关注国防部 2009 年起为文职人员组织开展的"伦理规范课程模块"的学习，题为"公职部门在社会排斥过程与种族灭绝成因中所起的作用"。同样，2013 年最高行政法院与大学研讨会组织的关于"服从与拒绝之间的公务员（1935—1950）"讨论会也解读了我们必须了解的国家及其公仆的历史。德国公职人员则在 2011 年参观了柏林一场名为《秩序与毁灭》的展览。该展览展示了 1920 年至 1960 年间警察人员的"延续性"，包括纳粹时期之前、中间和之后。

A. 尊严

24.31 基本原则。 至少从实施 1994 年和 2004 年《生物伦理法》，以及奥尔日河畔莫尔桑市镇案判决以后，公务承担人已经知道，任何人的"尊严"都具有最高价值。

欧盟法在《欧盟基本权利宪章》中将尊严确立为头等原则，在有必要的情况下，也会强调这一要求：法国不应该曲解欧盟建设这个概念，将它作为借口，以商品自由流通的名义，弱化个人的尊严。由此，欧盟法院做出判决：欧盟法"不反对成员国出于保护公共秩序的动机，在国内采取措施，禁止以模拟杀人行为的游戏进行商业牟利的

---

① 关于法国在德占期间流放犹太人的责任。
② 关于法国在第二次世界大战期间流放、迫害犹太人的责任。

持续性经济活动，因为这种活动损害人的尊严"。欧盟法只是并"不反对"，而公务承担人则必须反对有悖于人的尊严的行为。

欧洲人权法院愈发严厉地指责法国，要求法国给一名尊严权利遭到侵害的犯人以赔偿，他在重罪法庭受审期间遭到虐待，多次遭受搜身，而他抗辩搜身的权利也受到侵犯。

对尊严的尊重首先体现在公务员面对服务对象时采用的用词和修饰语：依据《商法》，把一种会说话的猴子毛绒玩具取名为"疯子纳佐"被判定为侵犯精神分裂症患者的尊严。一名卫生机构的助理护士在工作时身着一件画有性暗示图案的罩衫，上面还写着不久前遭受强暴的住院医生的名字，这侵害了住院人员的尊严。犯人必须服从监狱看守的命令，唯一特例是该指令"在本质上明显侵犯人的尊严"。

法官或公务员接触公众时的常见情况是，由于不够亲近，又必须使用敬称，已经为谈话对象的尊严不受侵犯提供了第一层保障。

依据《劳动法》，企业主管利用经济危机、强加侵犯人身尊严的工作条件的行为应被定罪。

行政部门已经规定了人的尊严这一理念，《生物伦理学法》和2002年3月4日关于被护理者尊严问题的《病患权利法》就是明证。

在拘禁权方面，内务部2003年3月11日"关于保障被拘留人员的尊严"的通告与2008年6月9日通告规定，人的尊严优先。警方把拍摄的被拘留人员的照片交给媒体的行为须受罚；为了电视频道拍摄节目而组织搜查的行为也应受到谴责：法警让一名摄像师进入被搜查的住所，并且未经对方许可就对这些人进行了拍摄。在这种情况下，维护尊严也与捍卫自由相联系起来。

最后，公职人员的尊严为公共职务的尊严服务。一名治安警察因在停在歌剧院大道的车里裸露性器官而受罚，因为这"损害其职务的尊严"，并"使警察部队丧失信誉"。

B. 自由

24.41 **"法无禁止皆可为"。** 公职人员遵守1789年《人权和公民权宣言》第 5 条。根据该条规定，"法无禁止皆可为"。这其中的每个字都很重要，尤其是"法无禁止"。如果法律并未禁止或未提出要求，公务员签发的通报、指令和照会不可用来对抗公共服务对象。

教育部发布一份通告泛泛地准许公务员家庭以外的人需要预先得到批准才可进出学校公务住房。这一通告并不合法。虽然可以要求这些公务住宅分配给"安分守己的人"居住，但部长不能要求公职人员在私人生活中也得遵循许可制度才能接待朋友。良好的出发点也可能导致自由遭到侵害。当一些行政人员未预先通知就进入分配给一名公务员的公务住房，尽管只是为了清点这位已被调至另一职位的当事人的财产，但却侵犯了住所受到尊重的权利。欧盟公务员法庭对此进行了判决。

服务对象的自由和公务员的自由相互结合，以推动自由的价值和准则。公职人员须注意，除负责实施依法拘禁外，不得侵犯个人自由。尤其是从旧制度时期以来，法国公职人员有时对通讯秘密并不能做到有效地保护。

在克鲁斯林案宣判 15 年后，欧洲人权法院仍在 2005 年对法国进行处罚，缘由是某个公共部门利用未经监管的电话监听并且进行不正当的干涉。 2005 年，欧洲议会因法国最高法院拒绝将欧盟议员也纳入监听豁免权的范围而提出指责。我们的自由概念应该向往普世性。但欧洲人权法院把克鲁斯林案在电话通讯方面对法国的判决扩大到公寓的音响设备和拘留所的会客室的扩音系统。我们认为，政府机关、部长和警察系统负责人在任何情况下都应考虑到侵犯自由和尊重权利的问题……

省长让"邮局暂时扣留折叠起来的布告是一种越权行为"。市长让人把助手的信件不分业务信函还是私人邮件都一律打开，侵害了通信自由，而根据《行政诉讼法》第 521－2 条，这是一项"基本自由"。

《刑法》第 432－4 条惩处"公共权威受托人或公共机构任务负责

人侵犯他人来去自由的行为"。

行政法官处分不合规的禁令。这些禁令通常是迫于舆论压力或由于民选议员、公务员认为会遭受压力而下达的：拒绝把市政府的一个大厅出借给国民阵线是不合法的，不允许在夏约宫花园举办一场弥撒也不合法。

根据 1978 年《信息和自由法》，禁止一名市镇警察参与创建损害居民个人隐私的信息文档。

根据《公共卫生法典》第 3215‑1 条，在省长或法官"已下令让一名住院病人出院时，如果（精神病）医院院长未经其同意仍扣留该病患"，应受到惩处。

此外，并未排除由司法法官处置的侵犯基本自由的"越权行为"这一规定。

C. 平等

24. 51 原则。 平等价值观既适用于公职人员之间，也适用于公职人员面对服务对象的情形。

1. 公职人员之间

24. 61 迫切需要。和公民一样，公职人员之间平等，尤其是在同一行业的公务员或法官之间，有时甚至是在不同行业之间，例如欧盟成员国的法定公务员和类似的临时公务员相互平等，原则上只有"德行和才能"的区分。

德国《宪法》第 33‑2 条的规定也完全相同。

当一对夫妻为同一机构的公务员时，不能因其配偶担任"要职"而排斥该名女性公务员：这名女性是"警局仓库看管员"。在这一案例中，最高行政法院在 1931 年判决："尽管我们承认，从公共行政部门的利益出发，B 女士不适合继续在其丈夫担任更重要职务的机构中从事低级工作，但市长如果要终止这一情形，只能采取一种保全 B 女士权利的方式，例如更换单位。此外，这种情况已持续 9 年之久，并未造成任何不便。"市长不能解雇这名女性。这项判决具有现代性，不仅把性别平等作为中心要点，而且为行政部门指明了应该采取的做法（"更换单位"），显示了平等原则应当高于敏感性和错误的重要性观念。

地区医疗中心主任不应"滥用职权，提拔一些与他同属一个哲学社团，从而建立私人关系的下属公职人员，并相应地弱化了3名主任的领导职能……"；他将因精神骚扰受到刑事和行政处罚。

对平等的要求体现在考试招聘、非考试招聘、对原籍的考虑、地域调配或社会身份来源等方面。

24.62　报酬。津贴和报酬应考虑平等原则。但法官承认，某个行业或机构内部的特性决定，可以"因履职条件，或出于与该公共机构运行相关的整体利益考虑"而有所不同。例如，可以向警察总署特勤队发放"特别任务"奖金，但不能向国家宪兵特警队发放，因为这些精英部队在国家警察内部执行的任务并不完全相同。

24.63　考试招聘。法国的考试传统不能因为招录过程中徇私情、讲关系而动摇。考试的作用是以能力、"德行和才华"优先。2004年，英国公职体系改革计划重申了在公平公开竞争的基础上就才能进行选拔的原则。最高行政法院在2009年7月16日的《医疗法》中提到了关于自主招聘医院非公务员领导职位的选拔程序。

必须注意，考试题目不能让可能研究过相关主题的考生取得优势。否则，考试可能因破坏考生平等性而被取消。选取的考试题目与面试的模式应当使新的精英人物脱颖而出，而不仅仅是习以为常的"好学生"体制。同样，考试方式不能让残障人士感到受排斥。

这项工作的隐蔽性导致考试方式可能遭到质疑。在教育领域，法国就业中心在2011年5月准备招聘一些代课教师，法国国民议会文化事务委员会则在7月6日拒绝发布格洛佩兰议员的报告，该报告提议取消考试，"由学区机关和学校基于职业面试进行教师招聘"。2011年曾提出取消国家行政学院毕业考试，但在2012年也是出于同一意见否决了这一提案。

24.64 非考试招聘。招聘过程中的道德规范（公正，平等）并不因为不考试而停止生效。

"外围招聘"或合同雇员招聘虽然不通过考试途径，但必须遵守平等原则和《人权和公民权宣言》第6条。行政法官监管第一轮招聘和第二轮招聘中明显评判错误的案例。尤其是在相关行业工会组织常常提出请求的情况下，这类监管能起到预防效果，在前期就排除一些经不起争议程序考验的考生。

24.65 地域来源。2000年以前，招聘和调职中不能考虑公务员的地域来源，《宪法》第2条规定，海外属地新喀里多尼亚公职部门的招聘中禁止区分来自法国本土和来自新喀里多尼亚的候选人，负责波利尼西亚行政管理的国家公务员单位招聘时，也不能只让本地的候选人优先。

此外，《宪法》和法律允许部分"地域优先"，至少在海外如此。《宪法》新设的第74条允许《组织法》指明在哪些条件下，"出于本地需求，地方可以采取有利于当地居民求职的正当措施……"如果看到海外属地的政府机构或监管单位只由法国本土公务员构成，会不利于该单位的良好运行和应使人产生的信任，由此可以解释为何把地域纳入考虑。但这种地方主义不能发展至极限，即与平等、公平相悖的排外主义。负责这项任务的国家单位负责人在实施这些措施时，需要把握分寸和尺度。

24.66 地域调配。1991年7月26日第91-715号法发布以来，行政部门一直注重在困难街区、困难环境中工作的公职人员的待遇和晋升。法官同时认为，只要困难区域的界定标准保持一致，可合理鼓励这种"正面区分"。

24.67 社会身份来源。法官、公务员和军人招录过程中的多样性是公职部门的评审团、人事主管和工会面对的一大挑战。27％的公职人员的父母是公务员，这一比例在私营行业则为16％。公职部门招录的移民或移民子女也同样不足，社会流动性不够。政党在选举领导人方面也面临同样的问题。

2005 年，公职部部长动员各个部委，招录残疾人、技能不足的年轻失业者，促进女性在高层任职。

尽管重视才能，匿名考试机会也很均等，招录工作也应有所变化。无论是在行政部门内部或外部，围绕社会身份来源这一常被忽视的主题所进行的一切讨论都对国家有益，也能使负责招录工作的公务员摆脱必将遭遇的道德困境。

2. 面对服务对象

24.71　面对服务对象同样保持平等。除非对公共秩序或机构正常运行带来风险，情况相同的服务对象具有获得公共服务的同等权利；例如，行政部门不能指名道姓地禁止一名医生进入社会公共场所进行与职业相关的工作。

《刑法》的条文　[《刑法》第 225 - 1 条（普遍条款）和第 432 - 7 条（针对掌握公权或承担公职的人）]　禁止一切否定法律所赋予权利的歧视行为或阻碍经济行为正常进行的行为。

行政法官惩处以下非法拒绝他人获得服务的行为：医生拒绝收治一名严重烧伤病人，而医院已经提出将增强其团队力量；市镇政府只允许法国滑雪学校教练优先乘坐缆车上坡，他人不得享有优先权；市镇政府拒绝出借一座几家协会常用的会堂，但并非出于维护公共秩序或市政资产管理的需要；市镇只准许"市镇狩猎协会"免费享有狩猎权，其他团体都被排斥在外；外籍家长不能享受巴黎的产假补贴；如果没有任何法律条文授权省议会议长要求强制接种麻疹疫苗，不允许未接种该疫苗的儿童入托也是非法行为。

在这个崇尚平等但干涉者有途径去影响行政部门的国度，为了保障平等，公职部门应该学会拒绝（但不是粗暴地拒绝）不适当的干涉；为此，在保留固有标准的前提下，借助一些手段来限制，乃至避免自主裁量权是十分有用的。

这些手段包括拍卖、招标、按照字母排序、资历排序或行业名录排序，按时间顺序向法院分庭分配诉讼案件，在证人面前抽签等。这最后一种抽签的手段是法国国家伦理咨询委员会在1996年3月7日针对万一出现艾滋病抗病毒药物短缺该如何处理而提出的办法。美国发放"绿卡"也采取这一方式。

D. 荣誉

24.81 荣誉的要求。 "荣誉？这个字眼意味着什么？与一些光学现象类似的是，理智一旦尝试着界定其意义，它就逃走了。荣誉只有一种意义：对自身的责任……"这个概念并非一成不变，每个人都有自己的理解。它在司法、行政、当然还有军队的价值观中占有一席之地。只要存在责任制，正如勒普累所阐述的那样，"如果推说国家能够以唤起荣誉感的方式激励公职人员的热情，那是在转移话题［……］，这一动机基本上只在重视个性和责任的社会机构中起作用，而这是官僚作风的官员普遍缺乏的"。

24.82 荣誉的体现。 荣誉不仅仅是悲剧或浪漫的体现，因为还存在着一种"荣誉的快感"。

荣誉在《公共服务法》中有体现，甚至可将其定性为具有"职业性"，因为它也体现在"所有公职人员必须严格遵守的关于荣誉的基本规则"中：

● 宣告荣誉：对"荣誉"的宣告不允许造假。一名行政职务的候选人以自己的荣誉声明已免除兵役，实际上却因不按期应召而被追查，因而依法将他从可以参加考试的候选人名单中去除。

● 证明荣誉：一些职业需要"荣誉和道德证明"。

例如，对医生而言：

● 颂扬荣誉：荣誉引发尊崇。伟大人物和英雄获得国家的尊崇，模范人物受到城市或行业的尊崇。但对于受到司法惩处的人而言，荣誉已受到玷污，从而与荣誉无缘。一名公职负责人在担任市长职务期间因"干涉工作、被动腐败和窝藏滥用社会资产的行为"而几次遭到刑事处罚，就不能在他曾担任过市镇职务的城市获得用他的名字命名城市广场的荣誉。

- 保持荣誉：荣誉不容有损，要惩处损害同事荣誉，尤其是上级荣誉的行为。

- 丧失荣誉：根据《法国荣誉军团法》第 R. 105 条，荣誉军团可暂停犯了罪并且已经被下达拘押令的成员的荣誉称号。

- 当荣誉遭受不公正损毁的公务员获得行政部门赔偿时，荣誉受到保护。

- 荣誉的概念不断演化： 1936 年，"殖民地行政长官用脚踢一名对分配的任务消极怠工的本地人"，这种行为并不被视为荣誉受损⋯⋯

在获得赦免的规定方面，与符合荣誉的行为相比，法官裁定的有悖荣誉的行为更多。 T. 图奥在雪铁龙汽车公司案的裁定结论中明确界定了这一概念："宣称一些行为有悖于荣誉并不能为它们定罪，而是谴责；这并非把这些行为定性成对社会有害，而是说不能让它们损害不成文的社会价值观而不被发现。不轻易宽恕损害荣誉的行为，当荣誉受到损害时，能够修复，但不能忘却"。

24.83 **不与荣誉相悖**。 对这一概念的阐述比较灵活，以下行为均被判定为不违背荣誉，可以被原谅：

- 击打、侮辱同事。

- 侮辱上司。

- "出于损害他人的目的"检举上司，如法国边防警察一名副队长指控上司。

- 兽医监察员对"屠宰场员工进行可疑交易"监督不力。

- 一名拘留所看守在观察哨所值守时拿了一罐啤酒。

- 蛮横挑衅行为。

- 公职人员负责的监察工作中发生的无意识的舞弊行为。

- 无正当理由缺席或擅离职守。

24.84 **违背荣誉**。 但是，如果根据责任和后果的程度测算，这种无正当理由缺席的行为一旦加重，就将有悖于荣誉。同样，不廉正、有损尊严、与职业要求相悖、不忠诚的行为也违背荣誉的原则。

24.85　1）不廉正的行为。

- 通过运作，使受益人获得《家庭法》的双份津贴；
- 司法部的不廉正行为，一名警察队长把一辆遗弃在公路上的助动车放在自家住宅里；
- 北方省重建局赔偿清算部门负责人的违规行为；
- 一名负责人多次批准本部门与其个人掌控的一家公司交易；
- 内幕交易行为（最终被证实为缺乏依据）。

24.86　2）有损尊严的行为。

- 一名商业法庭书记员对检察官提出无依据的指控；
- 工作场合的性骚扰、侮辱猥亵行为；
- 律师在醉酒状态下的行为导致委托人被定罪；
- 一名大学教师与女学生的关系缺乏道德，"有损大学荣誉"。

24.87　3）与职业要求相悖。政府专员 J-M. 德拉鲁指出，"行为人严重违背道德规范、采取的行动与其职责要求相悖的一切行为"违背荣誉。他为此举例："税务监察员给予纳税人方便，使其进行欺诈，还有斯塔维斯基事件中一名法官与罪犯的关系"。

- 一名预审法官持续出现的迟到和不按时上下班行为影响了业务，还在其办公室发现一件本应查封的武器。
- 一家治疗严重烧伤的专科医院的医生拒绝收治一名深度烧伤病患。
- 热忱发展宗教教徒对公务员来说是并不会带来荣誉感的行为。

24.88　4）不忠诚的行为。

- 捏造事实，自称拥有某一文凭。
- 一名邮电系统员工散布工作信息，便于他人袭击邮政装甲车辆，导致一名同事严重受伤，这种行为当然也在此列。
- 以及一切采用欺骗、作弊、有利害关系的隐瞒手段，有意违反工作义务的行为，例如：

在涉及一名儿童监护权的纠纷中，一名医生为父亲提供了母亲行为严重不当的证明，但他从未接诊过她。

一名社保工作人员为了自己的离婚诉讼盗用他所在的资金管理机构的一些数据：因为他"损害了社保受保人对该机构应有的信任"。

在一件重要敏感案件中，代理检察官忘记向检察官报告情况。

一名市镇警察凭其身份介入该市中心警察局，以撤销他的一名近亲收到的道路违章罚单。

一名治安警察虽然已收到关于其职责义务的提醒，但仍在带薪假期内从事季节性农业工人和司机的个人营利活动。有一次，他还试图在开具病假停工证明后获取农业社会保险补贴：这一行为也有悖于荣誉和廉正，因为"其性质将使国家警察队伍失去威信，有损职业尊严"。

由此可以明确职业荣誉的概念，它结合了对职务责任的忠诚、值得服务对象和同事信任的行为举止。我们可以衡量荣誉对行政道德规范是多么必要。

而荣誉也离不开勇气。

E. 勇气

24. 91 承担公职的勇气。 以有为、公正的态度指挥和服从部门安排都需要勇气。在百科全书中，"勇气希望得到引导；勇气既懂得指挥，也同样懂得服从；价值懂得斗争"，而公民的勇气则是："英勇精神在于恰如其分地看待危险、祸害、痛苦和不幸，从而找出对策。过于小看它们是缺乏智慧；过于夸大则是缺乏勇气"。

公共职责独有的勇气包括：能够力排众议的勇气，不为继任者留下疑难问题，在集体共识认为应小心避免质疑时提出恰当疑问（通常是道德伦理问题），拒绝过早妥协，"无论付出何等代价"也不放弃职责，拒绝在压力下改变观点或仅仅是文本中的一个段落，拒绝取代一名受到不公平排斥的同事的职务，敢于提醒上司避免犯下易犯的错误，尽管会造成困扰但仍支持保留准确的措辞……达格梭对此也并不掩饰，在法官的勇气方面，他哀叹"这些背弃正义之人的软弱，他们在战斗之日就放弃了正义……拒绝投出正义一票的温吞法官也将受到诅咒！归根结底，对受压迫的弱者而言，是被渎职之人压倒，还是因为本该维护他的人的懦弱而死去，有什么重要呢"。 5 年后，他又就法官的"坚定"发表讲话："坚定性不仅在战争中造就英雄；在司法界同样如此"。

法官、公务员，甚至非战争期间的军人的公共职责要求具有决心、勇气、能说出真相而非一味讨好。

英国人也以自己的方式表达了这一观点①。

在法官日常的勇气方面，尽管各位部长和议员斥责他的宽容态度，并企图通过这一案例断送其职业生涯，但法官仍应该释放一名轻罪犯人。马塞尔·雷蒙德法官就乌特罗案后续写道，要"无畏地判决"②。

在公职人员日常的勇气方面，他应抵制外界影响，聘用人员、进行授权或发布禁令。 1892 年 4 月 5 日众议院的辩论清楚地体现了这些困难：省长本该接收某位他知道能够胜任的卫兵。但地方显贵们则迫使他放手不管：一名议员嘲讽道："他很想不这么做 [……] 但却如此左右为难，还受到严密监控，他明白自己可能遭到检举 [……] 因此省长自然被推到了他人推荐的人选和利益一边。他拒绝了这名被引见的卫兵；您知道他是怎么应对的吗？庄严的沉默（再次大笑）。"这是缺乏勇气吗？还是日常行政事务中的小小妥协？

24.92 勇气的形式。 法官告诉我们，勇气并非企业挑选雇员的

---

① 关于高级公务员不应在大臣面前变成应声虫的问题：道德勇气至关重要，知识和分析才能则较为普遍， A. 贝克和 G. 威尔森，《白厅的忤逆仆从？》，收录于《英国政治学杂志》， 1997 年 4 月，第 27 卷，第 223 页。
② 法官应当质疑，"但当判决的时刻来临时，尤其要提防缺乏勇气。法官的手像外科医生一样，如果颤抖，将产生严重后果。如果害怕，他就不再是法官了。承受压力属于事物的本性，重要的是如何耐受"，收录于《世界报》， 2006 年 2 月 8 日。

标准，因为勇气的评价过于主观，不被法律认可。勇气或许是一种过于"行为化"的标准，会使我们脱离专业技能。

尽管如此……

勇气在各种大小抉择中都体现出价值。在公共服务中，勇气究其本原来说并不意味着①勇猛、大胆、反习俗。勇气应当反映真理的意义或方式、责任意识和为共同目标服务的意愿。

此外还有公职负责人身体的勇气，在迫在眉睫的危险面前保持冷静，当然还包括军人、消防队员、面对挑衅的警察和宪兵，另外还包括身处异国险境的外交官，面对暴动的监狱看守，以及处理恐怖主义事务的法官和公务员，他们应当受到不间断保护。

另外还需要德国人的"公民勇气"，和平的勇气，通常指的是敢于坚持真理，敢于以公共利益的名义得罪他人②："公民勇气——即自主负责地做决定的勇气——在德国是一种罕见的美德，俾斯麦早就在一句著名的论断中强调了这一点"③。而在其关于哈默施泰因将军的伟大著作中，汉斯·马格努斯·埃森斯伯格强调，人们应该尊敬这位将军，"是因为他在面对国家社会党政权发布的命令时表现出卓越的公民勇气。直至生命终点，哈默施泰因对人民、对其原则都同样忠诚"。

以及最高程度的勇气，即抵抗且不服从：

格伦尼格在20世纪30年代是瑞士圣加仑州警察总监。大量奥地利犹太人涌入瑞士避难，而瑞士当局希望将他们驱逐出境。格伦尼格在他们的签证上倒填日期，拯救了3 000名在瑞士的犹太人。他在1939年4月被撤职，在1940年12月23日因"反复违反职责"而被定

---

① V. P. 米勒扎，《费加罗报》，2005年5月2日："首先应当指明哪些不属于政治勇气。它既非鲁莽，也不是蛮横[……]历史告诫我们，要提防勇气滑向暴力"。

② 2010年9月的《管理学》期刊："勇气使用手册：冒风险，能说'不'，担当职业抉择……"其中许多分析对公职人员很有价值。

③ S. 哈夫纳，《一个德国人的历史》，南方文献出版社，2003年，第66页。"公民勇气"这个词语是俾斯麦在1864年为和平时期的军人创造的。

罪，直到 1996 年才平反。

三、公职体系特有的价值观

24.101　介绍。共有 3 种，相互支持：不间断性、中立性、非宗教性。

24.102　不间断性与中立性的联系。除了已经提及的职能效率和适应性以外，还需说明不间断性、中立性、非宗教性。

在确认宗教信仰不优先于工作的不间断性、工作的组织以中立性为基础的情况下，这三种价值观相互结合。

公共职能不能因以下情况间断：国库工作人员前去履行宗教义务，大楼保安在自己选择的时段前往宗教场所祈祷，拒绝在周六工作，在乔尔达诺·布鲁诺的忌日擅离职守、导致法兰西银行人事工作混乱。同样，在巴黎，为用户提供服务方面，不间断性也占优先地位：与政府专员的结论相反，最高行政法院拒绝暂停区政府的一项命令，即责令签署了某室内市场里一家店铺营业协议的商人必须在周六营业，而该名销售犹太食品的商人则以宗教自由的名义要求取得每周六歇业的权利。但公共服务的组织行为——例如市场向公众开放——应当基于该项服务的需求及活跃街区生活的考虑，本身并不违反宗教自由。

职能部门应尽全力追求的不是按原则一味地拒绝，而是研究如果允许离开岗位，是否影响单位的正常运转需求：蓬皮杜中心的一名接待员正是以此为理由，使她的主管拒绝让她在"基督圣体书"和"奇迹之金币节"离开岗位的决定被撤销。

但是需要区分这种调解结果是为了服务对象的利益，还是为了公职部门人士的利益？

● 对服务对象而言，在传统判例（2004 年关于在学校佩戴宗教标志的法律除外）中，只要公共服务不会因此受损，就应该容许公职人员或相关人士的宗教愿望。

• 对公职人员或服务行业人士而言则更加严格。这是因为和服务对象相反，他们受到法律约束，要求服务中立、高效。

根据传统，公职部部长每年发布"关于允许在本年度各宗教主要节日准假的非强制性"通报，包括"亚美尼亚族群"的节日。

A. 不间断服务

1. 正常时期不间断服务

24.111 公职人员在岗。在赫塔·米勒笔下的罗马尼亚，"有轨电车在行驶途中停了下来，还没到站，司机却下车了。谁知道我们得在这儿呆多久。一日之晨刚开始，司机就随意在行驶途中停下了。这里的每个人都随心所欲"[①]。

这类不愉快的小事只发生在 20 世纪 70 年代的罗马尼亚吗？不间断服务——罢工权不受此限制——是公共服务部门的一大支柱，法官在任何情况下都会考虑这一点。这一不间断原则可以解释为何禁止一些公共部门罢工，包括军队、警察、监狱工作人员。

立法机构通过一些必要程序确立了该原则，例如保障交通不间断的特殊规章制度（第 L. 2007－1224 号法， 2007 年 8 月 21 日[②]）和学校接收学生的规定（第 L. 2008－790 号法， 2008 年 8 月 20 日）。后者曾历经激烈讨论才得以生效，并由最高行政法院宣布其政府通报和实施令有效。而早在出台专项法律以前，法官就曾引用"最低服务要求"方面的职能条例，尤其是针对巴黎公共交通公司，正如行政部门也可要求一些必要职务应当不间断值守一样。

出于人身安全和不间断护理的考虑，在严格阐释这些约束条件的前提下，法官也准许医院在罢工时采取一些措施。

在正常时期，行政部门的性质决定了它能要求公务员做到最基本的不间断在岗，甚至对他们提出一些特殊要求，包括征调。因为行政

---

① 赫塔·米勒，《今天我不愿面对自己》，梅塔里耶出版社， 2001 年。
② 《交通运输最低服务要求规定》，收录于《公共职能手册》，2010 年 7—8 月刊，第 44 页。

部门明白，当不间断原则受到破坏时，可能涉及其职责：

● 在不间断在岗方面，原则上规定"即使没有设立任何规章条文，公职部门不间断服务的要求反对公务员在未得到提前许可的情况下离开岗位"，无论其离岗出于何种理由，都是如此，不管是为了进行温泉治疗，还是为了前去祈祷。

● 在特殊要求方面，时常出现关于工作持久性的问题或特殊补充条件；行政部门可以要求公务员在岗，以保障必需的持久性工作：如各省技术部门、监狱看守。这是对公职人员身份持久性的利用。

同样，也可合法规定法院守门人必须每天居住在供他免费使用的公务住房，但休假期间和每两周一个周末除外。

同样，国家警察总署的办公室技术人员只要工作需要，必须在正常工作时间以外履行职责，这一规定也是合法的。

● 在行政部门履行职责方面，2003 年 11 月，凡尔赛行政法院做出判决，国家应赔偿一些小学生的父母，因为由于教师不在岗，这些孩子"在相当长时间内"没有进行一些教学活动。将来这些请愿活动会更多。即使是出于对公共财政的考虑，公务员也应当自我组织，避免国民教育服务中断，其他行业也同样如此。

2. 罢工期间不间断服务

24.121 《宪法》原则。面对层出不穷的各种新形式的抗议活动，特别是在电视媒体报道推波助澜的情况下，行政部门应当把握方向。

任何权力机关都无法否认公职人员享有罢工权利这一《宪法》原则——法律另行规定的特例除外。当公务员参加合法罢工活动时，上级领导无权责令他回到岗位，也无权征调市立幼儿园的所有公职人员。但在保留这些条件的前提下，即使在罢工期间，不间断原则仍然要求履行公共财政的义务。特别是在涉及人身财产安全的《宪法》原则时，即使已经出台了 2007 年 8 月 21 日《交通法》和 2012 年 3 月 19 日关于航空公司组织服务、通告旅客的第 2012 - 375 号法，德阿纳案的伟大判决的原则仍在施行。

24.122 "完成职责"。首先要区分"未完成的职责"与单纯的服务模式缺陷，前者指的是中断工作或明显不遵守职责义务。

这方面的判例一度曾相当宽容：它把中断工作与拒绝执行指令区分开来，中断工作才会被扣除待遇，而拒绝执行指令的行为只会受纪律处分或考评受影响，这样的行为包括拒绝每个班级接收超过 20 个学生，航空管制员只调度少于管理标准规定的数量的飞机。

经过数次相互矛盾的尝试（1977 年 7 月 22 日法与甘图案判例相悖，后来被 1982 年 10 月 19 日法废止）后，1987 年 7 月 30 日第 87-588 号法给出了对 1961 年 7 月 29 日法定义的"完成职责"的现行阐释版本。该法把中断工作与公职人员"尽管工作时间在岗但完全未完成，或只部分完成由职位性质决定的以及法律规章规定的职责义务"的行为进行相似对待。

此外，不完整地完成职责也像职责未完成一样能造成待遇打折扣：高中教师在草地上组织上课，大学教员扣留试卷不报考试分数，图书馆管理员拒绝承担一些接待和事务性任务。

24.123 安全。第二，公职人员应当保障最低服务水平，以避免产生灾难性后果，或者只是为了避免涉及人身财产安全、健康的事故，即使在罢工者宣布他们自己将保障最低服务水平时同样如此。因此，部长可以合法限制"协助保障人身财产安全"的"海关监督部门人员"行使罢工权，里昂市长也有权征调在盛大的"灯光节"开幕前 10 天提交罢工通知的部分市镇警察。

24.124 行政部门的权威。第三，维护行政部门的权威，要求人人尽忠职守。

本着这一精神，可以在两项条件下采取征调行动，一项条件是在"公职人员罢工对国家需求造成严重损害"时：如针对航空安全人员的罢工行为；另一项条件是不征调过多人员，不会造成实际上全体人员正常在岗。征调人员是法律规定的公职部门的一项特性。因为最高法院判决："除非有相反的法律条文规定，否则雇主在任何情况下都不能冒称具有征调罢工雇员的权力。由此可知，即使是为了保障最低程度的安全服务水平，雇主也不能在企业的内部章程中规定征召罢工雇员。"

如果罢工预告书中只包含对业务以外的诉求，也不合法。

不间断原则也能解释为何能在罢工期间向一些"财政部门"人员下达指令，"以保障支付公务员的待遇报酬"，例如法国邮政征调一些人员，以保证"发放社会补助金和最低社会救济"。

在罢工情况下，行政部门可以引用这些条文，以防止罢工"践踏或违背公共秩序的必要条件"，但是不能招聘长期就业人员来填补空缺。

在法律规定的特例中，没有人会指责航空管理部门规定必要的服务水平，"以在任何情况下都能保证维护法国的根本利益或需求"，这符合 1984 年 12 月 31 日第 84‐1286 号法第 2 条。"根本利益"这个概念也可用于其他职能工作。和"紧急状况"一样，公务员应该知道，一旦不作为就会危害社会根本需要时（安全、社会安宁、公共卫生……），才可以运用"根本利益"这一概念。

如果尽管采取了这些预防措施，原则上禁止罢工的一些部门仍然发生罢工，政府将决定是否要征调或启动纪检程序，或者撤销市镇可以不执行最低接待服务要求的决议。但是，政府如果不作为也不算违法。

在所有行政部门，罢工形式都不能破坏工作用具和设备。省级消防救援机构主管有理由——他很宽容，只下令停职一天——惩处一名消防队员，因为他为了支持同行的诉求，在部门的工作用车和救援中心的墙面上画了工会的涂鸦。法官明确指出，"使用的涂料容易清除、不会留下永久印记这一事实"并不能抹去这些行为的纪律性质。罢工不是一个超越法律、允许一切行为的保护罩。

德国仍在继续争论在何种程度上能够承认公务员原本不享有的罢

工权利，在欧洲人权法院的施压下，至少会得到部分承认。 2011年，德国卡塞尔行政法院判决一名教师可以进行 3 小时罢课，符合欧洲人权法院的要求。德国奥斯纳布吕克行政法院则根据《宪法》第 33条禁止公务员举行任何罢工。这场争论与法国关于罢工权及此项权利在公职部门实施过程中的争论很相似。

B. 公共职能的中立性

1. 中立性的意义和内涵

24.131　根据这项原则，中立的是公共职能，而非公职人员。公职人员只有在其行为可能有悖于人人体现公共职能中立性的理念时才需要调整自己的行为。

公务员的中立性由 1983 年 7 月 13 日《公务员身份地位法》第 6条推导而来，该条款规定"公务员的思想自由受到保障"。思想自由，但无论在任何情况下都不是言论自由或行为自由。对司法官员而言， 1958 年 12 月 22 日法令第 10 条规定"司法机关禁止进行任何政治磋商"。公共职能的中立性是一种交换：职能部门不向公职人员施加任何政治或宗教标准，公职人员也只需在内心保留其个人信仰。

在 2005 年 5 月 25 日就《欧盟宪法条约》举行全民公决时，政府同意在学校发放欧盟委员会出版的一本说明手册，而该手册有利于投"赞成"票。主张投反对票的极左党派成员就遵守公共职能的中立性提出了质疑。最高行政法院紧急审理程序的法官判决：引起争议的文件"是由欧盟委员会出版、资助的［……］，介绍该条约［……］的目的是提供信息； ［……］准许向高中学生发放这份材料的决定不对投票言论自由和公共服务的中立性构成严重损害或明显违法"。需要注意的是，法官谨慎地只把该文件定性为传播信息的工具……

《选举法》第 50 条禁止任何公共机构人员或市镇公职人员公开声明宗教信仰、发放候选人传单，旨在禁止公务员在选举期专注于为某位候选人服务。公共团体不能用某个政党的标志颜色装饰选举办公室室内乃至投票站。当选的议会议长不能挥舞十字架，强调在他看来该宗教标志所代表的价值观，还把十字架放置在办公桌上。在这些情况下，都应以公共服务的中立性维护选民的自由。

显然，"严格要求公共服务部门中所有人员保持中立"为服务对象和公职人员都创造了自由：例如，一名小学女教师遭到解雇属于非法，原因仅仅是由于其"宗教信仰"，"而且在空闲时间经常参加一个宗教性质团体"。公职人员的自由必须以在工作中保持克制审慎为前提，这符合其"中立性和对机构的忠诚义务"。

在很多职务中，如果不保持中立性，就不可能行使职责。所有公职人员都为接连当选的多数党派服务。最极端的事例是可能同时为两种政治派别服务的议会公务员，因为以下情况"并不罕见，即研究部门的主管官员同时起草两份意见相左的发言稿，一份要交给赞成废除死刑的国民议会议员，另一份则是为了一名主张保留死刑的议员而准备"。作为一个欧洲国家，保障了这种中立性和自由信仰。因此，中立性具有协助国家和公共服务确保社会安宁的使命。

24.132　中立性的益处。公共服务的中立性不是减分，而是加分，它不会招致审查，相较于宗教信仰、戒条而言，中立性体现的是更加自由的教育。中立性与非宗教性并不矛盾。例如允许学校教授宽容对待宗教、政治派别、重大社会问题（工会运动、出版自由）的相关内容，在学校展开性教育或"组织主要目的是预防性传播疾病风险的性教育讲座"，或是请SOS反种族主义协会会长参加"公民和社会辩论"。在这些教学领域，重点在于教学内容真正保持中立和非宗教性。在这一条件下，主管机关不会追究在工作以外并未影响教学的不当接触或活动：正如科奈案判决的意见：只要"其教学无可指责"，教育部就不应严厉对待这名小学教师，只因为他"在1944年5月参加了市政府在学校庭院组织的一场主教招待会，另外，他在维希政府统治期间，在教堂排练校歌并使用教堂风琴"。在这两种行为中，后者更加敏感，因为还涉及学生。

24.133　违反中立性。"公共服务的中立性反对在公共建筑上放置象征着政治、宗教、哲学观点诉求的标志"：在马提尼克一座市政厅门楣放置独立主义旗帜是违法行为。

与此相违背的是：一些否认杀害犹太人历史的言论"违反了所有公务员必须遵守的中立性义务，尤其严重的是，这些言论出自一名初中教师之口"，还是一名历史、地理、公民教育教师。

有些无谓地冒犯服务对象的声明也违反中立性：例如一些教学中的问题侵犯了个人隐私，如性教育；向初中四年级学生发放的一份问卷之所以引发家长抗议："你是否发生过性关系？"，"性是否让你困扰？"，是因为他们认为，公共服务部门应该更加尊重个人隐私。国民教育的中立性也体现在尊重教育艺术，以及在各学科教学中不采用令人无法理解的粗鲁不雅言语。

违反中立性的事例还包括：在法国海外选民投票选举期间，外交部原本准许在外交场所和领事馆发放一个政治团体的杂志，叫作《法国海外选民议会之函》。出于对可能造成混淆的风险，以及国家中立性的考虑，尤其是在选举期间，因此暂停了外交部的这项决定。

善意优待一家公益协会的做法也违反中立性：学区督学试图规定，教师申请调动需要填写的表格是出售的，销售额则是为了"公立学校里国家抚养孤儿的事业"。这种做法值得尊重，但不合法。否则，每个机关主管都能要求同事支持自己的善行，包括社团、工会、政治活动。只有保持中立才能共同生活。

以下情况同样违反中立性：一名省长担任公职，却要"以基督徒的身份"来阻止一场文化游行活动。内政部部长对议员们就这一事件和国家去宗教化所提出的问题做出了回答，说明不应以公职身份宣告此类个人动机。

中立性和非宗教性相辅相成，因为中立性避免个人因机关部门的倾向性而感到不快，非宗教性则保障以自由平等为基础来对待每一个人，无论其信仰如何。

公共服务的中立性能积极促进宽容，使不同观点派别共存。

不能曲解中立性以扼杀正当的争论，或者为了统一思想强加官方意见。2003年12月，沃克吕兹省省长"促请"奥朗日市政府撤销一项要求奥朗日歌剧节董事会成员必须"政治中立"的决议。这并非由于省长排斥中立性，相反，原因是他不愿歪曲使用中立性，损害歌剧节团队的"专业"自由。

2. 公职人员在工作中不贴政治、宗教、商业标签

24. 141　服务对象需要中立性。不能让服务对象担心遇到一名仇富或仇穷的法官、一名人民运动联盟成员或社会党成员的公务员、一名赞成多子女家庭或主张独生子女的社工。因此，公职人员应该严格注意，不把官方身份与个人的观点、信仰、感情表达混为一谈，更不能把个人信念与行使职责相混淆。

法律并未规定公职人员必须效忠任何一方，服从任何政治誓言，采取任何立场。相反，法律规定公职人员在工作中有义务采取政治保留态度。因此，"为了保障公共服务中立性"，省长可以合法地禁止在"向公众开放的场所"发放工会资料。

● 德国希望公务员（1957年7月1日，《联邦公务员法》，第35条）"为全体人民服务，而不是为某个党派服务。他应当不偏不倚、公正地行使职责"。一家商会违反了中立原则，支持受争议的"斯图加特21"铁路项目，在其建筑外墙张贴该项目的广告。斯图加特法院因此以错误认识自身权限、违反客观义务为由，判处该商会有错。

● 英国严格区分特别顾问和工作持久、政治中立的公务员。

● 在西班牙，准许一名警察拒绝参加圣周期间需要身着传统服饰的安保工作，因为这不属于警察的日常工作，而是为了增添天主教宗教活动的仪式感。公务员不是任何宗教信仰的辅助工具。

24. 142　关于政治标签。公职人员必须克制保留，不彰显自身的政治主张。

公职人员为法律服务，在法律的框架下履行公职。

教师遵照教学大纲，不能用个人信念的色彩进行渲染：初中教师

上课时强调否认杀害犹太人历史的论点可受到惩处，因为这不仅违背部委指令，也违反法律。例如，一名教师"利用职权，在教学中传播明显的亲德倾向，从二战中与德国通敌的角度开展教学"，在法国解放后成为合法肃清对象。"倾向性"是与"中立性"相对立的。

地方议员或市政厅秘书不能利用具有政治内涵的衣着，在组织选举时在选举办公室向选民施加压力，尽管他还佩戴着三色围巾。

法国司法传统上要求，不在工作中宣告自身的政治信念，但不禁止公民根据个人意愿在合法党派中积极活动。

德国则相反，对体制忠诚的义务要求限制甚至禁止"极端"党派成员进入公职部门工作。 1972 年 1 月 28 日《关于极右、极左翼分子加入公职部门的法令》规定，将政治信念纳入筛选的考虑标准，这一规定在 1995 年遭到欧洲人权法院批评，被称为"禁止在政府部门供职政策"，也一直是政治批评和司法询问的对象。但它仍在执行，近年来的几项决议可以证明：

● 判定军队安全部门将加入"德国共和党"者列入"极端分子"的规定有效。

● 2001 年联邦行政法院对一名军人的判决生效。此人不顾上级警告，不但继续积极活动，而且还在极右翼的德国"共和党"内负责选举事务。

● 2006 年，巴登-符腾堡州拒绝招聘一名极左翼活动分子为初中教师。

24.143　关于商业标签。行政部门应当控制在其空间内的品牌渗透和商业影响。因为公共服务的中立性在商业利益方面同样有效，行政部门的服务对象有可能成为有利可图的客户对象。

法官需要判定，大区艺术学院的一名舞蹈教师"使一些学生与一家舞蹈服饰类图书出版公司建立关系，是否违背道德伦理"。

这是因为，一些饮料、服装品牌力求直接面对学校学生，并为此在各种工程、出版物、光盘、国民教育网站、教育机构的饮料食品自动售卖机上投放广告。 2005 年对这一情况进行了监管。法官在进行深入检查后，宣布教育部部长 2001 年 3 月关于《企业介入教育领域的行为准则》的通告有效。服务中立性需要从形式上采取最高等级的警惕性，因为它并不容易维持。

3. 公职服务并不用某种标签限制公职人员

24.151 个人档案和标签。对公职人员克制保留的要求能够保护他们，防止任何行政部门回到 1905 年 4 月 22 日《财政法》第 65 条发布以前的老做法。因此，禁止部门负责人在归档的考评表中评价"当事人的个人信念对工作运转造成不良后果"；即使不另作说明，此类评语也不合规。同样，上诉法院院长对一名庭长的评语也被撤销，因为他在把该庭长形容为"极具才能的司法官典范"之后，又补充说明他也是"积极活动的司法官典范，但由于他的个人信念不被所有人接受，因而无法获得全体一致拥护"。最高行政法院指出："尽管并未明确说明当事人信念的性质，但在要归入其档案的文件上出现此类与其工作方式无关的评语，则违背了 1958 年 12 月 22 日法令第 12 - 2 条的规定，该条文的目的是禁止对司法官员的评价受到与其工作方式无关且具有该条款所陈述的性质的意见影响"。将材料归入公职人员的个人档案是件大事，无论是否经过纪检程序，这些材料一旦被引用，都可以被看作纪检类的批评。

这些法律判例很有用，因为行政部门留意信息，也保管信息，并且善于收集并运用信息：在惩处公职人员时，行政部门有权将上级机关已经不再追究的、从前的过失纳入考虑范围。

24.152 1）行政部门注意搜集公职人员的信息。幸运的是，法国并不像英国、意大利那样强制要求公务员申报登记其"归属"，以达到完全透明，尤其是共济会成员。欧洲人权法院的裁决有利于公职人员的自由。比利时最高行政法院拒绝因所谓的两名成员隶属共济会而否定他们。而在法国，国民阵线向调查政教分离的"斯塔西委员会"提出："所有保密、秘密团体的公务员成员都应进行申报，使公民、被审判者、纳税人知道自己在与谁打交道"。《2009—2010 年司法官员道德义务汇编》在材料准备时期也同样关注了这一点，禁止"司法官员加入在成员之间形成秘密连带关系的哲学宗派运动"，这将"损害他们的独立性以及公众对司法体系的信任"。最终定稿则更加尊重权利，法国 1944 年 8 月 9 日重建共和法制的法令决定："明确规定以下行为无效：[……] 一切与所谓的秘密协会相关的行为"。《汇编》第 a.23 条规定："司法官员应避免顺从于任何限制其思考与行动自由、影响其独立性的义务或约束"。如果出现有利于此类团体放纵和轻率的行为，应当受到惩处。但司法官员和公务员的档案中不应加入关于个人归属和参加党团的信息。

欧洲人权法院进行监管： 1996 年意大利的法律要求公职候选人声明本人不是共济会成员，这违背《欧洲人权公约》第 10 条。

行政部门无所不知，法律和法官准许行政部门以行政调查（即警方问询记录）揭示的事实，甚至是曾经受到审判却未登记在犯罪记录表上的事实为基础，并依据《刑事诉讼法》第 775‑1 条的原则，确定所有无资格和丧权的情况。因此，一名候选人参加了警察局停车管理员的竞争考试但不被录取，因为她在 3 年前曾在商店偷窃，犯罪金额为 720 法郎。尽管检察官不予起诉，并且未进入犯罪记录，但拒绝录用的决定也是合法的。

24.153 2) 行政部门保管获取的信息。除非法律、法令另有规定，行政部门自然不会删除搜集得来的信息。即使在 1905 年法出台以前，个人档案文件的监管以及这些文档的清理就是一个敏感问题。信息技术化以后就更是如此了。

尽管如此，这些档案不应有损前程，也不该定格过去："年少时犯下的缓刑罪行"不应该剥夺一个人进入公职部门工作的所有机会。

这个问题现在特别敏感，是因为 2003 年 3 月 18 日法第 21 条，尤其是第 25 条准许警察和宪兵队运用工具来自动处理刑事诉讼过程中搜集的姓名信息，并且可供行政调查查询。最高行政法院已经撤销一项以违规查询证实罪行处理系统为基础而做出的行政决定。 2005 年 9 月 6 日法令发布后，各部委均发布通报，既敦促各部门使用证实罪行处理系统和司法档案使用系统的文档，又要警惕滥用的风险。这些强化调查的行为应当受到精确跟踪，以协调部门利益和基本自由。

与其他关系到信息技术与自由的领域一样，公务承担人不仅有权获取，而且能够更正、删除错误数据。和法国民事同居契约一样，联邦行政法院就一名处于生活伴侣关系状态的德国士兵下达指令，命令行政部门删除其信息档案中的"单身"状况，更改为"有生活伴侣"。

24.154　不得有损前程。任何公职人员都有权要求行政部门从其档案中撤出不该列入其中的文件。因此，司法部部长拒绝撤销对一名女法官在工会职务的评语，但这一决定被宣布无效，因为按照法律，该评语不应归入档案。同样无法想象的是，行政部门竟然会评价其履行工会职务的方式，并在档案中留下此类"评语"。

如果把与已赦免的犯罪行为相关的文件留在档案中，但并不用于纪检决策，则不会对当事人造成影响。档案中也可含有关于不受处罚的轻微违法行为的鉴定。但是，行政法官指出："对公职人员进行刑事处罚和剥夺晋升权方面的法律条文是严格的法律"，行政部门只能将经过严格批准的文件纳入考虑范围，归入档案。

以下案例中按照法律拒绝撤销文件：描述一家医疗机构领导层与被告所主管的档案部门、使用档案的部门之间内部联络的邮件、报告、汇报、证明，因为这些与当事人（医院的仪器操作人员）的境况相关，在事实因素上也确切、公正、不具有诽谤性。

相反，在以下案例中则命令删除一些不该保留在档案中的成分：

● 在撤销对一名军人的纪律处分后，部长应当删除其档案中一切与此做法相关的内容。 2010 年 6 月 3 日第 2010－600 号法令涉及删除军人的纪律和职业处分记录。

● 行政部门必须从档案中删除一些间接指控一名体育老师有恋童癖和性侵犯行为的文件，司法机关调查并未发现任何应受指摘的行为成立。

● 必须遵守 1984 年 1 月 11 日法第 66 条，即"如果在此期间未发生任何处分"，则纪律处分"在 3 年期满时自动消除"……

除此之外，公职人员的档案必须包含行政部门保存的全部数据（关于考评，参见前文 13.147）。如果刑事法官并未明确宣判当事人无罪，行政部门就不能撤销相关的文件。

24.155　候选资格不定格过去。

1）廉正。格列戈案判决使这名候选人失去资格，但是过去的违法行为，乃至曾被判刑在多大程度上能够表明该判决所指的"道德不当"？

行政部门不是警察，健忘一点能帮助大家和平相处。即使是警方，法官也在此方面对其提供帮助。法官的选择是给予第二次机会：曾因假冒商品而被判刑的前汽水经销者有权申请国有企业细木工的职位。

因此，吸毒、盗窃并不足以禁止某人在经过 15 年无可指摘的行为后进入警察队伍。由于"根据候选人此后的行为，无法指责其不能保证具有行使这些职务所要求的道德品行"，1980 年 17 岁时入室盗窃、偷过一辆车也不能禁止此人如今成为治安警察。最高行政法院抄送内政部部长的一份判决认为，可以因为过去的醉酒行为而拒绝一人参与警长职位竞争，这或许是目前法官所能采取的最严格措施，原因是这涉及警长职位。

同样，"鉴于年份久远（1974—1982），当事人此后的行为也持续改观"，数次酒精中毒也不足以禁止此人在 1988 年成为监狱行政机构的职位候选人。为了参加治安警察竞争考试，在一些行为年份久远的相似情况下，也采取相同的解决办法。

只不过，尽管有这些开明的解决方法，但根据情况不同，仍存在一些拒绝进行赋权的旧式反应：经过紧急审理，一名候选人因曾经盗窃而遭国家法官学院拒绝录取并非损害其基本自由。

一名候选人 3 年前曾经有在购物中心盗窃的行为，因此不得参加警察局监控员的竞争考试。即使该次盗窃所受的判决未被登记在犯罪记录表中，这种做法也是合法的。同样， 8 年前不正当使用支票"与警长职务所要求的品行保障不符"。

2）信仰。要记住，收集的信息最终是要使用的。

如果信仰无法证明取消候选人资格的合法性，违法行为则能够成为拒绝其资格的根据：困难在于区分行为和信仰，以确认拒绝 R 先生参加竞争考试"并非基于其政治态度，而是应归因于申请人的确定行为"。该案例中，国立法官学校的候选考生在服兵役期间编写"士兵委员会"报纸，其中一些段落的内容被依法视为"不符合履行法官职责的候选人所需的审慎和稳重品质"。

1980 年参加伊朗大使馆和巴黎高等法院前进行的极右派暴力游行， 1983 年 7 月 14 日当共和国总统在香榭丽舍大道进行传统阅兵时参加喧闹游行而被警方抓捕，这些可以解释为何拒绝此人参加便衣警察竞争考试。

相反，在提交候选资格数年前曾参与"激烈但不涉及任何暴力的学生游行"并不能成为拒绝考生参加国立法官学校考试的理由。基于"候选人此前曾在多个政治和工会组织中积极活动"而拒绝其候选资格同样不合法。

24.156 但是法律通过肯定中立原则保护信仰。1950 年，行政法官通过著名的杰美小姐案判决重申，"公共服务部门的所有工作人员有义务保持严格的中立性"，试图"普遍否定具有宗教信仰的候选人具备从事小学教师工作的才能"，这既不可行也"完全违背现行法律"。 4 年后，虽然笼罩在冷战的氛围下，伟大的巴瑞尔案判决仍然遵照勒图尔诺先生的结论：能否拒绝具有极左党派观点的人参加竞争考试？"对一个法国人而言，提出这个问题，就是做出了回答"。由此，撤销了只因为考生加入极左党派而被国家行政学院取消候选资格的决定。这项判决为法国公职体系政治中立的概念奠定了基础。

同年还确认，加入极左党派不构成撤销学区督学职务的理由。虽然至今仍在最高层面的公诉中听到这样的评论：他曾是极左党派成员，但在公务员工作中不偏不倚。

几年后，最高行政法院不得不再次重申，只因其政治观点就将一名路桥工程师排除在晋升名单之外是违法的，"道德品行"不适用于"候选人所持政治观点而造成的损害"。

行政部门无权在提交给评委会的候选人档案中留下关于"候选人政治观点和隶属工会"的批注。如果通报资料中有关于政治观点的评语，将受到处罚，除非该评语未能影响纪检委员会的意见。行政部门也无权将工作人员的机密信息通报给无接收权限的另一机关。

行政部门应当承认，法官的操作余地有限。在一名共和国保安队警察的档案资料中将其定性为"存在主义者"的做法"令人遗憾"，但"批注者显然并非为了检举一种哲学观点，而是在定义一种行为，像一些年轻人那样不修边幅，以此来表现一种他们自认为遵循的学说"。具体来说，法官注意到这是为了评价该名公务员"草率、放肆、古怪，不符合制服团体公务员的职务"。和以前一样，今天的共和国保安队警察或税务监察员应该可以肯定，自己的档案中不会提及"存在主义"思想，而应该担心被描述为"放肆无礼"。

严格尊重公职人员的信仰将增进自由精神，这对公务员及其行政单位都有用。为了跑步前进，行政部门不应亦步亦趋。

C. 公共服务的非宗教性

24.161 审慎对待宗教标签。 柏林犹太人博物馆展出了瓦尔特·拉特瑙1922年2月15日填写的德国外交部信息登记表，4个月后，他于6月24日被杀害。在"宗教信仰"一栏中，这位部长手书："这个问题违背《宪法》"。从来没有人必须接受损害国家中立性和非宗教性的行为。

正如总理在2007年《公共服务部门非宗教性宪章》中强调，所有人都必须遵守非宗教性原则。它既适用于公共集市商贩，也适用于大棚市场摊位商贩。反歧视与促平等高级公署在被公民权利捍卫人机构取代之前的最后几次审议中，曾经建议在负责公共服务的私营机构中实施非宗教性原则。法国移民融入高级委员会也在 2011 年 9 月 1 日给出同样建议。正如政府特派员德拉鲁在抄送司法部部长判决中所陈述的："政教分离意味着国家不行使任何宗教权力，教会不行使任何民事权力"。非宗教性充分适用于公职人员，对服务对象同样适用，但程度略低。

在符合法律和原则的条件下尊重非宗教性。欧洲人权法院在关于土耳其福利党的判决第 41 条理由中对此进行了描述。非宗教性意味着了解和尊重。

● 了解。因为只有熟知的事物才能得到良好执行。进行宽容教育、理解文化环境的前提是对宗教和非宗教性本身有最低程度的了解。在此方面已采取一些主动措施，帮助教育学家正视这种了解以及法律框架中对宗教事实的承认。

审慎地承认，只有采取这种逻辑，才能理解为何在一些公共机构中存在宗教行为。

● 尊重。因为蔑视的言辞或实例近乎蒙昧主义。不信教并不一定要与宗教做斗争，正如信教不一定要推翻其他信仰。共和国的公务承担人要坚守宽容这一绝对要求，而宽容绝不等于软弱。

24.162　很长一段时期内，非宗教性对公职人员的要求更高。1899 年，瓦尔德克-卢梭政府提交了一份法律提案，目的是指准许公共教育机构的学生具有公职职位候选人的资格。1900 年 10 月 28 日，这位部长会议主席为该提案辩解："我们以此作为信条：国家对其雇佣人员的要求不能超越其甘愿保持的中立性，超越这一界限的话，如果境况不明、不利或被掩盖，甚至对所有人开放，就会造成转向。所以，共和国政策的基本规则应该是只信任那些应能正大光明、坚定地参与竞争考试的人"。在 1899 年 10 月 26 日的《时报》上，则禁止公务员将子女送进除了国家、省、市镇开办的学校以外的机构读书。

经济学家利莱-博利厄评论道："人们要求将一些小公务员免职，

因为他们的妻子做弥撒 [……] 强迫他们把孩子送进公立非宗教性学校，剥夺他们进入私立教会学校的自由。人们常常禁止他们与一些社团来往或者加入某个合唱团。而且，还命令他们在某些场合下正式表示自己很高兴"①。

公职人员的思想自由并非是一朝一夕间争取得来的。

但时过境迁，我们不再处于布泰尔神甫的时代。非宗教性禁止的并非宗教，更不是信仰，而只是在工作时间和场所传布信仰。

法国邮政一名与公众直接接触的窗口营业员利用这一点向服务对象发放宗教性质的印刷品，这就违反了非宗教性。在服务期间传布宗教信仰有损荣誉。

如果一名军人的举止行径损害了军事纪律和非宗教性，则与非宗教性背道而驰，因为《欧洲人权公约》不保护任何宗教或引起或激发信仰的行为"。

如果一名走读学校学监在一名学生的陪伴下占用教室进行祈祷，则违反非宗教性。

最后，当一名市长以公共身份要求天主教教会和当地主管教士在市镇教堂中举办公共展览时，也违背非宗教性。法官在紧急审理程序中强调，根据 1905 年法律，"在未获得负责安排宗教建筑用途的宗教部部长许可的情况下，公职部门准许在该建筑中举行盛大活动，则明显违法"。

但是，在不传播宗教的严格前提下，作为宗教团体成员参加感化机构"不违反非宗教性原则或公共服务的中立性原则"。在 2011 年 3 月 24 日通知中，拘禁机构总监察官公开表示遗憾，在监狱中难以阻止宗教忏悔活动，使得非宗教原则受到损害。

市镇无权在市议会大厅和婚礼仪式厅墙上悬挂带耶稣像的十字架石膏像，这否认了 1905 年 12 月 9 日法。意大利的立场则相反，允许

① 利莱-博利厄，《现代国家及其职能》，1891 年，第 81 页。

在学校出现带耶稣像的十字架。它能"在非宗教性范围内"以象征性意义恰当地表达"宽容、互相尊重、对人的重视、对权利的肯定、尊重自由……"等价值观的宗教起源。2011年，欧洲人权法院宣布意大利的立场有效。

同样，阿尔萨斯-摩泽尔地区签署政教协定的省份规定，有义务"组织针对阿尔萨斯-摩泽尔地区承认的四种宗教进行教学，同时，应学生法定代表人的要求，学生有不参加教学的公开权利"。这并不违反《欧洲人权公约》第9条。行政部门必须审批宗教职能机构任命军方牧师的请求。在不传布宗教的前提下，在公共服务机构（学校、医院、军队）内部配置牧师职务与非宗教性原则相符。

同样，不禁止在死难者纪念碑底下放置宗教象征物（包括十字架）。

此外还有最敏感的方面，即补助金。最高行政法院在2011—2012年判例中以开明态度明确了这一点，陈述了这些团体资助宗教和/或宗教活动的原因和技术方式。

公职人员应当充分尊重服务的中立性价值：因此，公职人员将工作电子邮箱地址用于其作为世界基督教统一协会成员的个人联系方式，并且作为此协会成员把该地址放在协会用于公众咨询的网站上。这种做法属于违纪范畴。将公共服务的联系工具用于该协会、并在此条件下以协会成员的身份出现在网站上的做法违反了所有公职人员必须遵守的非宗教性原则和中立性义务。

24.163　公务承担人的宗教、服装、发型、显著标志。　关于具有宗教意义的服装、发型或饰物等外在标志的问题，往往令人激动，可以用几种方式看待。

第一种方式，官方承认工作中的公务员可以佩戴宗教标志。英国政府证明，这种"自由"选择的后果可控。同样，意大利最高行政法院在2006年2月承认法庭墙壁上可以悬挂带耶稣像的十字架，而拒绝在此情况下出庭的法官被暂时停职、受到处罚。

第二种方式，不从非宗教性的角度考虑该问题，只从公职人员的

"资质"方面考量。德国的立场是提出了"资质"的概念，即适合职位要求。所以，这种务实的做法使得宪法法院把这个问题移交各个地区的法律机构，也是可以理解的。

第三种方式，即法国式，则以非宗教性原则为重。是否符合职位要求当然会被纳入考量范围，但非宗教性本身即可禁止公务员在公务期间佩戴宗教标志。

在针对学校服务对象的 2004 年 3 月 15 日第 2004－228 号法和禁止在公共场所蒙面的 2010 年 10 月 11 日第 2010－1192 号法出台以前，法国公法对此已有明确规定。公务员在工作时不得通过外表展示其政治或宗教选择：无论是国民教育代理学监、劳动监察员或是市镇幼儿护工都不例外。根据最高行政法院关于马尔图小姐案的公告，"非宗教性原则阻止（公职人员）在公共服务范畴内享有展示其宗教信仰的权利。没有理由根据这些公共服务人员是否负责教学职务而进行区分"。

如果合同制人员在工作期间坚持佩戴宗教性质的头巾，可通过纪检程序干预。这一原则适用于所有宗教的所有标志，包括锡克教头巾。

例如，塞尔吉市行政法院在 2004 年判决，解雇市立游泳池一名拒绝修剪胡须的穆斯林雇员的决定有效。 2003 年 11 月 24 日，法国塞纳-圣德尼省刑事法院一名佩戴头巾的女陪审员因损害非宗教性原则而被撤换。

2010 年 3 月，一名女交警因不听上级意见、仍在执勤中佩戴面纱（据她所说是"在警帽下佩戴头巾"）而被停职。同年 11 月，图卢兹地区一名小学女教师因相同原因而受到处罚。

2005 年 3 月，梅朗一所小学的一名清洁女工因拒绝在工作时摘下面纱而被移交纪检委员会。

她的律师称："将非宗教性原则运用于执行工作的公务员，这把公共服务部门的中立性推广得有些远了"。这项原则的适用范围还将更广。蒙特勒伊市行政法院在 2011 年宣布一所小学的内部规定有效，即"在学校毕业典礼上充当志愿者的家长在仪表和言辞上应尊重非宗教学校的中立性原则"。

欧洲人权法院和法国立场相同：它指出，对公务员着装的规定对所有公务员平等执行，无论他们是何职务、有何宗教信仰。这意味着任何公务员在履行职责时作为国家的代表，应具有中立性外表，以保护该公职体系的非宗教性和中立性原则。根据这项规定，女公务员在工作场所时头上应无装饰。

还有两个疑难问题：

首先，哪些人员服从于非宗教性？

争论的一方认为，所有公务承担人都服从于这项原则。这也是参议院在 2012 年 1 月 17 日通过的一项法律提案的精神。该提案旨在将中立性原则扩展到负责幼儿服务的公共和私立法人，细微的不同之处在于是否接收公共拨款资金。另一方认为，应该保护公共生活和家庭住所，即使将住所用于幼儿护工看护孩子也是如此。

其次，可以采取哪些处罚措施？能否因其信仰自由而处罚一名公职人员？法国回应，如果一名教师是一个鼓吹学龄儿童退学的教派的公开成员，可以将他从职位调离，必须采取这一方式的原因是他一直积极发展新教徒。在这一情况下，仍应该把信仰自由和禁止将信仰强加于人调和起来。这正是 20 世纪 90 年代关于面纱的通告和判决的哲学思想。将宗教和公共服务相调和，在必要情况下坚决禁止劝人入教和对其他服务对象施加压力。这一原则仍然适用于 2004 年 3 月 15 日法未覆盖的领域。

第 2 节　价值观冲突

24.171　确认价值观冲突。仅仅陈述、注解构成公共服务基础的价值观还不够。应该让公职人员做好准备，以面对难以处理的暂时或根本上对立的价值观冲突。

- 透明度和秘密：向某个议员或记者透露信息，而这种联系似乎符合因掩盖信息而受损的公共利益，还是以谨慎义务优先？

- 忠诚和业务需要：在新职位上，根据对方要求追随对自己有恩的雇主，抑或安定于目前的职位，断绝过去的合作关系？

- 一方面忠诚于单位和行政部门的协调性，另一方面尊重司法决定：2010 年 12 月，法国北部的博比尼轻罪法庭以暴力、伪造文件将 7 名警察定罪，而部长、省长、工会均公开支持这些罪犯。价值观冲突在此非常明显，而尊重司法这一《宪法》原则的地位并未提高。

- 风险和安全：是否应该批准一种会给大多数人带来福祉，但可能对一小部分人产生危险的方案（即使已通报并注明了该风险）？

- 工作条件的竞争和稳定，在竞争条件平等和《劳动法》原则之间，应该承认哪一种？

- 时效性和必须事先许可、汇报，抑或实践者总是倾向于采取自己认为有益且必需的行动，而不把自己的项目提交给各种不确定且耗时的意见审批。

- 普遍利益和特殊利益：在涉及一个可为该地区创造所需就业机会的公司建造公用工程时，二者相吻合。但是当决定在远离某一产业的地方建设污染设施、而不考虑其他地方的情况下，这两个概念可能完全相悖。

24.172　处理价值观冲突。 公职人员工作的本质就是实现所有必须遵守但在特定情况下相悖的价值观的调解、组合或联合。

一些民选官员或公职人员没有做好面对这些压力的准备，无法重新振作，因为他们或被这种冲突压垮，或自己压垮这种冲突和相关的价值观。

- 被价值观冲突压垮的公职人员：雨果在《悲惨世界》题为《沙威出了轨》的章节中深入探讨了这种无法厘清的境况①。沙威被困在

---

① 雨果，《沙威出了轨》，《悲惨世界》之第五部第四卷。

他作为"猎人"警察的价值和对救了他的冉阿让的忠诚感之间，无法克服这一矛盾，最后自杀。"他对自己说，这原来是真的，事情会有例外，权力也会变得窘迫，规章在一件事实面前也可以不知所措，并非一切都可以框进法规条文中去，意外的事可以使人顺从，一个苦役犯的崇高品质可以给公务员的正直设下陷阱，鬼怪可以成为神圣，命运中就有这种埋伏，他绝望地想起他自己也无法躲避意料不到的事。"

• 公职人员也会无视价值观冲突，弗拉基米尔·扬科列维奇[①]对此有着精妙描述："承认吧，在我们的司法顾虑中，在我们急于承认价值观冲突、为其确定等级的态度中，存在着某种程度上的马基雅维利主义；我们并不厌恶价值观的冲突或撞击，因为在价值观纷争结束时，就为我们按照自己的意愿将它们相互调和提供了对策"。

在这两种极端之间，为了防止任何出轨行为，无论是公务员或民选官员，任何公务承担人都应该准备好面对各种必需的价值观相互挤压而令他无法应对的这些时刻和这些"惊吓"。

第一种途径是应该立即采取的：准确地确认、定性这些相互矛盾的价值观，进行表述，如果可能的话，还应与同事和各级人员讨论其影响，这样或许能指向某种解决方法。

应该采取的第二种途径是价值观的等级，其中人的尊严应该排在第一位。《欧洲保护人权和基本自由公约》为此提供了有用指南。另外，此时也应该重新研读《宪法》。

第3节　价值观有效的条件

24.181　实施价值观。价值观不应该像是放置在博物馆橱窗里，

---

① 弗拉基米尔·扬科列维奇，《意图的重要性》，弗拉马里翁出版社，1983年，第135页。

只能远观。为此，我们需要日常典范，明晰的委派任务，保护服务对象，以及必须具有国家意识。

一、典范

24. 191　伟大人物。任何阶层、任何行业都有自己的典范人物：从意志坚定的看守人到必须起"榜样作用"的警队决策警官，能够根据受众调整课程的教师，乃至倾听病患呼声的待命护士，或者是"行为举止应成为典范"的"城市交通调解员"。应当鼓励典范作用，当典范人物被人熟知、受到尊重时，常常会令人十分羡慕。行政部门和民选官员们也必须有自己的典范。最高行政法院利用图扎尔案裁决强调，即使没有成文规定，行政部门管理人员也必须遵守"尊严和典范性的伦理道德义务"，而该判决涉及的是一名警长。

有些高级职员、高级公务员通过他们的文字、他们的弟子、他们的创举和斗争以及他们的事业，成为价值观的化身和传播者，为他们所处的时代留下了印记，他们是皮埃尔·拉辛、皮埃尔·拉洛克、西蒙·诺拉、弗朗索瓦·布劳赫-莱内、雅克·富尼耶和塞尔日·瓦尔蒙，幸而当代有这些堪称楷模的司法官员和公务员。

培养、传播公共职能价值观是民选官员和机关公职人员伦理道德的组成部分。

弗朗索瓦·布劳赫-莱内的《公务员职业》在法国、理查德·查普曼的《英国公务员的道德》在英国起到了巨大的参考典范作用，这并非偶然。尤其是后者描述了爱德华·布里吉斯爵士这个人物，他是英国高级公务员，曾任职财政部和公职部。本书激励了一代代年轻公务员。比利时最高行政法院在核准一名犯有腐败罪的宪兵队上校辞职时强调，"高级官员本应成为榜样"。

经合组织在 2003 年 7 月《关于公共机构中利益冲突管理的指导路线》的建议中，希望"推动个人责任和典范人物"："公职人员应一直保持廉正，作为其他公职人员和公众的榜样"。

这正是 2010 年 12 月 30 日政令、即《监狱公共服务机构道德法》第 17 条的含义："在任何情况下，监狱行政人员在行为举止、履行职责时，他们的榜样都应对其所负责的人员产生积极影响，获得他们的尊重"。

二、委托人和受托人

24.201　准确认知职责权限。遵守伦理道德原则首先要了解自身权限范围。

A. 权限原则

24.211　职务和委派。　这要求所有公务承担人向自己提出一个双重问题。

一方面，正确衡量获得的授权，"以谁的名义决定"。对司法体系成员来说，答案写在每一项判决中："以法国人民的名义"。对于公务员而言，应当厘清、遵循部长或市长委派的任务框架。对于一名育儿助理而言，不能"超出职能接受任务，在她本人不负责计算剂量的情况下给婴儿吃药"。

另一方面，自查将要委派出去的任务。机构的良好运转也需要拒绝或撤销一些委派任务。护士不应把一些任务委派给护工。部长应该撤销对一名正在执行另一项政策任务的公务员的委派。

委派原则被广泛采纳，这有文字规定，并且将行政部门良好运行中十分少见的权力委派和常见的授权签名相区分。

24.212　在部委中，被 2005 年 7 月 27 日政令所取代的 1947 年 1 月 23 日政令准许部长通过决定的形式把签署权委派给司长，只有未委派给该司长的事务才委托给部长幕僚办公室的一些成员（幕僚办公室主任、副主任和办公室主任）。

在高级公务员协会的监管下，法官严格执行这一法律文本。该协会对两类"有风险的"签署权委派进行无懈可击的严厉监督：一方面是针对部长幕僚办公室人员或旧员工的委派；另一方面是针对不符合法定条件的合同人员的委派。

2005 年 7 月 27 日政令第 4 条中的一小段话意义重大："部长或国务秘书变更并不终止委派任务，但他们所在的机关保留结束委派的权利"。因此，根据这一法律文本，即使更换部长，甚至更换政府或议会多数党，机关主管也能保留被委派的任务，这种做法省去了每次更换部长时重复一系列委派任务。但从原则上来看，只有通过"非政治性观念"这个极其模糊的词汇才能理解这一法律文本，如此一来，"行政权"在面对民选政治官员和部长的政治合法性时才能抬起头来。

24.213 在地方政府，行政权有更加弱化的趋势。 政治权威得到确认：在巴黎执行《地方行政机构普法》第 L.2511-27 条时，两次判决巴黎市长能够将其签署权委派给自己的幕僚办公室主任。根据该条文，巴黎市长幕僚办公室主任被视为"巴黎市职能部门负责人"。当然，巴黎市长幕僚办公室是一个"特别成立的行政部门"，但这一政治与行政一体化结果并不是自然产生的：它来自幕僚办公室机构的普遍化，来自幕僚办公室、职能部门在政治与行政上的融合。巴黎各机构的体量和重要性并不一定能说明应该将幕僚办公室与职能部门混为一谈，是否取消区分幕僚办公室与职能部门仍是，或应该是地方政府的权利基础之一。对于巴黎以外的市镇，如里昂、马赛，《地方行政机构普法》第 L.2122-19 条排除了授权幕僚办公室主任的做法，将其保留给真正意义上的行政职能机构。因此，《地方行政机构普法》规定，行政长官"可在其职责范围内和其监管下将各方面的签署权委派给相关职能部门的负责人"。

当国家的委派任务过于注重行政权而地方政府过于注重政治性时，实现价值观并不容易。

B. 管理委派任务

24.221 委派任务的界限。 在受到委派时，公共服务机构的价值观应当随委派任务传递。

受托人和委托人承担相同义务。

对所有公务员来说，委派签署权将那些"被选中"负责向机构以外发声的人和其他人员区分开来。

真正的委派任务强于虚假的权限。

这种"盖章"或"签字机器"的传统做法（圣西蒙在 1701 年就描写了令人羡慕的在法国掌握"羽毛笔"或西班牙"图章"的委派任务）、"特许的赝造者"的必备艺术意味着必须严格监控委托人，以免部委或司局的决策机制崩溃。如果借助这一机器，则是进行一场双重赌博，它既取决于信函收信人的单纯无知，不区分真假签名，又需要不再向受托人追溯该问题：他将惊奇地发现自己曾"签署"过这些争议文件。在内行人看来，这也可能是对收信人特意发出的疏远信号，大家不无讽刺地猜想，他或许因为只能收到"签字机器"的来函而懊恼。

对受托人而言，他不应借别人的东西来夸耀自己，也不能高估自身的自主性。以"爱丽舍宫"（法国总统府）或"马蒂翁宫"（法国总理府）的准许或支持为理由毫无用处，因为这些只是假想的单位实体①，法律只承认真正的委托人即共和国总统或总理，而不是其他任何人，除非是总统或总理指定的某个明确的密切合作者。

受托人应运用委派的权力。早在 1911 年，德马蒂亚尔描写的"责任中心"已经预测了《财政法组织法》的纲领："行政部门组织不是每个公务员都被上级覆盖的金字塔型，而应该以职权的球状组织，在中心放置一名具有行使职务的权力和义务的公务员，主管的作用并非取代该公务员，而只是监督他履行职权"。德国军事用语"任务指挥"与这一理念相符，受托人享有完全的自主权以实施接收的命令。

但关键在于，受托人要知道，当委托任务被滥用或转而不利于委

_____

① 或者在有些人看来，只是一些国家建筑遗产。

托人时，可被撤回。公务员、司局长对自主权的渴望导致许多高级公务员自恃为自治单位的领导，没有真正的约束，也无需汇报。这从机构名称和标识上可以看出端倪。拥有独立的地址[①]、特有的标识和媒体自主权是个永恒的目标，被视为迈向某种独立性的第一步，法国电信、法国国家气象局、法国就业局就是例证。但是，对议会（或地方议会）来说，机构隶属于某部委或某地方政府则表示机构的合法性和责任只来源于政治负责人，即部长或议长、市长。

最后，委派任务并不剥夺每个经办人自身的责任（关于刑事责任，参见51.121）。

三、保护用户

24.231 服务法律，服务用户。服务对象这个词并不像人们以为的那样具有贬义。当然，服务对象常常是公民（但也有外国人服务对象或丧失公民权利的人），是客户、受管辖者和审判对象。

公务承担人考虑用户的期望，承认他们可以有道理，回应他们的投诉，但最重要的是尊重他们。

24.232 a) 考虑用户的期望。 问题在于，这些期望要求很高，而且毫无止境。莱奥·佩鲁茨在《芒果树的奇迹》中，让克尔赫森医生在维也纳一名病人家里出诊时面对一条热带蛇："他的职业技能中并不真正包括帮忙（客户）使这只在温室里游弋的有毒爬行动物不能再伤害人 [……] 一种模糊的想法占据了他的头脑，在这个组织完美的国家，无论如何也应该有一名公务员的职责包括消灭此类危险动物"。医生忽然想到了："当然了！是屠宰员！市立屠宰员！"

用户的问题不是："有没有一个公共服务机构是做……"而是："我该找哪个公共服务机构来……"

行政部门早就应该像航空公司对待顾客那样对待用户："我们珍

---

① 拥有自己的地址，如果可能的话，还有自己的电话局……

视您的意见"。质量手段、法国标准协会标准化、满意度调查、利用网络接收网上服务评价，财政部通过质量再管理系统对这些举措进行了统筹。这项跟踪调查逐渐变成与用户的对话，产生了许多相关职业。

24.233 b）承认用户可能有道理……只需观察当窗口工作人员做出让步并承认用户有道理时，后者那不敢相信的惊呆表情——通常他会让工作人员再说一次。这是因为，大部分情况下，公职人员总是宁愿坚持己见，也不承认自己有错。他明白自己有义务为用户答疑解惑，最终却引火自焚。

雨果《悲惨世界》中的沙威具备以公共利益的名义坚持错误、对矛盾置若罔闻的公务员的所有特征："正直、真诚、老实、自信、忠于职务，这些品质在被曲解时是可以变成丑恶的，不过，即使可能变得丑恶，也还是伟大的品质；它们的威严是人类的良知所特有的，让人敬畏。这是一些有缺点的优良品质，这缺点便是它会发生错误。执迷于某一种信念的人，在纵恣暴戾时，有一种寡情而诚实的欢乐，这样的欢乐，莫名其妙竟会是一种阴森而又令人起敬的光芒。沙威在他这种骇人的快乐里，正和每一个得志的小人一样，值得怜悯。那副面孔所表现的，我们可以称之为善中的万恶，世界上没有任何东西比这更惨更可怕的了"[1]。

流程审计和复查办法、用户满意度和意见统计研究、强制事先追索，这些手段能够避免重大错误。如果说公职人员以其身份能够大致看出错误，那么用户更能够一窥真相，因为他有亲身经历。

24.234 c）回应用户的投诉。 公民有权要求行政部门作出回应吗？

行政部门应组织收集、处理公众投诉。这是因为，如果说公务员应该受到保护，但同时也应当听取投诉："上卢瓦尔省的一名税务员

---

[1] 雨果，《悲惨世界》，袖珍版，1963年，第313页。

被合法调离职务，因为公众对其工作态度进行投诉"。一名廉租房小区保安在与一住户产生纠纷时可被依法调动成为养路工人。

在缺乏处理投诉的有效手段时，这一角色只能由一些监督协会的抗议活动填补：

- 针对军队：人权联盟在 1994 年发布了关于军队中发生事故的报告《在军旗下死去》，此外还有消息灵通的退伍军人协会，他们比现役军人更加言论自由。

- 针对司法机构：实行高等司法委员会"审查"受管辖者投诉的系统。1994 年 2 月 5 日《组织法》第 18 条在 2010 年 7 月 22 日法的版本中规定建立一个"审查采纳委员会"。这项审查任务本该交给另一机构，而不是由已经负责任命司法官和纪检工作的高等司法委员会承担。按照 2011 年每月 80 起投诉计算，高等司法委员会的筛选工作繁重，而且大部分投诉不可受理，因为它们不仅质疑司法官员的行为，同时也质疑做出的司法判决。为了审查这些针对法官的投诉，高等司法委员会引用巴黎议会 1699 年 6 月 4 日的达格梭判决："所有认为必须追究法官的人都只能克制地要求对他们认为关系到其诉讼判决的事实和方法做出解释，不得使用与法官荣誉和尊严相悖的侮辱性语言，否则可处以惩戒"。只有在法院明确准许的条件下才能对法官进行控诉，这就要求在受到质疑的不是判决而是法官时，必须进行"审查过滤"。

- 针对纪律部队：大赦国际或 SOS 反种族主义协会。希望公民权利捍卫人机构拥有与已经撤销的安全服务机构伦理委员会同等的独立性和权威性。

- 针对监狱行政部门：法国最高法院院长卡尼韦在 1999 年报告中倡导的外部监控已由 2007 年 10 月 30 日第 2007 - 1545 号法实施，新设立了拘禁机构总监察官，并很快确认了其权威。此外，与国际监狱观察组织、保护囚犯与其家庭权利和尊严协会等组织建立新联系，它们将继续在提供信息和警报方面起到必要作用。另外，2011 年 3 月

29 日法设立的公民权利捍卫人机构也能干涉监狱管理领域，并且根据该法第 5 条，任何有损"安全机构伦理"的行为的受害者或见证人均可向其提出申诉。

● 针对教育机构：市议会决议"对一所男校校长及其妻子（亦即助理）面对家长投诉采取的态度表示遗憾"，而法官并未判决这项决议污蔑了教师。而当一名小学教师与学生家长之间气氛紧张时，如果无法采取纪检措施，那么可以为了机构利益考虑而将其调离。

对于任何机构而言，研究投诉、审查感谢辞或祝贺信（有可能发生）均具有教育意义，可以有益地融入提升伦理政策之中。

24.235 d）保护和尊重用户。 要尊重用户，首先不能将其非人化。当问询对象被问及其职业并回答"回收员"时，"灰色灵魂"①的法官回应道："她回收什么？——这就是法官用来将谈话对象贬得一无是处的方法。他不说'你'，也不说'您'，而说'他'或'她'，好像对方并不在那儿，就像她并不存在，就像没什么能让人感觉她在场。法官用一个代词就把对方取消了。我之前说过，他懂得如何运用语言。"

大家可以重读法兰西共和三年果月 5 日（1795 年 8 月 22 日）《宪法》第 351 条："公民之间不存在任何优越性，公务员享有与其履行职责相关的优势除外"。这种"优越性"体现在能够采取许可或限制的措施，仅此而已。公职人员与公共服务用户都是一样的公民。公务承担人应当摒弃所谓的"优越性"这种"行政部门的系统性恶意"，法官会定性并惩处这种做法——尽管罕见但偶尔发生。如果没有这种特定的"恶意"，行政司法的作用将大大减轻。

司法体系则注重"尊重受管辖者"。因此，终审法院认为，如果一名参加宗教派别调查委员会的议员在针对"耶和华见证人"发言时，任意使用"不够确切的言辞，仓促地将情况混为一谈"，则不能

---

① 菲利普·克洛代尔，《灰色的灵魂》，斯托克出版社，2003 年。

享受其议员身份豁免权。

《社会活动和家庭法》第 311-3 条涉及卫生机构"用户的权利"（"尊严、公平、私人生活、隐私和安全"），这并非偶然。 2003 年 9 月 8 日的一项部委命令决定了《被收容人员的权利和自由宪章》。

在卫生机构，尤其是医疗机构中， 2002 年 3 月 4 日的《病患权利法》规定了保护用户的条例。

一名医生"除了违背在值班和强制执勤期间必须联系得上的义务以外，如果其整体行为可能使病患安全遭受风险"，可被该机构开除。例如，一名急诊医生拒绝 15 号急诊中心的要求，不去治疗一名心脑停搏的病人。一名夜间男护士并未尽力照料一名声称剧痛难忍的病人，也没有通知值班医生，而且没有把症状写入病人的书面医疗记录，延误了治疗，这一行为可受到处罚，不过令其退休的做法被判定为与其错误行为不相称。

未经同意对病人实施安乐死的医生、虐待老人的护士可依法暂时停职。

显然，在前来妇科问诊的女性病患不知情的情况下，医生用手提摄影机对其进行拍摄，这侵犯了患者尊严：一名自由执业医生为此受到处罚。

一名执证护工在他工作的养老院履行职责时，对住客有淫秽言语和有伤风化的行为，因此不能留在该机构。

但是，一名工作人员与精神残障的年轻住客参加具有性意味的演出活动，由于情况特殊并未被解雇。

特别是在公共卫生和社会机构，必须坚决打击滥欺弱者的现象：一名养老院女保安让一位住户相信，由于她的年龄关系可能将被逐出养老院，为了避免这一情况发生，女保安会帮着把她的行政资料藏起来，她就必须为女保安签署好几张支票，这名女保安犯了滥欺弱者罪。一名生活助理让她日常照顾的一名 90 多岁老人签署了一份生命保险合同，而受益者是她本人，这也属于滥欺弱者行为。

教育机构的基本原则是禁止与学生关系过于密切：一名体育老师"在教授柔道时，出于侮辱和掌控的目的，对一名女大学生有非礼和不当的言语及行为，被判有罪"，依法停职1年。一名小学教师"对一些学生反复使用侮辱性的恶劣言语"，被依法开除职务。校车司机不能要求初中女生在上车时和他行贴面礼。因此，尽管他有受保护的雇员身份，仍被解雇，行政法官拒绝撤销该行政许可。保护和尊重用户应是行政行为的一项基本原则。

对于司法人员而言，建议不要冒"与受审判者之间缺少距离"的风险。

社会事务督察总局1997年发布的文件《伦理标准》就强调，粗暴对待监管对象并不是表现威严的必要条件："应该尊重人和他们的权利"。一方面，一般会提前通知相关单位进行审计和检查；另一方面，"检查员的行为举止必须保持礼貌，聆听对话者，这并不有损其威严"。

最后，为了保护用户，法官对行政部门收集用户信息的过程进行监控：承认调取学业档案为合法，但仅仅根据一项部委决定就创建信息文档，间接提及个人宗教观点，比如提及"享有当地法律规定的民事地位的阿尔及利亚裔人的"宗教观点则属违法。

当然，在任何情况下，公职人员保护用户不受暴力侵害，不对用户采取任何粗暴行为（关于暴力行为，参见22.62）。

四、长远意识，国家意识

24.241 公共服务的价值观并不单独起效。它应当与"职业意识"和长远意识相结合，共同构成国家意识和公共服务意识。

公职人员必须始终与时俱进，赋予这些意识现代意义，为集体服务。对此，经合组织和欧盟近年来多次强调重要性。

当公职人员有可预期的长期职业发展前景时，会更加注重长远意识。

这方面的法国传统也历史悠久， 1483 年当查理八世未成年时，在图尔召开的三级会议①呼吁，国王周围的公务员应该"从过去的经验学会洞察未来"，这是对今天的公务员所应具备的素质的良好总结。

埃蒂安·布林·德·罗西耶描述了哪些人具有"国家意识"："自然，他们不让任何个人性质的考量、任何小群体意识超越为公共利益服务的意识。但'国家意识'远远超出这种基本伦理。我们要把那些由于当时形势、法国人反复无常的性情导致的选举团钟摆运动的现象与长期存在、构成民族身份的元素区分开来"。

公职人员既要考虑长期的职业发展，又要顾及眼下服从现任部长，这一压力也体现了公职人员的一个特性。

我们也无需对国家意识失望：应该相信"任何人在做乐意做的事时具有积极的意识，正如学者对于科学，艺术家对于艺术，法官对于司法"②。那么公务员对于行政工作呢?

---

① 法国中世纪的等级代表会议，参加者有教士（第一等级）、贵族（第二等级）和市民
　　（第三等级）三个等级的代表。——译者
② 巴尔扎克，《一桩无头公案》，第 8 卷，伽里玛出版社， 1976 年，第 630 页。

第 **4** 编

公职人员的行为与使命

小引

30.09　1983 年 7 月 13 日法第 28 条规定了等级制度。然而发号施令并不简单：发布命令和撤消命令：明确、缄默、主动、"公断"，这些要求并不一定总能达到，此外还有制定目标、方法、监控。

而伦理则始于"领导负责制"，《欧洲委员会公职人员行为准则》第 25 条也强调了这一点。在这一方面，司法界迎来了关于"上诉法院院长的纪检权力"的通告，它标志着司法官员伦理责任的觉醒，2001 年 6 月 25 日法赋予主管法官向高等司法委员会直接提交意见的权力，从而加强了这项责任。

第 1 章
公职部门和政治

31.09 与政治的关系总是引发困难。事情一旦涉及公务员、出身公职部门的政治家、部委或司局以及地方政府的幕僚办公室之间的相互作用关系，那么所有基本概念都显得苍白无力。

在一切民主国家，意见在两种观念中摇摆：

● 各司其职的传统观念：无论公务员高不高兴，贝尔福伯爵宣告："公务员应该划船，而不是掌舵"；

● 现实的观念：正如英国议会公共行政专责委员会在 2005 年 11 月举办的一次公共咨询活动那样，我们必须自问以下问题：公务员是否应该更具政治性？政治家是否应该对任命高级公务员表明看法？行政部门政治化一定是种负面现象吗？

要有效地谈论政治与行政的关系这一主题，就必须谨慎，因为它既敏感，又决定着行政的成功与否。

第 1 节 定义的用途

31.11 理解差异。要给公职人员下一个相对于政治的准确定义，需要正确了解双方的责任。

公职人员应该意识到，国家主权有 4 个参与者：

1）　人民，通过普选行使主权；

2）　议会，通过《宪法》和法律表达主权；

3）　政府，通过政策选择和方针实现主权的意愿，即行政权；

4）　公务员，通过行政运作措施执行主权。

法官和独立部门从政府层面管理，实施人民和议会的决定，"以法国人民的名义"直接裁定。

相反，公务员必须承认，他的角色和重要之处是在第 4 层级执行职责，实现民享、民治，而人民通过议会和政府表达意愿。

传统论调总是强调政治的不足，受此影响，法国理论学派一直倾向于低估（如果不是忘记的话）议会甚至部委的职能，使得公务员成为行政权的共同责任人和主权行使权的共同所有人。亨利·内扎尔在 1901 年所说的话是一个很好的例证。公民通过普选进行决策，掌握主权的实质，公务员作为主权职能的共同所有人，参与其执行。由此，他把二者直接对立起来。这一理论引导亨利·夏尔东在 10 年后确认了纯粹的行政权。

需要再次确认的是，如果公务员能把自己的角色与政治人物、议会和地方议会的作用区分开来，他将更加高效、更受尊重。

公务员，尤其是担任领导职务的公务员（但不限于此）的伦理道德要求我们深入思考与部长、市长等政治人物的关系。

这一方面有两个法律文本值得引用：

● 首先是《法国国家警察伦理规范》：1986 年 3 月 18 日政令第 13 至 19 条规定了"指挥部门的权威"，这可以指部长的权威；

● 第二，《英国文官法典》的前几条规定，部长"不能要求公务员做出任何与本法典相悖的行为"。

这两个范本显示，良好的政治、行政关系需要对政治人物本人眼中的政治有清晰认识，还需要公务员对政治贡献有公正的评价。公务员常常忽视这种贡献，因为他们确信，最好的选择一定是他们向政治人物建议的（如果不能说是指点的话）：谈判家亨利·德马拉西斯获得凯瑟琳·德·美第奇授予他自己希望获得的职务的故事，启发了公务员乐于为政治人物起草与自己息息相关的文件。

公务员和内阁，政治和行政，谁是谁？

理念只有在得到正确使用时才是有用的。公务员的归公务员，政治的归政治。

一、政治的明确概念

31.21 政治领导负责指挥。1928 年 6 月 28 日，司法部部长路易·巴尔杜在议会接受质询。当雷贝尔议员大胆反驳"司法部、刑事事务司司长亲自提供的信息"时，巴尔杜在议会主席[①]赞许的目光下回答："犯罪事务司司长并不对议会负责。只有司法部部长对议会负责"。此举获得热烈掌声，但并非所有部长都能像他一样。在现代历史上，有些部长的回答可能相反："议员先生，我必将向这位司长求证以便核实他的回答……"确实有一些政治人物"人云亦云"，就像在法典编纂中有些"人云亦云的法典"一样……

对此，雅克·阿塔利有犀利的评论："经验证明，专业技术最弱的部长通常最依赖行政部门，因为他们希望被部门所接纳"。幸好这一论断在很大程度上并不确切。有些失败的部长长期抱怨，对总是与行政部门发生冲突感到懊恼："部长先生，这是不可能的"或者"成本太高"，或者更糟糕的是"我们已经尝试过但失败了"，更有甚者"我们的责任是告诉您……我们这样说是为了保护您"。伟大的政治家不会寻求公务员的保护，而是向公务员展示，他会保护他们，更重要的是，他为公务员确定目标，并且始终要求他们汇报执行情况。

1938 年，乔治·曼代尔担任达拉第政府的海外部部长时，遇到法属西非总督的对抗。数年来，总督拒绝了连续几任部长提出的从当地

[①] 雷蒙·普恩加莱。

预算中为达喀尔港口工程出资的要求。总督给曼代尔发去和他前任同样的电报:"达喀尔港口工程值得关注,但法属西非的预算不得不面临许多开支 [……] 不过,我们可以期望, 1940 年预算或许能够提供可使用的资金……"曼代尔回复:"如果总督坚持反对立即为达喀尔港口签字划拨 3 000 万资金,就请他乘第一班飞往法国的航班,向部长陈述反对意见"。第二天,一份无线电报告知部长,已经找到 3 000 万资金。 1 周以后,部长签署了开工命令。

瓦勒里·吉斯卡尔·德斯坦在《政权与人生》中引用了两项强加给行政机构的决定:关于离婚的法律草案和 1978 年 4 月关于保护乍得恩贾梅纳的决定。

一个真正的政治领导听取行政部门拒绝的理由,但不会因此停滞不前。

二、公务员的明确概念

31.31 公务员提出建议并实施。

● 加拿大和英国的用语相同:"公务员向部长提供诚实公正的建议,使他们获得决策所需的所有相关信息"。

● 在德国,公务员"为全体人民,而不是某个党派服务",应当"提供建议并支持上级"。

● 在西班牙,公务员违反中立性和政治独立性,以及任何企图干涉政治程序的行为都是重大错误。

● 意大利在 1998 年编成法典的 1993 年 2 月 3 日政令确定了政治和行政的关系和各自角色。政治负责制定目标和规划,并进行监管,行政负责财务、技术和行政管理。

由此,我们勾勒出了一份简单概况,政治人物是意志坚定的负责人,公务员是正直的顾问。

但现实没这么简单,政治家、公务员的性质差异更加不明确。

三、模糊之处

A. 行政权力的诱惑

31.41　政治角色趋同。　让我们检验一种假设，即政治家、公务员二者的差异或许比人们号称的小，甚至不是性质差异，而是两种政治性质的对抗，政治人物和（高级）公务员分别以各自的方式从事政治……居伊·卡尔卡索纳的《公共职能和政治职能》为这一观点做出了贡献，英国对此也提醒人们注意[①]。

几个模糊因素使准确定义角色分工的工作更加复杂：公务员会感受到亨利·夏尔东在 1912 年提出的"行政权力"的诱惑。

不仅因为公务员有意识地参与制定，甚至主导制定那些将要由他来负责落实的政策内容，更是因为他感到，相比只为了每年 6 次记者招待会而存在的部长们，自己则是负责"长期"工作的人；因为他感到政治人物的一时兴起、妥协让步和政治先行带来的阻力；因为他有多年的职业生涯需要经营和成就。技术官僚的愿望是成为不可或缺的人。D. 阿莱维向这些长期工作的公务员致敬，认为如果没有他们，社会保障、《劳动法》都不会存在。

用米歇尔·德布雷自己的话来说，1945 年他作为戴高乐将军在昂热的代表时，还得"接受妥协"。当时需要重建桥梁：他希望立即建起临时步桥，而路桥工程师"希望按照规矩，更愿意按照规范彻底重建"。建永久性桥梁所需时间多，但具有长期性，立即建起的步桥期限短，临时用用而已，政治、技术的关系正体现于此。

随着一类新型公务员的出现，这种"行政权力"的诱惑还将增长。这类公务员不是由部长为执行公务而发明的，而是由议员为了监控创造的，即 2001 年《财政法组织法》中的"项目负责人"。

如同浮士德面对他的创造物一般，议员专家们在 2005 年开始自

[①] E. C. 佩吉，《作为立法者的公务员：英国行政中的立法》，或者说如何结合公务员和政治人物的角色。《公法》，2003 年，第 81 卷，第 4 期，第 651 页。

问这类新人的身份。他们身为公务员，有权选择采取的方式，参与确定结果（"目标"），开始喜欢政治，不耐烦地等待像部长一样被议会召见……

哈佛大学教授亚瑟·伊萨克·阿普尔鲍姆在1993年的一篇文章《职责将尽》中详细描述了公务员对待政治目的，也就是其任务目标的这种明显而有益的兴趣。与小说《长日将尽》中不动声色的管家相反，公务员的伟大不在于穿不透的沉默，而在于他的公民责任感和对肩负使命的合法性和高质量的关注。

31.42　"行政权力"。此外还有两种补充情况也指向行政权力的再造。

首先，2003年至2006年，大部分部委都引入了"秘书长"职务，使一些权力集中在一个新行政层级上，即一些通常隶属于部长的抉择权。秘书长职务恢复了19世纪一项常见的行政概念，并且由于他们的委任期长而得到加强，体现了公职部门相对于政治的长期性和稳定性。但需要区分的是，在2006年，各部委的秘书长各不相同，他们的活动领域和职权从协调普通职能（联系、信息、研究、外事）到协助管理部委工作不等。如果只把他们引向部委的横向职能，例如在内政部、财政部、社会事务部、国民教育部，他们完全能够找到自己的位置。如果他们想在部委确定一套"家法"，就得面对（原则上如此……）部长的政治手腕。贝尔纳·特里科建议，作为秘书长的替代方案，设立一名"由部长根据二人之间相互信任而选择的国务秘书［……］，不让他负责某个领域，而是负责某些类型的问题"。与"行政权力"相比，这就更倾向于政治革新了。重点在于，如果部长选择设立或保持秘书长职位，秘书长就要领会部长的方针，使部长不必负责一些无须由他决定的行政问题，并且不寻求安插"自己人"，不做部长和司局长之间的过滤器。

此外，2005年5月21日政令调整了（即显著增强了）军队参谋长的权力，也是加强了公务员的独立自主性，减少不必要的政治干涉。

或许我们又将回到在部长和公务员间"创建一个权力层级的行为是非法的"时代：该案例是"在保监局设立总监委员，行使保监局局长的职能，因此对同事具有上级权威"。所有司局长都梦想着不受部长的权威管辖，而自己是"行政权力"的代表主管。

其次，也是更核心的，越来越多的提议要求把部长的政治角色和管理者独有的责任相互分离。审计法院院长在2011年底《财政法组织法》出台10周年时对此提出了完善表述。在"管理者责任"的主题下，他的设想是，只能由受到部长委托的管理者来明确担当管理的自主权和责任："部长和项目负责人的责任衔接制度将有利于后者成为真正的公共管理者，能够对所有行政决策进行回应，并执行部长制定的政策。部长的权威则可以通过授予项目负责人委任状来清楚地体现"。逻辑就是"行政事务属行政管理人员"。

讨论还将继续。可以想见，强化行政权力并不是唯一的解决途径。一面是政治在行政部门内，而不仅仅是在行政部门之上的革新；另一面是梳理并实现政治目标的行政，二者之间的冲撞和讨论应该能够迸发出火花。"各管各"的方式并不一定总是有利于绩效乃至考评。

B. 公务员化的政治家

31.51 政治家逐渐务实化，可能还公务员化了。 他常常带有曾经身为公务员而具有的（过于）文明开化的气质。

首当其冲的政治人物当属部长，他们常常容易被办公室工作吞没。1970年，米歇尔·德朗古提醒人们警惕"戴高乐派保卫共和联盟倾向于从高级公务员团体中招募优秀成员，更加剧了行政部门对政治人物的影响"。选民们的问题永远只有一个：工党能掌控行政官员吗？[1] 选出的部长是否能够真正发号施令？这真让人担忧……

---

[1] 《工党能掌控官员吗？》，收录于《独立报》，1997年4月1日。

C. 幕僚办公室

31.61　幕僚办公室的存在使边界更加弱化。　国家层级的幕僚办公室或地方级别的幕僚办公室都很不受爱戴。如果它们太过行政化，就会无用地重复工作，成为"勇气的障碍"。如果它们过于政治化，则可能"搞政治植入，产生出于党派目的而滥用职能的风险"。一旦发生危机，它们将位于"责任人"的最前列。

1个世纪以来，人人都同意必须撤销幕僚办公室，但没人甘愿冒此风险。和巴黎一样，柏林、布鲁塞尔也都每天衡量专员办公室的影响。　1994年，埃蒂安·布林·德罗西耶指出，在戴高乐将军主政期间的小型会议中，"在相关负责部长旁边就座的是有资质对当日议程问题发表意见的高级公务员［……］，幕僚办公室成员则不得参加会议。他们是部长的亲信，却不属于国家的亲信合作者"。仍是在1994年，参议员格纳质询部长："我很清楚，有些部长——部长先生，不包括您——会抬手望天说：'如果没有幕僚办公室，我们会变成什么样？'不久前，剧院还有提醒台词的人。撤销这个职务以后，演员们更了解自己的角色，演得不比以前差（笑声）"。大家都知道，如今耳麦已经取代了提醒台词的人。

为了理解幕僚办公室的反复重生，比起法律或社会学，更应该思考圣西蒙笔下的沙米亚尔："这位部长没时间做任何事，为了获得支持，也为了做事，他有一项基本需求，就是让自己周围有一群人专门笼络人心。他们得一刻不停地了解发生的一切阴谋诡计和当天的故事，进行推理、综合，还得有本事用简单几句话就让部长了解一切，天天如此。"[①]还有巴尔扎克的《莫黛斯特·米尼翁》："许多科学界、艺术界、文学界的名人，在巴黎都有那么一两个捧臭脚的人，也可以说是警卫队上尉或王室内侍。这些人，借名人的光活着，类似副官之流，担负着各种微妙的使命，必要时自己也要受到牵累，为把偶

---

① 圣西蒙，《回忆录》，第1卷，伽里玛出版社。

像捧得高高而效犬马之劳。既不完全是他的仆从，也不完全与他平起平坐。召之即来，勇猛无畏，有了豁口首先冲上前去，撤退时他打掩护，照料种种事务。只要他们幻想尚存，便忠心耿耿，或者一直效忠到他们自己的愿望已经得到满足时为止。"[①] 正如最高行政法院的判决所称，政治家可以选择这些亲信合作者："获得公共职位的机会平等原则通常要求只考虑……候选人针对这些职位的资质，但它并不阻碍政治权威人士通过自由裁量权为幕僚办公室选择雇用一些合作者，他们所行使的职能，一方面要求个人必须公开承诺为引导政治活动的原则和目标服务，而公务员和公职人员在行使职权时的中立性原则通常在该方面对他们构成障碍；另一方面，所要求的个人信任关系在性质上也不同于公务员与上级之间因等级隶属而产生的关系"。最高行政法院还补充，部长幕僚办公室层面的会议纪要"是政府决议的有机组成部分"，但不作为行政文件流转。

与常见的文献记载相反，设立部长顾问即"枢密顾问"的想法，法国并非特例。国家元首都有自己的"向导"。英国内阁办公室在2004年底提出，要制定规章，管理特别顾问的角色，部长身边的这类人已有几十个，都梦想着成为政治化妆师。英国上议院在2005年11月7日就这些特别顾问，即部长顾问人数增加和角色变化产生的宪制后果专门进行辩论。 2012年夏，上议院宪法委员会研究了增加这些顾问责任的方法。意大利的部长幕僚办公室是行政部门的替补，而且除特例以外，既不负责制定规划，也不进行战略监控。

关于"幕僚办公室"职能最准确的定义之一并非法国制造，而是出自巴罗佐担任欧盟委员会主席期间于2004年通过的《欧盟委员会委员行为准则》："幕僚办公室避免重复职能机构的工作，协助欧盟委员会委员确定所负责的政策重点及其内容，将相关机构传达的预算和财政管理问题告知委员会委员。因此，幕僚办公室咨询各职能机构对

---

① 巴尔扎克，《莫黛斯特·米尼翁》，伽里玛出版社。

政策重点的评估，参与制定政策的重要步骤。幕僚办公室监管政策重点和决策规划的遵守情况，包括预算规划。这项监控工作由委员会各相关委员横向保障，往往并不与现有的领导组织架构完全一致。幕僚办公室将委员会委员的决定告知各职能部门，在决议的最后阶段准备委员会的政治协议。"由此衡量了幕僚办公室的贡献——准备政治决议并使之获得实施，以及幕僚办公室的风险——重复职能部门工作、对委员或部长与相关机构之间的关系形成阻碍。《欧盟委员会委员行为准则》同时提出对各职能部门的任务进行定义，要求详细规定幕僚办公室和各部门的邮件流转及任务分配情况。只有对各方角色进行了细致的描述，才能清晰地界定相互关系。

2012 年政府总秘书处在《政府成员职能》中规定了幕僚办公室的运作情况：最多 15 名成员，并且遵守伦理原则。

既然这些规定已经正式宣布，就应当遵守，使总理和政府总秘书处能够拒绝数量冗繁的幕僚办公室，使用财政手段扣留未正式申报的酬金。

31.62 四项规定。 为了发挥幕僚办公室的良好作用：在任何情况下，这四项规定都应当实行。

31.63 拨款。第一条规定是：避免编造、拼凑不可靠的财务数据，以支付补充的幕僚办公室顾问报酬。这种做法会激怒职能部门，因为他们将被迫挪用补助金、撤销高级职位，或者减少津贴，来结算这些他们认为绝不可能是真正合法、有效的支出。

31.64 编制人数。第二条规定涉及部长幕僚的编制人数和组织。部长幕僚过多引发行政部门的恼怒和混乱，问题不在于幕僚是否应该存在，而是在于他们数量过多。政治人物应该注意控制其团队的人数，人数过多的话，听取并整理他们的意见也必然要花上更多时间。在 2010 年夏初和 11 月，总理两次提醒部长们注意幕僚的人数限制：全职部长为 20 人，部长级代表为 12 人，国务秘书为 6 人。如果这些规定得到遵守，所有部长幕僚办公室的"正式"人数应当从 550

人降至 432 人。 2012 年，艾罗政府把部长幕僚的人数限定为 15 人。

31.65 定位。第三条规定是，在任何时候都要把中央行政部门负责人和幕僚办公室成员的角色区分开来。

任职期间，幕僚办公室成员不得阻碍部长与下辖各部门负责人联系；这一切也都取决于部长的意愿以及他们下达工作指示的方式。只要遵照米歇尔·罗卡尔总理在 1988 年 5 月针对部长们的劝告，就是在为国家服务："在任何情况下，幕僚办公室都不应构成部长与部门处室之间的屏障。因此你们必须与中央行政部门负责人建立不间断的合作关系。"实际上总理只是解释了共和三年果月《宪法》第 149 条（1795 年 8 月 22 日《宪法》第 149 条）："部长应与下辖各部门时刻紧密联系"。

2005 年 1 月，参议院副议长高登先生提交了一份关于地方权力机构"幕僚办公室成员的身份"的法律提案：包括奖金在内，酬金"上限"为该地方机构公务员最高职位的 90％，还有住房和公务用车，政治家一向对政治助手很慷慨。这一提案引发了许多后续效应，而另一份更加违背法律的提案紧随其后：国民议会议员若桑-马西尼的提案"旨在把地方权力机构幕僚办公室主任或负责人直接纳入地方公职部门"，完全打破了地方公职部门中性、客观的目标。

31.66 离职。第四条规定很明显，但仍须提醒，即幕僚办公室职位的不稳定性：一方面，幕僚办公室成员可以在任何时候离职；另一方面，并非任何时候都能任命幕僚办公室成员。

首先，市长办公室成员的职能在市长任期终止时自动结束，即使市长成功连任也是如此。幕僚办公室主任可"被随时解职"，而他从这种不稳定中汲取了力量，因为这意味着部长对他的永久信任。地方长官幕僚办公室成员的合同与该官员的任期同时结束，无需手续，也不交流卷宗，没有解雇补贴，更不会转正身份。与服务对象的任期时限相同，这正是幕僚办公室职务的高尚之处。正如最高行政法院针对共和国总统总秘书处所做的批语——这些都是"特设"机构。

相反，在职务正常期限结束以前解雇一名地方权力机构幕僚办公室成员则需要交流卷宗，而且根据 1988 年 2 月 15 日关于地方公职机构的政令第 42 条规定，必须说明解雇理由。但可以理解的是，在解雇一名地方层级或国家层级的幕僚办公室成员方面，行政法官只行使非常有限的监管权。

其次，在离职时，所有幕僚办公室成员都必须铭记， 1911 年 7 月 11 日法限制了部长的政治遗嘱对任命顾问担任司局长职务的影响力。该法发起人约瑟夫·卡约描述了其缘由："很多议员在进入政府时以各种名义在幕僚办公室安插了大量——这并不夸张——属于不同行政部门的人员。对于这些间接合作者来说，这次历练——即使只有短短几周——也相当于极大甚至超出寻常的晋升。在所有公务员行业中，针对这种积习的抗议越来越强烈。"

提出警示仍具有一定意义。但近年来有些部长在任职数年间没有将任何一个部长顾问任命为中央行政部门司局长。我们只需从这些榜样中获得鼓舞，而不是以那些被预算和财政纪律法院处罚的案例为榜样——在 3 年内任命了 18 名巴黎学区督学，而他们的职位此前并不存在，这些非正常任命的受益者通常是负责议会关系的部长级代表、内政部长、总理及共和国总统的教育幕僚办公室的合同制人员。

此外，也应仔细监控名誉任命，这方面问题经常出现在某个地方或国家层级幕僚办公室成员被任命到一个本人完全无意接任的职位。

D. 公职体系政治化

31. 71 公职体系具有某种政治化趋向。 公职体系的风险在于政治化地评判称职与否，任命和撤职时都是如此。

31. 72 任命。 早在 1899 年，已经有人描述了"这种明显趋向，即属于政府多数派的议员有权推荐人选，填补各自部门的职位空缺；同时，政府在咨询相关议员以前也不会授予职位，当然，这些议员都是他的政治伙伴"。今天，政府将任命情况"告知"民选官员，但"告知"和咨询之间的区别可能很小。

由于法国具有方便公务员从政的习惯，因此行政法官甚至撤销了一名市长拒绝临时调动一名工作人员的决定。该工作人员希望成为该选区一名国民议会议员的随员，而这名议员正是市长的主要对手。针对这名公职人员离职的政治动机，市长的拒绝也是政治性质的……临时调动成为议会随员并不是理直气壮的做法，但法律对此有明文规定。法官严厉惩处拒绝调动的决定，是为了抗争市长侵犯公职体系的政治意图，而不是打击公务员。

另外，高级公务员伦理道德的一个主要意义在于任命人员要遵守法律，而不是根据政治友谊、走关系或为了安插朋友而任命。当然，巴瑞尔案判例和勒图尔诺先生的精彩陈词提出了可用来对抗所有行政部门的规则，但不经过竞争考试的任命还是很多，包括合同制人员和"外围录用"，"公务职位"和"忠诚者"的晋升。

内部录用，即选拔晋升，会出现正当晋级遇到微妙延后、选择受到约束的情况，同样躲不开政治化的影响。

在判决其合法性时，法官有时难以在复杂的任命程序中界定那个能揭示政治排外性的关键点。高等司法委员会决定不批准一名曾担任司法部部长幕僚办公室成员的法官参加博比尼大审法庭庭长的职位候选人预选，而最高行政法院为了判决该决定有效，引用了一条法律标准，要求此前必须有担任法院审判长的经历。正如《行政法法律时事》专栏编辑观察到的那样，"过去并不总是考虑这一标准"。事实上，在法国最高等级的法官中，好几位在取得职位时并没有"必需的担任法院审判长的经历"。这位法官的个人档案表明他的能力符合该案中博比尼法院院长的职位，但从预选阶段就将其排除在外，可能会引发质疑。

但是最高行政法院强调了一条原则，即对法官职业活动的评估不能含有不直接涉及职业的、关于"并非被所有人接纳的个人信仰"的意见。

雷米·普鲁多姆曾经毫不客气地分析"外围录用"，认为它"具备美国模式的缺点，却不含其优点"。但是，如果有懂得撤销不恰当的任命的法官进行有效监督，对于一些不需要太多特殊技术的职位来说，"外围录用"能够扩大团队成员来源，防止同事之间直接对照公职体系主管职位所必需的才能和经验而自行加聘。在这一领域，就像主要通过合同制进行的"不经过竞争考试"的招聘一样，公职人员应当对部长或民选官员进行自由任命，以便在完全信任的条件下发号施令的正当意愿和参照客观能力任命这两方面相互调和。

但愿在未来能够保留部长、总统或地方长官必须具有的自由，但同时也要直面本单位和行政机构的各种内部意见，此外，对于最重要的职位而言，还必须经过议会或地方议会的听证会。

31.73 撤职。 2006 年，地方权力机构部长宣布将降低创立"公务职位"的门槛，并且详述道："与我听到别人讨论或嘀咕的意见相反，这并非要把高层干部政治化。""公务职位"能够把具有政治色彩而不适宜担任公务员的地方干部区分开来。

由于存在着因为政治原因或者超越政府自由裁量权而疏离某些人员的情况，监控议会和司法机关在未来将是一个工作重点。2011 年12 月，占多数派的德国社会民主党将汉堡市警察局长调离，结果遭到德国基督教民主联盟批评，称这种行为意味着"将不属于社会民主党的公务员排除在外"。

第 2 节 关于"决裂"的规定

31.81 政治家和公务员之间的紧张关系不可避免。 一切条件都已就绪，只要稍不留意，政治家和公务员就无法和谐相处。

一名公务员遭到一位国民议会议员批评，称他表现出"库特林式的文牍主义者"精神，而他写信回复议员，说这是"不恰当的失礼言行"。

高级公务员很难支持他的部长："啊! 一个真正的大臣，多么难得啊！他们都像小学生。内阁会议令他们难受，他们匆忙处理重大事务。他们急匆匆奔向部里，奔向委员会，奔向办公室，奔向他们的夸夸其谈。 ［……］对权力没有任何真正欲望。他们的内心没有多少神圣与伟大，计划总是虎头蛇尾，意志从来就不坚定。打退堂鼓就像孩子走出教室一样轻而易举。"①

部长很难支持他的司局长：他对后者的看法通常就像夏多布里昂②对塔列朗的描述："这些属于工业和未来的人们参与了换代游行；他们的职责就是核准护照、批准判决，塔列朗先生就是这样一个下等人：他在那些他从未做过的事件上签字。有的人历经几届政府，当一代政权被推翻时仍坚持着，并声明说他们会永远坚持。他们吹嘘说只属于国家，他们只办事而不是为哪个人而活着。因为对自己的自私自利仍自鸣得意，所以感到局促不安。因而竭力要用高尚的言语来掩盖。"

"职能部门固化的结构和陈规旧习，以及毫无理由地动不动就说'不，这不行'③，所有这些必然会让一个有观点、有个人策略的部长感到不适，甚至感到束缚，转而以责备的方式抨击司局长们。"于是，为了搞垮部长，部门里形成了"一套诡计和反击的惯例"。

部长尤其反感"既成事实"。当司局长未经通气就抛出一个高调提案或做出引发议论的决定时，部长不得不否认授权，或者停止其他一切事务，向议会、媒体，有时还得向总理或总统解释自己并未决定或批准这些决议。例如，法国就业局局长在 1994 年提出失业者可以做公益活动来换取补贴，这引发了激烈争论。就业局的一名司长表明立场："在我看来 ［……］，公共机构或中央行政部门的司局长应该将自己的提案告知主管部委的部长，由后者决定是否批准这些提案。但是绝不能利用自身的司局长身份通过媒体表达个人意见"。

---

① 雨果，《见闻录》， 1844 年 11 月 16 日。
② 夏多布里昂，《墓畔回忆录》，第 3 卷。
③ 科琳·勒帕吉女士在卸任环境部长后以此写了一本书（《我们什么都做不了，部长女士》，阿尔班·米歇尔出版社， 1998 年）。

司局长则批评"部长缺乏自知之明"，留存部长做过批注的报告以备各种用途（包括司法之用），反复咀嚼从 B. 德·儒弗内的《纯粹的政治》中读来的理念（"公务员寻找解决方法，政治家寻找调解办法"），等待下一次选举来引证自己的洞察力。

第 3 节 关于和谐相处的规则

31.91 可能性不确定。 公务员和政治家拥有无法和谐相处的一切理由。

尽管如此，在涉及地方权力机构时， Y. 科尔姆很好地说明了必须"与民选官员维持信任协议"，他描述了著名的秘书长的角色，因为是秘书长而非民选官员的幕僚办公室真正掌握着资料档案和"地方公共政策的行政管理"。这其中有一个严格条件：公务员和民选官员之间绝对"相互信任"。

公职体系的重要伦理意义之一，正是否定这种关系不和的假定。为此可以遵守四条有效规则：

一、组织一种公职人员身份和政治职务不相容的明晰系统

31.101 避免角色混同。 2012 年 11 月，若斯潘领衔的政治生活道德与革新委员会的报告提及这项议题。 1958 年 12 月 22 日法令第 9 条提出了选举职务和行使法官职能的一系列不相容性，但公务员的情况并不相同： 1983 年《公务员身份地位法》第 7 条和第 11 条乙保障他们在选举职务任期间的权利。

在法国，除非有特殊明文规定，公务员身份和选举职务本身并不存在不相容性，由此在一定程度上造成了公务员没有拘束。需要由最高行政法院的决议来提醒当选为议员的公务员和司法官，在担任国民议会议员期间，他们不能获得选拔晋升："如果议会成员在任期内可被选拔晋升或被登记到晋升名录中，则无法保障议员的独立性。"另

一项提醒是：当选为市长"并不意味该公务员处于停薪留职状态，而在此情况下，行使选举职务并不阻碍公务员保障其正常职能"。

我们的出发点依然是：政治和公职体系仍然界限分明，如果要从一方过渡到另一方，必须严格遵守规定。2010年12月20日，塞纳-圣但尼省国民议会议员卡尔梅让推动国民议会通过了关于国民议会议员和参议员选举《组织法》的一条修正案，规定所有公务员在担任两届议员任期期满后，必须在公职和议员身份中做出选择。政府使这条修正案在二读程序中被撤销，尽管如此，议会是正确的。正如国民议会议员德库森所指出的："我曾经是高级公务员，但我也不是忘恩负义的人。公职人员占劳动人口的25％，但国民议会中的公务员占50％，参议院的比例略低。"他投票赞成该修正案。我们已经失去这个本该更能彰显政治和公职之间差异的机会，它将来还将被重新提起。

不管怎样，身为选举候选人的公职人员应当听取最高行政法院副院长在选举前给该机构成员的传统建议："必须使最高行政法院远离一切选举纷争。参加竞选的最高行政法院成员不得在以传播为目的的书面材料或公开活动中依托自己的头衔或职能。只有那些未来的候选人在情况迫使他提及职业时才能破例。"

法律文本固定了行政职能和政治职务之间的不相容性或者无被选资格的条件，有效增强了政治和行政的性质差异。由于二者不相容，民选官员必须在当选职务和行政职位中做出选择。无被选资格的公职人员在任何情况下都不能当选。

31.102　不相容性。可以分为绝对不相容和地域不相容。

应当由《公务员身份地位法》或政令提出此类不相容性。例如，1972年12月19日政令对国库会计师做出了这类规定。不相容性也可能加剧，例如1927年6月29日政令声明："在圭亚那殖民地，省议会议员不得参与任何殖民地资金支付或补助的服务或公共工程项目。"有人认为，1927年的这条政令（很合理地）比当今省一级的一些宽容做法更加严厉。

要想消除不相容性，只须在专业职务和选举职位中选择：公职人员在辞去财政部下辖的附属申报办公室负责人职务后，可以继续担任市长。

31.103 省议会选举。《选举法》第L.207条列举了与省议员职位不相容的公务职能。首当其冲的公务员包括省建筑师、国家公共工程工程师、省政府雇员和所有省政府公职人员。

1871年8月10日法第8、9条涉及省议会，即使省议会并不属于行政法院的管辖范围，但行政法院顾问和省议员的职能从此也不相容。

法律也对此进行了调整，如1946年2月16日法撤销了市议员职位和身为法国邮电系统人员的不相容性。

31.104 市议会选举。《地方行政机构普法》第L.2122-5条禁止财政机关公职人员成为"他们职位管辖区内的"市镇市长或市长助理。

当选以后，他们只能接受临时调动到非财政机关的职位。同样，可以在选举后3周停止行使不相容职位，也避免当事人撤销选举。

31.105 无被选资格。无被选资格的情况加剧了政治负责人和公职人员的区别。

31.106 省议会选举。预审补助金申请的某省装备局分局局长不能同时当选为该省的省议会议员。

相反，隶属于省议会议长幕僚办公室主任的省机关总督察具有被选资格。对这一公职的细致分析认为它"既不向议员提出建议，也不参与起草省议会决议"，因此判定该公职人员"既不是幕僚办公室成员，也不是办公室主任"。无被选资格的条件有严格定义，但在这一情况下，更严厉的解决方案也不会让人惊讶。

31.107 市议会选举。无被选资格的有：职能管辖区内的省政府公职人员，路桥公职人员，负责该市镇乡村道路管理的国家公共工程工程师，省议会（《选举法》第 L. 231 条）或大区议会公职人员。

不相容性和无被选资格的条件能预防不适宜的两分性、工作者和监管者混同、属性和团体混杂、机构之间挪用补助金的可能性，并且避免了因混同而扼杀信任度的情况，应当被不折不扣地执行。

一旦跨越了不相容性和无被选资格的障碍，根据《公务员身份地位法》和法令，当选官员有权享有"安排妥善"的时间表和出勤计划，以行使职务。

德勒瓦部长在 2003 年 10 月提出的议案旨在打压公职人员从政：规定公职人员一旦当选议员，在担任议员期间必须离职，而不是临时调动。这一议案应当获得支持。 2004 年， 321 名参议员中有 137 人的职业生涯始于公务员。这一比例过高，并不令人满意。

在国民议会议员中，公务员的比例经历了 1981 年 45％的"峰值"，现已降至 22％。

法律文本的确对公职人员十分通融，甚至提供了竞选的"便利条件"，可以把竞选天数计入年假。

如今这些文本需要更新。为什么省长序列和司法序列的高级公务员几年内在其职务的管辖区无被选资格，而最高行政法院、审计法院或最高法院成员由于不存在"地域管辖权"就具有被选资格？因此，可以对《选举法》进行适应性改编。但必须警惕，不能以"和谐化"和"适应性"的名义向很多公务员打开选举的大门。应该本着公职人员和公共服务机构的整体利益，保持不相容性和无被选资格的条件。

二、提出公务运转的原则

31. 111 确定各自的角色。确定政治家、公务员关系的"运转方式"是一种有效做法。在地方权力机构，民选官员、幕僚办公室和卫生总局之间形成了协议，或称政界和行政界的运行基本准则。 2010 年，财政部国库司制定了几项内部基本准则，主要涉及"幕僚办公室和部长的关系（指令和纪要格式化）"。

从就职初期起就必须确定需要遵守的组织形式，包括：定期座谈、明确而有节制的指令、公务员的中立和忠诚、政治家的担当。理想状态是：公务员总是认真提出几种解决方案（真正的方案，而不是敷衍凑数的方案），政治负责人也总认真做出回应，包括提出一种全新的解决方案，或者采纳来自其他行政部门的独创方案。

三、尊重政治的自主权

31. 121 区分建议和决定。部长或许读过曾在哈罗德·威尔逊内阁担任大臣的杰拉德·考夫曼的著作《如何做一名大臣》，它的目的是回击内阁办公室的著名网站"如何做一名公务员"[①]。在对部长们不失幽默的建议中，有一条是：你是头儿。因为"文官的建议并非金科玉律"。政治家的存在并不是为了一直跟随各部门的意见和提议。部长和公务员应该参考同样的原则，使得部长能够听取建议，包括他并未要求提出的建议，也使得公务员能够忠诚执行确定的方针，包括他并未提议的方针。

四、组织公务机构和内阁的同治

31. 131 维持泾渭分明。对双方都提出相应的规定，防止混淆不清：

● 幕僚办公室成员不应急于进入行政领域，甚至在被提名以前就夺取有影响力的职位：应该借鉴上述的 1911 年 7 月 13 日法第 141 条，它禁止离任的部长任命幕僚办公室成员担任行政职位；但在 2012 年初，有些部长幕僚办公室成员直接成为检察长，文化部部长幕僚办公室的一名成员成为国家视听研究院院长，好几个幕僚办公室的成员成为地方行政长官或大使。同时，英国首相卡梅伦的一名首席顾问成为公职体系负责人，另一人成为驻欧盟代表。这是旧时习俗的回归。

---

① 参见 www. civilservant. org. uk。

● 行政部门成员不应急于进入幕僚办公室：根据 1972 年 6 月 30 日政令第 7 条第 2 款，所有通过国家行政学院考试被录用的高级公务员在被任命为部长幕僚办公室成员时，如果在公职部门服务不满 4 年，将被无可争议地从高级公务员名单中除名。注意，这项规定并不是反对所有部长从公职体系部门或司法体系招募人员。

第 2 章
指挥

32.08　方针，指令，命令——术语。在一些人看来，"命令"这个词用在民事行政中很不恰当，它只适用于军事力量。事实上，它的确很少使用。为了不招致批评，最好还是审查一下"权力机构的多重面孔"——超凡魅力、参考、典范、方针、指令、头领，最好能懂得成为"隐秘的慈父"，而不应该操纵指挥，更不该操纵命令……

尽管如此，命令是存在的，并且是行政部门运转的基础之一。瓦尔德克-卢梭深知这一点。他在《治安警察部队历史》的精彩前言中描述了治安警察职业的困难之处："他们必须发挥无穷无尽的耐心和坚定品质，因为如果说我们觉得他们向他人施加某些行为是很出色的话，当这些行为施加于我们时，却似乎总是与我们的独立天性相违背。治安警察了解这种弱点，但并不夸大这种人性的缺陷，而是在自己的规程范围内解决一切困难"。"规程"这个词如今已经略显陈旧。我们更倾向于使用"公务细则"、服务方案或规划、指令、指挥，或者在特殊情况下使用"命令"。尽管如此，19、20世纪之交的这一"规程"提醒我们注意，部门领导必须也有责任制定并监管履职的环境条件。

部门领导担负着"职位固有的责任和约束"。他的头衔使他有勇气敢于使用"领导"这个通常隐藏在干部、负责人员、局长、主席等词语之后的字眼。他可以从军事"长官的义务和责任"相关原则中获得有益启发:"在可能的条件下,'长官'应当集合下属采取行动,告知他们需要达到的目标,向他们阐述其意图。他应当在指挥过程中创造出使所有人自愿积极参与这项共同任务的环境条件"。

32.09 指挥和权威。指挥并不是权威,但在特定时刻,权威需要通过指挥进行表达。权威超越权力,在体制内外均可体现、运用。通过国家赋予他的角色,公职体系负责人应当能够"行使权威"。为此,他思考了权威的性质。

权威并非理所当然,为了权威的存在,也为了能够有效行使权威,前提是具备几种极少能够兼备的才能。

● 能够回归本源:

"谁使你成为国王?哪个王国的国王?"选举、任命、增补、提拔,权威的体现者应当不断回归权力的本源。在民主社会中,这种回归意味着有义务进行汇报,尊重合法性,意识到行政和政治各自的性质。

懂得回归本源,也是承认其本源。勒沃·达洛纳教授解释:"行使权威就是授权,即授权我们的后继者[……]再'授权'给他们的后继者"。懂得将行动和想象立足于传统,但又不屈服于重复,这是设计精良的权威的关键之一。

● 能够规划未来:不过分,也不像预卜,而是真实地启示未来。

权威直接指明危险,既不掩饰,也不夸大。此外,它还确定目标,创造并将它们与价值观相联,进行表达。

● 能够解释:权威并不体现在语气的强烈程度或命令的重复次数中。

权威能够准备决策,在必要的时候进行商讨、咨询、修正预期,在做出决定以后进行解释、阐述、说明，为使他人拥护、服从做好准备。

- 能够获得信任"以吸引他人"。不仅仅是承认其资质，而是拥有达到目标的共同愿望。

一名中学校长的态度"完全不适宜行使职务，结果使其领导的机构很不安稳，对受其指挥的所有人员均造成损害……超过了等级权力的正常行使限制"，这时就需要行政部门的责任介入。在这种情况下，行政部门有义务更换不能获得信任的上级长官。

权威如果是绝对的，就失去了意义。权威可以通过力量或威胁强制推行，但如果它忘记界限，就会自我否定。极少人值得拥有合作者和公民的信任，因为事实的考验会很快使谎言发酵。和政治领域一样，在行政领域，权威同样需要真相，可以通过能力、外交手腕和明确的目标体现出来。

- 能够担当。权威首先存在于风波之中。

权威产生信念和凝聚力，因为它知道应当面对越来越明晰的威胁。民主的命令必然具备自我担当的特性。相反，在极权国家，例如纳粹国家，"具体命令（大部分是秘密命令）——尽管常常相互矛盾，却像神谕一样不可撤销——被称作'指令'，它们的魔力在于，无论我们爬到等级多么高的地方，却找不到发出指令者的任何痕迹。见不到立法者、政权的创造者。党内同志无论处于哪个等级，都只遵守来自更高级别的命令……"不知源于何地的命令是一种危险。

由此产生了遵守命令中的不确定性。命令必须存在，而且明确，必须考虑到手段，应当施行双重钥匙体系，并且查核命令的执行情况。

第1节　命令的存在

32.11　部门主管能够制定目标，能够同意或反对。埃德加·富尔在回忆录中思考："有人指责我优柔寡断。他们并非冒犯，但这种概括源自他们对问题并不确切的看法。要做出重大决策，人们首先应该走过非决策区域的迷宫。他需要制定决策，而在制定的过程中，并没有做出决策"。

指挥的首要目的是得到落实，公务员的首要难处是获得指令。指令常常由于疏忽、串通、糟糕的时间管理或仅仅未能理解其小心谨慎的考虑而得不到执行。

创立指令的权威并不能从理论上习得。国立狱政人员训练学院在2005 年提出了"权力的意义和等级关系"模块，其意愿值得称赞。但其内容——领导力（说服、引诱、魅力），操纵团体的现象——仍然可能被质疑，和其他行政机关一样，监管人员或许也应该基于典范以及基于对使命的阐释、动员和考评工作，来思考一下什么才是领导的权威。

32.12　从政治家处获得的指令不足。 与人们通常想象的情况相反，公务员在遵循指令方面遇到的困难还不如在有效时间获得指令的难处多。雷蒙·弗朗索瓦·勒布里在《仍是国家》中描述了收不到指令的高级公务员和项目，并指出他们向各种收件人发出公文后得不到回应的情况。不过从 1989 年起，内政部部长幕僚办公室主任开始主持向省长发出"任务信"的会议，内政部所有司局长都出席会议，确定就职时各省的优先事项。

32.13　公职人员向合作者发出的指令不足。 在很多情况下，这种沉默和弃权情况将被视为不当的公共行为。

威廉·朗格维舍在《战争行为》这本小书中描写了一支陷入伊拉克战争惨剧的普通部队如何因为失去指挥和缺少负责人而犯下战争罪行。

因"缺乏警惕，未采取任何措施以保障辖内的公务员在岗"，一名警长被合法调离单位。

同样，一名总工程师将因为"核实手下人员加班情况时失职"而受到处罚。

一名担任市镇水务部门负责人的主要高级技术人员在得知该市镇水泵站的两座水泵发生故障，而他知道自己是唯一拥有进行修理所需的技术证书的人员时，没有采取任何措施，并且离开工作岗位。他将依法受到处罚。

一名市镇秘书长了解到一个为管理通讯费用而设立的协会有着"明显不合规"的违规行为，但"没有采取任何措施叫停这种情况"，他将被依法宣判为"违法行为的负责人"。

相反，一名学区督学为了重建部门秩序而得罪了很多合作者和小学教师工会，被下令离职，但法官为其恢复声誉。尽管大学区区长认为此人十分笨拙、不够"圆滑"，但这位干部的勇气和意志不属于纪检处罚的范畴。

同样，一名边防警察公务员为个人目的使用了一个由一些航空公司付款的银行账户，而已知该情况存在的上级机关早该停止支付。因此，指挥命令的不当缺失为他提供了可减轻罪行的情节。在这些条件下，由于存在事实证明的错误，撤销了已经宣布的解职决定。

为使命令恰如其分地存在，上级机关应当：

• 在决策前听取合作者意见。尽管法律并不要求一定要接待请求接见的合作者，但仍听取他们的意见，不过绝对无需寻求他们的赞同。希望得到工作人员的承认并不一定要认可或重复他们的全部建议。

• 接纳分歧意见，但要求提供反向建议。通过选择最不糟糕的方案来执行指挥权。他还必须——指挥的最大困难之一——从行政部门的习惯中挖掘出各种可能存在的解决方法。唯一的解决方案从来不存在。永远不要相信可能性只有一种。指挥者应当准备迎接多样性。

32.14　缺乏下达命令的能力。调离一名教师的理由可以是在学生面前没有权威，调离一名不能掌控单位局面的警长也是如此。

1960年阿尔及利亚战争期间，一名准将因为一方面没有阻止其执行助手也是一名上校向叛乱者发布一份"声明"，而高层认为这项声明于对方有利；另一方面，事后他只得到了上校模棱两可的否认，而没有让他公开澄清。为此，准将可依法受到处罚，被剥夺指挥权。

下达命令不仅需要对目标和手段进行评估，还需要具备时机意识和制定、传递、解释、公布命令的语言能力，如有必要，还需要角力意识，使命令得以执行。过分夸大命令指示是无能的表现：在鲍里斯·吉特科夫的作品《维克多·瓦维奇》中，新警察维克多·瓦维奇负责交接被逮捕的示威者："门外，一列警察把在大搜捕中抓住的人们向小门驱赶。——数清楚人数！瓦维奇喊道，以显示他的指挥权"。

"主持工作是一种非常艰难的职业。必须眼光敏锐，语言简练，不眠不休，监督那些退缩不前的人、那些甚至反对本部门原则的人和不敢发声的人。明确知道自己要去的方向——即向部长提供良好、合理的建议——并且能够抓住时机的主席是少有的"。而指挥的难度更甚于主持工作，因为它不仅需要号召力，还需要创造力，不仅要寻求一致或多数同意，还要达到目标结果。但是，知道如何主持工作有助于指挥。

32.15 有权利要求获得指令。当然，公职人员承担其责任，但如果符合规则，在重要事务上，他有权要求从上级获得指令。最高法院判定："任何法律条文都不阻止司法警察在决定拘留以前征求受理法官的指令"（原则上这属于司法警察自身的权限）。

第 2 节 明确性

一、表达命令

32.21 模棱两可的风险。蒙田早就指出下达命令不清晰带来的后果："尚可辩解的混乱无常的指挥，违抗，错误解释，错误管理和错误奉命"。

32.22 模棱两可的用语。表达命令的明确性在很大程度上取决于下达对象公务员的类型、相关职业的习惯用语、时间和地点状况，对档案员和对警察下达命令就不一样。但有些普遍用语是模棱两可的精华，适用于所有职业："我信任您，做到最好，我依靠你们……"，或者仅仅是"请参与工作，请摆脱困境"。上级机关可能被亨利·明茨伯格描述的"选择性无知"所吸引："领导告诉你：'你的利润已经达到 10%，还需要达到 12%'，但并不在乎你用什么方法达成目标。他们不弄脏手，但玩弄他人。他们严厉对待别人。他们从不会弄到上法庭的地步，但会说：'如果你做不好，就会被解雇'。在竞争环境下，这会促使你不断降低底线"。

32.23　模棱两可的原因。所有公职人员都应当分析命令模棱两可的真正原因。请思考《善心女神》[①] 中一名党卫军要人的阐述："命令总是模糊不清，这很正常，甚至是有意为之，它来自领袖原则的自身逻辑。接收命令者应当辨认发号施令者的意图并依此行事。坚持要求明确命令或希望采取法定措施的人没弄明白——重要的是长官的意愿，而非长官的命令。接收命令者应该会解读，甚至预测这种意愿。"

因此，不仅仅是党卫军，在许多公共组织中，命令模糊不清既是对下属忠诚度的考验，也是对其想象力的要求，是与发号施令者友好地保持距离，也是信任的陷阱或标志。但模棱两可从来不是偶然的产物，发现其原因以预测其后果是十分重要的。

32.24　模棱两可的后果。朱利安·格拉克在叙述 1940 年战役[②] 时完美地描写了这些后果。命令模糊不清本身证明了体制的问题，在书中，他描述了法国军队的体制："在本该像刀刃一样锋利的地方出现了一种模糊：马马虎虎的命令，或许只是为了完成任务——不明确的指令：'那边''再过去一公里'——从不要求汇报情况，就像人们从来不问棋盘上的小卒如何打发时间一样，任务越来越含糊……"行政部

---

① 乔纳森·利特尔（Jonathan Littell），《善心女神》，伽里玛出版社，2006 年，2006 年龚古尔奖获奖作品。

② 朱利安·格拉克（Julien Gracq），《战争手记》，约塞·科尔蒂出版社，2011 年，第 207 页。

门是一个复杂体系，当命令和汇报的持续交流不再为它提供养分时，它会迅速坍塌。

无论是否有意为之，命令的无意义、错误的意义或有限的意义与行政部门一样古老。

32.25 a）**无意义。沉默有时也是发号施令，而沉默令人费解，解读错误的风险也就更高。**　如果沉默被解读了，那么命令就是发出了，而其中也有风险。约瑟夫·康拉德描写了一个吝于发令的企业主："他自在的表达更增强了他的沉默，他的沉默和实际说出的话语同样意味深长，无论是赞同或质疑，否定或仅仅评论。有些沉默似乎清楚地说：'考虑一下'；有些意思明确：走吧，在耐心地听了对方半小时的阐述之后，伴随着肯定的点头，低声说了一句简单的'我知道了'，相当于一份口头合同，人们知道可以完全信任"。

相反，当沉默就是为了不表态时，等级和责任就消解了。这种节约成本的做法为一种建立在模糊和狡诈基础上的指挥权服务，范例很多。维拉尔元帅在 1702 年的做法是这类失控状况的典型："他的命令有极其严重的缺陷，几乎从来没有书面命令，总是模糊不清、笼统概括，而且以尊重和信任为借口，口吻浮夸，总是有办法把功劳全部归于自己，把坏处扔给执行者"。

安德烈·塔尔迪厄嘲讽这种因为太过谨慎而显得浮夸的"命令"习惯："在法绍达事件①中"，他在部长幕僚办公室工作。一天，他们收到了法国驻阿尔赫西拉斯领事的电报。领事对英国的态度感到不安，由于他离直布罗陀很近，便询问是否应该烧毁手头的数据。塔尔迪厄自称撰写了回电，用词基本如下："尽管您预计的这种可能性并非建立在值得信任的基础之上，但我准许您，以您的个人责任，为了一切有益的目的，并在不涉及部门的条件下，采取您认为适于您'负责'范围内的利益的措施。"同时，这也是对行政文风的有趣模仿，

---

① 1898 年英、法两国为争夺非洲殖民地在苏丹发生的一场战争危机。——译者

隐秘地批评了政治负责人典型的极端谨慎。因为这并不是命令，而是给胆小怕事的公务员的一面镜子，同时也是上级机关自我保护的化解招术。

32.26 **b）关于语义错误或双重语义，例证数不胜数**。 原则是，所选的词语绝不能处于中立，并需要权衡执行者将如何理解。

1701 年，部长从年轻的西班牙国王处争得了"追捕"一名逃犯的命令，却未能理解，所有人都把"追捕"阐释为不经审判就终身监禁……

一位部长下令"加强搜索'彩虹勇士号'的位置和移动情况，以预料、预测绿色和平组织的行动"。最高行政法院法官贝尔纳·特里科在回忆录中写道，"预测"这个词被两次强调："该赋予这个动词什么意思？在夏尔·赫鲁看来，它只意味着了解情况，以进行预测。但是，为什么要重复前一个词已经表达的意思呢？如果他不记得是不是他本人强调过这个词，那就更容易解释了……"这个桥段似乎原封不动地照搬了 1981 年乔治·罗纳导演的电影《危情谍影》的结尾，情报部门主管打电话给部长，请示是否应该杀死一名正在逃走的脱离组织的前特工："——做必须做的事——但是部长先生，我开枪还是不开枪？——这其中有媒体方面，也有政治方面——但是部长先生，我开枪还是不开枪？——这由您决定，阻止他！"：在奥迪亚编剧这段对话中，部长对已经准备好开枪的公务员说"阻止他"，是由于其模糊性而选择的词汇。观众可以将命令诠释为不明确（部长的意思是"控制他"）或是不择手段（部长知道"阻止他"一定会被阐释为"杀死他"）。无论如何，这名公务员开枪杀死了旧同事。

错误的意义可以是有意为之，也可以是无意的。

• 当正式命令背后隐藏着与之相反的命令时，错误的意义完全可以是有意为之。相反的命令旨在使该正式命令执行失败，在执行中口头建议"适度"或"不果断"，不具备所需条件使得执行有风险。在这种情况下，公务员或军人应当开始分析隐藏真正命令的原因。如果只涉及行政秘密或效率，可以存在双重语言。如果涉及对上级机关不忠，或更糟糕的情况——完全违法，执行者应当知道，如果发生丑闻或只是今后进行审查，他将孤身一人。

- 但错误的意义可以是无意为之，因为指挥者不懂指挥。福煦元帅对普鲁士战争中奥地利将军下达的一项既难以理解又自相矛盾的命令进行了分析，指出了命令不清晰的负面影响。他的结论是："从指挥行为的现代内涵看，对高级指挥机关来说，指挥意味着明确决定要追寻的结果，在所有军队进行的行动中，确定向下属单位分配的任务；但是这种决定应当赋予下属长官完全的自由，让他在各种方法中做出选择，无论发生何种情况，都必须达到既定目标……"

32.27　c）关于语义有限的命令，"命令下达者"应当足够谦虚，承认他在许多领域只能提供方向性指引。国家警察和狱政部门的伦理规范均确认，上级权威"应该通过明确，并包含正确执行所需的相应解释的命令"阐释其决策。

根据这一观点，为规定纪律部队关于手铐使用的条例而设置的《刑事诉讼法》第 803 条是普遍规则的典型。它使宪兵、警察、看守都面临着评估危险形势这一令人生畏的任务，在过度使用强制手段和过度放任罪犯之间做出选择。前者可能违反《欧洲人权公约》第 3 条，后者则可能导致逃逸或出现原本可以避免的暴力行为，必须进行解释说明。尽管警方、宪兵队和狱政部门多次通报此类案例的标准、动机、方式、风险，经常强调根据环境的变化严格考量采取强制手段的比例。但执行者仍独自面对这一问题：该不该用手铐？在这一领域，命令的范围只能是有限的。主管上级只能担当起责任，努力不使特例（使用手铐）成为规则。

指挥的第一要求是不过度下达模糊的命令。下属的第一要求则是不要把上级的一声嘀咕视为准许行动的信号。朱尔·莫克在回忆录中解释了如何指挥省长。他的几位继任者应该或本该阅读过这条建议："他们的部长应当警惕两种缺陷。一是太依赖他们，对他们说'你们身处现场，比起在巴黎的我们，能更好地判断形势；所以尽量做好吧'。于是大部分人倾向于避免事故，放任自流。二是给他们制定过于精确的指令，只要地方上出现一个困难，就将阻碍其执行。所以，应该向他们下达足够明确的指令，并且保证当他们根据当地形势使之适合执行时，将获得保护"。

在安全领域，言外之意可能产生致命后果，于是存在许多有意为之的模糊、夸口和狡猾的情况，经常进行暗示，而不必承担后果：

当共和国总统幕僚办公室主任写给幕僚办公室宪兵："必须严肃对待律师 X 女士"时，宪兵在这项命令前写下"？！"，以他的方式指出了命令的模糊性。几年后，这些命令及其暗示成分被送上轻罪法庭，庭长指出，"对待"这个词和前后的引号"让人脊背发凉"。

2011 年 6 月 30 日第 2011‑794 号政令围绕着为维持秩序而使用武力这一点而展开，它有效地明确指出，公共力量代表使用火力必须服从于"授权机关的明示命令"。

二、命令的载体和痕迹

32.31　**是否应该留下发号施令的痕迹？** 是否应该要求收到书面命令？《行政法》 接纳口头决策。除了命令以外，公职人员早就知道书面材料有时是必须的，既是为了保命，也是为了保全颜面。 1942年，一名德国交通部门公务员所在的机关部门指责他许可一列火车从布拉格开往柏林，而暗杀海德里希的人员可能就在车上，"他的确准许火车出发，但这是在收到空军部部长即戈林明文要求后执行的。而且这名细心的公务员还保留了布拉格警察部门盖章的交通许可复件。如果有错，盖世太保就得承担部分责任。盖世太保决定不再追究此事"。

发出命令的痕迹可能出现在会议报告中（参见法国总理府的"蓝色文件"①，至少在这一必要程序仍存在时是如此）。

---

① 参见法国公共出版集团的《蓝色》政治周报。——译者

它也可能成为特定的统计对象。

那么，是否应该留下发号施令的痕迹?

· 第一种肯定的回答源自监控命令执行情况的必要，下属进退两难，只能沉默，这是行政部门消极违抗命令的首要武器。

肯定回答也可能源自内部规定："没有书面命令就不撤退! ……我死死抓住这句话不放。"在 1940 年的溃败中，身为中尉的朱利安·格拉克喊道。

· 第二种回答在于质疑命令的合法性，或是怀疑长官将很快有意忘记下达的命令，有时二者同时出现。真正的"老大"自己会做好安排，保留下达命令的痕迹。克列孟梭和丘吉尔都不怕下达书面命令。

1907 年，法国南方的葡萄种植者发起暴动。阿格德的叛乱军人向贝济耶进军，并希望进行谈判。 1907 年 6 月 21 日，兼任总理和内政部部长的克列孟梭就此向议会解释："我回答说，我不会进行谈判，也不会进行讨论，并且下令把代表送回他们来的地方（很好!），为了使我所说的话留下印迹，我草拟了以下几句话，让人电话传达给副省长，让他记录下来，再转达下去——总理回复，士兵归将军管辖，让他们回到部队，政府会考虑他们的配合情况（议员反应不一）"。克列孟梭在命令的表达和传递中显示了他的权威和逻辑，当天他与饶勒斯的信任票为 328 票对 227 票。

丘吉尔解释了他在 1949 年底战争中的管理方式："对于一切涉及官方问题的事宜，我是书面文本的坚定拥护者。随着时间推移，受事件刺激而不断写下的大部分内容都可能缺乏意义或无法证实……我在七月危机（1940 年）中写过以下评论：'我的所有指令都将书面下达，或者马上提供书面确证，这是理所当然的。除非有书面记录，我不承担任何涉及国防决议的责任'"。同僚们非常清楚他们应该服从什么命令。

· 第三种回答在于为未来的责任做好准备，保留所得命令的痕迹，可以减缓、分摊，甚至撇清未来可能的追究。从这种意义上看，公职人员不应寻求那种一对一从"告解室小窗"① 中交换的命令。因为难以确认口头命令的真实性，且数量众多，有些结果还很严重，例如停职命令。面对这些问题，公共机构采取的措施包括决议汇编、会议记录（分管各部委的政府总秘书处的中心任务之一）、设立登记处和类似于法院书记室的秘书处。

但是这些预防措施还不够。关于书面命令的问题总是一再出现。有些原本就是书面命令，有些是转换为书面命令的口头命令，例如多疑的下属用书面回复上司："您在从 X 点到 Y 点钟的电话通话中交代我 [……] 下附……"邮件的用途就在于此，能够保留痕迹。与电话相比，建议记录涉及重要信息的通话，包括准确的通话时间。

1642 年，面对黎塞留的各种花招，他手下的军人常常自省："我正在小厅里与莫特维尔先生攀谈，这时看见苏格兰卫队指挥官吉塔尔先生从大厅走来。我接到命令，他说，如果明天街头发生骚乱，不准介入。我回答说，很好，但我要去请求得到这条命令的书面证明。我看了看莫特维尔先生，他看似什么都没听见"。

而在保罗·莫朗笔下，接受秘密任务的火枪手达达尼昂则是如此："达达尼昂觐见国王，国王向他口头下达了逮捕富凯的命令。在他看来，兹事体大，于是鼓起勇气要求一份书面证明"。鼓起勇气要求。因为敢于直面上级的目光是需要勇气的，他常把要求书面命令视为不信任的表示，或是威胁事后揭发，近乎企图勒索。但是，要求书面命令也是过滤器，把卑劣行径与必要事务分开。很多发号施令者在要求书面命令时退却了，同时也放弃了下达口头命令。

但是，如果要求书面命令的现象普遍化，或是实施更糟糕的命令回执制度，行政部门将无法运转。例如 1706 年贝里克公爵与他行动莫测的上级主管的做法："他决定让人把每项要求写在纸上，并要求

---

① 参见圣西蒙《回忆录》，伽里玛出版社，《七星文库》，第 2 卷， 1702 年："我只在和国王独处时说话"。没有证人的谈话"从未发生过"……这种"不在场"现象既是待遇，也有其缺陷。

在他的回复下面写上字并签名。这样一来，他无话可说：别人把纸拿来即可；他不能再否认，只能跳脚。"

在一起因违抗命令而受处罚的案例中，行政法官合理判定："不能要求行政部门通过书面命令告知工作人员执行其职务固有的所有服务义务。"

最后，法律本身承认书面命令的分量，如《财政司法法典》著名的第313-9条规定，如果拨款审核员"能在开支和收款文件中附上上级在汇报每项事务的特定报告后预先下达的书面命令，以此进行申辩"，可免除一切处罚。最高法院判决，如果没有雇员签字，雇主下发的"任务命令"不能被纳入按《劳动法》第L.1242-12条（原1223-1条）制定的工作合同。在一些情况下，书面程序是必不可少的。

执着于书面命令的前提是它足够具体详细，能显示上级的意图，也证明双方完全知情。但这否认了行政生活中的现实情况，即口头言语和电话——也就是信任——与白纸黑字价值相当。

第3节　对执行条件的考虑

32.41　命令的现实性。在下达命令时，假装不知道接收命令者没有执行命令的条件，这太容易了。

一、一些法律文本规定必须考虑到执行条件是否现实存在

32.51　分配资源。如果不给予执行命令的必要资源，可能会追究长官的责任。内政部部长这样回答一名议员：如果市长不向助手提供完成其指定任务的物质和行政手段，或者明知受委派者能力不足或将产生欺诈行为但仍坚持委派任务，那么，这种不负责任的行为将会导致违法事件，能以玩忽职守罪追究他本人的责任。

同样，该类型的先驱——1986年3月18日发布的《国民警察伦理规范》——也特别提出，需要考虑实现命令涉及的执行条件这一问题。

二、法官考虑执行条件是否现实存在

32.61　工作环境。要求监狱女护士紧急赶到拘留所一名病人的床边，而那里有些被判处长期徒刑的罪犯可以相对自由地走动，有时甚至成群结队。鉴于并没有准备任何预防措施和安全手段陪同这名护士，因此该命令并不合适。有些规章规定："出于安全原因，女护士前往拘留区域需有看守机构的一名成员陪同"，该名护士利用这些规定拒绝前往看护犯人。法官宣布取消对她的降职决定。她拒绝服从命令，这有错，但降职决定过于严厉，因为当时"没有看守人员能够陪同她"，而且"不确定这些规定是否适用于该中心"的观点占优。

一名养老院打字员因业务错误受到指责，而这些错误应该"归咎于主管强加给她的不公正的工作环境"，因此法官撤销了处罚。

一名大楼看门人犯下错误，没有正确地征收她所负责的房租。但她不会受到处罚，因为"该机构内部房租收缴流通的组织管理使许多人介入其中，他们的任务分配并不明确"，由此解释了任务的难处。

一名助理护士打病人耳光，扭对方的手指，这的确有错。但职业医学部门有规定，员工不得独自工作。养老院院长无视这一警告，从而减轻了工作人员的责任。

助理护士在养老院值夜班时，没有了解白班同事写下的交待事项，犯下了错误。但这一错误"是由于部门组织管理漏洞促成的"。因此减轻了处罚。

如果命令不把执行条件纳入考虑，就毫无价值。

第 4 节　"双重钥匙"体系

32.71　相互监控。"双重保险好过单重保险，加倍小心总没错"[1]。

---

[1] 拉封丹，《狼、母山羊和小山羊》，收录于《寓言集》。

就像音像部门规定采取"双重锁定"机制，以减少"可能不利于未成年人身体、精神、道德充分发展"的节目一样，两个人比一个人更容易诚实清醒。因此，必要时采取双重签名或双重承诺手续是有用的。

就像司法警察的传统箴言，老手把自己的"准则"传递给新人："当警察和宪兵为了追捕一个绰号叫'结核病人'的家伙而向一个流氓打探消息时，为避免发生意外，必须遵守严格纪律。 1）调查员从不和消息来源单独接触。 2）绝不发展友谊，在中立地带会面。"

为什么《共和八年 〈宪法〉 》谨慎地（1799 年 12 月 13 日《宪法》第 282 条）明确规定"全省的国民卫队指挥权通常不能只托付给一名公民"？

为什么银行家们长期把两人比一人更加明智诚实的理念作为基准？

《货币金融法典》第 L. 532‐2 条源自 1996 年 7 月 2 日金融活动现代化法第 12 条，规定了："为批准投资公司运营，投资公司和信贷机构委员会需确认该公司的方针是否至少由两人确定。"

32.72 决策流程。行政部门的决策流程常常从太多转变为太少。

太多就不再是双重钥匙体系了，而是一整套工具，一连串许可，就像钥匙串在钥匙圈上一样。每个人都依赖下一环节，许可成为纯粹的形式，司局长、主任或部长常常发现责任部门遗漏导致的矛盾之处或重大错误。

太少指的是完全委派，公务员成为某特定领域的唯一所指对象、对话者、分析师和决策者，但有时这一领域相对于他自身的行政事务或服务对象而言有所扩展。任务分工消失了，安全也随之消失。

一名车库主管在没有医院财务部门许可的情况下，独自管理向私营机构出售的待换车辆。他可能会以医院的名义出售一辆斯巴鲁牌汽车，再为了私人用途低价买回，并将该车纳入女伴名下；在这类情况中，通常采取的预先许可制度显然是明智做法。

因此，仔细确定决策流程非常重要，从而区分指令、决策和监管。决策的关键步骤可以有效地集中在少数有资质的决策者手中。双重钥匙的体系（除 1962 年政令规定的拨款审核者、总账会计的参照模型以外）很有用：如果可能，可以通过两个负责人的一致同意进行决策，这样做的优点是明确区分容易做出的决策（即两名决策者一致同意）以及经过商讨、上级仲裁过程的决策，或者是那些如果无法达成协议就不应决定的决策。

最后，在司法体系中，著名的检察官和法官两头政治或"共同管理"司法现象使得高等司法委员会强调："法院院长和检察官共同承担责任，这意味着双方经过商议共同寻求解决方案，并保障司法的形象在体制内外不因分裂而受损"，"必须通过对话寻求一致"。

第 5 节　查核执行情况

32.81　警觉和意志。 "提案时到处充满专家顾问，但却找不到真正执行的人"[①]。

争论并未随着命令的下达而结束。相反，一切才刚开始。行政部门可以借鉴《国民警察伦理规范》的一些条款，监督一段期限内的指令执行情况：上级机关下达的命令"应该准确，并具有为正确执行所需的相应解释"，对"下达的命令及其执行情况和结果"负有责任。不过问命令的执行情况，甚至对命令遭到忽视的警告置之不理，这种做法是错误的。监控命令的执行情况应当是光明正大的行为。同样，在一次非法游行期间，一名警长"缺乏警惕，未采取任何措施以保障辖内的公务员在岗"。同样，一名财政员未对侵占公款的税务员行使

---

① 拉封丹，《群鼠的会议》，收录于《寓言集》，唯一一篇没有借鉴《伊索寓言》的文章。

"章程规定的监管责任"：他个人将对受害的市镇负有责任，因为他"本该发现这名会计之前侵占公款的行为，并采取必要措施以阻止舞弊现象继续发生"。

如果说行政法官加大了上级长官的责任，那么金融法官则可以免除一名市长不知道市政府秘书下发虚假付款通知的法律责任，"（市长）解释称他并不知道（市政府秘书）在下发、支付"这些非法"付款通知时所用手段的欺诈性质"。在《行政法》中，部门长官不了解情况并不是辩解的理由，反而经常构成加重罪行的情节。

一名税务员挪用了一些个人为购买国库券而托付给他的资金，被判为侵吞罪。因对其行为监管不力，行政部门负有经济责任。

这条普通的管理规定并未一直得到执行。

应该明确实施汇报和监管的方法，定期对照结果和目标。一名公职人员请了长期病假但却非法从事私人活动，对其进行跟踪的做法是合法的。

而且，命令未获执行的情况可能被隐藏。服务对象的反馈、抗议和信件都是应当引起警惕的预警信号。

由此，命令本身的质量，以及发号施令者是否对后续情况进行追踪，决定了下属能否忠实地、主动地服从命令。

第 3 章
服从

历史和法理

33.11　执行命令。"正式公职人员有义务服从上级交付的命令，除非这些命令明显违法；一般情况下，考虑到行政行为享有的先决特权，应当由公职人员执行收到的命令，即使这需要他使用向他开放的求助通道"。这是比利时的行政判例⋯⋯

33.12　法国对服从的定义近于上述的比利时定义。如果说 1983 年 7 月 13 日《公务员身份地位法》中并无"服从"这个词的话，它却在法国最高行政法院和意大利最高行政法院的许多决议中出现。

公务员遵照命令执行，无论是命令做某事还是不做某事。明显违法的命令不在此限。

33.13　服从的概念历史悠久。

狄骥认为，并不存在真正的服从义务，"下级公务员从法律上必须服从上级公务员命令的看法并不正确。服从上级命令被（一些人）视为公务员义务，但从根本上说这只是按照职能法则行事的普遍义务"。

勒内·布格拉在其关于《等级服从》的著作中补充："上级在下达指令时，只是让人遵照自己职能的规定

[……]狄骥的论题不过是法律至上主义的反映"。

但是奥里乌更加现实:"等级意味着公职人员专制组织中各个级别的叠加,因此下级人员履行职能,并非出于遵守法律这一直接、唯一的义务,而是服从位于他们和法律之间的长官这一义务"。

1941 年法第 12 条重新引入了"等级命令"。 1946 年 10 月 19 日法和1959 年 2 月 4 日法令则谨慎得多。 1983 年 7 月 13 日法明确说明有义务遵从上级命令的原则。

公职人员应该已经理解这种等级制度的意义。否则就会延长一名倔强的实习生的实习期,给他最后一次机会"融入职业的等级层面,同时也是人性的层面"……

服从并不总是被人理解。公职人员很容易被漫画手法描绘成冰冷机器上的螺丝钉,一个没有信念的零件,只要是命令,就不管不顾,埋头前进。尽管如此,服从是实施法律的必须条件。无论是文职还是军人,公务承担人都能从福煦元帅[①]对"积极服从"的呼吁中受益匪浅:"纪律严明并不意味着只在看似适当、公正、理智或有可能性的范围内执行收到的命令,而是确实进入下达命令的长官的思想和视角,采用人力可行的所有手段以满足他的要求。纪律严明并不意味着保持缄默、克制自己或者只做认为不会牵连自己的任务、尽量避免担责,而是往收到的命令的方向上行事,为此必须通过研究思考在头脑中找到实现这些命令的可能性;他的性格中应该具备抵御执行过程包含的风险的能量"。

这就要求尊重命令、忠诚,同时有能力发出预警并合法违抗命令。

第 1 节　尊重命令和指示

一、行政的基础

33.21　服从的不确定性。服从是公务员或军人的一项首要责

---

① 福煦元帅,《作战原则》,经济出版社, 2007 年,第 91 页。

任，他们不能自以为能自己定义需要完成的任务。违抗命令的公务员在历史上留下了糟糕的记忆。1795 年、1799 年和 1848 年《宪法》为了防止政变，不断重复以下断言："公共力量的本质是服从"。

力量服从法律。但是会服从也是一门艺术。

不过多，也不过少。长官喜欢"寡言少语的人""可以信赖、不会马虎应付指令的人"。由此提出三个问题。

33.22 **第一个问题勿庸置疑：服从谁？** 第一项要求是验明"等级"。因为服从的对象是合法任命或委任的上级，而不是同事或其他野心勃勃而自我任命的公职人员。意大利法官曾提醒过这一点。

但是，当公职人员在法律上或事实上隶属于好几名长官时，问题就复杂了。乔纳森·利特尔描写了党卫军军官对自身等级组织的迟疑[①]：

"指挥等级的问题仍然困扰着 K.——那么我们是受党卫军上将的监管？——行政上我们隶属于第 6 军？但战术上我们通过集团研究院接收党卫军国家安全部、党卫军与警察高级领袖的命令。清楚了吗？K. 轻轻摇头叹息：——不完全清楚，但我想会逐渐清晰起来的。"

尤其是当公职人员被秘密召见，被自己正式长官以外的上级赋予机密任务时，该如何面对？是否应该马上告知官方上级？法律文本中没有回答，但我们可以借鉴乔治·西默农在 1954 年给出的答复。著名公务员梅格雷探长被公共工程部部长个人召见，并被委派一项私人调查"任务"。梅格雷探长只隶属于内政部部长或司法部部长，而绝不是公共工程部部长。他回答："我只诚实地提醒您，我必须向我的长官报告此事。我不必告知详情 [……]，但他必须知道我为您工作。如果只涉及我个人，我可以在工作之余负责此事，但我可能需要一些同事的帮助"。梅格雷探长险些触及"在工作之余"行动的伦理过失，但他恢复清醒，明白过来，为部门以外的目的使用部门的人力、

---

① 乔纳森·利特尔，《善心女神》，伽里玛出版社，2006 年。

物力，乃至倚仗自己的威信是滥权的开端。

但是一个公务员常常有多名上级，有时发出矛盾的命令是自然的，也是不可避免的：中央行政部门局长处于几位部长的职权或支配权下，对外部门长官身处国家和省议会之间，一位局长夹在两名民选官员之间，司法警察处在警方上级和他为之服务的司法机构之间。2008年，行政法官"拯救了"一名夹在预审法官和宪兵队上级中间的宪兵，命令国防部部长复核对这位试图既服从双重上级、又尊重司法权威的中尉的评语。同样，在国外从事合作任务的公职人员应该同时服从他所服务的国家，又不忘记法国：如果形势出现明显的好处（更大的操纵范围，因为格言有云，有好几位主人等于没有主人），则更可能产生危险（关于忠诚，参见33.101）。例如，为了将一名援外医务人员交给法国处理，需要塞内加尔和法国政府部门共同参与。

医院公职人员有时因主任医生和医院院长的相反命令而烦恼。在这种情况下，公职人员如果服从直接领导即主任医生，并没有错。正如政府专员阿利吉·德·卡萨诺瓦阐述的："因为公职人员不必在主任和司局长之间进行评判，所以主任不能让涉及的公职人员承担他与司局长的争议造成的后果，因为他们在工作义务上没有任何过失"。

在收到的命令相互矛盾的情况下，公务员应该请"各位"上级自行调解或把他们不可调和的命令区分等级。如果向上级长官宣布作为收到命令的下级会自主选择，会促使他们进行自我协调：一般来说，尽量有礼貌地向他们发出这一预警足以使他们采取必要的协调工作。

如果尝试了这些措施后仍然没有和解，公务员应服从最紧急的命令或最直接为部门服务的命令，或者是与其自身能力最匹配的命令。

即使只有唯一一个主管机关，仍然建议公务员借鉴共和八年霜月22日《宪法》第77条（1799年12月13日《宪法》第77条），自问这段文本中提出的两个问题："为使逮捕某人的命令得以执行，它必须1）明确表达逮捕的动机和下达该命令的法律依据，2）由一名经法律正式授权的公务员发出［……］"确认命令的法律基础以及下达命令的权威机关的权限是使公务员"顺从"的最低要求。

此外，这也是腓力四世 1303 年法令第 3 条的建议："如果国王下令扣押或没收教会的财产 [……]，接到命令的执行官只有在获悉'这的确是国王的命令'后才能执行。"必须确认命令的真实性，不能因传言或表面现象而中断命令的合法性。

33.23　第二个问题是：在何时服从？ 人人都知道，在行政部门中，违抗命令的最佳武器是时间。拖延服从命令常常能够维持服从的表象，实质却违抗命令，因为的确，"缓慢地服从并不是服从"。服从中的守时与服从本身同等重要。

而且命令随时间变化。应该在命令被下达的时刻服从，放弃已经完成的工作，除非是辞职或调职。身处同一职位的公务员在废除他们自己在上届政府命令下仔细起草的法规时，应该懂得其中的道理。小说家①描写了在 1958 年，空降兵军官根据服从的原则追随法定政府，只有这条原则还维持着军队的统一："——您要怎么做，我的上校？——服从政府，先生们。——哪个政府？——无论哪个政府。你们替换了政府，我仍会服从。但不要指望我去更替政府。我只服从。有人出于某些原因要求我收复失地，我收复了。有人出于另一些原因，甚至是同样的原因要求我放弃，我会放弃。命令和反命令，行进和反方向行进，这是军队的常规。——有人要求我们放弃，我的上校，放弃我们赢得的成果。——军人的精神不会停留在这些细节上。我们是行动之人；我们做事。放手，就是行动。向前，行进！向后退！我服从。我的角色是维持这一切。"上校用手势指了指他手下的队长和制服……

服从的可塑性带给公务承担人重大压力，因为法律接连不断地出现，公务的持久性则要求公职人员接连不断地服务于相悖的理念。

33.24　第三个问题是：如何服从？ 身处服从境地的公职人员应

---

① 阿历克西·热尼，《法兰西兵法》，伽里玛出版社，2006 年。

当注意四个必要条件:

表现出合作和积极实施的总体态度。相反,反抗的整体态度在性质上可以引起处罚。公职人员通过态度表明他不会在接到的命令中挑选将要服从的命令,沃尔特·司各特曾在作品中嘲讽过这种"热切的心情,使人和野兽都急于阐释、追随那些与他们自身的爱好完全相符的建议"[1];

以可预见的方式执行收到的命令,使上级安心。

拒绝服从并不违法或性质上并不会严重损害公共意义的命令是一种纪律错误:教师拒绝执行高二教学任务,医院安保主管"拒绝执行安全部门人员工作时间管理的相关规定",如果"坚持违抗命令",过失更加严重;

考虑个人态度对部门良好运行产生的影响。考虑违抗命令对公共服务部门造成的损害总是比长官的自尊心更起决定性作用:例如一名护士夜班期间不在岗,这令人遗憾,但不严重,因为她确保有人代替她工作。如果这名员工拒绝换班,又没有其他保障办法,就可以合法进行处罚;

最后,接受职业要求产生的一些个人影响。对家人的担心不能免除他的服从义务:共和国保安队的一名警察所在部队被派往阿尔及利亚,但他推说因家庭原因而拒绝服从,属于放弃职守。

33.25 三重尊重。确认命令后,服从执行命令要求三重尊重:尊重权力机关,尊重公共服务的基本特征,尊重运行原则。

二、尊重权力机关

33.31 权威应当使人尊重。让服从者尊重指挥者,这既不容易实施,也不容易强制。发生争议时,法官等的意见会更加维护部门,而不是领导人。

---

[1] 沃尔特·司各特,《中洛锡安之心》,伽里玛出版社,1998年,第248页。

我们在衡量社会转型时，会想起甘杜安省长在其礼仪守则中提出的三条价值观："长官亲切，同僚真诚，下级谦恭"。"谦恭"这个词在今天已极少使用，"尊重"这个词成功回归，引起了从普通公民到思想家的注意，虽然偶尔会想起在上级面前的礼节、礼仪或殷勤，但已经极少用到。

尊重必不可缺，因此禁止对上级表现傲慢，更不能侮辱上级了。

一名间接税务部门主任依法给予一名主任检查员两个星期半薪的处罚，原因是"他在发给邮电部副国务秘书的一封信中的措辞"。礼仪是行政关系的一个组成部分。

以下行为可受到处罚：

- 一名高级官员向国民议会议长发出一封侮辱信函。
- 一名小学教师向上级说出"性质可证明对其进行处罚的合理性"的言辞。
- 一名小学教师因对"一名上级失礼而被判有罪⋯⋯"。
- 一名副省长"对上级的语气无礼，对他未来的职位进行不得体的评论"。
- 一名税务局公务员反复"对上级表现冒犯态度"。
- 在一次意外事件中，一名医院公职人员对医院院长态度粗野。
- 国防史编纂部的一名干部向部门主管发信，指责部门的种族歧视现象，这封信被认为"缺乏克制、言辞过激、侮辱上级"。
- 指责市立博物馆的看门人"明确拒绝承认上级的权威，并有侮辱性质的表达"。
- 巴黎市公园管理局的公职人员"对上级犯有违抗举动和语言暴力"。
- 检查委员会的监狱感化教育工作者有损害委员会主任"权威和名誉的言辞"。
- 临时卫生人员"对上级有侮辱性言语"。
- 市立警察对"上级做出不得体的举动"。

● 英语老师对学校领导层说出侮辱的话。

● 一名警察公务员在 3 年内共请病假 654 天，并拒绝回应该行政部门医务部门的召见，后在上级听取其解释时，"对上级做出粗野暴力行为"。

同样，医院管道工程工头"明显拒绝服从上级，尽管多次提醒他履行职业义务，但仍几次拒绝执行关于按照规定要求组织其工作任务的部门通知"，犯了错误。"他的拒绝服从有损于医院技术部门的正常运转"。

所有这些案例，尤其是上述医院工头的案例中，都含有可遭受处罚的拒绝服从的行为：反复出现，无视警告，公职人员的故意态度，谋求公共事件，从语言暴力开始的暴力倾向，对部门产生的后果。在礼节方面，这些行为应当受到惩处。

同样，意大利一名警察因放弃道路监管的职责，前往另一地点饮酒，并且使警车和武器处于无人看管的状态，被依法撤职。

同样，在德国，联邦行政法院处罚了一名派驻阿富汗的陆军中尉，因为他违背了上级为了其服役部队的安全利益考虑而明文禁止在休假期间离开营地的命令。

在西班牙，同样处罚了一名"蔑视、侮辱上级的"驾照检查员，以及一名威胁要"痛打"上级的治安警察，这名警察在上级向他下达命令时，屡次违抗，并对上级缺乏尊重。

33.32 加重罪行的情节。在三种情况下，将加倍处罚对权威缺乏尊重的行为。

33.33 首先，如果缺乏尊重不是个人行为，而是企图鼓动其他同事效仿："里昂市的一名工程师"向同事分发 [……] 一封用侮辱性言语批评技术部门主管的信 [……] 并劝说他们质疑上级的决定"，犯下严重过失。

一名市镇牙医做出"挑衅、滋事的行为"，并且"总是质疑上级"，包括向上级发送各种侮辱性信件，分发用印有抬头的纸印刷的传单，可以因此被解雇。

一名法官向文档数字化预审工作组成员分发由他撰写的文件，强烈反对院长制定的目标，而他已经同意按照院长的要求推动该工作，而且并未事先告知院长其意图。可对该法官发出警告。

同样，在会议上公然阅读报纸或者长期开会迟到早退，是对主持会议的上级的无礼行为。所有这些行为本身并不重要，但通过它们表现出来的冷淡或挑战的寓意产生影响。

一名担任法国总工会支部书记的公职人员在信件中或在目击者面前口头称呼上级为"老吝啬鬼"或"小混蛋"，并且侮辱性地影射对方的"女友"，可依法斥责。一名保安警察"在他主编的报纸上发表了一幅冒犯共和国总统的图画"，可被撤职。

33.34 其次，如果一名高级干部有公开表示对上级不敬的行为。马塞尔·德鲁在1933年解释："显然，对高级公务员的要求不会与低级职员完全相同，他的工作并不要求他总在办公室出现。相反，他在个人生活中必须保持庄重，而对低级职位人员并不会有同样要求。每种行为的严重性因周围形势、公职人员在等级制度中的地位而变化"。

例如，市政府秘书"即使在其职能范围以外，也对市长有公开的侮辱性言辞"，犯有过失。

同样，创业中心副主任不能通过公开信批评蓬皮杜中心馆长临时代理创业中心主任职务的决定，还在中心员工面前质疑新馆长的能力。

装备部的一名公职人员不能多次违抗、攻击上级，其攻击为公开行为，并有第三者为证。

国防部的一名工人不能与两名同事一同煽动军队总配药处的人员违反主管规定的工作时间，导致配药处关闭，该情况的"性质干扰公职部门的运行"。

一名行使干部职责并且作为国库主计官的直接助手的国库司长不

能参与工会批评国库主计官关于办事处开放时间决定的请愿活动：
"考虑到他的干部职责 [……] 和国库主计官直接助手的资质，这一举动在本质上对部门纪律有害，并对上级无礼"。

在尊重领导层方面，最好严格要求。

至少在一个案例中，法官将"用'你'称呼、使用传真发不敬的文件"的情况纳入考虑，得出的结论是"考虑到马赛商会成员之间的合作关系，向上级发送'恫吓'传真并告知第三方的行为不构成缺乏尊重的过失"。这一决定并不一定令人信服。机关内部的"松弛"风格并不意味着准许缺乏尊重和公开质疑领导层的行为。

涉及《劳动法》的案例中，司法法官同样考虑等级制度：一名中介经理修改了合同中雇主预先确定的一些关键点，"执行工作过程中表现出有意识的恶意"，可以作为解雇的理由。

33.35　第三，如果公职人员与上级和用户"关系恶化，本质上损害了部门的良好运行"。

猎场看守人在公共场合，并且全省猎场看守人都在场的情况下，对省狩猎协会会长有侮辱性言辞，因此被依法免职。

同样，当事人拒绝向上级解释他在全国小学教师工会大会上的发言，构成了一种无纪律行为。但是，这一决定只在工会领导人的言语超出符合其职务范围的合法程度时，才有效力。一名国民警察地方工会负责人不能拒绝就一份质疑部门运行的公告对上级进行解释，他"对上级的无礼违抗态度"证明可对其采取纪检措施。同样，一名大审法院庭长"直接向司法部中央行政部门提交报告，质疑"法院院长，但此前并未提醒后者，因而依法受到警告。

一名法院主任书记员与上级关系恶化，有损部门正常运行，因而被依法调职。

一名警长"在一次工作会议上，在一封写给公共安全中央主管的信中以有偏见的方式引用（其）省级主管的话，并且在一封写给省长的信中毫无克制地批评上级的决策，严重违背忠诚和尊严的伦理义务"。本案中，在并不紧急的情况下，未事先提醒主管就向国家级上级层面检举他，说明有意造成严重破坏。

但是，直接向中央行政部门提出申请，以弥补所受的职业损失，并不一定会受到纪律处分。

谁没有梦想过替代自己的上级？为此，人们会受到诱惑，在或大或小的范围内通过批评来破坏或削弱上级权威。奥斯曼帝国的大臣常常希望成为哈里发。常常由一人兼任的临时代理和副手需要特别克制，履行忠诚的义务，从而有效地服从。在此意义上，"老大"应该明确副手和临时代理的角色，承认他们的自主领域和个人委派任务，关注他们未来的职业生涯。服从和忠诚相辅相成。

三、尊重公职机构的基本特征

33.41 公职机构义务的组成部分。公职人员拒绝服从可能损害公共部门的任务和国家象征。

A. 保障机构的使命

33.51 质疑机构。 无论涉及哪些职务，公职人员自然应该尊重合法的调令。法官常常提醒注意这项原则，例如：

一名幼儿园看护应当服从被暂时调至该机构洗衣房；

一名被调至行政拘留所的边防警察处治安警察应当执行融入该集体的命令，增强司法统一；

一名被调至科西嘉省政府的宪兵军官在两天内拒不行使其担任的省长联络官的职能，应当受到惩处。

拒绝服从会迅速损害公共服务部门的任务，无论仅仅由于疏忽，或是自主确定任务，执行其他政策，个人利益或故意破坏。对这些质疑部门任务行为的处罚将根据拒绝服从的严重性逐级上升。

33.52 疏忽（关于惰性，参见 13.71）。"尽管已对其提出批评"，但一名市立博物馆保管员仍然忽视展品清单，犯了职业错误。

一名内政部公务员"几次未经许可擅离职守，两次拒绝执行交办的任务"，依法受到处罚。同样，一名警察的"总体行为表现得玩忽职守、漫不经心、违抗命令"。一名初中教育总顾问"尽管上级反复命令，但在跟踪、处罚学生无故缺课方面不够严格"，而她的"职业义务过失损害了校园生活的组织，造成运转不良，扰乱学校的工作环境"。

一名在留尼汪岛服务的公务员拒绝调至法国本土，结果被依法从干部名单中除名。

尽管受到多次提醒，一名钢琴教师仍拒绝参加音乐会，并且未提前通知组织者，损害了音乐学院的声誉，犯了职业过失。

在搜寻一名前两天从产科被绑架的新生儿过程中，市立警察分局局长未通知市长就离开岗位休息，属于违抗指令。

一名兼任工会代表的医学教育研究所专业教育工作者拒绝负责其团队内的一名"性格特别难以相处"的年轻女寄宿生，尽管"所长下达了指令"，他仍将这名女生轮流托付给其他教育工作者，而且他还自称罢工，因此依法受到处罚，后来当"这名女生企图逃离出走"、引发混乱时，他消极应对。违抗命令的行为不能因罢工权而受到袒护。

33.53 **自主确定任务。** 公职人员可以对分配的任务的优先级和难易程度持个人观点。只是，他的身份并非自由职业者。他可以商讨，但必须随后执行。

首先最常见的是拒绝被分配到的职务，另外还有不愿服从并且阻碍行政管理。但是，个人独自确定自己任务的意愿可以表现为多种形式。

外交官不顾上级的明文命令，从自己的主管处向埃及官方发送三封信函，就资助三个工业项目的协议进行了毫无保留的承诺，犯了纪律错误。他对别国采取不恰当的主动态度，将使法国在采取对该国的政策时陷入两难。

阿维尼翁市的一名公职人员自认为是"研究人员"，在没有许可或指令的情况下，清理了市政厅钟楼的精美壁画并造成损坏，犯有过失。

市立警察下士长几次拒绝处理旅客在该市镇违规停车的问题，犯有职业错误，其性质必须受到处罚。

地方消防队员拒绝执行一些任务，犯有纪律错误。

国家林业总局的林业技术员一直拒绝汇报工作、拒绝执行职责范围内的借款和人事管理工作，并且以工会命令作为借口，应该进行处罚。

吕贝宏地区自然公园的基层管理人员拒绝开展因一场临时展览开幕而需要进行的公园边界维护工程。

医学教育走读学校一名专门接待智障儿童的精神科医生表现得"难以服从行政约束，倾向于自主安排管理时间"，并且宁可"上门拜访患者家长，而不是在单位出勤"，不承认服从义务。这种行为反映了该学校医生之间关于方法的争论，但并不能证明有理由采取解雇这样严重的处罚措施。

一名 A 类地方公务员在其岗位被撤销后，由全国地方公共职能中心负责，可以被委派与其级别相应的临时任务，而且不能拒绝。

尽管上级三令五申，一名职业高中教师仍排斥或禁止一些学生上自己的课，违背了服从义务。一名体育老师自行决定带一名学生外出滑雪，从而受到停职一天的处罚。这名教师违反了校长的规定，并企图与其他学生串通以掩盖自己的错误，嘲弄上级的权威。

33.54　**执行其他政策的意愿。**　公职人员可能试图强加并非由上级制定的政策，尤其是教育、社会或司法政策。面对上级的拖延，他确信自己站在正确公正的一方。

一名实施弗雷内教学法的教师抵制对他个人进行的常规考查。这种教学法或许处于领先地位，但在任何情况下，这都是对上级的不尊重。同样，一名职业高中教师违背校长和大学区区长的指令，排斥一些学生，受到了依法处罚。

2005 年，一些警察拒绝在一次作案现场模拟中扮演受害者，没有遵守《刑事诉讼法》规定的其职责的一项基本要素：司法警察受预审法官调遣。拒绝服从行为标志着对职责了解不足，通常会导致预审法庭收回相关人等的司法警官资格。

一名旅长坚决地告知军队指挥官，他们刚从瓦赫兰调至特莱姆森的共和国保安队拒绝执行分配的任务，被依法撤职，当事人的工会代表资格"不能证明他只是汇报，但没有参与这场明显无纪律的集体行为"。

瑞典军队解雇拒绝赴国外服役的军官。

33.55　**个人利益**。　监狱看守"帮助一名苦役犯暗中通信"，违背自己的职责，可能还将同事置于危险境地。在《重返基利贝格斯》[①]中，在一座关押爱尔兰共和军最顽固分子的特殊监狱里，一名看守向犯人提出，可向其家人传递信息，并"让他保证不涉及政治……对二人而言，按照监狱规定，这是疯狂的犯罪行为。对于波普叶（看守）来说，这是叛国"，尽管他是出于同情。

蓬皮杜中心安保总管助理不能在没有中心领导层支持的情况下作为出版总监参与编辑一本私营杂志，而该杂志的主要目的正是介绍蓬皮杜中心的活动和项目。

省政府一名传达人员的服务方式无法起到模范作用，因此不能再保留职位。而当他承认没有遵守省长指示，并且通过瞒报方式取得一些文件后，甚至不能再在行政部门工作。

33.56　**故意破坏**。　拒绝服从成为指控上级的工具。

边防警察副警长为"故意破坏"而质疑上级。

一名市镇工程监管员拒绝执行一项命令，脱离职守，并且由于神经紧张而严重损坏市镇的一辆公车，应当受到处罚。

一名医院化验员在所属工会召开的新闻发布会上"指名道姓地严厉控诉医院院长和一些医生，详述了医院实验室发生的一次突发事

[①]　索尔日·夏朗东，《重返基利贝格斯》，格拉塞出版社，2011年。

件，质疑医院的治疗水平"，犯有过失。

教学医院精神病科的一名护士"长期拒绝服从科室的组织条例，出现多次违抗行为，尤其是拒绝执行与其技能相关的行为，并且拒绝一切调解沟通"。出于对医院其他部门服务的利益考虑，可依法将其调离。

拒绝服从的原因常常是公职人员认为收到的要求并不属于其职务范畴：警察无权以其职能不包括该项任务为理由，拒绝将案件笔录打字记录。因此，应当由上级解释其任务的内容，强调任务的多样性，如果要将任务范围扩大到员工不希望执行的职能（如上述案例的打字），则应当向所有员工提出同样要求。

在所有这些案例中，争论常常聚焦于职能的定义。拒绝服从行为源自对应该执行的任务的质疑，因为既没有对职能进行定义，也没有解释。

B. 尊重国家象征

33.61 国歌。 应当尊重国歌。根据源自 2005 年 4 月 23 日《学校未来走向与计划法》的《教育法》第 L.321‐3 条，可依法在小学教授国歌。"考虑到《马赛曲》的历史……以及作为国歌，这首歌象征着共和国的价值观"，立法者无论如何都没有违反关于公民权利和政治权利的国际公约第 2 条规定。

33.62 旗帜。 市长不能用"象征政治、宗教或哲学观点诉求"的旗帜取代市政厅门前的红白蓝三色旗，因为这必将破坏公共事业部门的中立性。

33.63 纪念性休假日。 新喀里多尼亚利富市市长因在特殊时间和场合发表"过激"言论而被依法撤职：他以"卡纳克人解放统一阵线多种族联盟"成员的身份当选，而在根据 1922 年 10 月 24 日法（该法也在新喀里多尼亚实施）举办的 11 月 11 日纪念活动上，他发表了鼓动性讲话，被视为"侮辱法国和先烈"，并"在公共典礼上伤害了国民的感情"。他提到"殖民军队在卡纳克人自己的土地上屠杀他们，只因为卡纳克人要求得到最基本的权利：自由生活的权利"。最高行政法院宣布停职决定有效，并非因为讲话内容（正如政府专员在相应结论中的主张："不能要求主张自治的民选官员只发表雅各宾派讲话"），而更是由于讲话场合是在立法者为纪念国家统一而设置的典礼上。在驳回该市长申诉的决定中，结合了其言论的"过激性质"和"时间、地点情况"。同样是这一纪念日，一名校长尽管已收到大学管理机构的指令，但仍几次拒绝参加为纪念 1918 年 11 月 11 日而举行的官方典礼，如果他无法提供"能够使其缺席摆脱过失性质的情况说明"，将受到处罚。

相反，过于坚持休假日也可能造成困扰：一名小学教师拒绝在 5 月 8 日工作，借口是当天为节假日，而北部省主席已决定在当天为此前飓风过境而取消的课程补课。这名教师"拒绝执行命令，而考虑到当时情况，该命令并非明显违法，性质上也并未严重损害公共利益"。

33. 64 权威的标志。 瑟堡军工厂的会计不能"在一次反对派政治集会的激动气氛中宣称——红旗将打倒卑劣的三色旗"。尽管他解释使用"卑劣"这个词的词源是"非贵族"，但也没有用，将因"公开发表与其职责相斥的言论"而依法受到处罚。 2010 年起，侮辱三色旗的行为将受到处罚。

制服、徽章、纹章不是装饰，而是权威的标志。应该佩戴、尊重这些标志：

● 佩戴：公务员有时反感穿戴制服，国民警察的办公室技术人员曾经想撤销要求在执行接待公众的职能时身着制服的法律文本，但未成功；

● 尊重：一名国民警察总监察官因为同意他指挥的纪律部队成员在一次警察游行队伍经过时脱下军帽，将受到处罚。因为部长认为，他的态度"象征着向游行示威者妥协"，但退职处罚过严，因为政府专员认为，这并不涉及不服从行为，相反，是为了避免他指挥的纪律部队成员公然抗命而做出的决定。

对于警察、宪兵①、消防队员②而言，原则上禁止身着制服游行示威。

最后，市长应当尊重公墓的中立性，不能准许为纪念因谋杀而被定罪的法国秘密军组织成员树立石碑。判决称这块石碑"与公墓的普通用途不相符，其性质会引发公共秩序混乱"。市镇公墓应当是和平之地，不能用于政治表达。

对公职人员而言，尊重这些国家标志是其职能的组成部分。在某种程度上，他们通过履行职责，使自己成为了公共标志的首要表现方式。

四、尊重运行原则

33.71　指导执行。　行政服从的原则可以表述如下：决策机构（领导委员会、技术委员会和其他咨询机构、行政委员会）在决策过程中可以进行自由讨论，但随后"（由公务员）执行做出的决定"。

公职人员必须遵守权限规定：因此，行政法官严厉处罚了一名错将致死药物发给婴儿的育儿实习助理，最高公共医疗机构委员会仅仅用停职代替永久开除该实习生的处罚，犯有明显的评估错误。

公职人员不能反对在病假期间对其进行上门检查。如果公务员拒绝行政部门要求的上门检查，行政部门有权暂停其待遇，直至复职。

一名身为共和国保安队警察的公职人员不能拒绝协助国家警察总署督察总局进行检查。

公职人员不能在其任职的行政部门内部组织秘密团体或人际关系网，尤其是在警察部门。

小学教师不能"在行政部门不知情的情况下，接收由直接领导引

---

① 参见 1968 年巴黎警察首次大型游行示威和 2001 年底游行，宪兵身着制服、开警车，造成不良社会影响。

② 2004 年 3 月 25 日和 6 月 15 日，数千名消防队员在巴黎游行，其中很多人身着制服，这并不合规。

进的一名助理教师"。

因为这已经涉及忠诚的问题。

第2节　忠诚、信任、汇报

33.81　忠诚对信任不可或缺。信任与怀疑是大型组织的核心问题，因此也是行政部门运行的固有属性。1996年联合国《公职人员行为国际准则》第1-1条称："按照国家立法的定义，公共职务是一个关乎信任的职位，意味着其有责任为公共利益行事。因此，公职人员首先应当表现出对国家利益的堪称表率的忠诚，而国家利益通过国家的民主体制体现"。行政干部应该获得政治家的信任，他们也应当信任自己的下属，的确，正如红衣主教莱兹所说："我们更常被怀疑所欺骗，而不是因信任而受骗"。但是仍须注意使二者保持平衡。

而且在任何情况下，忠诚是有期限的："深谙宫廷的维拉尔老元帅开玩笑地说，部长们得势时，得给他们拎便桶，一旦发现他们有失势的迹象，就把便桶扣到他们头上"。

甚至无需等待自然"失势"，行政部门可能因恶意泄密、陷阱或沉默而走向垮台。埃德加·富尔确认："一条独家新闻有可能相当于政治谋杀"。中央行政部门领导层会在部委召开新闻发布会前夜透露信息。联邦调查局副局长马克·费尔特向记者伍德沃德和伯恩斯坦透露了调查局的情报，导致尼克松总统下台，这是对总统不忠，也是对他曾觊觎其职位的FBI新任局长不忠。那么他揭发总统的非法阴谋，是对美国忠诚吗?

与私营行业相同，在公共行业中，等级制团队不能在没有信任即没有忠诚的条件下工作。因为忠诚首先作用于近旁的人。

一、忠诚

33.91　团队工作的基础。行政法官要求"公职人员履行忠诚的伦理义务"。

"忠实、忠心、忠诚（正如评语的用词），意味着值得信赖的人，意味着恪尽职守的人：人们极少用这些词汇。人们多疑，曾经多次失望……①"忠诚是明确合作，信守承诺。它是团队工作的前提条件，使得每个人都能倚靠他人。尤其是部门长官能倚靠下属，下属信任长官。忠诚是隐瞒、操纵、欺骗和背叛的对立面。只有忠诚才能取得信任、接受委派。忠诚是部门良好运行的必要条件。

忠诚是对所有公职部门，尤其是欧盟公职部门的要求。

A. 忠诚于谁？忠诚于什么？

33. 101　唯一忠诚和多重忠诚。　无论处于哪种制度，公务员总是倾向于拼凑关于忠诚的各种理论，它们相互交叉、结合，常常相互连续，偶尔相异，但总是可以进行调和。

事实上，对公务员来说，需要兼有三种忠诚：对机构忠诚，对政治当局忠诚，以及更常见的对上级忠诚。

33. 102　对机构忠诚。　公务员要记住，他为《宪法》服务，还为在法律文本中描述和规定的机构服务。

这正是欧盟法对公务员提出的要求："所有公务员都必须忠诚于雇用他的机构和上级，这是公务员必须遵守的基本职责，不仅适用于交付给公务员的特定任务，也覆盖公务员与其所属机构之间关系的所有方面。根据这一职责，公务员应当避免产生任何损害机构和权威机关尊严的行为。"

法国关于国民警察和市立警察的法律文本也规定，公务员"忠诚于共和国机构"。这一用语呼应了 F. 加齐耶在最高行政法院关于杰美小姐案判决的结论中提及的"对机构的忠诚"，并于 2000 年 12 月 29 日南方工作工会的判决中再次出现。政府专员帕斯卡尔·封保尔认为，对机构忠诚"主要指的是尊重机构的共和国性质"。

_____

① G. 斯普法姆，《论忠诚》，收录于《行政杂志》，2005 年，第 344 期，第 165 页。

在 20 世纪 30 年代的河内，一名职员表现出"针对行政部门的恶意态度"，未获得特赦，并被开除小学教师的职位。在当时，忠诚表现为拥护殖民精神。

但从原则上看，要求公职人员具有的忠诚并非拥护，也不是效忠或忠君①，更不是对君主忠顺。

- 在德国，忠诚职责的标志是对国家和机构忠诚，即上级权威机关和公务员之间的"特殊信任关系"。

- 在意大利，2000 年 11 月 28 日的伦理准则开篇就引用了"忠诚"义务。

忠诚在此为"共和国价值观"服务，此外，根据 1996 年联合国《公职人员行为国际准则》，也为"国家的民主体制"服务。

33. 103 对政治当局忠诚。 忠诚在此为中立性原则服务，行政部门应该遵照政治当局的合法命令，在服务过程中不发展或优先发展该部门的方针政策。

33. 104 对上级忠诚。

- 在私营行业。最高法院明确了"忠诚"原则，包括在工作时间以外："在暂停工作合同期间，职工仍须保持对雇主的忠诚义务。""上门推销、挖客户、不正当竞争"等行为在本质上违反该义务。请假方面的检查也同样如此。不能解雇病假期间在跳蚤市场从事旧货生意的公交车驾驶员，但是，可以解雇在停工期间以个人营利为目的的修理汽车的技工，因为他的行为构成对雇主的不正当竞争。尽管在假期中对休假者并无禁止雇用劳动的强制要求，但在休假期间对雇主的忠诚义务也没有改变。

最后，最高法院在 1996 年 2 月 27 日的著名判决中提出，公司领导者对所有合伙人具有"忠诚义务"。

- 在公共部门。布鲁塞尔和卢森堡初审法院判决，"当公务员阻

---

① 这里的效忠指的是对既定制度的忠诚，尊重法律和《宪法》足矣。

止机构检查他是否遵守法定义务时，属违反忠诚义务。"

在法国，下级的"行为应该正当、忠诚、尊重他人"。

面对上级时，重点在于向其提供所有客观的评估因素，而不是以扭曲的方式表述，以取得希望获取的命令。

一名警察不愿向皇帝呈上建议，而是宁愿交给一名记者转达："但是如果皇帝不同意呢？——他会同意的，德波特先生；他会赞成这个想法；这符合他的路子。如果是来自内政部部长或省长的建议，他可能纯粹出于戏弄人的考虑而说不。对您呢，他会立即拍板同意的。那就说定了，您明天去杜伊勒里宫吗？"[1]无论哪个时代的"杜伊勒里宫"都会收到这类信息，它们传达的是隐藏的公务员的信息……

公职人员在创造必要条件使上级做出遂其心愿的决定后，会表现出绝对忠诚："管家不动声色、毫无畏惧地等待。他整理地毯。他无须影响女主人……不，他不是做出这种失礼行为的人。他没有这个权利。他只汇报，不做别的。他通报，让人了解。别无其他。他不会多加一个字。他只按照自己的角色。别人给他下令，他执行。逐字逐句，毫无保留。他就是这样。这就是他的职责，没有别的。他等待。要他等多久，他就等多久"。[2]在这部小说中，女主人误入了管家恶意指向的歧途。

最好避免这种"管家行政"。

一名市长指责并暂停一名公职人员的职务，因为此前他在受到 15 个月停职的处罚期间曾受聘于一个邻近市镇，而且没有说明他的真实处境。最高行政法院驳斥了这名市长的决定，可被视为宽厚之举。

B. 忠诚在多种情况下实施

33. 111　忠诚包括：

● 完全服从或向上级指出在此情况下无法服从，而不是让人相信

---

[1] A. 朗科，《帝国之下，一名共和党人的回忆录》，英里斯·德雷富斯出版社，1878 年。
[2] 米克洛斯·班菲，《大难将至》，1934 年，利贝拉出版社。

已服从，实际上却暗中破坏执行命令的情况。 1820 年，当年轻警官康莱①收到命令，需要跟踪甚至逮捕逃亡中的拿破仑党人 D。他反感这项任务，因为他本人曾是拿破仑的士兵。他服从命令，但同时和两名同事一起故意使自己的任务失败："我们根本不喜欢为这项任务做出的选择，因为我们三人都谴责由政治热情而催生的不忠诚做法，我们本能地产生了同样的想法。我们一有时间单独相处，就做出决定，要尽我们的一切可能，使任务失败。为此，我们所处的位置使得 D 在到达时不可能不发现我们，他自然会折返回去"。

现代行政部门很清楚，有些公职人员出于各种原因希望导致自己的任务"不成功"。他们为此各显神通，但同时也因不忠诚而损害行政部门的运行基础。

● 维护上级确定的部门观点，而不一定是公职人员本人的观点。在比利时，一名社会事务部门医生受到处罚，因为他"违背部门主管的指示"，在卫生许可咨询机构面前"维护自己的观点，而不是弗拉芒地区主管部长的观点"。

● 不得利用与高级长官会面的机会诽谤、损害、歪曲直属上级。

● 不得破坏规矩，原本应该发给直属上级的邮件，不能越级，直接发给了最终收件人，除非收件人因直属上级拖延而被激怒，要求直接交付文档。但在这种情况下，应该立即告知直属上级呈交文件。

● 不以"泄密"手段影响，甚至"胁迫"部长或总统。绝不通过泄露机密信息向上级"施压"。

● 不在与第三方会面时驳斥上级。在会面期间，公务员不得反驳上级，甚至不得在上级之前表明意见。如果下属需要做出评论或发出预警，或者希望暗示立场变化或进行补充，完全可以发出恰当信号，或简短提醒上级，使上级能够以他希望的方式进行处理，如有必要，

---

① 康莱，曾任安全总监，《回忆录》，法国水星出版社，巴黎， 2006 年，第 99 页。

可能当场或稍后让下属发言。

- 下属应预先告知上级自己独自参加的会议、招待会和联系活动，以避免在相遇时得假装客气但尴尬地说："啊，您也在这里"……。

- 毫不拖延地向上级提供能使其形成命令的资料，包括下级从他的角度猜想会令人不快的资料。

- 不把拒绝信或警告性质的命令留给主管、上级或部长签署，自己则签署一些积极正面的祝贺信或提供利益的公文。

- 避免为了准备正式会议而重复举办由司局长或部长牵头的筹备会，并保证与会的下属统一意见，使上级无须做出选择。也不在事后重复会议，以"重新阐释"或"细微改变"官方会议的结论。

- 不向工会或其他谈判对象过多承诺，以避免在无法兑现承诺时要由主管、司局长或部长出面拒绝。

C. 汇报常常是行政智慧的开端

1. 汇报的必要性

33.121 从属关系的特征简单而言就是接收指令、汇报工作。上级不该被迫发问，以获得报告或汇报。下属应当根据汇报主题的重要性，主动及时进行汇报，向上级提供信息，使他能够采取行动、调整命令。但是，当航空安全电子工程师罢工时，上级发通知要求"汇报异常情况"，则符合他的组织工作权力。法国就业局的司局长发出通告，要求该机构在各省的代表"针对每次罢工建立罢工者的统计数据，将管理层人员和其他公职人员相区分"。他在此采取的解决办法与前一案例相同，都是"一项内部命令，唯一目的是要求向就业局领导层提供社会运动规模的初步统计信息"。同样，法国信托局一项关于"专业性和伦理道德"的通告强调了六大行动原则之一："保障工作汇报按期进行的规律性和可靠性"。警察伦理法则规定，公务员"有义务（向上级）汇报所承担任务的执行情况，如果需要，还有义务汇报无法执行"或不完全执行的"原因"。

行政部门极少实行像华宝银行那样完美的汇报制度，据 J. 阿塔利[1]描述："每天早晨，一名干部打开信函，用一两行字总结每一封信，将所有总结汇总到一份摘要中，几小时后发给全银行。所有电话记录也在当天由通话人进行总结。信件在发出前应该由另一名干部会签，并且进行总结，供所有人使用"。即使在电邮时代，这样的信息集中流通在行政部门也非常罕见。

2. 汇报应具备四种特征

33.131 汇报应当存在。除非有专门文件限制汇报义务，否则公职人员应当"为上级提供推动工作进展所需的信息"。只有这种自动化程序才能使等级和组织单位的概念成形，但并非所有行政部门都能具备。不过，哪位警察不曾拖延汇报期限，以取得时间去验证一种上级不希望看到的结论呢？康莱[2]讲述，他曾为了逮捕一名身为政治公职人员的窃贼实施了一项计划，但要"注意别向上级汇报，他们一定会提出反对，把它当作一个病态脑袋想出来的主意"。

但是，不汇报总是有害的，显示公职部门运行不良。在法国情报机构——海外情报与反间谍总局，身为借调警察的公务员"未曾向上级转达自己掌握的所有有用信息"。于是问题来了：他怎么处理这些信息？他向谁通报信息？他为了将来的什么目的保留这些信息？在任何情况下，不汇报或"延迟、不完整汇报"甚至可以说是对情报工作的否定。

扣留信息的严重性不仅仅存在于情报部门。

以下行为扰乱公务，因此犯有过失：

- 尽管多次收到恢复秩序的请求，但机场总管不向上级汇报。
- 公务员未向上级汇报其已通过竞争考试，将在短期内离职。
- 代理检察长掌握了一名涉及多起杀人案的嫌疑人的重大线索，

① J. 阿塔利，《一个有影响力的人——沃伯格》，法亚尔出版社，1992 年，第 317 页。
② 康莱，《回忆录》，法国水星出版社，第 269 页。

但并未告知检察官，违反了 1958 年 12 月 22 日法令第 5 条。

- 一名警官"参与了 1965 年 10 月 29 日绑架本·巴尔卡的行动"，并且"没有向上级通报他掌握的信息，尤其是涉及本·巴尔卡被带往地点的信息"，构成过失。
- 会计严重延迟向长官通报账户中发现了大额透支。
- 尽管多次提醒，一名议员助理仍未向监护法官和公共会计移交监管账户，并且在机构重组时扣留这条信息。
- 国家狩猎办公室的一名警卫长未尽到"向上级汇报个人相关事宜的义务"。
- 一名警长未向司法机关移交一起关于违反海外侨民居留权的刑事诉讼案件。在比利时，一名便衣警察严重延迟向检察官提交一份笔录。在瑞士，一名警察因为"未向上级提供他的一名朋友涉嫌违法行为（走私毒品）的信息"，受到处罚。在这三个案例中，汇报是警方辅助司法机关的法定义务的核心。
- 一名治安警察作为法国和欧洲民族主义党党员参加了一次爆炸装置制作演示，但并未向相关单位通告，这对公共秩序形成威胁，有发生袭击的风险。对一名前任警察也采取了相同处理办法，他未汇报有关爆炸物制作的事件，犯有过失，因此不能成为私人安全警卫。

比这更严重的是两名监狱看守的懈怠。他们在 22 点发现一名囚犯倒在安全囚室地板上，已无生命迹象，此前因为此人激动狂躁而将其关进该囚室。但两名看守重新将其放到床垫上，没有通告上级，也没有报告医务人员。国家将因该囚犯死亡的严重过失受到谴责。

在这方面，行政法院判决撤销对一名医院太平间负责人的纪律处分，令人惊讶。这名负责人知道有一具尸体解剖后未进行皮肤缝合修复，也知道家属将因此提出诉讼，却并未通报上级。尽管"他主观上无意隐瞒情况"，但没有理由不汇报。汇报是行政运作的基本要求。

汇报义务与所参加的社交活动、会议或观察行动是否属于官方性质无关。随意的一次午餐——常常是公职人员享受治外法权、完全忘记需要汇报的场合——也可能像小组秘书会议一样形成决策。

当遇到那些人人都希望忽视或隐藏的信息时，尤其应当进行汇报：吉伦特河流域省级管理部门向董事会隐瞒该部门的行政情况和财政困难信息，因此解雇其主管是合理的做法。

一名音乐教师建议一名学生放弃其课程，并且"未告知音乐学院院长"自己的立场，会出现冲突、汇报不足的情况。

最后，2005 年 10 月，两名将军和其他军人因为没有汇报法国军队在科特迪瓦逮捕的一人死亡的相关情况而受到处分，被剥夺指挥权，承担了未进行可靠汇报的后果。

33.132 汇报应当完整真实。通过恰当地选择性遗忘，歪曲汇报是很容易的，无论是涉及会议的与会人员、议题（包括"其他多样问题"或不在议事日程上的问题）、等候室或走廊谈话、气氛，所有这些因素常常比会议本身的内容更有意义。晦涩难懂也可能歪曲汇报内容，这是隐瞒信息的首要方式。另一种方式是利用丰富的内容来歪曲重点，下属事无巨细地汇报时，便将重点淹没在细节的汪洋大海之中。海伦娜·费南德斯-拉古特在她写的关于黎塞留的书中引用了掌玺大臣总管的一封信，信中称"今后，我只向您通报值得通告的事项，需要国王或您的权威的事项，以免把您的时间浪费在无关紧要的事务上"[1]。既完整又有选择性地进行汇报的技艺也能把高效的公职人员和其他人区分开来。

当银行要向银行主管部门提交观察报告或证明时，得到的答复是银行可"向一名具有权限和权威的银行委员会工作人员进行口头报告，由后者负责向银行委员会成员忠实汇报"。向上级机关进行忠实汇报的义务是对行政忠诚的总结概括。

为了诚实，汇报不能省略可能令受理人不快的内容。既不能夸大

---

[1] 海伦娜·费南德斯-拉古特，《红衣主教黎塞留的诉讼》，尚瓦隆出版社，2010 年，第 204 页。

也不能低估事实真相：警察伊利亚·伊利伊奇在汇报一起游行示威时，想要操纵摆布省长冯·列姆布克："但是我得承认，对我来说依然存在一个未得到解答的问题：这一群微不足道的，也就是普普通通的请愿者——诚然，他们有 70 人之多——究竟是怎么样从一开头，从第一步开始就变成了有动摇国家基础之虞的暴动？为什么当列姆布克跟着信差在 20 分钟以后赶到时也立刻产生了这种想法？据我推测 [……]，跟经理有莫逆之交的伊利亚·伊利伊奇在冯·列姆布克面前把这群人说得如此可怕，这甚至对他是有好处的，因为这样就可以阻止对方认真审理此案"[①]；

33.133　汇报应当及时。谁没有掌握故意延迟汇报事务的技艺呢[②]？这是为了自保，而不是为了服务。

33.134　重要汇报不应被"淹没"在普通的文件流转中，尤其是在大量未分级的信件中，应当赋予标识，吸引收件人的注意力。有些下级认为无须向上级汇报，免得使上级被惹人讨厌的信件"压得喘不过气来"，这些人应该阅读奥斯曼男爵笔下副省长 F 的有害形象："他守着个电报机，这玩意儿让他感受到危险，为此，他总是焦虑不安、忧心忡忡，想以此显示自身价值，却又不懂掂量有哪些特殊情况可以通过这种直接途径向政府通报。"技术发生了变化，但产生混乱的风险依然存在。在第三把手报告的紧急情况火速汇报给一把手时，不能慢吞吞地发给二把手，以免出现一把手向二把手询问时后者仍不清楚的情况：这是不忠诚行为的传统做法，或者说是使上级陷入困难境地的艺术。

宪兵军士没有"迅速"报告在他指挥的宪兵队管辖范围内发现藏匿的武器，犯了错误，依法受到处分。

---

① 陀思妥耶夫斯基，《群魔》，伽里玛出版社，收录于《七星文库》，第 461 页。
② 大仲马在《白与蓝》中描写了 1797 年布列塔尼一支蓝军队伍指挥官于洛的愤怒，他的士兵故意延迟告知他白军于袭击他负责保护的"政府特使"。他猜测这次延迟并非偶然（大仲马，《白与蓝》，太阳神出版社， 2006 年，第 545 页）。

汇报也应在事情发生前进行。下级应当告知主管将要举行的午餐会、会议、会见，他应当衡量这些事务的重要性，猜测上级会对哪些事务做出指示。或许也需考虑有哪些理由建议不参加该会议。在这方面，一种传统的管理、交流方法是汇报每周计划，这样能够追踪团队的主要工作日程。

33.135　汇报应当告知信息，而不是说服。汇报对象感兴趣的首先是所报告的事务期间发生的情况。撰稿人应当把这些原始信息与他的后续评论和期望分开。太多的报告不仅包含信息，而且试图说服上级同意撰稿人执行任务的方式。这种做法应该有所改进。

二、各种真正的不忠诚行为

33.141　**不忠诚行为的递进。**对上级的普通不忠诚行为有五个维度，称为5D：隐瞒，保持距离，区别对待，绕过程序，诋毁。

33.142　**a）隐瞒。**　向上级隐瞒其职业处境的真实情况，并且当这对其使命、家庭、政治 [……] 情况可能产生影响时，属于不忠诚行为。在司法法官的管辖范围内，虚假简历可导致公职人员被解雇。在行政法官的管辖范围内，一名警察在病假期间准许的外出时间以外离开住所，可受到处罚。一名德国女教师保证与东德政治警察没有任何关系，但实际上故意欺骗上级，从而"摧毁了行政部门对她的信任"，根据德国宪法法院和欧洲人权法院的一致意见，可被解职。除了不进行汇报（参见33.131），隐瞒也使上级无法获得评价职员的某些关键因素。隐瞒与信任不相容，是迈向有意的、有组织的不忠诚行为的第一步。苏格兰场[①]负责人故意在对方不知情的情况下偷录了他与英国政府司法顾问的谈话，由此不得不在2006年为这一不忠诚行为致歉。

33.143　**b）保持距离。**　这表明了不相信上级的立场或方向。有

---

① 苏格兰场，英国首都伦敦警察厅的代称。——译者

什么比机械地完成上级交办的任务，同时明确表示与之划清界限更容易的呢？可以通过身体语言表达信息说明自己的疏远，例如通过语气、"话说一半或微笑"、含蓄的表达、怀疑或讽刺……

不忠诚的招式还包括更加传统的刻意与信息保持距离的技巧："我受到委托来告诉您……"，"按照我收到的指令……"，"主任或部长认为……"，"如果真的要为我们的立场寻找理由，或许可以找到……"这些信息骗不了人。虽然没有明说，但这意味着信息传递者事不关己、保持距离的态度。

当距离感导致跨越上级时，就更加极端了。这是擅自行动，尤其是不请求批准或许可就采取行动，例如 1880 年警察局长安德里厄在没有告知内政部部长的情况下查封了《灯塔》报社："我在派遣警察执行查封任务前无须报告，我没有咨询内政部部长、司法部部长、议长。我早就知道，不会有部长给我答复：您的提议是疯狂的行为"。[1]

使部长、市长或主席面对既成事实的做法意味着故意使之暴露在议会质疑和政治纷争之中。

但这也是一个使上级免于做出困难回应的机会。米克洛斯·班菲是 1900 年代匈牙利社会的描绘者，他讲述了首席主教是如何祝贺一名年轻神父的，因为该名神父没有请求许可就为一名女天主教徒和一名新教徒主持了婚礼："你考虑得很周密，我的孩子，没有询问任何人。如果你请求许可，会遭到拒绝。是的，你做得对……"[2]

33.144 c）区别对待 1984 年 6 月，预算总长向总统直接提交了一份公文，反对总理和经济部部长取消职业税的打算。这将造成一定后果。 J. 阿塔利评论："对于公务员来说，重要的不是起草一份正确的报告，而是在正确的时间、正确的地点提交。不能过早，也不能

---

① 安德里厄，《一名警察局长的回忆录》，鲁夫出版社， 1880 年。
② 米克洛斯·班菲，《随风而去》，太阳神出版社， 2006 年。

过晚。不能过低，也不能过高"。如果普遍执行这一模棱两可的观点，将切切实实地把行政部门击得粉碎。因为如果自觉接受区别对待的做法，为了避免引发矛盾而采取的区别对待就会导致不忠诚行为。

33.145　**d）绕过程序。**　公务员扣留信息，绕过上级信任的渠道。当其提案在内部表决未通过时，他通过自己在工会或议会的朋友提出修正案，而在这种情况下，部门主管就必须在工会或议会进行辩论。绕过程序的形式多样，难以预防，在行政部门相对常见。

在这一意义上，英国判例 R. 诉庞廷案是一个绕过程序的不忠诚行为经典案例。克莱夫·庞廷是马尔维纳斯群岛战争期间国防部的"助理秘书"。阿根廷巡洋舰"贝尔格拉诺将军号"被英国潜艇以鱼雷击沉后，下议院要求做出解释。高级公务员庞廷在未经许可并且违反 1911 年《国家安全秘密法》的情况下，根据一名保守党大臣的指示，将调查信息以匿名方式送交工党议员塔姆·达耶尔——一名在质询首相过程中表现最活跃的反对党议员。身份曝光后，他受到刑事追究。 1985 年庭审时，他在辩护中承认向无权获取信息的对象输送信息，但声称向这名反对党议员传递信息符合国家利益。

控方回应，"国家利益"只能由合法政府决定，而不是由庞廷、达耶尔或其他任何人确定。尽管如此，陪审团判定这名高级公务员无罪。

1985 年 2 月，为了调整形势，英国管理与事务局（文官局）发布了《公务员对大臣的职责指南》，其中强调了公务员只对现任政府存在义务和《宪法》责任。

33.146　**e) 诋毁。**　"密谋反对上级主管"属于不忠诚行为中的诋毁行为。在私营行业，向分管他们的协会去函批评上级并暴露该职员与上级的冲突，这是不忠诚的行为。在公共行业，警察通过未经证实的流言蜚语诋毁上级主管是不忠诚的行为。

那些欣赏职员质疑上级主管精神的人可能会积极鼓励不忠诚行为。阿尔贝·科昂描写了在国联的情况："对于部门主任来说，下属与一个大人物关系好总是很危险的。这可能给他使阴招！你知道的，这个人可能会说他对老板的看法，发表不直接的批评，暗示部门应该重组，损害老板的利益来彰显自己的价值，你知道的，甚至会根据大人物的反应，直接发表批评，如果他感到大人物对老板没有好感的话，就直截了当了……"①

在这一意义上，我们无法同意政府专员的补充结论，即"地方公职高等委员会可以发表意见，认为反复发表诋毁上级和同事的言论可以不受纪律处分，这并未犯明显错误。虽然我们原本期待的意见不会对这种相当常见的情况如此宽容"。此类诋毁行为的确很常见。这也是不承认这一情况的原因之一。

"我们已经不知道什么叫作严格服从而没有过多顾虑；我们很审慎，我们考虑政治形势，上级的感受，工会的情况；我们细察媒体；每个层级甚至在最高级别都这么做，因为在高层，不服从有时等于野心，为反对派服务"。按照这种判断，选举前的阶段更容易发生不忠诚的行为。在此期间，各个层级的公职人员都可能受到诱惑，如果说并非期待着新选出国家或地方官员的话，至少在为任期将满的团队服务时不再那么热心了：把有意义的项目和新想法储备起来，以呈现给"新人"，在候选人当选前直接或间接传递信息，推脱或拖延即将卸任的多数党的最后的项目。

如果这些真正的不忠诚行为都被指出、证明，就会无法重建信任。如果该公职人员希望继续正常的职业生涯，就得更换岗位。

33.147　忠诚应当预防失去信任的情况，后者在行政部门中很难处置。因为机构对公职人员的信任与公民对该公职人员的信任之间有直接联系：近年来，"失去信任"这个概念逐渐进入我们的司法程序。

行政法官质疑这一概念："失去信任这个理由在本质上无法证明解雇受公法管理的合同制职员的合理性"，其本身也永远无法作为"准许解雇受保护的雇员"的基础。

---

① 阿尔贝·科昂，《魂断日内瓦》，伽里玛出版社，第62页。

尽管如此，"失去信任"出现在非常注重所涉及职务的"敏感"性质的判例中。

农业局的一名处长可因"失去信任"而被解雇，这是考虑到条例第 37 条"赋予该名处长在农业局工作中的重要作用"，尤其是"他作为局长的下属和常务顾问"、"人事部门负责人"。

附属于部长办公室的该部委联络部主任可因"对部门的任务内容［……］和部委的联络战略有分歧，损害了部长与同事之间应有的信任关系"而被解职。

33. 148　无法合作的情况。法官在一些关于地方公职职务和高级领事职务的案例中使用了失去信任的概念。

在一名警察的案例中，最高行政法院判决"X 先生不再具有（他所隶属的机关）的信任，而这是其执行任务所必需的，应该认为，这种行为也影响了他在司法机关和市镇居民眼中应该享有的声望和可靠度"。在这一事件中，政府专员指出："似乎难以想象，一名市长能在无法依靠本该信任的警察的情况下处理棘手问题，这种情况有时甚至会使市长遭到刑事诉讼。"

同样，在地方公共机构的工作中，行政法官承认失去信任在以下案例中的作用：解雇还未正式任命的巴黎总督查员；因一名地方政府事务总管与市长有分歧而停止派遣该总管；在另一案例中，停止派遣一名市镇秘书长，他因与市长助理发生争吵而被对方打伤，他将受到赔偿，但法官承认"在这种情况下，（该名干部）不再受到地方政府信任，而这种信任是其履行职责的必要条件"，可以合法中止其职务。同样，法官宣布解除一名区秘书长的职务的决定有效，他向区主席正当地指出了管理过程中的不合规，而他履行职责的行为"可能导致失去信任"。以上这些案例中的冲突关系说明已失去信任，前提条件是失去信任有足够的依据。

并非所有过失都是失去信任的正当理由：没有告知市长有一名市政府职员要求调动至与该市镇政府存在争端的市际工会，这种做法的性质并不会造成失去信任。同样，只因为延迟修建滚球游戏场就终止一名管理 560 人、2 亿法郎预算的技术主管的职务也有明显的评估错误。

无论哪种情况，"失去信任"的敏感性质使得我们的决定不能满足于引用这一概念，而要通过事实和法律的考虑进行明确解释。

当然，弄虚作假以在行政部门获取高于自身应得的行政等级的公务员会遭到撤职。

瑞士联邦法院在 2001 年 4 月 11 日的决定就是如此：宣布对一名犯过多次过失[①]的警官的撤职决定有效，因为这已经"使之彻底失去信任"。

奥地利联邦行政法院在 2002 年 2 月 15 日的决定中使用了同一概念，宣布对一名强行进入一场跨年夜舞会的民防干部的处罚有效，因为这会导致当局对该名公务员"失去信任"。

欧盟法院考虑，"在涉及需要相互信任的岗位时"，"一旦信任有所动摇 [……]，涉及的公务员不能再留在这个岗位。为使他遭受的指责不扩展到整个行政机构，按照正确的管理方法，该机构应尽快采取调离措施"。

三、实际上并非如此的所谓不忠诚行为

33.151 无依据的指责。 由于这个概念并不精确，因此常被错误使用，以向公务员表示该机构希望他离开岗位。

决定终止一名派遣至波利尼西亚的学监的职务，理由是"他对地方行政部门不忠诚"。但实际上这名受派遣的国家公务员因向高级专员咨询如何恢复一名小学教师职务的司法程序而受到指责，此前这名教师的调动命令已被行政司法机关撤销。

在这一情况以及其他多种情况下，提出"不忠诚"的理由是毫无

---

① 罪名包括使用假记者证，执勤时携带装有不合规弹药的武器，未向上级报告他的一名朋友可能进行的违法贩毒活动。

根据的。

不忠诚不是上级为了排斥下级而任意使用的概念。行政部门和法官应当注意防止可能出现的滥用情况。

第 3 节　从预警到"违抗"

33.161　内心思考的自由。"良心"、质询、选择方法、预警、"批评义务"所指向的是精神独立，例如德国军队通过"内省自制"思考自己的法律地位。

必须说"不"的时刻总会到来。 1983 年《公务员身份地位法》第 28 条规定了两种合法违抗命令的情况：公务员"应当服从上级的指令，除非该命令明显违法或其性质将严重损害公共利益"。

33.162　这并非理论问题。法国教会（移民问题主教委员会）在 2004 年 6 月提出质疑："如果连接收外国人入教的行为都遭到嘲讽，那么教会所宣扬的民众的'不服从的义务'将发展到何种进步？"以色列总理在 2004 年 12 月警告"所有在 2005 年从加沙地带撤退时拒绝服从命令的军人"。而为所有统计专业人员制定的《统计学伦理准则》第 4 条提出， "所有统计学家都能借助（本准则的）权威［……］，抵制那些违反本准则中基本伦理法则的规定和指令"。

我们记得 1789 年马布利神甫所说的："由于人［……］足够邪恶也足够愚蠢，能够制定不公正、荒谬的法律，所以除了违抗，还有其他办法来纠正这种恶吗？这会产生一些麻烦，但为什么因此泄气呢？这个麻烦本身就证明了我们喜欢秩序，希望重建秩序。"

一、预警和离岗

33.171　a）为了防止失控状况变得无法挽回，预警是必需的。公务员应当警觉上级那些会使行政机构运行不良的问题，甚至警觉上级本人将要犯下或正在犯的错误。

下属应该采取机敏的方式，见机行事，正如红衣主教杜布瓦的秘书那样，他曾是圣日耳曼教会教士，"在他的主人一次出言不逊后，他有一天开玩笑地说：阁下，再增加一名职员，他的唯一职责是代替您咒骂、发怒；一切都会很顺利，您会多出很多时间，感觉自己被侍奉得很好，结果这句话让主教大笑"。

有时他也借助绝望的力量，正如殖民地公务员科佩所做的那样。为了修建铁路，他"被迫"剥削非洲人："滥用他们的信任在道德上是不允许的。科佩可能也有这种想法。但是一名行政官员能做什么呢？他必须服从上级。但他提醒上级：仍然有可能招募到人手。但我不能保证接下来会发生什么"。

有些行政部门的职能甚至就是预警、提醒：2005 年 2 月，在博纳维尔法院进行的关于勃朗峰隧道大火的审判显示，此前就这一基础设施的火灾风险进行过数次事故模拟演习，发出过数份救援服务报告，特别是在 1997 年 11 月，但因后续措施不足酿成了悲剧。

一名巴黎人市税税务员具有管理财务的责任，应对其部门出纳处现金被盗负有责任，因为他"无法证明已采取一切必需的预防措施以保障自己负责的资金安全，也没有在有效时间内报告在里昂火车站收税的不利条件"。

同样，一名医院院长应受到指责，因为他对部委过于随和，同意医院管理层的要求，招聘一名在岗职员加入管理层并承担其费用。

同样，法国商会副主任也应受到指责，因为他并未提请主席注意向该机构主任发放奖金的行为具有违法性质。

同时，公职人员不应满足于提出预警。如果他为了"自保"，多次提出预警和保留意见[1]，最终形成一份用来自我证明的文件，他就以不作为、假负责的方式降低了自己职能的价值。（关于预防主义，参见 13.62）

---

[1] 在网上发电子邮件、电话记录、短信等都可以留存下来作为证明。

预警只应在需要的情况下出现，并应同时进行解释，提出相应的改革意见。但它是必不可缺的，是所有公职人员使命的一部分。

33.172 **b）公务员按照规定具有离岗权。** 对于私营行业的雇员而言，《劳动法》第 231－8－1 条规定了离岗权，雇员可以"退出他有合理理由认为即将对其生命或健康造成严重危险的工作场合，如果执行劳动合同意味着要在危险的环境下工作，他可以停止执行合同。但是雇员不能在违反雇主指令的情况下单方面改变工作状况，即使是为了安全起见"。换言之，担忧自己性命的特技演员可以退出特技表演，但不能单方面决定放慢速度。

这种权利并非法国独有。美国《劳资关系法》第 502 节（1947年，第 502 节）规定了离岗的权利。作者指出，尽管如此，343 名消防员和 60 名警察在"9·11"事件中殉职，他们并未拒绝在危险环境中执行命令。作者正确地提出，应该细化离岗权的条件，在平静时期和动荡时期（恐怖主义行动、大型传染病）应该有所不同。

但是，离岗权允许一名怀孕女教师在风疹流行期间不需要面对被感染的风险：就本案中的离岗权而言，遇到这种"不寻常、特殊的"风险时，只应由国家负起责任。

离岗并非违抗，也不是个人自主选择。这些原则对公职人员来说价值重大。

现实并没有这么简单。在郊区，面对恶化的暴力局势时，克雷泰伊和凡尔赛的一些学校教师以离岗权作为理由离岗，行政部门接受他们离岗 3 天，但拒绝他们在最后一天学校已恢复安全秩序时继续离岗。一名敏感城区的廉租房技术部门员工的工作内容并不足以作为他具有离岗权的理由。当一所公立学校的"缺陷并不对人身造成明显的、迫在眉睫的危险时"，离岗是非法的。

返岗并不需要"行政部门提前发布信息，说明已经采取措施，结束了之前导致行使离岗权的情况"。工作人员无须等待行政部门的邀请就应该返岗。否则，后者有权认为离岗的公职人员错误地中止了自己的工作，可以实行扣除待遇的措施。

离岗程序"是拉响警笛"，并不是为了频繁使用而设置的。处置暴力行为要求教育界、警方、地方团体的协同动议。但是离岗可以用于应对紧急局面。

在公职部门，离岗必须考虑所负责的对象，如小学教师所负责的学生或养老院院长负责的老人。无法想象，公务员在危险来临时离开岗位，将他所负责的服务对象、寄宿者或学生弃之不顾。居伊·卡尔卡索纳教授针对教师的离岗权这样说："此处提到的卫生和安全是就每天在大风中工作的吊车工和盖屋顶工人而言，而不是指面对全副武装的学生的教师"。

二、不当的命令

33.181　质疑上级。公职人员面临以下两类合法但不当的命令时可能处于困境：客观上不适合该部门或形势的命令和触犯其个人信念的命令。

33.182　a）不适合该部门的命令。　不恰当甚至荒谬的命令对于公职人员来说很棘手：因为它们并不违法，因此法律并未规定可以违背这些命令。

克洛德·西蒙在谈及1940年4月战败时，提出了一个永恒的问题。它有一个法律上的回答，但却没有哲学上的回答："如果一名高级军官判断一项命令将造成灾难性后果，他的职责难道不是拒绝执行吗，哪怕他自己将因此而革职并以一名士兵的身份被派遣到最危险的地方去？例如，上校是否必须'盲目'服从将军 [……] 将其军团撤退至阿韦纳的命令，而就在不久前，他使该军团陷入埋伏，现在只剩下两个可怜的骑兵，而路边的所有人都向他大喊，德国人已经在那里驻守12小时了"。

33.183　b）"良心条款"？　《公职法》中并不存在这个概念，对军人也没有相关规定。但在一些情况下，考虑到了公职人员可能不赞同的情况：教育部部长在关于试点"初高中创新与成功计划"① ——接替"教育优先区计划"② ——的2010年7月7日2010 - 96号通报中描述了为期3年、可更新的个人化任务书机制，并规定，"鼓励不参加新计划的教学、教育、行政、社会和医疗人员寻找更加符合他们愿望的职位"。行政法官考虑，不应把这一条文解读为一项纪律措施，它的主要目的不是惩罚拒绝签署任务书的行为，而是为了鼓励相关机构负责人为员工寻找更符合其愿望和机构利益的职位。"初高中创新与成功计划"基本上得到了认可，同时还出台了一项措施，搁置弃用那些并未对废止"教育优先区计划"表现出热情的公职人员。

"良心条款"可能导致高昂代价。

33. 184　原则上应当执行合法命令。只有在极少数情况下，立法者明文规定，公务员能以良心的名义提出反对，不执行合法命令。

医疗领域也有此类例子，如一名医院医生引用"良心条款"，不实施人工流产，未来也可能出现拒绝施行安乐死的情况。

但在教育领域，小学校长拒绝填写用于制作学校图表的统计调查问卷，将面临纪检处分，因为"违反了所有公务员必须实行的服从义务"，虽然这一统计任务并不在他的职责义务范围内，也不能扣除他的待遇。

与法国相反，德国在一定限度内以"良心自由"的名义认可"良心条款"，就连军人也是如此。议员们希望在国防方面"统一欧洲司法体系"，尤其是考虑到1990年以来组建了法德混合旅③。但两国却走上了不同的道路。

因为德国联邦行政法院经由2005年6月21日的一项重要决议强

---

① 法国教育部在2010年推出的一项教育改革，原文为 Collèges Lycées pour l'Ambition, l'Innovation et la Réussite,简称为 CLAIR。——译者

② 法国在1988年制订的"教育优先区计划"，原文为 Zone d'Education Prioritaire，强调"帮助需要帮助者"，让有困难的学生都得到帮助。——译者

③ 1989年，在时任法国总统密特朗和时任德国总理科尔的推动下，两国成立"法德混合旅"。 1993年10月，欧洲军团在"法德旅"基础上成立，由德国、法国、西班牙、卢森堡和比利时等国军队组成。——译者

调了军队"良心自由"的首要地位，引发轰动。它撤销了军队法庭处分一名军人的判决，并且判定这名军人在 2003 年 4 月 7 日有理由拒绝参加一些可能用于德国技术支持驻伊拉克美军的信息开发工程（运输，空中预警系统……）。

联邦行政法院判定，"根据《军人身份地位法》第 11 条，所有军人的中心义务是尽责地（采取一切力量、完整、立即）执行命令，但这并不要求无条件服从，而是审慎服从，尤其是要求思考执行命令的后续情况，考虑现行法律的限制和个人良心的道德标准"。判决书中有 10 页是关于"服从的司法界限"，其中不仅包括侵犯人权、违反《刑法》的命令，以及为达到并未载入军队法的目的而下达的命令，同时也包括无法执行的命令或违背"良心决定"的命令，后者被定义为一个人在面对善恶时内心的抉择。这是"呼吁军人良心的内部途径"。

德国联邦行政法院的这一判决引发了问题。能否想象，在未来的欧洲军团中，一些人有权拒绝执行违背良心的命令，其他人却只能违抗完全违法的命令？

在这一军事领域，欧洲需要将"伦理道德"统一化。

33.185 难以起步。除了法律规定的情况以外，"良心条款"在法律上被定义为有辞职或要求转岗的权利。

同时也描述了"良心条款普遍化"可能使服务对象遭到公务员随意处置或受到公务员个人信仰影响而造成的危险。

三、违法的命令

33.191 面对不公正命令时的公正态度。长期以来，思考公共行为的人士已经考虑过不服从违法命令的情况。 1716 年，路易十四的外交官弗朗索瓦·德卡利埃谈到大使们面临的这一议题[1]："几乎没有

---

[1] 弗朗索瓦·德卡利埃，《论与君主谈判的方法》，新世界出版社， 2006 年，第 71页。

什么服务是一个好的臣民和忠诚的大臣不能为他的君主或国家做的。不过，服从有其界限，不能扩展到违背上帝和司法原则，当别国以友谊的名义接待我们时，决不允许谋害该国君主的生命，使其臣民叛乱，篡夺政权或挑动内战造成国家混乱。大使应当通过建议以避免此类事件，如果他的君主或政府坚持这样做的话，大使可以也应当要求被召回，但仍然需要向其君主保守秘密"。

因此，在遇到不合法的命令的时候，公职人员应该采取的行为几百年来已经有了具体描述。

法律也是与此一脉相承的。

在遇到不合法的命令的时候，法律是很清晰的，虽然在实施时总是有困难。

33.192 拒绝可耻的行为。查理九世的宗教战争引起了反抗：维尼写道："公众的呼声是否有错？公众们年复一年地呼吁宽恕、尊敬奥尔泰子爵的不服从行为。当查理九世命令他把巴黎的圣巴托罗缪大屠杀扩展到达克斯时，他回答道：陛下，我将陛下的命令传达给他忠诚的臣民和军人，我只找到了良好的公民和勇敢的战士，但没有一个刽子手。"同样，弗朗索瓦·菲永总理在 2007 年 7 月维尔迪福围捕犹太人事件纪念日的讲话中引用了伏尔泰举过的例子： 1572 年，奥弗涅省长圣伊耶姆在查理九世要求他处决在其管辖范围内的新教徒时回复，"陛下，我收到了一项盖有陛下印章的命令，要求处死所有在我省内的新教徒。我太尊敬陛下，不敢相信这些信件是伪造的；但如果命令真是陛下所发，我也太尊敬陛下，不敢服从这一命令"。无论以哪种形式，这都涉及一名领导者的荣誉。

设立 1983 年《公务员身份地位法》第 28 条的依据主要来自亚历山大-弗朗索瓦·奥古斯特·维因："政府的权威不能扩展到下达违背法律的命令，如果公职人员收到此类命令，不服从它不仅是他们的权利，也是他们的义务。"

朗涅、阿拉斯、普泽尔格等案的判决也预计到这一点：公职人员只能不服从既明显违法、其性质又严重损害公共利益的命令。

· 欧洲委员会在《公职人员行为准则》第12条中处理了这一问题。"公职人员认为被要求以违法、不合规或与违背伦理道德、可能引发失职罪的行为或以其他形式违背本守则时，应该依法指出这一情况"。如果他"认为答复不能令人满意，可以书面形式告知公职机构有权限的负责人"。公职人员只须执行"合法指令"。

· 美国强调"告密揭发和不服从的权利"之间的联系，在很多州，有专门规定保留不服从违法命令的权利，即有权不服从违法的命令。

· 在希腊，1999年2月9日第2683号《公务员地位法》第25条规定了不服从的权利，但公务员需要经过书面程序报告他认为违法的命令，并且预警下达命令的上级。

· 和其他国家一样，英国高级公务员也面临着一些情况，他们感到政治领导人下达的命令可能由于违法或不恰当而对国家造成重大损害。20世纪90年代中期的一项研究表明，遇到这种处境时，高级公务员有以下选择，其优先级依次递减：告知部门的上级——与部长见面，劝阻他按照计划行事——服从——书面汇报部长。这些反应符合欧洲大部分公务员面对此类行政和政治交叉冲突情况的一般态度。

但是，"合法的不服从"是一种难以掌握的技艺，既要求具有意愿和风险意识，有时也要求有历史经验，并对有疑虑的命令进行司法分析。

33. 193 a）提前，太早。 在考虑不服从之前，仍须确定该行为的违法性质和造成部门混乱的程度。公职人员首先应该回复命令下达者，向他表明异议，并与之讨论上述的两种情况。当一名司法警察警长"在了解到现场调查的目的是搜查巴黎市长的住所后，禁止自己属下的司法警察协助预审法官进行现场调查"。他被依法剥夺司法资格，因为除非以他个人的职责作为担保，他只有在向预审法官明确陈述这一命令在他看来是"明显违法并严重损害公共利益"的理由后，才能拒绝执行该命令，而当时的情况并非如此。

又例如，法国国家铁路公司的一名职业病医生认为按照交通部部长 2003 年 8 月 24 日的决议所规定的对一些安全岗位（司机、扳道工）进行检查，比如搜寻镇静剂或毒品等违背了他的伦理道德，他可以告知职业病医生监察员。后者认为他的做法正确，但在国家铁路公司上诉后，部长撤销了职业病医生监察员的决定。后续将由行政法院进行处理。

护理人员拒绝服从部门要求其协助将药品分发给居住在该机构的老年人的命令，但只要这一任务不超出《公共卫生法典》规定的护士的职责范围，他就违背了自己的职业义务。

尽管最终判决对一名公务员的调动决定不合法，但当事人由于不遵守这一决定，仍然犯有过失，有理由对其进行纪律处分。

农业部的一名水利工程师拒绝执行上级的命令，向一家开发商转达一份关于林业犯罪的笔录。这是犯有过失。即使认为该命令违法，但执行它"性质上并不严重损害公职体系运行"。

同样，在没有"严重威胁公共利益"的情况下，类似于"行动负责人权限不足"这一类的轻微违法的现象并不足以成为不服从的理由，例如一名体育教师质疑部长的一项决议，并且错误地以此为理由拒绝执行命令。

同样，一项命令可能违法，但不损害公共利益，例如，不合法地拒绝返岗。应该遵守明显违法但不严重损害公共利益的命令，例如一名教师拒绝返回在阿尔及尔的岗位，一名人口监察员不愿回到上马恩省政府的岗位，或者拒绝前往阿尔及利亚。在这些情况中，公务员均有过失，即使他拒绝执行的命令不合法。

33.194 私营行业也是如此。 例如，图卢兹上诉法院撤销劳资调解委员法庭的一项判决，认为上加龙省消费者协会的两名雇员收到的命令合法："雇主有权批评雇员的工作方式，雇主应当监督公司的运行情况，即使雇员不信服，雇主也有正当理由。"换言之，让人不快的命令并不就是违法的命令。

33.195　在不服从之前，不要表现得过分热心。 或许因为犹豫是否该把命令视为违法，或许因为担心拒绝执行产生的结果，在反对这些违法命令以前，首先要采取的行为是不要表现得过分热心。审议帕蓬案的政府专员苏菲·博萨尔指出，首先，这位 1942 年的专区区长"完全接受监管犹太人问题，而这完全不属于他作为秘书长职务的正常权限"，其次，"他甚至没等对方要求就主动把被拘禁在梅里尼亚克的人的文件转给德国军方"，第三，"他采取一切行动，寻找被押送者子女的踪迹"。这位政府专员继续说："面对同一困境时，他的一些同事要求换到不那么直面形势的岗位。另一些人尝试赢得时间或预警受害者。还有一些人选择直接违反敌人的命令，如果可以的话仍然保留自己的职位，或者转入地下工作"。

一切都很清楚。面对杀人或根本否认人权理念的违法命令，即使公务员无法公正行事，我们对他的最低要求是不做超出他所收到的命令范围的事。

随之而来的是良心和法律的问题：应该拒绝命令吗？

33.196　b) 抉择的时刻。 法律文本逐渐开始规定"处理"违法命令的程序，例如美国的 1999 年《公众利益披露法》。

● 法国公务员在犹豫或确信收到的命令违法并违背公共利益时，需要知道向谁报告。《国家警察行政伦理守则》规定了这些求助手段。下级"有义务将其反对意见告知（发布命令的）机关，并明确指出他认为这个有争议的命令违法。如果该命令继续有效，并已向该名下属进行解释说明，而他仍坚持异议，那么他应向有权限的最近一级上级机关申请裁定，为他的反对行为备案"。比法国《国家警察行政伦理守则》日期更近的《市镇警察行政伦理守则》添加了："如果维持该命令，应该有书面记录"这一条。由此判断，我们的法律在面对违法命令时的平衡度仍然不是非常稳定。根据最高行政法院 2011 年 12 月 5 日的一项决议， 2010 年 12 月 30 日关于监狱系统公共机构伦理道德准则的第 2010－1711 号法令被宣布有效，主要理由是其中第 24 条的目的和效果均非缩减《刑法》第 432－1 条规定的滥用职权罪的范围。监狱职员"告知机关他反对"该机关下达的命令，"并明确指出他认为这个有争议的命令违法"，但也不能避免获罪。

违法命令使职员身处"不服从"的风险和"个人责任"的风险之间。

● 德国采用《联邦公务员法》第 38 条规定的"异议权"处理这一问题（1957 年 7 月 1 日，《联邦公务员法》第 38 条）。职员对命令的合规性犹豫不决时，应向上级报告其意见。如果命令得到确认，必须执行，但职员不再为此负责，即使造成刑事违法行为也是如此。

● 在这一问题上，英国规定，遇到这些情况，有义务向上级汇报。如果仍有异议，文官事务委员会将处理该问题，以独立立场提供意见。只有当这名公务员对文官委员会的决定不满意时，才会离开文官队伍。

法律文本没有表达的是，这种案例的关键是 1)（可能在征求意见后）认识到该命令违法，扰乱公职部门，该命令是可鄙的，也会对他人和自己造成危险； 2) 告知或书面告知机关； 3) 不论是完全拒绝还是有限制地服从，保留所采用解决方案的痕迹和证据。

33.197　c）事后，太晚："卡西里奥定理"。 我们使用这个短语时必须重申，任务的情报可以优先于不服从该任务的现场命令：1894 年 6 月 24 日，里昂，如果卡诺总统座驾周围的四名警察没有听从命令，远离他们应该保护的这位大人物（他向他们表示不愿被随从包围得这么紧），卡西里奥就不能冲上前去触及他的目标，实施犯罪。在这种情况下，应该服从国家任务而不是个人意见，即体制优先于个人。过于尾巴主义地服从可能导致重大有害后果。

尤其是有些上级命令可能导致该名公务员自身承担刑事责任，后者在《刑法》上不受所接收的命令的保护，因此在法律和判例提出的两个条件都符合的情况下，他有权利、有义务拒绝服从命令；例如篡改市议会记录：该职员成为"上级篡改行为的同谋 [……]，即使承认她是服从上级的命令，她也不可能不知道这些命令明显违法并且严重损害公职机构的利益，因此她犯有过失"。

同样，1999 年科西嘉的一座茅屋发生火灾，宪兵被定罪，因为他们"不可能误认（合法机关发出的毁房）命令的明显违法性质，当时处于特别紧急的情况，命令他们必须暗中进行破坏，毁坏房屋，而且没有征用公共力量以保障人身和财产安全，并在现场留下造谣性质的传单，以混淆视听，阻碍调查者发现肇事者的身份"。

2005 年 12 月国防部部长在《法国军队公报》为执行 2005 年 7 月 15 日关于下级义务和责任的法令而做出的指示决定，下级"应该拒绝执行要求完成明显违法的行为的命令"。

需要补充的是，除了法律以外，在一些情况下，感到吃惊和提出拒绝，这本身就能说明问题，能够澄清、说明理由。

"我想给保罗·泰金立一座雕像……他担任过阿尔及利亚省警察局总秘书。他曾是伞兵部队将军的文职助理。他是个沉默的影子，人们只要求他点头赞同，甚至不用点头；人们从不对他提出任何要求，但他却提出了要求"。他如此强烈地要求停止酷刑，遵守法律，甚至要求对炸弹放置者也实施法治，以至于不得不离开阿尔及利亚。但他的名声留在了那里。

有智慧而忠诚地服从，前提是培养法制意识和独立精神。

第 4 章
独立精神或"不作保留"义务

第 1 节 法官的独立程度与本质特性

34. 11 选举、层级制、独立性。 独立性可以被定性为"不作保留"义务 [……] 至少是以合适的形式表达批评意见的义务。

何塞·柯蒂斯在他的《回忆录》取笑了某些盲目服从现象。他描写了 1940 年的军队保健处:"在巴黎,这个部门继续每天悠然自得,还招募新兵!按部就班地工作,完全不受外界干扰,就像一只昆虫出于天性重复着同一个机械的动作,而当突发事件搅乱了它的生存空间,这些机械动作其实已没有意义了。我可以想象, 6 月 10 日那天,军医们仍然在'好好完成工作'直到第一个德国人跨进门槛,而军医们出于工作惯性,还请他脱掉外衣。服从,如同纪律,造就了军队的力量。"

独立精神使得人可以看见那些被别人忽视的地方,做出预测和调整,并且创新工作方式,面对外在压力时,依然可以提出拒绝。权力部门对于"独立的"专家意见有"独立的"判断,未来的行政部门将始终深刻铭记其"独立性"。

今天，许多事件"搅乱了我们的生存空间"。我们需要所有的人，包括各个层级的公务承担人发挥创造力和想象力。

独立不同于公正：公正是不带偏见，而独立则在于不受他人干扰、以全部的理智构建自己的观点。

在独立性中，又要区分履行工作所必须的独立性与遵守后勤或人事管理方面的层级规则。即便是法官，也不能"独立"决定在他的法院里添上一座附属建筑。德国联邦行政法庭对于一个负责数据保护的大区权力部门做出了判决：独立性只在于数据保护的工作，而人事管理中不存在独立性。

34.12 民选官员的独立性。通过选举获得公职的地方或中央部门领导应该记住，为了他的党，为了他的选民，他必须依据独立判断完成职责。那些决策是以他所服务的部门的名义制定的，他不能随时随地充当所在的政治组织或选区的发言人。

34.13 公职人员的独立性。公职人员可以是公正的但不独立，或者独立的却带有倾向性。法规不要求公职人员具备独立性。公职人员不是个体户。成为一个提供公共服务的集体机构的一分子，是公职人员的力量与价值所在。

但上下层级服从的同时，也要求公职人员具备独立精神。

因为公职人员必须头脑清醒，能够自由提出建议。为自己也是为上级负责，公职人员需要能够提出警示或批评。否则，当他无法回答那个经典的问题——"您早就知道了，而您什么也没有说、什么也没有做？"——的时候，作为公务员甚至《刑法》上作为公民，都将被追究责任。

公职人员忠于使命不在于加入占主导地位的政治潮流，而是要求懂得对主导的意见进行反面思考。例如在德雷富斯事件中，1930年7月阿兰要求"对该领导的行为特别是他的公开讲话进行一次清晰明了、有结论的、不带感情色彩的审查"。

早在 1852 年，维因就曾做出解释："在不同场合下，公务员或多或少受制于上下级从属关系。但在任何情况下，他都有权进谏：有礼有节的进谏将有利于行政部门而不是束缚行政部门。"这正是不作保留义务。

独立精神需要勇气支撑，而鼓励独立精神需要有公务员保护制度。

34.14 法官最根本的特点。 在所有需要具备独立性的群体中，法官首当其冲承担着这项沉重的义务。

独立性之于法官，不仅是独立精神，而是所有审判的本质所在，一种固有的内涵，定义了法官始终坚守的自由，他本人、他的亲人朋友、任何影响力都无法动摇的自由，而这些影响力中，政治权威还并不是最具有威胁性的。 R. 马丁·杜加尔描述了在德雷富斯事件中军事法官们糟糕的反应：面对仅仅作为证人的那些将军们，军事法官们自动立正致敬。在这份职责中保持独立并不容易，需要放弃轻轻松松的默不作声或点头称是，而拿出质疑和不迎合当权者的勇气。履行职责就不能在合议时不发表意见、无所作为。但"在合议中缺少克制"也将受到指责。独立性在于既不缺位又不越位地表达意见。对法官的职业要求很高。

独立性是基础，定义了法官特有的调解工作，即通过应用特定的一部法律来终结诉讼。独立性要求不接受任何人的指令，并且远离社会、舆论和时代的压力。伏尔泰曾向一名具备独立性的法官致敬，这名法官在卡拉斯事件中没有人云亦云："在图卢兹曾经有位智者，他提高嗓门对抗那些狂妄的民众的叫喊、对抗有备而来的法官们的偏见。这个让人感恩不尽的智者就是议会的议员德·拉塞勒先生，他理应成为该案的法官之一。那些人指责他没有提前宣判卡拉斯，而他全不理会。其中一名法官对他说：啊，先生，您就是卡拉斯的化身。而德·拉塞勒先生回答道：啊，先生，您就是民众的化身。"法官以法国人民的名义宣判，他本身并非"民众的化身"。

2005 年 3 月 25 日法国最高行政法院的副院长在向总理做介绍时强调最高行政法院及其每个组成人员的独立性，"独立精神深深根植于这个机构中，确保了我们的公正和威信 [……] 但这独立性不是一份奢华或特权。从本质上说，它是最高行政法院全体成员的一项职责义务，是为了服务我们的国家和公民"。

某些人可能还在留恋往昔，那时最高行政法院认为"法官是不可被罢免的，国家元首可以从行政上替换他们"……而那也仅限于"在殖民地的法官"！或者主审法官实行"轮岗制"的年代，幸好行政法官取缔了这种制度。而在今天，独立性作为国家、三权分立和司法尊严的基础，从来就不是轻而易举的，因为独立性受到各种细节因素和雄心壮志的夹击。

● 魔鬼在于细节中，而独立性会受到"管理上"的"技术性"措施威胁，例如：指定庭审旁听人员、将案件交由某一个指定的法官审理，或者从某个刚获得晋升的法官那里撤回交办的案件，又或者根据这条而不是那条规定安排某些法警调查员处理案件。独立性是一座易碎的钟。

同时，法官必须懂得区分工作的核心（即法律，对此他有不可妥协的职责）以及行政管理任务和向司法机构汇报的任务。德国最高法院特别法庭的判例曾明确区分判决的核心和核心周边的功能性外围部分。令人不满的工作条件和设施、法院院长们对法官工作方式的评价、机构重组的措施、任命某个领导岗位的试用人选、与同一个法庭的其他法官进行"工作效率"的比较、庭长警告拖延太久的法官等，这些都未触及核心的部分，并不损害法官享有《宪法》赋予的独立性。

换句话说，德国的法官如同法国的或其他一些国家的法官，不能也不得以"独立性"为由拒绝考虑审理的费用、审理的时长、对其判决的改判率，或者更广义地说，结案的质量。但如果进行这些考量是为了恫吓法官或阻挠他的使命，则另当别论。

● 独立性也总会受到常见的争名夺利游戏的威胁：在投票或合议

中、在起草判决书或对各种事件做轻重缓急的选择时，都需要保持独立性。每次做出决定时，法官不能仅从对自身职业发展后果和轻松省事的角度出发，而是要以确凿的公平正义感从法律的要求出发。

独立性同时也是在审理诉讼时不惜一切代价站稳立场。满足于驳回诉讼不作"简要说明理由"可能很方便，但这不是一个负责的、有独立精神的法官的应尽的职责。严谨与独立必须相互支持而不是相互排斥。

在这方面，法国的法官每每都会记得《宪法》第 64 条提到的"司法权独立"。值得一提的是 1958 年 12 月 22 日法令以及由此产生的 2010 年 7 月 22 日《组织法》，在其 43 条中规定惩处有损荣誉、言行范式或尊严，以及故意违反程序规则的行为，但没有任何关于违反独立性的内容。关于誓言的第 6 条也同样没有提到独立性。法令中没有出现"独立性"这个词，只是保障法官不可罢免，并要求检察官注意法官的行政上级和司法部的"领导和监督"。 2010 年《法官职业伦理义务汇编》中第 12 条及时地指出"一旦出现可能影响法官的压力，无论压力来自何方，只要程序允许，法官应该要求合议"。这也是在法官相关的近期的法律法规中首次正式关注到"压力"的问题。

谁能相信，在我们的国家中，一些法官被选举成为议员后，在议员任职期内还寻求作为法官的职业发展，不仅要求累计年资，还要求有出现在供司法部部长慎重选择的晋升候选人名单中，同时他们作为议员履行监督职能……最高行政法院已对此做了纠正。

《法官职业伦理义务汇编》第 7 条预见到了"法官在任期间不得为自己谋求荣誉称号，以避免公众对他们的独立性发生任何疑虑"。2011 年 12 月 7 日，议会就这一要求在国民议会法律委员会内部发起投票，禁止向在任的法官授勋，发起投票提议的杜西耶尔议员表示这是"为了确保他们的独立性"。但这项修正案 2011 年 12 月 13 日最终被司法部部长驳回，部长认为"法官们需要国家的表彰"。

同理， 1986 年 1 月 6 日第 86 - 14 号法保障了行政法官的独立性并且得到了宪法法院和最高行政法院的严格执行。

34.15 独立的行政权力机构的重要特点。限制人身自由场所总监察长 M. 德拉鲁 2010 年在他的第三份报告中写道："独立性不是阻止对权力机构或法律的批评。总监察长正是由于坚持独立性，赢得了被关押人员及看守们的信任。对总监察长来说，最糟糕的就是走访中视而不见，看到了问题却不做抗议，就是说不能提供途径解决基本权益受到侵犯的问题。"这寥寥数语反映出一个专门负责问责和揭露问题的公务员享有什么程度的自由。公务员的任务不是公开批评法律，他们在公开的言论中并不自由，法官没有必要在公开场合谈论与他做出的判决无关的话题。

独立的行政权力机构行使规范管理、监控或惩罚的权力，无论属于什么类别或者名称中是否有"行政"两字，都需要主动践行最高标准的独立精神。

对于全体公职人员而言，独立精神是有用的、必要的，甚至有时是必须的，但也总是很困难的。

第 2 节　独立精神是有用的

34.21 批评不是背叛。如果行政部门希望取得进步并不断改进不足之处，就必须为内部的建设性批评意见留出空间以获得建议和变革。

一名空军机械师职系的上尉向他的一些同事建议，在工作之余开展一项该职系任职条件的研究，并向他们提供了一份他专门为此起草的方案。这样单独的一件事不应受到惩处，"鉴于当事人的主观意愿是在遵守军队纪律的前提下采取行动"。

"一个住院医生在言论自由的范畴内，公开（在媒体上）批评医院加大某个部门的工作任务的方案，这样单独的一件事不属于违反医生的职业伦理义务"。这并非损害医院享有的信任。一个公职管理中心的主管警告他的上级优待某些公职人员以及给予某个协会补贴属于违法措施，这是履行了他的职责。以温和的语言起草情况报告指出这些问题是公职人员的职责要求，他并非滥用完成工作所必需的信任，将他停职属于违法。

同样，在《劳动法》涉及的领域：在一个案件中，某行政财务主管向领导委员会的成员们递交了一份报告，批评公司的新的组织架构，最高法院以"言论自由"的名义支持了该主管，因为作为高层干部，"他因履行职责，且作为范围有限的领导委员会的成员，可以对领导层建议的新架构发表有些激烈的批评"。一名干部批评了企业的战略，但不能因此被辞退。他表示不同意见也是符合员工守则的。换句话说，忠实的批评不是过错。在西班牙，一名大学教授不能因为发表文章批评所在的大学和他的领导而受到惩处。

在欧盟的公职体系中，"初审法庭认为一名公务员在履职中，为了部门的利益，可以表达对行政部门行动的批评意见"。

公职人员必须懂得让人听见并理解自己的意见而不表现得过激。批评可以，否定不可以。

独立精神是所有监察部门的首要德行，英国人对此有很好的总结：监察的实效性与监察人员对部长的愿望的顺从程度成反比关系。如此的独立性是一种珍贵的品质：过多就成了不可理喻，过少就是人云亦云的跟班。在法国，社会事务监察总局或者教育监察署将独立精神作为他们的工作基础。

同样，在私营部门，"开个玩笑不至于被扫地出门"，但是内部的批评必须是恰当的：在辞职信中写道"迫切需要与公司的领导们保持距离，他们反复篡改账目，有违道德和公民意识，我无法认同"属于过激。公职人员可以此为鉴，掌握最高法院社会庭的判例对批评权的界定。

第3节　独立精神是必要的

34.31　唯唯诺诺的人增加了部门的风险。卢韦尔是法国的专家治国论者，1701 年辅佐年轻的西班牙国王。在圣西蒙的描述中，认为这位向缺乏经验的国王提出警告的顾问具有最高贵的品质："卢韦尔以一个真正的服务者的自由向国王表示，他的年轻是多么让人惊讶"。

总会有那么一个时刻，让文官必须说："不行，部长。"

2011 年 7 月 13 日预算与财务纪律法院的决议是一个示范性的例子，说明了对政治权力提出警告的必要性以及政治权力懂得听取警告的必要性。2006 年至 2008 年期间，政治领导决定主要通过增加任命部长办公室顾问的方式，将巴黎地区的学术监察员人数扩大一倍。在行政部门，人们发现敢于反对这项缺少预算又没有法律依据的任命方案的人先后有：教育部干部司的副司长、大学区区长以及学术监察司的资深人员。而不发表技术意见的有：教育部财务司司长以及对咨询不予答复的财政部部长办公室。预算与财务纪律法院判处（轻微处罚）了负责任命事宜的部长办公室成员，因为"没有考虑国民教育部门提供给他们的警示"。部长们不用担心，这就是我们的责任制度。

但是独立精神不是为了说不而说不，而是依据天然的权力为了公共利益在需要时说不，并且同时要提供一个可替代的方案。在说"不行"之前，还有"不行，如果……"以及"不行，但是……"。按照不同的职能性质（监控、司法、评审、专家鉴定）、不同场景、不同问题，灵活掌握独立性。

言论自由在决策的酝酿阶段并且在小范围中不仅是一项权力，也是行政官员的一份义务。

当行政部门成为一言堂并且只充斥了英国人称之为唯唯诺诺的人的时候，行政部门就会衰弱。在 18 世纪的语言中，唯唯诺诺的人是指统治我们的贵族手中"听话的木偶"。

奉承迎合、缺乏独立性的态度如同公共职能一般由来已久。研究古罗马情报工作的历史学家 R-M. 谢尔顿女士告诉我们，在军事行动中，人们向神圣的鸡问卜：如果打开笼子，鸡急迫地扑向食物，战斗就是受到神的庇护，"那些收集情报的人知道他们的领导想要听到什么。一些行政官员了解到指挥部希望打仗时，就不让神圣的鸡吃饱以便制造出有利的信号"……

今天，某些民调还有某些"高级公务员"会让人联想到那些神圣的鸡……

层级镜像，就是上级以他的下属们为镜子，让人失去洞察、失去公正、失去判断。这就是"行政管理伪价值"现象："对于行政部门中只有小部分人保持刻意独立、自由地评判，我们常常自问，是不是我们忘记了，这套无价值或伪价值系统会屈服于各种压力（一个在同行眼中无能的司长，就是伪价值，面对部长不会提出任何反驳意见）"。当然，可以认为他是有其他方式显示他的独立精神而非"反驳部长"。

对于所有的公务承担人来说，独立性表现在面对自身、他的选民们、他的同事们；表现在面对他最初所属的职系，他过去、现在和将来任职的行政部门，他一任又一任的上司；也表现在面对他的政治或宗教信仰、他的工会组织以及他的朋友圈。经合组织 2003 年 7 月在其建议《关于在公职部门中管理利益冲突的方针》中要求公务员要独立于自身的关系网："加入政治组织、工会组织或专业组织，意味着遵守与专业、场所、种族、家庭或宗教相关的所有个人义务或专业义务"。事实上，有作为的行政部门都是由既独立又忠诚的职员们造就的。

精神独立有利于避免不公正的行为。而不公正可以是以沉默去奉承上司而不在意对用户造成的后果，德国作家汉斯·法拉达[①]对此有过细致的描写：警长的助手知道嫌疑犯是无辜的，但他打算保持沉默："应该由警长来决定这些指控是否能成立。如果认为指控成立

---

① 汉斯·法拉达，《孤身在柏林》，伽里玛出版社，巴黎，2002 年。小说写于 1947年。

的，那么助手会被认为是个能干的人，并受到上级的关照。如果认为指控缺乏依据，那就说明警长比他的助手更敏锐。让上司享有这样的智慧标签，对下属来说常常比世上任何机灵手段都更有利可图。"

精神独立号召并支持辩驳与讨论。

第4节　精神独立有时是法定义务

34.41　独立性是义务。在公共服务的许多领域，独立性、独立的专业判断、独立思考是一项义务，原则上不是一项权力：各种"阻力"既会泛泛地针对公职人员所在的各个职系，也会针对个人自身的"激动的"、"炽热的"、"失控的"专业态度。司法法官或行政法法官、劳动监察员或列级保护建筑监察员、法国认证建筑师以及教授、专家和其他"行业守卫者"都是远看让人爱、近观遭人厌。上层领导有义务既要保卫他的行政部门和他的公职人员，又要规定他们必须按共同的既定目标进行汇报。

● 在德国，联邦法律细致地区分两类公务员：一类公务员必须实行严格的服从，另一类"由于特定的法律不受命令限制，公务员仅服从法律"。法国在事实和法律上也是如此。

34.42　法官。(见34.14)

34.43　司法的辅助人员。1991年11月27日政令第115条规定了律师职业与另一项自由职业之间的不兼容性，这个自由职业的目的是"确保司法人员在经济上和道德上独立，作为非正式公务员参与司法工作"。

34.44　总监察员。无论何种监察，离开了独立性就无从谈起。社会事务监察总局在《监察实践指南》中解释道："在工作中，监察需要服从客观性和独立性的要求"。更为实用的是，《指南》明确了"监察员不能因受到胁迫而修改他的报告文本，无论是修改内容还是形式。职系的负责人可以向他提供建议，但监察员可以自由选择取舍"。2009 年农业部监察总司职业伦理宪章的 12 条更加干脆地规定："在执行任务中，如果出现压力或小动作企图主导或阻碍调查者的工作，任务协调人将通知始作俑者他们的行为后果，首先就是会将他们的行为写入报告中；如果小动作还不停止，协调人将终止调查工作，并向监察总司的领导递交一份情况说明。"之所以要保持警惕，是因为压力确实存在。

监察只有在真正寻找真相而不是按照部长指令印证他的想法时，才发挥了作用。

34.45 大学教授。行政法官密切关注大学教授是否遵守独立性这一《宪法》规定的原则，也是《教育法》第 L. 952 – 2 条提到的内容，涉及的事项包括更换论文导师、在大学内部的选举团组成中应该将教授区别于其他人员、国家博士奖学金颁发委员会的组成或者学生对教师的教学评估结果。大学是学术自由之地，而大学的良好运行同样需要具备独立精神的教师们。

34.46 医生。医生（无论是否私营还是公职身份）只有具备了"专业上与道德上的独立性"才成其为医生。

根据《医务伦理守则》第 95 条，也是《公共卫生法典》第 4127 – 95 条的内容，"医生通过合同或者由于公职身份将行医与行政部门联系到了一起，这不会免除任何医生的职业义务，尤其是保守职业秘密和独立判断的义务"。因此，当一名外国人为了获得"患病外国人"的暂时居留证，质疑行政机构指派的医生对他做出的健康诊断，法官排除了这种理由，因为行政医生本质上仍然是独立做出诊断的医生，并且从不会丢失"与职业身份相关联的独立性优先原则"。

根据法律原则，任何人不得同时作为医疗监察员担任公职和执业医生，这条原则没有例外，除非法律另有规定。因为它保证了医生们的职业和道德独立性，并且在这点上不区别对待公共医生与自由医生。同样道理，对于公共医生，法律要求他们不得参与"预防工业生产风险"以及"劳动医疗服务"。

劳动场所的常驻医生不应与鉴定员工能否从事某些岗位的医生相混淆。

最后，根据行政权力部门的命令，劳动场所常驻医生不再参与合议：由劳动监察员按照医疗监察员的意见，最终决定某员工是否有能力继续从事某个岗位工作，而员工在劳动场所常驻医生开具的上岗评估被否定后，也无须要求劳动场所常驻医生开具新的上岗评估。

34.47 心理咨询师。青少年司法保护所的心理咨询师不会因为有年度考评打分的制度就会损害"遵守履行职责必须的独立性"。但是，如果需要作为 B 级公务员的区域主管为 A 级公务员的心理咨询师"评分"，那么可以认为行政部门"非法损害了心理咨询师们的工作条件"，而公立医院的心理咨询师可以依法要求有用于"培训、学习和研究"的时间，这就会引发一场专业讨论：心理咨询师独立完成工作的必要条件是什么。

34.48 统计师。统计师们的数字如果不让人信服，那他们就一无是处了。他们需要建立起独立性以便获得"公众的信任"。国家统计和经济研究所为此在网站上公布了什么是统计师的独立性："各部委统计部门、国家统计和经济研究所的员工具有的公务员身份或类似身份，使得他们免于受到政治压力或经济游说集团的压力，并保证了他们的独立性。几乎没有什么违反保密规定或企图推出错误数据结果的风险点。"

2008 年 8 月 4 日第 2008 - 776 号法创建了公共统计局，将监督"公共统计数据在构建、产生和发布中是否遵守职业独立原则、客观性原则、公正性原则"。这条法律将统计员的独立性法律化，使得法国跟上了大部分的欧洲国家，这也正是欧洲公共职业协会推崇的。

34.49 劳动监察员。在 2010 年出版的《劳动监察员的职业伦理原则》中，独立性占核心地位。其中首先介绍独立性不是一项特权而是一项保证，"确保系统中的员工在执行任务中保持严格的要求和警惕"。其次，各种形式的外部压力被一一告知："取证时受到外部影响，包括各种小动作、压力、恐吓、威胁、要挟、人身伤害、诽谤、恶意举报、公开的诋毁活动、提议或给予好处以便直接或间接地误导监察工作，服务于与监察任务无关的目的……这些外部影响可以来自参与社会事务的各方，以个人或集体的名义实施影响：议员或政治权力机构、省长、其他行政部门的负责人，甚至是监察系统本身的代表，无论他们的层级高低，试图推翻之前的结论"。这份分析极大地受到了"有经验的"监察员们的启发，是良好实践的保证。最后，文件指出当上级要求提供信息或进行调查、要求直接查看一份公司文件时，"出于独立性的考虑可以予以拒绝"。这份文件可以为其他承担着制定"敏感"决定的行政部门提供参考，独立性在此被解读为"自由决策"，而自由决策表现为"公职人员在其能够动用的合法手段中做出选择……（观察、搁置、笔录、停职、停工、紧急审理）"。

1947 年第 81 号《国际劳动公约》第 3-2 条有关劳动监察的内容中，对劳动监察人员的工作条件做出了规定，应该懂得区分其中的特权与保障——这并不容易，并且随着权力下放，劳动监察员的人事管理由省长领导。

国际劳工组织的国际公约保障劳动监察署在执行监控任务中的独立性，不能也不必受到违规干预的阻碍。劳动部部长应该对独立性保持忧虑，就像负责城市化的部长必须为法国国家建筑师辩护，出于同样的原因建筑师们经常受到攻击。但劳动监察部门的管理，即拨款、人员身份管理或者培训原则，仍然与传统的行政部门一致。

34.50　顾问团-陪审团-委员会。这些依法成立的机构数量众多，它们的运行机制在于其成员在执行任务时，不受任务委托人的领导：在一个纪律委员会中，由于其中两名代表自身正处于纪律追究中，他们将面对纪律委员的调查，"出于必要的独立性考虑，当事人不得出席该纪律委员会的会议"。

34.51　独立的行政权力机构。2003 年成立了法国健康高级总署、 2011 年成立了权利捍卫人机构，之所以这些机构直到最近才出现，正是反映了独立性已经成为政府公信力中的价值核心。政治权力构成了国家政体，独立性能够化解对政治权力的怀疑和不信任。同时，成立这些机构也是对政治领导人和"依附"于各级政府中的公务员们的拷问。2011-333号《组织法》第2条规定，权利捍卫人机构"是符合《宪法》精神的独立权力机构，在行使职责中不接受任何命令"。

而对独立性的推崇也促使关注这些新的"独立的"机构是否在任何情况下都始终保持了独立。这些机构的出现是否会使得国家机构和国家权力分散化也总是辩论的话题。独立性不是权威的象征。

第5节　独立精神总是困难重重

34.61　尺度的含义。独立精神难以实践，因为批评需要智慧并且需要控制在一定的尺度之内，这个尺度由公共行政的金字塔结构决定。独立精神意味着既不激进也不迟钝。（在指挥一个航空基地时，）就设施不足的问题反复地向部门负责人表达批评指责，的确是显示出了独立性，批评对军队有用，正如对其他职系有用，但是结果却会让人怀疑当事人是否有能力管理一个大型设施并调动下属的积极性。同样，负责协助国库会计总长的国库司部门负责人在反对国库会计总长的请愿书上签字，表现出了独立性，但没有完成工作任务。而并不是所有的公职人员都会遇到像这位会计总长这样公正的人，面对他的下属的如此行为，他没有提高或降低给下属的考评成绩而是评价"她相信即兴发挥，相信工会的口号，会为了反对而反对"，但赞赏"她表现出真诚、慷慨，在某种程度上，有如圣女贞德一般的冲劲"。

强调了尺度之后，在任何时候，独立精神还需要：

34.62　a) 克服口号与原则。公务员、法官、军人必须坚守思考的自由而不是自动地服从这个或那个原则。

1995 年立法中出现了新的"预防原则"，被写入了《环境宪章》第 5 条，如果错误运用就会导致行政部门成为动画人物"傻豆"那种类型；"哪怕什么事都没发生，也最好让泵机一直开着，以防万一在泵机没开时发生了糟糕的事"。国家伦理咨询委员会主席西卡尔教授指出， 1999 年以来"危险就在于把预防原则变成了一种不作预防"。正确运用该原则，就会禁止带来健康灾难的动物性饲料、禁止有风险的劳动防护产品、尽早考虑那些随着科技进步被证实但难以处理的风险。

在专家的帮助下，相关职能的公务员以完全的独立精神，向政治领导建议处置风险的恰当措施。对于法官，在做出判决的多年之后，也能回忆分析当时的情境和掌握的情况，这也是出于独立性。

更广泛地说，每个行政机构积年来都会产生一些不能明说但值得尊敬、证明了自身"存在感"的事件：国家城市规划师抗议私人倡议、司法部门抗议警察，或者警察抗议司法部门。这些老套的自发行为由"前辈们"传承下来，所反映的更多是简单的传统而不是深思熟虑，但却具有顽强的生命力。真正的独立精神发端于年轻的法官或公务员，他们谨慎地与这些部落式的割据行为保持距离。在有经验的老员工看来，对抗"教条"能为部门运行带来更好的效果。

34. 63　b) 克服行政部门套话、官话的用词习惯。　这些词语是用来催眠批评精神，在现实中掏空力量和激情的。公职人员冒着被错误的行政理念麻痹的风险。

拉斯·卡萨斯 1552 年描写了美洲印第安人的苦难和西班牙征服者如何创造了领主权（encomienda）一词，表示西班牙人共同分享印第安人为他们劳动。屠杀和劫掠在特殊的言语表达下，成为了一种制度，得到了官方的重新定义，变得不那么刺眼，"这样的发明创造足以让全世界人口灭绝"。

议员保罗·李维在 1946 年对法国外交部的评论今天仍适用于许

多行政部门："在外交部，人们受到了过于良好的教养。他们习惯于对语言做细致的语义区分和形式包装，以至忘记了那些生硬的和直接的词语的意思和价值"。

公职人员发明并使用这些我们每天都听得到的虚伪的委婉措辞："非就业者"、"排除在外"以及那些不可避免的"现代化"、"透明度"、"换位转置"和"简单化"。

但愿他们不要被这些别有用心的晦涩词语引入歧途，这些词语很可能掩饰了各种明显的衰退问题。

第5章
论证—谈判—专家评审

第1节 讨论、谈判

35.11 决策的酝酿过程。在现代行政部门中，如同以往一样，决策酝酿中运用集体合议、论证和谈判作为管理工具，因为这些过程把不同部门的工作人员集结到一起，投入到未来的决策。

1697年，圣西蒙记录了舒瓦瑟尔元帅的领导下的这个过程："他将他的军官们召集起来，要求所有人都必须发表意见，一个接着一个，大声地当着全体的面说出来。通过这种方式，他将所有可能被采纳的意见都简短地笔录下来，因为每个人都当众大声发表了意见，再也没有什么后门了。"

关上后门是行政部门实施的重要的步骤之一。但是，并不禁止敞开窗户展望未来……关键要懂得如何做。多少次法国行政部门被指责没有能力进行谈判？

权力机构的代表（民选官员或是公务员）还没有完全做好进行谈判的准备，他们"不懂得倾听"。

无论在地方政府和公共行政部门内部还是面对外部

的合作方，公务承担人都不能忘记《宪法》前言要求"所有的劳动者通过他的代表参与决定劳动条件和企业管理"。

对于公职部门，"我们这个时代尤其需要这条原则"， 1983 年 7 月 19 日法第 9 条也再次做了强调。而人员的"参与"需要通过谈判体现。

因为只有通过及时且有明确主题的严肃谈判，权威才会被接受。贝鲁白-弗里耶夫人强调："很显然，上级的权威并不来自对上级地位的尊敬，更多是来自上级引导和聚集众人的能力。"

35.12 谈判。谈判涉及的是行政部门内部的工作人员或外部的合作方，每次谈判都应该按照以下几个条件剖析一项重要的决策：

● 区分信息与谈判的协商内容。许多的误会来自会议的目的常常不够明确，对话只是提供信息和组织协商，而谈判需要事先选择好一条能形成决议的参与性路径。

● 谈判的准备包括相互了解以及明确对话人员。谈判并不一定都是危机谈判。如果双方保持经常联系，谈判将发挥更有效的作用。公职部门中社会对话的意义和必要性首先在于有倾听的能力。因为"能否参与决策取决于之前与行政部门建立的关系模式，且不去改变这种模式"。

● 比谈判的内容更重要的是谈判的方式。法国的行政部门和工会一样，习惯于所有职系和所有职业都混合在一起参加的"平等"的集中化谈判。伊丽莎白·卢林曾描写这种集中化谈判，是法国推崇的"社会对话"流程的一种延续后果：高度集中而不是寻求广泛参与，借用工会的渠道，使用的是政治语调或请愿语调——两者常常相伴而来，而不是通过层级渠道并相应地使用管理的语调。这种形式谈判是不畅通的，可能如拍卖一般，会抬高改革的成本。

● 明确可供谈判的范围，以及出于国家或国际的政治或法律的原因不容谈判的范围。无论内部的或外部的对话者，每个人都将了解有些问题不在谈判范围之内。并且还应该再次声明，以避免任何模棱两可。

- 控制必要的时长，以避免由于时间过短匆忙做出承诺，或者由于时间过长导致谈判陷入僵局。谈判日期也需要经过谈判确定。做好不予延长时长的准备是真正的谈判条件；

- 承认总有不可预见的情况。在谈判中，并非一切都可以事先写好。行政部门必须做好预测，也必须懂得创新、接受变化并及时决策。能否赢得谈判取决于改变立场、创造妥协的能力。

- 分析和说明谈判的参与各方可期待的"成果"。组织谈判的公务承担人对于各方在对话中能赢得什么要有一个尽可能清晰的见解；

- 关注正常的会议总结以及让会议"蒙羞"的表述。

满足了这些条件，行政权威将会通过广泛参与/谈判得到加强和认可。

第 2 节　借助"独立"专家

35.21　外请专家。 行政部门是否需要和渴望专家的帮助？如何选择专家又如何运用他们的工作成果？如何防止专家们被卷入"利益冲突"？

35.22　a）行政部门是否期待独立专家？　"独立的行政权威机构"以及各个专门委员会数量越来越多，标志着对不受制于行政等级的参考意见的需求，这些参考意见意味着向行政部门和外部利益相关方提供多视角的论据。

而对于某些敏感的职能，如统计（失业、犯罪、物价等的统计），很容易就会发现围绕主管部门和经国家统计和经济研究所认证过的独立智库一起构成了跨部委的观察所，负责在这些敏感领域确定数据。在这些行政部门中充斥着政治性和技术性的辩论。

英国聘请知名的高级公务员如巴特勒勋爵，来负责对英国情报部门在伊拉克的工作展开调查。在法国，大的行动（如国有化、私有化、退休制度改革）首先由学者和高级公务员、企业家、大学教师甚至工会代表组成的委员会进行酝酿。

35.23 b）**如何选择专家？** 当发现"专家的独立性只是虚构"或者"专家不可能完全独立"时，需要及时终止，不抱幻想。因此有必要在两个方面下功夫：

● 一方面在招聘时，寻找能够随时启发决策者的公共专家：一些危机暴露出国家的脆弱，在处理持久性有机污染领域，缺少公共健康专业医生、毒理学家和化学家；在预测地震风险领域，缺少地球物理学家；在社保方面缺少精算师；在商业方面缺少会计专家。在这些时候，国家需要能够及时地想到应该听取这个学术机构或那个科研组织的意见。

2005 年 2 月，议会的科学技术抉择事务局公开了一份与一些健康事务所相关的报告，其中直接质疑了一些制药厂与受聘于法国卫生安全和健康产品委员会的专家之间的联系："制药厂的专家或是委员会的专家，他们之间通过大学的学者网络保持良好关系，这确实成问题。"从事应用研究的专家学者为企业服务，是企业的需求，这就与专家的独立性之间形成了一个两难的境地。对此，法国卫生安全和健康产品委员会的主席回答得好："如果只是依靠不与企业有任何关联但也不掌握最新科技知识的专家，卫生安全将得不到保障。" 2006 年 9 月公布了一份环境部监察司与社会事务部监察司的联合报告，调查了法国环境及劳动卫生署聘用的专家，通过实例披露了专家们是如何依附于移动电话运营商。法国环境及劳动卫生署不得不重审专家名单，尤其是研究安装电话造成的健康后果方面的专家。

2010 年前后出现了越来越多的合理的怀疑，不仅仅在卫生健康领域。关于利益冲突的法律提案于 2011 年夏天被送交到了国民议会，2011 年 12 月 29 日通过了第 2011－2012 号加强卫生安全的法，都是对这个令人失望的现象的回应。主审法官指定的专家是否公平受到了怀疑，因为该专家与等待他的专家鉴定意见的执业者"两者在距离很近的地方工作，同属一个职业协会，并且事先和事后都联合出版过专业鉴定"。

正因如此，向来关注公务员跳槽到私营机构的"行政伦理委员会"也格外关注对法国卫生安全和健康产品委员会和制药厂之间的往来。因此，卫生专家的独立性必须随时经得起内部讨论和外部核实。

• 另一方面，行政部门要储备一队独立专家随时能够承担指定的任务。对此，中央和地方的行政部门与大学之间应该关系更密切一些。并且，为了预防利益冲突，专家们必须公布他们提供服务的对象，以及在什么样的合约条件下他们提供科研成果。法官很关注指定专家的中立性，例如一名医生在一起医疗纪律审查中被指定为鉴定专家，例如，一批专家们被指定为私有化进程提供服务。

公务员要学会与专家们共事，有两个前提：

• 把握好专家提出的意见。议会通过下属的科学技术评估事务局开展对专家意见的反论。行政部门为了与议会或欧盟机构对话，可以通过正论或反论补充完善研究成果，涉及的专业领域包括司法、经济金融、科技或艺术。

• 每个人都明确该做什么、做到什么程度。 1997 年 9 月 30 日国民议会展开了对未来的 1998 年 6 月 7 日关于性犯罪法的讨论，议员马泰教授指出，依据该法律草案的精神，应该区分医学和司法问题，两者是互助关系但不能混为一谈。有效地明确了在这样的情况下，司法做出判决而医学提供专业鉴定。

35.24 c) 行政部门如何运用专家们的成果？ 显然，专业鉴定不能取代决策，必须在三个方面保持谨慎：

• 首先，完整看待整个专业意见，而不能依照决策者的喜好断章取义；

• 第二，安排好公布专家意见的时间表：要么像法国国家统计和经济研究所那样自动地在年内发布，要么至少是与政治决策的时间表相协调；

● 第三，将专家意见与其他认知源进行比照，如议会辩论以及公民"反论"，都应该有一席之地提供对立的看法或多元化的解决方案。

第 5 编

合宜的行为

小引

公务承担人在确保正直廉洁、业精技优、能够准确理解命令的含义并服从命令之余，还必须选择正确的行为执行任务。

公职人员不是生活在密封罐中。公共职能天然的集体属性将公职人员与各个领域相关联，首先要懂政治。

第1章
与他人的关系

第1节　我与他人：自我褒扬与损害他人

41.11　公共舆论。无论公务员、法官、军人或其他专业人员，都会很在意个人的名声，如同在意所在机构的名声：行政部门、司法部门或军队。他无论在什么职务什么层级，都喜欢别人"赞赏他"。他拿腔作势、自我满足、自我欣赏然后粉墨登场。他想要佩带武器威风凛凛以显示出他能做的远不止完成工作职责。必要时，且没有什么风险的情况下，他会试着卖弄消息、经验、各种关系，让公共舆论相信他是个"行家里手"。过去，高级公务员或高级法官会摆出十足的官场气派，如今，他会招呼一个记者兼朋友的小团体，让他们追随他从一个岗位到另一个岗位，为他树立并传播个人形象，而他回报以信息作为交换。

公共舆论对公职人员的作用远比表面文章的要大。拿破仑三世的内政部部长莫尔尼伯爵曾对省长们这样说："实行普遍选举以后，只剩下一种强大无比的力量，任何人都无法压制或扭转它主导的势头：这就是公共舆论。这种难以察觉、无法定义的感受，在政府不自知的时候，摒弃或支持政府，极少出差错。什么也躲不过，什么也瞒不了……"

而公职人员也会采取"立场"，写稿子、做宣传，并且尽力不去全盘引用公共舆论，因为舆论会很轻易地说他比其他所有人都有理，但转瞬又说他错了。他期待舆论支持他最大的雄心壮志：长治久安。

对自身价值的肯定使得他自我褒扬并贬损他人。

一、自我褒扬

41.21　**偏差**。自我肯定的愿望导致公职领域出现两种偏差。

41.22　**"架桥兵综合征"**。第一种偏差即"架桥兵综合征"，每个人的意识中都"愿意完成自己喜欢的工作"而忽略了实际用途，目的性变得模糊了。

关于实际用途，亨利·杰姆斯在面对法国的加尔桥时感叹："我在这儿忽然发现了一种愚蠢，太意外了。罗马的大型历史建筑中常见的不足之处，就是手段与目的没有很好地匹配。总是小题大做，手段远大于目的。罗马式的僵化刻板导致无法命中目标，而我相信，一个民族没有能力把事情做小如同没有能力把事情做大一样，都属于缺陷"。精确与适度并不是行政部门的先天反应。

关于目的性意识，《桂河大桥》说明了技术总是服务于经济目的和政治目的。大桥将由英国战俘建造，他们充满热情、超水平发挥，哪怕桥梁对敌人至关重要。竞争的观念与对能力的推崇、对混乱的反感强化了这种干劲。以技术性、专业性和中立性的名义，或者三者的结合之下，制造出了一种缺陷。塞巴斯蒂安·哈夫奈比任何人都更好地描述了这种"架桥兵综合征"："尽可能好地完成一项强制任务的雄心，是如此荒谬、不可理喻，甚至令人羞愧；完美地、客观地、彻底地完成任务。他们是让我们打磨衣柜？行走？唱歌？很愚蠢，但是好吧，我们将表现出我们比行家还懂得打磨衣柜，像战士那样行走，唱歌的气息能把树木吹倒。对于卓越的绝对推崇是一种德国式缺陷，而德国人认为是一种优点……我们是世界上最差劲的怠工者。我们干啥都要干到最完美：如果与这种雄心相抵触，良知也好自尊也罢都不在话下……"这种缺陷并非只属于德国人。各个国家的公职人员都很熟悉这种缺陷。

因此，公务承担人了解"架桥兵综合征"。公务员以及在任职期内的民选官员恪守任务期限，千辛万苦让自己的"作品"得到公认，以此证明自己。展示自己的能力与高明，拒绝所有的质疑。公职部门特有的固执同时导致了大而无当的项目、斤斤计较阻挠变革，有时甚至是历史弯路。

这正是德国人所说的责任感扭曲，对于职责的扭曲的情感。也正是西格弗里德·伦茨的小说《德语课》描写的内容，讲述了纳粹时期的一名警察如何监视并迫害他的邻居兼朋友——一名被当局禁止从事艺术工作的艺术家。

41.23 突出自我。第二种偏差更为常见，即发表关于自己的言论或文章。原则上，公职人员应避免成为关注焦点。

他应避免失去对局势的掌控并尽量与事件保持一定的距离。他应避免逞能：空军的一名飞行员将被剥夺飞行权，因为他"在一次射击训练后，完成了杂技般的动作，导致飞机失控并在海上坠毁"。

此外，在工作机构中，公职人员要懂得他代表的是集体。作为代表，他为机构服务而不是为了统治机构。如同法官只是以法国人民的名义进行宣判。他拒绝在客厅让人拍照或者在沙滩上和他最小的孩子一起让人拍照。面对他们的对话者，法官和公务员会警惕毫不费力的成功。阿尔弗雷德·波尔伽曾描写过公民在靠近行政官员或法官时的激动心情："来到权力部门所在的地方并非让人不自在。公权力的气息让一个简单的人迷醉。一想到和法官们在同一个院子里打交道，这个念头让公民们萌生出最纯洁的兴奋不安。"

在口头表达中，公职部门要求不得表露个人或部门的偏见，或者个人的奇怪念头。有时，在必要情况下，保持沉默。

在书面表达中，在公文或信件中不能带有个人风格，除非是部长或民选官员签字署名的文件。

行政部门中，原则上，在行文中'我'是不受欢迎的字眼，至少要区分是在描述事实还是在进行分析、评议、批评和建议。人们通过语法游戏将"我"隐去了，起草文件时使用的是"无人称"句式，以间接的方式表达表面上的责任排除："这显得……""通过文本可知……""应当……"。

但是部长、市长或局长希望下属们全身心投入。这就是批阅的重要性，在正确运用的前提下，以手写的、个性化的方式，对另一个人起草的文件提供自己的个人意见。签名有了作用：做决定和负责任。

这种书面的慎重不可避免地在电子邮件中失去了作用。受到屏幕的迷惑，公职人员一吐为快，语言极度个性化甚至使用俗语、语气随意，并且不再顾及决策过程的严谨流程（非常过分地）大范围扩散信息。电子邮件是一种迅速的、易蔓延的手段，瞬间就能让自己成为话柄。

至于博客，集利弊于一体。好的方面，它为老板提供了场合，向员工传播信息、原汁原味直接解释自己的决策。不好的方面，是会让自己淹没在各种评论，以及他人的风言风语和情绪之中。

已经有一些法律决议规范企业公职人员使用博客：雇员有权力以言论自由的名义在博客上传播"个人性质的纠纷而不受指责，因为这个争端公开了个人对公司的强烈不满"。博客是一种"主观讲述个人的经历和想法"的日志。因此，博客的内容很容易遭人污蔑和诋毁。而行政部门的公职人员在博客上发表缺乏真凭实据的言论，会被追究责任。行政部门的要求比私营企业更高，表现自我、批评他人必须遵守层级规则，并且公开言论中不得夹杂个人恩怨。

对此，行政部门对内以及对外传播都有一些简单的原则，要求言语严谨、传播方式恰当。这些原则能够避免让宣传陷入混乱或沦为自我褒扬。

二、损害上级

41.31 反复强调。参见 33.31 关于服从并尊重上级。

三、损害同事

41.41 关系紧张。作家保尔·穆杭曾借由他小说中的人物科尔贝尔之口表示"妒忌弄人，行政部门里的妒忌，就是每天明争暗斗、争风吃醋，比宫斗更有过之而无不及"。同事之间出现关系紧张有一半的原因是妒忌。

阅读《每日公报》追踪即将发生的任免情况，这样的行为只能用妒忌来理解。

以下是一些受到惩处的案例：

• 一名公职人员"行为上由于反复出现的众多问题难以完成工作并且难以与同事相处"。

• 一名市镇技术部门的公职人员"恶意伤害一名同事"。

• 一名商会的门卫当众多次大力击打一名同事后，被依法辞退。

• 一名市镇体育局的技术员在其工作场所对即将接替他的同事出言不逊、动作猥琐。

• 一名国民教育总监擅自登录同事的电子邮箱（该同事是法国中学教师职业能力考试的英语考官），随后以欺骗的方式让教育部相信试题被泄露。伤害他人的意图一目了然。他犯下了严重的职业过错，将依法受到惩处。

• 一名法官写信给同一个法庭的其他一些法官，批评刑事法庭的一场审判没有很好地进行组织。"信件中以强烈的语气和内容质疑上诉法院的法官们和法庭庭长，有违一个法官应当具备的尊严和礼貌"。

• 一名法官在与同事的联合办案中无法把控表达方式，而审计法院章程在"职业关系"一章中规定:"需要参加合议的监察人员行为上必须全方位地表现出同行之谊,以确保联合办案顺畅进行、办案结果公平客观。在团队中缺乏克制忍让,违反了法官的职业伦理义务"。

- 一名社会教育助理"挑衅一起工作的其他成年人,并且是在孩子们在场的时候"。
- 一名消防员持刀威胁同事。
- 医疗机构的一名女性公职人员"好斗、与所在团队的其他成员之间经常发生冲突",更糟糕的是对于同事的暴力常常意味着她会对用户也采取暴力。
- 一名医院员工"侵犯另一名员工"。
- 一名医院员工"对人事部门的其他成员发起挑衅行为"。
- 检察院的一名领导长期公开地与同一个法庭的庭长起冲突。
- 装备部的一名公职人员"对上级和同事"行为不当。
- 一个市镇的女性公职人员"对上级和同事故意态度恶劣行为挑衅"。
- 国家历史建筑局的一名出纳员"由于习惯性地贬损同事,并以穿着种族主义或侮辱性的服饰攻击其中的某些人"。
- 一名麻醉护士在一名女同事快要下夜班的时候,在她的饮料中投放安眠药。该女同事驾车离开后,在驾驶途中睡着而失去了对车辆的控制。在当事人看来是"恶劣的玩笑",而在法官看来是"有失尊严的"严重过错,不可原谅。事实上,过错方"不可能不知道服用安眠药会对受害人以及受害人负责照料的病人造成极其严重的后果"。
- 邮局的公职人员多次投诉并举报他的同事,他的同事表示抗议,随后遭到他殴打。
- 地方政府办事员对同事表现出挑衅行为并搅扰他们的私生活。

41.42　不可取的情绪。在同事间引发紧张关系的公职人员虽然没有被惩处,但在考核中会被给低分。担任行政法庭的参事的一名政府专员，在没有事先与相关同事商量问题的情况下，也不能公开非议培训课程内容的合规性。他的考核成绩因此事而受到影响属于合法。

这样情况也会导致岗位调整：例如，军队里，一名主治医生从波利尼西亚被调到本土，因为"自从他到任以后，在他和同一个部门的其他军官之间不断引发紧张关系"；又例如，"总是持负面态度"并且"对建设性项目抱有敌意"的特殊教育者。

一名护士长"在部门内制造持续的压力导致机构涣散，并且产生出难以团队合作的气氛"被调离有管理职责的岗位。

一名专业工人被大学区区长调离岗位，因为"他与上级和某些同事的关系充满冲突，这种状况影响学校的正常运行"。

● 对在部门中制造"困难关系"的公务员，欧盟与英国的判例如出一辙。

难以与同事相处的问题可以出现在公务员作为用户而不是工作人员的时候：例如，一名医院工作人员在自己工作的医院探视母亲，与同事们发生冲突。由于"语言挑衅、贬损甚至威胁"而受到医院领导的惩处。

四、损害同事

41.51　损害个人。许多情况是上级没有时间做到面面俱到。上级对下属的职业生涯造成损害，甚至会以各种方式伤害到他们的生命、尊严、声誉、他们的财务收益。

● 伤及生命：一名上尉没有充分做好演习准备，没有注意到夜间发电机组停止工作，导致其领导下的多名军人中毒，他因此犯下严重过错。

● 同样一名市镇警察对下级使用暴力受到了惩处。海军陆战队一名伞兵中士由于暴力戏弄他负责的新招募的女兵，被解除了雇用合同。国防部部长依法决定不得再次招他入伍，因为他缺乏判断力且对待同事方式粗暴。

在德国，一名军士长在一次军事演习中虐待一名下属。

- 尊严：捉弄女性下属并放任其他下属也捉弄她，将受到纪律惩处。如，一名消防队中校与一名新来的年轻女下属结交个人关系，而女下属以性骚扰发起起诉，该中校"缺乏上级应有的持重"被依法停职 15 天。类似的案例还有，对本部门的多名同事"使用侮辱和猥琐的言语"。此外，让人遗憾的是，"一名大区宪兵队总司令员为了惩罚粗暴对待下属的一名宪兵队长，对他使用了他辱骂下属的军士长所使用的一个三个字母的词，总司令员因此受到惩处"。礼貌从来都是必须的，哪怕是为了惩处下属。这就是法官的判断标准。

对下属进行精神骚扰也很常见（见 22. 161）：

- 声誉：一名医院院长"与下属和第三方之间存在许多人际关系问题"，社会事务督察总局的一份报告证实这些问题。

- 将他人见解据为己有：在商界、学界和艺术界存在的"剽窃"恶行，在行政部门也很常见。下属总是向上级汇报见解和方案，当它们是正确的时候，上级会采纳并给予认可。但上级必须采取措施突出原创者而不能将任何原创的见解据为己有。

- 财务回报：当一名教授把他的博士生的分子研究成果卖给一家制药公司，并通过他开设在瑞士的账户收取该公司报酬的时候，他被停职两年。国家高等教育和研究委员会本可以给予更加严厉的处罚。

41.52 损害集体。有种常见的情况是，在领导和部门全体下属之间发生冲突时，领导不再能发挥领导作用。例如以下情况：

- 按照政府专员的总结，一名女护士长由于酗酒问题完全失去了"团队全体成员的信任"。

- 一名机场调度员被调动到一个责任小得多的岗位，因为必须"了结他与机场人事部门之间的纠纷，这影响机构的正常运行"。

- 综合信息部门的一名处室负责人"与部门内大部分人员关系紧张"。

- 公立男子中学校长由于态度极端，导致了员工集体抗议活动。

● 一名初中校长由于"难以处理好教师、学生、家长和市政府之间的关系"并且无法行使领导职能，在学术监察署进行行政调查后，被调离岗位。面对"领导力缺失、日常运行不太正常、人际关系随时可能爆发危机"的调查结论，行政复议法官出于机构利益考虑，拒绝撤销岗位调动至另一所初中的决定。最高法院做出了同样的结论：所有的机构负责人都必须考虑到自身的严肃与权威，不可以污蔑与羞辱下属。这样的行为可构成重大过错，尽管当事人资历深厚。

● 一名医疗中心的财务负责人与"下级和上级以及医疗中心的其他部门"都产生了冲突，员工们发起行动要求将他调离。

● 大区审计署的主席的行为"导致恶劣的人际关系问题"严重影响了部门的正常运行。

● 一名大学附属医院的教授兼部门负责人，其行为"导致大规模的医疗人员以及非医疗人员的离开，并使得新的实习住院医生们对填补空缺的招聘启事望而却步"。在这样的情况下，医科教学及医疗中心的领导依法将当事人停职。

遭到所有人反对的行为，很少是正确的。

行政部门必须既要为领导辩护又要考虑众口一词的反对意见，以便判断一个负责人是否适合所在的岗位。

第 2 章
利益冲突

42.09 **"有偿交换"。** 欧洲委员会《公职人员行为准则》第 20 条所规定的正是所有公务承担人应该遵守的原则："公职人员不应该主动地或被动地让自己置身于某种情境，使得自己为了回报而向个人或实体提供好处"。

第 1 节 利益

42.11 **诱骗。** 利益总是围绕在公职人员身边，以各种方式引诱、说服公职人员。如果并不打算为利益服务，那么就暂且把目光投向别处：这正是比才的歌剧《卡门》中的一个场景。走私犯们让卡门和她美丽的朋友们走在商队前面，让她们纠缠住税吏，好让商队乘机通过税卡而不被逮住：

- 至于税吏，由我们包了
- 和别人一样，他喜欢寻欢作乐
- 他喜欢献殷勤
- 啊！让我们走在最前面！

与比才笔下易受诱惑的税吏相比，我们应该更提倡兰波的诗中那些严肃的税吏：

- 他们对农人牧民搬出现代律法

- 他们抓住浮士德们和狄阿波罗[①]们

——别这样，老伙计们！放下那些小包裹！靠近年轻少妇他也铁面无私

——触摸之中他只专心检查

——手掌轻轻掠过，罪犯难以逃脱！

42.12　对于这些问题，行政部门讳莫如深而判例则实用为先。 行政部门讳莫如深，不要求汇报与影响力集团或说客的往来，或是所受到的外部影响。但是更糟糕的是，缺少对此类情况的报告冲击着行政部门的内部，领导层对下属们的交际不知情。

判例体现出实用主义，因为认为"舞蹈教师让某些学生们联系一名舞蹈服装目录的编辑并不违反职业伦理"。

又例如，法官经过深入调查后，批准了教育部部长的发文《关于企业在校园内活动的行为指南》。然而，对于此类将品牌打入公共服务部门的方式依然要保持最大的警惕性，它会增加学生和用户对入驻品牌的依赖度。

为了不提及"赞助"，在共建或支持的名义下，公共服务部门会成为编外的广告服务部门。

未来这个问题将值得我们更多的关注，并且需要公共服务部门的领导们采取更坚定的立场。

第 2 节　说客

42.21　利益的合法问题。 1913 年，当美国成立联邦储备银行的时候，参议员罗伯特·欧文宣读的法律是由精通业务的银行家保罗·沃伯格起草并递交的，显示出说客作为新思想和直接策略提供者的力

---

① 指德语和意大利语中的恶魔。——译者

量影响到了政治家。但是 2006 年 1 月,在迈阿密开庭审理美国一名知名的说客,案件轰动一时。辩方主张对于欺骗性转账和诈骗承担部分责任并揭露向政治家和公务员赠送了礼物和资金。这两个例子反映了游说在劝诫和行贿之间的模棱两可。

说客们是社会和经济利益的代表。他们与公共利益之间的冲突与市场经济下的议会制民主相吻合。自由出入公共机构本身没有问题,可以避免公共机构退化成为自我封闭的堡垒。

这是一项基本的民主功能,所有经济发达国家的议会和行政部门都认可并加以组织。但是仍然需要了解、辨别和破译其衍生品。当一个新成立的行业协会"葡萄酒与社会"在 2004 年 4 月抗议 1991 年 1 月 10 日法,又称"艾万"法,当 2005 年秋天议会投票通过一条"节制性建议",目的在于缓和反酗酒运动。当制糖业反对法国食品安全局的分析和警告,当制药业密切关注社保改革并动员他们的议会人脉,当自动分销商工会三次阻挠布尔修正案禁止在学校放置自动售货机,事情很显然,但都属于隐蔽的干预行动。行政部门应当懂得不受操纵。

42.22 在所有的议会制国家中,游说一直是个备受争议、努力规范的主题。新的规则既是端正说客们自身的态度(加拿大),也考虑调整作为对话另一方的公职人员的态度(英国)。

● 在美国, 1946 年的《联邦游说管理法》以及 1989 年的伯德修正案为说客们的活动制定了规则和范围:必须公开宣布,禁止为市场化的企业获得联邦贷款或参与联邦项目向政府机构施加影响。 2006 年 4 月,美国众议院通过了弱化游说措施。与参议院不同,众议院特别放弃了禁止向政治家或行政部门赠送任何礼物这一条,而是要求公开说客和行政部门之间的所有联系和资金往来。

● 在德国,"游说丰富了还是损害了议会制民主?"无论如何,游说已经构成了第 5 种权力。

● 在英国,游说并不是一个贬义词。但是《文官手册》规定了与说客往来的基本原则：在重申了游说是我们民主体系的一个特色之后，手册强调文官在任何情况下，不应该损害自己的独立判断与廉洁正直，不应该在未授权的情况下，透露任何敏感信息。对于说客的慷慨、直接或间接提供的好处，公务员可以依据一份预防措施提示清单予以酌情处理。

2007 年 6 月，下议院的"公共行政筛选委员会"发起了一项关于游说的调查，并在 2009 年 1 月公布了报告。其中的建议只得到了部分采纳。在经过了 2010 年的争论之后，卡梅伦政府同意了强制要求将交往公之于众的规定，但是 2012 年 1 月，要求说客发布声明的规定仍然处于热烈的讨论中。

• 在加拿大， 1997 年 3 月 1 日起开始实施"说客伦理法"。其中第一条规定就是所有公务员必须遵守的："当说客采取各种方式接近公务承担人的时候，他们必须说明为哪个个人或哪个组织服务，为了什么目的"。

• 在法国，说客们倾向于自我约束，为此法国游说建议协会在 1994 年制定了宪章，并在 2010 年进行了修订，规定了廉洁原则和职业禁忌，尤其是"禁止以任何形式、长期地或暂时地向民选官员、议会工作人员、部长幕僚办公室成员等提供报酬"。某些业内人士将"游说"解读为"专家与民选官员之间的对话"。但是法国至今没有像美国或加拿大那样出台法规。

• 在布鲁塞尔，有 15 000 人围着欧盟委员会打转，其中 2 600 人有固定的办公室。委员会副主席克林·卡拉斯在 2005 年 5 月建议制定"透明度倡议"，试图强制说客向欧盟委员会登记，说明他们的背景、目的、期限和资金来源。欧洲事务专业协会，也是说客俱乐部，答复说已经制定了一份《行为守则》。 2011 年 5 月，欧洲议会和欧盟委员会实施了共同的说客登记制度。这样，公民就可以了解到哪个说客会见了哪个欧盟负责人。

游说是否起到了正当作用，加拿大通过实施法律给出了衡量的原则，即：公职人员是游说的"靶子"，还是游说的参与者。

42.23　a)　**当公职人员是游说的"靶子"**。 选用这个词不是出于偶然。"一个说客的干预行动是否有效，首先取决于能否筛选出在公共权力机构中真正做决策的那些人，因此这个步骤至关重要 [……] 必须在各个政治层级和各个关联的行政部门中、在高级公务员中、在部长们中，从上到下又从下到上地找准'靶子'"。

这里有三项必要措施。

● 游说公共责任人的合法性。利益集团想要影响政治和行政决策过程，这实在没什么不正常（并且也总是难以避免）。

说客们如今以全新的严厉姿态进行游说，一改以往的形象甚至有些蛮横地指责行政部门没有履行职责，他们变成了压力集团。在法国食品安全局推出了一份关于碳水化合物（糖分与肥胖）的报告之后，全国食品工业协会正是这样指责法国食品安全局的。

● 公共责任人有必要了解并识别试图施加影响的说客。这点常常很棘手。某人自称是受 X 派遣或者是某个有正在从事研究的"大学教员"，其实是某个有影响力公司的特任代表。因此每个行政部门必须仔细了解周围的说客，并让新员工也要了解。

更何况说客很懂得找到与他关心的决策制定直接相关的人，从基层的撰稿人到科室负责人到专家："有用的消息不拘形式，正确的时间、正确的人（才是最重要的）"。对某个领域的不懈关注使得说客摸清了各层级的上下级关系，并在一项决策方案完成起草并交给上级之前就能追踪到真正的影响力节点。说客不认识部长或经办局，他"招待"处于某个关键岗位上的 X 先生或 Y 女士。而局长必须依靠自身的专业思考以及/或者科室负责人的忠诚，在工作人员提交的建议中区分并识别哪些是他的部下真正构想出的，哪些根本就是游说机构灌输的。因此，公务员的职业核心要求之一就是及时向上级汇报以便上级破解说客的策略以及说客最关心的内容。

● 说客的分类管理，注册或是认证。

任何从事有偿游说的工作人员不应该有权力直接接触公共责任人，民选官员或是公务员不应该直接或间接地与施加影响人员达成妥协，因为法律有精细的规定，更不能迫于对方的压力。重要的是，行政部门中每个层级准确了解接近他们的说客并向上汇报。尤其是在议员甚或部长的某些工作人员与这个或那个说客关系特别密切的情况下，要了解这些说客从哪里来又要回哪里去。

说客们不能自行其道。

为此，加强了管理规范。参议院于 2009 年 11 月 25 日成立了议会伦理委员会， 2010 年 2 月开始工作。国民议会依据夏里耶议员 2008 年 1 月的报告从 2009 年 7 月起规范了利益集团代表们的活动。利益集团代表必须在一份名单上进行登记注册，并且禁止"通过贿赂的方式开展以获取信息或达成决定为目的的运作"。

42. 24 **b）有策略的公职人员**。 越来越多的情况是，在公众讨论或辩论中，说客的意见占据了地位。这在布鲁塞尔尤其起作用。法国 2012 年申办奥运失败部分说明了我们的公共游说力度不足。

有策略地开展公共游说是必要的。当公共权力机构认为游说没有作用时，应告知并停止与说客往来（例如 2005 年 2 月 2 日团结部部长发出通知，要求个体工作者的社会组织停止使用说客影响个体工作者社会保障制度的制定）。

第 3 章
私生活

43.09　界限。根据《行政司法法典》第 521 - 2
条，尊重私生活的权力是一项基本自由。个人行为、外
表、性取向、宗教等原则上不纳入对公务员的专业评
价。但是事实上，行政部门对"行为"和"声誉"的定
义将涉及公务以外的个人的某些态度。行政部门可以忽
略其雇员的私生活，但是不容忍行政人员因个人的出格
言行与工作职责发生抵触而产生的"丑闻"。为了避免
此类丑闻，行政部门对一些私生活上的"风险点"有所
考虑。因此，划定界限很重要，哪些方面是单纯的私生
活范围，哪些方面虽然属于私生活但有可能引发业务后
果。法国 1900—1901 年间取消了对军人结婚的嫁妆聘礼
的行政监察，1980 年取消了对外交官的婚姻的行政监
察，2005 年取消了对军人与外国人结婚的行政监察，
但是完全尊重私生活并非随心所欲。

第 1 节　工作与私生活之间的灵活隔离

43.11　公职人员在工作之外仍是公共职能的代表。
公务承担人与其他公民一样有权要求尊重私生活。

但是司法判例是严格的，拒绝将私生活视为一个密封的领域。当个人的私生活中发生重大过错以至影响蔓延到工作领域，让人怀疑是否合格的公职人员时，对两者再做区分已不可能。公职人员不再是某个承担了一份工作的人，某种意义上，他承担了行政部门的"声誉"，也就是说，行政部门带给用户的信任。一些公职人员处于"公开的私生活"中，经常被报道，例如省长和外交官，他们常常与配偶一起接待和欢迎重要客人。外交部部长 2004 年 11 月 18 日发文要求各个驻外站点的负责人"及其配偶"正确对待"当地雇用人员"，因为"你们的态度在当地代表了法国的形象"。《劳动法》也重新将与工作直接相关的私生活行为纳入了工作职责。

　　因此，"上级领导要重视与下属们的行为相关的所有因素，尤其是在履行工作职责以外发生的事，是否属于违反了保留义务，是否属于可能干扰部门正常运行的行为"，例如教师们在工作之外，阻挠学生们转校，因为学生们选择了转校有违教师们的意愿。法官高级委员会在 2003 年的一份报告中指出，委员会"总是认为，一些引发外部反响的个人行为损害了作为专事评判他人的法官的形象，进而损害了司法机构本身，这些个人行为应受到指责。因此，希望在对法官们进行考核时，如果有此类情况，应予以计入"。该理念严厉但是很有必要，不仅是对法官们，对所有行政部门也是如此。

　　对工作之余有所要求在欧洲很普遍：在德国，联邦行政法庭 2010 年 8 月 19 日通过了一项重要的决议《工作内外》；在英国和比利时，"公职人员在履行工作职责之外避免任何可能动摇公众信心的行为"；在加拿大，公务员必须"履行工作职责并且应以保留并提升公众信心的方式组织个人事务"；在西班牙，公务员可以因为私生活行为而受到惩处。

　　在日本，公务员必须牢记他们在私生活中的言行不能损害公民对行政部门的信心。

　　在前面的章节中，我们看到公务员因为受到刑事审判导致被辞退，例如充当淫媒的行径完全不符合公务员的素质要求。但其实问题要广泛得多，哪怕并没有引发刑事审判，从领导岗位的公务员在他们管辖的区域内违反道路交通法规这类事情，就可以略见一斑。

长期以来，通常都认为"如果公职人员犯下的过错使得他们难以继续履行职责，哪怕这些错误与工作职责本身没有关系，行政权力机构有权辞退这些犯错的公职人员"。因为"在工作之外犯下的过错同样可以受到纪律处罚，哪怕并没有损害部门的声誉"。

因此，对于公职人员来说，有以下情形者会受到惩处：

被认定犯有冒名顶替、诈骗、盗窃、造假、使用篡改的支票、遗弃家庭等的罪犯，哪怕只是完全属于私生活范畴；

身为安保人员却两次有偿出演色情电影并同意发行该电影的音像制品。

身为检察官，在私生活中"完全有失尊严的行为，不符合司法人员素质要求"。

一名育儿助理的家庭成员，因为对待该育儿助理照看下的儿童存在行为问题受到调查，而该育儿助理对家人表示支持。对于在家履行公共职责的人员来说，事情的结论不言自喻。

并且，甚至在没有犯错的情况下，公务员的行为也常常与私生活直接关联（疾病除外）：反应过激、爱挑衅，或者相反，抑郁、冷漠可以将一名优秀的公务员转变为暂时性的不称职公务员：例如遭受丧偶之痛后心理脆弱的公职人员。

在身体健康方面，完全丧失嗅觉只与公务员个人有关，与行政部门无关，但如果是一名警察，则意味着"身体残疾，不符合履行国家警署督察员的职能要求"。

第 2 节　保护公职人员的私生活

43.21　构建私人领域。风俗习惯、宗教信仰、住所选择、消费模式等，原则上只要与职责不相干就属于公职人员的私人领域。

和任何公民一样，公职人员有权拥有这个私人领域。但是他的公共职责会将他置于困难或悲剧的境况中。最高法院驳回了一名警察遗孀对侵犯隐私和肖像要求赔偿的诉讼请求，她的丈夫出勤办案时被两名歹徒杀害，她出现在葬礼上时被摄影师拍下了照片。《巴黎竞赛画报》未经她本人许可，就刊登了两张照片标题为《警察：制止屠杀》和《警察：眼泪与愤怒》。法院判决 F 女士"由于与案件的受害人之一有个人联系从而认为自己牵涉其中，而两张照片是在警方领导出席葬礼时所拍摄，照片作为配图，内容与文章的主题直接相关，方式恰当，标题文字没有伤害她的尊严"。由此可见，公务员的私生活权利有时难以保障，因为其中部分涉及为所有人提供服务的集体行动。但是私生活权利是存在的，上级领导必须予以保障。

1905 年的文件丑闻①就是一个实例，显示出当原则没能约束人事部门的好奇心时，员工们的档案里会出现什么内容。

这个原则就是行政部门不干预员工的私生活。

私法与该原则一致，认为"雇员个人生活中的事不能构成过错"。最高法院和国家行政法院使用了同样的措辞，认为雇员在私生活中被吊销驾照不能被认为是雇员无视工作合同中的义务，哪怕他的工作要求他必须驾驶车辆。

因私属性的灾祸不应该自动转换成纪律处分：一个村镇公职人员，已婚已育，因致情妇死亡被判过失杀人，不能仅以此事认定其犯下纪律过错。

值得注意的是行政部门很明智地没有满足于置身事外，当员工在私生活中遇到困难时，行政部门会提供支持和帮助。国库司的《职业伦理与员工保护指南》开篇章节就是"个人困难"：在任何情况下，

① 1900 年战争部部长安德烈建立了一套对军官实行政治和宗教信仰的监视系统。这些文件被披露后成了丑闻，并迫使安德烈将军 1904 年 1 月辞去部长职务。

上级领导在不插手员工私生活的前提下，关注下属的经济困难（例如负债累累）或家庭困难。并强调指出尊重员工的私生活并非禁止提出解决问题的方案建议，例如社会救助、医疗救助、调岗、培训或者其他能够让员工更好地处理好工作与私生活关系的建议。

然而其中有一些必须遵守的原则：

43.22　无所禁止皆可为。公务承担人有私生活自由的权力。因此，当没有任何规定禁止税务员在国外居住的时候，海关关长就不能合法地禁止一名与比利时军人结婚的女税务员在比利时居住。

只有法律法规可以规定居住地要求。

只有法律法规能够要求一名警署公务员制止配偶"从事有辱警察职能的活动"。

同样，法律法规规定员工有权利请"事假"以帮助员工协调公职工作与私生活。

行政部门本身不应该混淆每个人的日常问题与私生活带给工作的真正困扰。

因此，当一名法官与在他家施工的工程公司发生争吵，"考虑到问题发生的整体情况，属于个人与某个企业之间的难以相处的私人关系，不影响当事人作为法官履行职责思考判断"。

又例如，一个负责市镇母婴服务站的社会教育助理员，她写信给9个家庭，因为这些家庭的孩子和她的孩子一起上一所音乐学校，她在信中发起请愿表达不满，如此传播批评意见与她的工作无关，不构成违反审慎义务。

又例如，监狱管理局在核查在家休病假的员工时，没有权力说出那些因接受上门审计而缺勤的人员姓名。

注意防范暗示和猜测：

单凭滥用麻醉品的怀疑不足以确认医疗中心的一名实习护士不适合服兵役，而在本人要求下重新做的检查也推翻了此前的怀疑。

第 3 节　私生活问题影响公职

43.31　三重标准： 避免因私生活方式而被质疑工作能力，不要将职业身份"导入"私生活并且避免工作外的某些行为违反规定或损害履行公职所必需的信任。

一、避免因私生活方式而被质疑工作能力

43.41　预防，谨慎。 长期以来，在招聘中都认为道德应该作为衡量条件，尤其是"候选人在服兵役和私生活中的表现"。在考评打分时也同样将工作以外的事项纳入考虑，"只是由于会影响到当事人的工作方式"。因此，有五个领域特别惹人关注：情感、家庭、社会关系、外表和个人纠纷。

43.42　情感。 公职人员和私营部门雇员都同样受《劳动法》第 L.1121－1 条保护："任何人不得损害他人权利和个体自由 [……] 工作性质亦不能作为理由加以束缚"。原则上，情爱关系不受规范，并且在法国，要求保持单身、禁止员工之间有恋爱关系或者必须就此做出声明的企业行为准则都是违法的。

公职人员享有完全民事权利。但恋爱关系不能妨碍正常地履行公职。

20 世纪 50 年代，一个大学教授"与他的一名女学生的关系构成了违反美德"，被认为是"有损大学的荣誉并且有伤教授职业的尊严和权威"。这种私生活行为如今可能有不一样的结果，因为要尊重当事人的尊严，况且没有出现丑闻。

但如果是一名女教师与她的 16 岁的学生发生恋爱关系，行政部门和法官都不会认为这是正常关系，教师对年轻学生有包含性意味的言行，依照教师守则，将会对其提出警告。这是在英国发生的情况。法国对此类情况的反应也不会不一样。

虽然事关私生活，但是长期以来，也就是自从 1808 年 6 月 16 日的国王令以来，军人结婚需要得到批准，至少是与外国人结婚需要得到批准。对于外交官也曾经如此，直到 1980 年的巴尔根决议判决 1969 年 3 月 6 日要求结婚需要批准的政令违法。

但是如今，一名女性职业军官要与一名申请难民身份的外国人结婚仍然受到驳回，因为后者尚未取得合法的难民身份，而该女士为此还放弃了去一个大使馆工作的优厚工作机会。 2005 年 3 月 24 日新的《军人身份地位法》根据德诺瓦·德·圣马克的报告中的建议，废除了 1972 年 7 月 13 日法第 14 条关于要求军人与外国人结婚必须事先得到上级批准的规定。

配偶从事的工作会让公职人员受到质疑：对于一名警察局的副警长而言，他的配偶代理酒类分销有损他的公职威信。

行政法官在做出判决的时候表现出了自由主义，认为国防部长不能合法地以"有可能严重损害军人尊严和军队名声的个人行为"为理由处罚一名军官，该军官与所在中队的长官的妻子成了情人。而最高行政法院指出："一个公务员或一个军人工作以外的行为如果实际上扰乱了正常的工作或损害了行政部门的威信，那就是构成了应该受到处罚的错误。事实上，该军官制造出这段受到指责的关系的行为完全属于个人性质"。因此，一旦该行为成为工作丑闻或扰乱工作，那么就有依据进行处罚。

43.43 家庭。一个被占领时期知名的附敌分子被指控"多次接待德国军官和士兵"并且"容忍他的女儿们参与一个附敌协会'法国欧洲'"。而在今天，子女参与政治活动，哪怕尚未成年，也未必追究他们的父亲。

2005 年 9 月，一名年轻女性仅仅因为她是莫里斯·巴彭①的孙女

---

① 曾于二战法国被占领时期至 20 世纪 60 年代担任法国多个重要省份和巴黎的警察局长， 1998 年被判犯有反人类罪。——译者

而被部长办公室辞退，引发了抗议，受到了共和国调解员的重视。责任是个人承担的，并非遗传而来。

行政部门不能仅仅因为"他的哥哥被证实犯有多宗盗窃和贩毒"而拒绝批准某治安员参加竞考的资格。

只有当家庭成员的行为意图唆使公职人员违背工作职责或违法时，才会被纳入考虑范围。

43.44 社会关系及"危险的关系"。 1254年路易九世改革行政部门的法令中，很明智地要求公务员"避免玩骰子游戏或出入小酒馆"——那时候还没有法国博彩公司。

20世纪30年代，对"行为不端"的界定就已经出现在了1926年3月22日政令第44条中，后1934年9月27日政令对此进行了修改。但是以下行为仍然被视为"行为不端"：公务员或法官参加充斥着暴力和过分行为的聚会或晚会，最好的结果是一笑置之，最糟的结果是引发了怒火，让公职人员的尊严受到损害并波及工作。与斯塔维斯基往来过密的法官就是一个例子①。政府专员至今仍在使用"严重行为不端"一词，因为它恰如其分地指出了现实中存在的问题。

随着时间流逝，也禁止在私生活中出现"丑闻"：

● "习惯性行为不端，在公众场合醉酒大吵大闹"。

● 在夜店斗殴，处于醉酒状态并违反规定随身携带工作配备的武器。

● 小学教师与工作性质不相称的"生活方式"。

● "作为病人在医院里大吵大闹"。

● 警察"在醉酒状态下打碎酒铺的橱窗"，并且在此情况下"无视所属的公职职系，虽然事发时并不处于工作时间"。该丑闻导致其被开除。

● 某护卫舰上尉、战舰二副的"可耻行为"，他在中途休整地点

---

① 指1933年法国的斯塔维斯基事件。——译者

酒醉被捕，铐上手铐离开了舰队，为严肃法制，应将他调离。

1990 年初，年轻的副省长收到一张没有抬头和落款的"教区提示"："您从事的职业需要您顾及您的某些声誉。因此无论在哪方面，您自然很在意您的行为是否会在您工作的这个省份遭人诟病。"各种爱好、倾向、娱乐或者冒险等带来乐趣的活动，最好还是不要在工作的辖区里尝试。 2004 年 11 月内政部人事司向副省长们提供了一本名为《行为建议》的小册子，并提出警告："禁止不合宜的私人行径、与职责尊严不相称的或者有可能损害独立判断的社会交往，包括在工作省份以外的地方。"

法官们也有同样的警告，在国家法官学院的一本手册中提出了如下问题："法官必须知道，特别是未婚者，会成为某些社会闲杂人等下手的目标"。某本周刊大概会嘲笑："总之，一个优秀的、无可指责的、完美的法官就是个没有任何性关系、没有主意，最好没有任何过往还没有孩子的男人"。学校和上级的警告毫不为过。一名公务员或一名法官必须反省自己的私人交往会不会影响工作使命。

朋友、熟人、爱情、联姻以及纠纷、怒火、夸口或者鸡毛蒜皮的小事都会导致公务员或法官失败、中断甚至终止职业生涯。

尤其要禁止的是直接将公职人员与其职责相对立的关系。特别是那些"朋友"常常以与公务员有私交抬高身价，就像那个因奸污女病人受到审判的医生，声称自己是"法庭庭长的家庭医生"。

最"经典"的棘手情况是警察、监护人员或法官与犯罪团伙有往来：

- 警察向一名妓女讲述自己的生活。
- 警察"纵容情妇插手自己的工作"，对女性客人搜身，而她还犯有充当淫媒罪。
- 治安员"被发现与可疑人员有往来，与他的职责不相称"。
- 监狱长向女性在押犯提供便利成为其情人。限制人身自由场所总监察员在 2011 年的工作报告中，以"行政懈怠"为标题说明了曾经向司法部部长警示过此类危险行为但并没有受到足够的重视。

• 拘留所的一名女社会助理员与一名前在押人员保持关系，他们在拘留所相识。在比利时，国家行政法院审理了一名监狱女工作人员被强制辞职的案子：她与一名在押犯保持了恋爱关系，而她当时是监狱的"区块负责人"。当该在押犯被转移至其他监狱时，她每周前往探视两次，但都没有说明自己的公职身份。

• 宪兵队副队长与一名罪犯保持"家庭关系"，该罪犯因强迫卖淫和持有管制武器被判刑，而宪兵队副队长让他进入自己办公室，通过扬声器听自己与检察院的对话，为他开脱。出于公职利益，该副队长将被依法调离。

• 一名女性与被判监禁者有恋爱关系，她因此未能获准参加警察监察员的竞考，哪怕在考试日期之前她已经中断了关系，哪怕这样的决定有争议，也标志着个人生活对进入或履行公职会带来影响；这份决定中还提到另外一点，对她的哥哥曾经触犯《刑法》不予考虑，因为"与当事人的行为无关"。

• 警察局副局长被依法撤职，"他留宿一名 16 岁离家出走的少年而不是将他送到警局，并且他习惯性地与司法部门判定犯法的人保持私人往来"。

• 职业再教育中心的一名女主持人与一名心理脆弱的年轻实习生发展了恋爱关系，显然超出了工作范围；后者在一所学徒培训中心实习时，值守夜班期间在工作场所与"一些与工作无关的人员"发生了亲密关系。

• 又例如， 2004 年 12 月媒体讲述了一名法国法官在德国下萨克森一个小城市中，在配有女招待的名为"首饰"的酒吧里的倒霉经历。

43.45　**外表。**是否应该具备岗位要求的身体外形？尽管原则上每个人都可以自由决定外表——除了依法要求穿着制服或工作服，但是显然"着装"会影响到公务员的考核成绩，甚至纪律委员会的听证。着装可以表现出礼貌、体面、干净卫生、行为方式、公职人员的威信以及雇用单位的集体形象。在有象征意义或代表权力的职业中，无论军职或是文职，仪容、气质与制服同样重要。俗语"以貌取人"一词很说明问题。"前额留下一绺、脖子后留下一簇，其余全剃掉"的发型与林业技术管理，或者宣誓做笔录，或者要求穿着制服的工作不相称。在2011年的一起事件中，行政法官批准对一名警务人员的处罚，他留着一头长发，不符合《国家警察岗位管理总则》的要求。

在德国，联邦行政法庭禁止海关人员佩戴耳环，穿制服的警察必须剪短头发。还是德国，北威斯特伐利亚的莱茵兰行政上诉法院撤销了辞退某消防员的决定，该消防员尚在试用期，由于体重指数超标被认为不具备完成任务的能力。但是这项撤销决定是建立在所采用的体重指数不科学的基础上，而并不是质疑行政部门有权不录用身体条件不适合有效完成任务的消防员。

相反，在西班牙，警务人员由于留长头发违反了着装要求而受到"小过错"处分，但随后处分被撤销了。而在英国，劳动部部长由于要求男性佩戴领带而于2003年3月11日以"性别歧视"遭到起诉。在魁北克，某幼儿中心的女员工被要求不得暴露身上有性别歧视、暴力以及吸毒或酗酒含义的纹身图案。此外，在法国，体重过重并非一定不符合"邮局规定的公共服务的岗位要求"。

43.46 私人纠纷。"私人纠纷中包含的公务成分以及可能导致损害所在部门的问题"使得一名警察系统的负责核查因公出差的监察员被调离岗位。

一名乡间保安被依法辞退，因为他在一处工地破坏围墙后行窃，尽管事情与工作无关。

一名邮局职员依法受到惩处，因为他向吵闹的邻居家的大门开枪射击，也与工作无关。又例如，一名税务监察员在因婚内强奸配偶和性骚扰子女受到调查后，被依法停职。

一名警察局副局长在一次个人的房产交易中企图欺诈对方获得一

处别墅，被勒令退出公职。

一名警察被依法辞退因为他在工作以外的一次车辆剐蹭事故中做伪证，以骗取保险赔偿。

一名私人安保公司的员工被吊销专业资格证，因为他犯下了家庭暴力罪，虽然与工作无关。

一名安保公司的员工被省政府下令辞退，因为他欠缴抚养费遭到起诉。由于特定的环境、所从事的职业，以及诉讼本身具有的公开性与不光彩等，使得在法庭上最隐私的个人或婚姻纠纷如抚养费、抛弃家庭成员等会殃及工作领域。

监狱长犯下了侵权行为，他砍倒了邻居的树是因为"遮挡视线，妨碍他从公务住所看到大海"，更为严重的是，他动用监狱的工具让在押犯人来做这件事。

二、不要以任何形式将工作身份"导入"到私生活

43.51　最根本的一条就是在私生活中不要拿工作身份说事。加拿大公职部的职业道德办公室在网上放了一个游戏，提出以下问题：

"您用自己的钱买了一张慈善晚会的门票。活动的组织者之一为了提高活动的影响，向您提出希望在受邀人名单上加上您的机构名称，该名单将在报纸上刊登。您将如何回答？

a)　好的，如果这是政府支持该活动。

b)　不行，因为您以个人名义参加。

c)　好的，只要您的上级表示同意。"

推荐的回答是 b）。"使用您的工作身份会造成一个印象，即该活动直接受到您所在的政府部门的资助或支持。任何时候，您必须避免任何真实的或表面的利益冲突"。这种有趣的对话有效地传递了信息。在任何情况下，公职人员都不得在个人的行为、倡议、交易或工作以外的活动中借助职务身份。

法国和加拿大一样，公务员、法官或军人使用工作身份、工作证

件、头衔或各种关系来为个人纠纷撑腰或阻挠其他公务员对他进行的检查，都构成重大过错。如果一句谨慎又恭敬的"我是同一个部门的"可以有"芝麻开门"的效果，那么公开地大声说明身份以期摆脱困境将恰恰起到相反的作用：住在女性朋友家中的警察分局的局长在激烈的争吵中喊出了"警察来增援"，并对其他公务员态度恶劣，行为挑衅，还特别强调他是警察分局局长。他被勒令退休。

同样，一名竞争与欺诈监察员在超市偷窃 300 法郎商品时被现场抓住，他出示工作证件"损害了部门的声誉，特别是对承担这样的职责的公务员来说，性质严重"，他被勒令退休。

又例如，一名警察队长"用伪造的头衔骗取法国国营铁路公司提供的服务，得以随意乘坐高速火车"，他被依法辞退。还有，公务员的身份不能与"世界基督教统一协会的宗教斗士"有关联。

在"没有提及任何职业身份"以及公职没有"以任何方式受到嘲弄"的情况下，行政部门在做出处理时会更宽大一些。

三、某些工作以外的行为与履行公职必需的权威和信任不相称。

43.61　**显而易见的矛盾。**即与工作职责存在不可克服的矛盾的那些个人行为：

- 警察局的司机或是队长醉酒驾车引发事故。
- 即将成为警察监察员的学生在迪斯科舞厅中醉酒滋事。
- 警队副队长欠下债务后的可疑行为。
- 一名警察"吸食大麻和海洛因"并且"从认识的人那里购买这些东西，没有揭发这些人"。
- 一名警队副队长在私人房产交易中税务作假。

第4章
恰当的表达方式

第1节 克制保留义务

44.11 表达、保留与沉默。1983 年 7 月 13 日法第
6 条规定公务员享有表达自由的基本权利,但是其表达
自由受"克制保留义务"的约束。

　　大家应该记得, 1996 年 10 月 1 日 7 名欧洲法官在
日内瓦呼吁加强反腐败,并倡议建立真正的欧洲司法空
间。这一呼吁具有划时代意义,因为在那个年代,金融
财务领域的司法专门合作并不是欧洲司法建设主要关心
的内容。想要了解有关公职人员表达自由权利与克制保
留义务的各种争论,我们有必要重读国会议员沙拉斯的
看法。他针对上述法官们的呼吁行动,对法国司法部部
长追问道:"这些呼吁构成了某种对民选政府的质询,而
只有民选政府才有资格对呼吁的这些问题做出表态,因
此无论是从司法部门职能的角度还是从负责纪律惩戒的
最高司法委员会的角度看来,'日内瓦呼吁'都是严重违
规,由此引发的那些后果应当被公布出来。"司法部部
长的回复很清楚:"克制保留义务,与保持沉默义务不

同，法官与所有公民一样享有言论与表达自由，何况法官具有独立性。这种克制保留义务要求法官在表达的时候审慎得体，避免一切过激言论，因为这些言论可能影响法官公正性或损害司法机关及法官的信誉和形象。"司法部部长明确表示，"日内瓦呼吁"没有损害克制保留义务。相似的情况还有，某医疗中心负责人 R 女士与兼任中心主任的某市长因为一处不动产的转让发生纠纷，双方骂战还登上了一家讽刺报纸。转让纠纷导致 R 女士被调职。国家行政法院的紧急审理法官暂停了调职，因为法官认为纠纷的表达没有引起社会争议。

克制保留义务虽然必要，但不必成为负担。

第 2 节　克制保留义务的概念

44.21　法国、美国和欧洲的概念。在法国以及某种程度上说在全欧洲，克制保留义务是公职部门的重要理念。应当注意到，约翰·劳尔在其书中的"法国公共行政的伦理问题"章节，花了好几页阐述克制保留义务。[1] 他重点讨论了克制保留义务与公务员的政治活动权利两个主题。根据作者的观点，美国与法国的观念恰恰相反：

根据美国的观念，1940 年《哈奇法》规定公务员无权介入政治，但拥有很大表达自由权。例如，最高法院禁止有关部门对某公务员进行撤职，撤职原因仅仅是该公务员热烈赞成袭击里根总统，而且他表示"如果凶手再次对里根行凶，我希望他们杀了他"。

根据法国的观念，恰好相反：公务员可以从政（还可以离开政治重新回到岗位），但他必须坚持在公共场合的表达中严格保持"克制"。维因肯定道："不允许公务员参加涉及其工作内容的论战；假如下级可以告诉公众他的领导采取或打算采取的各项措施，那么无政府

---

[1]　约翰·劳尔，《公共服务，伦理与宪法实践》，1998 年，第 137 页。

主义就会进入政府。最终，该公务员的行为会引发群嘲而非论战，从而侮辱了他本应尊重的领导的品格和个性，他理应受到惩处。"①

以上简单的对比可以帮助我们了解到，著名的"克制保留义务"具有含糊不清却意味深长的特点。对约翰·劳尔而言，这涉及一种复杂且有些模糊的标准，这种标准会给公务员带来法律与道德的双重压力。不仅是针对政治性声明，而且对涉及当今国家或政府的任何其他陈述，公务员都必须保持小心谨慎。我们注意到，法美双方都不敢同时赋予公务员进入政治领域的自由和彻底的表达自由。

长久以来，国家行政法院做出了不少著名的裁决。例如 1911 年 4 月 8 日保罗·沙兰辩护律师案例，尼姆市一名住院实习医生被依法撤职，因为他所就职的医院遭到一系列报纸文章的诽谤，结果发现他是文章事件的始作俑者。还有 1928 年 2 月 17 日马特案，在默尔特-摩泽尔的加尔维市，市长助理被省政府依法停职，原因是在市政审议会上，该市长助理不仅说话无所顾忌，出言不逊，辱骂某政府成员，而且明目张胆地要求把辱骂语句写入会议记录。还有 1939 年 2 月 10 日的圣莫里斯市案例，该市秘书长于 1934 年 5 月 11 日在《巴黎郊外报》上发表文章，表示参加反对市政府的活动。由于他违反克制保留义务，被撤职。我们的"克制保留义务"会引导、促使法国的公务员、法官及军人打擦边球。他们会不表态、话里有话、话说一半。这种模糊的说话艺术喜欢用暗示代替肯定，我们选几个词语总结这种艺术：保留、小心翼翼、慎重、有分寸、玩平衡、节制、得体，恐怕还有心计。约翰·罗尔则对此总结为：谨慎、好品位、足智多谋，甚至绅士。

问题在于，如果克制保留义务是让公务员如"绅士"般行为举止，那么这种考究是做给谁看呢？政府？公共服务使用者？还是二者兼有？

---

① 维因，《行政学》， 1852 年，第 255 页。

在法国的观念中，公务员的克制保留义务是信仰自由的对等物，是公共服务中立性的必然结果。巴黎市《职业操守准则》（2011 年 11 月颁布）指出，与所有公职人员一样，巴黎行政区的职员应在行使职务的过程中，注意自己有关政治、宗教乃至意识形态方面的言论表达，保持一定的克制。而里尔大都市地区的《职业伦理参照标准》提示：克制保留不仅与观点表达有关，而且适用于所有公务员，他们应在各种场合避免做出有损公共服务尊严的行为。

因此，克制保留义务是一种防止国家内部矛盾的工具，一种能够保持"国家"这一抽象理论模式表面上长久存在的考量。克制保留义务在国家系统运行中处于核心地位，所以行政机构与行政法院坚持严格执行该义务。

44. 22　在国外规章制度中。尽管词语表达不尽相同，我们还是可以在欧洲各国的规章制度中找到克制保留义务的内容。这些规章强调，克制保留义务对保证公民信心十分必要。与我们经常确信的看法不同，克制保留义务并不是"法国特例"。1993 年一位英国前高级公务员就指出了这一点[1]，他写道：试想，如果公开向一名内阁大臣、一名反对党的前座议员、一名公务员以及一名媒体评论员提出问题"首相干得好不好？"这四个人当中，三个人的答案是由自身角色决定的。内阁大臣必须说"好"，反对党的前座议员说"不好"，而公务员会拒绝回答。

在欧盟委员会，欧盟公务员"必须克制自己的行为，特别是避免公开表达有损职务尊严的言论"，这一规定非常清晰。如果公务员在争论中表现出"过激情绪"，或者其公开言论破坏了欧盟机构与相关利益方现存的信任关系，那么，委员会与司法机构会对该公务员采取惩戒措施。

---

[1] M. 昆兰（M. Quinlan），《公共服务中的伦理》，收录于《政府治理》，1993 年 10 月，第 6 卷，第 4 期，第 538 页。

在比利时，1937 年 10 月 2 日皇家法令第 8§2 条涉及国家公务人员的身份地位，规定："国家公务人员在行使职能之外，不得做出任何可能动摇公众对公共服务信心的举动。"比利时国家行政法院于 2008 年 6 月 17 日做出 M. F. 决议，确认"公务人员言论自由不排除克制保留义务；假如其私生活的某些方面影响了本职工作且明确违反了克制保留义务，那么他会受到处罚"。

在德国，有关公务员身份地位的法律总则规定，"公务员的行为举止无论是在本职工作内还是工作外，都必须符合其职务要求的尊严和信用"。宪法法院明确规定公务员要承担克制保留责任。

德国人强调政治节制的义务，该义务源自忠于《宪法》的义务。因此，即便一名大学教授在教学过程中享有独立性的保障，但是他必须坚持忠于《宪法》。如果公务人员参加反对《宪法》的组织，根据具体情况特别是其承担责任的重要性，他会受到调职甚至撤职的处罚。

在芬兰，有关国家公务员的第 750/1994 法律第 14 条要求公务员"举止得体"，禁止因表达自由权损害本职工作。

在希腊，第 1735/1987 号法第 18 条遵循了《宪法》第 29§3 条规定，严禁公务员在行使职务时或借公务之便传播有关政治、意识形态或宗教的观点。

在荷兰，根据《公职部门法》第 125 条，如果公务员公开传播自己的想法或情感，会造成其无法良好完成工作或影响公共服务的良好运转，那么他应该避免公开。

在英国，《文官法》第 9 条很好解释了克制保留义务的目的：公务员应尽克制保留义务，这样在时事更替时，新来者与公务员之间较容易建立起正常的信任关系。《公务员指南》则禁止公务员参加有政治色彩的写作、发言、活动与集会，无论这些行动是公开还是私下。因此，英国克制保留义务规定很严格。

在意大利，市镇公职人员不能在报纸上刊登批评市镇政府、批评市长行政行为不合法的公开信，也不能把公开信转交给省长，否则不合法。

2003年加拿大《公务员职业伦理法》规定，"日常行为举止的方式应以保持公众信任为准"。

警察、军人以及地方公务员应严格保持政治中立。对于私营或国营企业的职工来说，法庭以判决做出表态。某企业的一些工会成员在工会的信息简报上，刊登攻击人力资源部主任的漫画和文章，漫画中含有性暗示内容，而文章言论极其冒犯和过激，因此法庭依法解雇了这些工会成员。但是司法判定的界线比较微妙，例如，法国曾判决一名市镇警察工会的成员诽谤罪，这名女警曾激烈挑衅过该市市长，她与市长一直存在纠纷，然而，员工有集会自由和工会自由。法庭再次判决时，认为市长确实两度在市镇简报上攻击女警，并禁止女警公开回复的权利。因此，早先对女警的判决不当。对于法官来说，法官享有言论自由，但应符合所承担的职务尊严；法官应避免公开发表有损法庭权威的声明或评论，应避免发表可能引发外界合理质疑其公正性的言论。

44.23　在法国规章制度中。在法国，克制保留的概念在公务员中人尽皆知，因此反而没有出现在有关公务员身份地位的法律法规中。对于工作具有特殊性的公务员，例如法官、国家行政法院高级公务员、军人或者警察，法律规定：公务员可以享有其克制保留义务限定范围内的自由表达权利。最近的一些职业伦理宪章重述了这一概念。例如最高视听委员会在2003年2月4日的大会决议中批准了自己的《职业伦理守则》，其中写道："克制保留义务来自法律判例，它要求公职人员不能损害政府或其从属的行政部门的名声。视听委员会的每一名成员在对外表达的时候，要避免呈现出与视听委员会相左的立场。"

判例逐步定义了克制保留义务，同时考虑到把1983年7月13日法第6条所保障的公职人员自由表达权与对政府可能产生损害的言论边界结合起来，兼顾公共服务使用者们对政府的尊重和信任。

44.24　克制保留义务保护观点自由，限制（绝不是废除）表达

自由。在这样的边界之内，公职人员自由表达观点不仅被允许，而且受鼓励（参见 34.00）。和最高法院主要针对私营部门一样，国家行政法院主要针对公职部门，保护对内和对外的自由辩论权利，尤其是当一名公职人员提出超越其职务之外的见解的时候。博达尔特重要判决体现了这一理念。在该判例中，重建部某工会的秘书长写信给重建部部长，抗议针对某公务员的纪律处分不公。判决认为，秘书长抗议信中的措辞没有构成违反克制保留义务的错误。如果说法庭捍卫克制保留义务，同时法庭也注意不去过度侵越言论自由权利。例如，法官能够以司法专家的身份批评政府法律草案，但是他不能以自己批评的法律文本为依据，带着偏见去处理案件。

某位男护士既从事精神病治疗，又是"艺术疗法"的信徒。他在当地报刊上公开表示：许多医生对艺术疗法持保留意见；在他的前进道路上，被人故意设置的"香蕉皮"会让他滑倒。他以艺术疗法全国推广积极分子的名义，鼓吹艺术疗法，但是他的言论"不含有损害精神病中心或者他所属部门声誉的内容，因此没有越过评论自由权的边界"。这个意义重大的判决澄清了一切：只要在措辞或论战中没有产生过激的指责，评论自由权是合法的。

某教师在其单位董事会举行的会议上宣读了一份单位工会的动议，而该教师是经单位同事选举出的董事会成员，因此，他没有违反克制保留义务。

同样，某消防队下士长趁圣芭芭拉庆祝节，在报纸上公开提出其团队的各项要求。由于他是以单位工会书记的身份表达诉求，因此没有违反克制保留。他可以依法拒绝向报纸申请刊登更正启事。

还有，某市镇教员为一名遭学校除名的学生辩护，还陪同请愿团前往校长家。由于市镇没有提供相关事发细节，因此判定该教员没有违背克制保留义务。

类似还有，某公职人员虽然从事政治活动，但没有违背对所有公务员均适用的克制保留义务，因此他没有受到惩处。

公职人员不应干预政治生活，他不能在工作期间或者在工作外某些情况下，发表干扰其服务对象的言论。这也是对公职人员本人的一种保护。按照德马蒂亚尔（1911 年）的说法，"公务员既不想关心政治，也不想被政治关心"。这一观点在雅内斯判例中被重申："如果公务员与所有公民一样，有参与选举及选举前竞选的权利，那么他们只能在特定条件下行使这一权利，即他们必须能够认识并坚持他们理应对行政部门负起的克制保留义务。"

44.25　当触及到边界的时候。2006 年 12 月 5 日，最高视听委员会前所未有地处分了 9 名委员会成员中的一名，剥夺了他在评审视听产品方面的权力。最高视听委员会是独立的行政权威机构，这名成员未经其同僚许可，在《世界报》上刊文表达看法，而且有些内容与最高视听委员会主席的看法相左。委员会解释道：委员会要求所有委员遵守谨慎的规定，涉事人员多次违反规定。委员会提到了"谨慎"，其实就是指克制保留义务。尽管最高视听委员会主席认为"委员会不能干涉立法"，遂给出了谨慎处事的命令，但是该名受处分的成员仍然批评了某修正案，这项修正案于 2006 年 11 月底被参议院通过，2007 年 2 月被国民议会审查。

对于那些政府认为选择政治站队的公职人员，政府会定期表达愤怒。因此，依据经济委员会的提案，"准纪律性"的议会修正案于 2004 年 7 月 9 日成为正式法律条文第 14 条，内容是促进电信监管局谨慎表达："监管局成员应坚持审慎的义务，目的是保证其职务尊严和独立性。面对已经或可能指向监管方决策的种种提问，监管局成员不应予以公开回应。"

按照宪法委员会的文件，委员会一些成员公开表示支持 2005 年《欧盟宪法条约》，还参加了支持活动。但是这份《宪法》条约已经或将要经过宪法委员会不同形式的审核。因此， 2005 年 7 月勒塔约议员法律提案提出要加强宪法委员会成员履行克制保留义务，禁止他们在任期间参与政治辩论。

还有，在 2004 年 3 月的一次庭审开始阶段，法官们对律师团发表讲话，并宣读了法官声明："我们法官，我们反对草案……"而律师团的立场就是反对这份旨在打击犯罪的法律草案。因此，最高法官委员会主席特别批评了这些法官缺乏忠诚，违反克制保留义务。某法律草案不属于法官处理案件的范围内，但是在法官的职能范围内且在公开场合，法官公开表达了对该草案的立场，就是违反了克制保留义务。

同样，在省政府办公室的上班时间，为罢工组织募集捐款的行为，也是违反了克制保留义务。

另外，阿维尼翁市的歌剧院管理处主任公开"激烈指责市长与分管文化事务的市长助理蓄意伤人、工作无能"，其实他在此前纠纷中已经被通知可能会遭到处分，但是仍然无视自己的克制保留义务。还有一名属公职部门的剧院院长，在剧院当季节目宣传册中攻击共和国总统。此事立刻成为文化部部长 2007 年 9 月严肃处理的案例。在这一事件中，既有不得体的表达，又存在滥用职权。

另外，某市政税务官负责市镇预算的执行工作，因此与市镇议会成员保持工作往来。在市镇选举中，该税务官自愿发表一份声明公开反对选举候选人名单。他在声明中谴责"候选市长的首席助理在选举中的管理问题"，还表达了自己的投票意图。他作为工作负责人及市镇税务官，违反了职务要求的克制保留义务。

《国库公职人员职业伦理和保护指南》也对上述判例做出了呼应："一名国库公职人员在宣传册上批评某市镇的市长，而他本人担任该市镇的会计职务，负责市财务。他违反了克制保留义务。"假如《指南》同时提到某国库公职人员在宣传册上公开支持该市市长，他也违反了克制保留义务，那么我们可以想见，克制保留义务在日常实践中比较棘手。

国库公职人员判例由鲁昂行政法院做出裁决。裁决总结了专业技术方面的公务承担人在履行克制保留义务时的几点基本要素：

- 不能直接介入政治。

- 不能采用与职务中立性要求相左的立场。

- 不能表达与公正性相左的个人看法。

- 要认识到克制保留义务是履行职务的必然要求，也是保持"工作关系"的必然要求，这种关系与政治关系、社会活动关系有本质不同。

44.26 实施处罚的时候。无论在法国还是在国外，高级公务员因为失当言论遭解职的事例不胜枚举。 2006 年 1 月，西班牙政府撤职处分了一名将军，他是全国陆军副总司令。此人在塞维利亚的公开演说中严肃表态，反对加泰罗尼亚的自治政府方案，他还说："保卫西班牙领土完整，军队力量义不容辞。"而在俄罗斯， 2005 年 1 月一名普京总统的幕僚在参加某独立广播电台 45 分钟的节目后，遭到解职。在节目中，他批评道："行使权力的那些人总躲在绝对暗处。"

依据 1984 年 1 月 26 日法第 57 条，大学教员的言论自由必须尊重"客观与宽容"的原则。这一条在某种程度上应当适用于所有公务员。

我们注意到，克制保留义务与表达的克制不仅适用于政治领域。公职人员不能把个人看法变成公开的情绪化表达。例如，某城市规划总监察员在公开场合，由其司机和某建筑师的土地测量员朋友陪同，用非常冒犯和尖刻的语言猛烈抨击这名建筑师的项目，他违反了克制保留的义务。

私营部门也要遵守克制保留义务。工作中因极端与辱骂表达方式而丧失信用，是不可饶恕的。

第 3 节　不同类的表达方式

44.31 表达的克制。克制保留义务针对所有形式的表达，旨在缓和和节制言行，其实践可以有多种形式：

44.32　口头。 幸运的是，不需在私生活对话或社会生活对话中履行克制保留义务，但是在职务内外的公开表态包括公共集会中，需要履行该义务。

某邮局局长在讲话中指控市长的诚信问题，违背了克制保留义务。

公务员不能参加骂战。某女警于2002年8月成为控告对象，因为她在卢森堡电视台新二台大骂宪兵队数百次，从而遭到警署解职处分。这名女警接受了电视主持人组织的骂人挑战赛，目的是战胜一名45天内大骂上阿尔卑斯省宪兵队702次的妇女，该妇女于2004年6月被判刑。

44.33　书面表达。 公职人员的笔头表态都涉及克制保留义务，无论作者是否匿名。

● 匿名的话，公职人员会感到自在。普鲁斯特曾在1914年战争伊始描绘道，名人经常在报纸上用"知情者"、"泰斯特乌斯"或"马基雅弗利"等笔名撰文。2011年2月23日，笔名为"马利团队"的匿名外交官们在《世界报》撰文批评政府的外交政策，即便隐藏了真实姓名，公务员还是会因为损害了政府利益而遭到处罚。例如，某税务人员控诉税务部门运作问题，他匿名撰写出版了两本书，还参加了相关电视节目，另外，他泄露机密文件，煽动纳税者偷税漏税。这一案例是公务员不可犯下的错误的浓缩：违反克制保留义务，公开批评政府工作，煽动偷税漏税，泄露工作秘密。

原则很清楚：如果诋毁或侮辱工作，那么即便匿名，也不能免除公职人员的克制保留义务。

勒瓦卢瓦-佩雷市的一名技工，趁夜间在紧邻市政府的工地栅栏上和市政公务车上涂抹诋毁标语，反对市长的政治班子。虽然考虑到技工的工作性质和职级，这种表达方式不至于构成撤职，但是还是算他犯下了过错。

● 非匿名的话，即便是工会负责人，他也不能够实名撰写文章激烈批评政府政策，诬蔑国家的权威机构，引发混乱，煽动集体违纪。某警署公务员兼工会负责人就犯了这个错误，遭到处分。

类似违反克制保留义务的还有：

● 一家名为"法国大学联盟"的协会在报纸上刊登公开信，含有猛烈抨击并辱骂法国政府的言论。公开信发起人是担任协会主席的法国国家科学院院长泰西耶先生，他不仅表示支持公开信，而且拒绝撤回此信，因此他被依法处分。

● 某商会会计负责人向商事裁判大会的所有成员发出一封通告，在通告中，她批评大会在人事和建筑管理方面的选择。即便通告的散发仅限内部，但她仍因违反克制保留义务而被依法撤职。

● 某小学教师在家长委员会散发公开信。在信中，他指名道姓地严厉斥责自己的某些同事或某些部门管理问题学生的方式。

● 一位劳资调解法官同事是某主题为"揭露滥用职权"的地方免费报纸的编辑，他在报纸上刊登了一系列与自己职务不相符的文章，而文章中含有针对地方宪兵的辱骂内容。

● 某档案部门负责人在《分钟报》刊登了一封写给退伍军人国家办公室主任的公开信，笺头印有单位信息且署了名字与身份。他在信中激烈批评政府在历史档案中的政治导向。

● 某德国公务员以极右翼地方团体主席的身份公开表态，要求波兰城市什切青①归属德国，而且直接对《宪法》表示抗议。他被依法处分。

公务员们会在许多书中畅所欲言，发表诋毁国家机关职能的言论，或是冒犯自己的同事。于是，他们经常会在这种情况下触犯克制保留义务。某法官就是因此被调查，并被依法拒绝授予荣誉头衔。

44.34　电子的。（参见 41.23）电子信息可以概括为：在办公室"大家要小心互联网"。因为互联网会把私生活带进办公室，也会把

---

① 这座城市的德文名称是斯德丁。——译者

办公室生活引入家庭生活中。身份的混淆带来表达的混淆，因而更有必要讨论相关部门的"电子信息规定"。博客既可以是一种沟通工具，也可以供人窥探八卦，这份生活的备忘录记载了同事们的迟到和缺席，给工作环境增添了怀疑和紧张的沉重气氛。

在这方面，司法判例比行政判例更丰富，更能启发未来。

推定工作性质。

在劳动权范围内，雇主可以阅读员工没有明确标记为个人文档的文档，并且只能由于某个邮件中有关"工作"的内容而处罚员工，而无关邮件内容中的个人隐私部分（健康、性、个人信仰）。[①]

工作邮件的判定原则是：邮件由员工在工作时间和工作地点发出，内容与工作相关，因此不具有隐私性质，可以作为纪律程序的证据。

也就是说，只要电子信息与员工的工作行为发生了联系，那么就可以构成员工过错的合法证据。

所以，如果一名员工将某网站添加至其电脑"收藏夹"中，那么该行为未必会被视为隐私。

考虑到推定工作性质的原则，社交网络涉及从办公室发出联系邮件等。因此，企业、政府以及政企合作者们，应当针对社交网络的使用制定相应措施。

从这个意义上说，首先要注意的是明确区分严格意义上的工作信息和私人信息，混淆两者会造成纪律处分。国家教育部某研究助理利用国家高等工艺技术学院的工作邮箱，以世界基督教统一协会成员的身份发送私人交流邮件，因此遭到处罚。

比预计更广的传播风险。

布洛涅-比扬古劳动调解委员会认为，被依法解雇的员工的确没

---

① 如果私人信件内，既包含工作内容，也包含一些工作隐私，那么信件性质往往被视为工作邮件。

有在发送嘲笑企业经理的"私人"信息的时候保持谨慎小心，雇主没有偷看信息就知道了内容，因此对他们的惩罚合理。

民事法官与刑事法官的看法一样，Facebook以及其他社交网络属"公共空间"，不可以在上面侮辱、诋毁乃至调侃、挖苦自己的企业。例如"放把火烧了这间垃圾公司吧！"这种想法可能会在公司员工的脑海中瞬间出现，但是不应该把这句话拿到网络上传播。某刑事法官曾判决一名企业员工500欧元罚款，因为他在社交网络发布粗话："操蛋的一天，操蛋的天气，操蛋的工作，操蛋的公司，操蛋的领导，我真讨厌那些智障领导假模假样。"

工作用途与私人用途。

工作电脑不应用于私人活动，例如下载音乐。让雇主承担非法下载的风险是企业解雇员工的理由之一，当然也是政府对公务员进行处罚的原因之一。

在合作交流情况下的使用方式。

有些公职部门为了促进内部交流，鼓励职工创建博客。为了避免八卦和谣言，公职人员的内网论坛和博客有一些共同的参考标准：实名制、专业性以及非个人观点。

另外，为了不引起纪律处分，电子信息应该与其他信息一样，不得包含"侮辱性言论，不得对上级或议员进行人身攻击"。

公务承担人应牢记这些原则：永远不要忘记内容的正当性不会因电子载体而被改变。克制保留义务的原则要求人们不得放弃稳重，如今更应前所未有地践行这一要求。否则就会有遭到处罚的风险，例如：

● 某省政府话务员给省长发消息。考虑到这条消息的传播途径，消息很可能被十几名部委及省政府的收件人阅读；由于该消息被广泛传播，那么很可能对公共服务形象造成损害。这条消息的内容是指责政府在羁押中心安置了一户亚美尼亚非法移民家庭，同时斥责"共和国总统和政府实行的移民政策"。该话务员被依法处分。

- 某地方专业技术人员被依法解聘，因为他给大区多数党议员以及大区议会议长写信，信件中有对他们诽谤和侮辱的语言。他严重违反了克制保留义务以及公职人员应有的忠诚和中立。

- 某税务监察员被多次警告之后，仍然通过自己的工作邮箱发送个人对税收制度的种种看法，而且这些邮件包含严重质疑上级的内容，甚至还对某些上级指名道姓。

- 一名大学讲师背着自己的一名女同事，创建了以她名义运作的网站。在这个网站上，学生可以随意指责那名女同事。该讲师的见习期被依法终止。

- 一名在编教师在个人博客上激烈批评学院副院长。

- "卫生紧急预备与响应事务部"的某卫生人才储备事务官向法国灾害医疗公司的董事会成员们寄信。信的内容是法新社的一份公告草案，含有他对卫生紧急预备与响应事务部的政策以及相关监管部委的抨击。他因违反克制保留义务而被依法处分。

- 一些警察在网络上传播表达不得体的评论，评论带有种族歧视的语调的，又被报刊转载。还有某安全事务助理被依法解职，因为他穿着制服在互联网博客煽动暴力与种族歧视。还有某治安警察在Facebook的个人页面炫耀自己的警察身份，给人一种正式公务的感觉，而且违反克制保留义务，对警察的等级制度、警察机关以及国家机关发表诋毁、粗鲁以及侮辱性的评论，且公开批评缉毒政策，干扰了缉毒办公室的工作。他被依法撤职。

内政部部长在2010年6月3日通告中，要求所有警察在使用社交网络时遵守各项规定。

公共财政总局的职业伦理指南要求，公务员有尊重信息化工具使用规定的义务。

法官判案会具体情况具体对待，但是主要关心两大因素：

首先，法官要确认信息发出人确实是有嫌疑的公务员。如果不确定，就无法进行处罚。

其次，法官会评估有争议的信息的语气与影响。法官懂得区分在相关辩论中争论与诽谤之间的不同。例如，某国土专员就没有受到处分，他开通了个人博客，撰写的博文在互联网上是公开的，使用的是匿名，这些文章具有争论性质，但语气幽默，没有诋毁自身职务或工作的意思。因此，法官判定对该公务员的停职处理毫无依据。

最后，民选官员也要遵守电子化信息手段的最低程度的礼貌，这是克制保留义务的要求。例如，某市长助理依法被撤销了委任，因为他通过博客激烈批评市长，而且他在市民面前斥责市长，市长很恼火。

44.35　在场。仅仅是出席某个集会，哪怕不发声，也有可能违反克制保留义务。例如一名警务督察员参加了被工会占领的工厂的工人大会，就违反了克制保留。

同样，一些公务员参加了 1944 年 7 月 14 日在拉巴特教堂举办的纪念菲利普·亨利特的庆祝活动，其实活动有抗议政府的性质，公务员如果公开参加反政府的示威活动，是严重的违抗行为。但是，这里的问题在于违反克制保留义务无法被假定，因为当时另一名公务员也在场，他无法确认出现在教堂的当事公务员是否认为教堂的庆祝活动仅仅就是为了菲利普·亨利特灵魂的安息。

还有，如果公务员表示支持某名选举候选人，且参加了该候选人组织的竞选集会，那么该选举不会被取消，因为公务员没有利用手头职权支持选举。因此最好仔细区分利用公务职权与对候选人支持之间的不同。

44.36　穿着与标志。《消防员身份地位法》规定：禁止消防员穿着制服参加游行示威。尽管如此，不少社会运动，特别是 2004 年的示威，消防员们还是无视这条禁令。

在德国，边防警官在工作之外戴着印有极右翼标记的戒指，也违反了克制保留义务。

在所有情况下，克制保留义务的处罚会考虑到言行的传播媒介以及有争议信息的传播范围。

44.37　社团。 无论协会是否从属于政府，在协会范围内表态都会与克制保留义务关联，但是否违反克制保留义务，要具体情况具体研究，而不是大而化之地只看协会的头衔。

某外交官曾想要担任法国—朝鲜协会的秘书，以及某税务督察员曾想要担任税收受害者工会的领导人，他们恐怕都不清楚自己的克制保留义务。

某市镇的合同制公职人员被依法解雇，因为他写信给某协会的女主席要求辞去在该协会的财务工作，这家协会由市政府设立并拨款，他在信中用过激语言批评协会雇用社工的行为以及所谓的市政府不公正之举。尽管这封信仅在市政管理团队的几名成员中传播，而且信的作者是以协会管理者的身份来撰写，但是这封信还是构成了违反克制保留义务。

努美阿的一名警官发起了一项政治运动。他在自己的公寓举办启动大会，还召开公开的新闻发布会，引起巨大社会反响。他的行为直接违背了克制保留义务。

对于军人来说，从属于某些职业团体违反了军人纪律规定。1972 年 7 月 13 日与 2005 年 3 月 24 日的《军人身份地位法》禁止军人参加工会以及职业团体。

第 4 节　义务的调节

44.41　从三个明确来理解克制保留义务

44.42　首先要明确，工作的良好运转是目的。 鉴于工作的性质，克制保留义务的目的在于保证工作良好运转。理解克制保留义务应联系其目的，其中特别要注意的是，不能损害本职工作或者国家机关的尊严。比如，某警察因在报纸上冒犯共和国总统而被撤职；某警察因参加警署禁止的示威活动而被撤职。巴黎桑特监狱的副监狱长是工会成员，他在监狱的道德报告中写道："所有的法西斯败类又回来掌控国家权力了。"他还宣称与一名在押人员"团结一致"，他因此被依法撤职。某市镇秘书公开与市长对立，因此被依法撤职。财政部公共财政总局的《职业伦理指南》也给出了中肯的例子："公务员应避免在纳税人面前，针对现行财税政策或地方政府表决通过的措施，做出批评或负面评价。如果一名公务员对总局和其员工说出歪曲税务部门形象的言论和做出歪曲的评判，那么他就没有尊重克制保留义务。"

基于同样原因，某地区议会的公务员出版了一部反响巨大的书，完全无法控制局面。在书中，他嘲笑了自己单位的日常运行，因此受到停职 10 个月的处罚，其中 4 个月不可撤销。波尔多行政法庭拒绝了他提出对停职处罚进行紧急审理的要求。

不过，克制保留义务的目的不在于故意设置障碍、阻止对非法或者危险情况进行必要的提醒。(参见 45. 181)

44. 43 其次要明确，职务内外的行为应统一。 如果说克制保留义务首先应在行使职务的范围内被遵守，那么这项义务完全可以延伸到职务范围之外，特别是涉及公开表态，这意味着超出工作范畴的断言与公职人员的身份联系起来。这就是著名的沃勒夫先生决议的贡献："由专门考评法官的机构来研究与当事人（法官）行为相关的所有要素，特别是他们行使职权范围之外的言行，机构来判断这些言行在何种程度上违反克制保留义务。"

巴黎某负责汇票管理的公务人员在工作单位门口发放传单，然后与同事高谈阔论，煽动他们参加一个具有明确政治属性的罢工。尽管该公务人员是在工作时间之外从事这些行为，她还是违反了克制保留义务。

还有一名警察在某警察局附近的公共道路上向路人以及自己的同事散发政治传单以及一份所属团体的报纸，报纸中有一篇文章激烈批评 1948 年底系列罢工中巴黎警察的行为，尽管他是身着便装且在工作时间之外从事这些活动，但是他的行为与巴黎治安副警官的身份不符，因而遭到了处分。无论何时，总有公务员吹嘘自己的行政身份、级别和所属部委，目的是强调自己的政治立场。某借调省长是一名政要的圈内人，他在一封支持该政要的联名公开信上署名，并提及他的"借调省长"身份。在科西嘉，某法官也如此，他在一封批评政府政策的公开信上署名"某某部门法官"。总的来说，一名公务员不应该利用自己的身份来恭维政府的改革措施或者批评政府对城市暴力的管理措施，否则，就让人觉得好像必须要有身份地位才能自由表达思想一样。每个人都应该从适用于国家行政法院成员的简单原则中获得启发，尽管简单原则并非总是简单适用。以下这条原则是《行政法典》第 L. 131 - 2 条的规定：每个国家行政法院的成员都不能利用自己国家行政法院成员的身份支持某项政治活动，无论是支持还是反对政府。这条具有普遍性的建议十分重要。

克制保留义务必须一直被遵守，即便公务员被暂时停职的时候，他也要遵守自己身份所要求的克制保留义务。

某公务员把当地长期使用的公务员工作文件交给他所属的政党，这当然构成了严重违反克制保留义务和谨慎义务。

禁止公务员通过透露自己的"身份"来加强自己政治选择的影响力，这种禁止应被不断强调，否则 21 世纪的公务员就会和拿破仑三世时期乃至 20 世纪初的官职候选人差不多。那时候的候选官员只要筹集到"轻罪裁判官、税务官、财税登记官以及小学教师"支持自己的签名，并且在签名后面写清他们的职务，那么就可以跳过官员的选举程序。其实，这种签名是对选民的施压。

同样，在乡镇选举中，"某乡镇的小学教师们在当地报纸刊登文章，提醒选民们注意全国保卫世俗化委员会呼吁中的各个事项，并且鼓动选民为某候选人投票"，这种利用公务员身份来影响选举的方法是走错路了。

44.44 最后要明确，根据实际情况灵活应变。克制保留义务会因为以下 7 种因素被调整或减轻，这些因素应被综合考虑。

44.45 a) 涉事公务员的级别及其职权的敏感度。 实权部门公职人员由于其责任重大，因此克制保留义务更严格。

某专区区长署名发表有关巴以冲突的文章，引起了巨大争议，他的职责十分重要，所以严重违反克制保留义务。

某警察分局局长犯有过失从而违反了忠诚与庄重的职业伦理义务。

宪兵队军官公开发表言论，更要受严格的限制。

某电信总工程师身为高级公务员，不仅攻击电信部部长的管理能力，还利用自己高级公务员的身份给攻击加码，令人难以原谅。同样，法国国家科学研究院的院长同时还是某团体名誉主席，他在报纸上刊登辱骂政府的公开信，因而受到了惩罚。

在某省长身边负责女性权利工作的女专员不能够兼任本部门下属协会的会长和活动组织人。她领导的协会严厉批评了政府政策，且泄露了取消女权部的决定。在 1937 年，那时还未承认罢工权，新组建的法国国家铁路公司董事会的一名成员同时是员工代表。他在一份宣传单上签名，不仅鼓励法国国家铁路公司的雇员和工人团结一致参加罢工，还号召他们占领铁路道口阻止列车运行。他的态度与公司董事的身份不符，因而遭到撤职处分。

44.46 b) 时间与地点的环境因素。 事发的时间和地点在判断克制保留义务方面具有重要意义。

44.47 边疆。 新喀里多尼亚的一名市长，在 11 月 11 日发表公开"侮辱"法国的演讲，因此被撤职。在此案例中，我们不能忽视当时有关该地区独立的争论背景。

某公职人员在一名犯人的葬礼上发表损害法国主权的讲话，而当时没有任何特殊情况需要他如此发言。该公职人员将受到处罚。

44.48 在国外或与国际政治关联。 在国外，公务员应保持最大限度的克制。

某在国外负责经济推广的官员必须离职，因为他给一份杂志撰文，稿件写在笺头印有法国大使馆经济商务顾问的纸张上，而且写上了一些"世界范围内看，法国军工业发展畸形"、"我们战舰出口的销售结构无法适应现代社会"、"我们国家的军工出口迷失了方向"等，但是外交部更糟糕，只是把这位违反克制保留义务的公务员调回了原部门。

一名工程学专业的公职人员从突尼斯被调职回格勒诺布尔，因为他在突尼斯时没有遵守职务所要求的克制保留义务。

一名马提尼克的教学督查员在阿尔及利亚的一份当地报纸上公开表态反对马提尼克省政府的政策。由于他是在国外表态，比在本土更加敏感，因此受到了处分。约翰·劳尔在论述克制保留义务存在时间地点特殊性的时候，曾仔细讨论过该案例。

某治安警察依法从欧洲安全与合作组织的法国派遣队离职，因为该组织认为他违反了克制保留义务，不希望他参加在科索沃的行动。

同样，某海外事务官员被派驻非洲某国。他在短暂回法国履行公务期间，积极召集并参与组织会议，鼓吹法国在美洲的海外省应当独立。他在履职期间严重违反了克制保留义务，因为他公开并明确实施与法兰西共和国政府政策相悖的个人活动，而他的公务员身份恰恰是他所反对的政府赋予的，且这个身份要求他遵守克制保留义务。

44.49　在工作冲突的情况下。 某市政府秘书兼任小学校长，还是《洛林共和报》的通讯员。他多次在报纸上以挑起争议的方式公布市镇议会的决议，公开表达对市长的敌对情绪。而且他向本市居民发放传单，传单内容是其与市长之间的纠纷。他因违反克制保留义务而被解职。

相反，如果工作职务与政治活动被严格区分开，那么就不存在违反克制保留。例如，某位担任医院高层副职的公务员在医院工作范围之外的休假期间为某政党筹款，这就不属于违反克制保留义务。

44.50　c) 表态的公开程度。　应当考虑说话场合是公开的还是封闭的。例如，在报刊上出言不逊，更有甚者在晚 8 点黄金档电视新闻上表达不谨慎，都是违反克制保留义务。

某部门负责民防事务的公务员在公开场合多次攻击政府政策，违反了克制保留义务。还有某警务督察员于 1973 年在贝桑松利普工厂的一次工人代表大会上的发言，也违反了克制保留义务，尽管他只是重申了所属工会组织的态度，但是当地报纸援引了他的发言（新闻标题是《利普工厂：警察前来声援》），发言中提及，"警察越来越被当作反对工人的武器"以及"在资本主义体系中没有好警察"。这些政治假设，其实是某种观点的表达，但是当该督察员以警察身份公开表达这些说法，就不行了。

努美阿的一名警察在他推动的某场政治运动中组织了启动大会，之后他又召开了新闻发布会，被当地纸媒和广电媒体广泛报道，在本地引起了强烈反响。他因此被依法处分。

某市政府秘书长不能在报纸上刊登自己撰写的反对市长的公开信。

某养老院护士把个人与养老院的工作纠纷公开化，尤其是使用了在公共场合拉标语横幅、向报刊写信等手段，因此她违反了所有公职人员应当遵守的克制保留义务。

某公务员在 1959 年提交给共和国总统的动议上签名，这份动议起初并未计划被公开，因此不能够责备该公务员违背了克制保留义务，因为他也不是后来动议被公开的始作俑者。

44.51　d) 语气表达攻击性的激烈程度。　公务员使用过火表达、造谣中伤或是威胁是不可原谅的。相反，如果只是在一份有关增加人手请求的请愿书上签名，其内容不含侮辱、造谣或极端言论，那么《劳动法》保护了这个权力，排除了克制保留义务。

44.52　1) 极端表达。以不恰当的语气当面嘲笑：某省政府办公室主任不能用"令人着迷的文化部长"挖苦部长，他因此被解职。

某省长不能够以省长身份在《巴黎人报》发表针对内政部的富有争议性的激烈言论，因此责令其退休是合法的。

　　某女教师在1984年2月向她所在学校的学生家长散发传单，传单内容是使用极端语言激烈批评国家教育政策，这些批评的内容倒是其次，更多是因为批评的表达方式构成了违反克制保留义务。

　　某档案系统局长不能向负责退伍军人事务的同僚发表公开信，且公开信使用极端激烈的言论批评国家在历史档案方面的政策导向，并发表在《分钟报》上。

　　44.53　2）诽谤与侮辱。某邮局局长不能公开指责本市市长的诚信。

　　市政府办公室主任不能在市政府的办公室内以过分语言当面侮辱市长。

　　某公职人员针对所在部门的公务员和工作不能使用明确会招致其判刑的诽谤言论。

　　某廉租房办公室的传达室主任不能在省级日报上用具有诽谤性质的言论指责办公室的领导们。

　　44.54　3）威胁。某实习警务督察员在某些国际发行的刊物上实名撰写文章，文字极具煽动性，批评警察系统的现行机制、装备和设施，因此违反了克制保留义务。他受处罚的原因并不是他的极右翼言论，而是他公开且激烈的表达方式。政府专员福尔纳齐亚里对该案例总结道："国家警察应当像凯撒的女人一样无懈可击。"

　　反过来说，某外交官在国外签署了一份给共和国总统的提案，并通过杂志公开发表。由于提案语言很有分寸，因此没有违反克制保留义务。

　　公职人员应始终避免诋毁自己的工作（参见44.73）。

　　44.55　e) **工会运动**。应用于公职人员的《工会法》涉及请求、动员以及沟通。（参见51.131）相关工会负责人的克制保留义务因此有所减轻。

有关工会克制保留义务的判例框架已经通过1972年奥布莱戈女士判决被固定了下来。在这次判决中，某女法官兼工会分会成员被依法处分，因为她违反了克制保留义务，参加了散发传单抗议法院院长决定任命某核税法官的活动。

某当事人是工会一项动议的代表人，报纸杂志两度传播当事人的评论该项动议的公开立场，在这种情况下，对当事人的考评降分是不合规的。因为当事人埃克赛杰先生当时只是以全国工会理事会成员的身份对工会代表大会已经批准了的动议做出评论。

某警务人员工会联合会的秘书长向报界提供了一些联合会执行机构的公告，这些公告的目的在于保护警务人员利益，而且公告的表达方式没有超出公务员应当遵守的克制保留义务的规定。因此，秘书长的行为没有任何不妥，也没有触犯法律。同样在西班牙，某警务人员代表工会面向同事们撰写了公开信，鼓励同事们不要在节假日期间进行非强制性的加班。他的行为属于合法行使工会权利。

然而，如果一名工会领导使用暴力或不恰当言论，那么就会因违反克制保留义务而受到惩罚。某海事人员兼工会秘书署名发表的文章中包含对上级的侮辱，他因此遭到惩罚。根据1920年4月1日法令，如果存在对上级侮辱、暴力、袭击等行为，可受到解雇处分。同样，且不谈言论语气问题，西班牙宪法法院曾认可了一项对某警务督察员兼工会领导的处罚，该警务督察员利用自己职务头衔，在工会印发的杂志上做公开宣传。警察作为公务人员，行使工会自由是有限制的。

如果被追责的公职人员本人不是工会主席，只担任工会干部，那也不能被免责。只要公职人员使用过分的言论，他就是违反了克制保留义务。例如，某公职人员散布侮辱言论且与捍卫工作利益毫不相关；还有某公务员以激烈表达方式质疑某市教育基金会工作的言论被大量传播，他言之凿凿地说："学校食堂的卫生糟透了，孩子们餐后食物中毒。"他在公共场合信口雌黄，可能招致学校服务使用者们的不适反应。这种放纵个人争议言论的行为违反了克制保留义务。

某邮务员兼任法国邮政电信工会联合会主席。他作为顾客去某邮局购买1999年12月法国电信在节庆期间推出的手机套餐，结果他排了队以后被告知套餐售罄，于是与售货员产生了冲突。根据政府专员在国家行政法院的证词，在公开场合且人山人海的地方，"他怒气冲冲责骂售货员：法国电信做虚假广告"。紧急审理法官中止了针对该公职人员的临时停职处罚，因为他所犯的是错误，还没到被追究责任处罚的地步。在这种情况下，公开诋毁自己所从事的工作构成了错误。

一些负责工会管理的公职人员如果因为超出批评自由的边界而陷入对自己日常工作体制机制的诋毁，那么他们就是违反了克制保留义务。

政府专员们长期以来提醒公职人员注意自由行使工会权利的方式，"不得放纵个人争议性言论，在公开场合发表毫无根据的指控，有可能招致社会对某公共服务的巨大反响"。

对公共服务的运作，自由的批评不仅有用且有必要（参见34.00）。自由批评是工会担当的重要部分，但是相反，诋毁服务是对公共服务的扰乱和损害。例如，某警察在自己的分局公开揭露存在所谓的暴行以及对报案不予登记的行为；某医务人员在地方报刊上描述急救服务的系统性迟缓；某教师建议家长不要把孩子送到自己的学校；某税务督察员宣称一些行业故意逃避税务监督；还有在西班牙，税务部门公职人员在工作期间穿着印有明显"国库舞弊"字样的衬衫。

所有自由批评的情况无非分为两种：一种是大量的批评起码有根有据，因为工会成员能够为自己的断言找到初步证据，那么他揭发的弊病应该在机构改革中得到纠正；另一种是大量的公开批评毫无根据，其唯一目的就是破坏公民对公共服务的信任，因此这种担任工会成员的公职人员应当被警告，如果他还不悔改这种公开行为，他就会遭到处分和解职，因为他对单位离心离德。

企业部门也是如此。某职员的职业行为含有对公司新领导层的诋毁和偏执的敌意，那么即便他是受《劳动法》保护的工会代表，他也会被依法处分。

44.56 尊重选举而来的职务，选举的职务是对所有公职人员，甚至（为了道德上或宗教上的原因而）拒服兵役者的保护。 1975 年 3 月 19 日曾有案例：某法令限制了在公职机关工作的这些拒服兵役者的言论自由，而这条法令对选举出的公务人员没有任何限制，因此该法令被判不合规。

44.57 与其他义务的关系。 克制保留义务常常承载了忠诚：一名公职人员只让本部门的领导了解自己对部门的反对意见，而不是广而告之。反例如：某劳动督察员在某企业的所有职工面前宣布，他对该企业解雇员工持否定意见，然而他的上级尚未就此表态。

第 5 节　特例：司法人员、军人和议员

44.61 三个特例都比较复杂：军人，司法人员与议员。

44.62 有关军人。《军人身份地位法》源自 1972 年 7 月 13 日与 2005 年 3 月 24 日法，要求军人恪守其军事身份要求的克制义务，严禁参加政治协会或工会。 1972 年旧《身份地位法》的第 7 条要求军人对政治或国际问题表明公开立场必须经由部长的许可。获得许可有严格的条件限制， 1972 年 9 月 29 日、 1981 年 9 月 4 日以及 1991 年 4 月 23 日的通告都做出了详细说明。这条严格纪律的范畴尚有争议。在德国，联邦行政法院承认开除一名德国联邦国防军成员合法，因为他参加了极右翼的德国国家民主党，这会让人们质疑军事秩序和军队安全。同样，根据《联邦德国军人法》政府依法拒绝一名参谋部军官在自己办公室门上张贴拼接图的权利，因为在这张图上他宣告了自己对军事部门中某争议性政治问题的观点。政治争论不应进入军事部门。在西班牙， 1993 年宪法法院确认军人的表达方式有更为严格的

限制。

某军人不能在单位的信息网络上传播有明显倾向性的报纸文章节选。

某宪兵队员不能大张旗鼓把自己的存有争议的灵活性补助捐给爱心食堂。他更不应该使用内部消息系统引起同事关注。 2005 年 2 月他被处分。

某将军在报刊上谈及法国参加在阿富汗的军事行动，他称之为"一场美国战争"。 2000 年夏季他因此遭上级训斥。

某宪兵指挥官近年一直秉持言论自由观，像上文的军人或像前文的法国科学院研究员一样，对政府的各项政策选择做出支持和反对意见。当然，这些政策主要涉及警务、宪兵或国防系统。他之前企图吸引人眼球，现在如愿以偿，自己的言行成为了判例。

一名上尉因在报刊上数次发表不谨慎言论而收到了一份处罚令，要求他拒绝一切广播电视的邀约——这样的要求并非不合法。当然，在纪律处罚前他可以对自己的行为做出解释。如果他坚持在评议政府机关时使用内容和语气语调过激的言语，超出了军人必须遵守的克制保留义务设定的界限，那么对他的处罚属于合法，国家行政法院对此也表示了认可。《国防法》第 L. 4121－4 条明确禁止组成职业团体，因此解散有军事职业团体性质的"宪兵与公民论坛"协会的命令是完全合法的。如果某军人坚持要在公开场合批评"议会正在商讨中"的改革措施，那么他就是犯了错误。纪律机关具备一系列不同程度与范围的惩罚措施，但是在选择除名某干部的时候也会犯错误，如果这种除名惩罚明显与过错不成比例，那么会在紧急审理中被部分中断，最后被取消。

某军事人员评论道："国家行政法院已经强调，克制保留义务不是旨在消灭军人表达自由的大规模杀伤性武器，有必要提醒各位，军人与公民一样享有表达自由。"

但是克制保留义务是被明确承认的。如果有人依靠自己的职位或级别来给自己的观点加码，从而扰乱工作，那么应当给予他们相应处罚。某当事人因违反克制保留义务被除名，另一名宪兵队员马上发表支持当事人的诗歌，题为《雨纷纷落在我们的军帽上》，他于2010年4月被停职。

源自2005年3月24日法的《军人身份地位法》规定了克制保留义务的适用范围。它禁止军人加入任何政党，但用事后审查代替事前立场调查。1972年法第7条与2005年法第5条均指出："有关哲学、宗教或政治的观点或信仰可以自由表达，但是只能在工作之外且遵守军人克制保留义务的前提下去表达。" 2005年7月15日法令第5条规定："军人在表达看法特别是有关军事问题看法的时候，应该尊重保密规定，恪守克制保留义务。"

新的《军人身份地位法》做如上明确规定，但是评价褒贬不一。

对军人自由表达的过度限制导致很多军事人员用迂回方式表达，如通过笔名或借退休军人协会之口，后者是现役军人的合适发言人。不过，国防部本身是鼓励军人对战略问题展开讨论的。

44.63　有关司法人员。 对他们而言，克制保留义务是双重的。

一方面，司法人员不应把个人观点带到自己处理的案件中，但是这条限制经常被忽视。司法人员对手头案件，可以审理，但不能予以评论。某法官在广播电视节目中对自己审理过的案件予以评论，违反了克制保留义务。

唯一例外是检察院成员在处理"被指定案件"任务时，虽然不能给出个人意见，但是可以提出检察院方对案件的看法，因为沟通在处理此类案件时必不可少。

某法官使用诋毁言语批评审判庭长从部门利益出发而做出的判决，这尚不算是违反克制保留义务；但是，他还参加散发抗议判决的传单，其中一份甚至传给省律师院的主席，这就违反了克制保留义务。

法官在判决时是"以法国人民的名义"表达观点，因此比其他公职人员更受关注，不管在审判内外，他们都应当把人民给予他们的信任牢记于心。

另一方面，他们与政治的关系很"敏感"。具体说是因为司法作为第三种权力，与其他两个权力之间的联系有种模糊的魔力。

某女法官兼任大区委员会主席，她在地方报纸上公开表示支持一名共和国总统候选人。她因此成为 2007 年司法部纪律预调查的传唤对象。

司法人员与议会的关系也不简单，议员们像评估其他公共服务一样评估司法的效率。司法人员没有理由不认为他们从事的是一种性质特殊的公共服务，受《宪法》保护。而且议员们从政治—行政角度批评司法系统时，司法人员既然坚持克制保留义务，那么议员们也应该秉持一定程度的克制保留，从而使得双方对等。

1998 年 9 月，司法人员联合工会科西嘉分会的法官们批评议会关于科西嘉的一份报告。他们态度明确，声称"被报告情愿采用轶事和闲谈的内容震惊了，而且报告缺乏让人信服、真实且有启发性的深入思考"。尽管工会运动赋予自由表达的权利，但是反对议会报告的措辞已经达到了政治和司法系统之间关系可以容忍的边界。2006 年 2 月，最高司法委员会与司法人员联合工会提醒司法人员恪守克制保留义务，然后在一份公告中批评国民议会乌特罗案调查委员会："如同法官不能彻底改变法律，其他权力也应避免彻底改变司法决定"。而作为《宪法》机构的最高司法委员会出台一致认可的行为守则，对于每一个司法人员而言，至少他个人要能够怀着克制与谨慎去执行。

在南非， 2011 年 1 月政府在国会提交了一份《司法人员行为守则》。

在美国，克制保留义务尤其强调法官在政治领域的言行："一个法官不应该……为一个政治组织或候选人发表演讲，也不应该公开表示支持或反对一个公职候选人。"

44.64 有关议员。 在克制保留义务章节谈到议员算是故意为之。因为对他们而言，表达自由与往往激烈的政治辩论和意见交锋是同质的，所以他们应该遵守某种形式的克制保留义务，这种克制保留被称为"政府或市镇团结"。某市长助理是一家报纸主编，他在报纸专栏中悄悄发表了一篇他妻子写的文章，而这篇文章用过激言论严厉指控市长在起诉方授权方面的政策，他因此违背团结的义务，市长依法撤回授予该市长助理的各项委托工作。

很多部长卸任后未预先请示就公开评论时事，其言论未免过激，不顾及政府的团结。

第6节　写作和获得批准或者对上级的预先告知

44.71 根据出版物与工作的关系加以区分。 创作与本职工作不相关的文学或科技作品显然是自由的。

创作与本职工作相关的作品就比较棘手。

从两方面看，这些作品会引起问题：一方面作者出于私人目的在发表的作品中使用工作资料；另一方面作品会提及甚至驳斥公职人员正在负责落实的政策，给公众带来混乱。

44.72 a) 把工作资料据为己有。 许多公职人员在个人单独署名的作品中使用通过工作获取的数据、信息、通讯录以及经验资料。

在专业领域，公务员表明身份署名发表的书籍不胜枚举。在这些书中，作者们描述了机构设置，评论他们直接参与制定的法律，甚至提供相关印刷品以丰富内容，还讲述文件的来龙去脉。换言之，公务员本应该代表所在部委撰写文字，他发表的作品或者通告应当由部长签字或者至少由部长推荐，但事实上很多人没做到这一点。公立机构编辑出版的行为如今越来越有一种个人化的倾向，这倒和公立的法国文献出版社的努力基本一致。该社出版公共服务系列合集，由各领域担任各种职务的公务员或司法人员撰稿并署上作者的名字。有的时候，法国会执行一些令人无法理解的行政改革，其中国家会有不可公之于众的考虑，而为了实施这些改革，又需要向改革对象进行解释和举例。那么，参与某项改革的公务员就很难在他的"官方"统一口径和私立出版社的个人"作者评论"之间取得平衡。在二者中，他的主要精力应该放在哪一块？问出这个问题，就是彻底忘记了英国人的成就，特别是他们的"皇家版权"。根据 2006 年 8 月改革，新出台的公职人员知识产权制度没有否定个人化倾向（参见 11.246）。

著作权领域与其他写作领域一样，公职人员应当在发表作品之前向上级解释其作品的目的和意义。这也是里昂行政上诉法院于 2004 年 1 月 27 日以有益的方式提醒公职人员注意的内容。某警官给一家私立出版社写了一本图书，面向的读者是有志于警务事业（希望成为警察）的青年人。他在书中使用了工作中接触到的数据，并未经主管领导预先批准，因此里昂法院认定其违反了职业谨慎的要求。

44.73 b) 与工作相冲突的风险。 法官在判定这一风险方面比较宽松。许多判例丰富了言论自由和表达自由的内容。

在欧洲，2004 年 3 月 22 日新的《欧盟公务员身份地位法》不再要求公务员发表作品需要上级批准，而是要求他们遵守告知的义务。欧盟委员会从欧盟法院的自由主义原则中吸取经验，委员会在承认克制保留义务的同时限制了上级批准的权力，但是特殊情况除外。特殊情况包括"作品的性质会严重损害欧盟的利益"或者"有严重干扰表达自由的可能，而表达自由是民主社会的基石之一，因此这种可能性要严格加以说明"。在欧盟法院的一些成员国，例如希腊，公务员可以通过报刊发表对有关大众利益的问题的看法，其目的是有助于大众的知情权。希腊的立法和司法部门甚至认可公务员在报刊上批评上级的权利，只要批评语言不要无礼。

在法国，趋势是"事后监管"。甚至军方也不愿沉默不语，2005 年 3 月 24 日有关军人身份地位的法律取消了"军人对政治问题公开表态需要国防部批准"这一条。对于非军人的公务员而言，2000 年 12 月行政法官禁止了就业与团结部部长的一份通告。在这份通告中，要求公职人员即便没有在自己的文章或书上署名表露身份，也要把这些作品提交给上级，只要这些作品涉及的主题会影响作者从事的工作或有可能对政府行为表达反对意见或批评。通告错误地忽略了区分公务员利用身份的方式。从禁止通告的做法来看，该法官是采取了激进的态度，超越了政府女专员冯布女士给他的建议。她认为通告中"只要这些作品涉及的主题会影响作者从事的工作"这句话是有效的。她有理有据地解释道："我们相信，当事人想要利用自己的公务员身份时，预先告知这样的程序是可以成立的。事实上，在利用身份的情况下，公职人员采取的立场肯定会影响工作，且损害公共职能的尊严以及公共服务的中立性"。

如果说公务员的身份出现在出版物上，能够让不知情的读者更加贴近文件和行政职能，那么也应该可以设想，即便有 2000 年的这次判决先例，公职人员最起码应该在出版之前告知上级。军人或司法人员在作品上署名，表明作者的公务员身份，其实是利用公共职务的分量给自己的文字加码，并带进一些工作职能的技术权威性。他们有意加入自己的工作内容，目的是提升出版物的价值。出版社从不掩饰自己喜好作者署名并写上头衔。

法国行政部门推荐 2011 年外交部《职业伦理指南》中的预先告知程序。指南这样写道："建议希望发表文章或其他文学作品的公职人员请示行政总局关于出版的意见，在特定情况下，不得表明外交部职员的身份。"法国行政部门还建议可参照"公共服务沟通办法"来组织活动报告、数据开发以及劳动督查行为的评估。

出于对预先告知程序的尊重，上级至少要关注以下三种情况：

44.74　工作闲聊的情况。沾沾自喜的人总会对职业生涯中发生的事件自吹自擂一番，展现自己在平庸之辈面前明察秋毫、洞若观火的能耐以及和蔼可亲的态度。江山代有"人才"出，之前已经有医生、间谍、警察、驻外大使、法官等发表作品违背谨慎原则的案例，而近年教师出问题的比较多。这些作品绝非职业生涯回忆录，而是写得太早的个人自传，上级主管建议推迟几十年出版就没问题①。

每一个热切想写作的公务员或司法人员应该在落笔前读一读历史学家乔吉特·埃尔吉的答复：②

● 问："您自 1981 年起管理弗朗索瓦·密特朗的档案，您肯定会向我们描述您眼中的第五共和国历史吧？"

● 答："绝对不会。我永远不会去写第五共和国，因为我很讨厌那些利用职权获得信息去写书的人。"

在这段交谈中，所有的职业伦理观都体现在词语的冲突中：使用"肯定"来试探，使用"绝对"来体现经年累月成熟思考的坚定性。

44.75　假定有矛盾的情况。某领导岗位公务员与省长、市长乃至部长都有工作合作。他利用自己的行政身份签署一份文件，文件批评了或者说驳斥了需要由他负责实施的方针政策。这就损害了他的本职工作，破坏了人们对他拥有的签字代表权的信任。在这种情况下，更加需要明确公务员的权威与公共服务的权威：要么公务员继续宣传相反政策的好处，但是在低调的岗位上进行；要么他保留原职但是放弃发表文章批评自己的日常承担的工作。政府要认识到工作职能产生的两面性，不要指望公务员主动承认职能的矛盾。

许多公共服务部门合理要求公职人员能够最起码告知上级将要出

---

① 在某些重大历史事件发生的情况下，公职人员可以做记录，如有必要可在事件发生一段时间后发表。法国二战抵抗运动领袖让·穆兰在 1941 年春天撰文记录他与占领者在 1940 年 6 月的战斗。此书由戴高乐将军撰写序言，于 1946 年 6 月 1 日以《第一场战斗，铭刻于史的绝少事件》为书名出版。

② 乔吉特·埃尔吉，《观点》，1996 年 10 月 19 日，第 76 页。

版的作品的信息。例如，竞争委员会的《职业伦理章程》第1-1条规定："当委员会委员公开介入某事或发表作品，并在其中援引自己的委员身份，那么委员应当向委员会主席告知自己介入的情况或作品的看法。"竞争委员会主要从以下三点衡量情况： 1）要告知； 2）要提前； 3）既然要告知情况或看法，那么告知的信息要完整。

1976年2月5日，内政部部长波尼亚托夫斯基曾向各省长发布有关"审慎与克制义务"的通告，至今仍有现实意义："审慎与克制的义务涉及你们每个人，这要求你们向我提交你们署名的将要出版的书或文章，以便我进行评估；当然，毫无争议地属于文学、艺术或科技性质的作品除外。"义务既不是根据省长身份是否在作品上出现来决定，也不是根据作品内容是否与省长工作接近来决定。

旧的《欧共体公务员身份地位法》（2004年之前版）第17条第2段规定："如未获得享有审批权的部门的批准，只要作品的内容涉及欧盟活动，公务员不应当发表或让他人发表独著或合著的作品。只有当作品性质是牵涉欧盟利益时，才可能无法获得批准。"欧盟初审法院关注该规定的执行情况。法院判定某禁止出版的命令毫无根据。首先，法院很清楚"欧盟委员会对公务员作品的主题做出了明确公开的规定，即公务员没有担任领导职务且以个人名义撰写作品，那么作品是合规的"。其次，对被禁止出版的作品所涉及的领域，欧盟委员会恰恰表示不存在官方政策，而且作品面向的读者主要是该领域专家，这些专家确实很可能已经了解了委员会的立场。 2004年新的《欧盟公务员身份地位法》放松了对公务员出版作品的限制，仅要求公务员请示的义务；因此，当时法院使用的这些判定条件更加显得恰当且有益。这些判定条件包括：相关部门要制定公开的参考标准——作者作为公务员的职级、与官方政策的一致或冲突性、读者的特点。

欧盟这条纪律规定虽然务实大于务虚，但是也有局限性。不言而喻，如果公职人员用不为人知的笔名发表作品，就更难断定是非了。根据职级和涉及领域，我们姑且认为，如果公务员仅仅是署名而没有透露自己的身份，尤其是在书中没有表现出自己的工作，那么这条纪律规定的应用可以宽松些。如果公务员能够礼貌地告知自己的上级，那就更好。

44.76　有诽谤的情况。（参见 44.55）相关案例如下：

- 某警察公开声称在自己的分局内部存在所谓的暴行以及对报案不予登记的行为。

- 某医务人员在当地报刊上描述急救服务存在系统性迟缓。

- 某护士在给医院董事会主席的信中严厉批评医院的运行状况。

- 某教师建议家长不要把孩子送到自己的学校。

- 某税务督察员宣称有些行业故意逃避税务监督。

- 某商会职员代表商会参加公开游行，期间说了会让自己雇主名誉扫地的话。

这些所有情况可以分为两种：一种是这些批评有根有据，起码公职人员能够为自己的断言找到初步证据，那么有两种解决办法——他揭发的问题应该在机构改革中得到解决，或者公职人员应该把批评告知自己上级、监督单位，严重情况下应诉诸法律；另一种是这些公开批评毫无根据，唯一目的就是破坏公民对公共服务的信任，因此这种人应当受到处分。

2001 年，某警察局女行政助理先前在奥利机场边防检查站工作，她出版了一本反响强烈的书《警方缄默法则》，揭露边防检查站存在"滥用职权、反同性恋、种族主义以及歧视妇女"的现象[①]。在行政法院判定第一次停职生效后，她再上诉。根据 2011 年 7 月 26 日法令，她遭到 18 个月的停职纪律处分，缓期执行 12 个月。巴黎行政法院拒绝终止处罚。她的行为包含了诽谤的不同要素："作品被大量媒体传播和推介，她本人也积极推动；作品以鲜明的方式指控警察系统

---

① 2011 年 1 月 8 日《世界报》刊登与该女公务员对话，这一页的标题是援引她的语录"克制保留义务并不高于法律"。

的不同部门，含有激烈的指责，诬蔑整个警察系统的公共服务。"

　　不管怎样，遭到如此指控的政府部门不能仅仅止步于处罚当事人。政府部门应该做出切实调查反驳诽谤言论，不仅可以防止其后再遭诬蔑，而且可以防止未经证实的可能的机能不良情况。

第5章
信息管理

第1节 与新闻媒体的关系

45.11 明确各自的定位。 关于与新闻媒体的关系，法国公务员会想到英国公共服务的一个首要特点，即公务员的"匿名性"原则，根据该原则，公务员不得成为新闻公众人物。然而，公职人员必须懂得与新闻媒体打交道，读新闻、听新闻，与新闻媒体建立起职业关系。在满足以下两个条件的前提下，公务员和新闻媒体必须找到各自的定位：

一方面，公务员不是编外的记者。有这样的想法或行为都是背叛公职工作。在文章中将某位法官称作"《世界报》的荣誉通讯员"属于诽谤，该文章的几位作者也因此在2005年7月9日被巴黎上诉法院第11审判庭判处每人罚款2 000欧元。在英国，伦敦警察局局长于2011年7月19日辞职，原因是伦敦警察局与默多克集团的《世界新闻报》之间存在暧昧关系，多名警员曾受雇于默多克集团，为非法采编新闻提供便利。

另一方面，新闻媒体并不是"公职部门时常可以指挥的下属"，这只能是可遇不可求的情形。新闻媒体形态各异，但公务承担人不能选择"独尊"某一家。同时，正如 2007 年 9 月 26 日部长委员会《关于保护与推动新闻调查的宣言》所要求的那样，公务承担人应认可新闻调查的存在及其合法性。按照欧洲委员会议会 2011 年 1 月 25 日第 1950 号决议的相关精神，公务承担人应尊重新闻媒体对信息来源实行保密。而关于如何对待新闻媒体以某些付出换取信息的问题，有望通过完善 2010 年 1 月 4 日法加以规范。

45.12　**a）与新闻媒体相处。** 庆幸也好，遗憾也罢，首先要明白的一条原则是：行政官员与新闻媒体共生共存。因为在向公众做说明、警示或动员时，媒体需要行政官员而行政官员也需要媒体，两者的关系是一方负责做事，另一方负责展示。人们了解事情往往不在于事情本身，而在于事情被呈现出来的样子：如何做事与如何展示是两种技能。

刻意的沉默回避，或是过度褒贬的大肆报道，都会让人起疑。

由此也引发行政官员与新闻媒体之间的不满甚至争端，其中就有泄密的问题。行政部门有权要求某个公务员做出书面报告，说明他是在接受了哪些条件的情况下把一篇工会通讯稿交给媒体的。行政部门也有权以书面命令的方式禁止某官员"将与工作有关的某些事项透露给纸质媒体、广播或电视新闻记者"。

一名市镇公职人员被依法开除：虽然没有证据证明就是他本人将他起诉市镇议会的事透露给了新闻媒体，但是有证据表明，他"利用与记者们交谈的机会，透露了他与市长不合，并诋毁市长"。

一名预审法官"轻度蓄意违法"，因为他"在某个周刊的授意下，同意让一名记者进入他的办公室参与审讯"。

因此，公职人员必须懂得，一方面不得在与新闻媒体无关的行动或论战中利用新闻媒体；另一方面，出于行政透明与公众知情的目的，需要将信息传递给新闻媒体。这方面有个与媒体进行良好沟通的例子：为了配合寻找合适地点掩埋核废料而进行的地质勘探工作，行政调解专员事先就做了深思熟虑的说明并准确传递了信息。

45.13　b) **选择正确的态度。**为了与新闻媒体建立起工作关系，行政部门通常有三种不同的态度。同一个行政部门可以同时或者交替采取这三种态度。

● "两讫"态度：即交换的态度，尽可能相互回报。但宣传委员们发现其中存在可靠性的问题：礼尚往来的交易并不意味着真相实情，却会因为提供礼物、免费旅行和便利，以及授予独家新闻或优先播出等带来利益纠葛。这种态度通常是行政部门为了获得有利的评价、占据新闻头条位置或得到独门信息。

● "对抗"态度：不问就里的鲁莽态度，不惜损害各自的尊严。刑事法庭对此类纠纷导致的损害不会判处赔偿。这态度是"把人的尊严丢给狗了"，作为回应，记者 E. 波莱奈出版了《狗的时代》一书。

● "专业"态度：就是弄清应该介入哪些环节。直播还是录播？对话者是谁？访谈记录在出版前是否可以再次审阅？并且行政部门要尊重新闻媒体所拥有的权利，不得出于歧视或者与公共利益无关的理由而将某个新闻机构排除在信息发布名单之外。

这种合作伙伴态度意味着行政部门与新闻媒体需要定期会面一起评议各种事件，在尊重事实的基础上，允许新闻媒体预测事态、选择报道方式、跟踪观察已发生的但尚未有定论的事。双方都应该以正确地完成各自工作为准绳。

45.14　c) **建立专业的职业关系。**新闻媒体、公职人员和政治人物之间的关系从来就不简单。

如果公共机构注意以下两个方面，与新闻媒体的关系就会融洽些：

● 一方面，在机构内部设立新闻联络部门或者新闻发言人，例如法国总统府或国防部设有新闻发言人，近年来司法部和内政部也设立了新闻发言人。这种做法也值得司法机构、省政府和市镇政府参照。

财政部国库总司 2006 年 5 月的职业伦理规章中就有专门的一段"与新闻媒体的关系"，其中给出的建议是：综合司公职人员（中央的或派驻地方的）收到无论哪家媒体的记者提出的任何问题都必须向上级汇报，以便与部长幕僚办公室口径一致。规章还明确要求公职人员以"不宜公开报道"和适度的"无可奉告"回应记者提问。

英国《公共服务准则》在"与新闻媒体打交道"一章中建议公务员在接受媒体采访或向媒体发送文章之前，先要征询机构内新闻负责人的意见。法国的公务员们和法官们应该从中获得启发。

● 另一方面，清晰地管理可以公开与不能公开的信息。 2012 年大里尔地区当地政府制定的《职业伦理标准》尝试了一种有趣的文件分类方法：按照"保密文件"、"内部文件"、"尚未公开的文件"和"公开文件"分级。因此每个公职人员都能一手掌握标准，知道哪些信息是自己可以谈论的、哪些信息是自己在任何情况下都不得谈论而只能交由专门部门来对外沟通的。

在这些方面，公职人员必须特别注意保持平静、协调配合、应对危机以及纠正偏差。

45.15　1）保持平静。在与媒体沟通时，公职人员不可被情绪冲动或紧张压力左右，也不可刻意赞扬或指控他人。与新闻媒体之间的联系不能用来进行自我颂扬，《2010 年法官伦理义务汇编》第 16 条指出：授权与媒体联系的法官，向新闻媒体提供有益于司法行动和公众信心的信息。在履行这些职责时，不能受新闻媒体的影响，也不能寻求个人关注度。并且第 10 条强调指出："在任何情况下，机构宣传不能用于标榜个人。"因此，公职人员在发表言论的时候，应当总是考虑法律后果，例如某个警察亲自策划，带着一个电视摄制组跟拍搜查任务，既违反了预审保密的原则，也没有尊重当事人，结果受到了司法追究。例如某个机场边境警察对法国电视二台声称"一名受聘于机场安检的公务员是极端分子"，即便没有指明对方身份，只指名不道姓的方式同样应该按照诽谤罪受到追究。公职人员的言论应当避免公开指责已做无罪假设的人。在各方的压力下，有时甚至是在上级或部长的压力下，公职人员向媒体澄清、评价、解释自己的工作并且宣扬工作成果的价值，那也应当保持平和的态度，斟词酌句，不透露任何法律上不允许扩散的信息。

1984年，一次选举受到了指控，原因是一名副省长在第二轮选举的前一天在《普罗旺斯人》报上发表了一篇草率且没有根据的言论，公开指责"以法国民主联盟为代表的右翼党派"袭击了犹太教堂。

45.16　2）协调配合。公职人员必须对信息发布的协调性和时间节点保持高度警觉。注意协调性，是因为部长或是政治高层希望掌控信息发布的主题和节奏（"每周一事"）；注意时间节点，是因为公职人员不能抢在部长新闻发布会的前一天发布信息，或者在部长新闻发布会的第二天发布相反的信息。当法国国家统计局的刊物《经济与统计》公布一份实行每周35小时工作制的总结时，这份总结的发布日期必须考虑与国民议会同一主题的议程日期相协调。而驻科特迪瓦的法国军队指挥官在2004年12月以及2005年9月在媒体上评价科特迪瓦人与法国军队之间关系紧张，并且直接对法国总统的表态发议论，这样的信息发布已触及了政治领导的权限边界。罗伯特·利翁在回忆录中直截了当地指出："公务员们知道怎样利用新闻媒体来为出台一份文件铺路，或者是让他们的部长行动起来［……］我曾当过建设司司长，那么作为建设司司长，是如何牵引着他的部长对戴高乐机场的开发者在不合格的建筑设计师参与下犯下的可怕错误做出反应的呢？答案就是说服一名聪明的记者，在部长会议的前一天就此主题发个长篇大论。"在欧洲，这样教科书级的事例，并不会在学校的伦理课上出现，但常常能解决实际问题。高级公务员对这样的操作乐此不疲，游刃有余地应对部长的不作为、各种媒体打探网络，或以至高的公共利益的名义争夺话语权的企图。

配合是困难的，而政治官员有时候拐弯抹角的沟通方式会让情况更加复杂：一旦政治官员表现出保留发布公告或评论，那就意味需要由公务员、法官或军人来评论情况。事实上，公众有时候更愿意接受作为直接经办人的公务员给出的解释，而不是一个政治领导"正确的废话"，因为政治领导既没有亲身经历事件，也不是出了问题的措施的制定者。

任何情况下，一个运行良好的部门必然应验 2000 年 11 月 28 日意大利《公务员职业伦理守则》第 11.2 条提出的要求："公务员向上级汇报所有与新闻媒体的往来。"

45.17 3）应对危机。危机是考验宣传政策优劣的时刻。企业界已深谙此道，但公务员们和部长们还需要学习做好预案（例如：2003 年夏天的高温热浪、交通事故和交通罢工、军团菌传染病和禽流感、袭击事件、2011 年的"美蒂拓"减肥药丑闻事件）。新闻媒体在其中可以发挥作用。正因为提前有所准备，法国健康产品卫生安全局局长在应对健康危机时，保证"向公众公布所有的临床试验以重建信任关系"。冷静应对有助于更热忱地沟通。

处理丑闻。2011 年里昂和里尔两地警察中的高级干部因斗殴受到了法律严惩，公共卫生方面也有同样的例子。行政部门因此必须遵从达格梭大法官在其《箴言录》中的教诲："提防重大的丑闻和过错，司法不公和司法堕落常常伴随而至。"

行政部门处理丑闻最常见的方式包括：（1）促成外部调查，以保证可信度；（2）压力不大的情形下进行自我无罪推定，如果压力巨大，为了保全部门的尊严将涉事公职人员停职；（3）就采取的补救措施开展宣传。

面对丑闻，最根本的是要认清丑闻以便控制事态发展，并在修补行政部门错误行为或不作为导致的后果之前，先处理丑闻。确凿的事实、原始文件材料、外部证人都是有帮助的，而随着真相浮出水面，义无反顾地寻求真相的态度将避免再次重蹈覆辙。

45.18 4）纠正偏差。尽管各个业务办公室和幕僚办公室准备了新闻稿、示意图等文件，准备好了展示范例、接待来访、介绍部门的对外服务业务，但新闻媒体依然会自由地选择自己的语气、主题和措辞。 2005 年 7 月关于信用卡犯罪的一次新闻发布会之后，《世界报》的文章标题是"2004 年法国信用卡支付和提款欺诈呈持续下降"，而《巴黎人报》则用的是"银行卡：伪造与盗刷激增"。信息传递者应该具备必要的稳重节制。

有时候，行政官员主动地或是在部长的强烈要求下，不得不要求新闻媒体发表"更正"，或是"辟谣"、"补充说明"。这会引发双方不和。新闻媒体无意做出任何纠正。行政部门与其行使辩驳权，不如避免向新闻媒体提出此类要求。事先制定好规则才是最重要的。

第 2 节　不扩散、不妄议、不泄密

45.21　公务员不可多嘴多舌。他读了兰斯大主教辛克马尔给"口吃者"路易二世的信："那些被推选出来的参事们恪守原则，那就是他们之间任何关于国家或是个人的亲密对话，未经所有人一致同意，不得向家人或外人透露。因为有可能这些事需要隐藏 1 天、 2 天，甚或 1 年乃至永久。"[①]

不扩散信息是不妄议与不泄密的共同要素，是公平的保证。为了一视同仁地对待所有的对话者，最好不说不该说的。这就是为什么劳动监察署的 10 条职业伦理原则中，有 5 条与保密有关。这正是说明了问题的重要性。因此，以前财政部下属对外经济关系司在它的网页上注明"申请项目的所有法国企业和其他团体可以放心，提交的信息和商业企划书都受到保密，除非供货的原因要求将申请人的姓名告知潜在合作伙伴。特别是在法国企业之间就同一个采购或同一个项目发生竞争的时候，自始至终的保密与中立的态度将受到严格监督"。前对外经济关系司的这条提示，让法国国库与经济政策总司受到启发，也

---

① 摘自《法国行政》第 2 卷， 1861 年，第 558 页。

充分显示出公共服务部门固有的职业伦理，特别是对于信息的不扩散、不妄议和不泄密，是行政部门公平和效率的绝对条件。

如果一个行政部门不遵守自身的原则，它提供的服务质量会迅速下滑，公民和企业将不再相信它。

不妄议保护了部门的良好运行，使项目和策略得以顺畅实施，不泄密保护了用户（医疗秘密或商业秘密）以及某些敏感的公共行动（国防秘密）。不妄议和不泄密的内涵不一样，但是有着共同特点，在法国、在欧洲乃至在全世界，这都是公职部门标志性的要求。

45.22 国际公认的原则。1996 年的联合国《公职人员行为国际准则》第 5 章"机密资料"第 10 条规定：公职人员对于拥有的带机密性质的资料应保守机密，因国家立法、履行职责或司法需要而强制规定不予保密者除外，这些限制也应适用于已卸职的公职人员。

同样，欧洲委员会制定的《公职人员行为准则》规定：公职人员只能在符合其所在部门各项规章制度的前提下传播信息；公职人员必须采取适当措施保证所负责或所知晓的秘密或机密不外泄。

● 在德国，要求"公职人员甚至在离职后也必须对其在公职工作中获知的信息保持缄默"。

● 在西班牙，1986 年 1 月 10 日第 33－1986 号政令对公务员纪律制度进行了修改，将公务员扩散法律意义上的秘密定性为"严重过错"。2005 年 3 月 3 日编号 APU/516/2005 政令在颁布公务员良政守则时重申了这一规定。

● 在英国，"公务员未经批准，不得透露部门内部秘密流转的或从其他部门秘密接收到的正式资料"。

● 在比利时，强调"国家雇员对于在工作实践中获悉的事实享有言论自由权"，但是与此同时，《公务员法》列出了一长串禁止透露的信息清单："与国家安全相关、与公共秩序相关、与国家经济利益相关、与预防或镇压刑事事件相关、与医疗秘密相关、与公民自由权特别是隐私权相关的信息。此外，禁止透露与决策制定相关的信息，只要最终决策没有公布，就不得透露相关的准备材料。同样，禁止透露有可能损害所在部门在竞争中的处境的信息。"

- 在瑞士，"要求员工不泄露工作资料，这些资料要么本身就是秘密，要么有相关的法律或规章约束。保守职务秘密和专业秘密的要求在解除工作关系后依然有效"。

- 在加拿大，《公职部门价值观与职业道德准则》在"专业价值"一章中强调"公务员在遵循政务透明的同时，必须依照法律，履行保护机密信息的义务"。

一、审慎与保密之间的差别

45.31 概念不同。 两者的概念相近，但是目的不同、例外状况不同、保障措施不同。

目的：审慎保护行政部门，保密保护的是秘密的受益方也就是个人，通常是公民但有时也是公务员自身，例如个人的医疗档案（国家秘密、国防秘密或审议秘密除外）。

例外状况：上级可以解除公务员的审慎义务，但是不能解除保守专业秘密的义务（1983 年 7 月 13 日法第 26 条）。

保障措施：审慎属于行政规章要求，而保密由法律保障，受《刑法》制约。审慎是一般要求，而秘密则有针对性，有明确的文件规定。

1977 年国家行政法院摩根泰勒夫人关于班级事务委员会的判决有助于理解两者的差别：同一个班级事务委员会的成员之间无须保持审慎，因为教师们参加班级事务委员会属于履行职责，但如果涉及专业秘密，仍须保密。

二、审慎与保密的共同特点

45.41 与政务透明之间的关系。 无论审慎或是保密，行政部门职业伦理的要求必须兼顾 1978 年和 2000 年关于开放行政文件查阅的法律规定以及《档案法》的规定。有必要采取措施区分可公开与尚未办结仍需保密的文件。因此，审慎义务不能成为落实法律规定的障碍，哪怕劳动部部长曾经对此表示支持。

行政部门必须在透明与保密之间找到平衡，通过公布已办结的文件以避免提及任何涉及保密内容的话题；为了保护业务上的秘密，可以公布某个地方政府的人员开支总金额，但是不能公布依据上级领导对个人评议结果而发给每个人的奖金金额。

不能因为申请人已经查阅过某个文件而以 1978 年法的名义拒绝再次向他公开文件。也不能因为某个行政文件被预审法官在刑事调查时调阅，就将该文件列入预审秘密。在德国，联邦行政法庭 2011 年 11 月对于司法部不愿公开前任部长档案一事，判决保障公民的文件查阅权。

做到审慎与保密是艰难的，但这又始终是公职部门保证效率和诚信（不向证券或地产投机商透露尚在酝酿中的决定）、团结与忠诚（信口开河并非都是无心之言）的条件，但不可回避的是，这也是别有用心的诡计能够得逞的条件。此外，对缺乏审慎行为的处罚常常伴随着强烈的抱怨，或者带来与部门负责人的矛盾，正如一名外交部秘书被紧急召回巴黎时所发生的情况。

关于最后这点，行政部门采取的策略是找准时间节点，在工作日历上选取最适合的日子。通常，为了"避免公众事件"，行政部门也不会通知持反对意见的各方。

秘密很难保守，却很容易被忽视，被用来牟利。缺乏审慎、透露消息、泄露秘密的案例比比皆是，有心或无意，有些甚至发生在公职人员彼此之间。

A. 疏忽之过

45.51　疏忽有多种形态。　但是，造成疏忽的通常是虚荣心：展示自己消息灵通以证明自己很重要。早在 18 世纪中期，"您托付了国家秘密的那个人泄密了，只是因为虚荣心作怪；背信弃义并非出于恶意，正是对您的敬仰才导致了他的背叛；对有权掌握秘密的人充满了妒忌，这样的人很难抵御别人的煽动，哪怕明知对方只是在小题大做地恭维自己。他努力寻求公众的认可，为了出名，他出卖了您"。[1]

无论怎样的原因导致的疏忽，都是公务承担人低估了自己的职责：

● 在公共场所无所顾忌高谈阔论（餐馆、火车或飞机的头等座、甚至是在购买某场演出票的排队人群中）。

● 就某个特定主题放任情感张扬，大惊小怪，做出意味深长的手势等。正如狄德罗在《百科全书》中关于"有失审慎"的阐述："有失审慎可能构成犯罪。一个手势、一个眼神、一个词，甚至沉默都可能是有失审慎的。"确实是这样，某些情况下沉默可以被认为是默许。

● 忘记了电话另一端的对话者可能不是本人，或者不是单独一人，有可能是扬声器、监听耳机和录音机。

● 2006年9月，作为一个总理，在没有关闭的麦克风广播前表露心声，直接导致了布达佩斯一夜骚乱。

● 在办公室内随意摆放文件：1702年，勃艮第公爵夫人与国王和曼特农夫人关系亲密，享有各种自由权利。一天晚上，勃艮第公爵夫人在曼特农夫人家翻动了小桌子上一些国王的文件，发现了一份拟任命的名单。勃艮第公爵夫人因此获悉了她不该知道的消息并以此牟利。同样的情节也出现在 D. 哈麦特的连环画的第一页上：记者特瑞·伯克在特工 X.9 的办公桌上发现那份已拆开的电报并偷偷地读了。

● 弄错电子邮件的地址。

● 没有注意由于玻璃窗反光变成了后视镜，走漏了消息：2004

---

[1] M. 德·谢弗里耶，《关于对人的评判方式的历史杂文》，阿姆斯特丹，1763年，第48页。

年12月法国电视三台向公众播出了通过玻璃窗反光拍摄到的重罪法庭秘密合议的画面，这是不是属于违法？总检察长认为他们看见了但没有听见，终审法院判决证据不足，"透露合议秘密"不成立。但是参加合议的陪审员之一清晰地出现在了播出的前几个画面中，他因此控告记者"侵犯个人隐私"，并使之获罪。

- 将涉密文件带回家或者忘在车上，更糟糕的是，将文件遗落在公共交通工具上。

- 将未经粉碎的文件直接丢弃在垃圾桶里：行政部门配备粉碎机不是装点门面，而是工作必需，行政人员应该使用粉碎机。要知道，即便是在荷兰这样的国家，法院也允许警察从垃圾袋中搜索证物。法国竞争事务监管机构的职业伦理章程中很明智地对销毁文件做出规定："在一项决议或意见终结之后，机构的非正式员工和外部调查人员如果缺少适当的设备销毁手头的相关文件，应将这些文件上交机构，或告知机构以便集中销毁。"

- 不注意认真核对文件流转路径：谁发了文件、谁收了文件、谁替领导写了邮件外封？"本人亲启"是什么含义？

B. 故意泄密

45.61 故意扩散消息和泄密显然更加严重。 泄密完全是另一个层面的问题，因为泄密总是有明确的目的。泄密不是疏于职守，而是蓄意行为。

泄密很可能被认为有助于言论自由，因而越发难以制止。欧洲法院一些加强保护言论自由的判决与行政部门的审慎原则直接冲突：一个记者不能因为使用了他人非法透露的外交秘密文件，而以侵犯职业秘密罪受到刑事惩罚。

此外，还需要了解泄密者的动机。以"知情、民主"为由，有组织、成体系地泄密，正如2010年"维基解密"所做的那样。同时，泄密经常被作为一种手段，用来辩解、控诉、抗争、预测意见（风向球）、清算恩怨（向公众透露一项人事任命，目的是破坏该任命）、抢占先机（提前几个小时，抢在某个同事宣布消息之前）、为自己营造声势——甚至是为了解决与工作无关的个人绯闻事件。2003 年，司法部部长强调"这几个月来，在一些刑事案件调查中，新闻媒体屡屡全文曝光诉讼案卷，引起一片哗然。已多次要求总检察长开展调查，要找出泄密的源头"。2005 年 10 月，美国"特工门"事件，示威游行者在美国华盛顿高喊"杜绝泄密"，抗议已辞职的白宫高级公务员出于报复，泄露美国中央情报局普莱姆女士的姓名和职务，泄密者身败名裂。在"水门"事件中，联邦调查局泄密揭露了行政部门的丑恶行径；而在"特工门"事件中，泄密本身就是丑恶行径。

通常，泄密总是出于以下三个经典的目之一：背叛行政部门，通知某个个人行政部门准备对他采取措施、寻求经济收益或者影响决策。

45.62　1）背叛行政部门，通知某个个人行政部门准备对他采取措施。所有的调查机构都担心发生泄密，使得被调查对象获悉调查消息。某宪兵让一个罪犯偷听他与检察官的电话对话，正是犯了这样的错误。

● 在西班牙，司法人员将工作内容透露给一个律师事务所，违反了审慎义务。

● 在英国，一名刑事陪审员背叛了自己的职责：在一次 10 票对 1 票（他本人）的判决之后，他匿名写信给受到审判的两兄弟的母亲，披露陪审团合议内容，质疑大部分的陪审员并建议上诉。

同样，在法国，一名警务人员在国家警察总署内设立了一个"特勤组"，成员都是警务人员，任务是利用警署档案，对将要加入欧洲和法国民粹党的人员开展调查，这直接违反了警察的职责。有组织的泄密也可能是出于在部门内部搞"小团伙"的目的，会削弱部门的效率。

45.63　2）寻求经济利益或"便利"。泄密有时候就像是不诚实、不忠诚的人手中的武器，待价而沽。或者有时候，就是简单的热心过度（见违反保密原则， 45.111）。

国家家具管理局的一个行政官员"在部长不知情的情况下，冒着诚实和忠诚受到质疑的风险，将一些重要文件透露给第三方"。他可以被依法惩处。

2005 年 2 月，一名高级警务人员以"泄露职业秘密"罪被轻罪法庭判处开除公职，因为他涉嫌将一份夜间噪音扰民的询问笔录交给了自己的母亲，也是某酒吧的房产持有人，以便以此为由解除租约。图谋私利的案例包括：一名尼斯法官于 2004 年被司法高级委员会处以开除公职，因为他利用职务便利翻阅警署档案，查找自己所属的共济会的地址；国家警察总署、税务部门和国家宪兵队的一些公务人员在 2006 年受到调查，原因是他们组织了一个系统，标价出售列入黑名单的电话号码、车牌号以及犯罪记录系统上登记的内容。每条信息售价 50 至 150 欧元。为此， 2006 年 6 月内政部部长专门发文，向全体警察强调售卖信息属于严重过错。其他部委也可参照（档案资料、财税报表、医疗记录、成绩单等）。

● 例如，一名高级警官"恳求一名安保警察让他看一份行政文件，并将其中的内容透露给认识的记者；同年，当事人故伎重演，查找到 14 辆车的车主，并将消息透露给不该知道的人"。

● 例如，一名警察犯下错误，违反刑事诉讼程序规定，违规向一名记者提供了一张在押人员被警察揪住的照片。

● 一名中学教师在 2011 年 12 月被停职，原因是她通过电子邮件向多名同事透露即将举行的法国 2012 年高考的一些试题，她之前参与了这些题目测试。

● 例如，一个医院的技术主管，尽管在刑事诉讼中被判无罪，仍然受到了应有的行政惩处。他向一个未参加公共采购竞标的公司通报了其他公司的竞标价，从而破坏了公平竞争，因而违背了职责，尤其是"审慎义务"。

● 例如，德国自由民主党主席的顾问遭到解职，因为 2009 年他向美国大使馆提供了该党有关政治谈判的机密文件。

45.64 3）影响决策。英国人更倾向于清晰地对待这个重要问题：公务员不应该将未经授权或提前披露的公务信息扩散到行政部门以外，以寻求阻挠或影响部长们的政策、决定或行动。这句表述极其清晰的话值得法国所有的公务员学校的学员仔细思考。因为泄密是常见的损害忠诚的行为。 2005 年 3 月 24 日，英国下议院要求一位部长顾问辞职，因为他在英国《卫报》上发表文章披露英国参与在伊拉克的军事行动，而之前他已被告知由于该文章包含有关人员信息，发表这篇文章属于违反《信息自由法》。知情权一说使得新闻媒体的泄密失去了司法辩论意义，甚至常常迫使主管部门提供资料全文，而泄密只需要精心截取其中几段文字发表就可以完成（上文例子中《卫报》只发表了引自该文章的几句话）。

在法国，公务员们懂得向新闻媒体通报一些不利于政治领袖的项目计划的只字片言，使得后者常常匆忙改变战略。他们懂得让一份统计、一个邮件、一篇意见稿或者是一个被政治领袖否决的议案"不胫而走"。所有这些泄密，都直接影响到决策。

为影响决策而故意走漏消息也可以是一种揭发举措。一个警队队长，也是《警察日记》一书的作者，在 2009 年 3 月 24 日被宣布开除公职，因为他向一个著名演员和一个著名歌手展示警署犯罪记录系统内的文件，而他本人解释说，这只是为了说明犯罪记录系统，这一解释也存在疑点。 2009 年 5 月 24 日默伦市行政法庭以临时法令的形式，取消了这一决定，理由是"他是个在工作中受到好评的公务员，并且，他曾经徒劳地，试图提请上级关注影响有效管理犯罪记录系统的问题。可以肯定的是，他也没有通过向某互联网网站提供两份犯罪记录系统档案而获利。因此，判决撤销辞退的决定"。辞退的惩处可能是过于严厉了，但是，哪怕犯罪记录系统负荷过重又管理不善，也不能随意调用。事实上，该案的诉讼程序还在继续进行中。

法官在判决时以是否对一个部门的良好运行产生影响作为依据之

一。监狱的医生向一名死刑犯人透露了他之前写给部长的信，信中提到了该犯人的健康状况并建议去掉镣铐，这名医生不会因此受到惩处，因为这样的泄密没什么后果可言："没有证据表明在押犯有向部长的决定施加压力的企图"。

但是高级公职人员向记者透露那些他们无法直接向议会递交的信息，情况就完全不一样了，这将对议会决策制造压力："（英国）行政负责人现在写起了新闻稿，'流露'出他们的观点，因为他们没有办法向议会说出同样的话"。

所有的负责人都会或早或晚在某个时候成为竞争对手，对竞争的担忧导致泄密向着谣传靠拢，两者是孪生兄弟：匿名、算旧账、总是充满利害关系、多半捕风捉影、常常是编造的或是断章取义、兴风作浪。泄密就像是微微开启保密的大门，经过删选、过滤和挑拣的信息碎片有目的地溜了出来。泄密有三重危害：欺骗那些相信的人、通过歪曲事实操纵他人、纵容"为所欲为"。

关于泄密的调查常常无果而终，但是引发的怀疑让相关的部门士气低落。例如： 2002 年 10 月，国防部决定对国防安全与保障局展开调查，起因是《巴黎人报》 2002 年 10 月 2 日发表的一篇关于法国军售计划的文章。泄密很常见，新闻媒体在其中参与游戏："关于某些意见被泄露， 9 个顾问中有 3 个向新闻媒体透露了机密信息，请新闻媒体放出风声帮助局长造声势……"

C. 行政部门内部的操作

45.71 可以共享的信息。 在行政部门中，审慎与保密的要求对所有人都一视同仁，除了处理同一卷宗的同事之间。因此保守职业秘密的义务在共同肩负同一职责的同事之间不适用：

● 在学校的心理辅导员和特殊教育委员会之间，信息流通是允许的，因为所有的工作人员都保守着同样的职业秘密：一名国民教育女监察员向一名学校的心理辅导员索取学生们的智商测试结果，从保守职业秘密义务的角度来说，并非违法， 1979 年 11 月 14 日第 79 - 389

号通告正是强调了这一点。

• 在一个班级事务委员会内，教师和学生家长可以不必遮遮掩掩地对话。审慎与保密义务的意义更多地是在于彼此不共事的公务员之间。在私营企业也是同样的情况，职业秘密只限内部人员共享。因此，审慎与保密出问题主要是在与外部人员接触时，但是起先是在面对不相干的同事索要信息的时候：一个公职人员对于接收到的指示应采取保留态度，不得（为了听取意见）透露给级别更高但是"无权对这些指示做出修改"的公务员。

如果公务承担人不懂得恰如其分地分享秘密，那秘密也就不成之为秘密，就失去了意义。马克·布洛克在《古怪的战败》一书中嘲笑那些无任何人知晓的受保护的军事秘密："至于信息传播，在总参谋部有个老掉牙的笑话，说的是法国情报二处一旦知道点什么事，就迫不及待地做成文件，然后用红墨水在上面写上'特密'再锁进柜子，让所有应该知道的人都看不到，还要给柜子上个三道锁。"

45.72 不可共享的信息。 重要的是，"对于那些无权获悉信息的其他公务员，即便是为了工作需要"，审慎与保密也不可有半点让步。保持审慎与严格保密的最佳方式，就是不拥有不该拥有的信息。这并非颂扬无知，而是说放任好奇心不是有益的行为。首先，因为"好事传千里"，某些公职人员扩散好消息，就像专业报喜的，希望被任命的人听到好消息后，将通报信息的人和做出任命决定的人混为一谈。至于坏消息，也可以从难以察觉的尴尬或意味深重的缄默中猜出一二。坏消息的目标对象常常都是最后一个知道消息的人。拥有对自己无关痛痒而与其他所有人息息相关的信息，是不明智的，通常结果都是一吐为快，即便不涉及保密，也可能违背了审慎义务。

尤其要指出的是：与上级领导共享他的秘密。这绝不是工作本分，既不证明信任，更不是上级给予关照的保证：这只能意味着责任共担。巴尔塔萨·格拉西安在《处世的艺术》（1647 年）一书中建议"永远不要掺和领导的秘密：你以为你分享到果子，其实却是共担石头。好几个人因为充当心腹而丢了性命。"

作为对巴尔塔萨·格拉西安的赞同，欧洲委员会《公职人员行为准则》第22条建议："公职人员不应该寻求获悉那些他不应该了解的信息。"

公职人员不仅可以成为信息扩散者或者泄密者，也有可能成为受害人：有可能是行政部门多嘴多舌损害了它的公务员，公务员可以要求认定"行政部门违反审慎义务并侵犯了他的名誉"。

三、审慎

45.81 普遍义务。 巴尔扎克在小说《奥那林》中，描写一个即将成为外交官的年轻人，在第一次去见上级之前得到了忠告："你在他的调教下将具备胜任所有更高级职位的能力。我无须向你建议保持审慎，因为这是所有从事公职的人必备的首要修养。"

几年之后，维因在《行政研究》中将行政部门的良好运行与审慎联系到了一起："审慎是公务员最基本的素质……审慎不是公职部门的一个分支机构，只有这个分支的公务员需要保持审慎。上级领导下达的指令以及下属提交的报告、有关员工的个人信息、部门的人事信息、属于行政部门且可能对私营机构有用的信息，都需要保密。即便那个年代不存在行政透明的概念，这些原则也是严格推行的。

1983年《公务员身份地位法》第26条第2行很明确："公务员必须保守职业秘密，包括在工作中或在工作场合中了解到的事、信息或资料"。因此，处理公务员申诉的行政对等委员会的成员们没有权力擅自公布委员会对任何材料做出的反馈意见。

对某些公务员来说，审慎的要求更为严格。例如，1972年7月13日法第18条曾对现役军人有以下规定："严禁向第三方违规透露或转交公务文件或资料。除非在现行规定中有明确的说明，军人只能在部长的许可下，忽略审慎义务、忽略上文规定的禁令。"

只有部长有权力"免除"公职人员审慎义务，这个规定实际上不仅在军营内使用，对文职公务员也同样适用。

审慎是一项普遍义务，与保密不同，不需要特定的法律规定，就像认真与高效是所有的公务员、军人或法官应当具备的态度。审慎义务的出发点在于维护一个部门的良好运作（尤其是在决策之前）。

45.82　扩散信息的危害。审慎不仅可以保护正常决策秩序，包括决策方法，决策依据、行政部门的论证过程，也保证了决策中咨询人员情况或者投票结果都可以依法不予公开，符合 1978 年 1 月 6 日法及 2000 年 4 月 12 日法关于公民与行政部门之间关系的规定。

一名女传令兵不应该"掌握有关一份密码电报的信息，对此她无权知晓"，并且更不应该"根据传送消息路径多变和最后去向不明，构想出一些揣测，并把这些揣测告诉与工作无关的一些人"。

在这个案件中，法官并没有以发现问题寻找真相为理由而原谅有失审慎的行为。如果公务员想要调查一个疑点或批评一个命令，应该选择另外的方式而不是私下把信息提供给无关人员。对于合法且确凿的疑虑，如果一定要寻求表达，那么各部委都有监察部门，可以有效地提供意见并为处理此类问题指明方向，公务员无须以犯下纪律错误为代价。

以为彼此信任就可以避免轻率行为带来的后果，这是不可取的。后果有可能很严重。

共和国保安部队的一名警察总监"负责检查巴黎一些建筑物的监控设施，在法警调查员前来向他了解经常出入其中一幢建筑物的某个人时，得知了警察正在调查和监控该人员"。出于朋友关系，该警察总监将消息告诉了该建筑物的负责人，而该负责人与被调查对象有商业关系，还把办公室租给了该被调查对象。这种轻率行为让被调查对象知道自己受到监视并企图逃脱，使得警察的办案工作更加困难和危险。这名警察总监，作为一名公职人员显然违背了职业审慎义务，将依法受到惩处。

邮政的一名公职人员扩散了一些信息，使得他驾驶的邮政装甲车遭受了攻击，"并且他的同事在此次袭击事件后落下残疾"，属于犯下特别严重的过错。又例如，一名警察向一伙盗匪有偿提供信息，他以"被动受贿"罪名受到调查。不诚实与不审慎叠加了，而两者都可以引发极其严重的后果。

一名合同制的医务公职人员说了太多关于考官们评议考试结果的事，他就是违反了职业审慎义务。

闲聊天，或者更糟，故意透露敏感的职业内情，常常会给部门造成困扰，但又很少受到惩处，因为难以立案。有戒心、有保留才能杜绝轻率行为，才能在聊天时远离那些有意无意引发的严重后果。

财政部公共财政总司有一份清单，列出了税务人员应该加以防范的有失审慎的行为：

- 泄露税务大检查的动向；
- 透露秘密行政调查的结果；
- 向第三方透露行政部门采取的核查方式或是展示核查中发现的意外状况；
- 在面谈时透露与地方权力机构的当地财政有关的信息；
- 透露已被财政总司定为"不可外传"的统计数据。

45.83 审慎是行政部门必然的要求。审慎具备以下四个特点：

45.84 a）审慎义务与层级制度、汇报制度和对于公共机构的归属感直接相关。 必须要明确每个人的职能，以便明确每一条消息的传播范围。如果范围不够清晰，那么公务员应该致力于划清范围。

A 先生和 B 先生都是 X 市的公职人员。 B 先生希望调任去 Y 市， A 先生没有必要告知 Y 市的人力资源负责人 B 先生与自己的诉讼纠纷。 A 先生的工作与人力资源管理没有关系，他的行为违反职业审慎，犯下了过错。

45.85 b）审慎义务是对所有人的要求，包括那些与决策咨询机构有合作关系的工会代表们。 1953 年，法国国家行政法院的院长沙尔多在对一个重要的决议"福舍女士决议"做总结时指出："应该由相应的权力机构来决定是否对正在进行中的草案起草和研究进行宣传。行使工会权不可违反此项原则，职业审慎义务是对所有公职人员的要求，不管是否工会代表，无一例外。"显然，在宣布该原则的 50 年之后，将一份草案提供给工会，在行政部门看来——除非有特殊情况——就几乎是全文泄露文件。

从部门负责人到负责复印的公务员都需要遵守审慎义务。一名办公室内勤人员泄露了一份曾由他复印的文件，而他经手这份文件正是由于他的工作，因此他受到了纪律惩处。

45. 86 c）**行政机构对于其工作人员同样有审慎义务。** 如果行政部门将部门内某个公务员的相关信息公之于众，而这些信息属于机密，那么法官将追究行政部门。并且，行政法官完全有权就公务员由于所属部门的冒失行为遭受的损失做出裁定。例如，一名大学区区长在电视上过多披露刚被他停职的一名中学校长的事，争议法庭对此做出了有利于中学校长的裁决。

45. 87 d）**无论是否带来负面结果都必须遵守审慎义务。** 无论本意是否愿意制造严重后果，公职人员以不适当的方式透露信息都不可取。哪怕有正当的质疑，有失审慎的行为也是不正当的。

四、保密

45. 91 **介绍。**2010 年前后，法国重新兴起了对保密——保守所有的秘密——的法律讨论。

● 受 2008 年春天"国防白皮书"的启发， 2009 年 7 月 29 日第 2009－928 号法扩展了国防保密，不仅保护文件，还保护场所。显然，意在缩减国防秘密的 1997 年 7 月 23 日第 154 号反提案已然淡出视线。但随后宪法委员会通过 2011 年 11 月 10 日"合宪性优先问题"决议，对 2009 年的这个法律中好几条重要条款提出了批评。

● 防止利益冲突的 2011 年法律草案直接触及个人隐私：该法律草案要求民选官员、公务员和法官进行利益申报，当需要申报的利益属于他们"个人"或与他们家人亲属有关，那就是触及了私生活。无论政府对于该法律草案做出了何种选择，都应该考虑到保护个人隐私。

- 商业保密有强化倾向。卡雷戎议员曾于 2004 年和 2009 年提交法律议案，并提出了 2010 年 10 月 1 日第 227 号修正案，该修正案后来在 2011 年 3 月 14 日第 2011-267 号法中得到了体现。

与此同时，一个跨部委工作小组在"法国企业运动"[①] 和法国中小企业联合总会的参与下，于 2011 年至 2012 年初，制定了对泄露商业秘密的刑事处罚。

- 案件审理中的保密问题在每一次刑事诉讼改革中都受到质疑。
- 记者的信息来源保密：新的 2010 年 1 月 4 日第 2001-1 号"关于保护记者的信息来源秘密"的法律并没有解决所有的问题，特别是没有对电子通讯的时间、地点和时长（"详单"）等有监控规定，以至在 2011 年"追溯"记者信息来源时成为可能。
- 银行保密：自从"避税天堂"重新出现，有时候一些逃漏税单据会最终出现在财政部公共财政总司的办公桌上。作为即决裁判，行政法官对于终止将这些单据信息纳入财税数据库"EVAFISC"的请求予以驳回。但是最高法院认为这些从汇丰（瑞士）银行偷来的单据属于违法文件，不能被法国财税部门用来作为申请入户调查的依据。

一、职业秘密

45.101 法律定义下的秘密。秘密和保密必须由特定的法律文件做出规定。从本质上讲，秘密"受到法律保护"。

秘密之所以成为秘密，取决于它的目的和受益者。有些秘密在于保护公共行动（国防秘密、外交政策秘密），而有些秘密保护个体（医疗秘密、律师秘密或者通讯秘密）。

秘密的意义在于防止公民——用户因个人信息遭到公开而受到伤

---

① 法国企业家类似工会的组织。——译者

害，按照法律规定，这些信息只能由行政部门或专业机构掌握。

在这些秘密中，职业秘密是最基本的秘密之一，因为许多行业都需要以保守秘密为前提条件，包括公共服务。 1983 年《公务员身份地位法》第 26 条要求公务员保守职业秘密。 2010 年 9 月 16 日，总理在国家行政法院再次强调"为了国家利益，公务员和法官必须保守职业秘密"。这同样也是为了公民的利益。根据 1958 年 12 月 22 日关于法官身份地位的法令第 6 条，在法官的誓言中提到了保守审议秘密。

1997 年在一次议会答辩中，公职部部长重申"所有的公务员都必须保守职业秘密，甚至由于职责的性质不同，有些公务员会比其他公务员更需要保守秘密。例如卫生部门和税务部门的公务员"。

违反职业保密将按照《刑法》第 226 - 13 条予以惩处，该法条来源于 1810 年《刑法》第 378 条。

公职人员的职业秘密有以下 8 个特点：

45. 102 首先，与其他秘密一样，职业秘密必须经由法律法规认定。 因此，秘密有明确的定义，必须符合《刑法》以及《公务员身份地位法》第 26 条规定的范围和条件。

与此同时，还有许多特定的法律文件对秘密做了细化，例如《海关法》第 59 条、《税务程序手册》第 L. 103 条、《劳动法》第 L. 8113 - 10 条规定劳动监察员"宣誓不得泄露在履行公职中了解到的生产秘密以及其他开发加工工艺"，《公共卫生法典》第 L. 1110 - 4 条、规范社会服务工作人员的《社会行动与家庭事务法典》第 L. 411 - 3 条，以及 1986 年 2 月 27 日关于外交部翻译职系人员特殊身份地位政令中规定的"实习翻译一旦入职即宣誓保守所有在工作中或在工作场合了解到的往来资料的秘密，无论这些资料本身属于何种性质"。

按照 1949 年 9 月 13 日政令，保守职业秘密的要求已扩展到了实习人员和非正式员工。职业秘密的含义与《刑法》中的相关内容相一致，针对的是因职务原因获悉、本身属于秘密性质、非同一般的信息。

45.103　其次，职业秘密具有"普遍性和绝对性"。 要求"公职人员对因职业关系获得的信息保持缄默，包括直接了解到的、理解推断出的或猜测得出的信息"。

因此，保险公司的医疗顾问不能向保险公司透露他从投保人的医生那里得到的医疗信息，他也要保守医疗秘密。

只有法律层面的文件才可以规定透露职业秘密的例外情况。例如，《税务程序手册》第 L.113 条和 L.161 条规定税务工作人员在监管公民的税务申报时，如果申报是面向多个不同的行政或社会机构的，则"解除"税务人员的职业秘密。同样的情况还有《税务程序手册》的第 136 条（依据 2007 年 12 月 25 日第 2007－1824 号《财税法》第 22 条而制定）授权内政部和国防部的某些情报人员查阅税务部门的文件。相应地，《税务程序手册》第 L.83 条规定其他一些公务员也无需保守职业秘密，因为他们的职责是向税务部门通报"已掌握的相关业务文件"。

《劳动法》第 L.5322－3 条允许法国劳动就业署的雇员向市长提供居住在该市范围内的申请就业者名单。

国家行政法院同意只有保密的受益者，即病人或公民，才可解除行政部门的职业保密义务，传递与当事人相关的信息。

45.104　第三，保守职业秘密具有永久性，既不受退休、辞职或解职影响，也不受岗位变动或职系变动影响。

45.105　第四，对于公务员来说，职业秘密是一项责任而不是一种特权。

45.106　第五，保守秘密要求的仅仅是保持沉默和不泄露信息，并非不作为。 根据《刑法》第 223－6 条，为了制止违法犯罪行为，公职人员必须有所作为。当公职人员处于能够阻止再次犯罪或继续犯罪的情形中，则更加有义务帮助处于危险中的人，否则构成"故意不救罪"。在保守职业秘密的要求下，公职人员无须采取告发或揭露的方式，而是可以依靠制度使受害人远离侵犯者，例如将受害人收治入院、为受害人转换处境或转换岗位去别处工作、监视潜在的违法犯罪分子——如果可能的话、建议受害人或受害人亲友提起诉讼。

这正是一些社工采取的方式：一个孩子遭到强奸，社工们没有直接诉诸法律，而是说服孩子的母亲，对有罪的父亲提起了诉讼。罪犯在报警后 10 天被逮捕。

45. 107 **第六，职业秘密与职级相匹配，对于部门甚至公职人员个人都有同样的要求。** 除非在某些情况下公务员的职业秘密与其他秘密出现叠加（例如，公务员身份的医生还肩负了医疗秘密），公务员的职业秘密应与上级领导和处理同一事项的同事共享。因此，面对制裁委员会，金融市场局法律处的成员可以参与辩论并与负责审议的制裁委员会成员分享职业秘密。

45. 108 **第七，但是这种"分享"是有限的。** 公职人员在没有文件授权许可的情况下，不得和与该工作任务无关的公职人员分享职业秘密。正如政府专员沙尔多在对"福舍女士决议"做总结时强调："我们认为，一个公务员在面对部门内由于分工不同而无须得知相关文件或信息的其他同事时，必须保守职业秘密。"

职业秘密是专业化且禁止交流的。公共医生的医疗秘密不是社会工作者的秘密，两者不可混同。法国国家行政法院社会事务部 1951 年 2 月 6 日发布通告，对社会保障部门在向行政部门通报从个人那里收集到的信息时，规定了严格的范围。

出于同样的原因，有个决议撤销了一个税务诉讼。因为重新理清一个医生的纳税情况，需要用到他的所有的病人的姓名，而原则上这都属于绝对的医疗秘密。

在 2006 年的一份判决中，行政法官明确了一名公职人员与上级领导之间不属于可共享的职业秘密的范围。

45. 109 **第八，公职人员的职业秘密有对抗民事法官、刑事法官和行政法官的效力。**

《刑法》与职业秘密的关系体现在以下两个方面的考虑：

首先，《刑法》第 434－1 和 434－3 条规定如果公务员出于保守职业秘密的原因，对违法犯罪保持了沉默，那么这种不检举的行为可免于刑事追究。

但是，反过来，秘密不得成为查找真相的障碍，表现为两种后果：一方面，如果持有职业秘密的公务员被怀疑是罪犯，他必须对事实做出回应，而不得以职业秘密作为保护伞；另一方面，作为公职人员，应该在调查中协助找出真相。源自 2004 年 3 月 9 日法的《刑事诉讼法》新 77－1－1 条规定，哪怕"共和国检察官或在他授权下的司法警官可以要求任何私营或国有机构或组织以及所有行政部门的任何人上交所持有的可能对调查有用的资料，包括信息系统或个人实名数据处理系统生成的资料，且不得在没有合法理由的情况下，以职业保密为由予以拒绝"，除非以后有判例对"合法理由"做出解释。很显然，持有对查找真相有用信息的公职人员必须协助司法调查，例如邮政公职人员或装备部的公职人员。当然，只有在合法且重大的必要情况下，才可放弃保守职业秘密的义务。应当指出，即便出于"合法"且必要的理由，刑事法官也不能要求披露受法律保护的基本秘密：因此，法官不能在庭审中公布含有受医疗秘密保护的数据的文件。他只能指定一名医学专家阅读该文件。同样，警察在重罪法庭上可以合法地拒绝透露匿名线人的名字，因为他承诺过保密。

除了以上这些情况，《刑事诉讼法》第 109 条允许证人披露职业秘密。一般而言，面对法官，是否披露职业秘密取决于调查的需求程度，以及相关信息本身的性质。所以，最高法院批准公职人员免除保守职业秘密的义务以配合明确的司法行动，并且在法官需要"澄清事实"时，不能以职业秘密为由拒绝向法官透露持有一个保密电话号码的人的姓名和地址。对于市镇公务员，"市镇利益"可以在法庭上成为拒绝批准对市镇运行情况进行调查的理由，但是前提条件是涉及"特别重大的利益且对市镇有生死攸关的意义"。

这正是公职人员在采取立场时所面临的困难和独特之处："有权

保持沉默，但相应地，公职人员也需要了解有权说出来"并加以揭露。"既不以沉默姑息犯罪，也不非法披露信息"。

45.110 秘密的受益人：用户。职业秘密保护公民，防止未经他们允许泄露信息。

因为泄露信息可以导致用户蒙受严重损失并付出代价：市镇信贷社的一名顾客，由于他在该社的抵押物品被工作人员展示了出来，他的名誉受到了伤害因而不得不离开该市镇。

45.111 泄密。根据公共财政总司的规定，以下属于泄露职业秘密：

● "复制征税单或其他税务文件，用于与工作无关的目的"；有几起和政治人员、知名人士相关的类似事件闹得沸沸扬扬，说明这条规定的重要性。

● "向第三方无关人士披露纳税人的财务状况或与银行账户相关的数据"。

按照这个精神，一名海关公职人员"将一些含有通用海事公司船只商业信息的行政文件交给了一家与之竞争的公司"，属于泄密，应予以纪律惩处。

同样属于泄露职业秘密的案例有：

● 一名被派驻综合情报司的警察被撤职，他向第三方透露了机密信息。他"侵犯职业秘密，违反了警察职业伦理的基本规则，利用职务特权谋求与工作利益无关的目的，并对工作造成了损失"。

● 法国瓦朗谢讷市警察局的一名女安全助理向一些不法分子提供了信息，使得他们得以实施持械抢劫。

● 一名邮局财务员违背审慎和职业保密义务，自认为向某个"保护纳税人委员会"透露交到他所在部门的邮局支票的复印件，可以帮助该委员会更有力地批评市政府的错误行为。

● 精神病科的一名护士受到了惩处，因为他向某电影短片导演透露了一些信息，使得该导演得以与某病人建立联系。该导演正为瓦朗斯电影节拍摄以艺术活动作为治疗精神病人手段的片子"图像与精神病学"。虽然该护士没有向摄制组透露病人的医疗信息，但是他透露了病人的姓名以及被收治入院的事实，他因此违反了保守职业秘密的义务，使得第三方与病人建立联系并了解病情用以电影拍摄，将一个人的隐私和尊严在当事人不知情的情况下公之于众。

- 还是泄密，一些女社工（《社会行动与家庭事务法典》第 L. 411-3）告诉第三方一些性质严重的事，表示有各种迹象让人对一位女保育员和她的丈夫产生怀疑，女保育员有可能被取消职业资格，而这些事正是这些女社工在负责核实的。

公职人员必须了解，对于私营部门，最高法院认可雇员有权在法庭上提供含有企业职业秘密的文件，而这些职业秘密同样是雇员在工作中获悉的，但这样的情况被严格限定在雇员运用法律手段状告雇主的诉讼中。对此，刑事法庭对作为雇员的飞行员免于起诉。为践行辩护权而列举辩护性的事实是很重要的，对于公共部门也同样如此。

今后几年会让人特别担忧的是，大量文件都含有公法人近年来确定的秘密，导致公职人员可能会泄密（参见 45.63）。无论泄密有无收受好处，行政部门都要对员工严加防范并且处罚不审慎的员工。里昂市 2007 年 12 月推出了《负责人力资源管理的人员工作守则》，其中第 5 条针对由人事部门管理的数量巨大的文件规定："负责管理人力资源的人员应致力于保守每个个人的机密信息，包括通过信息系统、查阅文件或是部门的员工或用户发表的言论获得的有关个人的信息。"在社会保险费及家庭补助金征收联合机构 2010 年制定的文件《价值观与职业伦理》中也有同样的担忧：该机构收集并处理大量的个人信息和机密信息"在任何情况下都应该优先考虑审慎与保密，哪怕我并不与缴费人发生直接联系。当我在工作中或偶然情况下接触到与内部程序、缴费人个人情况、公职人员个人隐私（薪酬、晋升、家庭状况、健康情况）有关的敏感信息时，我必须对内对外都同样遵守最严格的保守机密义务"。

所有的公共服务机构都必须对持有的个人信息的构成、使用、知晓范围和传播途径时刻保持高度警惕。其他受到法律和法官严格保护的秘密反倒好办了，因为它们在各自的领域有很明确的定义，无论是有关个人的秘密还是国家的秘密。

二、个人秘密

45.121　公务承担人必须尊重个人秘密，包括：医疗秘密、私生活秘密、律师秘密、通讯秘密、商业秘密。

45.122　a）**医疗秘密。**　医疗秘密保护公民，也保护公职人员直面所在部门：因此，某医院院长因向医院管理委员会披露了一个不服从他领导的公务员的医疗文档而犯下了双重过错：一方面，他不应该去了解同事的个人医疗文档信息，另一方面，他更不应该将本属于履行人事管理职责而掌握的信息公之于众。医疗秘密也禁止医生为了证明业务情况而在商事法庭上提供病人的名单。更不被允许的是，社会保障局的公职人员非法从局里的数据中摘抄了与其配偶相关的医疗信息用于离婚诉讼。或者是，一位医院的心理医生向一个正在办理离婚的母亲提供了父亲的心理问题证明，而该证明依据的是他们的孩子的证词：该心理医生向第三方提供了在行医过程中收集到的信息。

医疗秘密不仅涵盖了病情和诊断，根据《公共卫生法典》第 R.4127-4 条，还包括"医生在行医过程中了解到的所有情况，就是说不仅是交到医生手中的材料，还包括医生看见的、听到的和推断出的信息"。同样，当省消防局的消防员们请一位独立执业医生救治一位狂躁的病人时，医生开具了一份情况证明交给了消防员。这虽然是一种务实的做法，但是却透露了病人的健康状况，可以依法受到独立执业医生职业委员会的惩处。

至于保险公司，医疗秘密是公司的障碍，公司的医疗顾问很难将从医生处获悉的客户健康资料提交给公司。健康资料可以在医生之间交流，但不能与保险公司交流。

为了保护病人权益， 2002 年 3 月 4 日法通过规范医疗信息传播再次强化了医疗秘密的概念。早在 1895 年，波尔多的两位产科主任拒绝向预审法官提供两个月前生下男婴的所有的妇女的姓名，最高法院对此表示认可，因为"对女性的医疗秘密保密事关维护公共道德以及家族荣誉"。一语中的。然而，当一名病情不稳定的病人从精神病院出来后杀害了两名女护士时，警察和议员们对保守精神病人的医疗秘密提出了质疑，这些医疗秘密本可以让人早就了解这个年轻人有谋杀幻想。不过，医疗秘密也保证了病人对医生的忠诚度。真正的解决方案还需要医疗司法进一步系统探究。

"不得在法律允许的范围之外泄露医疗秘密"，根据《税务程序手册》，税务判例规定在对医生进行税务检查时，可以了解病人们的姓名，但不得了解病人们的治疗方案。

至于病人本人查阅自己的医疗档案， 2002 年 3 月 4 日法给予了许可。行政法官据此判决医院的行政部门可以将一位死者的医疗档案交给相关的权利所有人，除非有证据表明死者生前曾对此表示反对。

在该法律颁布之前，法官在惩处某个精神病院的护士时显得很宽容：该护士将医疗科室主任给一个病人的主治医生寄送的 6 份邮件的复印件交给了该病人，违反了《公共卫生法典》第 R. 710 - 2 - 2 条关于为医生传递消息的规定。但对于税务检查员这些执行税收程序的实际工作者来说，仍然需要了解法律允许打破的医疗保密。

必要时，行政法官以倾向保护医疗秘密的方式解读行政文件。例如：

- 对于提供上门护理服务、上门陪伴帮助以及多方位服务的机构：从业人员持有上门服务的日期记录以及上门需要完成的医疗指示的记录，所有这些文件将提供给公共卫生监察员，但并不意味着就不必保守医疗秘密。

- 对劳动监察员与工伤医生之间的关系的解释。

- 又或者，对于在押人员就医，在押人员必须要与医生交谈，但看守的警察不能听他们交谈或干扰交谈。从这个意义上解读内政部通告可以调和安全与医疗秘密之间的关系。

45.123　b）**私生活秘密**。　《民法》和许多其他法律保护私生活秘密。公务承担人应当注意不要触碰公民的隐私。这种保护甚至可以是阻止追溯历史，因此，一位女士在《遗产法》第213-2条规定的有效时效内要求查阅她父亲的司法档案，她遭到了拒绝。

45.124　c）**律师秘密**。　如同医疗秘密，律师秘密也具有普遍性和绝对性——除非欧盟反洗钱法令有其他要求。公职部门和公职人员作为律师的"客户"进行法律咨询时，因保密规定而受益：根据1978年关于行政文件信息传递的法律，法律咨询内容不属于可供传递的信息。如果一个律师要为某项政府采购提供参考意见，那么他在提及以往的公共机构客户时，必须经过这些客户"事先明确的同意"。

45.125　d）**通讯秘密**。　公职人员必须尊重通讯秘密：国家行政法院通过紧急审理的方式，指出市长不能不经他的副手们同意就统一拆开他们所有的包括私人属性的信件。

一名教育总监"未经允许多次登录一名女同事的邮箱翻阅邮件，而这位女总监负责主持中学英语教师资格考试"，他因此侵犯了通讯秘密，犯下了纪律过错。

监狱管理部门也要遵守有关保守在押人员通讯秘密的规定。

45.126　e）**商业秘密**。　行政部门要注意不得扩散在行使职能过程中获得但并不属于行政部门的数据。

如果经济部工作小组能在2011年取得成功，那么将进一步明确有关保留、复制或转让经济金融信息方面的违法行为。

三、国家秘密

45.131　a）**国防秘密**。　继《刑法》第413-9条和1998年7月17日政令共同定义了国防秘密之后，2003年8月25日决议的附件"保护国防秘密跨部委综合指令"对保护国防秘密也做出规定，该决议本身细化了公务员义务，包括保密义务。而 2009 年 7 月 9 日第 2009 - 928 号法试图扩大国防秘密范围，秘密将不仅是资料文件，还将包括军事场所和权力部门所在地，并由此在《刑事诉讼法》加入新的第 56 - 4 条、在《刑法》加入新的第 413 - 9 - 1 条和第 413 - 11 - 1 条，但这一尝试在 2011 年 11 月宣告失败。宪法委员会还没来得及追究该尝试，最高法院对该尝试是否违宪已抢先提出了疑问并给予了惩处。宪法委员会不会批准任何将一个场所列为豁免搜查或司法调查的法律法规，在其 2011 年 11 月 10 日的"合宪性优先问题"决议第 2011 - 192 号第 37 条中有最权威的解释："如果立法者一方面以国防秘密为由批准对某些场所定密，另一方面又为法官进行司法调查进入这些场所而临时解除密级，那么立法者在贯彻《宪法》所有规定时有失偏颇。"这项决议同时也是提醒民选官员和行政领导，无论他们在国家机构中是承担何种角色，都不能过分推脱责任。

最高法院确认违反国防保密的犯罪行为"无一例外属于损害公共利益，而检查部门专门负责保护与国防秘密相关的公共利益"。

而国家行政法院强调将对行政部门在诉讼中提交与国防秘密相关的素材进行监控。

在国防保密的各个环节中，最重要的是"密级分类"，就是说，相关公职人员为每一份资料逐一选择信息保护的程度。而以后，是否将某场所定为"保密室"也同样关系重大。

根据 1998 年 7 月 8 日法创立的国防秘密咨询委员会的意见，除非职能部门有其他规定，法官们要兼顾"国防需求"，但这并不阻碍行政法官向行政部门索要与国防秘密相关的材料以便做出判决。

一个军人犯下了过错，因为他透露了一份定了密级的材料，虽然只是为了配合行政法庭的调查。

另一种情况是持有秘密使得行政部门对自身行动造成了不便。行政部门由于过度保密，没有向有关人员传达 1967 年 11 月 27 日关于对外安全局人事问题的政令。一名被解除资质的前特工因此在国家行政

法国行政伦理理论与实践

法院赢得了诉讼，因为他成功地指出，没有人曾经告诉他该政令中造成他被解职的理由。同样，对外安全局的一名军人，深潜潜水员，由于保守国防秘密的缘故，不能说出他在服役过程中遭受听力损伤，而行政部门反常的沉默使他遭受了退休金审查。

在英国，前特工乔治·布莱克1966年从英国监狱逃离后去往俄罗斯，并于1990年在那里出版了一本书《别无选择》。对此，上议院给予谴责，并指出他触犯了1911年的《国家机密法》中关于"未经批准，秘密情报机构的前任成员不得透露任何信息"的规定。

在德国，联邦行政法庭明确了在哪些条件下，持有秘密的公职人员将受到安全监控。

45.132　b）外交秘密。　没有任何国际公约要求法国取消对外政策的保密，特别是有关法国与第三国之间交往的策略。对外政策保密应该得到保留。

45.133　c）安全秘密。　如果将某些信息公之于众可能对某些人或财物造成损害，那么这些信息就不得公之于众。　1978年7月17日法第6条禁止出版让人阅读后会损害国家安全、公共安全或人员安全的资料。行政法官依据这条规定，判决法国国营铁路公司胜诉：该公司拒绝向《观点》周刊开放与铁路网以及铁轨架设相关的犯罪数据库。因为透露这些信息有可能让不法分子定位铁路的敏感区域、难以设防的区域以及公司的薄弱环节。

45.134　d）司法合议的秘密。　行使司法职能的重要原则之一就是保守职业秘密。法官宣誓保守职业秘密，正如《行政司法法典》第8条所规定的，该要求适用于所有的法官。

希望了解司法合议中每个法官的态度和投票倾向，打探情报历来如此。海伦娜·费尔南德斯-拉高特讲述了黎塞留有多么渴望了解司法合议的进展情况①。而现如今，有人说，曾经有个政府高官对一个

---

① 海伦娜·费尔南德斯-拉高特，《红衣大主教黎塞留的功过》，尚瓦隆出版社，2010年。

法官悄悄说:"啊,您的介入使得合议结果发生了反转。"这表明,即便对于该政府高官这不是或不再是秘密,也是违反了合议的基本原则。放弃保守秘密意味着打开了一条通道,传输有目标或无目标的压力。

2010 年 12 月 23 日,一本周刊在其专栏"包罗万象"里,自以为是地披露了两位国家行政法院法官在对一个有关选举的案子进行合议时采取的立场,该合议组合一共有 19 名成员。这本周刊因此犯下了双重错误:一方面,它违反了合议保密;另一方面,它无法核实这些"内部消息",有散播不实消息的风险。

由于最高法院根据 1881 年 7 月 29 日法第 38 条第 3 小条,批准对法国电视三台的一个区域站总编予以定罪,因为他未经许可擅自录下了一次司法庭审。

某法官在二战后法国光复时,被指控"在未受胁迫的情况下"主持特别法庭并"判处两位同胞死刑",他无法遵循合议保密,否则无法为自己辩解,说明"纯洁化程序"的不合法性。

45.135 e)工作合议秘密。 对此要予以特别关注。但是表明"一致同意"并非透露一个纪律委员会的合议秘密。

第 3 节 公职人员进行举报

45.141 进行举报和接收举报。这里指的是由公职人员做出举报而不是接收举报。接收举报几句话就可以说清楚。

为了简要说明行政部门如何接收举报,就必须要提一下卡尔·克劳斯在《沃普尔吉斯的第三夜》中对第三帝国诞生的描述:"戈林总是认为放松警惕带来忧患,因此作为稳定国家政体的对策,他通过了一项强有力的政令鼓励告密,并且保护告密行为,使其免于受到非法攻击。"

这些交给公职人员的举报,有些正是公职人员求之不得的,警察和税务机构对此深有体会。对于警察来说，安全局前局长卡勒在他的《回忆录》中指出警察离不开告密者。他用 28 章一整章的篇幅讲述了形形色色的人出于报复、贪婪、欺诈或悔恨而检举揭发，使得警察得以完成任务。在 A.-L. 乌尔曼的一篇有趣的文章中，他描写了鲜为人知的向家庭津贴发放机构递交举报的事，这篇文章的题目就是《当乌鸦伪装成天使：如何处理向家庭津贴发放机构递交的匿名举报？》，收录于《检举揭发是否是公民义务？》一书中。而法国竞争委员会 2006 年 4 月首次应用了 2001 年 5 月 15 日通过的新的《经济规则法》中"宽大处理程序"，就是对检举共犯的企业免于罚款。法国至今不像美国那样对检举揭发予以分红奖励，美国 2010 年 7 月通过了改革华尔街的法律，许诺检举者对于依据所揭露的事项而收缴的罚款，可以分得 10％至 30％的金额。

欧盟委员会反欺诈局从 2010 年 3 月 1 日起开启了网上"欺诈通知系统"，让欧盟公民和公务员可以匿名方式通过网络反映腐败或欺诈的线索。但是 2011 年 5 月，普华永道公司的报告指出了该系统的困境，欧盟委员会承认"拉响警报的人"并不总是能受到保护，并且有可能使得职业生涯受损。

因此未来一方面需要衡量权力部门受到举报者操纵的可能性，另一方面需要衡量行政部门可否有权将收到的举报材料作为可公开的"行政文件"且无须与匿名或实名举报者商议。

至于由公职人员做出举报，以下将讨论 5 个方面的内容：明确举报理念、举报的多种表现形式、举报的权利、风险和未来发展道路。

一、有待明确的理念

45.151 举报行为的高尚与可耻之分。对于公务承担人，揭发丑闻、阴谋或是对他人生命、尊严或自由造成的威胁是高尚的。因为合法举报并非告密。只有当举报是合法的必要警示，或者是在试图阻止受害人遭到伤害而不得不发声时，举报是正义的。在公职机构中，面对有损公共利益以及部门正常运行的危害时，举报是有意义的。但是如果把举报置于人员监控系统的中心地位，每个人都相互监视，那就是危险的。

在这方面，相比美国的举报机制，法国有更悠久的传统。最突出的例子就是著名的 1808 年 3 月 17 日 "关于大学机构组织" 的帝国法令，其中第 46 条规定："大学的成员们都必须向教育大臣和他下辖的官员们报告所有了解到的在公共教育机构中违背教师职系宗旨和原则的情况。"

我们需要牢记有关检举的三个重要的说明。

45.152 首先，用"揭发"一词并不恰当，太容易让人联想到二战中法国被占领时期的那些匿名信、背叛和维希政府的清算。 而这里要说的是权力机构本身的行为，即公职人员对信息的一种处理方式。公职人员的工作使得他能够接触并收集敏感的信息，并从中发现危险情况。

揭发常常是复仇的工具，而检举则是共同负责，原则上不牵扯个人因素。揭发意味着伤害，而检举意味着拯救。

加拿大政府在修订英法双语版本的《公职部门价值观与职业道德准则》时，同样注意到了用词准确的问题，英语版本的 "disclosure（披露）" 翻译成法语时使用了 "divulgation（透露）"，比 "dénonciation（揭发）" 要来得得体。透露或者检举都比揭发要好。

45.153 第二，公务承担人不揭发个人，只检举事实。 因此，《刑事诉讼法》第 40 条并不强制检举罪犯，但对于罪行本身则不同。

但是不能高估这种重要的区别。举报虐待儿童并不意味着怀疑父母。举报税务欺诈的嫌疑通常触发针对纳税人的外部监控程序。举报社保受益人过度消费药物替代产品会引发行政部门查找相关的处方医生并 "立即对他们提起诉讼"。《刑法》第 226 - 10 条对 "恶意揭发" 的解释如下："针对某个特定的人，对某事所进行的任何形式的揭发，目的在于触发司法制裁。" 但如果揭发的本来就是无明确责任人的某个罪行或某种行为，则是另一回事。从根本上讲，如果不是常见的针对个人的举报，行政部门将在小范围内对相关事项开展调查。

45.154 举报与散播信息。第三，应该区别举报新的事件（即本章讨论的内容）和单纯地散播文件中已经有的信息。 在犯罪记录档案室或警察局工作的公务员肩负的任务中，就包括为行政调查提供必要的信息。在英国，应社会服务机构要求，一名警官对某个社工候选人出具了犯罪记录证明，并在该机构的追问下，解释了该证明进而透露了当事人曾因猥亵罪两次受到刑事起诉，虽然后来因为缺少受害人指认而不了了之。在透露这些信息前，该警官也不必预先征求当事人的意见。对于公务承担人来说，不顾身份"揭发"同事和上级，是可耻的。二战后法国光复时，法国财政部部长皮埃尔·蒙代斯·弗朗斯向弗朗索瓦·布洛克-莱内①询问德国占领期间法国高级公务员们表现如何，后者回答道："我理解您的顾虑，但是请允许我不能充当告密者。"德·贝兹女士在一篇文章中将"揭发"视为"不光彩的行径"，强调其对行政部门造成的普遍危害，并进一步指出："在地方权力机构中，揭发行为越多，员工就越拉帮结派，对徇私利己就越敏感，他会毫不犹豫去揭发上级，希望取而代之，而人事部门的人员也同样拉帮结派，毫不犹豫鼓励告密以便将各部门的负责人都"攥在手心"或者将某几个人"打入冷宫"。而中央行政部门哪怕觉察到存在这些弊病，也只是采取沉默的态度，对公务员"揭发"、"告密"、"搞平衡"视而不见。甚至在需要合法地去揭示公共利益受损、指出错误甚至是轻罪或重罪时，行政部门还是保持沉默。

除了去"举报"，公职人员可以有其他的解决方式，首先就是不受干扰正常履行职权。

并不是所有的人都能够有像皮卡尔上校那样的勇气和担当，拒绝向军方的压力低头，不顾危险与损失，揭露德雷富斯事件真相。并不

---

① 弗朗索瓦·布洛克-莱内，《公务员的职业》，门槛出版社，1976年。

是所有人都有勇气直言不讳。编辑弗朗索瓦·马思佩罗在回忆录中描写了叔叔安德烈·塞利耶的美好形象，他是 20 世纪 40 年代一家精神病医院的主任医师，而当时正统学说主张是让精神病人在这些机构中慢慢饿死，"我曾经阅读了他 1941 年在蒙彼利埃医疗心理学社团大会上的发言。在大会的两天会议期间，有好几篇发言都是关于在精神病院出现的一种神秘传染病。症状是体温低（身体温度低于 34 摄氏度）、消瘦、恶性水肿、内出血和紫癜、严重腹泻、伴随肺结核扩散。所有这些导致了死亡率急速上升"。面对这些发言者，医疗心理学社团的权威们煞有介事地争论这种尚未列入病理目录的疾病的属性："是不是大脑病变者对缺乏维生素 B1 特别敏感？"这时，安德烈·塞利耶上前发言并说出了实情："很简单，我们的病人们是饿死的。食物的供应量明显要少于维持生命必须的分量。"这种对一些现象准确定性的勇气正是公务员的勇气。安德烈·塞利耶书中的这一章节指出了拒绝浮夸虚伪辩论的重要性，值得当下从传染病到癌症各种健康辩论借鉴，同样也值得有关经济或社会政治等其他辩论借鉴。检举揭发，也需要资格，要获得这种资格，就必须拒绝沉默、虚伪和盲目。

二、丰富多样的现实

45.161　举报的方式。现实中，无论在法国还是其他国家，公职人员进行举报的方式多种多样。

45.162　法国以外的其他国家。2005 年法国加入了联合国 2003 年制定的《反腐败公约》，其中第 8 章第 4 条规定"各缔约国还应当根据本国法律的基本原则，考虑制订措施和建立制度，以便于公职人员在履行公务过程中发现腐败行为时向有关部门举报"。

● 欧盟《公职人员行为准则》第 12 条规定"行政部门应该注意，公职人员根据合理猜测和出于善意进行举报符合上文的事项（即：公职人员在履行职责的过程或场合中发现的与公共职能相关的违法活动或犯罪迹象）后不会遭受损失"。

- 欧洲议会在 2010 年 4 月 29 日第 1729 号关于保护举报者的方案中更前进了一步："第 6.1.1 条保护举报行为意味着保护所有善意提示违法迹象的行为"以及"第 6.1.2 条受法律保护的举报者包括来自公职部门、私营部门以及军方和情报机构的人员"。这些激进的要求与上文所提及的法国传统不无关联。

- 欧盟《公职人员行为准则》以较大篇幅指出了"应该受到谴责"的举报行为。根据 2004 年新的《欧盟公务员身份地位法》第 22.2 条和第 22.3 条，行为准则要求公职人员向欧盟委员会或欧盟委员会反欺诈局举报的是"能够推断为违法活动的事实，尤其是欺诈或贪污受贿或严重违背公务员职业义务的事实"。该要求针对也是"在履行公职的过程或场合中"发现的事实。

对此，欧盟公务员法庭 2010 年 2 月 24 日明确了对公职人员作为举报人的保护范围。受保护的举报针对的只是公务员通过初步接触就可以合理推断存在违法活动或严重失职的事实。此外，举报行为必须符合客观、公正和忠诚的义务。因此，一个草率的举报可以让一个欧盟高级公务员付出被辞退的代价：该举报无视无罪推定原则又缺乏具体的有说服力的证据，且在互联网上肆意流传。

- 在英国，1998 年有关透露消息的法律（《公共利益披露法》）和 1996 年有关劳动者权益的法律（《就业权力法案》）确定了必须要举报的罪行和险情。这两条法律适用于公职人员（安全部门除外）并保护他们不受被举报人的伤害。在下议院，英国的欧盟事务大臣指出，对于 2004 年欧盟通过的关于保护欧盟行政部门中举报违规行为者予以保护的规定，英国发挥了决定性的影响。

- 在德国，有关公共职能的法律允许公务员无须上级同意就可直接向检察官报案。此外，德国《民法》第 612 条为保护善意举报而做了修改。

- 在西班牙，《刑法》第 408 条规定"机构或是公务员，违背岗位职责义务，对已知的犯罪行为或这些行为的责任人故意不予追究，将受到停职 6 个月至 10 年的处罚"。举报犯罪行为的公务员不会受到惩处。此外， 33/1986 号皇家法令第 7 条规定，处于领导岗位的人对下属的不法行为采取包容态度，属于犯下重大过错。

• 在希腊，《刑事诉讼法》第 37-2 条强制所有的公职人员向检察官举报他们收到的所有关于犯罪行为的信息。

• 在荷兰，《公共职能法》的修正案于 2003 年 5 月 1 日起正式实施：要求行政部门必须制定适合本部门的规则，规范公务员举报在行使职责中发现的违法迹象并对发出善意举报的公务员予以保护。

• 在捷克， 2005 年开通了反腐败电话举报热线和电子邮件地址，所有公民都可以通过电话和电子邮件举报腐败线索。

• 在瑞士，联邦法院曾对公务员检举表示认可。在 2002 年 5 月 27 日的一份决议中，联邦法院批准了沃州行政法庭判处某市镇政府有过错的审判意见，该市镇解雇了一名公职人员，因为他向省长①提供了一些账本的复印件，反映了该市镇秘书长以个人借款方式挪用了市镇经费。法庭指出："该公职人员显然应该先向上级领导报告，即市镇政府，但是由于市镇政府在某种程度上对最初的情况反映没有做出反应，让人怀疑这样的举报方式不会有什么结果。"而法院进一步指出："该公职人员并没有将这些机密文件和信息交给随便什么人，他联系的是省长，是执行国家对市镇监控权的机构之一。"但与此同时，还是这个法院，在 2002 年 7 月 9 日的另一个决议中认同了某市镇将一个公职人员停职的做法，该公职人员的举报导致他的上级领导因多种过错而受到惩罚。法院没有对事情的详情表态，但是认为公职人员对上级发起刑事诉讼而该上级又状告该下属恶意举报，"这些刑事诉讼使得一个行政机构内同一个部门的同事之间关系对立，从而很可能严重扰乱该机构的正常运行，这与诉讼是否有正当理由无关"。

---

① 由中央派驻。——译者

从这两个决议的对比可以发现，举报违规违法行为在瑞士受到保护，但是必须——和其他许多国家的要求一样——谨慎操作，不可过分扰乱部门的正常运行。

- 在加拿大，《公职部门价值观与职业道德准则》第 4 章中指出："行政总长根据'关于内部披露与工作过错相关信息的政策'指定的相关负责人，见证或知悉工作错误行为的每一个公务员都可以满怀信任、无所顾虑地向该负责人汇报。"

- 在美国，举报很常见。联邦法律保护举报者免受迫害。有些州规定只保护通过上级领导进行举报的员工。

2004 年 3 月，新的《欧盟公务员身份地位法》借鉴了美国"警示与举报"模式，更新了公务员的举报义务。依据美国《公务员法》第 2302 - b - 8 条的规定：应依法揭露那些有理由被认为是与以下情况相关的证据——违法行为、重大浪费、严重管理失当、滥用职权、重大且明确有损公共利益或公共卫生的危险。每一类上述情况都有大量相关的判例。但是这一条的核心意义在于表明，在满足善意举报的条件下，举报人或者发出警报的人有权受到法律保护。

对此，法国和美国在传统和理念上仍有差别：法国强调举报是一项义务，而美国强调保护举报人。前者重视原则，而后者重视实践。两者的理念可以兼容，但是在操作上完全不同。法国倾向于传达责任，而美国突出了实践条件。

45.163　法国关于举报规定。公务承担人必须仔细理解所承担的义务的含义。既作为公民也作为民选官员、公务员或法官去理解。

- 作为公民，有义务报告（除了与职业秘密有关的）犯罪行为以便防范或限制恶果并阻止再次犯罪。这正是《刑法》第 434 - 1 条的目的。要注意，如果举报的是轻罪，一般不予立案。

如果检举犯罪与保守职业秘密相抵触，那么包括所有公务承担人在内的任何人都可以免于受《刑法》该条款约束，可以因保守职业秘密而不进行举报。 1992 年新的《刑法》则使得公职人员能够进行选择：要么保守职业秘密，要么举报。

● 作为公务承担人，有特殊的义务。

法国政府一贯希望公职人员向政府（早于向司法部门或某个独立机构）提供政府需要掌握的敏感信息。

1793 年，在罗伯斯庇尔主政时通过的 6 月 24 日《宪法》中规定，执行委员会"负责揭露滥用职权的行为"，"将那些滥用职权者撤职并重新任命，且在必要情况下向司法机构举报"。

1814 年，内政部部长在一份通告中明确了"如果我了解到，在我的管辖权范围内或是其他地方，有损害国王的情况发生，我将向国王报告"。

2005 年，外交部发布通告强调，必须通过外交部内的相关职能部门才可以按照《刑事诉讼法》第 40 条的规定进行举报。2010 年，公共财政总司出台了同样的规定。

45.164 与"举报"相关的词汇。 这方面当代的法律词汇极为丰富，也反映出这个主题的复杂程度。根据不同的情况，公职人员属于：

● 举证：根据《刑事诉讼法》第 109 条允许保守职业秘密，或者根据《社会行为与家庭法典》第 313 - 24 条"举证"所在机构内的不良行径。

● 证实：说明部门内某个同事的不法行为。

● 汇报：《公共卫生法典》第 2112 - 6 条要求母婴保护机构的员工向部门的医疗主管汇报与"妨碍或威胁儿童的健康或成长的虐待行为"相关的所有事宜。

● 透露信息。

● 发出警报。

● 告知：《刑法》第 226 - 14 条允许任何原则上需要保守职业秘密的专业人士"向司法机构、医疗机构或行政机构告知虐待 15 岁以下或老弱人员的情况"。此外，随着 2003 年 3 月 18 日法的颁布，《刑法》允许"卫生或社会行动机构工作人员"不再受保守职业秘密约束，可以"为了保护自身或是他人"而向省长告知病人持有武器或有使用武器意图的情况。

- 披露：法律允许"披露"秘密，例如《刑法》第 226‑13 和 226‑14 条关于职业秘密的相关规定（与英美法律中有关"曝光"的概念可以对接）。

- 阐述事实： 1983 年 7 月 13 日法第 6 条对于公务员相关的权利与义务做了规定。

- 举报：向上级或检察官等"举报"。《刑法》第 226‑14 条最后一行来源于 2002 年 1 月 17 日法，规定与举报对应的是纪律处罚。又例如， 2011 年 3 月 29 日的《组织法》第 24 条规定由权利捍卫人机构来衡量和决定如何处置收到的举报，包括对公职人员的举报。

- 报告。

- 传递信息：《社会行动与家庭事务法典》第 221‑6 条允许公务员向省议会主席"传递"有用的信息。《刑事诉讼法》第 40 条同样允许公务员向检察官传递信息。

- 沟通信息：例如与儿童事务法官沟通信息（《社会行动与家庭事务法典》第 221‑4 条）。

- 提供一切信息：根据《社会行动与家庭事务法典》第 221‑17 条，向检察官提供有关孤儿被收养过程中的所有情况。

- 根据《刑事诉讼法》第 40 条及时向检察官提供意见。

- "提请关注"：根据《刑法》第 226‑14 条，医生在受害人同意下，可以"提请"检察官"关注"他发现的虐待事件。从行政的角度，部门负责人了解到本部门犯下的医疗过错，却错误地没有"提请重症监护室医生关注"该情况，导致危及病人生命。因为沉默也会杀人。该部门负责人犯下个人过错并受到调查。

45.165 举报的四个去向。 有关举报的这些表述，尽管五花八门，但都有别于"告密"，因此，重要的是公务承担人懂得自身的义务与内在的风险。他可能自发或被迫举报在工作中了解到的违法违规事件。但是首先需要区分举报的去向，按照去向，不同举报被分为四类。

45.166　a）向司法机构举报。　这是《刑事诉讼法》第40条提供的法律渠道。包括相似的机构，例如监控监管机构，它们是司法机构的前厅。例如法国打击非法金融活动行动和情报处理中心受理洗钱举报，或者法国金融市场监管局受理可疑交易举报。

在此，公职人员必须懂得，无论有多么困难，出于工作责任或伦理责任，为了完成公职使命，他将向司法机构举报。这困难就在于，尤其是对于社工们来说，很有可能打破与受他们照顾的人们之间曾经建立起来的信任关系；但是职责要求他们向司法机构举报，"应该超越担心失去他们负责照料的未成年人对他们的信任；否则即便获得信任，也是以无视更高层次的社会权利为代价"。

此外，建议举报人在根据《刑事诉讼法》第40条向检察官举报时，确认是否会违反其他法律法规而受到纪律惩处。负责健康保险分理处的某医疗顾问受到了职业委员会的纪律追究：一些被保险人服用被列为有毒物质的特殊药物，他将这些人的姓名告诉了检察官，导致开出该特殊药物处方的医生受到了起诉。他后来免于因违反职业保密而受到纪律处罚，因为考虑到他的行为符合《刑事诉讼法》第40条且受到省卫生与社会事务部主任的唆使，法官判决予以赦免。

45.167　b）向负责受理举报的特别机构举报。　2000年3月14日最高法院判决雇员向劳动监察员递交举报的行为不属于恶意揭发，因此不能被认为是重大过错。

45.168　c）向上级举报。　公职人员在遇到问题时应当首先向上级而不是向司法机构举报，尤其是在不准备向司法机构举报的时候。为了保护案犯或者试图保护部门的名誉而掩盖违法行为即构成过错：由于试图使用虚假账目掩盖挪用士官社团资金、妨碍找出挪用资金的案犯以及追回被挪用的资金，某高级军官犯下了过错，必须承担个人责任。又例如，机场的某海关人员目睹了一起盗窃乘客行李的案件，但"没有立即揭发窃贼，还在工作报告中忽略了该事件，并且在长达数月的时间内向所在部门刻意隐瞒该事件"，因此被依法撤职。同样，一名警务公务员在一次政治会议上演示制作爆炸装置，而没有向上级汇报，是错误的。

45.169　d）向公众举报。　这方面没有固定模式，只有先例。公职人员在个别的紧急情况下，感觉需要将举报公之于众，通过媒体举报丑闻或者是损害公共利益的事件。

向司法机构举报是依法行事，向上级举报发现的违法行为是合情之举，而让公众知晓那些不及时阻止就会引发乱象的舞弊行为和谎言也并非不正常。

"举报"在这里更多的是指依法披露信息，而不是公职人员使用威胁、匿名信或者近来出现的在官方网站上发布批评和揭发等行为。而在公开指责之后必须进行解释，其中的风险很大。例如，在财政部的网页上公布某个产品的分析结果，只能成为警方的调查素材。这样的行为是非法的。

三、相对固定的权利

45.172　履行《刑事诉讼法》第40条的四个原则。所有公务承担人迟早都会面对举报的问题，依据《刑事诉讼法》第40条举报在履行公职过程中发现的违法行为，有可能涉及同事或领导，也有可能涉及用户或第三方。

相关的权利可以归纳为四项原则。

A. 原则上，进行举报

45.181　义务。　抛开《刑法》，原则上，公务承担人必须举报违法行为，尽管《刑事诉讼法》第40条并不惩处对违法违规知情不报。国家与地方警务的公务员"见到不法行为（暴力或可耻的、反人性行为）时，如果没有采取措施加以制止或是向相关职能部门反映，必须承担责任"。有些显得不合常理的是，那些按照《刑事诉讼法》第 40 条要求承担特定义务并参与维护社会的公职人员，正是那些不参与司法行动的公职人员。

在负责照料他人的行业中，举报是其组成部分，一旦发现有虐待迹象，就需要举报。例如，发现一位育婴师的儿子对寄宿的幼儿实施了可疑行为，就必须向上级和司法机构进行举报。之后则是司法调查和纪律调查，以及依法撤销育婴师资格。法律对公务员比自由执业的医生要严格得多，自由执业的医生可以对虐待事件保持沉默，只要受害人并不是没有能力行使权利，就不会因为知情不报受到追究。

原则上，不同行政部门都必须通过检察官举报。《刑事诉讼法》第 40 条没有要求行政部门在向检察官报案前，有义务先进行行政调查，但也没有相反的规定。行政部门可以将举报作为威胁，正如最高仲裁法院所做的那样。为了确保行政部门负责实施的措施得以实施，则必须进行举报。因此，税务部门必须举报税务方面的违法行为，但并不一定举报与之相关的违反《劳动法》法规的事件。而当行政部门向检察官举报时，移交行为"并不意味着行政部门与之后的司法程序不再相关"。

在法律上，《刑事诉讼法》第 40 条不要求举报必须通过层层上报的途径。事实上，由于举报本身的重要性以及后果关系到行政部门的良好运行，建议公职人员无特殊情况的话首先向上级举报。

45.182 **通过上级举报并非硬性规定。** 在法律上，公职人员可以独立地向检察官举报，无须授权批准。上级主管不是举报的必经之路。一名女法官不会仅仅由于针对她所在的法庭庭长提出越权诉讼而被上诉法院首席法官扣减考核分数。与《刑事诉讼法》第 40 条的程序一样，提出越权诉讼不需要上级批准，甚至无须告知上级领导。部长不能因为原告方没有事先通知上级领导，就以态度问题加以责备。而尽管受到调查的人享有"无罪推断"，但也不妨碍向检察官提交举报。

45. 183　向检察官提交的举报应该是明确且有条理的。 在一个良好的行政部门中，公务员或军人能够意识到他并不是以个人名义发现的违法行为，而是在他的上级领导下因履行职责而了解到违法行为。因此，自然由他的上级依法组织和指导实施向司法机构进行举报。无论是社工、教师、大区审计署的工作人员还是外交官，实施举报政策都必须统一按照负责这些机构或部门的上级主管规定的方式。

通常，上级会核实举报的情况并比照法律法规做出进一步处理。上级在其中的作用必须积极，不能只是满足于将事情移交司法部门处理。即便移交司法处理，行政部门的领导有责任同时在部门内、以部门为单位开展行政调查，以便迅速就举报事件做出反应，评估举报是否属实以及发生举报的原因。例如，行政调查没有能够证实育婴师有过错，仅由于育婴师丈夫被控性骚扰就吊销了育婴师的职业资格，而法官则撤销了该吊销决定。

在法律上，部长有权要求该部委的全体员工按照他认为最适合部门工作特点的方式向检察官移交信息（以书面形式通过传真发送，这样的方式便于领导掌握情况），例如 1997 年 8 月 26 日教育部部长发布了有关举报性暴力的通告。 2000 年 5 月该部长再次强调："公务员不仅有责任向检察官举报情况，同时也必须向学校领导举报。" 2002 年 8 月 27 日，社会事务部部长和公共卫生部部长表示认可公职人员在依据《刑事诉讼法》第 40 条举报时享有个人自由，但是建议"员工在掌握的信息不够充分尚无法判断是否违法、希望得到进一步求证时，应向上级领导汇报。同样，如果员工想了解某种行为是否违法，也应向上级领导汇报"。 2005 年年底，外交部部长发布了一则"关于落实《刑事诉讼法》第 40 条第 2 小节"的通告，"出于理性和司法安全方面的考虑，要求公职人员将发现的问题移交给外交部综合司，由综合司负责按照司法机构的要求，汇总与违法事件相关的信息，并在必要时接管出现可疑问题的部门的工作"。 2010 年夏天，财政部公共财政总局要求下辖的公共会计们向他们的上级反映在工作中发现的问题并解读了《刑事诉讼法》第 40 条。通过上级举报或个人直接举报都可以。

在法律上,行政法官并不硬性运用《刑事诉讼法》第 40 条,而是从实际出发认可行政部门有一定的选择余地,在衡量"违法事件是否充分成立或者该事件是否足以影响部门履行职责"时,自行决定是否求助于检察官。《行政司法法典》第 L. 521 - 2 条的紧急条款并不允许限制行政部门依据《刑事诉讼法》第 40 条向检察官举报。

最后,上文曾提到盎格鲁-撒克逊法律体系中重视保护举报人,现在也开始出现在了欧洲大陆。《欧盟公务员身份地位法》保护出于善意而举报错误行为的员工。根据法国 1983 年 7 月 13 日《公务员身份地位法》第 6 条,公务员不能因为按照合法程序向司法部门披露或移交本部门的涉密信息或材料而受到惩处。 2001 年 11 月 16 日关于反对歧视的法律以及根据 2002 年 1 月 17 日法制定的《刑法》第 226 - 14 条都禁止报复举报人。《社会行动与家庭事务法典》第 L. 313 - 24 条保护为发生在看护机构中的虐待事件"作证"的员工,特别是在录用、薪酬、晋升、调任甚至是解聘环节上防止一切报复行为。因此,迟迟没有提供虐待事发现场照片的事不能被归咎为一名女助理护士"由于与所在的部门关系不错,部门收到信息反映她在负责照料住客时出现行为障碍,但没有及时做出反应"。

B. 分享秘密或解除秘密

45. 191 个人与集体。 在某些特定情况下,可以依法忽略职业保密,分享秘密或解除秘密,以便举报某些违法行为。

45. 192 分享职业秘密。 分享是指持有相同的职业秘密的一组人员相互交换信息,并共同决定下一步措施。根据病人权益法制定的《公共卫生法典》第 L. 1110 - 4 条规定:"除非有相关人员反对,允许两名以上的专业卫生人员就共同照看的人员情况交换信息以便确保治疗的连贯性,或者确定更好的治疗方案。"明确了"整个团队"对病人的信息共享。

除了卫生领域，其他一些领域中也存在着有关举报的职业伦理面临种种困境的问题，尤其是社会事务部门和人员收容机构。 2004 年 9 月，当一名养老院的主管发现了一些有针对性的虐待情况时，他立即同时上报了社会行动局和检察官。 1994 年，英国的某社工做得很正确，他向作为雇用方的公共机构举报一名无资质的员工可能性犯罪。

在社会事务部门开放专业卫生人员共享职业秘密，这样的考虑最终形成了《社会行动与家庭事务法典》的新条款，即第 L. 121 - 6 - 2 条和第 L. 226 - 2 - 2 条，这两条侧重点不同（后者规定共享信息必须通知当事人），但是在保守职业秘密方面有同样的意义。前者根据预防犯罪的 2007 - 297 号法第 8 条制定，比较宽泛，信息交换由"协调人"组织，包括市长、对同一个人或同一个家庭开展工作的社会各方。后者根据改革儿童保护的第 2007 - 293 号法第 15 条制定，规定"除了《刑法》第 226 - 13 条规定的情况，所有受职业保密制约的人员，在落实儿童保护政策时，或在遇到求助时，可以在彼此之间分享保密性质的信息以便评估具体个案，决定并实施使儿童及其家庭受益的保护和救助行动"。这两个条款规范并界定了信息的分享，只有在保护和救助的严格范围内才能组织和运行信息分享。

国民议会的一个调研家庭与儿童权益的小组早在 2006 年 1 月就曾经建议在从事儿童保护的专业人员之间实行"职业秘密共享"，"一旦出现儿童处于危险中的迹象，共同讨论适合公开的信息以及需要参与救助的专业领域"。该"职业秘密共享"的理念越过了泄密的问题。面对真正的危险，所有从事儿童工作的专业人员聚集在一起能够更好地找准难点并采取适当措施。

信息分享受到双重限定，一方面是被授权的人员（专业人员、省议会的相关负责人以及司法机构人员），另一方面是与保护儿童的目标相关。

职业秘密与救助职责之间的冲突不可回避。 2006 年 11 月法国第 89 届市长会议通过了一项综合方案，其中第 6 条"市长在预防本地违法犯罪中的作用"要求"为了提高预防的有效性，从分享职业秘密的角度，市长需要获悉所有与社会服务、警察、宪兵、海关以及司法相关的必要信息"。但是该要求过于宽泛和绝对，尤其是面对司法机构，显得武断。市长们混淆了必要信息与同样必要的保守职业秘密的领域。在当时，是在向法律预案正式得以通过施压。

同样，省国民教育督查员颁布非正式通告，组织负责教育问题学生的教师们向基础教育委员会举报，这也属于分享职业秘密。但是要避免歪曲理解。如果要求某个社工越过他的同事们向市长、向警察提供相关信息，那就不是分享职业秘密，而是解除职业秘密。

法律因此有进一步的规定。有关改革儿童保护的 2007 年 3 月 5 日第 2007-293 号法第 12 条旨在加强省级机构职能，处理对儿童受到危害（包括受到极度孤立）情况的举报，解读各种举报情况，并使各个省的机构职能整齐划一——明确规定省议会主席"任何时候、任何情况下，在收集、处理和评估与儿童遭遇危害或可能遭遇危害相关的信息时，负责组织'职业秘密共享'"（《社会行动与家庭事务法典》第 L.226-3 条第 1 行），并且特别规定，为了达到这一目的，设立省级行动组（《社会行动与家庭事务法典》第 L.226-3 条第 2 行）。此外，新的第 226-3-1 条在每个省都设立"省级未成年人保护观察所"负责"收集、核查和分析所在省的未成年人受危害情况的数据，尤其是受到第 226-3 条认可的匿名提交的信息"。建立这些新的机构会产生费用，该法律第 13 条按照参议院的一项修正案规定由政府先行出资，并在该法律颁布两年后形成一份小结"各省投入费用以及国家划拨补偿"。省级集中处理危害未成年人举报的做法将激发公务员们以及亲属和邻居们的警觉性。

此外，2012 年 3 月 5 日关于接到儿童遭受危害的信息后续处理的法律进一步规定：当未成年人和家庭跨省迁移时，应加强省议会和司法机构之间的信息流通和后续跟进。

在私营部门也是如此。"某雇员向共和国检察官反映情况，他受雇担任辅导员的一家护理机构中有不良行径，收治人员成为了受害者。如果这些情况属实，这些不良行径就是刑事犯罪，举报行为不属于过错。除非该雇员谎报或者恶意举报"。

对于类似领域，根据最高行政法院 2010 年 12 月 23 日的一项决议，《公共卫生法典》第 L.6213 - 11 条规定了警示义务。某生物学家发现一家生物实验室的主管采取的决定会危害病人的健康，他有义务发出警示。

45.193　**解除职业秘密**。　《刑法》第 226 - 14 条规定当法律"强制或授权披露秘密"时，解除职业秘密。

45.194　**法律授权**。　《刑法》第 226 - 14 条允许受职业秘密制约的公职人员向"司法部门、医疗部门或行政部门"报告所了解到的对于 15 岁以下未成年人的虐待行为或者持有武器等的危险人员。法律赋予他们权力举报但并不强制。

这条非强制性条款的实施取决于专业人员和公务承担人的主观意识，而《刑法》第 434 - 1 和 434 - 3 条惩处对于对象是未成年人的犯罪和虐待知情不报。受职业秘密制约的专业人员则可免于获罪。专业人员凭主观意识决定是否举报。

正因为有了该条款，才有 95 000 个关于儿童遭遇危害的举报，其中 60% 是向司法部门举报的。

同样，2011 年 3 月 29 日《组织法》第 20 条规定"权利捍卫人机构对于上门举报的事件，可以接受任何被认为必要的信息，不受秘密或机密等限制，除非事关国防安全、国家稳定或外交政策。调查或预审秘密也必须向权利捍卫人机构开放"。依据法律，公务承担人必须很好地区分可以（免受惩处）向检察院提供的信息和必须提供的信息。

45.195　**法律强制**。　知情不报即违法。在执行司法任务尤其是根据《民法》第 375 条受司法委托照料未成年人时，对于虐待未成年人等行径知情不报或对于处于危险中的人见死不救都属于违法。

一名儿童机构负责人如果没有向司法机构举报对于未成年人的暴力行为，那么他将受到追究并因知情不报受到审查，因为他并不是出于保守职业秘密，且他执行的是司法委托任务。

C. **在举报前采取行动**

45.201 **补救或是举报。** 《刑法》从来没有免除对违法犯罪采取行动的义务。《刑法》第 223 - 6 条的目的正是在于惩罚见死不救。公职人员拥有多种反应手段，无须去举报或揭发。

D. **牢记职业责任**

45.211 **职业要求比《刑法》要求得更多。** 虽然《刑法》对某些告密行为予以豁免，但是《刑法》之外的一些行政法规要求做出举报的公职人员承担职业责任和纪律责任。

例如《社会行动与家庭事务法典》第 L. 221 - 6 条有关儿童的社会救助或是《公共卫生法典》第 L. 2112 - 6 条（旧版的第 166 条）有关社会救助的规定都要求向妇幼保护机构的医生举报 6 岁以下儿童遭遇的危害。这也正是《民法》第 375 条的精神。

职业责任也意味着由于错误判断而做出举报需要承担责任。某个医院由于不了解一种骨病，依据《刑事诉讼法》第 40 条向检察官举报虐待儿童，该医院因此被判赔偿对家庭造成的损害，因为孩子由于举报而被带离家庭。

四、事实风险与法律风险

45.221 **衡量被举报者制造的危害。** 在实际操作中，公务承担人在发出相关举报之前，应首先考虑及时制止违规违法或丑闻的危害。

45.222 **害怕直视真相。** 有时候，一些公务承担人采取的态度，正如美国作家尼克·托斯切兹小说《三位一体》中黑帮首领的律师一般："有一大部分是凭空捏造的。您看到，我弄了一大堆不为人知的信息，把它们加到 X 或 Y 上，就成了 Z，而我很清楚 X、Y 或 Z 都意味着什么。我把它们定性为密封体。这正是他希望的，一贯如此。对我对他都更好。他说，如果有两个人知道同一件事，那就不是什么秘密了。"

这与库斯勒①的描写如出一辙："一个数学家有一次说代数是懒人的科学。人们不寻求了解未知数 x 的意义，只是将这个未知数当作已知数一般运用。"

不少民选官员和公职人员在平常时候或发生问题的时候，采取的做法就是制造"密封体"，以代数中处理未知数一般的方式息事宁人。但是这些失语、失忆、失明的做法最终将是致命的。公职人员不能漠视其工作的意义。因此，法官核准辞退一名警局公务员，因为他自己偶尔吸食大麻和海洛因，很清楚为他"提供这些毒品的人的身份，却并不认为应该揭露他们"。政府专员注意到"该公职人员解释了为什么无法揭露供货人，因为那些是他的中学同学，揭露他们有道德障碍"。但他并不认可这"障碍"，最高行政法院也不认可。

直视真相是必须的，否则我们将看到其他一些标题，例如 2005 年 3、4 月间媒体上的《面对苦难，公共服务蒙上了眼罩》或是《公共服务的不作为受到控诉》。无论面对处罚或是威胁，公职人员应该举报，而不是共犯。

45.223 害怕暴露自己。公务承担人会想到"浇水人遭到浇水"，有时的确如此，举报会引起监控部门对举报人发生兴趣。例如：对审计法院的举报导致审计法院发现举报人本身违规虚报加班领取津贴的事。

● 在美国，托马斯·M. 德维纳提出的解决方案就在《举报人生存指南：并非殉道的勇气》。

毫不夸张地说，在美国，乐于揭露"与公职部门时常合作"的风气将 2002 年 7 月 30 日的《萨班斯-奥克斯利法案》规定的必须对美国上市公司进行警示的措施一再推上高潮。这项强制性措施自 2005 年 7

————————————

① 亚瑟·库斯勒，《零与永恒》，口袋书系列，1962 年。

月起也适用于在美交所上市的外国企业。在美国公职部门，举报机制源于 1978 年的公共行政改革法案和 1989 年的保护举报法案； 20 年后，数以百计的州条例保护举报人。其中，许多条例针对的是某个特定的行业领域，包括医疗卫生、虐待儿童和老人、寄养家庭、汽车尾气排放、工人报酬和公共设施。

● 在英国， 1999 年 7 月通过了《公共利益披露法》保护举报人，特别是对犯罪行为以及公共卫生和环境领域的违法行为的举报。

● 在新西兰， 2000 年通过的《检举保护法》同样保护检举人披露滥用公共基金的行为。

● 在澳大利亚， 1999 年《公共服务法》第 16 条保护举报人。

● 在加拿大， 2007 年 4 月通过《关于保护公务员举报不良行径法》鼓励公务员举报应该受到指责的行径，并保护举报人免受打击报复。

这正是进行检举所需要的，全程保护善意的举报人免受来自涉事机构的打击报复，还可以匿名热线的沟通方式保障秘密性。

因为正如媒体上所说的，遵纪守法的举报人会遭遇"清白者的孤独"，不再受到信任、遭到报复甚至威胁。哪怕举报人是在面对议会调查委员会时说出实情。法兰西岛大区招标委员 1994—1995 年的主席在 2005 年诉说了他举报中学采购存在违规之后遭遇的困境；在 2004 年的《军火丑闻》一书中，两名曾经调查土伦海军建设局的宪警叙述了他们是如何遭到惩罚、转岗和不公正考核。行政法官撤销了某些处罚，因为那些处罚正是反映了"有损公布真相、保护共和国至高利益的放肆态度"。在 2001 年的《一名保安的日记》一书中，叙述了一个警察举报了在工作中所发现的确实存在的暴力行径，但在 2003 年 6 月以"捏造违法行为"为由移交纪律委员会处理。一名感化所的舍监因向《南方快讯》反映他所在的机构容留条件恶劣而受到批评。司法部门即将判定"审慎义务与谋杀共犯"之间是否有区别。在公共卫生领域，安德烈·西高勒亚和多罗特·贝诺瓦-布洛维斯写作了一本书，指出了警示大众以及相关部门预防健康威胁是多么困难。巴黎市的两名档案员在 1999 年出庭作证，展示了一些文件材料，显示 1961 年 10 月 17 日巴黎游行示威中死去的人数比官方提供的要多，他们随后被调离岗位。 2003 年 3 月 20 日，巴黎行政法庭判决撤销对该二人的离岗处罚，并将之定性为"别有用心的纪律处分"。而在另一起案件中，尽管省议会主席两次发出警告并且检察官在前一次没有结论的调查后又重新启动刑事调查，行政法官依然撤销了吊销某育婴师职业资格证书的决定并指出："就卷宗内的材料"看，育婴师丈夫犯下的过错并不牵扯育婴师本人。

在瑞士，某个女性地方公务员曾经举报市镇财政管理员以"个人借款"名义挪用资金，她将不得不一路上告至联邦法庭，因为她所揭露的是涉及整个市镇的问题。

因此，行动仓促、对事实没有充分的确凿证据的举报人，会让自己付出高昂代价。达格梭在 1734 年 8 月 27 日的一封信中警告说："当他们举报的事难以成立，将迫使国王的检察官在对举报事项进行调查完毕之后，公布举报人的名字，并判处举报人连本带利补偿被举报人因举报行为遭受的损失。"今天，当省议会向监护法官举报有人处于危险中的时候，让受害人较长时间处于事件中心更加剧了受害程度，这样一个过错导致的伤害和损失，只能由司法法官来认定。举报总是在放任与牵扯集体责任两种风险之间的权衡。

认为举报"顶风冒险"这种欧洲的古老传统也解释了罗马-日耳曼法体系中落实保护举报人面临的困难。

45.224 恶意举报。举报有时候会有两种风险：对受害人无所益处，或者触犯《刑法》第 226 - 10 条关于恶意举报，或者第 434 - 6 条关于谎报的规定。 1758 年，弗雷曼维尔在《法学字典》中将"举报"与"恶意污蔑"两个词条联系在一起，这绝非偶然：公务员"会接到各种各样的举报，不可同等对待。必须仔细加以区分以便亲自了解举报人，并检查是否出于仇恨或嫉妒，或是被人唆使……"，两个世纪之后的，这些谨慎措施依然有现实意义。

- 行政法官不会支持针对上级的"鲁莽指控"，或者"无根据的举报，目的在于严重伤害某个收容孤儿的社会机构中被收容者的荣誉和雇主的名声"，或者"指控某个市长向第三方提供不利的且不准确的消息"，或者警察局无根据地追究某些警察，或者某医院总机的几个职员提供的书面证明词，说明另一个接线员泄露内情，但没有任何受害人的控诉加以印证，更不用说将上级领导牵扯其中加以控诉"严重的过失应该处以纪律处分"。同样，在德国，一名邮局公务员由于"故意无凭无据"发起对上级的刑事指控而依法受到处罚。

- 司法法官也是同样的态度。商事法庭书记员受到审判，因为他向议会的商事法庭调查委员会举报检察院有态度问题却"没有半点证据"，他将依法受到警告。几名律师向诉讼庭庭长递交了一封信，错误地指控预审法官违反职业保密，他们因此受到审判。公职人员没有任何必要向当事人通报与之相关的谣言。

最后，最高法院在 2000 年和 2006 年认同雇员可以将企业内部的不法行为以信函方式向劳动监察员举报，或者向共和国检察院提起诉讼。前提是雇员不得出于恶意，更不能捏造或污蔑性举报。

根据《刑法》第 226 - 10 条，如果出于无意，恶意举报将不被追究。

因此，某公务员向上级汇报某个事故或重大情况不会受到追究：汇报义务排除了恶意举报。所以，当某公职人员有义务让上级领导了解某个事实时，或者某消防中心的指挥官向上级领导汇报发生在中心内部的违法时，是属于履行义务，不能作为恶意举报。换句话说，合法地向上级汇报情况不能被定性为恶意举报。

恶意举报是出于不良意图。"仅仅出于轻率，甚至就是举报人的过度热心，没有意识到举报的事情有不实之处，不足以定性为恶意且构成违法"。

关于恶意举报，2010 年 7 月 9 日的第 2010 - 769 号法根据最高法院 2009 年的一份报告，修改了《刑法》第 226－10 条，以便允许在做出支持怀疑或指证不足的刑事判决时，不构成举报事项失实的推定。举报事项失实不取决免于起诉的"宣告事项不成立"，而是司法判决"宣告未曾犯下该事项"，这样的情况比较罕见。恶意举报其实是受到严格定义的。

如果被举报的事项被列为不予追究事项，并不意味着就属于恶意举报。需要通过司法程序来认定是否属于恶意举报。

《刑事诉讼法》第 40 条规定的举报会让个人承担代价，因此总有必要保护已受害者和潜在的受害者。没有根据错误地举报同一个部门中的另外两个同事有违规事项，就需要将举报人与受害人隔离开。而这有可能刺激将举报变成实现机构中人事变动的手段，法国开始注意到一些美国公司的法国分支机构中总有这些如出一辙的举报活动反复发生。

所有的法国企业都没有这么干脆的做法，例如法国威立雅环境公司的"道德规范委员会" 2006 年公开表示"可以接受任何一个员工就'道德、信念与责任'活动提出问题"，并补充道："那些希望予以保密的员工，委员会保证完全保密。但是委员会对于匿名的投诉或举报不会开展后续调查（或者最多只进行一次初步查验）。"

强调并实施对匿名行为的防范原则将会避免并且可能已经避免了在私营机构中出现操纵扭曲举报的现象，在司法和行政等公职部门中也是如此。

国家信息与自由委员会的做法是分四个步骤对举报做出反应，标志着我们在实践中对待举报时仔细甄别的方式，也无须就此开展公众辩论。

第一阶段是在 2005 年 6 月，国家信息与自由委员会封堵了从法国发往麦当劳美国总部或美国技术进出口公司的直接举报线路。 2005 年 5 月 26 日该委员会在决议中认为"举报是雇员以并非正大光明的方式收集关于其他雇员的信息，且不让后者知道"，并指出存在"恶意举报"的风险。

第二个阶段是几个月后，于 2005 年 11 月 10 日发布了一份《指南》文件，强调"原则上不反对"举报作为发出警示的手段并提供了11 项建议，例如：第 1 条，非强制，可自行决定是否进行举报；第 3 条，"对于匿名举报仅做有限处理"；甚或第 10 条，要求"被举报者知道详细信息"。

第三阶段，国家信息与自由委员会与其他成员国的相关机构依据欧盟 1995 年 10 月 24 日政令，将保护个人数据的精神体现到了"集团第 29 条"规定。允许"道德警示"，但需要满足（1）有法律依据，例如符合包括 2002 年美国塞班法在内的法律；（2）提供的信息有质量并与反映的情况的客观性密切相关；（3）警示针对的是事情而不是人；（4）提出追究也意味着有权查看和修正所提供的数据。

经过深思熟虑，法国国家信息与自由委员会在 2005 年 12 月 8 日批准了举报规定，条件是遵守那些与数据收集、被举报人员知晓情况并有权更正或消除错误的信息。

第四个阶段， 2006 年 4 月，国家信息与自由委员会在官网上开辟了一条举报途径，从调控保障的角色转换成了参与陪伴。并且，互联网接入服务供应商协会 2006 年在网上指出："在网上发现含有儿童色情或煽动种族仇恨内容的任何人"可以到该协会设立的各个联络处举报。该协会的网页上提供"举报表"可以"匿名提交"。值得注意的是，《刑法》第 226 - 10 条一方面处罚恶意举报，另一方面使得人们倾向去直接找司法部门、警察或宪警。

但最后仍由最高法院来决定法国企业中举报行为的边界。社会事务庭 2009 年的一项判决原则上提出了业务举报的目的只能是针对机构内部在财务、审计、银行业务和反腐败等领域违反法国法律法规的情况。

国家信息与自由委员会在 2010 年 10 月 14 日新的 2010 - 369 号文中规定企业必须根据最高法院新制定的原则调整财务方案。

五、未来之路

45.231 举报者手册。 在决定举报之前，公职人员必须遵守 5 个原则：

1) 牢记身为公职人员应捍卫正义，最基本的是不去抹黑，而是发扬光大。这就要求从事与司法或法警直接相关工作的公职人员为履行工作职责而进行检举。

2) 就举报事宜与同事进行初步商议并形成受法律保护的"共享秘密"。 2005 年夏天，国民议会家庭与儿童权益调研团提议"一旦发现危险的迹象，从事儿童保护的专业人员之间应共享信息"。 2007 年 3 月 5 日关于改革儿童保护的法律也回应了"共享秘密"的想法。

3) 与上级领导（除非上级领导与举报内容直接相关）一起研究是否走司法途径。上级必须有组织地处理举报，集体审核并向提出举报的员工做出反馈。告知举报人举报的后续情况至关重要，关系到举报的意义，可参考《社会行动与家庭事务法典》第 L.226-5 条。这种组织性在实施中不乏困难： 2003 年 11 月，省社会事务局与警察局签署了一项协议，将信息不加渲染地直接提供给警察，结果街头宣教人员因为"不做警察的线人"而发起罢工。但是社会事务部门一项与"举报"和与司法部门合作相关的内部规定依然有效。

4) 对举报进行利弊评估，是否会对相关人员造成风险，带来遭受袭击或凶杀的威胁，并考虑情况的急迫程度是否必须采取行动。

5) 首先在部门内说明动机，必要时向涉及人员做出解释。必须说清楚相关的规定以及可能波及每个人的后果。这样做，行政举报排除了所有匿名的卑劣行为。在行政部门或企业中，不能在没有告知的情况下对当事人实施监视："这个房间在摄像头的监视范围之内"或者"您的业务邮件将被读取"。

举报政策如同保密政策，在实施中不能因为人员的岗位变动而被打断。

第 6 章
在紧急状况下

46.09 正视紧急状况。 公务员在履行依法推断、职能分工、情况汇报和维护秩序之余，一旦发生危及人民生命或国家根本利益的情况，或者为了阻止一次灾难、应对"公共危害"，公务员必须如同政治决策者一般，懂得觉察紧急状况并正视紧急状况。

在政府部门中，紧迫的时间与严格的法律始终是一个敏感的话题并引发无数问题：哪些可以优先？紧急状况下有哪些程序？怎样算是延误？对反应滞后有哪些惩罚？最好还是防患于未然。因此从国家中央政府到地方政府都制定了"危机管理"预案并进行演练，主要是由中央派驻地方的省长和省消防救灾处负责。

极少数真正紧急状况的出现往往成为衡量一个好的行政官员甚或是一个好的处长的标准之一：好的处长能保持冷静且行动迅速、有能力把握好局面而不是向部长办公室或同事推诿。因为紧急状况或是国家利益受威胁的状况往往无法遵守程序，必须采取迅速有效的措施。

第 1 节　确定紧急状况

46.11　事实为重。操纵编造、迫于上级或同事的压力、混淆不清、例外处理等情况都像是紧急状况。

当提出紧急状况时，应该首先核查事实，即分析、评估、核对情况。能够区别真正的紧急状况与似是而非的状况是行政负责人应该具备的重要能力。

所有公职人员都有这样的经历："有关'十万火急'、刻不容缓应对公众舆论的规定最能打乱成熟有序的管理"。

2004 年在轻轨火车上发生的所谓一个年轻母亲遭到袭击的事件震动全国，后来却发现只是一个可悲的谎言。

46.12　真正的紧急状况。当发生真正的紧急状况，并且形势所迫需要采取非常规措施时，应当毫不迟疑。欧洲法院对此亦给予了肯定。真正的紧急状况是关乎保护生命（自然灾害、公共健康灾难、阻止袭击），或为了国际性的事由（在奥林匹克运动会之前完成工程或确保货币顺利过渡到欧元体系）以及出于各种形式的国防需要。

紧急状况的界定或有明文规定，或没有明文规定。两者必居其一。

● 在第一种情况下，公共职能负责人将在法官的监管下，依据事态通过适当的合法的途径进行应对。

例如《社会行动与家庭事务法典》第 L.421－2 条规定在紧急状况下，可以"取消"母亲对孩子的照料，这是因为孩子的身心和健康受到了危害。

又如《外国人入境居留及避难权法典》第 L.522－1 条允许"在绝对紧急状况下"可以按照简化程序驱逐外国人。这是由于必须维护公共治安。

同理，法官注意到对于公立医院"在紧急状况或治疗创新情况下"需要购买药品或类似产品的情况，《公共市场法典》包含条文允许正视有关公法人的紧急需求。这样的紧急购买需求近年来并不少见，例如 2002 年的"Biotox"生物危机计划[①]或 2005—2006 年"禽流感"导致需要迅速贮备疫苗或抗流行病产品。

● 第二种情况更复杂，如果公共职能负责人认为公务服务的至高利益或者人员的安全受到威胁而需要变通非刑事程序，就需要承担起责任。

公共卫生紧急状况显然超越了对传统程序的遵守。法官在监管时要考虑这种迫切性：招录 25 名合同工增援抗击疯牛病的战斗是合法的。当然，公共医疗急救服务在接到第一个报警电话时就必须懂得甄别真正的紧急状况，例如心肌梗塞。一个对电话求救者表现得不耐烦并因而低估了危险的急救服务医疗调度员将会被判处"过失杀人罪"。

紧急状况也会出现在众所熟知的场景中，例如在开学返校的时候，在未通知家委会的情况下，调任一名女教师以应对蜂拥而至的学生们并做好接待工作，这被认为是合法的。

一个大使在决策中也会遇到紧急状况。如果"意外的严重局面与一名职员留任现职发生了矛盾"，大使可以以维护外交利益的名义，在缺乏文件规定的情况下，命令该名职员立即离职。

46.13　假借紧急状况之名。当紧急状况只是个借口，最好看一下戴高乐在回忆录里的教导："出于原则和经验，我认为实际上应该按部就班推进事项，而不能急于求成"。早在 1763 年就有这样的著述："即便对于最明智的企业，急于求成也只能是块绊脚石，将谨慎变成了轻率冒失，无缘获得最唾手可得的成功"。历史提供了许多证据证明了这条真理，一份平静的、沉着的勇气远胜过狂热激情，后者

---

① 2002 年法国制订了名为"Biotox"的生物危机计划。根据此计划，如遭受天花病毒袭击，政府将根据预防、预警、爆发和流行四个阶段，分别对不同人群进行疫苗接种，以最有效地控制病毒的传播。——译者

无非只能用来抹去失败的懊恼。

在同僚、媒体甚至谣言的错误压力下，主管权力部门签署通过了多少不适当的任命或不合常理的措施！事实上多花费几个星期或几天进行核查和补充调研完全能够提出一个更好的方案。

例如：社会事务督察总局在任命人员时，因为没等内部选拔程序结束就急于任命外部人选，导致政府受到牵连并且该任命也被取消了。

同样，如果"接受日常医学治疗"的被收容者没有面临真正风险，那么省长无权启动紧急状况程序关闭残障人收容所。

第 2 节　确定国家利益

46.21　捍卫最高利益。有人选择拒绝认可这种置政府行政部门于"次等地位"、弃法律于不顾的状态。1883 年，面对儒勒·费利宣称的"如果有一天共和国遇到严重的谋反，共和国将拥有至高权力 [⋯⋯] 权力运行将不再通过常规政府"，朱利布瓦议员回答说："我很不好意思地承认，当了 42 年的律师，才刚刚第一次听到至高权力一说 [⋯⋯] 我还真不知道这种至高权力的提法到底是什么意思（好极了！好极了！向右看齐，停止向左看）。"

然而，这种"无法无天"的至高权力确实有章可循，从《宪法》第 16 条规定到 1955 年 4 月 3 日和 8 月 7 日的《国家紧急状态法》、1849 年 8 月 9 日《戒严法》直至 1990 年底的 "Vigipirate" 安全计划①。

以前，甚至在"高级警察"的辖区，行政法官也不会自动认可因为国家利益而忽视法律规定。对待"绝对紧急"状况下的一次驱逐行动如此，对待遭到恐怖主义威胁而要求以维护国家利益的名义实施的

---

① 即法国公众反恐计划。——译者

一次引渡行动亦如此。

由此可见，公务员会（极少）遇到真正的涉及国家利益的紧急情况，其迫切性——尤其是在国家安全领域——促使公务员做出快速却违规的决定。因此公务员需要懂得评估他所做出的决定的法律后果，通过咨询政府部门专家而做出仅仅最必要的违规。

例如：法官判定拒绝招录一名军人作为电子设备专员为合法，一方面是因为他的父母是外国国籍且居住在马达加斯加而有可能使当事人在外部压力下变得"脆弱"；另一方面是因为"国家安全职责重要，当事人应履行使命"。

第 3 节　证明紧急状态的必要性

46.31　符合程序的自作主张。当出现紧急状况，当国家的或国际的迫切需要已不容置疑，"需要即法律"。

在许多领域已经有了应对真正紧急状况的程序：征用，驱逐严重危害公共秩序的外国人，社会治安，自然灾害，房屋征用。

紧急状况的必要界定就是公共职能失去了良好运行和连贯性。因此，紧急状况打破了程序，不拘形式采取必要措施维护国家利益。

对此公务员困惑的是紧急状况下每个人的工作分配和职能被临时地重新安排了："如果某项任务传统上并不在税务检察官们的职责范围之内，而今由于今年9月巴黎遭受袭击造成了特殊情况，使得该项任务被明确地提上了日程；此外，为执行该临时任务，将调整上班时间并减少其他工作。"这样的行政命令并非不合法。

同理，"一名公务员被停职有可能是紧急状况下的必要措施，目的是保证公共职能的良好运行"。这就允许公职机构负责人有可能在依法组建的合议团体缺席的情况下采取措施，或者允许一名大使不经正常程序将一名外交官遣送回法国。

46.32　合法性的衰减。　紧急状况按照动机和法律做出书面报告。

因为"麻醉师们指责医院外科后勤负责人的行为,这样的冲突将导致医疗服务瘫痪而使病人的健康遭受严重风险",因而不按照程序解除该外科后勤负责人的职务是合法的。

当一名护士因为缺少警卫陪同而拒绝救治一名在押犯时,法官减轻了她的责任,因为她"及时向急诊部求助"。

同样,金融法官同意紧急状况下可以允许有合乎程序的自由度:"由于内河航运的严重危机使得国家航运局与从业人员之间的关系紧张,而此时发起有关小额债券的即时诉讼就可能显得与当局在该领域采取的整体行动格格不入。"

第7章
职业生涯的中断

47.09　职业生涯管理。候选、入职、辞职与离职是公职人员一生的节点。原则在于公职人员不受岗位禁锢，可以做自由选择。一份辞呈不会被认为是一种不满的表达。

公职人员也不是岗位的所有人，行政部门——在遵守程序的前提下——同样可以做自由选择分配所属的公职人员。

第1节　上任—候选—辞职—离任

47.11　上任的理由与境况。　明智的人知道大部分的任命即新上任的人都是由于没有拒绝接受"别人剩下的"。谁能肯定自己是"第一人选"？当新上任者不是他的上级或同事所希望的人选，任职新岗位的条件就更加棘手。

一、不要急于上任

47.21　接受或拒绝一个岗位。在所有情况下，公职人员都应该从核查该职位职责的合规性和严肃性入手。

首先需要提议的职位确实存在，设立该职位是合规的且目前空缺。为了解决级别的任命是将任职者放到那些诸如"行政服务总检查署项目专员"之类徒有虚名的职位上。被指派到一个部门随意设立的职位上更像是纪律处分。同样，在职位还没空缺的时候就任命新人也是不寻常的。此外，还需要核对任职期限，测算该职位是否在短期内将受到部门重组的影响，职位是否名副其实，当发现几个公务员同样都是"处长、副主任"的时候，还需要确认该职位在行政等级中的地位排序是否合适。

　　其次需要核对提议的职位是否会导致有失尊严。例如为了肃清《解放报》，"鉴于副总督察的职责在于维护秩序，接受该职位即意味着赞同合法实施肃清的行政处罚，任职条件是当事方最终认同处罚，或是在执行该任务时以实际态度阻止了敌对势力"。即便不是这样夸张的情况，公务员也可以查看他即将承担的实际任务，为什么他的前任离开了？如何离开的？他将与谁共事？

　　47.22　懂得拖延。没有禁止拒绝任职。并且拒绝也不一定会有损职业生涯：埃内斯特·勒南一开始拒绝任职法兰西学院，他后来让步了，接受了任命。

　　同样也没有禁止公务员拖延接受任命。所有公职人员都应该仔细思考安德烈谢斯省长的郑重告诫："当政府向你提议高级职务并显得器重你的时候，应该要求推迟以便有时间思考。过分的急切显得贪婪。"确实，在当今行政部门中，"贪婪"与厌弃并存：那些众人看好的人选并不在意晋升，而那些绝无可能晋升到最高职位的人却野心勃勃。

　　其次，没有禁止在获得任命前等待。例如，在没有依据1939年的法令获得部长批准的情况下，一名国库司的处长擅自担任了一个市镇健康机构的财务管理员，并且对部门责成他做出辞职或留任的命令置之不理，该处长理所当然地受到了纪律处分。

　　最后，没有禁止在任命后延迟搬家，这是指省长或法官们在上级正式宣布任命后，或在举行了正式就职仪式后，推迟搬家到就任地区。过于急迫有可能会导致考虑不周。

二、谨慎对待上任

47.31 上任的步骤。 新上任者可能还沉浸在得到任命的欣喜中，他必须记住首先迎接他的通常是焦虑戒备的同事。这些同事盯着他的工作计划，他的野心，看着他如何解读工作规则。新上任的人必须迅速地、清晰地明确他的工作方式：谁监督谁？谁参加什么级别的会议？谁向谁书面报告？如何报告？

47.32 a) 盘点。 新上任者的第一要务是了解清楚现状：例如：当乔治·曼德尔在 1938 年被任命为殖民部部长时，"到任的第一天他召集司局长们，强调哪些事关国防的重要工作项目必须按时完成"；1947 年 11 月 24 日儒勒·莫奇入主内政部时正值该月爆发罢工潮，"我需要尽快了解全局。但下边的处室没给我什么有用的信息。卸任的德普欧部长称病缺席"。另外一个在近年任职的内政部部长也提到，他到任的第一天即一个接一个会见所有在职的司局长，和他们建立联系。

在部门层面上，行政长官会做好充分准备向新上任的局长、市长、主席或部长做主题汇报，介绍处室情况、工作内容、面临的问题以及近期或中长期可供选择的解决方案，形成一份报告。新上任者对下属的初步评介与这份报告的质量相关。该报告在离任时尤为有用，可以比对出官员在任期间的工作业绩。

最后，新上任的公职人员有必要进行一次盘点，掌握部门的财务、人员与行政状况。新人在职业生涯中不必按部就班"继承"原有的做法。相反，上级可以要求新上任者提交一份"新奇报告"，借助新的视角服务改革。

至于会计师，他们是"旧管理的捍卫者"，不了解这一点，后继的管理就将被会计师们操控。

新上任者还必须通过与上级的到任谈话或任职书清晰认识自己的职能范围。但不做这样的谈话或没有任职书也不违法：公职人员不得以该理由质疑对他的考核评定。

除了以上种种谨慎行事，新上任的公职人员还需要一些帮助以融入集体。北方省因此为新来的官员专门安排"融入指南"，让他们看一台关于管理的幽默舞台剧。埃罗省为新任官员准备了名为"入职护照"的为期4天的培训课程，介绍内部管理（公共关系、社会权力、信息系统、责任、委托等）。形式可以不拘一格，但任何级别的新任官员都需要思考到任环境。公职总局最高规范告示（2006年第7号）主要内容就是"领导职务上任须知"。公职总局局长认为"几年来已经有足够的材料来写一篇关于领导干部如何上任履职的文章"。告示明确了行政领导应该在任命后的6个月内参加集体专题培训，重点解决"管理和实施改革的问题"。

47.33　b）**自我介绍**。　新上任者要认识到自己初来乍到，问题会接踵而来。

● 应该向下属和同事作自我介绍，对一个处长来说，就是解释他的工作纲领和工作方法。快速书面告知是最低要求，实地考察以及开会认识每一个人是必不可少的，与工会和相关对话对象的见面会也会有帮助。对任何人来说，向共事或将要共事的人做自我介绍都是最基本的要求。要懂得毫不矫揉造作地叙述自己过去的职责，并适度总结当初遇到的困难。

● 拜访相关机构和人既是一种礼貌也是一种投资。新上任者应该谨慎选择首先要拜访的对象和要去的场所，给自己的任职定下一种基调，就不至于举步维艰。

● 拜访部门内部人员让人受益匪浅。新任部长或新任市长希望通过访问处长们得到工作启发：即便是自己领导下的部门内部，仍有许多自己不了解、可能犯错误的地方。同时显示对下属的管理。新上任者不可忽视部门内部的访问。

47.34　c）重掌部门。　在新上任者到任前，部门一直在运转，最常见的是由原先的副职在空缺期主持工作，他并不看好由一个不认识的人来重掌部门，甚至希望新来的人位居其下。因此重掌部门需要策略与胆识。策略在于尊重职务代理者并获得他的接纳认可，胆识在于迅速实施自己的管理规则，分配任务与分级报告促使工作搭档和团队有效运转。

47.35　d）前任的阴影。　新人总被别人与前任比较。新人也常常会毁谤前任，因为承认自己只不过是继承了前任的成就是件很难的事。

除非前任受到法律或纪律处分离开，继任者大可不必像诸多"新人"那样急于批评陈规陋习、混乱不堪、放任自流等。他只需要改变作风与方法来表明"时过境迁"。

第 2 节　辞职—离职

47.41　遭受排挤或辞职。各种离职的原因超出了伦理范畴。但通常一个公职人员因受到排挤而离开的事情甚至在多年后仍会影响到公众舆论，他的同事们带着无声的怨恨看待继任者并认为后者的晋升并不光彩。就像当年"法兰西事实政府自称合法政府"引发的混乱，这样的晋升往往使情况变得更糟。因此在接受晋升或者一项新的职责的时候应考虑到之后将面对的情况。

在理想状况下，每个人都遵守米歇尔·罗卡尔总理 1988 年签发的政府令："公职岗位的人员任用'唯道德与才能为举'"。别有用心的任用，特别是违反当事人意愿、替换有才能和忠心耿耿的人都属于"品德恶劣"。共和国总统在致全民信《我请你们消除恶习》中也提到了这点。

不能说 1988 年以后中央政府以及地方政府的人事替换全都遵守了上述原则，但法律上都无懈可击。

在任何情况下，正常离职应满足三个条件：出于自愿、组织良好以及无怨无悔。

一、自愿或被迫离职

47.51　选择与掌控自己的离职。 "正常"的离职要么是依据文件，由于退休或者是项目完结而产生，一般没有异议；要么是出于职员本人的意愿谋求更好的职业发展而出现离职的情况，法国没有引咎辞职之说。因此，当某些重要人物因为失败并从其中吸取了经验教训而提出辞职的时候，常常显得不合情理，而且特立独行。在德国，绿党领袖、外交部部长在 2005 年 9 月的议会选举失利之后辞职，实际上反映了议会席位与政府职位之间的必然关系。如果一个议员受到贪污或者类似罪名指控，应当立即停职直至法院最终宣判。这个简单的要求在法国还没实施，议员或者公务员往往在一审判决前就已被停职。

欧洲更常见的问题是，人们越来越多地发现某些受限制"辞职"实属伦理层面的失败。

在对待议员方面，法国逐渐向欧洲标准靠拢。

2007 年以来，一些部长因为几张建筑许可、一些雪茄烟、一次雇用亲属、性骚扰或者不够谨慎的旅行而辞职； 2010 年，德国国防部部长因为涉嫌学位造假而不得不离职； 2012 年，法国总统因为一名亲信与公共集会组织方往来过密而受到弹劾； 2006 年瑞典商务部部长和文化部部长离开政府，原因是雇用的年轻女性在不知情的状况下只领到膳食而没有报酬； 2011 年，英国的财政大臣因为议会经费"报销门"事件而辞职；同年，首相的宣传负责人也因向小报透露消息而付出代价，以辞职收场。

在公职部门，有时离职是个人性格使然。例如，中央大区区长在一次驱逐一名非法居留的摩洛哥女性行动后，因为拒绝受到非议而辞职。

但是一般来说，很少有人自己想要辞职或预见自己的辞职。

拉布吕耶尔曾告诫道："一个大人物说：'他老了没用了，他跟着我都累垮了，怎么办？相比另外一个更年轻的人，他没希望了，他曾经非常胜任这个岗位但现在不会因此而再留用这个不幸的人了。'"对此的答复是"通常更有用的是离开这些大人物，而不是自艾自怨"。

公职人员必须能够感知或者猜到许多他被逐步边缘化了的警示信号："最后一切都远离了，痛失权威。他这么个能人在漫长的工作中为了共同利益与那些蠢货共事，他们每个人走的时候都从他这里带走点好处 [……] 而他还并不认为自己受到威胁①。"这是常见的现象：受到威胁的公职人员忽然就像是聋了瞎了，他成了唯一一个拒绝知道自己的职位已被架空的人。

当然，还有一种辞职就是不辞而别。

二、有条理地离职

47.61 确定离职的条件。

1) 有条理地辞职首先就是选择好离开的日期。什么时候离开是有所意味的：在工作告一段落的时候走，还是配合机构重组的节奏走，或者不择时机随便就走？干脆地离开留下一堆未完成的工作，还是磨磨蹭蹭先公布离开然后逐步受到被疏离、被削弱的煎熬再离开？

好的离职应该包括事先通知以及一段有限时间的过渡期，以便继任人对工作状况有基本了解。

如果继任者在离任者走的时候还没有到位怎么办？一个公共会计在离职日期到来时，按照法律规定，就不能继续履职也不能擅自延长工作任职，但会计岗位不可一天空缺，他必须指定或者通过其他人指定一名临时工。因为《刑法》第432-3条处罚那些在被正式告知任期终结后仍然继续照常工作的公职人员。留下将是刑事犯罪。

---

① 摘自 E. 左拉《卢贡大人》，收录于《七星文库》，第 327 页。行政社会学的卓越解读，描写了一位权倾一时但后来节节败退直至遭遇耻辱的内政部部长的故事。

2）有条理地辞职的第二件事是艺术地要求在走的时候获得优待。不要求，无所得。德·杜拉斯先生的离职正是如此："他在办公室里向国王请辞，国王对他充满感情，一直挽留他直至落泪，问他还有什么可以为他做的。没有要求就没有所得，显然他唯一要求的是请求为他的儿子谋一份差事。他有把握[①]。"提出要求并非不正常，就是表达自己对之后的职业发展的愿望。同样正常的是，甚至更令人期待的是部长或者部门负责人对今后长期或短期的发展给予明确回应。

3）有条理地辞职的第三方面与辞职条件相关。

辞职是自由的："选举法典或者地方政府通过法典或者任何法律法规都没有规定一位市长辞职必须要有动机。"议员或者公务员可以自由辞职，无须说明动机。

最后，辞职应当经过深思熟虑，辞职是不可撤销的行为，它遵循法律程序，从而与放弃职位有本质区别。

47.62 辞职，毫不含混的行动。 由于涉及公共服务的关系，辞职必须顾及公职部门的利益才能被接受。如果行政部门在提出辞职后的 4 个月内保持沉默，那么 4 个月到期时，一方面表示行政部门放弃处置该辞职申请，另一方面则被认为是行政部门拒绝对该辞职申请表态，但这种拒绝表态在法官判决时备受争议。

在私法领域，"一封清楚的且不涉及与雇主的任何争端的辞职信就是辞职者毫不含混的意愿的明确表达"。

在公法领域也同样如此：法官解读公职人员的真实意愿并核对该辞职是"毫不含混"的。因此辞职也是不可反悔的，如果雇用合同中没有相关反悔的规定，那么部门一旦接受辞职就不可反悔。

但"反悔权"在一定程度上存在，在上级部门考量接受还是拒绝辞职的 4 个月期限内，也就是说当部门还没有做出决定时。

---

① V. 圣西门，《回忆录》第 2 卷，伽里玛出版社，1983 年，第 527 页。讲述元帅雅克·亨利·德·杜拉斯公爵（1626—1704）与路易十四国王的故事。

47.63　**三种"错误辞职"。**上级主管必须拒绝三种类型的错误辞职。

47.64　**a）被迫辞职。** 指的是诱使在岗人员自己提出撤换本人的请求。这方面的违法时有发生，劳动法法官也经常发现此类情况。

因此下列辞职信都被撤销了：市长秘书在市长的压力下提交的辞职信；一位文盲清洁工在"紧张仓促且无法表达本人真实意愿"的情况下被动签署的辞职表格；几乎是由市长代拟的某公务员的辞职信；在某次由学生引发的事件之后校长要求相关教师写下的辞职信等。

同样还有被迫转岗的情况。"要么转岗，要么受到纪律处分"，在这样的压力下提出的辞职在 1947 年并非违法，但也受到了警告，"他本来不会这么早提出退休"。

或者存在以转岗来暗示辞职的行为并未遵守法律的要求的情况。

然而提示辞职或者商议辞职并不受制约。瑞士已经判定行政部门可以出于善意提示一位犯错的职员辞职："该举措可使双方避免启动行政程序带来的不便（特别是考虑到该人员在部门内部和媒体上的声誉、如果还存在争议，程序会很耗时、结果也有不确定性）。"

行政法官只核准那些"措辞明确、当事人神智健全因而辞职意愿未受干扰、不受制约的辞职"。

47.65　**b）似是而非的辞职。** 法官因为行政部门过于匆忙地接受那些正合其意的辞职而对其采取处罚的情况时有发生。例如某个职员在 12 月 13 日提出由于"受到心理、家庭和财务上的困扰"而要求辞职，但当他 1 月 7 日休完病假回来，他提出了撤回辞职请求。同样，行政部门也不可以轻易采纳一些"所谓的辞职"，例如把停职或者拒绝向医疗委员会报到看作辞职申请，或者仅凭一封简短的电子邮件就认为辞职。同样的案例还有一位市长不同寻常地接受了一位镇政府工作人员的辞职，该工作人员虽然决定离开他的工作，却没有提交任何辞职申请。这些都不符合法律规定。

其他还有因为不符合形式要求（书面提交、明确表达、自主提交），辞职无法得到批准的情况。

对于退休申请也一样，如果当事人撤回申请，那么行政部门就不可以再追究。

47.66 c）可疑的辞职。 一位税务督察官员提出辞职以便加入一家法律与财务咨询公司，该公司地处他所在税务稽查大队的辖区，他本人曾任该大队负责人，这样的辞职将被部长合法地拒绝。部长依据的原则来自《刑法》第175-1条。

最后，有组织地离职需要与继任者有好的交接：越是急于离开越不应该一走了之。如果继任者一时还没有确定，那么维持日常的工作并遵守《刑法》第432-2条有关禁止公权执行者、公职人员或议员在职务解除后继续执行公务的规定。特别要注意的是避免在离职前匆忙完成之前在任时没有时间决策或实现的事。

三、永久离任

47.71 "没有政府的担保"。 当有一天发生"重组"或者改革，一些在职的领导或职员会被边缘化。中央政府领导岗位上的人员将无权要求在"重组"后获得类似领导岗位。

这种苦涩的挫折感很难让人保持通情达理的缄默。如果是被迫被动离任，那么法律建议是遵守相应程序，特别是要懂得提出适用程序。因为《宪法》第十三条规定中央政府官员、大使或省长的岗位任免由政府决定，属于"可撤销"的任命，共和国总统可以随时决定结束他们的任职。所以这些情况下的诉讼基本是无用的。相关的案例数不胜数：前法国广电最高委员会主席、法新社社长、某大使、勃朗峰隧道公司总裁、国家警察总署督察总局局长、国防秘书长、省政府秘书长等。

自从颁布了1984年1月11日法，这些岗位"由政府支配"之说就不再是随便说说的了。上任的时候，每个人都知道也许明天就会走人。但是如果终止职务是针对个人的，也就是说，并不是因为某条不针对个人的新规定而做出的终止职务，那么必须要通过书面公报，无论是对一个省长还是一个大使。书面说明也是唯一的担保：解除瓜德罗普省省长职务的案例就是很好的说明。

47.72 有关离任的公报。 除了法律上的保障，还应该争取谨慎性保障。

离任的时候，新的任命决定很快会对离任者造成损害，尤其表现在回答媒体问题失去惯有的保留，这些问题如："1）前任甲领导是不称职吗？ 2）为什么乙取代了甲？"通常，当双方对共同利益有很好的认识的时候就能省去不少解释。

同样的"谨慎性"也适用于地方政府职能岗位。议会的"职能岗位终止任职"修正案通过动议和与上级的"预先对话"得以通过，使得前任负责人体面地离任。该修正案声称"赋予职能岗位公职人员更多的保证使得他们不会轻易受到当地官员轻率决定的影响"。

有些岗位虽然不在"由政府支配"之列，但传统上由政府权威主导：例如巴黎地方法院的检察长天衣无缝地被替换并被任命为上诉法院的总辩护人，又例如西贡地方法院的检察长因为想在巴黎多停留而托词说"因公务所需合理地停留在法国"等，把他们边缘化都是合法的。

同样，国家公共机构如国家影音学院完全可以终结一位由某个部委派来挂职的公务员的职务。

对其他绝大部分不属于"由政府支配"的岗位离职只涉及"针对个人采取的措施"，当离职不再遮遮掩掩，而是披上了"重组的烟幕"，公务员有权要求查阅自己的卷宗。 1905 年 4 月 22 日法保护任何岗位、任何时候的任何人。

而决定将一个公务员调离某个非"由政府支配"的岗位，如法国驻伦敦大使财务顾问，则必须说明理由。

47.73 离任时的"良好行为准则"。 无论离开的岗位法定等级如何，有些规则必须遵守。

47.74　避免大肆张扬地离任。不要将自己的离任变成花边新闻，让别人津津乐道那些分歧、争吵和相互拆台是如何导致了离任。常常可以看到这样的表述："他由于个人原因正式离任 [……]，但他与部长的关系想必处得很糟"。不同的解读导致部长与离任的高级公务员之间无声的斗争、双方的谨慎都消失了，最后两败俱伤。比较理想的是商量好离任这一幕如何上演，包括离任的日期——不至于让人浮想联翩。例如： 1962 年米歇尔·德布雷从总理的职位上离任时，在与时任总统的乔治·蓬皮杜讨论后，他重写了他的离职信。一份简洁的、"不带任何指责、不提及任何不愉快"的声明就已经足够。

但这种处理只要有一方不配合就会失败。 2005 年 11 月，当艾萨维耶·德·克里斯蒂从司长的职位上离任时，关于他与部长的关系，克里斯蒂写道："我向 X 提交了一封信，礼貌地解释了我的辞职动机。他徒劳地挽留我。为了不妨碍他的行动，我离开时没说一个字也没把我信的内容透露给任何人。他以他一贯的粗俗，利用掌握的一些材料试图让人相信他早就不想要我了。"这导致了一连串新闻故事。

像角斗士离开竞技场时插下他的所有标枪似的充满戏剧性的离任闹剧将受到惩戒。一位宪兵队中校在离任时公开指责"宪兵队内部的人际关系本质"无疑犯了错误。同样，一个要案法庭的副庭长在接受法国国家电视三台的采访时认为"他在离任前，有必要将他针对该法庭的管理模式毫不客气的建议公之于众"。按照法律，他的评分因此受到了影响。

47.75　不要埋下"定时炸弹"。这些炸弹可能是一些难以操作的发文，一些只能由继任者承担的逾期责任，一些难以完结的重大举措（裁员、紧急重组等），一些不切实际的利益承诺，以及离任前的紧急提拔任命使得继任者被迫接受不希望的副手，还有一些别有用心、有失偏颇的"遗嘱"。

47.76　不要搞"片甲不留"。省警察长安德里欧曾夸耀说他写作个人回忆录依据的是"我写给共和国总统和内政部部长的日常报告，以及我认为当属个人的一些卷宗——我的继任者会谅解我没把它们留给他"。许多继任者会发现面对的是空文件柜,被清空的文件并不都去了国家档案馆。有些公职人员的确会担心白纸黑字的档案有一天遭追究成了呈堂证供。但档案是行动的反映。当行动是正当合法的时候,档案可以成为伸张正义的证据。即便此类留下"个人印迹"的文档可以安然得以保存在正确的办公室,那么依据1979年和2008年关于档案的法律而制定的国家遗产法典仍然不可或缺。在这方面,部长们的行为常常没有起到表率作用。根据《国家遗产法》第211-1条,公共机构在完成或接受一份文件的时候,档案就形成了,公职人员应当立即建档。公共档案具有"长期有效性"并且"任何人不得以任何理由占据档案"。该法第212-1条规定可以采取行动"追索公共档案",公职人员在离职时应当牢记。

此外,早有规定明确了指挥将领死去后要封存印章,以便军队能够悉数收回文件、地图、军事日记等所有死者留下的只字片纸。物品清单是必不可少的。 1809年2月20日政府令关于原始稿件有规定:"外交部的档案原稿以及国家的和省市图书馆的原稿[……]应该得到专门保管,不得受到损毁,它们的底稿不在旧规定管辖之列,它们是国家的财产。"一朝在公职,终身在公职。

47.77 不要选最差的人作为继任者。如有可能做选择,不要选最平庸的人当继任者,以期人们因此惋惜你的离任,这样做对个人、对部门都不利。

47.78 尊重继任者。1895年10月阿诺多离开外交部不久,收到了他的朋友从国民议会写来的信:"你的继任者某天非常不合时宜地出现在我们面前。真是知识分子的悲哀!头号傻瓜!找了这么个继任者是得多么看得起你。"离任后不再承担公共职能将为继任者带来合作与信任。

行政法官很明智地拒绝站在离任者的立场颁发对继任者的任命。这是行政部门的事,不是离任者的事。

翻过这一页。最好不要在心理上或者工作中"重回领地",哪怕只是借口去"看望老朋友",不要与以前的同事、如今继任者的同事面对面近距离讨论继任者和他的新政,也不要在研讨会、媒体或工作领域表现得还像往日的领导,自觉或不自觉地与继任者表现出对立。诋毁继任者的权威是伦理上的一大错误。

让我们重读塞纳省奥斯曼省长 1870 年 1 月 10 日的回忆录:"部门和官邸都为我的继任者 M. 歇弗郝重装一新,我待在巴黎生怕打扰了他的个人行动自由,我于是和家人一起去了尼斯直至 5 月底。" 5 个月的避让是为了"不碍事"。

在这个意义上,行政法庭的庭长到了退休年龄不再担任庭长,被留任另一个法庭继续工作了 3 年也并非不正常。

47.79　不要拒绝所有的职位建议。外交部顾问、法国驻联合国巴尔干监督小组代表团的负责人发现他的职位被取消了,原因是之前他因为与工作无关的事被临时羁押,后来他的申诉被驳回因为他拒绝了部门提供的"合乎他的职级的各种国内外的岗位分配"。他最后被任命就职于国际合作司一个他曾拒绝的岗位,他在那里的工作表现饱受争议。

47.80　推迟写作"回忆录"。鲜有回忆录是不可或缺的。

2010 年《法官伦理义务合集》中提醒"法官的表达是高质量的……要求最大程度的谨慎,不能对司法机构的形象和信誉造成任何不良影响。对法官的出版物、个人职业回忆录等有同样要求"。

常常看到公务员、法官或者政治家的回忆录"非常艺术地、尽其所能地说着昔日与他共事的人特别是他的上司的坏话"。前任安全官员冈勒发现很难在写作时保持审慎:"在写作我的回忆录时,我从没想过要对我的前任们的言行指指点点多管闲事,但是为了首都人民的安全以及现在的和将来的继任者,我认为我不得不指出来……"回忆录的作者们总能为自己的明枪暗箭找到理由。解释是有用的。总结自己的同时为难继任者,诋毁往日同事的名誉并不能为自己带来赞誉。

欧洲审计法院的前任成员退休后，在 2011 年 1 月批评他的同事以及一位欧盟委员。人们不禁要问：当你在任时，你为什么不揭露这种"虚伪的文化"和"腐败"呢？

第 3 节　处于退休状态

47.91　注意。与某些假设正相反，退休的公职人员依然受到伦理义务的制约。

一、退休的公职人员仍然是公职人员

47.101　《文职与军人退休待遇法》的演变。德行上的偶然过错或者被判负有刑事责任会不会对公务员享有的退休待遇造成影响？退休金会不会因为当事人受到纪律或者刑事处罚而终止？

近几年来自由主义的演变使得领取退休金的权利分四步走向了"神圣不可侵犯"。

1) 长时间以来，受到刑事判决的公职人员会失去养老待遇。

《文职与军人退休待遇法》第 58 和 59 条规定，对因违法或某些错误（挪用、盗用公款、非法侵占）被解职的公务员或者本该解职改为退休的公务员停止发放养老金，其中违法犯错是指在任期间或者退休期间。

该举措属于纪律处罚，只有就业部部长有权批准。

2) 后来行政法官承认退休金属于《欧洲保护人权和基本自由公约》定义的个人利益。

自 2002 年起，特别是 2004 年以来，行政法院确认"公务员的退休金属于债权，必须视为《欧洲保护人权和基本自由公约》第一补充条款第一条定义下的个人利益"。撤销享有退休金的权力（哪怕是因为被动受贿受到刑事审判）属于侵犯当事人财产权。

3) 随后一种更加自由主义的解释进一步限制了取消退休金的

做法。

2003 年法国行政法院拒绝认可《文职与军人退休待遇法》第 58 条关于被判"身受刑和加辱刑"者取消享受养老金。由于 1992 年新的《刑法》已经取消了上述刑罚,行政法官拒绝"解读"原条款,即将更严重的刑罚代入已被取消的"身受刑和加辱刑"从而推导出取消享受养老金的结论。《刑法》有严格的解释,而退休待遇法没有根据新的《刑法》做相应修改。由此产生的矛盾应作有利于公职人员的处理。

第一次自由主义的演变宣告了下一次演变,这次是立法演变。

4) 2003 年 8 月 21 日第 2003 - 77 号关于退休待遇改革的法废除了《退休待遇法》第 58 和 59 条。从此以后,退休金必然可得。

《刑法》将不再与养老金有任何关联,养老金将只按照缴费年限发放。公职人员将无一例外获得养老金,这是服务公职给予的权利。

废除第 58 和 59 条的两项修正案首先由法国参议院社会事务委员会在 2003 年 7 月 17 日的会议上提出,随后被政府采纳。委员会主席尼古拉·阿布先生认为"两项修正案出于同一逻辑……第 58 和 59 条的规定在某些情况下过分了,使退休金失去了惠人的本意"。

"第 58 条提到的'身受刑和加辱刑'在 1992 年《刑法》中不复存在,而在《退休待遇法》中还没有去除。"

"第 59 条同样提到某些情况下取消养老金。委员会对此进行了专题讨论:退休的公务员和其他退休人员一样。他们获得退休金的权利与他们的身份有关,更重要的是由于他们缴费了。如果他们犯罪,他们将受到法律制裁,比如缴纳罚金或者赔偿受害人等,但是没有什么理由要他们接受以行政处罚方式出现的附加惩罚。"

"委员会因此提议取消上述两项条款,它们的合法性无法论证。"

因此退休公职人员从此即便受到《刑法》审判也可以领取退休金。

47.102 荣誉头衔。1987 年 7 月 17 日法规定，荣誉头衔可以被赋予也可以被撤销。荣誉头衔一方面是一种卓越象征，另一方面是参与某些职能的权力，比如行政法院法官。

针对 1982 年最高法院对一名前税收人员非法侵占案件的处理决定，安德烈·维图在评论中写道：退休公务员与在职公务员同样承担廉洁义务。

荣誉头衔可以被拒绝，可以被撤销：有许多例子，比如有一个军人被发现曾伪造官方文件以篡改服役身份证件，他的荣誉头衔立即被撤销了。

同样，授予退休大学教授的荣誉称号可以由于教授协会的拒绝而受阻，哪怕协会拒绝的唯一理由是教授不能再为大学作贡献。

47.103 参加社团。担任过公职的人员可以加入行业协会，成为政府部门的谈判对象。例如行政法院成员与前任成员协会、军人协会等。在职人员与退休人员共同组成的协会或者是完全由退休人员组成的协会都在发挥积极作用，它们在公职部门的活跃程度超过工会。

二、退休人员应承担的义务

47.111 不同程度的义务。退休公职人员依然承担与他之前的职务相关联的基本义务，例如廉洁或者保守秘密。需要区分新义务、延续的义务以及减少的义务。

A. 新的义务

47.121 终止任职。 年龄限制的到来使得公务员有权终止与所在部门的关联。因此，如果一个会计（因为退休)不再拥有公共会计的资格而继续管理公共资金，必须声明作为"事实会计"。

B. 延续的义务

47.131 廉洁。 在这方面最突出的判例是一起迅速予以惩治的案例：一名退休财务监察员利用与他之前所在部门的联系，以不正当手段谋取私利，从他退休后担任董事的铁路公司财务处"未经授权毫无理由地预提款项"。行政法院肯定了对退休人员的贪污惩处。

47.132　**克制保留的义务。**　1978 年以来，有关荣誉头衔的规定不涉及克制保留义务。而之前，没有尽到克制保留义务就不能获得荣誉头衔。在新的文件规定中没有提到克制保留义务，但相关的司法判例仍未过时失效。

巴黎上诉法院的前任庭长由于写过《唯有真相让人刺痛》而被拒绝授予荣誉头衔，因为他在文中"贬低了共和国机构的作用并指控了许多同事"。

这样的拒绝理由恰如其分。

47.133　**谨慎与保密。**　公务员不能因为退休了终止职务了就忽视了该义务。退休人员应遵守与之前他所服务机构的名誉相一致的所有关于尊严、得体行为的义务。英国外交大臣雅克·斯乔 2005 年 11 月 28 日在市镇联合会上严肃批评了某退休大使出版一本充满爆料的书。同样，前任大臣也被提醒要遵守义务特别是要遵守谨慎义务。

公务员、法官或荣誉军人原则上始终与他的服务机构联系在一起，1958 年 12 月 22 日法第 78 条明确指出"荣誉法官要保持品行，事关他所属的司法机构的名誉"。在这个意义上，退休的荣誉法官要遵守所有退休公务员应遵守的义务。法国最高司法委员曾表示"巴黎上诉法院的一位退休的前任庭长，由于刑事法官的犯罪认定，应被取消荣誉头衔"。当事人此前因"企图以胁迫、威胁等方式暴力性侵一名 15 岁以下未成年人"而受到审判。

《公务员身份地位法》第 71 条提出了一条关于使用荣誉头衔的原则："除非与文化科学研究相关，禁止在个人营利活动中提及荣誉头衔"。这也是指出，退休公务员不得以任何方式让他之前服务的机构与他退休后的活动产生交集。

相应地，退休公务员享有受到政府部门保护的权利："1983 年 7 月 13 日法将政府的保护义务扩展到前任公务员，即：公务员或前任公务员在受到非个人属性的刑事起诉时将受到政府保护"。

C. **取消或弱化的义务**

47.141 **职业义务。** 是指纯粹与履行职务相关的职业义务：尊重服务对象或者解释行政文件等。

同样，在履行职务时有服从义务，但退休人员就不一定需要遵守。与履职直接相关的义务在退休后也不再有相应的处罚了。

三、退休人员的个人活动

47.151 **退休人员的危险关系。** 主要是关于退休公职人员从事个人活动，与此相关的廉洁问题在《刑法》和与公职相关的法律文件中已经说明了。

47.152 **一般规定（对公职人员）。** 1984年1月11日法第72条规定国家公职人员和退休公职人员进入私营部门需要经过审批。

2007年4月26日第2007-611号政府令明确指出退休公务员不得参与有损以往任职的尊严和公职中立原则的私人活动。德国也有相同的规定：退休公务员如果从事的个人活动与他最后5年的任职领域相关并且有可能影响公共利益就必须申报。欧洲委员会2004年发布《地方层面公共伦理操作指南》提醒"市政府公务员在离任后应该放弃为私人利益工作，包括担任顾问工作不得涉及与之前公职工作相关的市镇问题"。

对于退休军人，1996年1月11日政府令做了同样的规定，后来被《国防法》第四部分取代。

在临时或永久离开公职后从事个人营利活动需要得到一个顾问委员会以及国防部部长的同意。该政府令经由行政法院判例声明有效。

有一次国防部部长宣布一名前任军人入职某企业是违反了1972年《身份地位法》第35条以及1996年1月11日法：当事人曾参与一项招标任务，森马通讯公司中标，后来该公司提出聘用当事人。

47.153 **针对警察的特别规定。** 根据1942年9月28日法"警界公职人员如果曾经因为有损荣誉、廉洁或良好品行而受过处罚，那么退休后或者终止任职后不得在私人安保公司担任任何职务"。该项规定已经得到了应用。

47.154　针对外交官的特别规定。1984 年 12 月 7 日政府令禁止外交官进入企业工作——如果该企业或者该企业的子公司在外交官驻在国有机构且该外交官最近 3 年内在该国任职。

尽管这条规定针对的是外交官近 3 年的任职情况，但也提供了伦理方向：外交官从事的个人活动如果与曾经派驻过的国家有关系，应该抱有最大限度的谨慎。

2005 年底，两名法国退休大使因所在企业与伊拉克前政权有石油业务往来而受到司法调查。 2011 年外交部推出职业伦理指南包含了退休人员义务。

47.155　《刑法》规定（《刑法》第 432 - 13 条）。禁止公职人员从受政府监管的企业收受利益——哪怕是在退休后——的规定可以追溯到 1919 年。

该条规定在法国和其他许多国家都属于公职权力的"核心规定"。

1996 年联合国《公职人员行为国际准则》第二章节"利益冲突与取消任职资格"第 4 条规定："公职人员不得利用机构赋予的权力为自己或亲属谋取私利。公职人员不得行使任何利益输送，不得承担任何岗位或者职责，或谋求任何金融或商业利益或其他任何与其所承担的公职职能、职责和任务相冲突的利益。"

有个案例是刑事法官审判了一名退休公务员，原因是当事人退休后从事的私人业务与他任职期间监管的公司往来过密。

因此，退休公务员应当警惕不要将自己往日的公职与退休后的新事业混为一谈。只要还在做事，就要以加倍的廉洁和加倍的公正监督自身。

第 6 编

责任：承担、保护、监控、处罚

小引

50.09　责任。所有欧洲国家都认同责任性原则。

责任性原则是最根本的，因为它表达了公共行动的本质特殊性，甚至在使用《劳动法》管理公职人员的国家也是如此。从根本意义上讲，国家作为雇主与私营部门的雇主相比有特殊性，尤其表现在国家的行动对国家的民主管理程序负有的责任。公职人员不是对股东负责，而是对政治领袖负责，然后通过政治领袖对议会和人民负责。因此责任体系反映了一个国家的司法与政治属性。

责任性原则是最根本的，其广度覆盖了公务员、法官和军人。与一般情况不同，公务员身处多个互相重叠的责任体系中，有可能遭遇公诉与暴力。

近些年来，在法国和欧洲建立起了一种双重责任与政府保护机制。

从工作任务失利、失败到"办公室罪行"，行政部门始终与公务员站在一起，分担风险与耻辱，但是难免有时候公务员需要独自承担。

第1章
行政部门的职责

第1节　明确任务

51.11　行政部门应很好地使用公职人员。这像是人力资源部的口头禅，但是公职部门不一定都做到了。一方面需要给公务员分配任务以免他们无所事事，另一方面，需要定义任务。

一、分派任务

51.21　等待分派。许多行政机构每天都在制造老套的"观望状态"。公职人员在家等待电话通知任务的分派。目前行政法官重新启用了以前的司法判例，迫使行政部门改正迟迟没有给公职人员派遣任务的问题：例如等候派遣的大使、没有承担任何职责闲了好几个月的市镇工程师甚至是大学老师。

同样属于行政部门错误的事例：让一个为了公共利益从国际法庭交流回来的法官处于候任状态，也没有安排待遇，或者是让一个民事管理人员等候两年没有派遣，又或是让一个市镇警察负责人等候几年没有实质职责。

　　行政部门不能因某处长没有完全行使权力或者在"服务实施"中缺位而指责他，因为行政部门自己故意把该处长排除在文件传阅范围外，没有给他必要的资源以完成职责。在这种情况下，2007年政府特派员赛利亚·维赫指出：行政部门让干部"坐冷板凳"并希望干部自己离职的态度就像是一种骚扰。

　　关于没有兑现承诺的司法判例也适用于公职部门。一个行政部门会因为拒绝与一位造型艺术教师续签合同而遭起诉，因为"一开学做出的新决定，没有留给他时间去其他机构找一份类似工作"。

　　最后，"冷板凳"不仅在公职部门有，私营企业中也存在，属于2002年1月17日法提出的精神骚扰。

二、定义任务

　　51.31　需要定义。1793年6月24日《宪法》第24条指出"如果公共职能的边界没有通过法律明确定义，如果公务员的责任没有固定，那么社会保障就无从说起"。

　　缺少对任务以及任务分担的定义，是行政部门内除了财务和功能性乱象之外最常见的导致消极怠工的原因。取消行政决定的一个原因也是定义不清：当学术监察员处理一些"不受管理"的教师时，发现当事人从来没有被仔细告知"履行服务职责的方式"。

　　英国人想要通过法律明确部长顾问与永久公务员之间的任务分工。该提案让人想起法国也试图界定部长办公室的（幕僚）权力。

　　51.32　避免模棱两可。行政部门懂得在定义任务时玩弄模棱两可的把戏，将同一个任务交给两个人，或者标题与实际职责不相符……通过故意的含糊不清引发对话双方间的争执与不理解。特别是涉及释放犯人、任务分工的含糊不清导致任务失败：达格梭批评中尉将一名皇家检察官已经释放的犯人重新关进监狱。但当时检察官没有该职能，大法官因此指责中尉："你应该向他强烈建议把他自己圈在自己的权限内"。认清边界并自觉遵守是基本要求。

那么，部长们是否能选择平庸的行政总局主管以便他们的办公室可以通过这个中间人领导行政部门?

那么，一个处长是否能把法律上规定本该由自己做，但有可能导致坏结果的任务卷宗交给一个不够资格的职员?

那么，一个市镇就无权设立"特派员"岗位并赋予 1987 年 12 月 30 日政府令规定由秘书长承担的职责。

那么，一个公租房公共办公室将不可能让一个物业看守"由于房租收缴的管理有许多人参与并且各自的分工并不明确"而成功挪用公款。

51.33 模棱两可的支持者和理论家。政府不可以将一个公务员安排到一个可能妨碍他行使职责的环境中，哪怕出于他个人的要求:例如一个法国驻 C 国大使忽然间成为了 C 国外交部部长并且在 C 国有亲属，导致了各种问题:如此转换身份，其立场何在? 无论从使馆工作人员的角度还是从国家利益的角度，该外交官辞职才有可能澄清这种模棱两可的双重代表身份。 2005 年，该外交官由于 C 国国内原因已中断了与 C 国外交部的联系。

2006 年，行政法官在外交部的劳动民主联盟工会的敦促下，撤销了于 2004 年 8 月 23 日外交部与 Z 女士依据 1972 年 7 月 13 日法签署的合约。 Z 女士曾以"停薪留职"身份在外国担任部长，继续享有法国给予的待遇。行政法院认为， Z 女士 2004 年 3 月至 2005 年 10 月在外国部委任职，这不能被认为是完成法国的国际合作使命。

要知道，一位法国大使或者任何一个法国高级公务员一旦成为了法国的部长，而且要担任较长时间，期间又没有辞去行政公职，这种情况就是身份不清晰。

51.34 避免混淆。最好是每个人都知道他该去参加哪些会议并且带着什么样的授权去。否则不合法的状况将层出不穷:内政部行政总局的人事主管本来没必要出现在某个纪律委员会，他不是该委员会成员。

行政法院明确了会计的准确职责：会计不负责监控产生支出的行政行动的合法性，而是只负责"核对报销数额的计算准确"。

同样，行政法院在处理医疗卫生领域案件时注意区分职业领域问题。它不处理"一名医生要求护士预先准备好续药的处方然后才签署"或者"一名护士未经医生签署处方擅自给病人使用新型注射剂，虽没有危险，但她违法行使了医生的权力因此属于职业过错"。但如果是一名实习保育员误将剧毒物混入了食物，而医疗公职委员会仅给予简单的处罚，那么医疗公职委员会就是犯了明显的错误。

又如，由一名实习护工进行采血是违法的，因为那是属于护士的职责。

同样，行政法院表示，评价教师不仅看其教学活动还要看教学活动所体现的"教育的价值"，这并不属于违法增加教师额外的工作任务，因为教育的价值是教学活动的根本所在。

同样， 1997 年 2 月 6 日的通告明确了学校管理人员的职责，并不是把校长的刑事责任转给管理人员，而是明确了各自的职责。

第 2 节　何时以及如何"掩护"同事？

51. 41　承担而不是同谋。所有军事指挥都要对他指令之下发生的事负全部责任。"掩护，是一个距离问题，直到哪里呢？所以是每个人的良心和道德在其中起作用"。

一个幼儿园的负责人被依法停职了，原因是"掩盖幼儿园一个员工的行为"，尽管她声称"曾尽力向市里报告了事情"。掩护就是分担风险。在不同情况下，有时是分担勇气，有时是分担耻辱。

领导该采取什么样的态度？面对一个事件、一件丑闻或者是一件媒体上没完没了曝光恨不能立即招致惩处的事，该牺牲谁？

独自承担并采取措施，或不采取措施？解释并推脱责任？找个缺少经验、不谨慎或是很听话的同事当垫背？接受并放弃积极应对以求息事宁人？

谁的责任？领导还是同事？授权方还是受托方？"掩护"同事到什么程度？接受永久的或是一次性的处理结果？

这不仅是政治官员或者部门负责人的问题。首先想到这个问题的是同事或者公务员，他们担心政治层面上要求的"团结"。伊丽莎白·陆林这样描写公职人员的犹豫不定："参与不了决策让人不快，行政干部们常常发现被抛弃在了改革的战场上，领队的将军半路折回却没事先说一声。因为面对这个工会或那个协会政治上需要丢掉些压舱物，因为一次演讲或一篇文章就有可能动摇权力机关，公职人员就被错误地甚至是不正常地挡在了门外，哪怕他已花费了几个星期解释改革不可阻挡。"

这也是沃尔特·司各特的小说《中洛辛郡的心脏》开头的情节：当局派波特乌斯上尉去处决一个强盗，但他被企图劫法场的人群包围了，于是他开枪了。他随后被起诉，没有人考虑到他的任务很困难。女王的缓审令来得太迟，他受到法律审判并被人俘获后被杀死了。

在采取特别措施"掩护"同事之前，应该想到不要适得其反，不要因为出尔反尔、错误姿态而使得有些易动摇的人"倒戈"联合其他同事一起反对。1869年，省长奥斯曼就遭遇了这样的不幸。因为与土地信用社签署的合约有错误，政府将责任推给了省长，并拒绝"掩护"他。

一个真正的"老板"的特点在于懂得如何保护他的合作者们，至少是那些接到任务后认真对待的人，并且时常懂得识别在奋力打破陈规旧习过程中新思想的领头人。滨海阿尔卑斯省省长真做对了吗？他将教育家塞勒斯坦·福瑞奈，也是《学校里的印刷厂》一文的作者从教育岗位上撤下，原因是"学生家长的抱怨"以及特派员报告中提到的教育实验——这些做法后来在官方机构重见天日。2010年6月，克雷莱伊法庭庭长真的做对了吗？他剥夺了一名法官宣判自由和监禁的职能，该决定引发了众怒。

懂得支持合作者的处长们他们自己就成长了。

这方面值得一提的是 J. 费朗迪，他于 1963 年至 1975 年担任欧洲发展基金负责人，他以前的同事一个德国人说："J. 费朗迪是一个伟大的老板……只要你正确地工作并分享他的想法，他就会全面支持你……在必要的时候保护你不受打击。你知道，当你与某些专制者打交道并且拒绝被收买时，你确实需要保护。"向上级领导的热忱投入致敬，没有把同事们置于失望沮丧、批评斥责甚至自我放弃的境地。

2005 年当德国外交部部长遭到反对派批评，指责他对苏联的签证发放政策，他懂得"接受他的政治责任"并"承担他的同事可能犯下的疏漏与错误"。

法国近代历史上有几位部长不怎么投入，在合作者们辞职后他们在政治上也就无法生存了。

英国人敢于正式清点所有因为个人责任问题导致的部长辞职。他们传播部长负责原则，关注"部长与公务员之间的关系"，在发生危机寻找责任人的时候，他们关注公务员公开发表观点的权利——公务员的观点与部长的观点可能不一样。

51.42　如何帮助一个遭到起诉并且（可能）有罪的公职人员？

有三种表示团结的方式。

● 第一种"团结"是法律上的。即法律上的无罪推断，一个人如果只是受到怀疑，在媒体上受到批评，遭到起诉，受到审查或者被临时拘禁，按无罪推断。刑事犯罪唯有经法官宣判后认定，一般是在上诉法院和最高法院审理后。同时，部门负责人、部长、主席应该避免情绪滑坡和仓促行事成为代人受过者。必须从组织上吸取全面教训，然后再考虑处罚——如果有必要的话——那些在源头上导致了错误的人们。　2006 年 1 月议会委员会收到了太多关于乌特罗诉讼案的评议，有时甚至是来自内部的，这说明理性的道路是艰难的。

● 第二种"团结"是财务上的。当一名公职人员被监禁，行政部门面对痛苦的选择：要么停薪，就当他缺席实际工作处理；要么停职，按照1983年合规法第30条的规定，可以保留待遇哪怕是被临时监禁。每次，行政部门根据当事人的家庭状况、职业生涯发展、受到指责的事件的严重程度等做出自由选择。

● 第三种"团结"是政治行政上的。如果部长或是部门负责人相信遭诉讼的公职人员没什么过错或者这个案子是能胜利辩护的，就会用一些比较经典的方式如通过内部解释或通过新闻媒体来为他说话。但是如果其中有居心不良、辜负信任或不诚实、临阵脱逃或者有损职业声誉的情节，"老板"肯定就会拟定批评言论以界定有限的团结并与这个同事划清界限。

对于公职人员，风险在于常常得不到第三种政治行政"团结"。

51.43 什么时候不再"掩护"公职人员？ 团结的义务在面对公正惩罚的必要性时终结。

科布伦茨市行政上诉法院拒绝向一名东德政治犯提供任何避难津贴，因为他在出狱后曾自愿与斯塔西①合作，担任非正式情报员。他写过一些报告告发想要逃离东德的人。他因此不能得到与被他告发的那些人同样的津贴并且完全不可能受到"掩护"。

部门利益优先，并且部门负责人有义务拒绝"掩护"部门内的违法犯罪、行政过错以及有损部门尊严与名誉的行径。

正因如此，一位总警察长受到了惩处："他没有尽到忠诚与尊严的义务，而是掩盖了手下警察的错误行为——在一次搜查中，这些警察放任自己造成重大物质损失。"

保护服务对象超越了团结精神。

公务员、法官、军人应该学会承认服务对象不一定有错。因此，当市镇议会做出决议《对某校校长采取的态度表示遗憾》，并指出自从该校校长上任以来，学校里的员工就分成了两派。法官认为其中没有

---

① 原文 STASI，东德国家安全部。——译者

任何诽谤并且"许多递交到市政府的内容详细的抱怨"可能揭示了不满意识。

这与公务员"层层相护"没有关系，正相反，将受到全体服务对象指责的公务员改派他处，正是为了在该市镇恢复公共服务的价值。

第3节 尊重公职使命：不滥用，不压制

51.51 行政部门的职责。面对公职人员曲解公共职能，行政部门不能"滥用其主导地位"。

51.52 敷衍不是尊重。尊重职员就是不敷衍他，不操控他，不因为公职服务之外的其他任何目的提升他的积极性和声誉。

"世俗的想法里，一个精明能干的部长应该是一个极尽狡猾之术的人。相信这种想法就错了。狡猾只属于心术不正的人。"

等待宣布提职的职员自然会容易轻信，他一心盼望期待已久的提职早日宣布。但是提职任命的承诺没有实际意义也没有法律效力，并不比承诺保持与之前岗位相同的待遇来得更好。

还有，在行政部门，部门负责人不可以随意鼓动公务员提出不合规定的轮岗或者调岗的要求，这样的操控不在他的职责内。同样道理，电报方式发来的正式调任通知附加有"该决定尚不属最终决定"，导致该调任最终被撤销，而行政部门因此被起诉。此外，行政部门不可以为了让公务员接受工作安排，而给予某些违反规定的承诺，比如岗位级别问题。

行政部门不应起用那些以出名或出风头为目的，借用行政部门的形象而后一走了之的公务员。当德国政府因为一起大量发放签证的丑闻而要求调查委员会进行审计时，行政法官登上媒体的"光荣时刻"来了，他却要降低记者们的关注度，在给记者们上了一堂冗长、让人昏昏欲睡的法学课后，他的目的达到了。对于忽然间被推上风口浪尖，公职人员最好三思而后行。而敷衍即不尊重，只能损害公职人员

的形象。

51.53　严厉并非粗暴。

20 世纪 30 年代，行政法官处罚了纪律惩处中的"暴行"。

即便是告知一个公职人员等待他的灰暗前景（处分、调离、降级、革职），也总有可能用有分寸的语言表达，不羞辱也不公开。粗暴常常就是不合法：一个墓地看守被人取代却非要说成是"真正的撤职"；同样，在不寻常的情况下实施的"粗暴辞退"本身就属于非法。最好避免让公务人员或司法人员在得知处理意见时过于震惊，进而不在状态而不能够理解处理意见，最后还不得不再添上一道医疗急救的程序。

同样，在解职一名公职人员前最好先确认处理对象尚在人世。"解职的目的是将一名员工从行政部门逐出，这样的处罚不能对过世的人宣读……"

可以允许反复提醒规则，但形式上不能带有威胁或无声的敲诈。在军人们的军饷单上附加上一条提醒军人们不得参加工会性质的集会就是一种威胁，这种做法具有常态化的特点，并且故意附加在军饷单上表示了规则与物质的联系。这种做法政治上不明智。

但在所有情况下，行政部门的"善念"不构成对公务员权利的认同。

51.54　被迫就范不表示同意。当一名合同制公职人员在合同到

期后，由于续任合同与之前的合同有实质区别，他拒绝签署新合同，行政部门随即做出了不再续签合同的决定，但这样的决定不能简单地被认为是满足了该公职人员本人的要求。

而提出上诉可能会招致报复。1983 年 7 月 13 日《公务员身份地位法》禁止仅仅因为"状告行政上级或者发起司法行动"而对公务员采取负面措施。

对于一个纪律处罚的抗议不得导致第二个纪律处罚。

但是经常会发现，仅一次对行政部门的决定提出上诉就足以毁掉

职业生涯，因为各个行政部门其实是一个大的整体，而且有仇必报。例如，一个军人因为派驻海外要求屡次遭拒而多次投诉，很快他就发现自己"被划入了惹是生非、有问题的人的行列"。然而，所有的人包括法官、行政人员、普通公民都有责任坚决守卫提起诉讼的权利——只要不是在滥用这种权利。例如：一个法官不能接受他的考核分数下降了，就因为他曾起诉上级的决定"考虑到律师数量增加并且工作繁重，他们可以使用法官图书馆搬走以后留下的空场地"。可以理解主审该案的行政法庭庭长"担心在司法部门内部引发上级权威的威信受损 [⋯⋯] 以及有可能间接恶化律师与法官之间的关系"。但不应该仅仅以这一个理由而降低当事人的考核分数。早在 1960 年，一个工作人员上诉行政法院，因为他要求从本人档案里撤除"因为他在法庭上的态度表现"，上级写给他一封"极其不满"的信，行政法院表示了支持。只要不是痴迷诉讼，将事情诉诸法院并没有错。

一个市政府秘书长起诉市议员诽谤，如果因此辞退该秘书长是不合法的。

"合情合理地"起诉上级领导不应招致年终考评降级，"措辞适度"的上诉也不构成需要纪律处罚的错误，同样，因对纪律处罚是否合规有争议而提出上诉也不能被认为"不服从正常的上级领导"而受处罚。

第 4 节　保护公职使命

51.61　保护公职使命的四个要点：一、保护公职使命的必要性；二、在法律的框架下保护公职使命；三、保护有多种方式；四、保护常常还不足够。

对公职人员的保护可以且必须与对公职部门的集体保护相结合。一封抬头为"致在滨海阿尔卑斯省儿童福利院工作的全体新老教育者和部门负责人"的信爆料福利院运行不良、某些孩子受到虐待等，在这封信被四处分发后，滨海阿尔卑斯省议会在新闻媒体上就民事部分控诉谣言制造者攻击公共行政部门违反了 1881 年 7 月 29 日法第 30 条。

对此，终审法院强调对于此类谣言中伤公共行政部门的案件，只有检察官才能采取公共行动。

一、必要性

51.71 压力下的公职使命。 在下列条件下，公职人员无论作为受害方或施害方，都应受到部门的保护，因为保护工作人员就是保护自身，而部门的权威甚至部门的存在都必须通过受人尊敬的工作人员得以体现。

这些条件下，根据《民法》第 5 小节第 1135 条和第 1384 条以及终审法院的司法判例，公职机构甚至比私营雇主承担更多的保护职责。例如：由于工作导致公务人员遭受刑事诉讼，诉讼费用由所在部门承担。

所有欧盟国家都认可保护的必要性。2011 年，欧盟公务员法庭认为根据 2004 年《欧盟公务员身份地位法》第 2 部分第 1 条，欧盟委员会本该立即采取措施保护欧盟驻摩洛哥使团的一名工作人员，后者就不致在摩洛哥遇害，而欧盟部长理事会也早在 1989 年 6 月 12 日通过 89/391 号指令将摩洛哥列入了危险国家之列。

与其他需要与顾客或用户直接打交道的工作人员一样，公务员、法官、军人常常遭受威胁、侮辱和攻击。对公职人员的道义保护、司法保护甚至有时人身保护已经成为一种绝对必要。

议员和公职人员会遭到责骂、攻击、诋毁，他们面对"噪音和怒火"。福克纳的小说《喧哗和骚动》中，杰森要求郡长帮助寻找他的侄女，郡长拒绝了。

杰森说："这是您的最后决定吗？请您想清楚了。"

"都想过了，杰森。"

"很好。"杰森说。他戴上了帽子:"您会为此后悔的。我不会忘了去起诉您。我们不是在俄罗斯,那个地方一个男人胸前挂个金属小牌子就能享受豁免权啦。"

法国民众常常就像是杰森。

51.72 各种攻击。 在安稳的传统形象背后,"公务员已经成为风险职业":由于职务原因而遭受攻击,无论是何种攻击,都应给予保护。对公务员如此,对议员、法官或军人也是一样。

与职务相关的攻击不仅是指在执行公职过程中遭受攻击,应该还包括针对公职使命本身的攻击。例如:一名公务员到商店去撤回之前他送过来的设备,在这个过程中他受到了攻击。此时虽然受伤害者是公务员,但他当时是作为普通公民身份,这件事可以发生在任何一个人身上,与他的公职身份没有任何关系。同样,一名邮局工作人员在邮局遭到武装攻击后表现出了焦虑抑郁症症状,但由于他当时并没有在受到攻击的那间办公室里,就不能把他受到的伤害作为职务伤害。职务与攻击之间的关联性需要严格甄别。

51.73 (口头及书面的)语言攻击。 因为违法违规而感觉受到国家公职部门欺负的人会倾向于采取报复,指名道姓地指责某个或全体公务员。

质疑的声音很快散播开来,公务员的名誉因此很容易受到侵犯。在法律上,名誉受损不能成为采取措施制止针对公务员的负面行为的动因。但是当出现针对某个员工的含沙射影或直接的谣言诽谤时,行政部门应该对此表现出团结一致积极应对①。

有些起诉人在遣返回国的诉讼争议中针对行政法官或司法法官的"祖籍国"或"信仰皈依"而质疑他们。有人辱骂法官要求法官修改庭审记录并赔偿精神损失。公务员也会受到来自所在部门的工会或同

---

① 例如:一名技术学院的女校长因为职务原因,遭到当地一份大型报纸连发两篇文章攻击,第二篇文章甚至号召学院员工在学院内发起示威游行。

事的攻击。有位公务员被一本书中伤，书的内容涉及他之前担任阿尔及尔省政府秘书长一事。最近也有公职人员被某本书无端污蔑的事情发生。攻击也可能来自站在国民议会讲台上的某位议员。

有些学生对他们的老师表现不敬。

对公共服务的寻衅用户采取处罚也属于保护公务人员。一名中学生在博客中侮辱一个老师和其他学生应该受到处罚，"通篇下流低俗的胡言乱语指名道姓地指责老师和同学"并且"扩散到学校以外，其造谣中伤的性质，已经损害了公共服务部门的正常运行"。因此必须立即采取纪律处罚，以表明立场并维护道德甚至是一线教师的人身安全。

2005 年 6 月 14 日，巴黎有楼房被"分拆出售"，此事导致一名议员状诉多人，他强调了其中一些人的公务员身份。事实是这起争议与是否公务员身份没有任何关系，其用意是在损害公务员形象，部委可以因此采取保护措施。

一个工会组织指责某医疗中心的人力资源部是邪教成员，根据 1983 年 7 月 13 日法该行为属于"攻击"，应该保护受指责对象。

其他还有毫无根据且不顾事实的恶意谣言，意在"毁坏当事人的名誉"，或者是把行政教化所说成是不懂法规的公务员的聚集地等。

最终将由部长来决定采取怎样的"适当的保护"措施，如果公务员诉诸法律，部长将给予支持；例如一位大学教授提起诉讼，因为被告在公共街道上的一次示威活动中，当众辱骂他是"犹太人的耻辱"。

51.74 肢体袭击。有些公职人员为了恪守国家职责而付出了生命的代价：例如军人受命于本国或联合国执行维和行动或战争，但是文职的公务员和法官也会殉职：法国大使路易·德拉马 1981 年 9 月 4 日于黎巴嫩；法官皮埃尔·米歇尔 1981 年 10 月 21 日于马赛；驻科西嘉省长克劳德·埃里亚克 1998 年 2 月 6 日于阿雅克修（科西嘉首府）；西尔维·特尔姆耶和丹尼尔·布福耶尔两位劳动监察员 2004 年 9 月 2 日于多尔多涅省，宪兵诺贝尔·安布豪斯于 2007 年 6 月 23

日等。

教化所人员经常成为暴力、威胁和侮辱的对象[1]。 2011 年，圣艾蒂安监狱前任典狱长讲述了 2000 年 7 月 27 日一名在接待室工作的公职人员受到袭击的事件："他的膝盖遭到两下散弹射击，因此丢了一条腿还差点送了命。司法调查到现在还没有结束，但是我们都知道这是对关在这里面的贩毒首领的一次警告"。 2011 年 4 月博尔戈拘留所两名看守的汽车被人炸毁。 2011 年 9 月 3 日沃克吕兹教化中心工作人员的汽车同样被炸毁。 2011 年 10 月 26 日在南泰尔拘留所周边警戒区域内，一名看守遭到袭击，相信与几天前一名在押人员在禁闭室自杀有关。日常的袭击由来已久。执行公职任务常常比人们想象的要危险很多。《监狱法》将保护措施扩展到了看守的家庭成员，该法律报告人在国民议会解释称："站在监狱工作人员的立场上，这些保护措施是极其必要的，因为他们工作环境恶劣，有遭遇袭击的风险[……]。 2008 年收到了 1 228 个保护申请，其中 417 起涉及身体袭击， 543 起口头攻击， 42 起财物损毁。"

1896 年出版的由第三方写作的《和平守护者的历史》被称为"和平守护者纪念册"，其中记载了从 1885 年至 1890 年期间所有公务员因公殉职的案例。让人更多了解公职职业。有些法官甚至是在法庭上遇袭[2]。

2009 年，警察处理了 25 000 件攻击公共权力部门的事件（侮辱、对抗、拒绝服从等）， 12 735 件暴力肢体袭击事件和 400 件死亡威胁（是 2004 年的 4 倍）。 2011 年 10 月，内政部部长不得不关注"Copwatch"网站，上面公布了公务员们的身份、照片、家庭住址，有鼓动暴力的倾向。这些公务员的安全和他们的生命因此受到了威

---

① 1961 年一名在押犯猛烈袭击了看守的头部。看守头皮撕裂、头骨骨折、颅内水肿致严重后遗症，应该属于因公受伤，但行政部门的第一反应并不认同。

② 2003 年 6 月，某人因掌掴法庭庭长被判监禁一年。 2005 年 9 月司法部部长号召年轻的退役军人或狱警加入"护卫"法院的行列。

胁。在部长的要求下，重案法庭下令关闭该网站。

同年，发生了 1 080 起消防队员在执行公务中受到袭击的事件（2008 年是 899 起），经查是岗位的原因使他们受到了攻击。教师们投诉家长，社工申请保护，就业中心 2010 年受到了 5 000 多次的语言攻击，公共财政总局 2008 年报告了 447 起针对税收官员和公共会计的袭击，其中 176 起针对公务员（侮辱、辱骂和诽谤）和他们的财务，其余针对机构的正常运行（偷窃、损毁文件、破坏建筑物）。

议员们也一样遭受暴力袭击。 2011 年，以相对随机的方式发生的针对科西嘉民选官员、他们的家和市政府的攻击达到了令人担忧的程度。

人身保护必须通过警方的多种手段实施，或者在没有其他办法的情况下，让当事人立即更换工作岗位。行政部门将会因为"没有采取必要的预防措施确保公务员受到保护"而受到审判，例如一名电话设施技术人员在收集电话亭收入时遭到袭击，不久之后他在工作时被杀害。行政部门不能以"三个学生社团在大学教学场所召集集会反对他恢复任教"为理由禁止一名大学教授在经历了一段时间的停职后进入他所在的大学校园。两者必居其一：要么该教授在履行职务时曾经犯下错误，他会受到处罚；要么他就是受到了威胁，他必须受到保护。

公职人员受到的威胁会扩展到他的私生活、他的家庭或他的孩子。行政部门有责任保护公务员，甚至在必要时将他"安全转移"到其他地方。一名市警察在和家人购物时受到死亡威胁，对方是他此前在执行公务时曾处理过的人，他因此必须受到保护，哪怕威胁是发生在工作以外。同样的解决办法也适用于某个监狱看守， 2005 年 3 月，当他走出面包店的时候，遭到两个一直盯着他的男人的袭击。

在履行公职中受到身体袭击的公职人员有权利从公职机构获得由法官判定的相应赔偿——如果袭击者没有赔偿能力。

51.75　利用司法程序攻击。无论公职人员的行动多么合法和正常，都可能使得公职人员成为报复性司法程序的靶子。

特别是当一家公司受到劳动监察人员的调查时，会指出他犯有"公共伪造罪"。同样，受到纪律处罚的公职人员可能会指认上级骚扰或"诬告陷害"（《刑法》第226-10，参见本书45.224）。或者某个被警察检查身份的人拒绝出示证件后，还向共和国检察官提交毫无理由的诉状。这个人将被判处诬告陷害罪。

在庭审中作证或者自我辩护的公务员不能被指控诬告陷害。例如，一个市镇警察见证了前来维护"8月斗牛节"的机动宪兵队队员之间发生了一起事件，他自然要向监管警察的市镇议会提交报告，这不是诬告陷害。行政部门如果因为一个公务员在法庭上发表了不恰当的声明而准备处罚他，原则上是错误的。

在所有这些情况下，行政部门将必须保护受到报复性诬告的公职人员。

二、保护权

51.81　原则。1983年7月13日的《公务员身份地位法》第11条吸纳了1959年2月4日法第12条，规定了在公务员作为受害者以及公务员作为受指责方时，行政部门的义务。

这条规定也反映了很久以前的"公务员保障"，那甚至是在1870年9月19日政令之前，意在使公务员免除所有刑事责任。 1958年12月22日关于法官地位的法令也提到了同样的义务。《欧盟公务员身份地位法》第24条也做了同样的规定并且由欧盟法院付诸实施。

"保护的范围限定在公务员执行公务行动，对于公务员因个人原因引发的威胁或袭击则不适用"。近年来，公职人员的保护权经公职总局2008年5月5日第2158号文宣布，做了三方面的修改：

首先，对著名的1983年7月13日《公务员身份地位法》中有关公务员权利与义务的第11条做了补充，加入了1996年12月16日第96-1093号法第50条的内容，即根据最高行政法院的报告对公务员的刑事责任做了规定：公务员免除刑事追究，除非是因为个人过错。

第二方面，根据瓦斯曼法的建议，2011 年 5 月 17 日法第 71 条对《公务员身份地位法》第 11 条第 1 节做了如下修改："公务员在执行公务情况下，且符合《刑法》和相关法律的规定，享有他们所在的公职部门提供的保护，保护日期自发生争端事件或公务员受到谣言伤害开始。"

《防务法》第 4123－10 条第四节也引入了同样的内容。

瓦斯曼法建议对保护做两项调整：

第一项获得了投票通过：部门对当时公务员的保护日期从事发日期开始（此前为"从公务员提出保护申请开始"）。

第二项没有获得通过：终止保护措施的条件为经司法审理认定为个人过错的。

第三方面，行政法官致力于根据法律的一般原则树立保护原则，而行政法院 2011 年 6 月 8 日通过的重要决议细化了保护的范围。

51.82 保护的范围。 根据法律以及行政法院 2011 年 6 月 8 日决议的解释，公职总局对公务员的三重保护要求表示支持，法律对此仅起到"提示"作用。三重保护分属不同的范畴。

首先，公务员要求他所属的机构在他遭受民事审判时给予保护（与公务无关的个人过错没有在其中构成罪责）。

其次，公职机构在人员受到刑事追究时给予相应的司法保护，除非是个人过错。对此，地方自治总法第 2123－34 条规定，在市长因为行使公职而受到刑事追究时，由所在市镇保护市长。

第三，公职机构保护它的人员，在他们遭受威胁、事实暴力、侮辱、诽谤时给予保护，除非与公共利益相违背。

对公务员的保护吸纳了预防性保护和在遭受损失的情况下给予补偿。这是合乎法规的，因为在保护公务员的同时保护了国家。

保护的义务"其目的或效应不在于促使行政部门挽留或重新接纳受保护的公职人员"，也不在于"发起对谣言散布者的追究"。行政部门有义务采取保护措施，可以相对选择恰当的保护措施。

51.83 保护的受益者。1983 年 7 月 13 日《公务员身份地位法》第 11 条关于保护的规定不是对一般法律原则的解读，根据第 11 条，一个公职人员由于职务过错受到第三方追究时，除非个人过错，公职机构将保护他免于受到起诉。

自从 2011 年 6 月 8 日行政法院决定公布以来，法律的一般原则扩展到了三重保护，包括《刑法》责任保护。该决定的出台是由于当时一个商会主席被诉以权谋私。法律的一般原则指出"保护适用所有公职人员，无论入职的方式"，因此保护的适用对象包括了政治任命官员、民选官员或者是临时合作者。

因此受到保护的不仅是公务员，包括根据 1996 年 12 月 16 日法规定的非正式人员、2009 年 8 月 3 日法规定的助理人员，还有行政委员会的成员、公共机构负责人、民选官员和议员、地方公职人员以及公共部门的临时工作人员。

市长兼社区社会活动中心主任不是公务员也在受保护之列。

相反，行政法庭曾拒绝了一个离职公务员的保护申请，他离职后担任了工会职务，法庭的理由是"事情不是发生在他执行行政职能的时候"。这件事情引起了争议，因为工会权是公职权的组成部分。因为同样的原因，法庭合法地拒绝了一名停薪留职到商业公司的公务员的保护申请，虽然他在公司负责公共服务，但是保护是针对在执行公职时出现的事件。

近几年来，负责赡养遇袭身亡人员的家属得到了加强。特别是 2003 年 3 月 18 日法将《公务员身份地位法》第 11 条规定的对公务员的保护扩展到了"在行使职责时或因行使执行职责而受到的伤害"。2003 年 8 月 21 日法第 61 条对《民事和军事人员退休养老法》做了修改，对在执行公务过程中被杀害或"在行使公职中遭到暴力袭击而后死亡"的警察、宪兵、海关职员、监狱看守的配偶和遗孤提高了赡养标准。

在因公殉职或遭受袭击的情况下，直系亲属（配偶、子女和父母）有权要求保护。最受保护的职系是最危险的职系，如：省长、司法法官、警察、宪兵、海关职员、消防员、监狱看守。如果只是暴力袭击、威胁或侮辱，那么还要加上财税人员和劳动部的人员。

51. 84　保护的实施者。法律规定，保护由在事发当时或在事件受到责难时——而不是提出保护申请的时候——雇用公务员的机构提供。 2011 年 5 月 17 日第 2011 - 525 号简化和优化权力实质法对行政法院 2005 年 12 月 5 日的司法判例进行了反驳：当时规定的是在公务员提出申请的时候，雇用他的机构提供保护。

公务员们因此发现法律文件规定的解决方案，更多地针对市长们而不是他们所归属的市镇：杜埃上诉行政法院判决，对于《地方行政机构普法》第 L. 2123 - 4 条的解释为：提供保护的机构是指民选官员在引发起诉的事件发生之时他所属的机构，事件是他行使职责所致。

这个方案有利有弊。

弊端在于变更了公务员必须找到原单位的人提出诉求，而他不认识原单位的现任人员。对公职人员来说，找他提出保护申请时所属的部门的管理层讨论会更加方便，并且，同样重要的是，原单位的管理层对拒绝提供保护不会感觉有愧，它与一个已经去了其他单位的公职人员将不会再有任何关系。

优点在于在事发当时雇用该公务员的单位最了解问题，能够自己评估是否可能为个人过错，并且知道当时所有有关人员目前的去向，拥有对事件的完整记忆有助决策。总的来看，只要所有的行政部门愿意承担起保护一个不再与自身有关系的公职人员的职责，那么就能很好地依法解决问题，起争议事件中的公共职责部门也能很好地得到确定。

最后，合同制公职人员在合同到期后的保护由他的最后一个聘用部门负责。

51. 85　保护的理由。保护仅针对确凿的事实并且已经在法院立案的事实。因此公职人员不能基于受到纪律处罚的事件得到保护。

例如，一个医院的工长因为"能力差、好斗、恐吓和不能倾听他人"而在部门里制造了紧张关系，但不属于骚扰罪，因此他没有权力要求保护。

51.86　保护的条件。最高行政法院 2008 年针对波达利案件中涉及的保护问题做出决定，规定行政部门在做出实施保护的决定即表示当事人获得了受保护权，不得附加取消或撤回条件，否则保护义务将失去意义。

具体的案例如下：武器工程师波达利先生因在与海军建设司相关的政府采购活动中违法借用工人、涉嫌欺诈和贪污被告上了马赛轻罪法庭，国防部部长同意以承担辩护费用的方式对他进行保护。如果法官最终判决该公职人员有罪，行政部门进而认定属于个人过错，那么行政部门也不能收回之前所承诺的保护，只能"下不为例"。

因此，最高行政法院的决定用意在于，如果行政部门在事后发现属于个人过错，一方面要维持保护承诺的必要稳定性，另一方面吸取教训"亡羊补牢"。

51.87　保护的费用。保护的费用由引发争议的事件发生时雇用公职人员的行政部门承担。

如果公职人员作为受害人已经获得犯罪受害人赔偿委员会批准赔偿，那么法官判定由恐怖主义行动和其他犯罪受害人保障基金按照《刑事程序法》第 706－11 条提供赔偿，替代 1983 年 7 月 13 日法第 11 条规定的公共机构的保护责任。

相反，保护权"在法官判决由施害人赔偿损失、施害人无力赔偿或逃避赔偿时，不得指向由受害公职人员所在行政部门出于维护受害公职人员的利益而代为给予赔偿"。如果受害人要从行政部门获得赔偿，那么也只能获得经由施害人赔偿后未达到赔偿额的部分。

保护公职人员的机制"与通过缴纳保险费而获得承保人赔偿的保险机制（特别是强制险）不存在替代关系"，并且"不允许承保人在承保的人身和财产遭受损失时以公职人员保护权作为赔偿替代"。

简易程序法官可以对相关诉讼中的全部或部分律师费承担做出规定，律师费必须"在合理范围内"。

51.88　有关民事责任的保护实践。 自从1963年贝桑松和1971年吉莱两个判例决定，"当一个公职人员由于工作过错受到第三方追究，而该过错是由执行公职所引发的，没有个人过错的因素，那么行政部门应当保护他免于民事处罚"。

1999年发生了一起两名海军士兵死亡的事故，国防部部长拒绝给予保护某海军上将的决定被行政法院撤销，"行政部门应当保护公职人员免于民事处罚"。有关该事故的审判由刑事法官依照《刑事程序法》第475–1条宣判，符合国家负责承担民事处罚的规定。

51.89　有关"暴力和侮辱"（非针对集体利益）事件的保护实践。

如果相关的部长认为事件没有涉及集体利益，那么就应该给予当事公职人员保护措施：例如，因为之前的公职而在某本书中受到诽谤的前省政府秘书长有权受到保护；遭到学生们大量散发传单攻击其言行的大学教师也有权受到保护。

部长应该保护在教职员工们和学生家长们面前遭到某个同事诋毁的老师，事情的起因是老师们争论对学生家长占领校园应该持何态度。同样，部长也必须保护一个被女同事起诉的中校：法院没有受理该诉讼，中校随后对该女同事进行了诽谤，部长起初拒绝该中校的保护请求，但法官认为该事件虽然属于军人的私生活问题，但与兵役相关，因此最终判定部长应该保护中校。同样，因为工作方法不妥而成为员工羞辱对象的中学校长应该受到保护。在校长遭到员工和校委会通过媒体发起的猛烈攻击时，哪怕校长没有以令人满意的方式完成职责，国家也应当予以保护。

另外一个案例是司法部部长对一名法官的遗孀给予了保护，原因是该法官于国外任职期间过世而共和国总统的一名顾问没有等到调查结果出来就随意断言他是死于自杀，司法部部长因此收到了检察官的通知书。检察官指出由于"给予保护不仅事关当事人所承担的职责，并且关系到法国和吉布提共和国合作完成该法官死因的司法调查"，因此确认了司法部部长应提供保护。检察官的通知书提示调查正在进行中"可以认为足以支持保护"，因此拒绝保护是非法的。

此外，最高行政法院 2010 年 3 月 10 日的决定规定，行政部门对受到精神骚扰的公职人员应该提供保护。例如，一个地方公职人员与他的市长之间发生了摩擦，因为他所担当的选举职责与市长所在的阵营对立。他自认为是骚扰受害人因此有权要求保护。当然他需要提供骚扰确实存在的证据。

只有当损害的是集体利益的时候，才可以拒绝保护。

这个概念之前很少有详细说明，但通过判例已逐步明确了。

2010 年行政法官对巴黎市政府①再次重申了对于遭受攻击和侮辱的公职人员提供保护是一种义务，只有事关集体利益的情况下才可以拒绝保护，并且要在行政法官的监管下。

如果行政部门认为事关集体利益因而通过法律行为也不可能给予任何形式的保护，那么只有在涉及法律条款应用不当的情况下才能给予司法保护。特别是有关 1881 年 7 月 29 日法第 31 条有关公职人员受到诽谤的讨论表明，该法律的应用在于保护当事人并且可以通过司法途径强制执行保护。这个决定意在区别部门的权利——即当事人在采取法律行动的情况下也不可能有任何结果的时候部门可以拒绝保护，与当事人的权利——即一旦法律行动获胜则有权获得保护。

因此，拒绝保护想要损害医院名誉的医护人员是合法的，医院名誉事关集体利益："在服务机构中长期存在严重的紧张气氛，当事人对此至少负有部分责任，并且随后的造谣中伤行为使之加剧，当事人对医疗机构的服务质量造成了影响"。

---

① 2010 年 3 月 31 日，巴黎市政府的上诉被驳回，它必须对一名受到报刊文章攻击的监察长给予保护。

同样，拒绝保护综合教育局前任局长是合法的，因为"国家不能运用它的权力保护中央政府综合教育局的一名前局长，这位前局长收集了许多与其承担的公共服务职责完全无关的公众人物的信息，并且该行为严重损害了这些公众人物的私生活"。因此这位局长超越自身职责越界到警察的领域构成了对集体利益的损害，导致他的提请保护的要求被拒绝，国家也表明了对某些行为不支持的态度。

相反，平息两名在议会委员会面前互相指责的警察之间的纠纷不构成集体利益之说，或者在一次长期罢工之后，为了缓和气氛而拒绝保护一名因反对罢工而受到打击的公务员也不符合集体利益之说。这两起案例中，保护是必须的。负责处理第二个案例的政府特派员德诺瓦·德圣马克表示"只有无可争议的理由和出于维护公共服务良好运行的考虑才能合法地免除行政部门的保护义务"。

51.90　在涉及"刑事追究"（非个人过错）的情况下实施保护。
20 世纪 90 年代末开始出现的对公共部门负责人采取这类保护是为了减少刑事风险。对市镇、省和大区的民选官员也一样适用（《地方政府基本法》第 2123－34 条、第 3123－28 条、第 4135－28 条）。

是否给予保护取决于是否有个人过错。

● 给予保护。在刑事诉讼中，如果公职人员由于他的职务行为而导致需要负担律师费，他有权要求保护：对共和国总统办公室主任不予保护的决定因此被撤销，因为在"爱丽舍窃听事件"中"他的辩护理由在于损害了私人生活的私密性"。

内政部部长接连两次拒绝保护综合教育局的前局长，他因为泄露了他记录有公众人物隐私的"小本子"而受到刑事追究。两次拒绝都被最高行政法院撤销了，最高行政法院认为"在离开公职后，在自己家中保存文件构成过错，这样的过错，只要不是原属于某个卷宗而当事人出于个人目的保存在家中，就不属于个人过错的性质"，判定给予保护。

判定给予保护的还有一起与强行借调公务员相关的刑事诉讼，其中公务员没有个人过错；以及一名在搜查罪犯住所时损毁他人财物的警察，他受到起诉但没有犯个人过错。

- 只有在完全由于个人过错导致刑事追究且不涉及集体利益的情况下，才可以合法地拒绝保护。

在存在个人过错的情况下，无论是否与履行职务有关，都将阻碍当事人获得保护。并且法官可以利用保护遭拒之后的刑事审判来强调个人过错。当刑事法官发现一名军官"有组织地、多次地"严重违反《公共市场法典》且涉及虚假交易，属于犯有个人过错，该军官将无权得到《国防法》第 L. 4123－10 条中规定的军人可以享有的保护。

一名受到刑事审判的共和国保安部队的警察无权获得保护，他因为于非当值时间在舞厅门口与人争执而使用公务武器重伤他人，属于个人过错。

在学生们面前"行为不合时宜给孩子造成困扰"的小学教师，同样属于个人过错，不受保护。

51.91　在执行命令过程中造成（人员和财物）损失情况下实施保护。除了上文提到的根据法律和判例规定的三种可受保护情况外，还有两种情况。

1. 首先，公职人员享有工伤保障。在部门责任导致工伤的情况下，公职人员可以更迅速地、更全面地受到保护。对于公务员来说就是"全额养老金计划"，对于合同制公职人员来说，可以主张公职部门因"不可原谅的过错"提供的补偿（属于社会保障法官的职能），或者主张雇主"故意过错"提供补偿（行政职能）。例如：一位合同制的幼儿教师在省属的教育机构中被一个孩子打伤了，省政府作为雇主提供的赔偿超过了幼儿监护人的一般无过错赔偿责任。

德国和法国一样，公职人员在履行公职时受到的身体健康方面的侵害，将按照工伤规定赔偿。

2. 其次，是在物质方面，行政部门有义务承担公职人员在履行命令时置身特殊的、危险的情境而遭受的物质损失。因此对于超乎寻常的风险，无过错责任的范围是宽泛的。

1996年一名军医目睹了他的所有财物毁于一次军事叛乱，而当时他是奉命留守事发地。国家派出了一个赔偿调查委员会，而行政法官又给予了该军医一份补充赔偿。这份补充赔偿建立在德罗兹耶判例和卡姆判例的双重法律基础上，按照 N. 布鲁伊的总结："一方面是身份原因——公职人员不可能违背要求坚守原地的命令；另一方面的原因与身份无关，国家负有无过错责任，必须赔偿异常风险造成的特殊后果。"

面对这样的处境，国家提出了不可抗力因素。但不可预见性并不成立，例如要求法裔人员撤离的命令早已下达，但是军医们必须坚守岗位。

另一个案例是几名公职人员状告国家要求补偿损失：他们于1993年在阿尔及利亚丢失的一些家具和个人财产"由于行政部门的疏忽，被作为涉案人财产封存长达7年"。

这里要提到另外一个案例： 1985年12月31日努美阿行政法庭根据1983年《公务员身份地位法》第11条判决行政部门赔偿在洛亚蒂群岛工作的一名公务员遭受的损失，因为"有些物品被认为属于独立运动人士而遭到非法扣押长达6天"。

有关公职人员的财产保护应该得到加强，特别是对于在特殊时期被派驻到法国国内外一些岗位因而面对严重风险的公职人员。对于议员们，会因为他们的知名度而受到非难和威胁，也需要同样的保护。

51.92 刑事辩护与行政承担责任。 即组织刑事无罪辩护并由行政部门提供费用的一种保护方式。

51.93 刑事辩护。 首先，《刑法》认定暴力袭击公共权力机构人员属于情节特别严重。

其次，《刑法》处罚针对公职人员的威胁与侮辱。《刑法》中有专门章节处理"威胁与侮辱履行公共职能人员"的行为。根据2003年3

月18日法生成的《刑法》第 L. 433 - 3 条规定"威胁以违法行为攻击民选官员、法官、审判员、律师、公职官员、国家宪兵队军人、国家警察、海关人员、监狱公职人员或其他所有践行公共权力的人员、消防人员 [……]、经过认证的楼房门卫 [……]，且威胁人知道受害人的身份"，将被处以两年以下监禁。 2005 年 10 月 17 日关于《农业指导法》的修正案将劳动督察也加入了上述名录。《刑法》该条例表明公共权力执行者容易受到侵害并且需要额外的支持与保护。

《刑法》有关章节将"侮辱"定义为"向一位履行公职的人员传递任何语言、动作、文字或图片或者寄送物品，用意攻击对方自尊或者损害对方所从事的公共职能岗位的尊严"。该定义覆盖的受保护的公职人员范围广泛，从共和国总统到特别认证的看林人。但是终审法院对证据要求严格。

而根据 1881 年法第 31 条定义不属于履行公职人员的则不在此列，例如公共整治与建设办公室负责人或者工业、商业机构负责人，或者从事"不体现公共权力特点"的司法代理人或者是总理顾问。

2011 年，终审法院做出了一个有些意外的决定，对某税务督察控告属下两名处长一案不予以"侮辱"考量。终审法院认为上下层级之间的内部关系不属于履行公职的范围，而是层级特性问题，正如发号施令不属于提供公共服务。

常见的情况，是有人写信给税务官污蔑他"居心不良，企图榨干老底"或者像是尼姆上诉法院按照《刑法》第 433 - 5 条以"侮辱"罪论处的某人辱骂一个女教师"混蛋、蠢货"并试图打她耳光的情况。在德国，柏林一个法庭处罚了一个在地铁里遭遇检查时辱骂警察为"小丑"的人。 2010 年 8 月 13 日波城轻罪法庭审理了某个协会的 5 名成员，他们将省政府对于外国人滞留问题的决定称作"维希政府式的做法"。

有关"侮辱"的刑事审理数量递增（1996 年 14 046 起， 2008 年 23 942 起），对此，司法部部长表示按照保护"以国家名义履行某特定任务的人员"的原则，不考虑非刑事处置。

51. 94 a) 不得因为以下五个理由中的任何一条而排除保护。

攻击的来源不在考虑范围之内：无论攻击来自用户、同事甚或上级，都应该予以保护。欧盟公务员法庭在核准对某公职人员不予保护时尤其严格：该公职人员中了某些记者的圈套，他们伪装成别国企业家并送上贿赂。因此该公职人员的廉洁显然有问题而不能予以保护。

当事公职人员本人没有提出控诉不能免除行政部门自身的义务。并且，尽管不属于违法，部长亦不能要求将公务员本人提出控诉作为部门提出控诉的前提。

刑事追究不能免除行政部门自身的义务：一名宪兵队军官因向新闻媒体泄露秘密受到预审法官的指控，在他获得免于起诉前应受到保护；某省政府的部门负责人被媒体（广播、电视、纸媒）曝光他受到问询并被带到最高法院，而司法调查才刚刚开始，该负责人应该受到保护。

受到攻击的公务员没有恪守职责不能免除行政部门自身的义务；

动员同事，公开表达自我防卫的意愿只能给当事公务员带来负面作用。他的考核会被扣分，因为"在上班时间传递请愿书且该行为注定将他卷入有关破坏他人名誉的司法行动"。更不必说如此大动干戈将会妨碍他得到部门保护。

51. 95 b）仅有五个理由可以免除行政部门的保护义务。

首先，事实是批评而不是攻击。一所中学的一名后勤秘书和体育老师们之间因为一次运动会的备餐问题发生了冲突，体育老师们因此发表请愿信。这既不是侮辱也不是造谣中伤，从法律上说，保护就没有必要。

同样的案例有：

● 简单"粗俗"的语言，但并非侮辱。

● 冒犯的言词——没有依据也并非引用自他人，并且传播仅仅在培训实习的几名负责人之间，不能被认定为针对某计算机语言培训师的侮辱或诋毁。

- 一个初审法庭庭长在说到部门组织和法官角色时，言辞对当事人"听起来就像是贬低，令人恼火"。
- 某个大学的前任校长言辞激烈地批评机构中的某个部门负责人并不构成侮辱。
- 一个医疗机构负责人在行使职权过程中针对某医疗人员采取的措施。

同理，对于一个单纯的反对意见也是如此：某个省政府公务员受到了同事们的批评而不是诽谤。以及"在员工代表选举之际散发宣传册批评离任代表使得其中一位离任代表认为受到辱骂与诽谤"。

其次，受到审查（之前的说法是受到控告）不在 1983 年 7 月 13 日法第 11 条规定的保护范围之内。但公务员仍然可以在走向诉讼程序和要求律师介入的最初阶段申请保护。

第三，在与"刑事诉讼"相关的保护中，事实认定属于公职人员的个人过错而要求保护。个人过错的特点在于与履行公职无关，或者是在履行公职时由于个人的主观冲动。

违反《刑法》不会被自动认定为个人过错。

拒绝的理由无非是"申请保护的事由起源于个人过错"：一个医疗机构负责人由于"令人无法原谅的行为"在犯下医疗过错并且在随后几天隐瞒过错损害病人健康，属于个人过错，拒绝保护属合法。

其他一些个人过错也属于同样的情况：伊芙琳大区议会建筑与遗产委员会前任负责人由于在一个公共采购事件中滥用社会财产、被动腐败受到审查，拒绝保护属于合法。行政部门在认定事件的本质将引发《刑法》程序介入的情况下并不用等待《刑法》程序结果，就可以合法地拒绝保护。同理，一个军人因"违反《公共市场法典》、腐败和施加个人影响"受到审查，并且"过失之大且一犯再犯，其中被审查者的职务因素与个人因素相当"，拒绝保护的合法性因此不容置疑。

如果一个市长诽谤了一个社团，就构成了个人过错，该市将不得承担市长赴预审法官召集的处理该社团申诉会议的交通费。

相反，有些所谓的"个人过错"并非个人因素导致：法属波利尼西亚最高长官因忽略运行选举名单公示程序而受到刑事追究"滥用权力"，这只能是职务过错。

第四，理论上，在针对威胁、暴力和侮辱的保护中，有时可以以"公共利益"为理由拒绝保护。这个理由只能在特殊情况下使用。

第五，如果保护申请相比侮辱或威胁时间过于滞后，或者公职人员在提出保护申请时不能提供自行承担的与诉讼相关律师、法院执达员相关费用的凭证，又或者随着诉讼进展，公务人员已经通过司法机构获得了他应当得到的补偿。例如一个中学的女副校长和校长不合，已经获准调至另一所中学任职，就不能再获准受到保护了。她提出申请时已经不存在精神骚扰一说，行政部门也不能在已采取的措施之外再采取其他措施。

三、实践

51.101 行政部门的迟疑。在实践中，公共机构在反击新闻媒体保护自己的雇员时常会有迟疑或滞后。雷蒙-弗朗索瓦·勒布里讲述了他作为法国国家行政学院院长如何决定回击一家日报："部长迅速召见了我并指出报纸上的那篇文章显然让他很受困扰，尽管对他来说这事已经过去了，但在我这里却没有。"造谣诽谤的事会让行政部门难堪，行政部门习惯了面对丑闻保持静默和谨慎，甚至在清楚地知道其工作人员真的受到了诽谤的时候也是如此。行政部门常常更倾向于说一些息事宁人的话，在公开审理中悄悄地给予支持，劝说受害人对发起反击保持克制。

51.102 采取法律行动。受到诽谤的公务员或司法人员如果将诽谤事件诉诸法律，那么需要了解欧洲人权法院有关言论自由的附件。

特别是其中两条，一条是：

• 对于公职人员的诽谤必须直接与他的职责或职务相关：根据 1881 年 7 月 29 日法国《出版自由法》第 31 条和第 46 条，当事人或其所在部门应当提请刑事追究。民事法庭无权受理。但判断是否属于诽谤的原则依然适用：一名初审法官由于案件受理意见不同而将一名上诉法院的第一庭长定性为"不负责任"，或者在一本小宣传册中痛斥"边境警察方式粗暴，首先针对黑人和阿拉伯人"，都只是侮辱而不是造谣诽谤，诽谤必须符合"列举具体的事情归咎于当事人"。大区议会议长与省长之间的论战，"在一场有关公共利益的主题辩论中，谈到扩建垃圾处理厂时，双方对国家与地方政府之间的关系发生争执，且没有超越出版自由法规定的范围"：此事无关造谣诽谤。某民选官员就一篇对他造谣诽谤的博客采取法律行动，依据的也是《出版自由法》而不是《民法》第 1382 条①。

相反，在一档电视节目中支持说一名法官在处理一桩监护案件时彰显了他自己看重经济利益的特点则是对公共权力委托人的诽谤，正如以武断和一刀切的方式指责警察在身份查验时行为恶劣。

• 对公职人员的诽谤来自与公职无关，却与私生活相关的事，哪怕其中提到了他的公职，那么应该寻求民事途径。

面对公职人员的保护要求，行政部门作答时拥有一定的自由度。

但是当上级知道存在对公职人员的攻击时，最起码必须通知公职人员：某中学校长从某教师执教的两个班级的学生家长那里拿到了一份学生家长委员会的信件复印件，内容诋毁该教师，没有将该信的内容通知该教师，校长就是犯下了错误。

通知的内容也必须是经过整理的，正如公共财政总局所做的那样。

部长可以选择最恰当的保护方式。他可以不亲自采取行动，但是

---

① 法国《民法》第 1382 条：一个人的任何行为，如导致他人损失，责成过错一方予以赔偿。

必须在公务员当事人发起的自卫法律诉讼中给予支持。又如，一名参议员在参议院的讲坛上批评了一名高级公务员，而国家行政法院的法官则可以通过判决国家象征性地赔偿该高级公务员 1 法郎利益损失费弥补他受到的伤害。

保护的方式多种多样，要么是防卫，要么是反击，也可以是两者兼具。

51.103　进攻型保护。 作为反击，行政部门必须懂得主动采取法律行动。面对反犹太攻击，就业与团结部部长亲自发起民事诉讼控告罪行； 2003 年，一个突尼斯侨民推说某法官"信仰犹太教"而企图不服从该法官时，司法部部长采取了法律行动。

当部长亲自发起诉讼，就是明确地支持当事的公职人员，法律上也不需要得到后者的同意。又例如某些律师散布谣言污蔑一个初审法官违反立案保密规定，检察院对他们启动了调查，在对他们提请审判时也确保该法官受到保护。

51.104　防守型保护。 可以采用多种手段来进行自卫：行政手段、法律手段、人身护卫手段、财务手段和宣传手段，有多种多样的手段。

51.105　行政手段。 拥有公共服务组织权和管理权，行政职能部门必须预先告知工作人员面临的挑衅。例如：社工针对某个申请住房补贴的用户进行了社会调查，虽然原则上该用户有权与社工就该调查报告进行沟通，但社工表示拒绝也属正常。该用户的挑衅性的行为使得工作人员担惊受怕。因此在接下来的几年中，即便在其他情况下，也要避免将同一个公务员或司法人员置于面对同一个用户或敌意人员而遭受同样的紧张关系的境地。

另一个例子是一名体育部门的女性工作人员与同事发生争端，市政府在经过内部调查后，为保护该女性起见采取了妥当的安排，将两个人分别调任至不同部门。

51.106　司法手段。 一个法庭庭长因一起选举事件受到指控，理由是该庭长与一名省议会主席候选人曾签署一份关于"向省议会提供法律帮助"的协议。宪法委员会指出："该协议的签署，出于省议会运行的需要，建立了机构间关系，该法官签署该协议自然而然出于职责；因此协议的签署不能归因于该法官和该议员之间的个人关系。"这样的一个司法决议或者一项晋升或任命决定或其他表示支持的公开表态将是一个明确的回答，平息了所有不公正的针对个人的指责。

51.107 **恰当的人身保护手段**。 原则上，人身保护受到保障（参见51.74）。除此之外，如有必要，大部分部委还承担受害公职人员的医疗和康复费用。

51.108 **财务手段**。 最常见的是承担律师费用。行政部门有权选择由它结算费用的律师，并将有需求的公职人员委托给律师。如果律师费在合理范围之内，行政部门也可以让当事的公职人员做出自己的选择。即便是律师费用过高，也不能构成拒绝保护的理由。但行政部门可以拒绝直接结算费用或预支律师费。这一点很敏感，因为有可能导致保护流于形式。

因此，在1999年的科西嘉"茅草屋案件"[①] 中，国防部拒绝为宪兵们提供律师费用，而内政部已经同意资助涉案省长的律师费用。在对命令发布者和执行者两者真正的责任做出公正区分后，结果更像是应该做出相反的保护决定。出于对宪兵总队的关注，参议员查拉斯2002年12月30日推动通过了《财政修正法》第66条："当几名文职公务员或军职公务员因同一件在执行公务中引发的案件而受到追究时，国家如果做出保护其中一人的决定，则可自动以同样条件适用于其他同案人员。"有评论指出"该条款的实施导致无数的解读争议，尤其是关于自动适用部分"。这些评论很正确。

这些意见直到2006年6月28日仍然被采纳。后经政府提议，国

———————————

[①] 1999年4月19日，非法建在科西嘉岛公共海滩上的一间用作餐馆的茅草屋在半夜发生火灾被烧毁。经过调查，科西嘉宪兵总队一名上校承认执行科西嘉省省长的命令，带领数名宪兵烧毁了该茅草屋。该案件引发了法国民众的关注，以及对中央与地方政府关系的讨论，成为著名的政治-司法案件。——译者

民议会在讨论行政现代化法律草案时，废止了该条款。

但可以肯定的是除了身体遭受损害将得到补偿之外，在行使公职时受到的侮辱与藐视也将得到补偿。

行政部门对保护的方式和相关金额有一定的裁量权：它如果认为已经有其他途径给予足够的补偿，就可以无须承担公职人员的辩护费用。例如：一位法官因履行职责而受到一名律师的严厉指控，对该律师采取的纪律惩戒以及将该律师针对该法官的充满恶意的举报材料束之高阁已经足以保护该法官。

当行政部门使一名公务员或法官处于危险境地时，将补偿该公职人员遭受的损失；因此，当一名法国驻印尼部队的翻译不得不"与家人一起转移至安全地带以确保人身安全"而留在国外的个人财产被抢劫侵占时，政府将做出补偿。

有一种自由主义理念对确保弥补公职人员因履职而遭受的损失很有用。从这个角度出发，外交部 2004 年发布的《关于公职人员配偶在参与代表国家的任务时相关情况》通告，正是预见到了可能出现补偿配偶们在参与外交部的任务时遭受损失的情况。

51. 109 **宣传手段**。 宣传必须毫不含糊地去除造谣者意图对公职人员造成的一切侮辱。行政部门采取的反驳性公告应该与公职人员受到的攻击力度相当。对此，当一名中学教师因教学方法受到学生家长的猛烈质疑时，"部长对几名议员的书面问题给予了回答，他亲自写给当地市长的信也刊登在当地报纸上，但是用词泛泛，且没有对当事人行为给出具体意见，因此不能被认为已经按照法律文件的规定构成保护"。保护必须清晰明确。

又如：一名法官兼共和国总统顾问对一件正在审理中的案件发表意见，在提到一位过世的在国外履职的司法人员时，用"我预料他是自杀身亡"的言论作为保护显然是不明确的。经他呼吁给予当事人遗孀的保护也不充分，虽然她对检察官的简单反馈表示满意。

同样，由于不够明确，拒绝保护因不合法而遭到撤销。一名大学教师认为受到同事不公正的质疑，大学校长因此致信该教师表示学校有权开展违纪调查，但只停留于认识到两位教师之间存在纠纷。这样简单的确认不符合1983年法第L11条关于保护的规定。

通过辩护进行保护最根本的意义在于让受害的公务员、他的同事们以及公众都同样明确知道保护的存在。可以是一封信、一场及时的有针对性的听证会、穿插在公共庆典中的一个提请关注的公开讲话、一份法新社通告、一封警告信，或者如果施害者是公务员的话可以启动纪律程序。

这同样也是欧盟法律和司法规定的理念。欧盟统计局某女性公务员认为受到某男性供应商的诽谤，初审法庭判定欧盟委员会给予的保护充分，因为1）对该男性供应商提出的指责予以否认；2）统计局局长发邮件给全体员工强调"该女性公务员高度称职且非常有能力"；3）极大限度地允许诽谤案法官调阅欧盟委员会的一些官方文件；4）给予3 000欧元资助，部分补偿了案件在英国高等法院的审理费用。

然而，保护并不总是能够得到保障。

四、不足

51. 111　为了改进保护。首先，必须承认，在遇到拒绝保护时，将紧急诉讼作为解决方法有困难，因为当事人要提供确凿证据表明为了终止受到损害的事实而必须紧急撤销拒绝保护的决定。这样的证据很难提供。

其次，公职人员会遭遇保护不足的两种风险：行政部门的用力过度与用力不足。

51. 112　用力过度。行政部门及上级领导会倾向于给予有力的保护，坚持强加给当事人"自家的"律师，更多地为机构辩护而不是当事人，使得当事人不得不打消聘请自己信任的律师的念头，或者是迫使当事人自己面对法官、议会委员或独立调查机构做出辩护，唯一的"支持"只是他的上级领导。正如法国中央大区公共安全局局长2004年7月12日在一篇公文中要求的那样，今后警察如被传唤到全国公共安全伦理委员会，在辩护席上可以由一名律师或工会代表给予协助但"优先考虑由上级领导给予的协助"。由上级领导出面体现了公共利益的含义，当然上级还能够收到庭审的现场记录。但大部分情况下最起作用的是律师到场并最终还原真相。

51.113　**用力不足。**在公务员面对侮辱或诽谤，需要对他们进行保护时，行政部门常常显得畏畏缩缩，特别是在费用结算以及在几名涉事公务员之间做出是非处理时。来自各部委的条件反射、各种社会团体的支持、对职业群体和新闻媒体的反应的担忧常常形成了一种惯性。"息事宁人""达成一致"或者"过去的就让它过去吧"这些词汇背后隐含了怯懦。

行政部门必须关注心理"负担"（如同国家警察总署的情况，"警察们越来越多地依赖心理分析师"）。

财政保护不足的例子比比皆是。一名公职人员在上级的支持下"出于人身安全考虑"不得不立即离开岗位，按照"事实履职"这一规则，他的待遇被取消了，只能得到一些"安抚措施"作为补偿。同样，一些在任职期间因事故受伤的外交官们回到法国本土进行治疗和康复时，暂时失去了与他们驻外岗位相应的津贴而固定的开销（住房、抚养家庭）继续在开支。

2005年一项法令改善了这种情况。公职人员的安全由此得到了改进。

另一个问题是军职公务员和直接面对当事人的法官是否应当匿名。在法国，2005年9月，本土警戒局[①]一名公务员因曾参与逮捕实施恐怖行为的嫌疑人而受到指名威胁，对于一线调查人员是否应当匿名重新引发关注，尤其是在跨国执行任务时。在司法审理中，案件以

———————————

① 法国反间谍机构，属国家警察总署。

法官能辨识的编号出现，双方当事人并不了解。 2011 年 4 月 7 日关于尊重特定警界公务员和国家宪兵总队的法令制定了一份"敏感工作"名单，法国警察总署特勤队和对内安全总局（法国本土情报机构）适用该法令。终审法院的一项判决对尊重匿名权也很有用：一些警察同意法国电视一台在报道中播放他们的图像，但不等于同意披露他们的姓名和职级。

2011 年在德国，关于警察有义务标识个人身份引发争论。原则无非"国家与公民面对面"：早在 1848 年 6 月 23 日，弗雷德里克四世就曾规定强制警察配备标识有个人工号的标徽。但是当 2011 年德国包括柏林和勃兰登堡在内的几个地区审阅有关法律以强化身份标识时，一名警察工会领导要求"如果警察们佩戴标识身份的物件，那么游行示威的人们必须同样做到……"。许多国家同意对一些从事棘手的或者危险任务的人员特殊对待，对开展调查严守秘密必不可少。

这些例外的甚至违法的措施预示着今后需要匿名的情况越来越多，尽管违反了司法警官及法官的责任制原则，而法官终究也还得签署判决书。

第 5 节　嘉奖

51. 121　行政部门进行嘉奖存在困难。尽管对奖励价值的评估留有很大空间，但是行政部门并不总是懂得奖励"热忱与成绩"。四种经典的表示区别对待的方法行之有效：奖金、晋级、加大信任、表彰：

● 奖金：新的奖金分配标准；罗纳地区的一个市镇 2011 年初推出了"创新与绩效挑战"规定奖励员工提出的提高服务绩效的项目，获奖者将在当年度分享 1 000 欧元奖金。

● 晋级：包括可以自主挑选的晋升方案、符合个人意愿的工作调动、派遣到领导岗位。 2011 年公布的"公职晋级指南"对于公职人员在职业生涯中通过优秀表现最终有可能获得什么样的"元帅权杖"予以了说明。

● 加大信任：交办更重要的任务、出差、委派代表机构的任务（通过遴选的公职人员将代表本部门对外发言）、向公众致谢或者参加竞赛，例如公职部 2012 年举办的"行政部门 2020 挑战"活动奖励公共服务创新。

● 表彰：授勋由来已久，例如 1899 年 1 月 25 日共和国总统令"为小学教师保留一定份额的荣誉称号，表彰他们充满热情地成功参与了成人教育"，又如 1996 年 4 月 22 日第 96－342 号颁布的关于授予国家警察荣誉奖章的政令，有许多表示器重和信任的表彰可以奖励出色完成任务的公职人员。 2005 年 7 月 15 日政令列出了《国防法》第 L.1141－4 条规定的可以授予军人的各种嘉奖：除了勋章和十字军功章，其他的还包括普通军功章、优秀表彰、祝贺信以及"获得表扬"。在惩戒条例中也有"一种相对隐晦却有代表性的制度，表现形式为与优秀表彰或英勇行为相联系的更快的职业晋升"。

尽管这项表彰措施在行政部门很有用，但还是会发现英雄主义并不总是受到回报并且承诺的价值有限且难以长久。

一名公职人员在试图阻拦一辆手刹松开了的空车时受伤，而他不知道根据《文职官员与军人退休养老法》第 27 条的规定，他的"见义勇为"行为可以获得伤残临时补助。

因而人们会认为这些承诺都是空头支票，一位部长写信告诉一个公务员有意愿将他任命为驻外新闻随员，这封信并没有任何价值：行政部门与个人之间达成的意向本质上没有任何法律效力。上级领导不能用空头支票进行嘉奖。

第 6 节　尊重工会权

51.131　行使工会权的条件。行使工会权必须在普通法框架下同时满足四个条件：

- 仅限于工会运动而不是政治行动。因此，在省政府的警察驻地编辑、印刷、散发带有政治色彩的报纸、小册子或印刷品，予以禁止的行动被判定为合法。同样，法国邮电工会负责人由于在 1951 年与东柏林签署了一份"政治性的而非专业性"的协议，意图干扰法国邮政的正常运行，特别干扰与国防相关的邮政工作，因而被合法免职。

- 工会权是得到认可的，但是禁止吸收军人参加这样的专业团体。

- 行使工会权不得有暴力行为： 2005 年，法国邮政总局向纪律委员会投诉 14 名工会成员将 5 名干部扣押在一个邮件分拣中心达 20 小时。

- 行使工会权应遵守纪律："一名工会代表擅自闯入办公场所内，邀请员工参加罢工人员的非法集会，在受到警卫警告后自行离开。"对于一名工会代表这件事并没有什么可指责的。但相反的是：未经上级明确同意擅自旷工参加工会活动，作为工会代表明知集会禁令仍然在上班时间和工作场所组织集会，均构成违纪。并且，向公职人员散发工会宣传册必须遵守 1982 年 5 月 30 日政令第 9 条①。此外，将信息通报会变成了"聚众"，即未经事先通知将人群聚集到部门领导办公室并影响正常工作，将不被允许。同样的事情也发生在德国，在警局大楼内张贴布告呼吁公众要求恢复辅助岗位也将不被容忍。

同样，非工作时间在一个军事机构内组织工会集会是非法的，违反了 1967 年 1 月 4 日《关于军事行政部门与国防部文职人员工会之间关系的命令》。

最后，工会自由不意味着工会可以不经所在部门允许在行政部门

---

① 第 82－447 号政令， 1982 年 5 月 30 日，关于在公职部门行使工会权的规定，适用对象为在国家行政部门和非工商业公共机构工作的公职人员，其中第 9 条规定工会文件在公之于众的同时必须提交上级领导。此外，规定如果是通过电子邮件散发工会文件，不得使用工作邮箱。

场地内设置办公场所。

一、承认工会权

51.141　工会权是公务员权的组成部分。一些高级公务员和法官可能并不十分清楚这点。 2010 年当议会提出这个问题的时候，内政部部长明确回答："一名公务员作为公务员考评官的职务安排与他作为工会代表的身份之间不存在不兼容"。不能因为任职工会代表而妨碍对一个公务员的职责任命，这些职责中也包括考评其他公务员们——无论他们是否参加了工会。

根据法国《宪法》序言， 1983 年 7 月 13 日《公务员身份地位法》第 9 条对参与原则做了详细论述。公务员们"通过他们在一些咨询性机构工作的代表们为中介，参与公共职能部门的组织和运行、制定身份地位规则并审阅与个人职业前途有关的决定"。他们也参与"使他们受益或由他们组织的文化、体育和娱乐活动的管理"。 2010年 7 月 5 日第 2010－751 号关于更新社会对话与提供公职部门多样化措施的法律对工会代表性的条件做出修改，加入了"多数同意"原则，不再使用"参与主义"一词，并且再次启动公职部门内部谈判。在贝尔西协议①签署两年之后，工会组织终于有所收益。

法律上提到"工会组织"的概念仅限于《劳动法》第 L.411－1条的定义，而不是社团概念。

承认工会权有利于保护担任工会代表的公职人员，也有利于依法维护工会代表的活动。

二、行使工会权

51.151　行政部门与工会之间的平衡关系。与工会代表们交流信

---

① 贝尔西协议， 2008 年 6 月 2 日由 6 个主要工会组织签署，旨在开启新一轮法国公职部门的社会对话。

息和对话不仅对员工有利，也对上级领导和部门有利。

包括德行问题的处理，必须有员工代表的密切合作。

对于工会拒绝公开文件、工会地点设置、信息通报月会、准许工会代表缺席工作，或者工会培训假，上级领导无需发动无用的事后讨伐。上级领导必须认识到面对工会组织自身的义务，所有的全部的义务。工会的操作方法要求合法合规。

法官明确了工会在行政部门中散发宣传册必须符合1982年5月28日政令关于在公职部门行使工会权的规定，以保证不扰乱行政部门。在一次紧急诉讼中，最高行政法院拒绝了要求撤销多姆山省禁止旅游局工会进入内网系统1个月的决定，因为工会有诽谤行为在先。

2006年，贝尔福地区省行政部门取消了一些工会援助，导致当地工会分裂。在对此事件后果的总结中重申了在公职部门中行使工会权的一般条件："你们要特别注意，法律赋予工会以多种方式开展活动的权力，行政部门必须遵守这一点。"

"工会融入基本权力"开始允许工会代表进入行政部门，且不得用过期的禁令加以阻止。但是经常性地缺席工作参加工会活动，当事人则必须获得所在部门的同意。

51.152　尊重工会运动。最后，在法官的监管下，行政部门必须提防偏见、隐性买单、阻碍或推迟担任工会职务的公务员的晋升。司法部因为拒绝从一位法官的档案中去除"几份材料"，特别是"与当事人的人事管理不相关的一份在工会任职的情况报告"而受到行政法院的审判。法官的判决"除非有约定，雇员个人考评不得提及所从事的工会活动"。

某大区审计法院的一名法官的档案中，"出于对公务员言论自由和参加工会自由的尊重，提到了'任职工会'，但行政主管不得附带发表对当事人实施工会活动方式的任何评价"。

同样，如果市镇行政部门仅仅由于一个公务员参加工会活动而排斥他，解雇他，或拒绝任命他，市镇行政部门将因滥用权力而受到惩处。

　　每个人都应各尽其职。工会不能也不必在信息沟通、提拔年轻人、管理晋升或者职业伦理政策等领域代替行政部门。工会是有用的，正如行政部门是强大的。

第2章
公职人员的多重责任

52.09　责任的削减。追究工作人员的责任总是牵扯到上级的疏忽。因为棘手，因为难办，所以很少这么做。尤其有两大障碍限制了追究公务员责任的想法。

1)　太多的责任等于没有责任，正如太多的监管等于没有监管。1919年9月，议员拉封在议会上发出警告："监管员们相互监管，而没有完成交给他们的某领域监管的任务。危险就在于太多的监管最终导致犯错公务员的联盟，因为每个人手上都有攻击对方的材料，从而得以自保"。

2)　中庸的压力使得惩罚避重就轻，制造丑闻的人员往往并未被开除公职。

对于一个犯欺诈罪的政治首领来说，附带的刑罚是不再有被选举权，这是合情合理的，比罚金或被送进监狱更公正。追究议员的责任就是让他退出选举，这是最起码的。但是，建立在"不可自动生成任何处罚"原则基础上的法国和欧盟司法判例之间背道而驰：剥夺被选举权的处罚依然存在，但那是经过权衡的结果。

政界与平民一样都要求公职人员负起责任。关于"法官的责任"的讨论经久不息，正是最好的例子之一。《宪法》第 65 条最后一节规定："在《组织法》规定的条件下，法国最高司法会议可以受到司法机构的审判"。不断地强调法官责任至少反映了国民和其政治代表一方与公务员和法官这一方之间的不安状态，将安抚抱怨和追究公职人员个人责任混为一谈。

通常，一个高素质的公共团体应当遵守《公务员身份地位法》第 28 条，即要求所有公务员成为"执行他所承担的任务的负责人"，这条规定"优先"于《民法》第 1382 条关于司法行为承担的民事责任以及《刑法》第 121 条有关刑事行为的规定。所谓"优先"是指通过完善的行政组织和对执行的完善监控，使得《刑法》处罚毫无用武之地。

慢慢地会形成一种部委领导特有的责任，它既不是部长的责任也不是传统上公职人员的责任。这种责任将与很好地使用资源、取得既定成果联系在一起。在法国，实施《财政法组织法》以及领导弹性薪酬制就是在朝这个方向迈进。在意大利，相关的思考也已启动。

第 1 节　大肆宣扬：对名誉的各种损害

一、舆论对公职人员的指责

52.11　舆论的分量。承担公共职能的人面对的首要责任不是法律责任，而是舆论的敌意强加给他的责任。议员与公职人员都面对这种压力，尤以议员首当其冲。

终审法院制止了一起针对一个市长的诽谤，引起争议的言论中"含有对某件清晰明了的事实的指责，意图损害目标人的荣誉与尊严[……]哪怕言论经过精心伪装或者是含沙射影"。在这个案子中，则是故意影射市长诚信有问题并推测他是共济会成员。刑事法官的判决对承担公职的人员——无论是民选官员还是公务员——来说无疑是安慰，惩罚了居心不良的对手制造的谣言和卑鄙手段。

诽谤者会打着新闻自由旗号。媒体要求一位部长辞职，因为他曾参加过法西斯运动，而民众对部长的要求甚至高于公务员，这并非不正常。一名记者因为看到一份大区审计署的告知书而诽谤市政府的文件都是"胡扯"，上诉法院最终对他免于起诉。一个大学生在他编辑的学报上"怀疑聘用某老师的条件，并用讥讽的口气质疑该老师和系主任"，而行政法院撤销了大学对该学生的处罚，理由是"高等教育这一公共服务的用户有表达的自由"。

52.12 利用舆论。每当一个公务员或法官被指名道姓地——常常是被某个部长——列出来为某个严重错误负责时，公共舆论就为之沸腾：最近几年，法官们几次三番受到一些部长的指责，原因是被释放的罪犯随后又犯下新的谋杀罪。 2011 年 7 月，审计法院法官协会"抗议"政府的尖锐批评，后者对审计法院公开发布有关治安队伍管理的报告表示了不满。 2011 年，由于一则对禁猎期的判例，行政法院遭到当局的公开嘲讽。

2006 年，议会调查委员会的报告"关于在乌特罗事件中司法机制障碍原因的调查"指出了对一名年轻预审法官犯错后的苛责： 2006 年 2 月 8 日，他独自一人在议会的讲坛上受到质询，全程 6 个小时电视现场直播，而他所做的预审其实已经通过了十来个法官和警察的批准。电视现场直播以其独一无二的方式引起了公众对当事法官的指责，就是那些蒙冤在押的无辜者遭受到不公正暴力对待的事件，也没有导致这么有戏剧性的惩罚。

其他的公务员也受到相同的公开批评。相反的情况同样存在：批评行政部门的公民们反过来会受到当局的追究（法官取缔了市议会"有损公诉人"的决议）。法官可以下令删除市议会会议记录中市长对某个纳税人组织成员的辱骂言论。

公共部门内部有针对性的舆论同样有杀伤力。同行间的专业言论，无需程序、无需预告就可以在部门和各个机构内畅行，有时候这些言论就来自本部门，目的在于损毁某个公务员的声誉以"拯救"全体的声誉。

长久以来，如果某个行政措施有目的地损毁某个公务员的声誉，会被判罚赔偿。权力当局不应对涉及本部门人员的"居心叵测的谣言一路放行"，特别是当其中的恶意已经得到确认的时候。

权力当局更需要避开那些隐蔽的威胁，正如一位省长在一次议会质询上的回答："我手上有厚厚一叠针对某个成员的材料，如果我批阅了，将给委员会的意见造成影响。"欲言还止。如果是个人的错误，将移交司法法官。

52.13　行政部门会整人。纪律处罚的程序严谨并且公开，但还是有其他"雪藏""边缘化""弃之不用"等手段，将某个公务员变成"蠢人"或"不受欢迎的人"，让他忽然间渐渐地被同事、部门孤立，在他和其他人之间犹如砌起了一堵无形的墙。在这些操作中，不需要有冲突、有动因、有预告，也不会有争议，但是往往暗中推动了有关该公务员的"过失"的传闻，直到他百口莫辩的程度。整个过程可能由上级主导针对下级，也可能由下级主导针对上级。

行政部门如同企业，相对熟练地用象征性的措施表示含糊的降职降级。例如一名教师被调整岗位去教选修课同时禁止他使用学校的某个办公室，这只不过是属于机构内部的措施，没有什么特别的，但是负面用意是明确的。

只需抬眼看看就会发现某个名字，关于他的负面看法从前任传到了继任，或者他的全名或姓名缩写出现在新闻上承担了某项集体的错误，因而他被疏离，比纪律处罚来得更决绝。因为行政部门自身有记忆，无论它的工作人员往来更迭，它的记忆无从开启更无从纠正。

例如，当一个上诉法院院长对该法院某些经常从法院书记室撤出罪证的法官提出"严重告诫"时，事情本来到此为止了，但是随后"新闻媒体披露内幕造成了很大轰动，司法部部长下令整顿纪律"，导致法国最高司法委员会做出了严重处罚这类事情的决定，法官们遭受到了新闻媒体和最高司法委员会的双重打击。同样让人惊讶的是在处罚一个法官的"上网观淫癖"时，最高司法委员会认为必须要加上

"在衡量他的错误的严重性时，不可能不考虑到当事人的身份以及他身为司法人员的事实"以及他的态度是否符合"大家理应期待的名人和公众人物形象"。事实是在法官工会选举中得到同事的推选以及享有业内名声并不就意味着能够减轻或加重他的纪律责任。行政部门不应盯住这些大做文章。

行政部门拒绝了授予一名大学退休教授名誉头衔的申请，决定本身不会产生什么实际的后果，但是深深打击了当事人并且使同事们看低他，认为他的科研工作价值不大。

行政部门明白，针对达成采购协议条件，部长一封严厉批评的短信会对当事人产生沉重的后果，因为信中提到当事人，所以信就存到当事人的档案。这个错误印记注定将长期伴随当事的公职人员。

行政部门懂得选用貌似最轻的处罚，例如简单的批评，但辅之以通告全体同事——法律对此没有规定——就能让该处罚的效力增加十倍：对一名经常缺席的中学教师，校长向学区区长反映情况，随后召集教师全体大会并在会上请学区区长宣读了处理意见[1]。

二、法律条文对舆论指责公务员职责的规定

52.21 行政部门反对自己的工作人员。司法判例对待这些行政部门间接贬低自己的公职人员的行动十分谨慎。

52.22 有些针对公职人员的行动会产生严重后果，但并不留任何违法的把柄。

如果不是要刻意孤立某个公务员，那么拒绝让他的名字出现在行政部门的工作年报上并不违法。

同样，把某个在职公职人员登记到"退休而不再工作"的人员名单上，会给他造成很大的困扰，然而国家不会因此被判补偿，因为

---

[1] 这并不算校长有个人错误，因为在教师全体大会上，受到指责的教师也可以公开地回应学区区长。

"没有违反 1907 年 4 月 5 日法中关于不得将带有纪律处罚性质的措施刊登到政府公报上的规定"。在"缺少法律法规规定大区总指挥有义务提交证据以澄清一封匿名信中对某个军官指责"的情况下，拒绝作证并没有违法，由此指责滥用权力并不成立。

一份责令某个部长退休的政府令是违法的，但是并没有"损毁该人的声誉到了要依法进行赔偿的程度"。

同样的例子，某学区长 1997 年 1 月在电视上就一位中学校长被停职事件发表看法："没人指责 G 先生玩摇滚，但是校长的职能并不是要跟学生摆酷，而是应该懂得在必要时要对学生采取严厉的惩罚措施，要树立权威形象，所以督学长在报告中要求部长立即对 G 先生采取停职措施。并且因为督学长认为 G 先生对学校的正常运行构成了危害，还请求部长要求 G 先生对纪律检查部门说明相关情况。"面对督学权力部门的公开评论，该公务员已经受到了比任何纪律处罚更严重的惩罚，大肆宣扬起了作用，当事人被捆绑在了示众柱上。行政司法部门将会对学区长公开披露校长行为不妥这一事件是否属于职务错误做出判断。同样的职务错误调查发生在戴高乐机场空中及边境警察长身上，他在法国电视二台披露空中安全部门的一位工作人员有极端主义思想。

另外一个案例是某个公务员发现社会事务督察总局报告中有关于他的个人行为和职业行为的评价，而法官没有受理他对行政部门的起诉，因为"这些评价定格在特定背景下，并且考虑到报告的扩散范围很小，因此不属于损毁名誉的性质"。

还有关于行政部门行为合法的案例：审计法院的检察官和大学校长发出一封质疑大学里一个助理的信件，这封信扩散到了其他教师那里，该助理去申诉并没有得到行政保护，因为"信件仅在大学内部有限范围内传播"并且信件无非是让同事们对非常规的行政措施心怀戒备。

52.23　非法的质疑。通常情况下，"行政部门将一些不法行径归罪于某个人只是为了使他失去威望，那么行政部门就需要承担责任"。德国也是这样规定的。

在法国，行政法庭谴责国家泄露社会事务督察总局的报告，该报告3天前刚完成起草，其中有些关于两个病人死亡的细节未经核实就仓促地指责某大区医疗中心的两名医生。

军队高层没有必要将一份秘密报告告知教会高层，报告中有关于当事人在军队期间的表现。军方因此犯下了一个错误，国家需要承担责任。

因为军籍簿上的一条批注禁止再次录用一名战备贮备准尉，该准尉的再次服役要求遭到非法拒绝。责任人将按照特别损害规定来赔偿该准尉，因为这条批注使得当事人遭到雇主们的蔑视因而特别难找到新工作。

同样的事还有一份关于国家电影中心信息部门的专家报告，在发表的当日相关工作人员遭到了解雇，报告在其中起到了重要作用。解雇后来被撤销了，因为该报告之前没有告知当事人。

相反， 2003年在司法部的网站上刊登了一篇司法部监察部门的报告——这也是第一次在网上登出这样的点名文件，该报告广为流传，充斥着对尼斯检察长不甚友好的评论：该报告发起调查试图让尼斯检察长离职， 2004年经由法院判决宣告该企图失败。

部长们也会遭到公务员的诽谤：国民教育部部长的代表1997年曾公开批评马赛的梯也尔中学戏弄新生，并指出教师们是"积极的同谋"。其中两名教师以言论污蔑、泄露职业秘密和诽谤的罪名向共和国法院起诉部长。 1999年12月23日，终审法院通过了全体合议决定，重申共和国法院只受理可以纳入检察长公诉状的事件，但如果是公务员以诽谤（轻罪）为理由向共和国法院起诉部长，那么可以使用发回重审原则。 2000年5月16日共和国法院通过第00-001号条例不再受理公务员因被诽谤为"同谋"而发起的起诉，因为"被告（部长）提出了完整充分的证据，'同谋'之说与部长归罪于原告（教师们）的事实相关联"。

有两次，欧盟司法部门处罚了那些公开点名批评某个公务员是机构运行失调罪魁祸首的机构。欧盟行政部门如果想把它的某个工作人员的丑行公之于众，那么，按照法官的说法，必须符合以下两种情形之一："考虑到事实的严重性，必须指认犯错之人以全面进行对违法违规事件的揭露；或者为当事人保密有可能使得其他相关人员背黑锅并因此损害了与事件不相关的人员。"该规定可能将在法国生效，它将有助于公开说明机构运行失调的原因所在。

52.24 良好的行政部门的行为是双重的。

- 一方面，定期通过检查重新审视那些已经被遗忘了或者被固化了的强制命令和约定俗成；

- 另一方面，对公开讨论行政部门指责公职人员的事保持谨慎。

"如果有些事情正处于刑事审理中，那么与这些事情相关的纪律处罚在公布时是否需要遵守无罪假设原则？"对于这样的问题，司法部的回答是倾向于肯定的："这取决于地方政府如何根据无罪假设的规定选择公布处罚的时机。"但是如果在纪律检查委员会还没有决定公布处罚的时机的时候，就公开宣读有关纪律处罚的决定，将会受到责备。同样，对于某犯罪事实提起的诉讼，如果司法法官还没有发表意见，就开始谈论刑事追究，将会受到责备。在这些情况下，认为受到了伤害的人员可以诉诸法律维护自己的权利。

法官会毫不犹豫地下令行政部门从人员档案中撤销带有"对当事人侮辱或诽谤"性质的文件。在德国，甚至强制一个起诉下级的上级必须说出引发该起诉讼的告密者的姓名，哪怕该上级曾答应对方会保密。

公职人员会毫不犹豫地要求散布有关他的谣言或者"在他离职时发布的公告中"损毁他名声的公共机构为其正名——他的要求得到了支持。

公开某事常常意味着要求对某个公职人员启动纪律程序（2004年12月初，戴高乐机场的几个警察在行李中放置了易爆物并将行李放行，他们的名字没有被透露给媒体。仅仅几周之后，一份小报①得到了消息，说他们已经受到了"非常严重"的惩罚）。但在其他一些情况下，根据公开报道中所反映的错误、民意调查意见、议会意见、公布者的初衷，以及其中公职人员的行政级别，行政部门会做出相应反应。例如一位法官要求司法部部长弥补"法新社一篇报道对他造成的伤害，该报道透露他正受到最高司法委员会的纪律调查"。行政法院驳回了诉求，且没有理会报道的合法性问题，因为"司法部的下属部门不是引发争议的信息的来源"。同样，行政法院认为在最高司法委员会的公开报告中公布"有关法官职业伦理义务的判例的消息"是合法的，因为"公布的方式得当，且特别注意到了保护当事人的匿名性，以及指出了受到惩处后可以向行政法院提出申诉"。因此最高司法委员会的决定在匿名情况下可以继续得以公开。 2006 年，公开的方式大胆地扩展到了行政法院的网站，这是其他所有公职人员所需要的。

2005 年 11 月，国防部部长公布了对两位军官提出质疑、实施调查并给予处罚的主要情况。两位军官的事情受到议会、媒体乃至国际的关注，而且考虑到当事军官的级别，此事很难维持匿名原则。

行政部门不可以抹黑它想从部门剔除的人，让最不公正的噪音四处乱窜，但是它可以为了部门的利益以及真实性原则，解释它的初衷，说明情况。

行政部门可以就它拟定的对公职人员的批评发表言论，前提是一方面遵守了有关保密条例，另一方面是区分质疑与得到确认的错误，以及区分公职人员的个人责任和部门的集体责任。

如果最后被匿名质疑的公职人员感到这些莫须有的攻击的起源正是他所在的行政部门，他将通过工会途径或司法途径采取措施。如果他公开攻击上级却没有证据，那么他就可能违反了任职职责——德国

---

① 2005 年 2 月 4 日的《巴黎人报》。

的联邦行政法院正是这么判定的。

第 2 节　纪律处罚

52.31　注意。 所有人类团体和公职部门无一例外，会组织惩罚的内部系统。下面我们来研究纪律处罚的必要的定义、特点、内容和实践。

一、首先是必不可少的几个定义。

52.41　原则。 所有人类团体和公职部门无一例外，会组织起惩罚的内部系统。 1914 年，关于国民教育预算的议会报告重申"公务员在失职情况下将受到惩罚，这是合法的。然而，如果可以授权当局处罚，那么也可以阻止当局对公务员行使这种自由处置权。由此，法律法规一方面决定了权力部门可以对它的人员采取纪律行动，另一方面确保了公职人员在执行公职时有法律保障"。这篇文章发表距今有1 个世纪了却仍未过时。

如果想了解公职人员纪律处罚的特点，可以参考行政法院的司法判例：拒绝授权第三方或公务员不法行径的受害人攻击纪律处罚的结果，他们常常认为纪律处罚太过宽大。行政法官指出某个公务员的受害人（具体指一名劳动监察员因为酒驾致第三方死亡）可以追究刑事责任，可以按照公务员个人过失追究民事责任，而纪律处罚的"唯一目的在于，为了机构的良好运行，惩戒该公务员因其个人行为将行政部门卷入其中造成不良后果"，并且"从根本上不是为了弥补受害人因该公务员受到的伤害"。

相似的案例还有一个负责检查酒水饮料店的公务员在醉酒状态下造成了交通事故导致一人死亡，并因为逃逸和虚假声明加重了自己的责任，他被判 18 个月监禁，其中 12 个月可缓期执行，同时受到纪律处罚： 3 个月的临时隔离岗位，缓期执行。受害人家属得到了该公务员本人和国家的双重赔偿，仍对纪律处罚的宽大表示震惊，对于"纪律处罚的内在特征并非为了抚慰受害方的痛苦"更觉得意外。受害方作为第三方如果越权指责纪律处罚，他的起诉将不被受理。受害方作为第三方"如果有权利要求全额获赔（公职人员的）错误所造成的伤害，那么他就没有权利因为肇事公职人员缺少纪律处罚而要求赔偿，也不能选择应该实施哪一种纪律处罚"。

纪律处罚既不是"神意裁判"①，也不是私人的复仇，这是公职部门的绝对必需。它代表了公职部门维护自身良好运行的职责。

52.42　纪律的特殊性。首先需要区分处罚错误的纪律措施和出于部门利益、纠正部门的专业性不足、提高工作质量而采取的程序。这些措施和程序的意义和内容不同，纪律措施针对个人，惩戒已经发生的事情造成的后果，而为了部门的利益采取的措施则反映了集体的雄心壮志，着眼未来。几十年来的实践操作和司法判例都为区分二者定下了规则。

给一个高级音乐师发送一份"警告"，因为他的音乐质量受到了批评，这样的警告"目的仅仅在于要求音乐家重视他的专业不足，因此没有纪律措施的性质"。

相反，对一名用职务配给的武器威胁同事的警察提出所谓的专业不足则隐藏了纪律处罚的事实。因为舞弊而宣布结果无效，因为擅离职守而被解聘，这些都是事实上的纪律处罚，并且还需要经过适当的程序。

为了部门利益而采取的措施有别于纪律措施。然而前者会掩盖后者，这就成了变相的纪律处罚。

52.43　并非变相的纪律处罚。这些措施是由部门的利益和公职人员自身的特点决定的，既没有贬低他也没有触及他的身份地位。

———

① 盛行于欧洲中世纪早期的一种假托神意的司法裁判法。通常是在其他裁判法于事无补的情况下实行，以其结果来判定被告是否受神灵保佑，是否有罪。——译者

因此，对 G 先生采取停职措施并不是纪律处罚，而是"出于大学的利益，为了公共服务机构的良好运行"，"目的仅在于恢复必要的教学秩序"。将一名护理人员从夜班调到白班也不是纪律处罚，因为需要解决"夜班团队中的冲突"。法官认为，将一名直升机中队的指挥官从日本调任到图卢兹一个平凡的岗位上，并不是出于机构的利益，尽管这次调任是在中队执行直升机巡逻任务时发生了死亡事故之后。同样的例子还有一名宪兵中士被紧急召回法国本土，他此前驻波利尼西亚，"曾在当地夜总会舞台上参加了当众脱衣表演，还被认了出来"。让一个办公室负责人担任处长的办事专员是苛刻的决定，但这并不是纪律处罚。在以上两种情况中，公务员原本可以受到更明确的、与事实更加关联的纪律处罚，那样他将承担沉重的责任。

52.44 变相的纪律处罚。这些措施的目的和内容在于通过降级、"削减职责"、损毁公务员的前途或使命、批评专业特长等处罚某种日常行为或特定行为。

以下措施被重新认定为纪律措施：

- 重组游泳馆机构，以掩饰馆长被边缘化。
- 调任巴黎市安全监察长至某流浪者收容站的流浪狗管理处。
- 一次目的在于将当事的职业消防队员排挤出消防行动、架空他作为消防站副站长的调任。
- 某中等师范学院女院长的一次调任，并且部长"认为她要对学院自从她任职以来产生的混乱状况负责"。
- 在现任人员还未"明确离职"的情况下任命继任者。
- 取消国立工艺博物馆馆长的任职资格，取消某市镇音像资料馆馆长的任职资格[①]。
- 以部门利益的名义虚假调任，构成了变相的处罚。

---

① 馆长被降级为无纸张阅读引导员，因为她接办了不属于地方音像馆范围的任务，这是纪律处罚。

- 借口专业能力不足而解聘当事人，真正的原因在于他拒绝服从并且诽谤商会领导的立场。

- 调任一名助理保育员到后勤处负责保洁，而这正发生在幼儿园的一起事故之后。

最后一个例子，将消防站的一个志愿消防员调任到省消防集结站，由于该调任是根据监察部门的报告而决定的，因此有变相纪律处罚的性质。所以，"如果一个公职人员的调任有部分原因是出于部门利益，这也并不妨碍行政法官将该调任认定为建立在纪律处罚基础上的调任"。

二、纪律处罚的特点

52.51 纪律程序独立于刑事程序。 "有些事未被采纳作为司法依据，但并不妨碍对这些事进行纪律追究"。部长们、市长们和行政官员们必须知道——除了参考追究刑事责任的部门的行动或意见之外——是否需要进行纪律追究。

因此纪律程序的应用应该遵循公职部门有代表性的机构组织的法律一般原则，以及对全体文职公务员、军人都适用的法律一般原则。纪律程序有八个特点。

52.52 a) 内部性。 纪律程序中，参与的都是内部的人：法官、指控人、证人、公众等角色基本上都是同事们。

纪律程序不对第三方公开，甚至是与引发处罚的事件直接相关的第三方在纪律处罚实施后也不能再追诉。

在纪律程序中，行政部门往往感觉是在自作主张，因此他们会有一定的保留，并且有一种同情心（"我也有可能处在他们的位置"），以及缺少方法和明确目的（"还不知道、还不能够"）。希望将来能更新纪律程序，以便能够依据某些标准或行政部门以外的专业建议，并给予纪律程序更大的权限，同时也能减少刑事追究。

公开庭审的逐步普及对改变纪律处罚内部性的特点几乎不起什么

作用，正是这一根本特点使得刑事处罚与纪律处罚之间的关系复杂化，对大多数公务员来说，离开行政部门内部圈子的处罚进入刑事程序总是揪心的。

从正面来说，实施内部纪律程序是一系列防范错误措施的最后一步。

从负面来说，纪律程序给人一种行政部门自我保护的印象，处罚在静默与含混中沦陷：受害人或者公共服务用户没有发言权。纪律程序无能为力之处自然地指向了刑事程序：公开的庭审以及对当事方毫不避讳的第三方调查机制。

52.53　**b）规范化。**　纪律程序严格按照相关政令规定的程序执行，纪律委员会所有成员权限平等的规则保护了它的客观公正性：某法院院长曾提请司法部长关注"某个法官在执行职责时有严重不足"，那么最高司法委员会在审议司法部部长提出的纪律追究措施时，该院长就不得出席。

纪律程序的规范化表现在，于纪律委员会上宣读的报告只能建立在与当事人沟通过的材料的基础上，并且处罚也是经过论证的。公职人员必须能够调阅自己的卷宗，并且"仅读一遍关于他的决定"就能明白处罚的原因。在两个财务督察和一个行政督察对圣德尼市的管理进行了一次调查之后，雅克·多里奥被市政府撤职，由于撤职理由不充分，他于1937年5月25日得到了取消撤职的政府令。因此，必须从事实角度和法律层面充分解释处罚的原因。

纪律程序的规范化要求原则上纪律"审判"由同级别的而不是低级别的同事进行，纪律委员会成员中不能有的"行政级别低于受审查的公职人员"。但该原则也有例外，在处理司法法官时，最高司法委员会成员没有级别限制。

在纪律委员会上宣读受纪律追究的当事人的个人书面意见是不可或缺的步骤。

这种规范化有局限性，当纪律处罚在执行中被法官根据同样的事实判决终止时，行政当局随后撤销处罚，但纪律委员会不需要做任何形式的更正。

根据 1984 年 1 月 26 日法第 91 条，规范化在地方公共行政层面得到了加强，如果纪律委员会建议的处罚太轻了，那么中央行政部门将介入。

此外，程序不因议事机构或人员的缺席而受影响。

52.54　**c) 集体审议与正反辩论：辩护的权力。**　原则上，处罚决定必须通过纪律委员会的全体审议后才能实施。讨论应该以正反对峙的方式进行，公职人员比行政部门更重视讨论环节，公开的讨论将是被追究的公务员手中的盾牌。即便是省长们——政府组成中最具权威的公务员职系，也必须同样地"做出有效的自我辩护"后才能被处罚。所有在纪检程序中用于做出最后决定的文件都必须公开。当事公务员如要求纪律委员会听取他与相关证人的对质，行政部门不得拒绝，证人也包括曾经采取抗议行动反对当事人的工作下属。如果行政部门不愿意将当事公务员与下属之间的对质辩论公之于众，最好不要启动纪律程序。纪律程序赋予公职人员一种保障，即：寻求公共服务的真相与利益，而不是流放与清算。戴高乐将军签发的第一批政府令中就有 1945 年 10 月 19 日政府令[①]。 1939 年 11 月 18 日政府令就此被替代，因为新建立的纪律程序成为"对公职人员、对国家和对行政部门的保障"。

最后，纪律程序还有着内部申诉和外部申诉途径。

52.55　**d) 遵照无罪推断原则。**　行政部门必须有当事人犯错的证据，才能发起及结束一次纪律行动。正如某个地方政府所做的，当它拒绝正式任命某个公务员时，它指责该公务员"玩忽职守并且经常迟到"但没有拿出证据，而当该公务员将它告上法庭的时候，它提供

---

① 1945 年 10 月 19 日第 45‒2457 号政府令，关于重新建立公共行政部门和特许服务部门工作人员纪律保障的决定。

了过去 6 个月里部门写的 12 份反映当事人过错的材料。

纪律施压要以公职人员的确负有"直接责任"为前提，仅仅是参与还不够。

处罚不能建立在简单的猜测上，处罚需要依据事实。例如，对于三军防御学院入学考试舞弊的怀疑不能构成证据。同样，只是指出"一个官员与某颠覆性组织的成员"有往来而没有任何证据，并且也不能用含有确切事实的材料来证明这种"强烈的怀疑"，这样的指责是不成立的。

即便督察长在报告中指责了某个公职人员的不良行为，该报告也可能不构成证据：这就是为什么一个副省长的纪律处罚议案最终被取消。即便代理检察官的报告中已经讲述了庭审中发生的意外事件，但未被采信作为证据，因为该报告没有正式的庭审记录作为证明。即便有市长和省长的双重同意开除一名攻击同事、侮辱省长的女警察，法官仍然可以认为证据不确凿。如果行政部门只满足于提供已有的材料而不回应法官要求提供的有关当事人纪律处罚的材料，那么纪律处罚措施将被撤销。

对于各种形式的证据，每一次都应当仔细甄别，包括证人以及行政部门不利于当事人的推断，以体现唯一的推断原则：无罪推断原则。一名市镇的技术职员掐住上司的喉咙并把他扔到了汽车引擎盖上，但由于缺少证据，他的撤职被取消了。

批评的次数多不构成证据：全国职业介绍所的一名职员受到指责"经常严重违反谨慎义务和服从义务，特别是持续地反复地将一些发给机构里其他部门或外部合作单位的带有恶意的信件四处扩散，并唆使门卫和前台接待人员不遵守职业义务"，但因为事实不确凿，最高行政法院没有予以追究。根据政府特派员卡特琳娜·贝尔盖的表述，有些指责显得"非常暧昧不清"。

1987 年 8 月 18 日内政部的通告中指出了正确的方法："应该尽早建立一份纪检卷宗并且总结出当事公务员受指责的事实的确切本质以

及这些事实发生的情境。报告应该包含对当事公务员和不同证人的询问笔录、对质笔录、对公务员的书面察看或告诫通知、要求对某些行为或不作为的解释"。

52.56 e）**仔细考虑公职职能的本质。** 鉴于教育、社会、卫生、监狱等不同行政部门的人员存在受攻击的严重风险，"保护机构的名誉"引发了许多问题，例如：对于在家里保存了色情录像带的教师，或者对于购买并使用印度大麻的警察的案例。

我们发现私生活或一件公职人员使命本身之外的事也会起到作用：所以一位市长由于一些职责之外的事被合法地撤职了，因为这些事使他不可能继续再完成职责。

52.57 f）**与《刑法》相反，纪律过错没有定义。** 法国法律对纪律过错没有任何定义，没有性质定义，也没有严重程度定义，纪检部门和法官提到的伦理义务是未知的。法国宪法委员会通过 2012 年 1 月 13 日第 2011－210 号决定批准了《地方政府基本法》第 2122－16 条关于可以罢免市长的规定。"如果修改后的条款构成了一种惩罚性制裁，对市长们必须遵守的义务即便缺少明文规定也不意味着模糊是非原则。"因此，对纪检理由缺少明确定义并非违宪。

与法国相反，西班牙在其修正后的 1986 年 1 月 10 日第 33－1986 号政府令中定义了 22 种"纪律过错"，并分为三个严重程度等级，希腊、爱尔兰、意大利、卢森堡和葡萄牙都有类似的规定。法国某些公共机构有内部文件明确规定纪律过错：例如：公共财政总局在《职业伦理指南》中列出了一份"主要纪律过错"清单，对于法官们，由上诉法院的首席庭长们于 2005 年 6 月 28 日发布的"共识报告"列出了四个等级的纪律过错：损毁名誉与尊严、缺少廉洁、未尽职责和审慎义务。但这些清单只有指导意义。

并且，如果发生了引发舆论对公职部门不满的事件，那么无论事件是否在工作时间发生都可能受到纪律惩处。在任何情况下，行政法官控制着事件是否应该受到惩处的司法界定。

法国的这种对纪律过错的无定义方式是否受到了威胁?

在乌特罗案件议会调查委员会的压力下,国民议会曾认为必须采纳政府2006年的提案,该提案提出对于"在一个通过司法判决终结的诉讼案中,一个法官故意严重违反一条或多条保障双方当事人基本权利的程序规定"这样的纪律过错应该立法。该提案,吸收了最高行政法院的意见,也得到了司法部部长的认可,却并没有能完全消除司法手段与行政手段之间的混淆,司法手段只能通过上诉法院和终审法院得到修正,而司法领域的行政部门如果犯错,则由最高司法委员会管辖。有些议员因此提出了一些没有答案的问题:"我们要警惕,做出这样的法律修改不会将司法行为本身纳入纪律范畴,或者使得对司法决定的质疑程序偏离了司法上诉途径。

对纪律过错下定义恐怕会出现更多的弊病,既有违我们的传统,且由于纪检部门在必要时总能定性过错,因此定义纪律过错的效果尚不明晰。这也正是法国宪法委员会的理解,它于2007年重写了《组织法》以避免司法手段与纪律手段之间的混淆,将"在诉讼过程中犯下的过错"替换成了"在最终审判结果之前发现的过错"。

52.58 **g) 对惩罚措施的严格定义。** 纪检机构只能选择一种《公务员身份地位法》中规定的惩罚措施。任何惩罚措施如果没有出现在法律悉数列举的清单中,则不得实施,该规则同样适用于各种肃整措施。由于行政部门充满想象力地"发明"了一些在文件中没有提到的惩罚措施,例如在缺少法律依据的情况下,对一个小学教师实行"推迟晋升"。依法惩罚的原则必须加以强调,并且《劳动权益法》中也有同样的要求。

此外,惩罚措施必须与所犯的过错相匹配。首先是行政部门,然后是法官,对这种匹配度进行核查,通常是将过错分拆然后叠加,以此比对惩罚措施的恰当程度。因此,开除的惩罚对于某个舞蹈老师就太过分了:他与学院院长教学意见不合,又忘了汇报学生缺席几个月的情况;开除的惩罚对于某个护士也太过分了:她在工作中以不得体的、挑衅的态度对待同事，要求他们为她按摩脚部，即便收到指令也拒绝保管有毒物品储藏柜的钥匙；强制退休的惩罚对某个邮局工作人员也太过分了：他在抑郁状况下，从收银台拿走了 400 欧元，又从授权账户提走了 1 050 欧元。

从少校降为上尉的惩罚对某个警官也太过分了：他拒绝接受报案，这当然是错误的，但他在其中发挥了作用，试图调解两个家庭争夺一个孩子的纠纷。

尽管有多份公共报告要求将惩罚如何裁决交由司法部门控制，行政法官直到 2011 年仍停留在监控重大的行政错误，很少涉及监控惩罚措施的恰当性。

52.59 h) 采用从《刑法》借鉴而来的原则。

1) 纪检程序同样采用一案一审的原则。但是经由预算纪律法庭宣判的事件还可以成为纪律惩罚的对象。而同样的事件不能被预算纪律法院和刑事轻罪法庭司法处罚两次，也不能被同一公职部门纪律处罚两次。

同样，在劳动纪律法范围内，司法法官撤销了一次解聘——由于之前因相同的事件已经受到了警告处分，因而解聘构成了二次纪律惩罚。

2) 与《刑法》相同，纪检要考虑当事人的健康状况是否导致妨碍认知以及行为控制障碍。

3) 但是，不同于《刑法》，也不同于法国的邻国们，法国纪检行动的时效性原则尚未实行，虽然行政法庭已经做了初步的尝试，并且《劳动法》第 1332 - 4 条保留了相关规定。

某个行政法庭认为行政部门必须从获悉员工存在过错伊始，在一个合理的时间段内完成处罚。因此，它于 2003 年撤销了一项取消某公务员退休权益的决定，因为事件本身发生于 1985 年，当时引发了滥用信任的诉讼并且损害了海军军需部的利益。但是该判决没有成为司法判例。

鉴于缺少时效性的规定，只能说，一名公职人员可以由于过往的事件受到纪律惩罚。

三、纪律惩罚的范围

52.61 后果。 纪律惩罚可能导致严重的连带效应：

- 影响职业生涯；

- 影响薪酬收入。

拒绝向一名由于违反了克制保留义务而受纪律惩罚的公职人员颁发绩效奖金是合法的。

行政上级，即纪律行动的主导，通常很难按照1983年7月13日《公务员身份地位法》第30条的规定做出停职的决定。因为虽然该措施意在通过迅速隔离当事公职人员而保护部门，一直也是起到了这个作用，但该措施正逐渐成为一种被公职人员利用以获取停职期间保留全部或部分待遇的手段。工会往往也会迅速介入，确保部门不会在停职期间（包括禁闭期间）中断薪酬发放。行政上级应该根据部门需要和当事公职人员的具体处境做出决定。

四、不同行政部门的不同实践

52.71 不同的纪律政策。 纪检实践是一门有难度的艺术，因为要在不影响公职人员积极性的前提下实施处罚，还要努力使犯错的公职人员和行政部门同样地理解纪律处罚。

虽然很少有数据，但是各个部委都会与雇员代表共同讨论切实的纪律政策。2010年，国家非军事公职人员中一共执行了4965起处罚（2001年4474起），其中181起辞退（2002年213起），348起暂时停职（2002年734起），总体上没有大幅上升的趋势（2004年5773起处罚，2005年5952起处罚）。

按照处罚理由区分的话，2010年总共4965起处罚中，2963起不守纪律和职业错误，438起行为不端、侮辱与暴力，278起醉酒，276 起无故缺席或旷工，220 起"个人行为使部门蒙羞"，114 起侵吞盗用公款以及 71 起触犯《刑法》。

处罚在各部委间的分布令人侧目：国家警察和邮局实施的开除处罚持续上升：2010 年，全部国家非军事公务员共实施了 181 起开除，其中，仅仅这两个部委就占了 121 起，在总数 4 965 起处罚中，这两个部委更是占了 4 004 起。同年，司法部实施了总共 346 起处罚，其中 20 起开除；教育部 212 起处罚，其中 25 起开除；财政部 114 起处罚，其中 6 起开除；农业部 95 起处罚，其中 2 起开除。至于司法法官群体，他们也是纪检处罚的对象（根据 2002 年 11 月 6 日最高法官会议公开报告）；至于行政司法法官这个群体，自从 2005 年 3 月政令宣布一名行政法官因玷污独立公正而被强制调离行政法庭以来，他们也受到了纪律检查。

但是各个部委、地方政府和公共事业单位对纪律处罚的松严把握并不一致，这就使得犯类似过错行为的公务员之间受到的处罚也难以一致。

第 3 节　民事责任与行政责任

52.81　公共部门的代价。 从事公共职能的人必须牢记他的不严谨、他的粗心大意、他的消极推诿将会损害服务对象，损害他所属的部门并使得公共部门付出代价去赔偿受害人，更何况区分部门的过错与个人过错的制度对他们有利，因为公职人员的责任原则使得犯下构成刑事轻罪过错的公职人员只承担刑事责任，不承担民事责任。从 1873 年权限裁定法庭著名的佩尔蒂埃判例开始，部门的过错很大程度上只牵涉政府的责任，这在其他欧洲国家也一样。个人过错——无论出现在工作中或工作以外，只要是存在故意损害或者达到一定的严重程度——仅仅只需要当事公职人员承担责任的情况是非常有限的。

最后，对于人身伤害、损害某种自由或私人财物的决定和行动，只能由司法法官审理。法官当然也要区分个人过错与机构过错。

一、机构过错

52.91 范围广阔。 "机构过错"的概念很宽，它保护了从事公职的人们，并将过错的代价转嫁给了机构：例如在发生了一起导致两名军人死亡的事故后，海军上将遭到起诉，部门承担了民事诉讼，并依据《刑事程序法》第 475-1 条支付民事赔偿。法国的法律制度强调国家责任，因此在一起学生在游泳池发生意外的事件中，在司法法庭，对负责学生们游泳课的教学人员犯下的过错将按照 1937 年 4 月 5 日法追究，这并不妨碍行政法庭同时追究游泳池安保工作的责任，这属于市镇服务部门的过错。赔偿将来自两个来源，两个法庭的法官只要注意赔偿总数不超过应得的赔偿数额。

一个省设备局的技术人员借调到一个市镇部门，他在制定地方城镇化规划时，在市镇议会已确定公共绿地面积的情况下，仅仅因为市长的要求，他就修改规划减少了公共绿地，因此犯下了严重的错误，动摇了城镇化规划的公信力。权限裁定法庭认为"该公职人员所犯过错并非出于任何个人利益，而是在履行他的公职中并且滥用部门的资源犯下的"，因此不属于个人过错。

同样，"违反正常管理要求，并且没有遵循作为拨款审核员寻求最佳性价比的节约义务，导致大量超需求采购以及向医院供应商支付高于平均水平的价格的现象"，并不是个人过错——如果其中既没有挪用公款也没有直接指向个人过错的其他因素。

定性为机构过错就是保护公职人员，因为自从 1951 年最高行政法院拉鲁艾尔案判决"如果公共机构的公务员和公职人员对他们犯下的'机构过错'而造成的机构经济损失没有责任，他们在犯下与履行公职无关的个人过错的情况下则需要承担责任"。因此在没有个人过错的情况下，行政部门将无从追讨公职人员由于能力不足或轻率造成的部门经济损失。相反，如果是个人过错，行政部门可以通过诉讼要求公职人员弥补全部或部分损失。

因此，"机构过错"的理论明确了公职人员应有的财务保护的边界。

缺乏防范与专业技术的过错是最常见的机构过错。

52.92 a) **缺乏防范。** 一名警官下令执行一项危险的行动，由于没有采取预防措施，导致了事故：机构为此承担了重大过错责任。同样的机构过错还有：市镇部门因为疏忽而没有告知他们的下水道员工只能使用配备有防爆装置的照明灯，或者没有告知他们自然灾害（塌方、泥石流、火灾）的消息。

国家承担了机构过错的责任，例如一名19岁的在押犯由于窒息死于拘留所的小单间内，原因是床垫燃烧散发出有毒气体且房间的窗户十分狭小。

由于行政部门很少追溯造成机构过错的民选官员或公职人员，他们因此没有什么责任感，有时他们会说"我们是受保护的，行政部门会承担一切的"。

但是，行政部门并非不会发起诉讼。这样的诉讼中行政部门申诉的损失不是受害人的损失，而是完全由于公务员个人过错造成的损失。 2008年，在处理关于一宗小学教师两年内多次打学生的案件时，最高行政法院再次强调了行政部门可以提起诉讼的原则，该教师犯了个人过错，大学区区长与受害孩子家庭签署了和解协议，转而将该教师告上法庭，法官认可了对该教师的部分处理诉求。

从这个审判中可以总结出四条意义： 1）和解协议不是起诉的法律基础，该公务员犯下的个人过错才是起诉的法律基础； 2）行政部门向该公务员要求的损失赔偿数额依据来自和解协议，这在实际上并不妨碍法官做出判决； 3）虽然行政部门与受害人已经达成了不可更改的和解协议，但该公务员仍可以与行政部门协商他承担的赔偿金额； 4）诉讼只能建立在个人过错的基础上，如果过错是在履行公职过程中发生，那么这个过错必须是可以与履行公职相剥离的。

国家起诉公职人员还不足以解决问题。根据乌特罗案件调查委员会的建议，议会谈论了一项针对法官群体的立法议案，瓦克赛议员还试图对诉讼请求的赔偿金额中国家承担的部分予以"封顶"，但没有得到支持。他的意见不在于限制采取诉讼行动，正相反，是想要更方便地发起针对犯了过错的公务员和法官的诉讼。根据议员们的这一愿望，可以预见，几年后公职人员将在真正意义上为他们的个人过错"买单"。

从事公职的人必须对他引发的机构过错以这样的或那样的方式承担责任，今后或将承担财务责任和个人责任。

52.93　b) **专业技术过错**。　指的是理解、计算、评估、程序、实施方面的过错。

从公立医院的医疗过错到建筑过错或会计过错，行政部门会犯许多过错。

法官对待机构过错如同对待个人过错，对行政部门提供的证据和证词会十分小心：例如一个市立学校的年轻学生被操场上的小门夹伤了手指并不能自动地牵连到市政府的责任："在事发当时，小门附近没有人专门负责照看孩子们并不是该机构组织上的过错，那样的话，市政府将要承担责任；此外，学校对孩子的照看并非不符合规定；考虑到事故的发生是在无法预见的巧合情况下，且超出了看护人员正常所能处理的范围，行政上诉法院因此既不存在错误评判也没有歪曲它接收到的事实"。该判决保护了行政部门的利益，但也意味着将要按过失犯罪追究刑事责任。

二、个人过错

52.101　**特点**。只有两类个人职务过错（参见 51.95 公职人员的保护）：

- 以个性为直接标志的情绪与冲动过错：例如一个医院院长"没有真凭实据并且以恶意诋毁的态度"当众指责院内医生们弄坏了放射

机；或者针对邻居的不良行径，一位省长的反应疑似"恶意攻击并且意图伤害邻居"。

- 极其严重的错误，例如两名维和士兵潜入看守所殴打在押犯并打伤对方脸部，他们犯下了特别严重的暴力执法错误。这样的暴力属于"对职业纪律与操守不可宽恕的故意践踏"。终审法院将该行为定性为非职务原因的个人错误，而之前上诉法院认定为"军人在履行公职时犯下的洗劫罪"。根据终审法院刑事法庭的裁定，即便是与履行公职有不可分割的关系，个人过错依然成立，例如一名警察在执行公务中不必要地虐待一名拦路抢劫犯；或者一名消防员在救火现场毫无专业理由地点燃打火机致使刚转移到急救车中的一罐除味剂起火。

司法权力机构是唯一能够认定个人过错的职能部门，包括"对职业纪律与操守不可宽恕的故意践踏"等个人过错。例如，上诉法院判定"某市长在履行公职过程中试图弥补他所犯下的错误，而该错误涉及造谣诽谤，属于与公职无不可分割关系的个人过错"。

个人过错的受害方有权要求犯错者给予相应的补偿。

但是"当国家对公共教育机构中的某成员提出上诉要求，该成员就个人过错造成的后果给予一定金额的补偿时，因为涉及国家与它的雇员之间的关系，审理将依据公法原则"，因此不属于教育法法律法规涉及的范畴，而是行政法。

个人过错一定与公职没有必然联系，《伤残军人与战争受害人养老法》第2条也提到了个人过错：行军中发生的事故等同于"经事实认定或在履行公职情况下"的事故，有权获得国家赡养，除非"当事人犯下的个人过错使得事故与公职完全无关"。以下情况当属此例：一个军人回到营地"奄奄一息，他以危险的方式驾车超越了一列车队，行驶过了一段没有能见度的路，又违反了山顶禁止会车的规定"。

相反，以下情况不属于个人过错：例如某公职人员违规停薪留职，但他是遵循市长的命令，按照市长的意图和安排，因此不属于个人过错；或者一个医疗服务机构的医生调度人员接到详细的电话咨询，得知有孩子面临危险，却没有强调立即送医院也没有调动他职能范围内可能的手段参与救助。在衡量个人过错时，行政法官会比司法法官更多地考虑错误本身的严重程度。

52.102　**行政伦理有提示行政责任的作用。**面对民事或行政责任，行政伦理的作用在于：

- 在人员培训中发挥预防犯错、警示风险和提供应对方法的作用；
- 在错误处置中发挥错误认定并对申诉人给予快速答复的作用；
- 对因公务员犯下错误而导致的不良后果予以责任界定。

对大部分行政部门来说，充分发挥行政伦理的作用仍然任重道远。

第 4 节　刑事责任

52.111　**《刑法》。**自从共和八年《宪法》第 75 条[①]被取缔，以及随后 1993 年 1 月 4 日法取消"司法特权"，公职人员和其他公民一样会受到刑事追究。

刑事责任首先针对的是个人，即承担公职人员的个人责任。但自从新的《刑法》第 121-2 条实施，特别是 2004 年 3 月 9 日法实施以来，公权法人（地方自治政府和公共机构）也可以受到刑事审判。

52.112　**刑事风险的评估。**行政部门和各级部门领导需要向公务承担人员解释他们的刑事责任范围。有一份通函提请国民教育管理人员注意"在机构负责人身边工作和接受其领导时的安全问题"，它没有转移责任重心，但是有效地提示了工作人员不同层级的责任。

大部分部委的人力资源部都有刑事风险专家。地方自治政府在承

————————

① 该条法律规定对公职人员的追究权属于国家行政法院，参见 1806 年 8 月 9 日政令。

保人的影响下建立了应急管理体系和"地方自治政府法律风险观测站"用于加强防范，已认识到"对地方公职人员的刑事责任追究已经迈开步子了"。

对于一个不熟悉刑事风险的公职人员来说，受到刑事追究会导致三方面后果：

● 刑事追究就像一剂溶剂，销蚀了行政等级链条的正常秩序。面对法官，团结消失了：每个人都企图将违法的缘由归结到上级或经办人。下级会想起所有他曾经被告知的却没有被他当回事的各种警示。而上级太忙了，都想不起曾经得到过具有可操作性的警示和解决问题的详细建议。

● 刑事追究会让人对某些职位望而却步：卫生局长、中学校长、小城市市长。

● 刑事追究跨越国际并且会导致国家在向风险地区派遣军队和公务员时有所迟疑：例如 2005 年 2 月，几个 1994 年卢旺达种族大屠杀的幸存者向巴黎军事法庭起诉当时隶属联合国维和部队的法国军人，2005 年 12 月 23 日巴黎军事法庭的检察官启动了司法侦讯。国际法庭以及未来的国际刑事法庭会收到来自南斯拉夫或者卢旺达的诉状，控告联合国成员国派出的维和士兵。此外，还有一个荷兰议会委员会控告一个为联合国工作的法国将军，然而国际法官明白需要考虑那些任务的难度，并且不能打击联合国成员国派遣部队参与联合国任务的积极性。

一、行政层级与授权委托

52.121　行政层级的意义。如果行政层级秩序机制不保护下级，那么授权委托机制不保护上级。

52.122　a）行政层级秩序机制不保护下级。该原则在二战后肃清法奸时已经得到体现："一个公职人员按照上级的正式命令行事在本质上不能消除他自己的责任"。

"服从上级并非不承担刑事责任的理由"。例如 2011 年 9 月在审理巴黎前任市长发放空饷一案时，他的班子成员表示是遵照市长命令签署了他们收到的非法合同。同样的理由还有 2010 年 11 月对"共和国总统顾问享有豁免权"争议案的了结，显示了在某种意义上迂回的豁免权也令人质疑。在 1980 年的爱丽舍宫窃听案中，按照命令行事的下属们也受到了法律追究。

显然，如果下属实施收到的命令，也需要承担责任。

对此，帕蓬案具有象征意义。对于个人过错，最高行政法院明确表示"如果当事人认为他的行为是出于服从上级下达的命令或者是因为德国占领军的控制，那么教训就在于是帕蓬先生首先同意了将吉拉德省的犹太事务部门置于自己的直接领导下，而这样的关联并非是出于一个省秘书长职责本分；其次，他积极落实上级指令，主动以最高的效率和最快的速度采取必要行动搜索、逮捕、关押相关人员"。

然而，即便是严格按照上级的命令范围执行，只要行动本身是非法和错误的，下属就要承担他的那份责任。当事人如果有可能觉察出他被指派的任务有不法成分，那么接受该任务就意味着他承担了其中的责任，比如科西嘉茅草屋事件中执行了省长的非法命令的宪兵们并没有逃脱法律的制裁。

52. 123 b）授权委托机制不保护上级。"如果胳膊犯了错，就要怪脑袋"。[①]

新的 2005 年《军人身份地位法》第 8 条规定："下属自身的责任不能解脱他们的上级自身的责任"。

这也正是 2000 年 5 月 11 日通过的欧洲委员会《公职人员行为准则》所规定的："公职人员如承担监管或领导其他公职人员的职责[……]，当他的下属有违反某些政策或偏离目标的行动而他没有采取相应措施予以阻止，则必须为下属的行动承担责任"。

[①] 高乃依（Corneille）剧作《席德》第 3 幕第 1 场，第 722 行。

一个市长受到审判，因为他忽略了市长秘书用市镇基金支付了违规采购。

"某大区议会主席让当地政府一个部门负责人签署同意将政府采购项目交给自己的孩子管理的公司，虽然议会主席授权委托他人签字，但必须被认为负有监管责任。"因此，对他的审判罪名是假借授权他人决策而非法侵占公共利益。

二、故意违法

52.131 **《刑法》。**《刑法》著名的第 121 - 3 条指出"没有犯罪或违法行为是无意间犯下的"。我们已经看到公务员或者议员可以像其他公民一样因为故意违法而受到追究。

此外，他们还将依据《刑法》专门针对履行公共职能者的规定：即有关滥用职权和违反廉洁的条款被追究。

属于故意违法的情况特别是"公共权力执行人故意使用暴力"，例如发生在警察局和一些关押机构里的案例。

同样属于故意违法的还有谣言中伤政敌。

三、非故意违法

52.141 **行政人员、公务员或议员是否需要为非故意违法承担责任？** 有关公共部门负责人是否承担了过多责任的争论由来已久，1996 年 5 月 13 日法以及 2000 年 7 月 10 日法[①]都与该争议有关。

2000 年 7 月 10 日法被编入《刑法》第 121 - 3 条并体现在地方政府基本法典中，它明确表明在以下两种情况下必须承担责任："要么当事人显而易见地故意违反某项特定的谨慎义务或法律法规规定的安全义务，要么有明显过错而将他人置于他不可能知道的严重风险中"。

---

① 2000 年 7 月 10 日法即 2000 - 647 号法，意图明确非故意违法的定义。

某些评论认为这条规定是为公务员和议员开脱，而其实正相反，它没有阻止公务员和议员受到审判，它只是更加准确地定义了受到审判的理由应当是存在"明显过错"而导致违法。

在这样严谨的定义下，如果缺少"明显过错"就可以被判免于起诉。

例如以下事件：在一次探索课程的远足活动中，遭遇德拉克河泄洪而使6名学生丧生，带队的两名老师被判免于起诉；某老师在上课时允许一个身体不适的学生去上厕所，而后学生死亡，该老师无法预见到其中的危险，他被判免于起诉；3名教师带领学生骑车环游乌埃桑岛，期间一名15岁少年从20米高处坠落死亡，教师被判免于起诉。一个市长"只是安排一个市政议员走在管乐队队伍的最前面，而期间一辆车撞倒了两个孩子"，这样的情况不足以导致审判，而是应该"探究当事人是否恪尽正常职责并对可预防的风险采取了防范"。

同时，这条法律的司法实践也使得许多案件审判不利于承担公职的人员——公务员以及议员，他们承担非故意违法的责任，特别是那些负责管理他人的人，包括：

- 市长：

——2003年6月，终审法院维持原判，判决某市长对一次舞会上3人触电死亡负有刑事责任，因为他之前有明显过错，"在将组织这次公众活动交给了节庆委员会后就不闻不问，也没有核查是否符合安全方面的所有规定"。

——2003年12月，终审法院核准了对某市长的审判，对一起一个孩子在市镇社会活动中心的空地上被一块水泥板压死事件负责。

——2005年2月14日阿让市上诉法院确认判决某市长10个月监禁缓期执行，他对一个6岁孩子在市属湖泊中溺亡负责。

- 警察：2009年10月6日，终审法院否定了上诉法院的免于起诉判决，重新启动程序调查某派出所的警务人员所采取的监控级别，起因是一个年轻人被发现在羁押室内上吊了。

- 地方政府的公务员们：

——2002 年 11 月，一个林业人员被判过失杀人，他在已经发现林中伐下的木材堆放存在隐患且节假日会有游客来到树林的情况下，没有采取任何措施，导致一名儿童被滚下的圆木压倒致死。

——2005 年 5 月，巴黎市的一些负责人受到调查或者问讯取证，原因是好几个住在有问题的住宅中的家庭发生了铅中毒。

——2005 年 11 月 17 日，法国滑雪胜地阿尔普迪埃（Alpe d'Huez）消防队负责人受到了格勒诺布尔刑事法院的审判，原因是在一次救援行动中没有能够阻止一个孩子从升降机的轿厢中跌落，因为他没有"谨慎行事"检查轿厢的各扇门是否都锁好了。

- 教师们：

——2005 年 1 月 12 日，巴黎第六、第七大学受到调查，因为在朱西厄校区石棉事件中"置他人于危险中"。

——2005 年 9 月 6 日，终审法院确认对一个小学老师"非故意杀人罪"的判决，这名老师让一扇窗开着，而一个小女孩从窗口坠落身亡。

——2005 年 10 月 4 日，终审法院确认判定一名体育老师非故意杀人致他人溺亡，该老师犯下"明显过错"，在没有配备足够人员的情况下，将 21 名初学帆船驾驶的孩子分散到 11 条帆船上。

——2010 年 1 月 12 日，某教师因明显过错而被终审法院判决有罪，他在年终聚餐之际"购买酒精饮料并将学生带入供应酒精饮料的场所，为悲剧发生（一个年轻人因酒精中毒死亡）制造了机会。

- 卫生负责人

——2003 年 12 月，流动急救车的一名医生调度员被判非故意杀人，因为他"没有恪尽职守"。

——2006 年 6 月，某医院的几个部门被认定犯有明显过错，因为没有阻止一名多次企图自杀者逃出医院，随后他在医院不远处被发现溺亡。

——2010 年 3 月，一个急救中心在一名急诊病人死亡后被判犯有过失杀人罪，因为违反医院内部规定，在病人抵达时没有安排高级医师为病人做检查。

- 社会服务部门负责人：2005 年 3 月，社会及卫生事务局的两名公务员被判非故意杀人，原因是他们本该把谋杀一名议员的凶犯关进精神病院，几年前该凶犯就被宣布患有精神病。
- 关押机构负责人：2003 年 7 月以及 2004 年 5 月，监狱长因非故意杀人受到调查，原因是一名在押犯自杀，监狱长对可预见的自杀风险没有采取足够的防范，属于"明显过错"。
- 军官：

——2005 年 3 月，几名军官因"非故意杀人和非故意伤害"受到调查，事情是在一次在山上的军事训练中，两名实习军官遭遇暴雪被冻死。

——2012 年 5 月 12 日终审法院刑事法庭做出决定，支持刑事法官就可能存在疏忽而导致多名法国士兵于 2008 年在阿富汗战场上死亡的事件开展调查，开启了对国际行动中的刑事责任的讨论。

履行公职的人员必须了解这些规定，如果某个有关公共利益的决定有可能需要他们承担刑事责任，那么他们应该毫不迟疑地要求法律部门为他们说明其中的风险，这样的说明对于避免公职人员出于谨慎而拒绝执行任务是必不可少的。

第 5 节　财务责任：审计法院和预算与财务纪律法院

52.151　会计与拨款审核员。审计法院负责审理会计，预算与财务纪律法院可以判处拨款审核员财务处罚。预算与财务纪律法院的庭审是公开的。

如果部长们作为国家预算拨款审核人避开了预算与财务纪律法院

的法律程序，他们也可以被审计法院宣布为事实会计而接受调查。

一、在经费使用、薪酬支付和市场转移支付中的严格措施

52.161 惩罚违规行为。无论是拨款审核员还是会计的问题，有组织的违规或只是放任违规，都将导致对整个部门的怀疑，应该尽快制止，必要的话采取适当惩罚。

52.162 a) 拨款审核员的违规行为。 预算与财务纪律法院负责处置不严谨的拨款审核员，不仅是管理中的主动行为会受到惩罚，行政上级在对部门的监管中存在疏忽也会受到惩罚。

对于因疏忽或不作为而造成的监管不力，行政上级必须明白他将要为没有阻止下属的不轨行为而承担财务责任。财务判例与行政判例和《刑法》判例一致，规定得到授权人的允许、以授权人的名义执行的任务必须有相应的评估和监控。

预算与财务纪律法院根据 2005 年 6 月 17 日政令做了修改，对拨款审核员自身的违规行为进行处罚，包括：

- 违反支付规定，特别是在违规支付薪酬方面；
- 疏忽或放任，特别是上级主管没有行使足够的监控；
- 在政府采购中的违规操作，例如在为某部委定制一部广告片时没有引入竞争机制；
- 拒绝执行法院判决；
- 在没有法律基础又缺少财务额度的情况下聘任人员。

预算与财务纪律法院对拨款审核员的过错处以罚款， 1995 年 11 月 28 日第 95－1251 号法又将管理过错引入了预算与财务纪律法院的审理范围，没多久就看到该条法律的实施结果：在最近的判例中，预算和财务纪律法院对公共部门的管理过错开出了历史性的高额罚款，这些管理过错不仅无视法规还违反专业常识。

2009 年 10 月 28 日，部长委员会通过了一项"改革财务司法制度"的法律提案，旨在加强预算与财务纪律法院的作用，但没被国民

议会采纳。 2011 年 7 月 4 日，司法部部长在国民议会上否定了该法案要求部长们和部长办公室成员以及议员承担财务责任的第 24 条，部长们与高级议员们继续免于所有财务责任。

52.163　b) **会计的违规行为。** 会计的责任由来已久，特别是受到有关结欠的财务法典第 131－5 条、有关延迟入账的第 131－6 条以及修正案第 231－10 条的约束。"根据 1963 年 2 月 23 日法第 60－6 条，一旦发生违规支出，公共会计必须要承担由该法第 60－1 条规定的个人财务责任"。会计的这种责任是改革的目标所在，旨在更清晰地定义会计合理合法结欠的范围，使得审计法官有可能在会计处于不可抗力时免除会计的责任，并将部长重置账目的条件具体化。

会计不仅需要核查拨款审核员的资格以及经费到位情况，还要通过必要的证据核查债券的有效性。一个公共会计如果忘记"核查支出总额的确切数据"则将承担个人责任。最高行政法院表示需要决定，一个公共会计是否有权决定哪些是必不可少的凭据，是否需要按照《公共采购法》规定的最低门槛行事。

针对按照错误的付款凭证做出支付的事件，审计法院往往就成了债务人会计，它无从考量会计们的个人行为，但是可以查看会计们在收回债权时是否尽责。

因此会计们在处理旧账时，会要求对前任的管理做个盘点，否则他们将承担起以往交易账目的责任。

52.164　c) **事实会计（实际管理者）的违规行为。** 财务法第 131－11 条和第 231－11 条明确规定事实会计的工作是为了重新建立预算与会计的形式。

一般来说，事实会计不是公共会计，但是一个公共会计可以被"宣布为事实会计，特别是当他有可能在违规条件下操作属于另外一个会计岗位管理的经费时"。另外一种情况是公共会计还在岗位上，但他不再具有履行职责的资格，他会被宣布为事实会计。

一个市政府的秘书长没有采取任何措施终止一个"明显违规"的

情况，将会被宣布为事实管理者。

在法定范围之外的所有交易管理和与公共服务相关的"小金库"都将被认定为事实管理。

其他一些属于"事实管理"的情况形式多种多样，最常见的是"违反公共经费管理基本法规以及挪用他人钱财"，这些都不会得到赦免。

二、财务法规对行政层级制的影响

52.171　**财务法规对上级的领导有保障作用。**"第30项不可分割原则"（见24.111）通过法律扩大了财务处罚的范围，在某种意义上将不符合上级命令要求的工作视同没有完成工作；因此如果有教师一整天都是在学校的操场上而不是在教室中上课，那么他将得不到这天的工作报酬。

此外，税务员必须为他领导下的办公室工作人员挪用公款负责，或是军队中的行政事务主管在没有任何过错的情况下也要为经费遗失负责，他们都必须更加警惕地实施监管。

第6节　议会的责任：公职人员与议会

52.181　**正在转变中的责任。**议会对于公共职能执行人的监管作用只会越来越大，公共职能执行人面对这些调查应该采取什么样的态度需要有一个定义。

一、越来越大的责任

52.191　**盎格鲁-撒克逊"模式"。**不管愿意与否，议会的各种委员会、专项小组和审计活动越来越频繁地传唤、听证、拍摄、记录、批评或表扬公共职能执行人。先是设立了议会公共政策评估办公室，然后是实施《财政法组织法》，之后是在2006年1月23日就反恐法进行投票之际展开了有关情报机构的议会辩论，议会的监管在加速升温。到现场查验实物的做法也越来越普遍，甚至到了去中央部委的秘书局查看某个部门负责人写给部长的所有汇报的目录和原件的程度，持批评态度的国会议员要求公布这些报告，意在表明部长在完全知情的情况下，出于错误的理由没有听从他下属部门的建议。

与法国一样，一些外国在重大事件，特别是在惨剧发生时，会有调查委员在开放旁听的状况下询问对质部长们和公务员们：例如 2001 年 9 月 11 日在美国发生了恐怖袭击，国会调查委员会展开调查，西班牙的 2004 年 3 月 11 日马德里凶杀案调查委员会展开调查，英国的巴特勒勋爵领导调查委员会就英国情报部门在伊拉克战争爆发前所获情报准确性问题展开调查（2004 年 7 月）。

在加拿大，名为"坚实的基础"的报告写道："有必要在此强调，传唤公务员到议会解释某些措施在加拿大已经成为通常的做法，我们应该对此感到欣喜。这样的操作丝毫没有违背议会制下的政府负责原则。正相反，无论是部长还是公务员，向议会提供信息和解释，正是政府责任之所在"。该报告同时也指出了两种局限性：议会不能向公务员发号施令，只有部长可以；议会也不能要求公务员就政府的政策或措施发表评论，这将有损公务员与部长之间下属关系。因为部委的公务员是以部长的名义出现在议会委员会。这两种局限性在部委责任的定义中具有根本意义。

在英国，高级公务员迈克尔·葛兰于 1993 年再次强调，即便公务员作为个人直接面对议会委员会，哪怕忽然间被推上风口浪尖，成了头条新闻，公务员也仍然要保持作为部长的下属的姿态。而威廉·魏德推测出了其中的危险。在强调了公务员的不具名原则后，他指出，面对议会，部长们应该为在他们的部委中发生的一切承担责任，而相关的公务员应该保持匿名。他接着补充说，高级公务员受到议会传唤的情况也越来越普遍：当有糟糕的事情发生而举行公开问讯时，有时候会发现公务员有责任，常务秘书们更是首当其冲。因而不具名原则受到损害，但这样的趋势必须谨慎对待，它会率先破坏公共事务与政治之间的界限。

特别是 2012 年夏天，调查"公务员责任"的参议院特别委员会着手研究强化公务员对议会直接负责是否恰当，以及是否有可能导致公务员政治化甚或影响到议会对他们的任命。

可以预见到在未来几年中，法国会越来越接近英国和加拿大的做法。我们将需要对举行公务员、法官或军人的听证做出明确规定，使之避免流于空泛或沦落为舆论的祭献品，而是要让听证成为议会监管行政部门甚至是在特殊情况下监管司法机构的正常方式。

二、公职人员面对议会质询的态度

52.201　对此公职人员应该采取什么样的态度？长期以来政府的规定十分严格：特别听证必须得到部长的同意，必须事先得知问询的问题，并且除非部长许可，必须是在部长到场的情况下举行。

52.202　如今法制状况已经改变。

● 自从 1996 年 6 月 14 日法实施以来，任何拒绝接受议会常设或专项委员会、侦讯委员会或调查组问讯的公务员都属于明显违法，他因此要负刑事责任，甚至他的上级会起诉他。

● 根据 2008 年 11 月 14 日法第 2008 – 1187 条，向调查委会员履行了听证义务的公务员可以享有免于起诉的权利，包括通过视频直播方式进行的听证。

● 但是一个直接受到议会问询的公职人员需要注意，无论面对的是议会的哪个委员会，无论其中是否涉及刑事风险，都要采取一些符合法理的预案。

52.203　五个注意事项。知会。第一个注意事项是不仅要立即将传唤或听证的事情向上级领导报告，并且要保证部长的议会顾问——与议会唯一的、常规的对话者——也迅速地了解了情况。对于部长来说，一份完整的听证名单能让他了解议会的战略与调查的目的所在。

没有报告部长，自己就直接接受了议会的传唤是对部长的极大的不忠诚。相反，如果部长将某个软弱的公职人员往前推而自己却保持最大程度的距离，这样的做法议会不会鼓励更不会容忍。

部长其实可以与议会商量传唤的日期、出席的公职人员人选并对可能的解决方案提出建议，包括亲自出席与他的部委有关的传唤。因此，只有公职人员事先通报情况，才有可能使得部长与议会进行必要的讨论。

52.204　立场。第二个注意事项是必须了解目前部门与部长的态度立场——这可能随时会变化，以便理清自己的立场。这样做有助于避免言论不一致，也避免了制造一种江河日下的部门形象。

"面对议会调查委员会，一个公务员能做的只能是就特定主题展示、解释和维护部门或政府的立场，或者说明一些技术性因素。他不可以表达个人情感，或者发表可能构成纪律过错的批评意见"。此外，他在议会调查委员会宣誓诚实，因此更不能偏离事实，但可以保留职业秘密。尽管职业秘密会受到质疑，原则上，公务员不能因为支持议会的工作而不再保守职业秘密。

在议会调查司法事件时，更需要公务员平衡好议会调查与职业秘密之间的关系。一般来说，受到传唤的法官既不必详细描述庭审的情况，更不能按照主观意愿对受到调查或审讯的当事人做出不利的推断。律师则可以自由发表言论。议会不是再次进行诉讼的地方，不仅因为《宪法》的规定，还因为在议会进行陈述的人，其所享有的言论自由的程度不同。

52.205　有所保留。第三个注意事项是要求缜密，把握分寸，即只能陈述事实，特别是在宣誓诚实的情况下。

同时，公务员面对议会调查委员会也必须遵守履行公职所要求的"严谨、保留和审慎"义务，并且他也不能在没有真凭实据的情况下质疑权力机构或其他公务员。

当然也有公职人员，特别是退休人员，没有什么顾忌而向议会诉说他认为的实际情况，甚至在议会的支持下，提出了不同于经过官方宣传部门修饰的情况。

52. 206　汇报。第四个注意事项基本上就是事后向上级和部长汇报情况。

52. 207　诽谤。第五个注意事项是需要小心诽谤罪风险，围绕相关事件的言论，以及和议会调查委员会接触时——不管是面对调查委员会，还是在议会的走廊或门口，特别是在回答记者提问时，风险更大。

与议会调查委员会对话时仍然要求最大程度的严谨，特别是在牵扯到作为调查对象的第三方时。

当然，根据有关新闻报道的 1881 年 7 月 29 日法第 41 条，由国民议会或参议院下令刊印的文章不能受到任何指控，但是参与议会调查委员会或听证工作的议员会因为"尖刻的、过早下结论的言论大杂烩"而受到诽谤罪指控。同样，为议会委员会的报告提供诽谤公职人员材料的人员也可以因为诽谤罪受到起诉：例如某民商法庭的庭长受到起诉，罪名是"公开诽谤承担公共职责的某公民"，该起诉依据的正是来自议会某调查委员会对民商法庭的调查结论。

第 7 编

总结

行政伦理：为了建设受尊敬的
高效率公共行政体系

小引

为了使行政伦理发挥最大效应，国家需要有阳光的行政部门，它充满自豪，能感知公民——即用户——的需求与反馈。国家工作人员不能对国家建设无所作为。

第1节 阳光的公共行政部门

60.11 现实主义。 与1980—1990年那段美好的时光相反，如今必须承认行政伦理不再是理所当然的了。行政伦理需要商榷。用户的要求更高了，很多时候更像是对行政伦理的滥用、歪曲与无知。这样的情况越来越多，花样翻新，特别是借助网络的手段，也更快地被传播扩散。为了有勇气承认行政伦理的必要性，首先需要有传授行政伦理知识的意愿，随后需要对行政伦理进行评估。

60.12 关于行政伦理教育。 对此持怀疑态度的人总是认为"小题大做"：

"无非是唠叨，无非是指手画脚，无非是好为人师……"

"一遇到事只会想到'动动嘴皮子'"。①

事实上，如果行政部门因为嘲讽、含沙射影或恐吓而退让，而放弃推广传播行政伦理的规则，行政部门就会栽跟斗、会蒙羞。为了完成使命，行政部门必须解释、阐明并且说服众人这项教育活动的重要性。

如果需要落成文字，那就把指南、守则或对照参考都写下来。最根本是要有十分明确的原则与清晰的表述，让每个人都了解基本的权利与义务的法律知识，以及在他的公职中隐蔽存在的问题。

60.13　关于评估。经合组织为了实现公共部门的廉正而颁布了"评估框架"，要求各个国家衡量各自行政伦理政策的具体作用。无论是内部评估还是外部评估，行政部门都将从中受益，通过比照那些指标使得本部门的职业伦理得以深化。

第2节　有理由感到自豪的行政部门

60.21　解释。对于行政部门，越是能够直面行政伦理的问题，就越能够从容应对调查和纪检——后者不仅带来负面效应，动摇行政部门对于自身的信心也动摇公民们对行政部门的信心。

希望行政部门切实落实行政伦理领域的措施，并勇于宣传。

在这方面，由于法国向联合国和经合组织提供的材料不够多，有时会让人低估法国在反腐败和规范行政伦理方面付出的努力。事实上，法国对于行政伦理的传播与认知使得法国立于该领域的世界领先国家之列，尤其是加拿大、澳大利亚和新西兰。应该让国际组织更好地了解法国和欧洲的公共行政伦理，特别是大部分建立在欧洲特点基础上多样化的操作模式，诸如等级制权力部门及其议事机构、新型的管理模式、公职体系的初任和在职培训、职系和身份地位、专业协会

---

① 拉封丹寓言《孩子与校长》。

与公务员工会、可靠的司法监管。

第 3 节　建设对公民（用户）的需求和反馈积极回应的行政部门

60.31　服务。仅有用户（也同时是公民、选举人、纳税人、工会成员，也有可能是有不满情绪的起诉人）才可评判公务承担人是否遵守了行政伦理。通过请求、批评和建议，他们对确定公职人员的伦理标准做出了贡献，特别是近几年来得到改变的一些主题：校园去宗教化、高效率的就业政策、利益冲突的申报、与媒体的关系以及过失犯罪的责任等。

行政伦理的第一要义乃是更好地满足用户的需求，并且让他们知道，行政部门是为他们服务的，是在维护公信力。

第 4 节　为国家效力的经国之才

60.41　公共职能，公共行动。如果我们反复提及的原则——特别是廉洁、公正、高效这三大原则——都得到了遵守，责任都得到了落实，那么法国和欧洲将致力于公共行动的再创造，这将关系到公共和平。

这就是公职部门行政伦理的关键：让所有的公务承担人，包括民选官员、公务员、司法人员、军人以其德行和才华成为"经国之才"，正如 17 世纪的《求知通用字典》① 里面"素质"词条下的描述："经国之才"具备的素质包括："拥有无可置疑的名誉、博学、不妄自菲薄 [……] 刚正不阿、将公共利益置于个人利益之上、言谈有序 [……] 讷于言而敏于行。"

---

① 罗什福尔，《求知通用字典》，巴黎， 1865 年。

译后记

　　本书探讨的行政伦理是公职人员的职业行为规范。正如作者克里斯蒂安·维谷鲁在书中所指出的，不同制度下有不同的职业伦理观。《法国行政伦理理论与实践》一书所反映的正是适应了法兰西民族独有的历史、文化、社会和行政政治制度下的当代法国行政伦理观，其内容涉及法国公共行政各个领域的公职人员的行为规范问题，近年来已经成为法国高级公务员入职培训必读书籍之一。

　　本书作者是法国国家行政法院的资深法官，经手过无数行政伦理纠纷，且其本人也有在政府行政部门工作的经历，因此对当下法国公职体系中存在的各类问题有深入的研究和独到见解。面对纷繁错综的各类行为合宜性讨论，作者从司法者的角度出发，分析厘清问题的本质本源，对于公职人员作为机构的一员或仅仅作为公务员个人的行为尺度予以指导。但是不难发现，即便如此，作者对有些行为现象也无法给予清晰的边界划分，只能建设性地提出一些思路，启发读者对于特定条件下特定身份人员的特定行为进行思考。由此，行政伦理问题的深刻复杂性可见一斑。

　　由于本书涉及法国几百年来各个历史时期的一些社

会制度和法律法规，旁征博引各类书籍典故和案例判例，加之作者风格独特的写作方式，使得译者在准确翻译各类专有名词和术语以及理解作者本意方面颇费思虑。为此，译者团队与作者本人进行了多次沟通，力求完整、准确、生动地再现原文。与此同时，为增加本书的可读性，适应中国读者的阅读习惯，经作者本人同意也做了一些必要的微调，特别是删除了一些过于细碎的关于法律条文的注解。

　　本书的第1编至第2编第1章、第5编第4章由张亦珂翻译，第2编第2章至第3编第2章由朱志平翻译，第3编第3章至第4编第3章由周佩琼翻译，第4编第4章至第5编第3章、第5编第5章至第7编由张欣玮翻译。虽然译者团队在翻译过程中竭其所能细致推敲，之后逐字逐句统稿通校，也恐尚存纰漏，还望方家赐正。

译者团队

图书在版编目(CIP)数据

法国行政伦理理论与实践/(法)克里斯蒂安·维谷鲁著；
张欣玮等译. —上海：上海译文出版社，2019.12
（国家治理能力现代化探索丛书）
ISBN 978－7－5327－7993－2

Ⅰ.①法⋯　Ⅱ.①克⋯②张⋯　Ⅲ.①行政学—伦理学—研
究—法国　Ⅳ.①B82－051

中国版本图书馆 CIP 数据核字(2019)第 224028 号

本书由上海文化发展基金会图书出版专项基金资助出版

Christian Vigouroux
Déontologie des Fonctions Publiques
DALLOZ，2012
Simplified Chinese Translation Copyright © 2019，by Shanghai Translation Publishing House
All Rights Reserved

图字：09－2016－026 号

法国行政伦理理论与实践

[法]克里斯蒂安·维谷鲁　著　张欣玮　张亦珂　周佩琼　朱志平　译
责任编辑/衷雅琴　封面设计/徐小英

上海译文出版社有限公司出版、发行
网址：www.yiwen.com.cn
200001　上海福建中路 193 号
上海信老印刷厂印刷

开本 890×1240　1/32　印张 22.25　插页 3　字数 475,000
2019 年 12 月第 1 版　2019 年 12 月第 1 次印刷
印数：0,001—2,000 册

ISBN 978－7－5327－7993－2/D·120
定价：128.00 元

国家治理能力现代化探索丛书

《法国行政伦理理论与实践》

[法] 克里斯蒂安 · 维谷鲁/著

《合格的精英：改革法国国家行政学院》

[法] 皮埃尔-亨利 · 达冉松/著

《国家与行政管理》

[法] 帕特里克 · 热拉尔/著

《国家再造》

[法] 菲利普 · 贝兹/著